现代数学基础

67.1

代数学方法（第一卷）

基础架构

■ 李文威

高等教育出版社·北京

内容简介

　　本书主要目的是介绍代数学中的基本结构，着眼于基础数学研究的实际需求。全书既包括关于群、环、模、域等结构的标准内容，也涉及范畴和赋值理论，在恪守体系法度的同时不忘代数学和其他数学领域的交融。

　　本书可供具有一定基础的数学专业本科生和研究生作为辅助教材、参考书或自学读本之用。

代数学方法 第一卷
Daishuxue Fangfa

图书在版编目 (CIP) 数据

代数学方法 . 第一卷，基础架构 / 李文威著 . –北京：高等教育出版社，2019.1 (2025.2 重印)
ISBN 978-7-04-050725-6
Ⅰ. ①代… Ⅱ. ①李… Ⅲ. ①代数–高等学校–教材
Ⅳ. ①O15
中国版本图书馆 CIP 数据核字 (2018) 第 232327 号

策划编辑　赵天夫　　　责任编辑　赵天夫
封面设计　赵　阳　　　责任印制　刁　毅

出版发行　高等教育出版社　　　　　开本　787mm×1092mm　1/16
社址　北京市西城区德外大街4号　　印张　28
邮政编码　100120　　　　　　　　字数　612 千字
购书热线　010-58581118　　　　　版次　2019 年 1 月第 1 版
咨询电话　400-810-0598　　　　　印次　2025 年 2 月第 3 次印刷
网址　http://www.hep.edu.cn　　　定价　99.00 元
http://www.hep.com.cn
网上订购　http://www.hepmall.com.cn　　本书如有缺页、倒页、脱页等质量问题，
http://www.hepmall.com　　　　　　请到所购图书销售部门联系调换
http://www.hepmall.cn　　　　　　版权所有　侵权必究
印刷　天津嘉恒印务有限公司　　　　[物 料 号 50725-00]

目录

导言

概观

代数一词源自公元 9 世纪波斯学者 al-Khwārizmī 的著作. 李善兰和 A. Wylie 在 1859 年合译 A. De Morgan 的 *Elements of Algebra* 时解释为 "补足相消" 之术, 亦即解方程式的技艺, 相当于现今的中学数学. 自 20 世纪以降, 代数学的范围扩及更一般的数学对象及其运算, 这一转型始自 E. Noether 等人的一系列工作, 而初定于 B. L. van der Waerden 的巨著《代数学》[42, 43]. 在此意义下, 代数学的初步对象可粗分为群、环、模、域. 若用 Bourbaki 学派的语汇来说, 不妨将数学理解为各种结构的错综变化, 代数结构是带有某种运算的集合, 譬如有理数对四则运算构成有理数域 $\mathbb{Q}$. 概括地说, 代数学就是关于代数结构的研究.

从集合论的必要回顾出发, 以范畴论视角贯串群、环、模、域和种种衍生概念, 这就组成了本书副标题里的 "基础架构".

按现行教学体系而论, 代数课程上接于数学分析与高等代数或曰线性代数. 举笔者曾执教的中国科学院大学为例, 学生在微积分课程中接触了集合和点集拓扑学的词汇, 线性代数课程则授以向量空间和多项式的基本理论, 同时给予群、环、域的初步实例. 有了这些基础就容易学习更一般的代数结构, 而以有限扩张的 Galois 理论作为总验收. 各院校安排不同, 但代数素养的重要是一切数学工作者的共识. 这不单是为了陶冶美感, 还因为凡是代数结构出现之处, 就有代数学方法施展的空间, 只消列出相关的学科名称, 如代数数论、代数几何、代数拓扑、代数组合乃至于代数统计等等, 便可以粗知这门本领的用处. 此外, 代数方法在物理、化学、计算机科学等方面的应用也同样是广为人知的.

本书主题有时也称为 "近世代数" 或 "抽象代数". 所谓近世, 总是相对于当时当世而论, 早在 1955 年 van der Waerden 发表《代数学》第四版时便已舍弃此词, 于今更无必要. 至于说抽象, 充其量是初学者的错觉, 作为课名或书名完全不得要领, 而且似乎有恫吓读者之嫌. 本书题为 "代数学方法", 一则是因为当代代数学范围过广, 本书仅择有趣有用者而述, 不求体系大而全. 第二也是最关键的一点, 则是因为数学的本质存在于交融互摄, 只为授课与学科划分方便才打包于一词. 所以本书绝不视代数为疆界分明的学科; 与分析、拓扑学等脱钩的纯代数即便存在, 也仅是千万种研究方向之一. 《庄子・应帝王》中有混沌凿七窍的故事, 强凿疆界同样令数学趋于停滞消亡.

许多本科代数教材的内容大致以 1950—1960 年代为分限. 绝不是说代数的内涵与方法就此定型; 恰恰相反, 此后数学经历了空前的发展, 包括对经典题材有了更新更透彻的理解. 若就本书范围而论, 当属范畴论的兴起最为突出. 这是拜拓扑学之赐, 在数学中建立起的一套关系哲学, 其中真正重要的并非一个数学结构 "是什么" (比方说, 它作为集合有哪些成员), 而是结构之间的联系, 或者说是结构的功能与角色. 笔者所愿强调的正是拓扑学, 尤其是同伦论的贡献, 代数学至今仍从中领受新鲜的工具和挑战; 这些根源不难凭拓扑直觉来把握, 倘若因虚构的学科藩篱而轻易放过, 对读者可是莫大损失.

当然, 真正伟大的理论可以超越时代, 光芒恒在. 如何以现代形式来撷取精华, 去其枝蔓而无损它们本有的辉煌? 这是笔者自期的目标. 一步到位显然是不切实际的, 是以本书对某些主题将以经典或者 "半经典" 的观点来料理.

这里还必须说明历史的顺序不同于概念的顺序. 一般说来, 新的概念在数学上能站稳脚跟很少是因为它们简明通透, 恰好相反: 它们得先在既有的、最为艰深的问题上一试锋芒, 尽管新概念终将成为未来大厦的基石, 而旧日难题反倒会成为课后习题, 如此遂显得理论框架是第一义的, 应用却属于外来的、派生的. 我们不得不承认这种重构是学习的必由之路, 也算是数学进步的一种标志. 但是读者也应当明白代数学中各种概念不只是筑起一座座坚实的大厦, 就其谱系观之又仿佛一张大网, 其中的节点相互支撑. 如反映在方法上, 这就要求学者具有处处不滞, 纵横兼顾的慧眼.

本书的初步准备工作可追溯到 2013 年左右. 在同各地学生的交流中, 笔者深感于广大学子的禀赋与热忱, 而另一方面, 学校师长所能够或愿意给予的又与此极不相称. 很遗憾, 互联网在这方面无补于资源的不均. 即便有明眼人推荐教材, 其内容又普遍过时, 一涉科研, 障碍立现. 基于这些考量, 本书在编排上设定了几点目标:

- ◇ 兼具自学、参考书与教学资源的多重功能;
- ◇ 参照实际科研需求, 尤其是思想与符号的更新换代;
- ◇ 突出开放性, 强调代数学与其他问题的交融.

有鉴于此, 这不是为某一门课或某所院校量身打造的教本, 章节与授课顺序和课时也没有必然的联系. 因此无论是教师或自学者都应该自主取舍.

尽管教材的结构总须按直线发展, 实际学习时种种主题势必有所交错重复, 犹如刀剑淬火, 这是吸收新知的自然规律. 但不同群体适合于不同的学习节奏, 如作为参考书更要另当别论, 本书的折中方式是大略以逻辑顺序为锚, 必要的跳跃/回顾则倚靠交叉参照来实现. 对于已有一定代数基础的读者, 若能活用这些参照和书后索引, 各章大致是可以独立阅读的.

本书部分内容曾在中国科学院大学的本科生与研究生课程上讲授. 编撰过程中广泛参考了既有的教材, 包括但不限于 Bourbaki [3, 5], Jacobson [21, 22], Lang [28], MacLane [29], van der Waerden [42, 43] 等等, 同时参酌了网络资源如 MathOverflow 和 nLab 等; 中文教材如张禾瑞 [55] 和聂灵沼–丁石孙 [59] 也提供了不少借鉴. 在此遥致敬意. 缘于见识和精力的限制, 各种错误或不足之处在所难免, 祈望方家不吝斧正.

编撰过程中承蒙师友及同学们的理解与襄助, 兹就记忆所及者敬列如次, 用申谢忱: 白宸聿、冯琦、黎景辉、刘欣、毛盛开、明杨、荣石、单宁、陶景麾、王丹、席南华、熊锐、张秉宇、张浩、周胜铉、朱任杰、邹昌寒 (按汉语拼音排序). 此外, 高等教育出版社的赵天夫编辑提供了许多专业意见, 在此一并致谢.

李文威
2018 年 3 月于保福寺桥南

背景知识

本书不求建立一套自足的或者界限分明的体系, 何况按科研的普遍经验, 如一味要求万事俱备才敢开疆拓土, 结果往往是一事无成, 代数相关领域尤其如此. 阅读过程中难免会遇上新的或未夯实的知识点, "引而伸之, 触类而长之" 兴许是更合适的态度. 即便如此, 在此仍有必要描绘一条模糊的底线. 保守估计, 本书期望读者对大学数学专业低年级课程有充分的掌握. 如果还修习过一学期的本科代数课程, 譬如 [59] 的前半部或 [55], 就应当能顺利理解本书大部分的内容, 但这不是必需的. 至于具体情形自然得具体分析, 既系于读者个人的学思经历, 也和胆识有关.

以下列出几类相关的背景知识, 按分量递降排列.

▷ **基本素养** 包括逻辑用语、反证和递归等论法, 关于集合的常识和对符号的熟稔, 对数学结构的初步体会, 对抽象语言的感觉等等, 一言以蔽之曰 "火候". 其粗浅方面涵摄于高中或大学一年级课程的内容, 若论造微, 则是数学工作者一生的功课.

▷ **矩阵, 向量空间, 多项式** 这些内容在中国一般包含于大一的高等代数或线性代数课程, 如 [51, 52] 等, 初等部分则兼于高中. 读者应该对矩阵和向量空间有最初步的认知, 并了解矩阵和线性变换的关系; 若知悉置换 (对称群) 的操作则更佳. 虽然这些主题皆可划入代数学, 但无论就多数读者的背景或就论述的便利考虑, 都不必从头细说. 这些知识在本书中主要用于举例和节约论证, 其取舍不影响理论主干.

▷ **初等数论** 含整除性、素因子分解、辗转相除法等常识, 以及延伸到多项式的情形. 此外读者应该知悉, 或者至少愿意接受同余式的使用, 尤其是在模素数 p 的情形.

最基本的结果如 Fermat 小定理等会偶尔出现, 当然, 用代数工具是极容易予以证明的.

▷ **分析学相关常识** 实数的构造, 点集拓扑学初步概念, Cauchy 列及完备性. 多数不脱大学低年级分析或几何类基础课范围. 这些语汇对于处理某些代数结构是方便的, 有时甚且是必需的.

针对超过大一范围的背景, 例如较深的几何学知识, 文中将另外指出参考书籍. 这类知识主要用于举例, 对于高年级本科生应该是合理的. 如涉及本科或研究生低年级的基础知识, 则从较具代表性并且容易获取的本土教材择一.

内容提要

以下简介各章的内容.

第一章: 集合论 读者对集合应有基本的了解. 本书以集合论居首, 一则是尊重体系的严整性, 二则是完整说明基数和 Zorn 引理的来龙去脉. 最后介绍的 Grothendieck 宇宙是应用范畴论时的必要安全措施. 大基数理论对一些高阶的范畴论构造实属必需, 我们希望在日后探讨同调代数时予以阐明.

第二章: 范畴论基础 本章完整介绍范畴论的基础概念, 以范畴, 函子与自然变换为中心, 着重探讨极限与可表性. 为了说明这些观念是自然的, 我们将自数学各领域中博引例证.

第三章: 幺半范畴 这是带有某种乘法操作的范畴. 幺半范畴在实践与理论两面占据要津, 因为它一方面是向量空间张量积的提纯, 同时又能用来定义范畴的 "充实" 化, 例如实用中常见的加性范畴.

前三章主要在观念或体系上占据首位, 实际阅读时不必循序. 建议初学者先迅速浏览, 并在后续章节中逐渐认识这些内容的必要性, 回头加以巩固. 无须在初次阅读时就强求逐字逐句地理解: 这不是唯一的方法, 也不是最好的方法.

第四章: 群论 对幺半群和群的基本理论予以较完整的说明, 包括自由群的构造, 也一并介绍群的完备化. 后者自然地引向 pro-有限群的概念, 这是一类可以用拓扑语汇来包装的群论结构, 它对于 p-进数、赋值和无穷 Galois 理论的研讨是必需的.

第五章: 环论初步 考虑到后续内容的需要, 此章也涉及完备化及对称多项式的初步理论. 之所以称为初步, 是为了区别于交换环论 (又称交换代数) 与非交换环的进阶研究, 这些将在后续著作予以探讨.

第六章: 模论 此章触及模论的基本内容, 包括张量积. 向量空间和交换群则视作模的特例. 我们还会初步探讨复形、正合列与同调群的观念. 系统性的研究则是同调代数的任务. 关于半单模, 不可分解模与合成列的内容可以算是后续著作的铺垫.

第七章: 代数初步 这里所谓的 "代数" 是构筑在模上的一种乘法结构, 虽然易生混淆, 此词的使用早已积重难返, 本书只能概括承受. 本章还将针对代数引入整性的一般定义, 讨论分次代数, 并以张量代数及衍生之外代数和对称代数为根本实例, 这些也是线性代数中较为深入的题材, 有时又叫作多重线性代数. 称为初步同样是为了区别于代数的细部研究, 特别是非交换代数的表示理论, 那是另一个宏大主题.

第八章: 域扩张 扩域的研究构成了域论的一大特色, 这根植于解方程式的需求. 本书不回避无穷代数扩张和超越扩张, 但对于更精细的结构理论如 p-基等则暂予略过.

第九章: Galois 理论 有限扩域的 Galois 理论常被视为本科阶段代数学的终点, 这还是在课时充足的前提下; 如此就容易给人一种似是而非的印象, 仿佛 Galois 理论的要旨不外是解高次方程和尺规作图. 本章包括这些应用, 但置无穷 Galois 理论于核心位置, 因为在数论等应用中, 由可分闭包给出的绝对 Galois 群才是最根本的对象. 为了阐述这点, 使用 pro-有限群的语言便是难免的.

第十章: 域的赋值 此章第一节是关于滤子与完备化的讨论, 无妨暂时略过. 其后介绍 Krull 赋值的一般概念, 取值容许在任意全序交换群上, 然后引入域上的赋值与绝对值. 这些主题既可以看作代数的支脉, 也可以看作非 Archimedes 分析学的入门. 相关思路现已汇入了数论、几何与动力系统的研究. 最后介绍的 Witt 向量则在算术几何的新近发展中承担了吃重的角色.

对于抽象程度较高的部分, 正文将穿插若干和理论主线无关, 然而饶富兴味或者曾发挥重要历史功用的结果, 例子包括 Möbius 反演 (§5.4), Frobenius 定理 7.2.9, Grassmann 簇的 Plücker 嵌入 (§7.7) 和 Ostrowski 定理 10.4.6 等等.

本书不区分基础内容与选学内容, 读者在订定阅读顺序时宜参酌各章开头的介绍和阅读提示.

凡例

章节在参照时以符号 § 为前缀. 各章始于简介和阅读提示, 习题则附于结尾, 多有提示. 定理的证明原则上不归入习题, 少数例外是一些自明的, 可以依样画葫芦的, 或者是甚繁而不难的论证.

证明的结尾以 □ 标记.

人名以拉丁字母转写为主, 唯中日韩越人名则尽量使用汉字. 索引一律按字母或汉语拼音排序, 附带中英对照. 数学术语全部中译, 原则上不再标注原文以免扰乱阅读; 必要时读者可以查阅索引. 译文参照 [56], 少数明显不妥的翻译另改.

数学离不开符号, 代数学尤其如此. 本书采取的符号体系折中于三条原则: 科研实践中的惯例、系统性以及自明性. 兹简述一般性的符号如下, 以备查阅.

◇ **逻辑**: 本书谈逻辑的机会不多, 借用其符号的场合倒不少. 我们将以 $\forall \ldots$ 表达量词 "对所有……", 以 $\exists \ldots$ 表达 "存在……" 并以 $\exists! \ldots$ 表达 "存在唯一的……"

我们以 $P \wedge Q$ 表示 "P 而且 Q", 以 $P \vee Q$ 表示 "P 或者 Q". 命题间的蕴涵关系以 $\implies$ 表达, 因此 $P \iff Q$ 意谓 P 等价于 Q.

◇ **定义**: 表达式 $\mathcal{A} := \mathcal{B}$ 意指 $\mathcal{A}$ 被定义为 $\mathcal{B}$. 如果一个表达式或一系列操作无歧义地确定了一个数学对象, 与一切辅助资料的选取无关, 则称该对象为"良好定义"或"确切定义"的, 简称良定.

◇ **集合**: 我们以 $\cap$ 表交, $\cup$ 表并, $\times$ 表积; 差集记为 $A \smallsetminus B := \{a : a \in A \wedge a \notin B\}$. 集合的包含关系记作 $\subset$, 真包含记作 $\subsetneq$. 一族以 $i \in I$ 为下标的集合表作 $\{E_i : i \in I\}$ 或 $\{E_i\}_{i \in I}$ 之形, 其并写作 $\bigcup_{i \in I} E_i$, 交写作 $\bigcap_{i \in I} E_i$, 积则写作 $\prod_{i \in I} E_i$. 集合的无交并以符号 $\sqcup$ 表示. 空集记为 $\varnothing$. 集合 E 的元素个数或谓基数记为 $|E|$; 基数为 1 的集合称为独点集. 设 $\sim$ 为集合 E 上的等价关系, 则相应的商集记为 $E/\sim$, 它由所有 E 中的等价类构成; 我们称等价类中的任一元素为该类的一个代表元.

◇ **映射**: 以 $f : A \to B$ 表示从 A 到 B 的映射 f, 以 $a \mapsto b$ 表示元素 a 被映为 b, 或一并写作

$$\begin{aligned} f : A &\longrightarrow B \\ a &\longmapsto b. \end{aligned}$$

我们以 $\hookrightarrow$ 表示该映射是单射, 以 $\twoheadrightarrow$ 表示满射. 在讨论一般的代数结构乃至于范畴时, 这些符号也用于表达单同态和满同态等概念, 至关紧要的同构则以 $\simeq$ 或带方向的 $\xrightarrow{\sim}$ 表达, 确切意涵可从上下文推寻. 我们也常以 $\xleftrightarrow{1:1}$ 表示集合间的一一对应, 亦即双射. 映射 $f : B \to C$ 和 $g : A \to B$ 的合成写作 $f \circ g = fg : x \mapsto f(g(x))$. 必要时以 $f(\cdot)$ 或 $f(-)$ 的写法强调函数之变量.

对于映射 $f : A \to B$ 和子集 $B_0 \subset B$, 称 $f^{-1}(B_0) := \{a \in A : f(a) \in B_0\}$ 为 B_0 在 f 下的原像或逆像. 对任意 $b \in B$, 记 $f^{-1}(b) := f^{-1}(\{b\})$, 称为 f 在 b 上的纤维. 记 f 的像为 $f(A)$ 或 $\mathrm{im}(f)$. 对于子集 $A_0 \subset A$, 记 f 在 A_0 上的限制为 $f|_{A_0} : A_0 \to B$.

集合 E 到自身的恒等映射记为 id_E, 不致混淆时也记为 id.

◇ **数系**: 记

$\mathbb{Z}$	$\subset$	$\mathbb{Q}$	$\subset$	$\mathbb{R}$	$\subset$	$\mathbb{C}$
整数		有理数		实数		复数

正整数集和非负整数集分别以自明的符号表为 $\mathbb{Z}_{\geq 1}$ 和 $\mathbb{Z}_{\geq 0}$, 类推可定义 $\mathbb{R}_{>0}$ 等等. 我们偶尔也会提到 Hamilton 的四元数, 它们构成集合 $\mathbb{H}$, 其定义会适时说明. 谈及角度时一律采取弧度制.

对于实数, 我们以 $\gg$ 表示"充分大于", 譬如 $x \gg 0$ 表示正数 x 充分大, 而 $0 < x \ll 1$ 表示正数 x 充分接近 0.

◇ **范畴**: 本书一般以无衬线字体如 Set, Grp, R-Mod 等标识范畴; 我们将在 §2 解释范畴的定义.

◇ **整数论**: 设 $a, b, n \in \mathbb{Z}$. 符号 $a \mid b$ 意谓 a 整除 b, 而 $a \equiv b \pmod{n}$ 相当于说 $n \mid a-b$, 或者说 a 和 b 对 mod n 同余 (又读作 "模 n 同余"). 给定 n, 同余给出整数集上的一个等价关系, 有时也以 $a \bmod n$ 表示 a 的同余类; 整数的加减乘法可以良定到 mod n 的同余类上. 二项式系数记作

$$\binom{x}{k} := \frac{x(x-1)\cdots(x-k+1)}{k!}, \quad \binom{x}{0} := 1.$$

◇ **矩阵**: 循国内多数教材的惯例, 本书取横行竖列, 将 $n \times m$ 矩阵写作

$$A = (a_{ij})_{\substack{1 \leq i \leq n \\ 1 \leq j \leq m}} = \begin{pmatrix} & \vdots & \\ \cdots & a_{ij} & \cdots \\ & \vdots & \end{pmatrix} \begin{matrix} \\ \text{第 } i \text{ 行} \\ \\ \end{matrix}$$
$$\text{第 } j \text{ 列}$$

的形式, 其行列式记为 $\det A$. 矩阵乘法 $AB = C$ 按 $\sum_j a_{ij} b_{jk} = c_{ik}$ 确定. 矩阵 A 的转置记为 ${}^t A$. 记 $n \times n$ 单位矩阵为 $1_{n \times n}$ 或 1.

常用代数结构

由于本书侧重于概念间的交互联系, 在不影响理论主干的前提下, 小范围的交叉参照或谓 "偷跑" 势不可免, 尤其是在前几章. 读者能获益多少取决于已有的知识. 以下表列若干基础代数结构, 既便于查阅, 也有助于快速地领略或回忆代数学的初步概念.

以下以 $\mathrm{GL}_n(\mathbb{R})$ 表 $n \times n$-可逆实矩阵集, 以 $M_n(\mathbb{R})$ 表 $n \times n$-实矩阵集, 以 $\mathbb{Z}/p\mathbb{Z}$ 表示模素数 p 的剩余系.

结构	运算	性质	同态 ϕ 的性质	初步例子
集合 X	无	无	映射 $X \xrightarrow{\phi} Y$	$\{1, 2, 3, \ldots\}$
幺半群 M	乘法 $(x, y) \mapsto xy$ 幺元 $1 \in M$	结合律 $x(yz) = (xy)z$ 幺元性质 $1x = x = x1$	映射 $M_1 \xrightarrow{\phi} M_2$ $\phi(xy) = \phi(x)\phi(y)$ $\phi(1) = 1$	$(\mathbb{Z}_{\geq 0}, +)$
群 G	同上	承上, 且 $\forall x$ 有逆元: $xx^{-1} = 1 = x^{-1}x$	同上	$(\mathbb{Z}, +)$ $(\mathrm{GL}_n(\mathbb{R}), \cdot)$
环 R	对加法成交换群 加法幺元 $= 0$ 对乘法成幺半群 乘法幺元 $= 1$	分配律: $r(s + s') = rs + rs'$ $(s + s')r = sr + s'r$	对加, 乘皆为同态	$(\mathbb{Z}, +, \cdot)$ 实多项式环 $(M_n(\mathbb{R}), +, \cdot)$

结构	运算	性质	同态 ϕ 的性质	初步例子
域 F	同上	承上且 $\forall x \neq 0$ 有乘法逆元: $xx^{-1} = 1 = x^{-1}x$ 乘法交换 $xy = yx$	同上	$\mathbb{Q}, \mathbb{R}, \mathbb{C}$ $\mathbb{Z}/p\mathbb{Z}$
左 R-模 M	对加法成交换群 纯量乘 $R \times M \to M$	$r(m + m') = rm + rm'$ $(r + r')m = rm + r'm$ $r(r'm) = (rr')m$ 幺元性质 $1m = m$	对加法为同态 $\phi(rm) = r\phi(m)$	域上向量空间

有些文献未要求环的乘法幺元存在. 对于上表的每一种结构, 标为同态的映射都具有以下性质

- ◇ 恒等映射 id_X 是从 X 到自身的同态 (称为自同态),
- ◇ 同态的合成仍为同态,
- ◇ 同态的合成满足结合律 $f \circ (g \circ h) = (f \circ g) \circ h$.

如果结构之间的一对同态 $X \underset{g}{\overset{f}{\rightleftarrows}} Y$ 满足 $f \circ g = \mathrm{id}_Y$, $g \circ f = \mathrm{id}_X$, 就称它们互逆, 此时 f 和 g 是相互唯一确定的, 记为 $g = f^{-1}$, $f = g^{-1}$. 可逆的同态称为同构. 铭记代数学的一条基本原则: 同构联系了本质上相同的代数结构.

暂时不管集合论的细节, 则上述性质表明: 对于表列的每种结构, 其全体成员 (“对象”) 及其间的同态 (“态射”) 构成**范畴**的初步实例. 群, 交换群和左 R-模的范畴一般记为 Grp, Ab 和 R-Mod, 依此类推; 对于这些范畴中的对象 X, Y, 其间的全体同态构成了集合 $\mathrm{Hom}_{\mathsf{Grp}}(X, Y)$, $\mathrm{Hom}_{\mathsf{Ab}}(X, Y)$ 等等, 时常简记为 $\mathrm{Hom}(X, Y)$. 从 X 映到自身的同态称为自同态, 它们对态射合成构成一个幺半群, 记为 $\mathrm{End}(X)$; 可逆的自同态称为自同构, 所成的群记为 $\mathrm{Aut}(X)$.

表列诸结构的运算都搭建在集合上, 对之可以证明同构恰好是兼为双射的同态; 但要留意到:

- ◇ 范畴未必由搭建在集合上的结构组成;
- ◇ 对于其他建基在集合上的范畴, 双射同态也未必可逆: 标准的反例是范畴 Top (对象 = Hausdorff 拓扑空间, 态射 = 连续映射), 其中的同构是拓扑空间的同胚, 然而连续的双射未必是同胚.

在研究结构之间的同态时, 我们经常会运用交换图表的语言: 这意谓以箭头描述同态, 而交换性意谓图表中箭头的合成是殊途同归的, 基本例子:

$$\begin{array}{ccc} A & \xrightarrow{f} & B \\ {\scriptstyle h}\downarrow & \swarrow{\scriptstyle g} & \\ C & & \end{array} \quad \text{交换} \iff g \circ f = h.$$

当然我们还会考虑更复杂的图表, 譬如

$$\begin{array}{ccccc} A & \longrightarrow & B & \longrightarrow & C \\ & \searrow & \downarrow & & \downarrow \\ & & D & \longrightarrow & E \end{array}$$

等等, 交换性的意蕴可以类推. 图表的交换性能够分块验证; 譬如上图的交换性便可化约到子图表 $\begin{array}{ccc} \bullet & \longrightarrow & \bullet \\ & \searrow & \downarrow \\ & & \bullet \end{array}$ 和 $\begin{array}{ccc} \bullet & \longrightarrow & \bullet \\ \downarrow & & \downarrow \\ \bullet & \longrightarrow & \bullet \end{array}$ 上检验. 这套工序对于更复杂的图表 (例如 "三维" 情形) 是很有用的.

由于交换图表只涉及箭头的合成, 在一般的范畴中也同样适用.

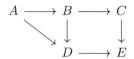

第一章 集合论

集合的基本概念和操作是中学数学或大学基础课的内容, 本章的目的是在这些基础上进行加固, 更新, 并补全一些常被遗漏的基本知识. 主角是:

◇ Zermelo–Fraenkel 公理集合论和选择公理的明确表述.

◇ 序数理论和 Zorn 引理; 这是由于序数和超穷递归在一般代数教材中较少提及, 而 Zorn 引理即使有证明也往往十分迂回.

◇ 关于基数的基本定义和操作.

◇ 阐述 Grothendieck 宇宙的概念, 借以安全地运用范畴论.

格于本书体裁, 对上述主题只能点到为止. 多数情形下, 数学工作者无须直面集合论的深层结构, 需要时也可以视作已知结果. 因此读者可选择在必要时再回头查阅本章. 但严肃的范畴论研究绕不过集合. 另一方面, 序数, 基数和超穷递归是数理逻辑与集合论工作者的常备工具, 许多代数教材不谈则已, 一谈便是云山雾罩; 鉴于逻辑方法, 尤其是模型论 [49] 近来对几何与数论等领域的渗透, 了解这些内容应当是不无裨益的.

阅读提示

读者必须对朴素集合论有最初步的了解. Grothendieck 宇宙仅在触及较深课题, 须对范畴进行高阶操作时才会用上. 建议初学代数的读者暂且略过本章.

1.1 ZFC 公理一览

何谓集合? G. Cantor 在 1895 年 [6, p.481] 作如是说: "集合意谓吾人感知或思想中一些确定的, 并且相互区别的对象汇集而成的整体, 这些对象称为该集合的元素." 百余年后回首, 仍然得承认 Cantor 的说法审慎而精当. 即便如此, 不加节制地操作这些"确定的"、"相区别"的对象将导致悖论, 譬如著名的 Russell 佯谬便考虑了所有集合构成的"集合" $\mathbf{V}$, 构造其子"集合" $\{x \in \mathbf{V} : x \notin x\}$ 而导出矛盾. 现代集合论处理此问题的主流方法是限制概括原理 $\{x : x \text{ 满足性质} P\}$ 的应用范围, 并在一阶逻辑与合适的公理系统下进行演绎. 例如: 以上提到的"集合" $\mathbf{V}$ 实非集合, 强名之只能称作类.

本书采用通行的 Zermelo–Fraenkel 公理集合论, 并承认选择公理; 这套系统简称 ZFC. 我们稍后将另加一条关于大基数的公理 (假设 1.5.2). 极笼统地说, ZFC 构筑于:

- 一阶逻辑, 其中具有常见的 $\wedge$, $\neg$, $\implies$, $\forall$, $\exists$ 等逻辑连词与量词, 括号 ( ), 变元 $x, y, z, \ldots$ 和等号 $=$ (视为二元谓词) 等; 可以判定一个公式是否合乎语言的规则, 例如括号的左右配对, 合规者称为合式公式. 这套语言是形式逻辑的标准基础, 可参看 [49, 第 2 章].

- 集合论所需的二元谓词 $\in$ 和以下将列出的公理 **A.1** — **A.9**. 若 $x \in y$ 则称 x 为 y 的元素. ZFC 处理的所有对象 x, y 等都应该理解为集合; 特别地, 集合的元素本身也是一个集合, 而集合 s 和仅含 s 的集合 $\{s\}$ 是两回事.

本书在逻辑层面诉诸常识, 我们不采取一阶逻辑的严格形式, 仅以数学工作者日用的素朴语言勾勒 ZFC 的公理, 后续的形式推导一并省去. 细节见诸任一本集合论书籍, 如 [23, 60]; 简明的综述则可参阅 [2].

A.1 外延公理: 若两集合有相同元素, 则两者相等.

空集 $\varnothing$ 的形式定义是 $\{u \in X : u \neq u\}$, 其中 X 是任意集合. 外延公理一个近乎无聊的应用是证明 $\varnothing$ 无关 X 的选取, 前提是集合确实存在, 这点既可以独立成另一条"存在公理", 也可以划入稍后的无穷公理.

A.2 配对公理: 对任意 x, y, 存在集合 $\{x, y\}$, 其元素恰好是 x 与 y.

有序对 (x, y) 的概念可用配对公理来实作: 我们能定义 $(x, y) := \{\{x\}, \{x, y\}\}$, 由此定义积集 $X \times Y := \{(x, y) : x \in X,\ y \in Y\}$; 准此要领可定义有限多个集合的积 $X \times Y \times \cdots$. 集合间的映射 $f : X \to Y$ 等同于它的图形 $\Gamma_f \subset X \times Y$: 对每个 $x \in X$, 交集 $\Gamma_f \cap (\{x\} \times Y)$ 是独点集, 记作 $\{f(x)\}$.

A.3 分离公理模式: 设 P 为关于集合的一个性质, 并以 $P(u)$ 表示集合 u 满足性质 P, 则对任意集合 X 存在集合 $Y = \{u \in X : P(u)\}$.

A.4 并集公理: 对任意集合 X, 存在相应的并集 $\bigcup X := \{u : \exists v \in X \text{ 使得 } u \in v\}$.

公理中的 X 通常视作一族集合, $\bigcup X$ 也相应地写成 $\bigcup_{v \in X} v$.

A.5 幂集公理: 对任意集合 X, 其子集构成一集合 $P(X) := \{u : u \subset X\}$.

A.6 无穷公理: 存在无穷集.

何谓无穷集? 此性质的刻画并不显然, 无穷公理可以用形式语言表作

$$\exists x \big[(\varnothing \in x) \ \wedge\ \forall y \in x \, (y \cup \{y\} \in x)\big]. \tag{1.1}$$

这般的 x 称为归纳集, 预设归纳集存在的用意在于萃取它的子集

$$\{\varnothing, \{\varnothing\}, \{\varnothing, \{\varnothing\}\}, \{\varnothing, \{\varnothing\}, \{\varnothing, \{\varnothing\}\}\}, \ldots\},$$

这是我们马上要构造的可数无穷序数 ω.

A.7 替换公理模式: 设 F 为以一个集合 X 为定义域的函数, 则存在集合 $F(X) = \{F(x) : x \in X\}$.

分离和替换公理模式里的性质 P 和函数 F 并非集合论意义下的寻常定义, 故无循环论证之虞, 它们实际是由一阶逻辑的合式公式定义的: 以函数 $x \mapsto y$ 为例, 这可以诠释为一阶逻辑中带有两个自由变元 x, y 的合式公式 φ, 适合于 $\forall x\ \exists! y\ \varphi(x, y)$. 由于对每个 P 或 F 都产生一条相应的公理, 它们被称作公理模式.

A.8 正则公理: 任意非空集都含有一个对从属关系 $\in$ 极小的元素.

正则公理的一个重要推论是对于任意集合 x, 不存在无穷的从属链 $x \ni x_1 \ni x_2 \ni \cdots$, 特别地 $x \notin x$. 由之可建立集合的层垒谱系, 见 §1.5.

A.9 选择公理: 设集合 X 的每个元素皆非空, 则存在函数 $g : X \to \bigcup X$ 使得 $\forall x \in X,\ g(x) \in x$ (称作选择函数).

选择公理中的 X 应该设想为一族非空集, 选择函数 $g(x) \in x$ 意味着从每个集合 $x \in X$ 中挑出一个元素.

严格来说, 在 ZFC 的形式系统内仅谈论集合. 一些常见的公理集合论如 NBG 系统 (von Neumann–Bernays–Gödel) 还定义了**类**的概念: 凡集合都是类, 但还存在非集合的类, 称作**真类**. 对于 ZFC 系统, 类只是权宜之计: 它只能在元语言的层次理解为满足某一给定性质的所有集合, 譬如所有的集合构成一类; 对类的操作化约为对一阶逻辑中合式公式的操作. 本书力求避开真类, 但在本章将不得不予处理.

集合的并 $X \cup Y$, 交 $X \cap Y$, 差 $X \smallsetminus Y$, 积 $X \times Y$ 和子集 $X \subset Y$ 等运算, 以及函数等都是派生的概念. 读者想必知之甚详, 故不再赘述. 由此出发, 可以进一步构造非

负整数集 $\mathbb{Z}_{\geq 0}$, 整数集 $\mathbb{Z}$, 有理数集 $\mathbb{Q}$ 和实数集 $\mathbb{R}$ 等等. 我们将在 §1.2 回顾集合论里构造 $\mathbb{Z}_{\geq 0}$ 的方式.

以下简述商集的概念. 对于任意 $n \geq 1$, 集合 X 上的 n 元关系按定义是 $X^n = \underbrace{X \times \cdots \times X}_{n \text{ 项}}$ 的一个子集 R. 多数场合考虑的是二元关系, 此时以 xRy 表示 $(x, y) \in R$. 满足以下性质的 (二元) 关系 $\sim$ 称作**等价关系**:

▷ **反身性** $x \sim x$,

▷ **对称性** $x \sim y \implies y \sim x$,

▷ **传递性** $(x \sim y) \wedge (y \sim z) \implies (x \sim z)$.

对于 X 上的等价关系 $\sim$ 和任意 $x \in X$, 含 x 的等价类记为 $[x] := \{y \in X : y \sim x\}$. **商集**定义为全体等价类, 亦即 $X/\sim := \{[x] : x \in X\}$. 如此得到 X 的无交并分解 (又称 X 的划分) $X = \bigcup_{[x] \in X/\sim} [x]$, 而且 $x \sim y$ 当且仅当 x, y 属于划分中的同一个子集. 易见 X 上的等价关系一一对应于 X 的划分.

我们将采用习见的集合论符号, 例如 $X \subsetneq Y$ 代表 $X \subset Y$ 且 $X \neq Y$, 以 $X \sqcup Y$ 代表 X 和 Y 的无交并, X^Y 代表所有函数 $f : Y \to X$ 构成的集合, 特别地 $2^X = P(X)$, 这里 2 代表恰有两个元素的集合. 我们将用 $\{\mathrm{pt}\}$ 表示仅有一个元素的集合. 进一步, 对于以某集合 I 为指标的一族集合 $(X_i)_{i \in I}$ 可以定义

$$\text{并 } \bigcup_{i \in I} X_i, \qquad \text{交 } \bigcap_{i \in I} X_i \quad (I \neq \varnothing),$$

$$\text{无交并 } \bigsqcup_{i \in I} X_i, \quad \text{积 } \prod_{i \in I} X_i.$$

对应于 $I = \varnothing$ 的并与无交并都是 $\varnothing$, 而积是 $\{\varnothing\}$. 空交的合理定义只能是全体集合构成的类 $\mathbf{V}$, 这在 ZFC 系统内是犯规的.

公理集合论是当代数学的正统基础. 它的表述范围之广, 形式化程度之高, 以至于数学本身也堪成为数学研究的对象, 诸如何谓证明, 一个命题能否被证明, 公理系统的一致性 (无矛盾) 等等都能被赋予明晰的数学内容, 这类研究统称元数学. 数学实践中平素基于自然语言的定义和论证等等, "原则上" 都能改写为 ZFC 或其他公理集合论里的形式语言, 从而为其陈述和验证赋予一套坚实的基础. 幸抑不幸, 这种基础长期以来仅仅是一种姿态: 即便对看似单纯的集合论定理, 其形式表述往往都极尽烦琐, 遑论靠人工来验证乃至于领略. 然而随着符号逻辑, 计算机理论与相关技术的持续进展, 形势逐渐在起变化. 如四色定理、素数定理、Kepler 猜想等结果现在已有了形式的验证, 而形式化方法的应用还不限于数学. 集合论之外的思想 (如类型论) 对此似乎是必要的, 至少是起了极大的简化效果. 可以确定的是: 随着理论与技术携手并进, 人们对数学基础与数学实践两方面的认知还会不断被改写.

1.2 序结构与序数

按照 Bourbaki 的观点, 序结构连同拓扑和代数结构一道组成了数学结构的三大母体. 以下依序介绍偏序、全序与良序的概念.

定义 1.2.1 **偏序集**意指资料 $(P, \leq)$, 其中 P 是集合而 $\leq$ 是 P 上的二元关系 (偏序), 满足于

▷ **反身性** $\forall x \in P,\ x \leq x$;

▷ **传递性** $(x \leq y) \wedge (y \leq z) \implies x \leq z$;

▷ **反称性** $(x \leq y) \wedge (y \leq x) \implies x = y$.

仅满足反身性与传递性的结构称为**预序集**. 预序集间满足 $x \leq y \implies f(x) \leq f(y)$ 的映射称为**保序映射**.

一般用 $x < y$ 表示 $x \leq y$ 且 $x \neq y$. 符号 $\geq$ 和 $>$ 的意义是自明的. 今后谈及偏序集时经常省略其中的关系 $\leq$.

设 P, Q 为偏序集, 若映射 $\phi : P \to Q$ 满足 $(x < x') \implies (\phi(x) < \phi(x'))$, 则称 ϕ 是严格增的. 若 $\phi : P \to Q$ 是双射而且 ϕ, ϕ^{-1} 皆保序, 则称 ϕ 为偏序集 P, Q 之间的同构. 偏序集的同构类称为**序型**. 偏序集的子集继承了自然的偏序结构.

定义 1.2.2 设 $P' \subset P$, 而 P 是预序集,

◇ 称 $x \in P$ 是 P 的极大元, 如果不存在满足 $x < y$ 的元素 $y \in P$;

◇ 称 $x \in P$ 是 P' 的上界, 如果对每个 $x' \in P'$ 都有 $x' \leq x$;

◇ 称 $x \in P$ 是 P' 的上确界, 如果 x 是其上界, 而且对每个上界 y 皆有 $x \leq y$.

同理可以定义极小元、下界和下确界, 仅需把以上的 $\leq$ 换成 $\geq$. 对于偏序集 P, 根据反称性, 其子集 P' 的上确界或下确界若存在则是唯一的, 分别记为 $\sup P'$ 和 $\inf P'$.

定义 1.2.3 若偏序集 P 非空, 而且对任何 $x, y \in P$ 子集 $\{x, y\}$ 皆有上界, 则称 P 是**滤过序集**.

定义 1.2.4 若偏序集 P 中的任一对元素 x, y 皆可比大小 (即: 或者 $x \leq y$, 或者 $y \leq x$), 则称 P 为**全序集**. 全序集又称作**线序集**或**链**.

显然全序集皆是滤过的.

我们偶尔也会谈论一些类上的序或全序, 及其上界下界等等, 例如以下将考虑的序数类 $\mathbf{On}$. 定义同上.

定义 1.2.5 (G. Cantor) 全序集 P 如满足下述性质则称作**良序集**: 每个 P 的非空子集都有极小元.

例 1.2.6 取任一集合 X, 则幂集 $P(X)$ 相对于包含关系 $\subset$ 成为滤过偏序集, 但一般不是全序. 后面要构作的非负整数集 $\mathbb{Z}_{\geq 0}$ 和实数集 $\mathbb{R}$ 都具有标准的全序结构; 其中 $\mathbb{Z}_{\geq 0}$

显然是良序集, $\mathbb{R}$ 则不是.

引理 1.2.7 设 P 为良序集, 映射 $\phi: P \to P$ 严格增, 则对每个 $x \in P$ 皆有 $\phi(x) \geq x$. 特别地: (i) P 没有非平凡的自同构, (ii) 对任意 $x \in P$, 不存在从 P 到 $P_{<x} := \{y \in P : y < x\}$ 的同构.

形如 $P_{<x}$ 的子集继承 P 的良序, 称作 P 的一个**前段**.

证明 假设集合 $P_0 := \{x \in P : \phi(x) < x\}$ 非空, 对任意 $z \in P_0$ 由 ϕ 严格增可知 $\phi(\phi(z)) < \phi(z)$, 取 z 为 P_0 的极小元便导致矛盾. 第一个断言得证.

对于 (i), 代入 ϕ 和 ϕ^{-1} 以得到 $\forall x\ \phi(x) = x$. 对于 (ii), 一个同构 $\phi: P \to P_{<x}$ 必然是 P 到自身的严格增映射并满足 $\phi(x) < x$, 与之前结果矛盾. □

序数的原初想法是良序集的序型; 假如循此进路, 则必须视之为类而非集合, 那么谈论序数全体 **On** 便相当于操作 "类的类", 显然有些棘手. 幸亏我们能从每个良序型中挑出一个标准的良序集, 从而得到更精确的描述, 为此需要 von Neumann 的如下定义.

定义 1.2.8 如果一个集合 α 的每个元素都是 α 的子集 (换言之, $\alpha \subset P(\alpha)$), 则称 α 为**传递**的. 若传递集 α 对于 $x < y \overset{\text{定义}}{\iff} x \in y$ 成为良序集, 则称 α 为**序数**.

显然 $\varnothing$ 是序数. 若 α 是序数, 则 $\alpha \sqcup \{\alpha\}$ 亦然. 序数的完整理论可参阅 [23, §2] 或 [60, 第四章], 以下仅摘录部分重要性质. 关于序数与良序型的联系请见命题 1.3.4.

引理 1.2.9 序数满足下述性质.

(i) 若 α 是序数, $\beta \in \alpha$, 则 β 也是序数.

(ii) 对任两个序数 α, β, 若 $\alpha \subsetneq \beta$ 则 $\alpha \in \beta$.

(iii) 对任两个序数 α, β, 必有 $\alpha \subset \beta$ 或 $\beta \subset \alpha$.

证明 先证 (i). 据 α 的传递性可知 $\beta \subset \alpha$, 且 $(\beta, \in)$ 也是良序集. 接着证明 β 传递: 设 $\tau \in \beta \subset \alpha$, 仅需证明 $x \in \tau \implies x \in \beta$ 即可. 由于 $\in$ 赋予 α 序结构, 由 $x \in \tau \in \beta$ 可知 $x \in \beta$.

对于 (ii), 以 $<$ 表示 $\in$ 并令 γ 为 $(\beta \smallsetminus \alpha, <)$ 的极小元. 我们断言 $\alpha = \{x \in \beta : x < \gamma\}$, 而后者无非是 γ. 包含关系 $\supset$ 是显然的. 对于 $\subset$, 给定 $y \in \alpha \subset \beta$, 首先排除 $\gamma = y$; 其次, 由 α 的传递性有 $y \subset \alpha$, 依此排除 $\gamma < y$, 故 $y < \gamma$.

对于 (iii), 显见 $\gamma := \alpha \cap \beta$ 也是序数. 我们断言 $\gamma = \alpha$ 或 $\gamma = \beta$ 必居其一, 否则由上述结果可得 $\gamma \in \alpha$, $\gamma \in \beta$, 于是有 $\gamma \in \gamma$, 亦即在偏序集 $(\alpha, \leq)$ 中 $\gamma < \gamma$, 这同 $<$ 的涵义 ($\leq$ 但 $\neq$) 矛盾. □

从引理立得以下直接推论.

定理 1.2.10 定义 **On** 为序数构成的类.

◇ 对序数定义 $\beta < \alpha$ 当且仅当 $\beta \in \alpha$, 则这定义了 **On** 上的一个全序, 而且对任意序数 α 都有 $\alpha = \{\beta : \beta < \alpha\}$.
◇ 若 C 是一个由序数构成的类, $C \neq \varnothing$, 则 $\inf C := \bigcap C$ 也是序数, 而且 $\inf C \in C$; 我们有 $\alpha \sqcup \{\alpha\} = \inf\{\beta : \beta > \alpha\}$.
◇ 若 S 是一个由序数构成的集合, $S \neq \varnothing$, 则 $\sup S := \bigcup S$ 也是序数.

由此可知 $\beta < \alpha$ 蕴涵 β 是 α 的前段. 性质 $\alpha = \{\beta : \beta < \alpha\}$ 是理解序数构造的钥匙.

给定序数 α, 置 $\alpha + 1 := \alpha \sqcup \{\alpha\} > \alpha$, 称为 α 的**后继**; 它是大于 α 的最小序数. 若 α 不是任何序数的后继, 则不难看出 $\alpha = \sup\{\beta : \beta < \alpha\}$, 这样的 α 称为**极限序数**. 约定空 sup 为 $\varnothing$ 使得 "零序数" $\varnothing$ 是极限序数.

命题 1.2.11 序数类 **On** 是真类.

证明 前述结果表明若 **On** 是集合, 则 $\sup(\mathbf{On})$ 有定义, 而且序数 $\sup(\mathbf{On}) + 1$ 将严格大于所有序数, 包括它自己! □

这被称为 Burali–Forti 佯谬 (1897 年), 它面世要早于 Russell 佯谬 (1902 年), 尽管后者影响更大.

例 1.2.12 (无穷序数 ω 的构造) 考虑序数 $0 := \varnothing$, 不断取后继得到序数

$$1 := 0 + 1, \quad 2 := 1 + 1, \quad 3 = 2 + 1, \ldots$$

等等. 现在我们着手定义最小的非零极限序数 ω, 这样的序数如存在则必包含所有 $0, 1, 2, \ldots$, 而且实由它们构成. 首务是证明非零极限序数存在: 回忆无穷公理 **A.6** 中归纳集的概念, 若 x 是归纳集, 取 $\alpha := \{y \in x : y \subset x,\ y \in \mathbf{On}\}$. 按定义直接验证以下性质: (a) $\varnothing \in \alpha$ 故 α 非空, (b) α 是序数, (c) $y \in \alpha \implies y + 1 \in \alpha$, 因此 α 确为极限序数. 取序数 $\omega := \inf\{\text{非零极限序数}\}$ 即所求. 满足 $n < \omega$ 的序数 n 称为**有限序数**.

在同构意义下, 序数 $\omega = \{n : n = 0, 1, \ldots\}$ 不外是我们直觉中的良序集 $\mathbb{Z}_{\geq 0}$; 这也可以看作是从空集出发, 在 ZFC 框架下定义非负整数集的一种手法. 更明确地说, ω 连同其中元素的后继运算 $n \mapsto n + 1$ 满足 Peano 的算术公理 (见 [59, 第零章, §2]), 而这是我们实际操作整数时所需的全部性质, 定理 1.3.1 将触及其中关键的一条: 数学归纳法.

1.3 超穷递归及其应用

定理 1.2.10 表明真类 **On** 对 $\leq$ 也有良序性质: 任何由序数构成的类都有极小元. 这立即导向以下结果.

定理 1.3.1 (超穷归纳法) 令 C 为一个由序数构成的类. 假设

(i) $0 \in C$,

(ii) $\alpha \in C \implies \alpha + 1 \in C$,

(iii) 设 α 为极限序数, 若对每个 $\beta<\alpha$ 皆有 $\beta\in C$, 则 $\alpha\in C$,
那么 $C=\mathbf{On}$. 如果仅考虑小于某 θ 的序数而非 $\mathbf{On}$ 整体, 断言依然成立.

证明 设若不然, 取不在 C 中的最小序数 $\alpha\neq 0$, 无论它是后继或极限序数都导致矛盾. □

注记 1.3.2 回忆到 $\theta=\{\alpha\in\mathbf{On}:\alpha<\theta\}$. 如取 $\theta=\omega$ 则得到经典的数学归纳法, 此时不涉及情况 (iii).

定理 1.3.1 常用以递归地构造一列以序数枚举的数学对象, 它基于某规则 G 如下:

▷ **第零项** $a_0=G(0)$ 给定,

▷ **后继项** 设 $\alpha=\beta+1$, 已知 a_β, 则可以确定 $a_\alpha=a_{\beta+1}=G(a_\beta)$,

▷ **极限项** 设 α 是极限序数, 已知 $\{a_\beta:\beta<\alpha\}$, 则可以确定 $a_\alpha=G(\{a_\beta:\beta<\alpha\})$.

不难想象这将唯一确定一列集合 a_α, 兹改述并证明如下. 考虑函数 $G:\mathbf{V}\to\mathbf{V}$, 虽然 $\mathbf{V}$ 是真类, 然而如早先所述, G 可以诠释为一阶逻辑中的某类公式而不影响以下操作. 引入 θ-列的概念: 这是指函数 $a:\theta\to\mathbf{V}$, 亦可理解为形如 $\{a_\alpha:\alpha<\theta\}$ 的列.

定理 1.3.3 (超穷递归原理) 对任意序数 θ, 存在唯一的 θ-列 a 使得 $\alpha<\theta\implies a(\alpha)=G(a|_\alpha)$. 特别地, 存在唯一的函数 $a:\mathbf{On}\to\mathbf{V}$ 使得对每个序数 α 皆有 $a(\alpha)=G(a|_\alpha)$.

几点说明: (a) 替换公理模式 **A.7** 确保函数限制 $a|_\alpha$ 可以按寻常方法等同于集合 $\{(\beta,a(\beta)):\beta\in\alpha\}$, 故 G 对之可以取值; (b) 我们将函数限制 $a|_0$ 理解为空集 0, 故按定义 $a(0)=G(0)$; (c) 定理前半段只要求 G 对形如 $\alpha\to\mathbf{V}$ 的函数有定义, 其中 $\alpha<\theta$.

证明 第一步, 若 θ-列 a,a' 皆满足所示性质, 我们断言 $\alpha<\theta$ 蕴涵 $a(\alpha)=a'(\alpha)$, 如是则 $a=a'$: 这对 $\alpha=0$ 已知; 设若这对所有 $\beta<\alpha$ 成立, 那么 $a|_\alpha=a'|_\alpha$ 故 $a(\alpha)=a'(\alpha)$; 应用定理 1.3.1 遂得以上断言.

第二步是 θ-列 a 的存在性. 当 $\theta=0$ 时为显然. 今设 $\theta>0$, 并且对任意 $\xi<\theta$, 所求 ξ-列 $a[\xi]$ 皆存在, 则由替换公理模式知 $a[\xi]$ 确实是集合间的映射; 由第一步可将诸 $a[\xi]$ 拼接为定义在 θ 上的函数 a 使得 $a|_\xi=a[\xi]$, 而且使性质 $\alpha<\theta\implies a(\alpha)=G(a|_\alpha)$ 成立, 这是容易的.

最后, 由于 $\mathbf{On}$ 无极大元, 根据前两步可以唯一地定义 $a:\mathbf{On}\to\mathbf{V}$. □

借助超穷递归原理, 能对序数定义类似于非负整数的运算如次. 以下在情形 (iii) 总假设 β 是极限序数:

◇ 加法: (i) $\alpha+0:=\alpha$, (ii) $\alpha+(\beta+1)=(\alpha+\beta)+1$, (iii) $\alpha+\beta=\sup\{\alpha+\xi:\xi<\beta\}$.

◇ 乘法: (i) $\alpha\cdot 0:=0$, (ii) $\alpha\cdot(\beta+1)=\alpha\cdot\beta+\alpha$, (iii) $\alpha\cdot\beta=\sup\{\alpha\cdot\xi:\xi<\beta\}$.

◇ 指数: (i) $\alpha^0:=1$, (ii) $\alpha^{\beta+1}=\alpha^\beta\cdot\alpha$, (iii) $\alpha^\beta=\sup\{\alpha^\xi:\xi<\beta\}$.

可以验证序数对加法和乘法都满足结合律, 但一般不满足交换律. 施之于 $\alpha,\beta<\omega$ 便得到非负整数上的加法和乘法 (当然这时必须验证交换律). 至此, 我们已经基于公理集

合论为 $\mathbb{Z}_{\geq 0}$ 上的算术奠定了基础, 将之加工为 $\mathbb{Z}$ 及 $\mathbb{Q}$ 则可以说是代数学的任务, 手法是大家熟知的. 一般性的工具将在定义–定理 4.2.12 和 §5.3 予以介绍.

命题 1.3.4 对任意良序集 P, 存在唯一的序数 α 和良序集之间的同构 $\phi: P \xrightarrow{\sim} \alpha$.

证明 序数和同构的唯一性源自引理 1.2.7 和引理 1.2.9. 可设 $P \neq \varnothing$, 并选取 $\mho \notin P$ (易见存在性). 以下将以超穷递归定义一族元素 $a_\alpha \in P \sqcup \{\mho\}$, 其中 α 取遍所有序数. 设 $a_0 := \min(P)$, 并递归地定义

$$a_\alpha := \begin{cases} \min\left(P \smallsetminus \{a_\beta : \beta < \alpha\}\right), & \{a_\beta : \beta < \alpha\} \subsetneq P, \\ \mho, & \{a_\beta : \beta < \alpha\} = P. \end{cases}$$

由于 P 是集合, 必存在最小的序数 θ 使得 $a_\theta = \mho$, 否则这将蕴涵单射 $a: \mathbf{On} \to P$, 分离公理模式 **A.3** 确保 $a(\mathbf{On}) \subset P$ 是集合, 而替换公理模式 **A.7** 蕴涵 $\mathbf{On} = a^{-1}(a(\mathbf{On}))$ 亦是集合, 此与命题 1.2.11 矛盾. 可验证 $a_\alpha \mapsto \alpha$ 定义了偏序集的同构 $P \to \{\beta : \beta < \theta\} = \theta$. □

以下两个重要结果都依赖于选择公理 **A.9**. 其中 Zorn 引理是代数学的基本工具之一. 之前的论证技巧还会反复出现.

定理 1.3.5 (Zermelo 良序定理, 1904) 任意集合 S 都能被赋予良序.

证明 我们断言 S 和某个序数 θ 间存在双射. 选取元素 $\mho \notin S$ 如上. 由选择公理, 可以在 S 的每个子集 S' 里拣选元素 $g(S')$. 设 $a_0 := g(S)$, 并用超穷递归对每个序数 α 定义

$$a_\alpha := \begin{cases} g\left(S \smallsetminus \{a_\beta : \beta < \alpha\}\right), & S \neq \{a_\beta : \beta < \alpha\}, \\ \mho, & S = \{a_\beta : \beta < \alpha\}. \end{cases}$$

与先前类似, 因 S 是集合, 故可取极小的 θ 使得 $a_\theta = \mho$, $S = \{a_\beta : \beta < \theta\}$, 后者和序数 $\theta = \{\beta : \beta < \theta\}$ 之间有显然的双射, 于是导出 S 上的良序. □

定理 1.3.6 (Zorn 引理) 设 P 为非空偏序集, 而且 P 中每个链都有上界, 则 P 含有极大元.

证明 类似于前一个证明. 假定 P 不含极大元. 任取 $a_0 \in P$, 并用超穷递归对每个序数 α 定义 $a_\alpha \in P$, 使得 $\alpha < \beta \Rightarrow a_\alpha < a_\beta$, 其方法如次: 设对每个 $\beta < \alpha$ 都定义了 a_β 如上, 则 $(a_\beta)_{\beta<\alpha}$ 在 P 中成一链. 若 α 是极限序数, 则此链必有上界 $a_\alpha \notin \{a_\beta\}_{\beta<\alpha}$; 若 $\alpha = \gamma + 1$ 是后继序数, 因 P 无极大元故存在 $a_\alpha \in P$ 使得 $a_\alpha > a_\gamma$. 真类 $\mathbf{On}$ 据此可以嵌入 P, 仿照命题 1.3.4 的论证导出 $\mathbf{On}$ 亦是集合, 矛盾. □

已知选择公理、良序定理和 Zorn 引理相互等价, 任择一者连同 **A.1** — **A.8** 皆给出 ZFC. 本书以选择公理为出发点.

1.4 基数

基数是描述集合大小的一种标杆, 我们从等势的概念出发, 随后联系到序数.

定义 1.4.1 若两集合 X, Y 之间存在双射 $\phi: X \to Y$, 则称 X, Y **等势**.

等势构成了集合间的等价关系, 集合 X 的等势类记作 $|X|$. 若存在单射 $\phi: X \to Y$, 则记作 $|X| \leq |Y|$.

关系 $\leq$ 显然只依赖于等势类, 并满足传递性: $|X| \leq |Y|$, $|Y| \leq |Z|$ 蕴涵 $|X| \leq |Z|$. 我们用 $|X| < |Y|$ 表示 $|X| \leq |Y|$, $|X| \neq |Y|$. 以下证明 $\leq$ 满足反称性, 因而在等势类上定义了偏序.

定理 1.4.2 (Schröder–Bernstein) 若两集合 X, Y 满足 $|X| \leq |Y|$ 和 $|Y| \leq |X|$, 则 $|X| = |Y|$.

证明 考虑单射 $f: X \to Y$ 和 $g: Y \to X$. 我们可以在断言中以 $g(Y)$ 代替 Y, 从而化约到 $Y \subset X$ 而 g 是包含映射的情形, 即 $f(X) \subset Y \subset X$. 置 $X_0 := X$, $Y_0 := Y$, 我们递归地对所有 $n \in \mathbb{Z}_{\geq 0}$ 定义

$$\begin{aligned} X_{n+1} &:= f(X_n), \\ Y_{n+1} &:= f(Y_n). \end{aligned}$$

从而得到一列嵌套的子集

$$\underbrace{X_0}_{=X} \supset \underbrace{Y_0}_{=Y} \supset \cdots \supset X_n \supset Y_n \supset X_{n+1} \supset \cdots.$$

定义映射 $\phi: X \to Y$ 如下

$$\phi(x) = \begin{cases} f(x), & \text{如果 } \exists n \geq 0,\ x \in X_n \smallsetminus Y_n, \\ x, & \text{其他情形.} \end{cases}$$

容易验证 ϕ 是良定的双射. □

许多书籍直接将基数定义为等势类. 一如序数的情形, 本章的进路是为每个等势类指定标准的代表元, 从而将基数理解为一类特别的序数. 在此先回顾等势类的基本运算:

(i) $|X| + |Y| = |X \sqcup Y|$,

(ii) $|X| \cdot |Y| = |X \times Y|$,

(iii) $|X|^{|Y|} = |X^Y|$.

推而广之, 设 $(X_i)_{i\in I}$ 为以集合 I 为指标的一族集合, 则可定义基数和

$$\sum_{i\in I}|X_i| := \left|\bigsqcup_{i\in I} X_i\right| \tag{1.2}$$

与积

$$\prod_{i\in I}|X_i| := \left|\prod_{i\in I} X_i\right|. \tag{1.3}$$

可验证两者都是良定的运算. 关于基数之无穷和与无穷积的进一步讨论可参阅 [23, pp.52–55].

另外注意到 $2^{|X|} = |P(X)|$. 下述定理是熟知的.

定理 1.4.3 (Cantor) 对任意集合 X 皆有 $|P(X)| > |X|$.

证明 存在单射 $X \to P(X)$, 然而任何映射 $\phi : X \to P(X)$ 皆非满: 仅需验证集合 $Y := \{x \in X : x \notin \phi(x)\}$ 不在 ϕ 的像里. □

定义 1.4.4 序数 κ 称为**基数**, 如果对任意序数 $\lambda < \kappa$ 都有 $|\lambda| < |\kappa|$.

换言之, 基数无非是一个等势类中的极小序数. 现在我们用选择公理联系等势类和基数.

命题 1.4.5 对任意集合 X, 可取最小的序数 $\alpha(X)$ 使得 $|X| = |\alpha(X)|$. 则 $X \mapsto \alpha(X)$ 给出等势类和基数的一一对应. 特别地, 对任意集合 X, Y 必有 $|X| \leq |Y|$ 或 $|Y| \leq |X|$.

证明 序数 $\alpha(X)$ 的存在性源于定理 1.3.5, 它显然是基数. 其余断言是显然的. □

据此可以谈论一个集合的基数. 不难证明有限序数和 ω 都是基数. **有限集**是基数为有限序数的集合, **可数集**是基数为 ω 的集合, 其余称为**不可数集**; 注意到任何无穷集总是包含一份与 $\mathbb{Z}_{\geq 0}$ 等势的子集, 这是因为无穷序数皆包含 ω. 为了符号上方便, 今后我们将经常混同集合的等势类及相应的基数.

引理 1.4.6 对任意序数 α 都存在基数 $\kappa > \alpha$. 如果 S 是一个由基数构成的集合, 则 $\sup S$ 也是基数.

证明 一个集合及其子集上所有可能的良序结构形成一个集合, 而 **On** 是真类, 因此对任意 X 总存在序数 θ 使得 $|\theta| > |X|$; 取 $X = \alpha$ 便得到第一个断言. 对于第二个断言, 假定存在序数 $\beta < \alpha := \sup S$ 使得 $|\beta| = |\alpha|$. 根据上确界性质, 必存在 $\kappa \in S$ 满足 $\kappa > \beta$, 因此 $|\beta| \leq |\kappa| \leq |\alpha| = |\beta|$, $|\beta| = |\kappa|$, 这与 κ 是基数矛盾. □

任意无穷集 α 都满足 $|\alpha \sqcup \{\alpha\}| = |\alpha|$ (处理 $\alpha = \mathbb{Z}_{\geq 0}$ 的情形即可), 所以无穷基数必为极限序数. 无穷基数称作 $\aleph$ 数. 引理 1.4.6 告诉我们如何用序数枚举无穷基数: 递

归地定义

$$
\begin{aligned}
\aleph_0 &:= \omega, \quad \text{这是最小的无穷基数;} \\
\aleph_{\alpha+1} &:= \text{大于 } \aleph_\alpha \text{ 的最小基数;} \\
\aleph_\alpha &:= \sup_{\beta<\alpha} \aleph_\beta, \quad \text{若 } \alpha \text{ 是极限序数.}
\end{aligned}
$$

特别地, 基数全体构成一个真类.

例 1.4.7 (Cantor) 我们证明 $|\mathbb{R}| = 2^{\aleph_0}$. 首先留意到 $|\mathbb{Q}| = |\mathbb{Z}_{\geq 0}| = \aleph_0$. Dedekind 分割 $x \mapsto \{r \in \mathbb{Q} : r < x\}$ 给出 $\mathbb{R} \hookrightarrow P(\mathbb{Q})$, 于是 $|\mathbb{R}| \leq |P(\mathbb{Q})| = 2^{\aleph_0}$. 另一方面, 区间 $[0,1]$ 包含 Cantor 集

$$
C := \left\{ \sum_{n=1}^{\infty} a_n 3^{-n} : \forall n,\ a_n = 0 \text{ 或 } 2 \right\},
$$

形式如上的 3 进制表法是唯一的, 因此 $|\mathbb{R}| \geq |C| = 2^{\aleph_0}$. 应用定理 1.4.2 即得所求.

集合论中常称实数集为 "连续统". 著名的连续统假设断言 $2^{\aleph_0} = \aleph_1$. 已知若预设 ZFC 公理系统的一致性, 那么无论是连续统假设 (P. Cohen, 1963) 或其否定 (K. Gödel, 1940) 都无法从 ZFC 的公理推出.

定理 1.4.8 ($\alpha \times \alpha$ 上的典范良序) 真类 $\mathbf{On}^2 = \mathbf{On} \times \mathbf{On}$ 上存在良序 $\prec$ 使得对每个序数 α 皆有 $\mathbf{On}^2_{\prec(0,\alpha)} = (\alpha \times \alpha, \prec)$, 称作 $\alpha \times \alpha$ 上的典范良序. 进一步, $(\aleph_\alpha \times \aleph_\alpha, \prec)$ 的序型为 $\aleph_\alpha$; 作为推论, $\aleph_\alpha \cdot \aleph_\alpha = \aleph_\alpha$.

证明 在 $\mathbf{On}^2$ 上定义 $(\alpha, \beta) \prec (\alpha', \beta')$ 当且仅当

- ◇ $\max\{\alpha, \beta\} < \max\{\alpha', \beta'\}$, 或者
- ◇ $\max\{\alpha, \beta\} = \max\{\alpha', \beta'\}$, 此时以字典序比大小 (即先比较第一个分量, 相等则比第二个分量).

易见 $\prec$ 是 $\mathbf{On}^2$ 上的良序. 而且 0 是最小序数故 $(\alpha', \beta') \prec (0, \alpha) \iff \alpha', \beta' < \alpha$. 于是 $\mathbf{On}^2_{\prec(0,\alpha)} = \alpha \times \alpha$.

如果 $(\aleph_\alpha \times \aleph_\alpha, \prec)$ 的序型为 $\aleph_\alpha$, 那么基数的定义 (一个等势类中的极小序数) 说明 $|\aleph_\alpha \times \aleph_\alpha| = \aleph_\alpha$, 以基数乘法来表示即 $\aleph_\alpha \cdot \aleph_\alpha = \aleph_\alpha$. 下面就来证明关于序型的断言.

反设 α 为使得 $(\aleph_\alpha \times \aleph_\alpha, \prec)$ 不同构于 $\aleph_\alpha$ 的最小序数. 此处必有 $\alpha > 0$, 因为 $(\aleph_0 \times \aleph_0, \prec) \simeq \aleph_0$ 由下图给出.

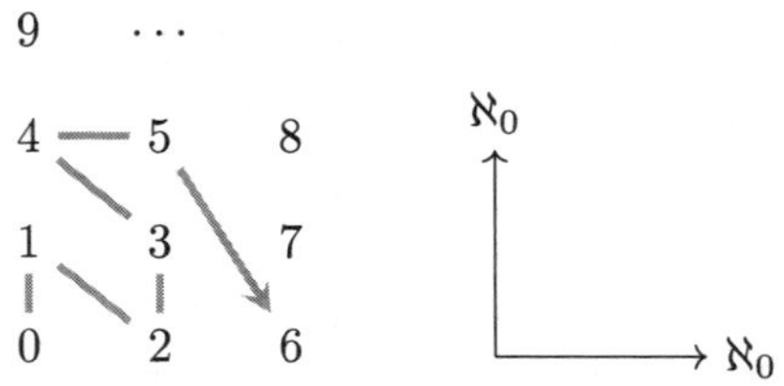

令序数 γ 表 $(\aleph_\alpha \times \aleph_\alpha, \prec)$ 之序型, 并取同构 $f : \gamma \xrightarrow{\sim} (\aleph_\alpha \times \aleph_\alpha, \prec)$. 基数的性质给出

$$\gamma \geq |\gamma| = |\aleph_\alpha \times \aleph_\alpha| \geq \aleph_\alpha;$$

而 α 的选取蕴涵 $\gamma \neq \aleph_\alpha$, 故 $\gamma > \aleph_\alpha$. 既然 $\aleph_\alpha$ 是 γ 的真前段, 限制 f 就得到从 $\aleph_\alpha$ 至 $(\aleph_\alpha \times \aleph_\alpha, \prec)$ 的某个真前段的同构. 根据 $\prec$ 的定义, 存在序数 $\sigma < \aleph_\alpha$ 使得 $f(\aleph_\alpha) \subset \sigma \times \sigma$. 由于 $\aleph_\alpha$ 无穷, σ 亦然.

根据基数定义, 存在 $\beta < \alpha$ 使得 $|\sigma| = \aleph_\beta$. 关于 α 的极小性假设蕴涵 $\aleph_\beta \cdot \aleph_\beta = \aleph_\beta$. 但这么一来

$$\aleph_\alpha = |f(\aleph_\alpha)| \leq |\sigma| \cdot |\sigma| = \aleph_\beta \cdot \aleph_\beta = \aleph_\beta$$

遂与 $\beta < \alpha \implies \aleph_\beta < \aleph_\alpha$ 矛盾. 证毕. □

推论 1.4.9 对任意非零基数 κ, λ, 设其一无穷, 则 (i) $\kappa + \lambda = \kappa \cdot \lambda = \max\{\lambda, \kappa\}$; (ii) 若 $2 \leq \kappa \leq \lambda$, 则 $\kappa^\lambda = 2^\lambda$.

证明 先证明 (i). 不妨设 λ 无穷而且 $\lambda \geq \kappa > 0$. 基数运算的定义蕴涵

$$\lambda \leq \kappa + \lambda \leq \kappa \cdot \lambda \leq \lambda \cdot \lambda.$$

鉴于 Schröder–Bernstein 定理 1.4.2, 一切化约到证明 $\lambda = \lambda \cdot \lambda$; 为此可将 λ 视同于某个 $\aleph_\alpha$ 并应用定理 1.4.8 即可. 断言 (ii) 归结为 $2^\lambda \leq \kappa^\lambda \leq (2^\lambda)^\lambda = 2^{\lambda \cdot \lambda} = 2^\lambda$, 因此时 λ 必无穷. □

正则基数的概念将在 §1.5 派上用场, 不妨这么看: 正则基数是无法由更小的基数拼凑而成的无穷基数.

定义 1.4.10 一个无穷基数 α 称为**正则基数**, 如果不存在极限序数 $\beta < \alpha$ 和严格增的序数列 $\{a_\xi : \xi < \beta\}$ 使得 $\sup\{a_\xi : \xi < \beta\} = \alpha$.

作为例子, 以下说明形如 $\aleph_{\gamma+\omega}$ 的基数均非正则, 这里 γ 可以是任意序数: 在定义中取 $\beta := \gamma + \omega$ 和 $a_\xi := \aleph_\xi$, 关系 $\alpha := \aleph_\beta > \beta$ 理应是明显的; 而 $\aleph$ 数的定义表明 $\sup\{a_\xi : \xi < \beta\} = \sup\{\aleph_{\gamma+n} : n < \omega\} = \aleph_{\gamma+\omega}$.

1.5 Grothendieck 宇宙

关于 Grothendieck 宇宙的第一手材料是 [15, Exp. I, Appendice].

定义 1.5.1 本书所谓的**宇宙**, 意谓一个满足下述性质的集合 $\mathcal{U}$.

U.1 $u \in \mathcal{U} \implies u \subset \mathcal{U}$, 即: $\mathcal{U}$ 是传递集;

U.2 $u, v \in \mathcal{U} \implies \{u, v\} \in \mathcal{U}$;

U.3 $u \in \mathcal{U} \implies P(u) \in \mathcal{U}$;

U.4 若 $I \in \mathcal{U}$, 一族集合 $\{u_i : i \in I\}$ 满足 $\forall i,\ u_i \in \mathcal{U}$, 则 $\bigcup_{i \in I} u_i \in \mathcal{U}$;

U.5 $\mathbb{Z}_{\geq 0} \in \mathcal{U}$, 换言之: $\varnothing \in \mathcal{U}$ (请回忆 §1.2 中构造非负整数的方法).

对于集合 X, 若 $X \in \mathcal{U}$ 则称为 $\mathcal{U}$-集; 若 X 和一个 $\mathcal{U}$-集等势, 则称为 $\mathcal{U}$-小集.

给定宇宙 $\mathcal{U}$, 不难验证以下推论:

◇ $u \subset v \in \mathcal{U} \implies u \in \mathcal{U}$;

◇ $u \in \mathcal{U} \implies \bigcup u = \bigcup_{x \in u} x \in \mathcal{U}$;

◇ $u, v \in \mathcal{U} \implies u \times v \in \mathcal{U}$;

◇ 若 $I \in \mathcal{U}$, 一族集合 $\{u_i : i \in I\}$ 满足 $\forall i,\ u_i \in \mathcal{U}$, 则 $\prod_{i \in I} u_i \in \mathcal{U}$.

这套概念的神髓在于在 $\mathcal{U}$ 内部可以实行大部分常见的数学操作而不涉及真类, 这就为棘手的集合论问题建起一道防火墙. 然而是否有充分多、充分大的宇宙可资调用则是另一个问题, 为此我们引入以下假设.

假设 1.5.2 (A. Grothendieck) 对任何集合 X, 存在宇宙 $\mathcal{U}$ 使得 $X \in \mathcal{U}$.

展开相关讨论前, 不妨先勾勒集合的层垒谱系. 以超穷递归定义一族由序数枚举的集合 V_α 如下:

$$\begin{aligned} V_0 &:= \varnothing, \\ V_{\alpha+1} &:= P(V_\alpha), \\ V_\alpha &:= \bigcup_{\beta < \alpha} V_\beta, \quad \text{如果 } \alpha \text{ 是极限序数.} \end{aligned}$$

不难验证每个 V_α 都是传递集 (定义 1.2.8), 并包含 α 作为子集, 而且 $\alpha < \beta \implies V_\alpha \subset V_\beta$.

命题 1.5.3 任一集合都属于某个 V_α, 其中 α 是序数.

证明 首先证明以下性质: 任何非空的类 C 都有一个相对于 $\in$ 的极小元 x. 任取 $S \in C$. 若 $S \cap C = \varnothing$ 则 S 即所求的极小元. 若 $S \cap C \neq \varnothing$, 则存在传递集 T 使得 $T \supset S$, 其递归构造如下:

$$S_0 := S, \quad S_{n+1} := \bigcup S_n, \quad T := \bigcup_{n \in \mathbb{Z}_{\geq 0}} S_n;$$

循定义可见 T 是传递的. 令 $X := T \cap C$, 这是非空集故正则公理 **A.8** 确保 X 中有相对于 $\in$ 的极小元 x. 仅需说明 x 相对于 $(C, \in)$ 同样极小: 设若不然, 存在 $y \in x \cap C$, 则 T 传递和 $x \in T$ 将蕴涵 $y \in T \cap C = X$, 与 x 对 $(X, \in)$ 极小相悖.

现在取 C 为所有不在任一个 V_α 内的集合构成的类. 假设 C 不空, 应用上述性质可知 C 中存在一个相对于 $\in$ 的极小元 x. 因此若 $z \in x$ 则 z 属于某个 V_α; 对之取最小的 $\alpha = \alpha(z)$ 使得 $z \in V_\alpha$. 由于 x 是集合, 应用替换公理模式 **A.7** 知 $\mathcal{O} := \{\alpha(z) : z \in x\}$ 是一个由序数组成之集合, 置 $\theta := \sup \mathcal{O}$. 于是 $x \subset V_\theta$ 故 $x \in V_{\theta+1}$, 矛盾. □

集合 V_ω 的元素称作遗传有限集, 这些集合皆有限, 这对于一些组合学或计算机方面的应用或许足够, 但很难想象如何在其中开展分析或几何学等理论. 因此 V_ω 对数学家是远远不够用的. Grothendieck 学派原来的定义不含 $\mathbb{Z}_{\geq 0} \in \mathcal{U}$, 导致 V_0, V_ω 都是它们意义下的宇宙; 本书的假设排除了这两者.

定义 1.5.4 满足以下性质的基数 κ 称为强不可达基数:

I.1 κ 不可数,

I.2 κ 是正则基数 (定义 1.4.10),

I.3 对任意基数 λ 皆有 $\lambda < \kappa \implies 2^\lambda < \kappa$.

可以证明 **I.3** 蕴涵 $\lambda, \nu < \kappa \implies \lambda^\nu < \kappa$, 见 [23, p.58]. 强不可达基数是现代集合论着力研究的大基数的一员. Bourbaki 在 [15, Exp. I, Appendice] 中证明了以下结果.

定理 1.5.5 宇宙正是层垒谱系中形如 V_κ 的成员, 其中 κ 是一个强不可达基数.

强不可达基数的性质告诉我们: 从 V_κ 的元素出发, 在 ZFC 系统内无论怎么操作都不会超出 V_κ. 假若读者对数理逻辑有些了解, 则可以更精确地说: 对于强不可达基数 κ, 宇宙 $\mathcal{U} := V_\kappa$ 连同属于关系 $\in$ 构成了 ZFC 的一个**模型** [23, Lemma 12.13], 相当于在集合论内部虚拟地运行了一套集合论. 不妨这么看: 若把 V_κ 的元素看作 "集合", 则就模型 $(V_\kappa, \in)$ 观之, "类" 就是 $V_{\kappa+1} = P(V_\kappa)$ 的元素.

注记 1.5.6 假设 1.5.2 等价于对任意基数 λ, 存在强不可达基数 κ 使得 $\lambda < \kappa$. 这是颇强的要求. 对于大多数的范畴论构造和数学论证, 我们顶多只要求存在某个宇宙 $\mathcal{U}$; 换言之, 日常生活中只需要单个强不可达基数. 这个要求依然有些奢侈, 原因是在 ZFC 系统内无法证明强不可达基数的存在性 [23, Theorem 12.12].

数学工作者究竟需不需要宇宙? 如何看待强不可达基数假设? 这些议题处在数学、哲学与群体心理学的交界, 请有兴趣的读者移步 [39].

习题

1. 设 X, Y 为全序集, 定义新的全序集

(i) $X \sqcup Y$, 其序结构限制到 X 和 Y 上分别是原给定的序, 并且对所有 $x \in X$, $y \in Y$ 都有 $x < y$;

(ii) $X \times Y$, 配备反字典序: $(x_1, y_1) < (x_2, y_2)$ 当且仅当 $y_1 < y_2$, 或 $y_1 = y_2$ 而 $x_1 < x_2$.

证明对于序数 α, β, 序数 $\alpha + \beta$ 与 $\alpha\beta$ 作为良序集分别同构于 $\alpha \sqcup \beta$ 与 $\alpha \times \beta$. 提示〉 对 β 行超穷归纳.

2. 证明序数运算的下述性质.

(i) $\beta < \gamma \implies \alpha + \beta < \alpha + \gamma$;

(ii) 若 $\alpha < \beta$, 则存在唯一的 δ 使得 $\beta = \alpha + \delta$. 提示〉 取 δ 为良序集 $\{\xi : \alpha \le \xi < \beta\}$;

(iii) (带余除法) 对于 $\gamma, \alpha > 0$, 存在唯一的 β, ρ 使得 $\rho < \alpha$ 且 $\gamma = \alpha\beta + \rho$. 提示〉 取满足 $\alpha\beta < \gamma$ 的最大序数 β, 并应用 (ii);

(iv) 若 $\alpha > 1$, 则 $\beta < \gamma \implies \alpha^\beta < \alpha^\gamma$.

3. 举例说明对于序数 α, β, 一般而言 $\alpha\beta \neq \beta\alpha$. 提示〉 不妨取 $\alpha < \beta = \omega$.

4. 证明任意序数 $\gamma > 0$ 皆有唯一的 Cantor 标准形

$$\gamma = \omega^{\alpha_1} k_1 + \cdots + \omega^{\alpha_n} k_n,$$

其中 $n \in \mathbb{Z}_{\ge 1}$, $\gamma \ge \alpha_1 > \cdots > \alpha_n$ 皆为序数, 而 $k_1, \ldots, k_n \in \mathbb{Z}_{\ge 1}$. 提示〉 对 γ 作超穷递归: 取最大的 α 使得 $\gamma \ge \omega^\alpha$, 再用带余除法表 $\gamma = \omega^\alpha k + \rho$, 这里的 k 必为有限序数. 用超穷归纳法可证唯一性.

5. 证明 $f(a, b) = 2^a(2b + 1) - 1$ 是从 $\mathbb{Z}_{\ge 0} \times \mathbb{Z}_{\ge 0}$ 到 $\mathbb{Z}_{\ge 0}$ 的双射.

6. 以下结果称作 König 引理: 设 κ_i, λ_i 为两族以 $i \in I$ 为下标的基数, 且对每个 $i \in I$ 皆有 $\kappa_i < \lambda_i$. 证明

$$\sum_{i \in I} \kappa_i < \prod_{i \in I} \lambda_i.$$

导出 Cantor 定理 $\kappa \le 2^\kappa$ 作为特例. 提示〉 容易看出 $\le$ 成立. 接着取 $E := \prod_i E_i$, 其中 $|E_i| = \lambda_i$; 若断言不成立, 则存在分解 $E = \bigcup_i F_i$, 其中 $F_i \subset E$, $|F_i| = \kappa_i$. 为导出矛盾, 将每个 $f \in E$ 按分量表成 $(f_j)_{j \in I}$, $f_j \in E_j$, 并考虑集合

$$G_i := \mathrm{im}\left[F_i \hookrightarrow E \xrightarrow{\text{取 } i \text{ 分量}} E_i \right], \quad i \in I.$$

说明 $G_i \subsetneq E_i$. 然后取 $f \in \prod_i (E_i \smallsetminus G_i)$ 并导出 $f \notin \bigcup_i F_i$, 矛盾. 这里和 Cantor 定理一样使用了对角线论证法.

第二章 范畴论基础

概括地说, 范畴是由对象及其间的态射组成的数学结构, 从对象 X 到对象 Y 的态射 f 习惯以箭头来表述

$$X \xrightarrow{f} Y;$$

而函子则可视作是范畴间保持箭头结构的某种 "映射", 函子之间的关系由自然变换描述. 这套体系原是 Eilenberg 与 MacLane [10] 为研究代数拓扑学而引进的, 它很快便发展为一门深入的学科, 并成为同调代数、同伦论和代数几何等领域的基本语言.

数学中考虑的范畴经常以一类特定的结构为对象, 例如群、环、向量空间、偏序集、拓扑空间等, 而范畴中的态射经常是保结构的映射, 如群同态、连续映射等. 函子与自然变换在这种种结构之间搭起桥梁. 譬如代数拓扑学中的同调群 $X \mapsto H_n(X, \mathbb{Z})$ 就是一族从拓扑空间范畴 Top 到交换群范畴 Ab 的函子 $(n = 0, 1, 2, \ldots)$. 范畴论的本意不止于研究它们各自的性质, 还在于研究其间的联系.

范畴视角的特色正在于重视关联甚于数学对象本身, 并以同构代替严格等式, 最明显的例证是代数学中无所不在的泛性质. 是以从集合过渡到范畴不仅意味着在抽象的梯级上爬得更高, 还包含思维范式的转变. 数学中常见的 "自然映射" 和 "典范映射" 等说法, 在范畴框架下都能得到允当的解释.

一如所有成功的数学理论, 范畴论的成果远远超出了创立时的初衷. 纳结构于范畴的想法符合 Bourbaki 学派的数学观, 但是它仅反映了实践的一隅. 范畴里的对象未必是建立在集合上的结构, 而态射也未必是映射. 以下例子借自 [7] 中 Baez 和 Stay 的文章, 也敬邀读者进一步阅读原文:

	拓扑学 (配边理论)	量子物理	数理逻辑 (形式演绎系统)	计算机科学 (带类型的 λ-演算)
对象	流形	物理系统	命题	资料型态
态射	配边关系	过程	证明	程序

当然, 物理方面的应用终归要由实践来检验.

实用中往往会考虑带有特殊结构的范畴. 幺半范畴是最常见的结构之一, 其中具有类似于乘法的操作, 我们将在下一章做进一步探讨.

关于范畴论的发展简史, 可参看 MacLane 在 [29] 给出的注记和文献, 哲学面向的评述请见 [31].

阅读提示

学习这部分的诀窍在于掌握例子. 只要对代数结构有最初步的概念, 可以尝试先掌握函子, 自然变换与范畴等价的定义, 交换图表的操作, 以及 §2.7 中积和余积的泛性质刻画. 时机成熟时再补全其余. 然而本章介绍的所有概念终归都是必要的; 一旦读者对具体的代数构造有了进一步感觉, 就应该试着以泛性质、伴随函子和极限这些范畴概念交互印证.

为避免某些集合论的悖论, 我们必要时会采用 Grothendieck 宇宙的语言 (见 §1.5) 避开矛盾; 初学者可无视之. 然而集合的大小对于范畴的性质有实实在在的影响, 命题 2.8.2 是为一例.

2.1 范畴与态射

据范畴论的创立者 MacLane 自述, 他定义函子的初衷是为了解释自然变换何以"自然", 为了说清何谓函子, 方引入对象与态射的严格定义. 然而在陈述理论时我们不得不逆序进行.

定义 2.1.1 一个范畴 $\mathcal{C}$ 系指以下资料:

1. 集合 $\mathrm{Ob}(\mathcal{C})$, 其元素称作 $\mathcal{C}$ 的**对象**.

2. 集合 $\mathrm{Mor}(\mathcal{C})$, 其元素称作 $\mathcal{C}$ 的**态射**, 配上一对映射 $\mathrm{Mor}(\mathcal{C}) \overset{s}{\underset{t}{\rightrightarrows}} \mathrm{Ob}(\mathcal{C})$, 其中 s 和 t 分别给出态射的**来源**和**目标**. 对于 $X, Y \in \mathrm{Ob}(\mathcal{C})$, 一般习惯记 $\mathrm{Hom}_{\mathcal{C}}(X,Y) := s^{-1}(X) \cap t^{-1}(Y)$ 或简记为 $\mathrm{Hom}(X,Y)$, 称为 Hom-集, 其元素称为从 X 到 Y 的态射.

3. 对每个对象 X 给定元素 $\mathrm{id}_X \in \mathrm{Hom}_{\mathcal{C}}(X,X)$, 称为 X 到自身的**恒等态射**.

4. 对于任意 $X, Y, Z \in \mathrm{Ob}(\mathcal{C})$, 给定态射间的**合成映射**

$$\begin{aligned} \circ : \mathrm{Hom}_{\mathcal{C}}(Y,Z) \times \mathrm{Hom}_{\mathcal{C}}(X,Y) &\longrightarrow \mathrm{Hom}_{\mathcal{C}}(X,Z) \\ (f,g) &\longmapsto f \circ g, \end{aligned}$$

不致混淆时常将 $f \circ g$ 简记为 fg. 它满足

(i) 结合律: 对于任意态射 $h, g, f \in \mathrm{Mor}(\mathcal{C})$, 若合成 $f(gh)$ 和 $(fg)h$ 都有定义, 则

$$f(gh) = (fg)h.$$

故两边可以同写为 $f \circ g \circ h$ 或 fgh;

(ii) 对于任意态射 $f \in \mathrm{Hom}_{\mathcal{C}}(X,Y)$, 有

$$f \circ \mathrm{id}_X = f = \mathrm{id}_Y \circ f.$$

◇ 注意到 id_X 被其性质唯一确定. 对象与态射集皆空的范畴称为**空范畴**, 记为 **0**.

◇ 一般也将 $f \in \mathrm{Hom}_{\mathcal{C}}(X,Y)$ 写作 $f: X \to Y$ 或 $X \xrightarrow{f} Y$, 故态射有时又叫作箭头. 态射的合成对应于箭头的头尾衔接. 图表加箭头是讨论范畴的方便语言. 其中最常用的是**交换图表**的概念, "交换" 意指箭头的合成殊途同归, 例如以下图表

$$\begin{array}{ccc} X & \xrightarrow{f} & Y \\ & {}_h\searrow \quad \swarrow_g & \\ & Z & \end{array} \qquad \begin{array}{ccc} A & \xrightarrow{u} & B \\ {\scriptstyle x}\downarrow & & \downarrow{\scriptstyle v} \\ C & \xrightarrow[y]{} & D \end{array}$$

的交换性分别等价于 $gf = h$ 和 $vu = yx$. 态射的名称 (如 f, g 等等) 如自明或不重要, 则常从图表中省去.

◇ 对于态射 $f: X \to Y$, 若存在 $g: Y \to X$ 使得 $fg = \mathrm{id}_Y$, $gf = \mathrm{id}_X$, 则称 f 是**同构** (或称可逆, 写作 $f: X \xrightarrow{\sim} Y$), 而 g 称为 f 的**逆**, 从恒等态射的性质易见逆若存在则唯一. 从 X 到 Y 的同构集记为 $\mathrm{Isom}_{\mathcal{C}}(X,Y)$.

◇ 记 $\mathrm{End}_{\mathcal{C}}(X) := \mathrm{Hom}_{\mathcal{C}}(X,X)$, $\mathrm{Aut}_{\mathcal{C}}(X) := \mathrm{Isom}_{\mathcal{C}}(X,X)$, 分别称作 X 的自同态集和自同构集. 这些集合在二元运算 $\circ$ 下封闭: 用代数的语言来说, $\mathrm{End}(X)$ 是幺半群 (定义 4.1.1), 而 $\mathrm{Aut}(X)$ 是群 (定义 4.1.2).

定义 2.1.2 称 $\mathcal{C}'$ 是 $\mathcal{C}$ 的**子范畴**, 如果

(i) $\mathrm{Ob}(\mathcal{C}') \subset \mathrm{Ob}(\mathcal{C})$;

(ii) $\mathrm{Mor}(\mathcal{C}') \subset \mathrm{Mor}(\mathcal{C})$, 并保持恒等态射;

(iii) 来源/目标映射 $\mathrm{Mor}(\mathcal{C}') \underset{t}{\overset{s}{\rightrightarrows}} \mathrm{Ob}(\mathcal{C}')$ 是由 $\mathcal{C}$ 限制而来的, 而且

(iv) $\mathcal{C}'$ 中态射的合成也是由 $\mathcal{C}$ 限制而来的.

简言之, 对任意 $\mathcal{C}'$ 中对象 X, Y, 有包含关系 $\mathrm{Hom}_{\mathcal{C}'}(X,Y) \subset \mathrm{Hom}_{\mathcal{C}}(X,Y)$, 它与态射的合成兼容. 如果 $\mathrm{Hom}_{\mathcal{C}'}(X,Y) = \mathrm{Hom}_{\mathcal{C}}(X,Y)$ 则称 $\mathcal{C}'$ 是**全子范畴**.

我们得留意一些集合论的小麻烦. 以下总假设已选定一个宇宙 $\mathcal{U}$; 相关概念见诸 §1.5.

定义 2.1.3 一个范畴 $\mathcal{C}$ 称作是 $\mathcal{U}$-范畴, 如果对任意对象 X, Y, 集合 $\mathrm{Hom}_{\mathcal{C}}(X,Y)$ 都是 $\mathcal{U}$-小集. 如果态射集 $\mathrm{Mor}(\mathcal{C})$ 也是 $\mathcal{U}$-小集, 则称之为 $\mathcal{U}$-小范畴.

有些文献将 $\mathcal{U}$-范畴称为局部 $\mathcal{U}$-小范畴.

范畴 $\mathcal{C}$ 是 $\mathcal{U}$-小范畴当且仅当它是 $\mathcal{U}$-范畴且 $\mathrm{Ob}(\mathcal{C})$ 是 $\mathcal{U}$-小集. 这是因为 $X \mapsto \mathrm{id}_X$ 将 $\mathrm{Ob}(\mathcal{C})$ 嵌入 $\mathrm{Mor}(\mathcal{C})$. 我们将一个群 (或环、拓扑空间等等结构) 称为 $\mathcal{U}$-群 (或 $\mathcal{U}$-环、$\mathcal{U}$-拓扑空间等), 如果它作为集合是一个 $\mathcal{U}$-集合. 不致混淆时, 也简称作小集、小群等等.

约定 2.1.4 既已经选定宇宙, 此后如不另外说明, 我们将略去符号 $\mathcal{U}$ 而将集合、群等理解为 $\mathcal{U}$-集、$\mathcal{U}$-群等. 所论的范畴如不另外说明都是 $\mathcal{U}$-范畴.

根据假设 1.5.2, 对任意范畴 $\mathcal{C}$, 总是可以扩大宇宙 $\mathcal{U}$ 使得 $\mathcal{C}$ 是 $\mathcal{U}$-小范畴.

例 2.1.5 考虑几个基本例子.

1. 预序集 (定义 1.2.1) 等同于对任一对对象 (X, Y) 至多只有一个态射 $X \to Y$ 的范畴: 对于预序集 $(P, \leq)$, 定义范畴使得其对象集为 P, 而存在态射 $p \to p'$ 当且仅当 $p \leq p'$, 此时这样的态射唯一. 特别地, 根据 §1.2 对有限序数的递归定义, 任意 $n \in \mathbb{Z}_{\geq 0}$ 视为序数等同于全序集 $\{0, \ldots, n-1\}$, 而 0 等同于 $\varnothing$. 相应的范畴记为 $\mathbf{n}$, 其结构可以形象地表为
$$0 \to 1 \to \cdots \to (n-1) \qquad \text{(略去恒等态射)}.$$
作为特例, 0 给出空范畴 $\mathbf{0}$, 而 1 给出恰有一个对象和一个态射的范畴 $\mathbf{1}$.

2. 令 Set 为所有集合构成的范畴, 对象 X, Y 之间的态射定义为集合 X 到 Y 的映射. 态射的合成就是映射的合成, 而恒等态射无非是恒等映射. 这是一个 $\mathcal{U}$-范畴.

3. 带基点的集合范畴 $\mathsf{Set}_\bullet$ 定义如下: 对象是所有 (X, x), 其中 X 是集合而 $x \in X$ (所谓基点), 从 (X, x) 到 (Y, y) 的态射是满足 $f(x) = y$ 的映射 $f: X \to Y$.

4. 令 Grp 为所有群构成的范畴, 对象之间的态射定义为群同态, 态射的合成与恒等态射定义与 Set 情形相同.

5. 令 Ab 为所有交换群 (或称 Abel 群, 二元运算用加法 $+$ 表示) 构成的范畴, 态射的定义与 Grp 的情形相同. 它是 Grp 的全子范畴. 注意到交换群的同态可以相加, 因此对于任两个交换群 X, Y, 同态集 $\mathrm{Hom}(X, Y)$ 不仅是一个集合, 它还具

有交换群的结构 (群运算记作 $+$), 这使得合成映射 $\mathrm{Hom}(Y,Z)\times\mathrm{Hom}(X,Y)\to\mathrm{Hom}(X,Z)$ 满足双线性:

$$(f+g)h=fh+gh,\quad h(f+g)=hf+hg.$$

这是 Ab-范畴的一个特殊情形, 将于例 3.4.7 进一步探讨.

6. 令 Top 为所有拓扑空间构成的范畴, 空间皆假定为 Hausdorff 的, 态射定义为连续映射, 合成与恒等态射的定义同上; 类似地定义带基点的拓扑空间范畴 $\mathsf{Top}_\bullet$. 我们也希望赋予同态集 $\mathrm{Hom}(X,Y)$ 额外的结构, 例如紧开拓扑 (见 [57, §9.3]), 使得 $\mathrm{Hom}(Y,Z)\times\mathrm{Hom}(X,Y)\to\mathrm{Hom}(X,Z)$ 成为连续映射; 我们更希望能有自然的同构
$$\mathrm{Hom}(X\times Y,Z)\xrightarrow{\sim}\mathrm{Hom}(X,\mathrm{Hom}(Y,Z)).$$
相关的点集拓扑问题颇为棘手, 为了在确保良好的范畴性质的同时容许充分广的拓扑空间, 在同伦论里一般选用 Top 的一个子范畴 CGHaus, 称为紧生成 Hausdorff 空间范畴; 详见 [32, Chapter 5].

7. 选定一个域 $\Bbbk$, 令 $\mathsf{Vect}(\Bbbk)$ 为 $\Bbbk$ 上所有向量空间构成的范畴, 态射为线性映射. 类此定义有限维向量空间范畴 $\mathsf{Vect}_f(\Bbbk)$, 它是 $\mathsf{Vect}(\Bbbk)$ 的全子范畴.

8. 给定集合 S, 定义相应的**离散范畴** $\mathsf{Disc}(S)$: 其对象集为 S 而态射仅有恒等态射 $\{\mathrm{id}_x : x\in S\}$.

我们会在 §3.4 进一步探讨态射集上的额外结构.

注记 2.1.6 如果不用约定 2.1.4 而径直考虑所有集合, 所有群等等构成的范畴, 则会面临悖论, 因为所有集合的全体并不构成集合. 常见的一种做法是区分类和集, 并要求对象全体成一个类 $\mathrm{Ob}(\mathcal{C})$, 而任一个态射集 $\mathrm{Hom}_{\mathcal{C}}(X,Y)$ 是集合. 用 ZFC 谈论类较为迂回, 而 NBG 集合论则特别适用于这个办法. 将真类引入范畴论公理会造成不少麻烦, 之后要讨论的函子范畴是一个例子. 因此我们宁可引入宇宙的概念, 并假设所考察的数学对象都是 $\mathcal{U}$-小的. 读者可参阅 §1.5 的讨论.

单射和满射的概念有自然的范畴论推广.

定义 2.1.7 设 X,Y 为范畴 $\mathcal{C}$ 中的对象, $f:X\to Y$ 为态射.

- 称 f 为**单态射**, 如果对任何对象 Z 和任一对态射 $g,h:Z\to X$ 有 $fg=fh\iff g=h$ (左消去律);
- 称 f 为**满态射**, 如果对任何对象 Z 和任一对态射 $g,h:Y\to Z$ 有 $gf=hf\iff g=h$ (右消去律).

如存在 g 使得 $gf = \mathrm{id}_X$, 则称 f 左可逆而 g 是它的一个左逆; 类似地, 若 $fg = \mathrm{id}_Y$ 则称 f 右可逆而 g 是个右逆.

显然左可逆蕴涵单, 而右可逆蕴涵满. 一个态射可逆当且仅当它左右皆可逆.

在范畴 **Set**, **Grp** 和 **Vect**($\Bbbk$) 中, 态射的单性与满性分别等价于集合论意义下的单射和满射, 而且既单又满的态射恰好是同构. 对其他范畴则略有区别. 例如在 **Top** 中, 态射 $f : X \to Y$ 有稠密的像便是满态射. 而在复拓扑向量空间范畴 **TopVect**($\mathbb{C}$) 中, 存在许多连续线性映射 $f : V \to W$, 使得 f 是双射而非开映射, 这样的态射既单且满, 却不是同构.

定义 2.1.8 *若一个范畴 $\mathcal{C}$ 中的所有态射都可逆, 则称之为***广群**.

广群可做如下理解. 只有一个对象的范畴与幺半群一一对应: 相应的幺半群是 $\mathrm{End}(x)$, 其中 x 是唯一对象. 那么群无非是只有一个对象的广群. 由于广群里的箭头都是同构, 它适合用来表述数学对象的分类问题.

例 2.1.9 (基本广群) 首先回顾些基础的拓扑概念, 细节可参看 [50, 第四章] 或 [57, §10.1]. 设 X 是拓扑空间, 两点 x, y 之间的道路意指连续映射 $f : [0,1] \to X$ 使得 $f(0) = x$, $f(1) = y$. 道路的合成无非是头尾相接: 对于 $x, y, z \in X$ 和道路 f (x 到 y), f' (y 到 z), 定义从 x 到 z 的道路 f'' 为

$$f''(t) = \begin{cases} f(2t), & 0 \le t \le \frac{1}{2}, \\ f'(2t-1), & \frac{1}{2} < t \le 1. \end{cases}$$

两条 x, y 之间的道路 f, f' 称为 (定端) 同伦的, 如果存在连续映射 $F : [0,1]^2 \to X$ 使得对每个 $t \in [0,1]$, $F(\cdot, t)$ 都是 x, y 间的道路, 而且 $F(\cdot, 0) = f$, $F(\cdot, 1) = f'$. 同伦构成一个等价关系. 易见道路的合成可以在同伦类的层次定义.

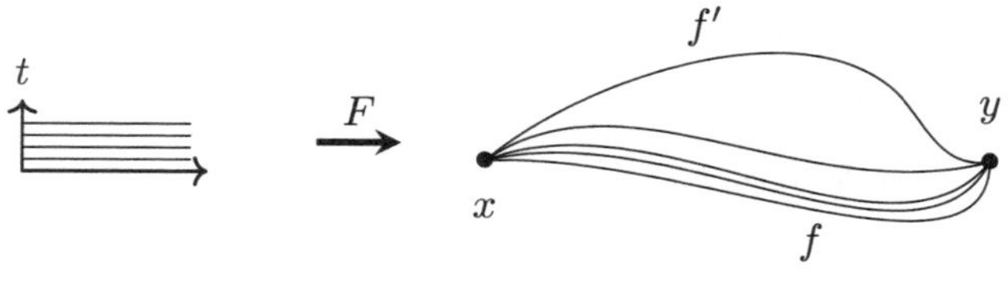

空间 X 的基本广群 $\Pi_1(X)$ 定义为如下范畴, 其对象是 X 中的点, 对任意 $x, y \in X$, 态射集 $\mathrm{Hom}(x, y)$ 定义为所有从 x 到 y 的道路类; 态射的合成定义为道路类的合成, 而恒等态射 id_x 由静止道路 $\forall t$, $\mathrm{id}_x(t) = x$ 表之. 对于给定的态射 $f : x \to y$ (视同同伦类中的某个代表元), 其逆可以取为反向道路

$$f^{-1}(t) := f(1-t), \quad 0 \le t \le 1.$$

可以验证这些操作都是良定的，并使得 $\Pi_1(X)$ 成为广群. 注意到 $\mathrm{Aut}(x) = \mathrm{Hom}(x,x)$ 正好是以 x 为基点的**基本群** $\pi_1(X,x)$.

基本群是拓扑学中重要的不变量，它为每个空间 X 指定一个相应的代数结构 (群). 基本广群可以视为再高一阶的不变量: 它为 X 指定一个范畴. 进一步的讨论见 [32, Chapter 2]. 但读者应该留意到还有大量的拓扑信息被 $\Pi_1(X)$ 的范畴结构遗漏了: 除了道路的同伦类，我们应该计入道路间的所有同伦等价，还可以设想同伦之间更有同伦，直至无穷. 凡此种种都必须以更高阶的范畴语言反映.

最后介绍一个简单而方便的概念: 反范畴.

定义 2.1.10 对于任意范畴 $\mathcal{C}$，其**反范畴** $\mathcal{C}^{\mathrm{op}}$ 定义如下:

◇ $\mathrm{Ob}(\mathcal{C}^{\mathrm{op}}) = \mathrm{Ob}(\mathcal{C})$;

◇ 对任意对象 X, Y, $\mathrm{Hom}_{\mathcal{C}^{\mathrm{op}}}(X,Y) := \mathrm{Hom}_{\mathcal{C}}(Y,X)$;

◇ 态射 $f \in \mathrm{Hom}_{\mathcal{C}^{\mathrm{op}}}(Y,Z)$, $g \in \mathrm{Hom}_{\mathcal{C}^{\mathrm{op}}}(X,Y)$ 在 $\mathcal{C}^{\mathrm{op}}$ 中的合成 $f \circ^{\mathrm{op}} g$ 定义为 $\mathcal{C}$ 中的反向合成 $g \circ f$;

◇ 恒等态射定义同 $\mathcal{C}$.

容易验证 $\mathcal{C}^{\mathrm{op}}$ 满足范畴定义，而且 $(\mathcal{C}^{\mathrm{op}})^{\mathrm{op}} = \mathcal{C}$. 一句话，$\mathcal{C}^{\mathrm{op}}$ 的构造就是反转箭头，反转后范畴论的公理依然成立，范畴论中的这种对称性也称作对偶原理. 举例明之，$\mathcal{C}^{\mathrm{op}}$ 中的单态射无非是 $\mathcal{C}$ 中的满态射. 在处理许多范畴论性质时，善用对称性能省事不少.

2.2 函子与自然变换

定义 2.2.1 (函子) 设 $\mathcal{C}', \mathcal{C}$ 为范畴. 一个函子 $F : \mathcal{C}' \to \mathcal{C}$ 意谓以下资料:

(i) 对象间的映射 $F : \mathrm{Ob}(\mathcal{C}') \to \mathrm{Ob}(\mathcal{C})$.

(ii) 态射间的映射 $F : \mathrm{Mor}(\mathcal{C}') \to \mathrm{Mor}(\mathcal{C})$，使得

◇ F 与来源和目标映射相交换 (即 $sF = Fs$, $tF = Ft$)，等价的说法是对每个 $X, Y \in \mathrm{Ob}(\mathcal{C}')$ 皆有映射 $F : \mathrm{Hom}_{\mathcal{C}'}(X,Y) \to \mathrm{Hom}_{\mathcal{C}}(FX, FY)$;

◇ $F(g \circ f) = F(g) \circ F(f)$, $F(\mathrm{id}_X) = \mathrm{id}_{FX}$.

对于 $F : \mathcal{C}_1 \to \mathcal{C}_2$, $G : \mathcal{C}_2 \to \mathcal{C}_3$，合成函子 $G \circ F : \mathcal{C}_1 \to \mathcal{C}_3$ 的定义是显然的: 取合成映射

$$\mathrm{Ob}(\mathcal{C}_1) \xrightarrow{F} \mathrm{Ob}(\mathcal{C}_2) \xrightarrow{G} \mathrm{Ob}(\mathcal{C}_3),$$

$$\mathrm{Mor}(\mathcal{C}_1) \xrightarrow{F} \mathrm{Mor}(\mathcal{C}_2) \xrightarrow{G} \mathrm{Mor}(\mathcal{C}_3).$$

旧文献常将上述函子称为 $\mathcal{C}'$ 到 $\mathcal{C}$ 的共变函子，而称形如 $F : (\mathcal{C}')^{\mathrm{op}} \to \mathcal{C}$ 的函子为反变函子.

注记 2.2.2 从 $\mathcal{C}'$ 到 $\mathcal{C}$ 和从 $(\mathcal{C}')^{\mathrm{op}}$ 到 $\mathcal{C}^{\mathrm{op}}$ 的函子是一回事. 为资区分, 对于函子 $F:\mathcal{C}'\to\mathcal{C}$, 反范畴间的相应函子记为 $F^{\mathrm{op}}:(\mathcal{C}')^{\mathrm{op}}\to\mathcal{C}^{\mathrm{op}}$.

定义 2.2.3 对于函子 $F:\mathcal{C}'\to\mathcal{C}$,

1. 称 F 是本质满的, 若 $\mathcal{C}$ 中任一对象都同构于某个 FX;

2. 称 F 是忠实的, 若对所有 $X,Y\in\mathrm{Ob}(\mathcal{C}')$ 映射 $\mathrm{Hom}_{\mathcal{C}'}(X,Y)\to\mathrm{Hom}_{\mathcal{C}}(FX,FY)$ 都是单射;

3. 称 F 是全的, 如果上述映射对所有 $X,Y\in\mathrm{Ob}(\mathcal{C}')$ 都是满射.

例 2.2.4 数学中用到的函子说之不尽, 略举数端如下.

1. 子范畴 $\mathcal{C}'\subset\mathcal{C}$ 显然给出一个包含函子 $\iota:\mathcal{C}'\hookrightarrow\mathcal{C}$; 包含函子总是忠实的, 它是全函子当且仅当 $\mathcal{C}'$ 是全子范畴. 取 $\mathcal{C}'=\mathcal{C}$ 就得到恒等函子 $\mathrm{id}_{\mathcal{C}}:\mathcal{C}\to\mathcal{C}$.

2. 考虑群范畴 Grp. 对于任一个群 G, 总是可以忘掉 G 的群结构而视之为集合, 群同态当然也可以视为集合间的映射, 此程序给出**忘却函子** $\mathsf{Grp}\to\mathsf{Set}$. 准此要领可对其他结构定义忘却函子, 例如 $\mathsf{Top}\to\mathsf{Set}$ (忘掉空间的拓扑结构), $\mathsf{Vect}(\Bbbk)\to\mathsf{Ab}$ (忘掉 $\Bbbk$-向量空间 V 的纯量乘法, 只看它的加法群 $(V,+)$, 这里 $\Bbbk$ 是任意域) 等等, 不一一列举. 这类函子显然忠实而非全.

3. 考虑域 $\Bbbk$ 上的向量空间范畴 $\mathsf{Vect}(\Bbbk)$. 对于任意 $\Bbbk$-向量空间 V, 定义其对偶空间

$$V^{\vee}:=\mathrm{Hom}_{\Bbbk}(V,\Bbbk)=\{\Bbbk\text{-线性映射 } V\to\Bbbk\}.$$

任一线性映射 $f:V_1\to V_2$ 诱导对偶空间的反向映射

$$\begin{aligned} f^{\vee}: V_2^{\vee} &\longrightarrow V_1^{\vee},\\ [\lambda:V_2\to\Bbbk] &\longmapsto \lambda\circ f. \end{aligned}$$

易见 $D:V\mapsto V^{\vee}$, $f\mapsto f^{\vee}$ 定义了函子 $D:\mathsf{Vect}(\Bbbk)^{\mathrm{op}}\to\mathsf{Vect}(\Bbbk)$, 可以验证 D 是忠实的. 根据注记 2.2.2, 我们有合成函子 $DD^{\mathrm{op}}:\mathsf{Vect}(\Bbbk)\to\mathsf{Vect}(\Bbbk)$.

将 D 限制于有限维向量空间, 便得到函子 $D:\mathsf{Vect}_f(\Bbbk)^{\mathrm{op}}\to\mathsf{Vect}_f(\Bbbk)$ 和 $DD^{\mathrm{op}}:\mathsf{Vect}_f(\Bbbk)\to\mathsf{Vect}_f(\Bbbk)$. 分别称为对偶和双对偶函子.

4. 对于任意群 G, 定义导出子群 G_{der} 为子集 $\{xyx^{-1}y^{-1}:x,y\in G\}$ 生成的正规子群. 商群 G/G_{der} 是交换群, 称作 G 的 Abel 化 (参看引理 4.7.3). 对于任意群同态 $\varphi:G\to H$, 从定义可看出 $\varphi(G_{\mathrm{der}})\subset H_{\mathrm{der}}$, 因此 φ 诱导出交换群的同态 $\bar{\varphi}:G/G_{\mathrm{der}}\to H/H_{\mathrm{der}}$. 容易验证 $G\mapsto G/G_{\mathrm{der}}$, $\varphi\mapsto\bar{\varphi}$ 定义了 Abel 化函子 $\mathsf{Grp}\to\mathsf{Ab}$. Abel 化函子不是忠实函子.

5. 对任意带点拓扑空间 (X, x) 指定基本群 $\pi_1(X, x)$, 这就给出了函子 $\mathsf{Top}_\bullet \to \mathsf{Grp}$. 代数拓扑学中还有许多例子, 例如空间的同调群 $X \mapsto H_n(X; \mathbb{Z})$ 便给出了一族函子 $H_n : \mathsf{Top} \to \mathsf{Ab}$, 其中 $n \in \mathbb{Z}_{\geq 0}$, 而上同调群给出函子 $H^n : \mathsf{Top}^{\mathrm{op}} \to \mathsf{Ab}$.

定义 2.2.5 (自然变换, 或函子间的态射) 函子 $F, G : \mathcal{C}' \to \mathcal{C}$ 之间的自然变换 θ 是一族态射

$$\theta_X \in \mathrm{Hom}_{\mathcal{C}}(FX, GX), \quad X \in \mathrm{Ob}(\mathcal{C}'),$$

使得下图对所有 $\mathcal{C}'$ 中的态射 $f : X \to Y$ 交换

$$\begin{array}{ccc} FX & \xrightarrow{\theta_X} & GX \\ {\scriptstyle Ff}\downarrow & & \downarrow{\scriptstyle Gf} \\ FY & \xrightarrow[\theta_Y]{} & GY. \end{array} \tag{2.1}$$

上述自然变换写作 $\theta : F \to G$, 或图解为

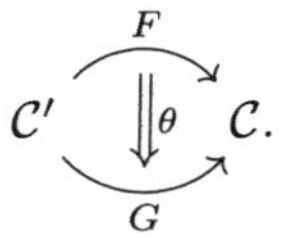

上述带有双箭头 $\Rightarrow$ 的图表有时也被称为 2-胞腔, 参看 §3.5. 一种兴许更有益的看法是设想 θ 为从 F 到 G 的一个同伦.

约定 2.2.6 我们也将自然变换 $\theta : F \to G$ 称为从函子 F 到 G 的态射. 实用中经常会省略严格的范畴论框架, 只说态射 $\theta_X : FX \to GX$ 对于变元 X 是**自然**的, **典范**的, 或称满足**函子性**. 实践中经常把自然同构直接写成等号 $=$.

接着介绍自然变换的几种操作, 包括纵、横两种合成.

◇ 考虑 $\mathcal{C}'$ 到 $\mathcal{C}$ 的三个函子间的态射 $\theta : F \to G$, $\psi : G \to H$. 纵合成 $\psi \circ \theta$ 的定义是 $\{\psi_X \circ \theta_X : X \in \mathrm{Ob}(\mathcal{C}')\}$, 图解:

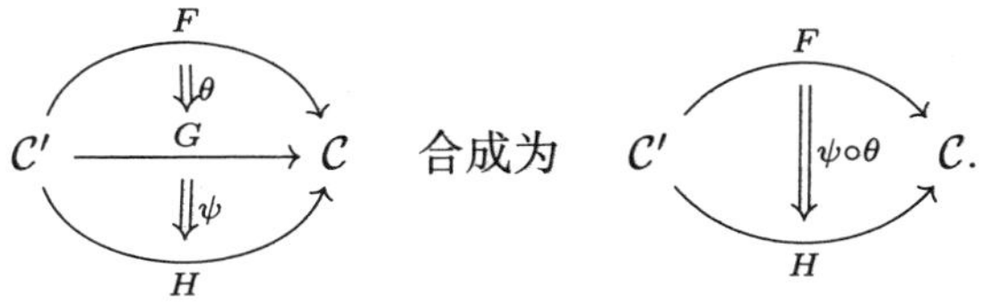

◇ 考虑函子 $\mathcal{C}'' \underset{F_2}{\overset{F_1}{\rightrightarrows}} \mathcal{C}' \underset{G_2}{\overset{G_1}{\rightrightarrows}} \mathcal{C}$ 及态射 $\theta : F_1 \to F_2$, $\psi : G_1 \to G_2$. 今将定义横合成 $\psi \circ \theta : G_1 \circ F_1 \to G_2 \circ F_2$. 首先注意到对所有 $X \in \mathrm{Ob}(\mathcal{C}'')$, 根据 ψ 的自然

性, 图表

$$\begin{array}{ccc} G_1F_1(X) & \xrightarrow{\psi_{F_1X}} & G_2F_1(X) \\ {\scriptstyle G_1(\theta_X)}\downarrow & & \downarrow{\scriptstyle G_2(\theta_X)} \\ G_1F_2(X) & \xrightarrow[\psi_{F_2X}]{} & G_2F_2(X) \end{array} \tag{2.2}$$

交换. 对角合成 $\searrow$ 记作 $(\psi\circ\theta)_X : G_1F_1(X)\to G_2F_2(X)$, 此即所求的横合成, 我们马上会证明它的自然性, 读者也可以借机熟悉交换图表的运用. 图解:

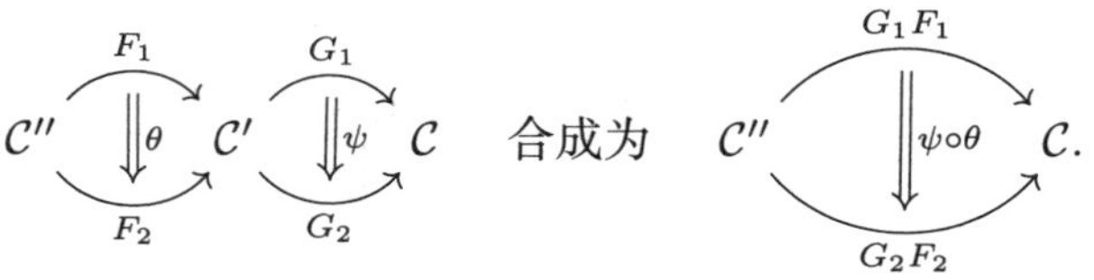

◇ 横合成有下述特例. 请端详

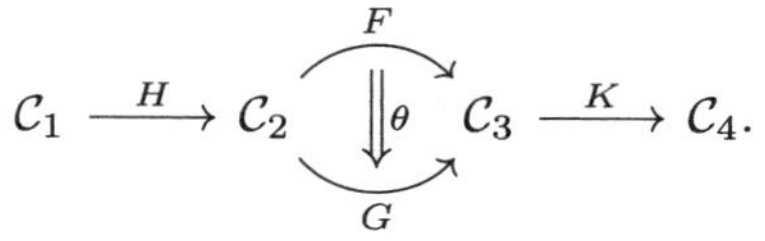

先看左边三项: 我们将以 $\theta H : FH \to GH$ 简记横合成 $\theta\circ \mathrm{id}_H$; 具体地说, $(\theta H)_X = \theta_{HX} : FH(X)\to GH(X)$; 类似地处理右三项: 记 $K\theta : KF\to KG$ 为横合成 $\mathrm{id}_K\circ\theta$, 我们有 $(K\theta)_X = K(\theta_X) : KF(X)\to KG(X)$.

注意到我们用同一个符号 $\circ$ 表示纵横合成, 如有混淆之虞将另做说明.

引理 2.2.7 以上定义的纵、横合成 $\{(\psi\circ\theta)_X\}_X$ 都是函子间的态射, 而且各自满足严格结合律 $(\phi\circ\psi)\circ\theta = \phi\circ(\psi\circ\theta)$. 纵横合成之间满足下述关系: 对于图表

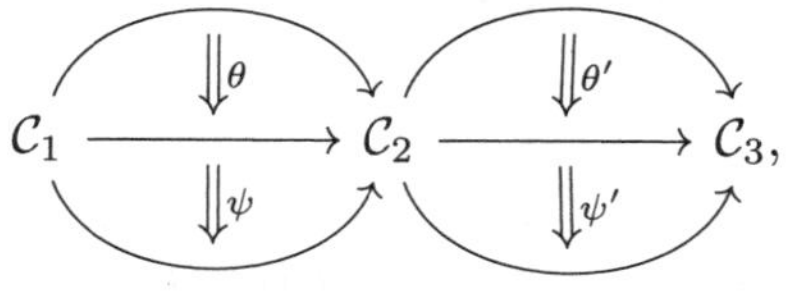

以下的互换律成立

$$\left(\psi' \underset{纵}{\circ} \theta'\right) \underset{横}{\circ} \left(\psi \underset{纵}{\circ} \theta\right) = \left(\psi' \underset{横}{\circ} \psi\right) \underset{纵}{\circ} \left(\theta' \underset{横}{\circ} \theta\right).$$

证明 关于纵合成的断言是简单的, 以下证明横合成是函子间的态射. 我们沿用之前的

符号. 对于 $\mathcal{C}''$ 中的态射 $f: X \to Y$, 考虑源于 (2.2) 的图表

$$\begin{array}{ccccc} G_1F_1(X) & \xrightarrow{G_1\theta_X} & G_1F_2(X) & \xrightarrow{\psi_{F_2X}} & G_2F_2(X) \\ {\scriptstyle G_1F_1f}\downarrow & & \downarrow{\scriptstyle G_1F_2f} & & \downarrow{\scriptstyle G_2F_2f} \\ G_1F_1(Y) & \xrightarrow[G_1\theta_Y]{} & G_1F_2(Y) & \xrightarrow[\psi_{F_2Y}]{} & G_2F_2(Y). \end{array}$$

按定义, 水平方向箭头合成后上下分别是 $(\psi \circ \theta)_X$ 和 $(\psi \circ \theta)_Y$. 因为 θ 是自然变换而 G_1 是函子, 左方块交换; 由于 ψ 是自然变换, 右方块交换. 将箭头分段作合成, 可知整个大方块交换, 此即 $\psi \circ \theta$ 所需性质.

现证明横合成的结合律: 考虑函子间的态射

$$\mathcal{C}''' \underset{F_2}{\overset{F_1}{\rightrightarrows}} \Downarrow\theta\ \mathcal{C}'' \underset{G_2}{\overset{G_1}{\rightrightarrows}} \Downarrow\psi\ \mathcal{C}' \underset{H_2}{\overset{H_1}{\rightrightarrows}} \Downarrow\phi\ \mathcal{C}.$$

对任意 $X \in \mathrm{Ob}(\mathcal{C}''')$, 考虑图表

$$\begin{array}{ccccc} & & H_1G_2F_2(X) & & \\ & \nearrow & & \searrow & \\ H_1G_1F_1(X) \longrightarrow H_1G_2F_1(X) & & & & H_2G_2F_2(X). \\ & \searrow & & \nearrow & \\ & & H_2G_2F_1(X) & & \end{array}$$

施 ϕ 的自然性于 $G_2F_1(X) \to G_2F_2(X)$ 可知菱形部分交换. 按 $\nearrow\!\searrow$ 合成给出 $(\phi \circ (\psi \circ \theta))_X$. 按 $\searrow\!\nearrow$ 合成则给出 $((\phi \circ \psi) \circ \theta)_X$; 这里仍须用上交换图表 (2.2). 结合律证毕.

最后一个等式可以同样按图索骥, 细节交给感兴趣的读者. □

任意函子 F 到自身有恒等态射 $\mathrm{id}_F: F \to F$. 给定函子间的态射 $\theta: F_1 \to F_2$, 若态射 $\psi: F_2 \to F_1$ 满足 $\psi \circ \theta = \mathrm{id}_{F_1}$, $\theta \circ \psi = \mathrm{id}_{F_2}$, 则称 ψ 是 θ 的逆. 可逆的态射称为函子间的同构, 写作 $\theta: F_1 \xrightarrow{\sim} F_2$. 由定义直接看出 θ 的逆若存在则是唯一的, 记作 θ^{-1}, 它无非是在范畴中 "逐点地" 取逆: $(\theta^{-1})_X := (\theta_X)^{-1}: F_2X \xrightarrow{\sim} F_1X$. 同理可见态射 θ 可逆当且仅当每个 θ_X 都可逆. 易见同构的纵横合成仍是同构. 函子间同构 $\theta: F_1 \xrightarrow{\sim} F_2$ 的等价说法是称 $\theta_X: F_1X \xrightarrow{\sim} F_2X$ 对变元 X 是**自然同构**或**典范同构**.

定义 2.2.8 (等价) 如果一对函子 $\mathcal{C}_1 \underset{G}{\overset{F}{\rightleftarrows}} \mathcal{C}_2$ 满足以下性质: 存在函子之间的同构 $\theta: FG \xrightarrow{\sim} \mathrm{id}_{\mathcal{C}_2}$, $\psi: GF \xrightarrow{\sim} \mathrm{id}_{\mathcal{C}_1}$, 则称 G 是 F 的**拟逆函子**, 并称 F 是范畴 $\mathcal{C}_1$ 到 $\mathcal{C}_2$ 的**等价**.

如果进一步有 $FG = \mathrm{id}_{\mathcal{C}_2}$, $GF = \mathrm{id}_{\mathcal{C}_1}$, 则称 F 是范畴间的**同构**, 而 G 是 F 的**逆**.

容易证明等价的合成仍是等价, 细节留作习题.

例 2.2.9 令 CHaus 为紧 Hausdorff 拓扑空间范畴, C^*-CommAlg 为含幺元的交换 C^*-代数所成范畴 (态射为保幺元的 $*$-同态). 交换版本的 Gelfand–Naimark 定理断言函子

$$\mathsf{CHaus}^{\mathrm{op}} \rightleftarrows C^*\text{-}\mathsf{CommAlg}$$

$$X \longmapsto C(X): \text{连续复值函数空间}$$

$$\mathfrak{M}_A: \text{极大理想空间} \longleftarrow\!\shortmid A$$

互为拟逆: Gelfand 变换 $a \mapsto \hat{a}$ 给出自然同构 $A \xrightarrow{\sim} C(\mathfrak{M}_A)$, 可参看 [54, 定理 5.4.8]; 反向的自然同构 $X \xrightarrow{\sim} \mathfrak{M}_{C(X)}$ 相对容易, 参看 [54, 定理 5.3.2].

命题 2.2.10 若 G, G' 是函子 $F: \mathcal{C}_1 \to \mathcal{C}_2$ 的拟逆, 则存在函子的同构 $G \simeq G'$.

证明 自然变换的横合成给出 $G \xleftarrow[\sim]{\psi' \circ \mathrm{id}_G} (G'F)G = G'(FG) \xrightarrow[\sim]{\mathrm{id}_{G'} \circ \theta} G'$. □

注记 2.2.11 我们业已对对象间的态射和函子间的态射 (自然变换) 定义了逆的概念, 其逆若存在则唯一, 依此定义何谓对象间或函子间的同构. 对于函子亦可定义逆的概念, 逆函子若存在则唯一; 相较之下, 拟逆函子之间则可以差一个同构. 实践表明范畴的同构概念不甚实用, 等价的概念则处处出现. 这体现了范畴论的一条经验准则: 在函子层次, 同构 (如之前的 $\theta: FG \xrightarrow{\sim} \mathrm{id}$) 几乎总是比严格相等 (如之前的 $FG = \mathrm{id}$) 来得管用. 然而同构也不是任意的, 所需的条件一般称为融贯性: 以等价为例, 读者兴许已经在先前论证中感到拟逆的概念有些松散, 定理 2.6.12 将给出称为**伴随等价**的一种细化.

称一个全子范畴 $\mathcal{C}' \subset \mathcal{C}$ 是 $\mathcal{C}$ 的一副**骨架**, 如果对 $\mathcal{C}$ 的每个对象 X 都存在同构 $X \xrightarrow{\sim} Y \in \mathrm{Ob}(\mathcal{C}')$, 而且此 $Y \in \mathrm{Ob}(\mathcal{C}')$ 是唯一的. 自为骨架的范畴称为**骨架范畴**.

引理 2.2.12 任意范畴 $\mathcal{C}$ 总有一副骨架 $\mathcal{C}'$, 而且包含函子 $\iota: \mathcal{C}' \hookrightarrow \mathcal{C}$ 是等价. 骨架范畴间的全忠实、本质满函子都是同构.

证明 先证第一部分. 以选择公理在 $\mathrm{Ob}(\mathcal{C})$ 的每个同构类中选定代表元, 由这些代表元构成的全子范畴记作 $\mathcal{C}'$. 同理, 对每个 $X \in \mathrm{Ob}(\mathcal{C})$ 可以选定同构 $\theta_X: X \xrightarrow{\sim} \kappa(X)$, 其中 $\kappa(X) \in \mathrm{Ob}(\mathcal{C}')$; 不妨假设对于 $X \in \mathrm{Ob}(\mathcal{C}')$ 有 $\theta_X = \mathrm{id}_X$. 存在唯一一种方法将 $\kappa: \mathrm{Ob}(\mathcal{C}) \to \mathrm{Ob}(\mathcal{C}')$ 延拓为函子并使得 $\theta: \mathrm{id}_{\mathcal{C}} \xrightarrow{\sim} \iota\kappa$: 置

$$\kappa(f) := \theta_Y \circ f \circ \theta_X^{-1} \in \mathrm{Hom}_{\mathcal{C}'}(\kappa(X), \kappa(Y)), \quad f \in \mathrm{Hom}_{\mathcal{C}}(X, Y).$$

另一方面, 我们有函子的等式 $\kappa\iota = \mathrm{id}_{\mathcal{C}'}$. 因此 κ 是 ι 的拟逆函子.

对于第二部分, 设 $F: \mathcal{C}_1 \to \mathcal{C}_2$ 是骨架范畴间的全忠实、本质满函子. 对任意 $\mathcal{C}_2$ 中

对象 Z, 存在 X 使得 $Z \simeq FX$, 因此 $Z = FX$. 这样的 X 是唯一的, 因为全忠实性和 $FX \simeq FX'$ 蕴涵 $X \simeq X'$. 于是 F 在对象集上是双射, 由此可定义其逆函子 G. □

定理 2.2.13 对于函子 $F : \mathcal{C}_1 \to \mathcal{C}_2$, 以下叙述等价:

1. F 是范畴等价;
2. F 是全忠实, 本质满函子.

证明 假设 F 是范畴等价, 取拟逆函子 $G : \mathcal{C}_2 \to \mathcal{C}_1$ 和 $GF \xrightarrow[\sim]{\psi} \mathrm{id}_{\mathcal{C}_1}$, $FG \xrightarrow[\sim]{\phi} \mathrm{id}_{\mathcal{C}_2}$. 对 $\mathcal{C}_2$ 中任何对象 Z 都有 $\phi_Z : F(GZ) \xrightarrow{\sim} Z$ 故 F 本质满, 同理 G 本质满. 观察到

$$\begin{array}{ccccccc} \mathrm{Hom}(X,Y) & \xrightarrow{F} & \mathrm{Hom}(FX,FY) & \xrightarrow{G} & \mathrm{Hom}(GF(X),GF(Y)) & \xrightarrow{\sim} & \mathrm{Hom}(X,Y) \\ f & \longmapsto & Ff & \longmapsto & GF(f) & \longmapsto & \psi_Y GF(f)\psi_X^{-1} \end{array}$$

合成为恒等映射, 故图中第一个箭头 F 左可逆, 第二个箭头 G 右可逆. 调换 F, G 的角色可知当 $X, Y \in \mathrm{Ob}(\mathcal{C}_1)$ 属于 G 的像时, $\mathrm{Hom}(X,Y) \xrightarrow{F} \mathrm{Hom}(FX,FY)$ 右可逆. 然而 $\mathcal{C}_1$ 中每个对象都同构于 G 的某个像, 综之 F 是全忠实函子.

现证反向断言. 以引理 2.2.12 取骨架 $\iota_i : \mathcal{C}'_i \to \mathcal{C}_i$ 及其拟逆函子 κ_i (此处 $i = 1, 2$). 函子 $F' := \kappa_2 \circ F \circ \iota_1 : \mathcal{C}'_1 \to \mathcal{C}'_2$ 仍是全忠实本质满函子, 因而知 F' 是范畴的同构. 设 $G := \iota_1 \circ F'^{-1} \circ \kappa_2$, 则

$$GF = \iota_1 F'^{-1} \kappa_2 F \simeq \iota_1 F'^{-1} \underbrace{\kappa_2 F \iota_1}_{=F'} \kappa_1 = \iota_1 \kappa_1 \simeq \mathrm{id}_{\mathcal{C}_1},$$

$$FG = F\iota_1 F'^{-1} \kappa_2 \simeq \iota_2 \underbrace{\kappa_2 F \iota_1}_{=F'} F'^{-1} \kappa_2 = \iota_2 \kappa_2 \simeq \mathrm{id}_{\mathcal{C}_2}.$$

这里用到了自然变换的横合成. □

例 2.2.14 继续考虑某域 $\Bbbk$ 上的向量空间范畴 $\mathsf{Vect}(\Bbbk)$ 及其子范畴 $\mathsf{Vect}_f(\Bbbk)$. 在例 2.2.4 中已定义了双对偶函子 $DD^{\mathrm{op}} : \mathsf{Vect}(\Bbbk) \to \mathsf{Vect}(\Bbbk)$. 对于任意向量空间 V 皆有求值映射

$$\begin{aligned} \mathrm{ev} : V &\longrightarrow DD^{\mathrm{op}}V = (V^\vee)^\vee \\ v &\longmapsto [\lambda \mapsto \lambda(v)]. \end{aligned}$$

对于任意线性映射 $f : V \to W$, 从 $f^\vee$ 的定义不难检查以下图表

$$\begin{array}{ccc} V & \xrightarrow{\mathrm{ev}} & DD^{\mathrm{op}}V \\ {\scriptstyle f}\downarrow & & \downarrow{\scriptstyle DD^{\mathrm{op}}f} \\ W & \xrightarrow[\mathrm{ev}]{} & DD^{\mathrm{op}}W \end{array}$$

是交换的, 于是有 $\mathrm{ev}: \mathrm{id} \to DD^{\mathrm{op}}$. 容易看出 $\mathrm{ev}: V \to DD^{\mathrm{op}}V$ 总是单射, 事实上可以证明 ev 是双射当且仅当 V 有限维. 一切限制到全子范畴 $\mathsf{Vect}_f(\Bbbk)$ 上, 遂有同构

$$\mathrm{ev}: \mathrm{id}_{\mathsf{Vect}_f(\Bbbk)} \xrightarrow{\sim} DD^{\mathrm{op}}.$$

同一式子在相反范畴中诠释, 便是

$$\mathrm{id}_{\mathsf{Vect}_f(\Bbbk)^{\mathrm{op}}} \xrightarrow{\sim} D^{\mathrm{op}}D.$$

故函子 $D: \mathsf{Vect}_f(\Bbbk)^{\mathrm{op}} \to \mathsf{Vect}_f(\Bbbk)$ 是范畴间的等价, 而 $D^{\mathrm{op}}: \mathsf{Vect}_f(\Bbbk) \to \mathsf{Vect}_f(\Bbbk)^{\mathrm{op}}$ 则是它的拟逆.

例 2.2.15 选定域 $\Bbbk$, 定义范畴 Mat 如下: 其对象是 $\mathbb{Z}_{\geq 0}$, 对任意对象 $n, m \in \mathbb{Z}_{\geq 0}$, 定义 $\mathrm{Hom}(n, m) := M_{m\times n}(\Bbbk)$ 为域 $\Bbbk$ 上的全体 $m \times n$ 矩阵 $A = (a_{ij})_{\substack{1\leq i\leq m\\ 1\leq j\leq n}}$ 所成集合. 约定 $M_{0\times n}(\Bbbk) = M_{m\times 0}(\Bbbk) := \{0\}$. 态射的合成定义为寻常的矩阵乘法

$$\begin{aligned} \mathrm{Hom}(n, m) \times \mathrm{Hom}(m, k) &\longrightarrow \mathrm{Hom}(n, k) \\ (A, B) &\longmapsto BA. \end{aligned}$$

定义函子 $F: \mathsf{Mat} \to \mathsf{Vect}_f(\Bbbk)$ 如下: 置 $F(n) = \Bbbk^{\oplus n} := M_{n\times 1}(\Bbbk)$, 而对 $A \in \mathrm{Hom}(n, m)$, 线性映射 $FA: \Bbbk^{\oplus n} \to \Bbbk^{\oplus m}$ 是矩阵乘法 $v \mapsto Av$. 我们断言 F 是范畴等价.

这一切只是虚张声势的线性代数. 首先留意到 $F: \mathrm{Hom}(n, m) \to \mathrm{Hom}_{\Bbbk}(\Bbbk^{\oplus n}, \Bbbk^{\oplus m})$ 是双射, 这无非是线性映射的矩阵表达. 再者, 从 $V \simeq \Bbbk^{\oplus \dim V}$ (V 是 $\Bbbk$-向量空间) 可知 F 是全忠实本质满的, 由定理 2.2.13 可知它是范畴等价.

2.3 函子范畴

首先对范畴定义积和余积 (又称无交并) 的概念, 这对陈述一些范畴性质格外有用.

回顾约定 2.1.4: 除非另做说明, 以下所论的范畴都是 $\mathcal{U}$-范畴, 这里 $\mathcal{U}$ 是选定的宇宙. 属于 $\mathcal{U}$ 的集合称为 $\mathcal{U}$-集.

定义 2.3.1 设 I 为 $\mathcal{U}$-集, 而 $\{\mathcal{C}_i : i \in I\}$ 是一族范畴.

◇ 积范畴 $\prod_{i\in I} \mathcal{C}_i$ 定义如下:

$$\mathrm{Ob}\left(\prod_{i\in I} \mathcal{C}_i\right) := \prod_{i\in I} \mathrm{Ob}(\mathcal{C}_i),$$

$$\mathrm{Hom}_{\prod_{i\in I} \mathcal{C}_i}((X_i)_i, (Y_i)_i) := \prod_{i\in I} \mathrm{Hom}_{\mathcal{C}_i}(X_i, Y_i),$$

其中我们以 $(X_i)_i$ 表示 $\prod_{i\in I}\mathrm{Ob}(\mathcal{C}_i)$ 的元素. 态射的合成是逐个分量定义的.

◇ 余积 (又称无交并) 范畴 $\coprod_{i\in I}\mathcal{C}_i$ 定义如下:

$$\mathrm{Ob}\left(\coprod_{i\in I}\mathcal{C}_i\right) := \coprod_{i\in I}\mathrm{Ob}(\mathcal{C}_i),$$

$$\mathrm{Hom}_{\coprod_{i\in I}\mathcal{C}_i}(X_j, X'_k) := \begin{cases}\mathrm{Hom}_{\mathcal{C}_j}(X_j, X'_k), & j=k,\\ \varnothing, & j\neq k;\end{cases}$$

其中对每个 $j\in I$, $X_j, X'_j\in\mathrm{Ob}(\mathcal{C}_j)$. 态射的合成是在各个 $\mathcal{C}_i$ 中个别定义的.

由于 I 已假设是 $\mathcal{U}$-集, 我们造出的范畴仍然是 $\mathcal{U}$-范畴; 如果每个 $\mathcal{C}_i$ 都是 $\mathcal{U}$-小范畴, 则它们的积和余积亦然.

我们有一族投影函子 $\mathbf{pr}_j : \prod_{i\in I}\mathcal{C}_i \to \mathcal{C}_j$, 它将 $(X_i)_i$ 映至 X_j, 在态射层面也是类似地投影到 j 分量. 同理定义一族包含函子 $\iota_j : \mathcal{C}_j \to \coprod_{i\in I}\mathcal{C}_i$, 将 $\mathcal{C}_j$ 以自明的方式嵌入为全子范畴.

特别地, 取 I 为有限集便能定义 $\mathcal{C}_1\times\cdots\times\mathcal{C}_n$ 和 $\mathcal{C}_1\sqcup\cdots\sqcup\mathcal{C}_n$.

定义 2.3.2 形如 $F:\mathcal{C}_1\times\mathcal{C}_2\to\mathcal{C}$ 的函子称为二元函子. 多元函子 $\mathcal{C}_1\times\cdots\times\mathcal{C}_n\to\mathcal{C}$ 的定义类似.

例 2.3.3 (Hom 函子) 给定范畴 $\mathcal{C}$, 则 $(X,Y)\mapsto\mathrm{Hom}_{\mathcal{C}}(X,Y)$ 定义了二元函子

$$\mathrm{Hom}_{\mathcal{C}} : \mathcal{C}^{\mathrm{op}}\times\mathcal{C}\to\mathsf{Set}.$$

诚然, $\mathcal{C}$ 中的任一对态射 $f:X'\to X$, $g:Y\to Y'$ 诱导出

$$\begin{aligned}\mathrm{Hom}_{\mathcal{C}}(X,Y) &\longrightarrow \mathrm{Hom}_{\mathcal{C}}(X',Y')\\ \phi &\longmapsto g\phi f.\end{aligned}$$

有时也说这是态射 ϕ 对 f 作**拉回**, 对 g 作**推出**. 拉回与推出习惯用符号 $f^*\phi=\phi f$ 和 $g_*\phi=g\phi$ 表示. 易见 $(f_1f_2)^*=f_2^*f_1^*$ 和 $(f_1f_2)_*=(f_1)_*(f_2)_*$.

定义 2.3.4 (函子范畴) 设 $\mathcal{C}_1,\mathcal{C}_2$ 为 $\mathcal{U}$-范畴, 定义函子范畴 $\mathrm{Fct}(\mathcal{C}_1,\mathcal{C}_2)$: 其对象是 $\mathcal{C}_1$ 到 $\mathcal{C}_2$ 的函子, 任两个对象 F,G 间的态射是自然变换 $\theta:F\to G$; 态射 $\theta:F\to G$ 与 $\psi:G\to H$ 的合成是自然变换的纵合成 $\psi\circ\theta:F\to H$.

此构造解释了约定 2.2.6.

注记 2.3.5 此定义需要一些解释. 首先注意到 $\mathrm{Fct}(\mathcal{C}_1,\mathcal{C}_2)$ 的对象和态射都构成集合. 对于态射还有更精确的结果: 若 $\mathcal{C}_1$ 是 $\mathcal{U}$-小范畴, 则 $\mathrm{Fct}(\mathcal{C}_1,\mathcal{C}_2)$ 是 $\mathcal{U}$-范畴, 这是因为对

任两个 $F, G : \mathcal{C}_1 \to \mathcal{C}_2$, 其间的自然变换是集合

$$\prod_{X \in \mathrm{Ob}(\mathcal{C}_1)} \mathrm{Hom}_{\mathcal{C}_2}(FX, GX)$$

的子集. 若 $\mathcal{C}_1$ 是 $\mathcal{U}$-小范畴, 则上式为 $\mathcal{U}$-小集.

此外还要用到自然变换纵合成的结合律, 见引理 2.2.7.

对函子 $F, G : \mathcal{C}_1 \to \mathcal{C}_2$, 在反范畴中相应地有 $F^{\mathrm{op}}, G^{\mathrm{op}} : \mathcal{C}_1^{\mathrm{op}} \to \mathcal{C}_2^{\mathrm{op}}$ (见注记 2.2.2), 易见自然变换 $\varphi : F \to G$ 在反范畴中被倒转为 $\varphi^{\mathrm{op}} : G^{\mathrm{op}} \to F^{\mathrm{op}}$, 而且 $(\varphi^{\mathrm{op}})^{\mathrm{op}} = \varphi$. 摘要如下.

命题 2.3.6 存在自然同构 $\mathrm{Fct}(\mathcal{C}_1, \mathcal{C}_2)^{\mathrm{op}} \xrightarrow{\sim} \mathrm{Fct}(\mathcal{C}_1^{\mathrm{op}}, \mathcal{C}_2^{\mathrm{op}})$, 它将 φ 映至 φ^{op}.

今后用到的多数是 $\mathcal{C}_1$ 为小范畴的情形. 有时也把 $\mathrm{Fct}(\mathcal{C}_1, \mathcal{C}_2)$ 写作 $\mathcal{C}_2^{\mathcal{C}_1}$.

例 2.3.7 考虑集合 $I \in \mathcal{U}$, 取 $\mathcal{I} := \mathsf{Disc}(I)$ 为相应的离散范畴 (例 2.1.5), 则对任意 $\mathcal{C}$ 皆有范畴同构 $\mathcal{C}^{\mathcal{I}} \simeq \prod_{i \in I} \mathcal{C}$.

既定义了函子范畴, 其中自然可以讨论一个函子 $F : \mathcal{C}_1 \to \mathcal{C}_2$ 的自同态幺半群 $\mathrm{End}(F)$ 与自同构群 $\mathrm{Aut}(F)$. 它们作为集合未必属于 $\mathcal{U}$.

定义 2.3.8 一个范畴 $\mathcal{C}$ 的**中心**定义为 $Z(\mathcal{C}) := \mathrm{End}(\mathrm{id}_{\mathcal{C}})$.

中心是范畴的一种极有用的不变量. 由 (2.1) 可知 $Z(\mathcal{C})$ 的元素无非是一族自同态 $\psi_X : X \to X$, 使得图表

$$\begin{array}{ccc} X & \xrightarrow{\psi_X} & X \\ {\scriptstyle f}\big\downarrow & & \big\downarrow{\scriptstyle f} \\ Y & \xrightarrow[\psi_Y]{} & Y \end{array}$$

对每个 $f : X \to Y$ 都交换.

命题 2.3.9 中心 $Z(\mathcal{C})$ 对二元运算 $\circ$ 总是交换的.

证明 对给定的 $\theta, \psi \in \mathrm{End}(\mathrm{id}_{\mathcal{C}})$, 上图中取自同态 θ, 对象 $X = Y$ 和态射 $f = \psi_X$ 便得到 $\theta_X \psi_X = \psi_X \theta_X$. □

命题 2.3.10 范畴等价 $F : \mathcal{C}_1 \to \mathcal{C}_2$ 诱导中心的同构 $Z(\mathcal{C}_1) \simeq Z(\mathcal{C}_2)$.

证明是容易的, 留作练习.

2.4 泛性质

许多数学构造能以泛性质唯一地刻画. 我们使用始、终对象和逗号范畴的语言予以阐述.

定义 2.4.1 范畴 $\mathcal{C}$ 中的对象 X 称为**始对象**, 如果对所有对象 Y 集合 $\mathrm{Hom}_{\mathcal{C}}(X,Y)$ 恰有一个元素. 类似地, 称 X 为**终对象**, 如果对所有对象 Y 集合 $\mathrm{Hom}_{\mathcal{C}}(Y,X)$ 恰有一个元素. 若 X 既是始对象又是终对象, 则称之为**零对象**.

始、终对象是相互对偶的概念: $\mathcal{C}$ 的始对象无非是 $\mathcal{C}^{\mathrm{op}}$ 的终对象, 反之亦然.

命题 2.4.2 设 X, X' 为 $\mathcal{C}$ 中的始对象, 则存在唯一的同构 $X \xrightarrow{\sim} X'$. 同样性质对终对象也成立.

证明 仅需处理始对象情形. 假设 X, X' 都是始对象, 则存在唯一的态射 $f : X \to X'$ 和 $g : X' \to X$. 其合成 $gf : X \to X$ 也是唯一的, 它只能是 id_X; 同理 $fg = \mathrm{id}_{X'}$. 因此 $f : X \xrightarrow{\sim} X'$ 即所求. □

定义 2.4.3 设 $\mathcal{C}$ 中有零对象, 记作 0. 对任意 $X, Y \in \mathrm{Ob}(\mathcal{C})$ 定义**零态射** $0 : X \to Y$ 为

$$X \to 0 \to Y$$

的合成.

两点观察: (1) 零态射从左右合成任何态射仍是零态射. (2) 零态射的定义无关零对象的选取: 若 $0, 0'$ 都是零对象, 则出入 $0, 0'$ 的箭头都是唯一的, 下图自动交换

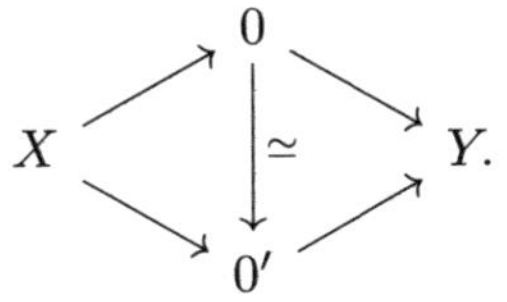

例 2.4.4 一般而言, 始对象和终对象未必存在 (例: 考虑离散范畴). 以下是一些典型例子:

1. 集合范畴 Set: $\varnothing$ 是始对象, $\{\mathrm{pt}\}$ 是终对象;
2. 带基点的集合范畴 $\mathsf{Set}_\bullet$: $(\{\mathrm{pt}\}, \mathrm{pt})$ 是零对象;
3. 群范畴 Grp: 平凡群 $\{1\}$ 是零对象, 取常值 1 的同态是零态射;
4. 域 $\Bbbk$ 上的向量空间范畴 $\mathsf{Vect}(\Bbbk)$: 零空间是零对象, 零映射是零态射.

始、终对象及其唯一性一般被用来表述**泛性质**, 我们先看些例子.

例 2.4.5 选定域 $\Bbbk$, 定义函子 V : Set $\to$ Vect($\Bbbk$) 如下: 对于集合 X, 命 $V(X) := \bigoplus_{x\in X}\Bbbk x$ 为以 X 为基的 $\Bbbk$-向量空间. 任意映射 $f : X \to Y$ 皆诱导出线性映射 $V(f) : V(X) \to V(Y)$, 它由在基上的限制 f 所刻画. 令 U : Vect($\Bbbk$) $\to$ Set 为忘却函子 (例 2.2.4), 则 $x \mapsto x \in V(X)$ 给出态射 $\iota : X \to UV(X)$. 尽管有些拗口, 不妨设想 $V(X)$ 是 X 上的 "自由向量空间".

为阐明 $V(X)$ 的泛性质, 定义范畴 (X/U) 使得其对象形如 $(W, i : X \to U(W))$, 其中 $W \in \mathrm{Ob}\,$Vect($\Bbbk$) 而 $X \xrightarrow{i} U(W)$ 是 Set 中的态射, 态射定为使下图交换的线性映射 $h : W_1 \to W_2$:

$$\begin{array}{ccc} & X & \\ {}^{i_1}\swarrow & & \searrow^{i_2} \\ U(W_1) & \xrightarrow[U(h)]{} & U(W_2). \end{array}$$

我们断言 $(V(X), \iota)$ 是 (X/U) 中的始对象. 这说的无非是对任意 $(W, i) \in \mathrm{Ob}(X/U)$, 存在唯一的 $h : V(X) \to W$ 使图表

$$\begin{array}{ccc} & X & \\ {}^{\iota}\swarrow & & \searrow^{i} \\ U(V(X)) & \xrightarrow[U(h)]{} & U(W) \end{array}$$

交换. 由于 X 是 $V(X)$ 的基, 这般 h 是唯一确定了的.

上图涉及 h 的条件称为 $V(X)$ 满足的泛性质. 根据命题 2.4.2, 我们说泛性质刻画了 $V(X)$ 连同 $\iota : X \to UV(X)$, 至多差一个唯一的同构. 之后我们还会遇到更精密的 "自由对象" 的构造, 如 §4.8 的自由群.

例 2.4.6 考虑所有度量空间 (X, d) 构成的范畴 Metr, 其中的态射是保距映射 $f : (X, d_X) \to (Y, d_Y)$, 即: $\forall u, v,\ d_Y(f(u), f(v)) = d_X(u, v)$. 完备度量空间构成的全子范畴记作 ComMetr. 熟知的完备化构造 [57, §8.1] 给出一个函子

$$\begin{aligned} C : \mathsf{Metr} &\longrightarrow \mathsf{ComMetr} \\ (X, d) &\longmapsto (\hat{X}, \hat{d}), \end{aligned}$$

其中 $\hat{X}$ 是所有 X 中的 Cauchy 列 $\vec{x} = (x_n)_{n\geq 0}$ 的等价类, 而 $\hat{d}(\vec{x}, \vec{y}) := \lim\limits_{n\to\infty} d(x_n, y_n)$. 以下略去度量 d. 令 I : ComMetr $\to$ Metr 为包含函子. 对于给定的度量空间 X, 对角嵌入 $x \mapsto (x_n := x)_{n\geq 1}$ 给出态射 $\iota : X \to I(\hat{X})$. 仿照前个例子定义范畴 (X/I) 使其对象形如 $(Y, i : X \to I(Y))$.

完备化 $\hat{X}$ 的泛性质众所周知, 用范畴 (X/I) 重述如下: 对任意 $(Y, i) \in \mathrm{Ob}(X/I)$,

存在唯一的态射 $h:\hat{X}\to Y$ 使得图表

$$\begin{array}{ccc} & X & \\ {}^{\iota}\swarrow & & \searrow^{i} \\ I(\hat{X}) & \xrightarrow[I(h)]{} & I(Y) \end{array}$$

交换, 这归结为 X 在 $\hat{X}$ 中的稠密性. 因此完备化 $(\hat{X},\iota:X\to I(\hat{X}))$ 可以刻画为 (X/I) 的始对象.

以上例子还可以用伴随函子或可表函子处理, 稍后讨论. 我们先借此机会引入一套广泛的构造.

定义 2.4.7 (逗号范畴) 对于函子 $\mathcal{A}\xrightarrow{S}\mathcal{C}\xleftarrow{T}\mathcal{B}$, 定义逗号范畴 (S/T) 如下:

- ◇ 对象: 形如 (A,B,f), 其中 $A\in\mathrm{Ob}(\mathcal{A})$, $B\in\mathrm{Ob}(\mathcal{B})$, $f:SA\to TB$;
- ◇ 态射: 从 (A,B,f) 到 (A',B',f') 的态射形如 (g,h), 其中 $g:A\to A'$, $h:B\to B'$ 分别是 $\mathcal{A}$, $\mathcal{B}$ 中的态射, 使得下图交换

$$\begin{array}{ccc} SA & \xrightarrow{Sg} & SA' \\ {\scriptstyle f}\downarrow & & \downarrow{\scriptstyle f'} \\ TB & \xrightarrow[Th]{} & TB'. \end{array}$$

态射的合成是 $(g_1,h_1)\circ(g_2,h_2)=(g_1\circ g_2,h_1\circ h_2)$, 而 (A,B,f) 到自身的恒等态射是 $(\mathrm{id}_A,\mathrm{id}_B)$.

我们有明显的左, 右投影函子 $P:(S/T)\to\mathcal{A}$ 和 $Q:(S/T)\to\mathcal{B}$. 早期文献把 (S/T) 写作 (S,T), 因而得名. 且先看些例子.

请回忆例 2.1.5 定义的范畴 $\mathbf{1}$, 它仅含一个态射. 指定 $\mathcal{C}$ 中的一个对象 X 相当于指定一个函子 $j_X:\mathbf{1}\to\mathcal{C}$.

1. 考虑函子 $T:\mathcal{C}'\to\mathcal{C}$ 及 $X\in\mathrm{Ob}(\mathcal{C})$. 对应于 $\mathbf{1}\xrightarrow{j_X}\mathcal{C}\xleftarrow{T}\mathcal{C}'$ 的逗号范畴 $(X/T):=(j_X/T)$ 的对象形如 $(W,X\xrightarrow{i}TW)_{W\in\mathrm{Ob}(\mathcal{C}')}$, 而 $(W_1,i_1),(W_2,i_2)$ 间的态射是使得下图交换的 $h:W_1\to W_2$:

$$\begin{array}{ccc} & X & \\ {}^{i_1}\swarrow & & \searrow^{i_2} \\ TW_1 & \xrightarrow[Th]{} & TW_2. \end{array}$$

合成态射的定义显然故略去. 这正是例 2.4.5 和例 2.4.6 使用的范畴.

2. 反过来考虑 $\mathcal{C}'\xrightarrow{T}\mathcal{C}\xleftarrow{j_X}\mathbf{1}$. 逗号范畴 (T/X) 的对象形如 $(W,TW\xrightarrow{p}X)_{W\in\mathrm{Ob}(\mathcal{C}')}$,

从 (W_1, p_1) 到 (W_2, p_2) 的态射是使得下图交换的 $f : W_1 \to W_2$:

$$\begin{array}{ccc} TW_1 & \xrightarrow{Tf} & TW_2 \\ & {\scriptstyle p_1}\searrow \quad \swarrow{\scriptstyle p_2} & \\ & X & \end{array} .$$

这类范畴在几何学中不时出现. 取 $T = \mathrm{id}_{\mathcal{C}}$, 一种看法是把 $p : W \to X$ 想成在 X 上 "纤维化" 的对象. 不妨取 $\mathcal{C}$ 为某些空间的范畴 (如拓扑空间、复代数簇等等), 映射 $p : W \to X$ 可以设想为一族被 X 参数化的空间: 对每一点 $x \in X$, 相应的空间是 x 上的纤维 $W_x := p^{-1}(x)$.

3. 逗号范畴 $(\mathrm{id}_{\mathcal{C}}/\mathrm{id}_{\mathcal{C}})$ 的对象是 $\mathcal{C}$ 中的所有态射 $f : X \to Y$, 两个对象 $f : X \to Y$, $f' : X' \to Y'$ 之间的态射是交换图表 $\begin{array}{ccc} X & \xrightarrow{f} & Y \\ \downarrow & & \downarrow \\ X' & \xrightarrow[f']{} & Y' \end{array}$. 不难理解, $(\mathrm{id}_{\mathcal{C}}/\mathrm{id}_{\mathcal{C}})$ 也叫 $\mathcal{C}$ 的箭头范畴.

2.5 可表函子

以下选定范畴 $\mathcal{C}$. 这里需留意一些集合论的问题: 依约定 2.1.4, 宇宙 $\mathcal{U}$ 已固定, $\mathcal{C}$ 是一个 $\mathcal{U}$-范畴, 而 Set 表示 $\mathcal{U}$-集所成的范畴. 定义

$$\mathcal{C}^\wedge := \mathrm{Fct}(\mathcal{C}^{\mathrm{op}}, \mathsf{Set}),$$
$$\mathcal{C}^\vee := \mathrm{Fct}(\mathcal{C}^{\mathrm{op}}, \mathsf{Set}^{\mathrm{op}}) = \mathrm{Fct}(\mathcal{C}, \mathsf{Set})^{\mathrm{op}}.$$

当 $\mathcal{C}$ 是 $\mathcal{U}$-小范畴时, $\mathcal{C}^\wedge$ 和 $\mathcal{C}^\vee$ 都是 $\mathcal{U}$-范畴, 一般情形则否. 基于一些几何学的渊源 (主要是层论), 也把 $\mathcal{C}^\wedge$ 称作 $\mathcal{C}$ 上的**预层**范畴. 命题 2.3.6 蕴涵

$$(\mathcal{C}^\vee)^{\mathrm{op}} = (\mathcal{C}^{\mathrm{op}})^\wedge. \tag{2.3}$$

以下讨论涉及 $\mathrm{Hom}_{\mathcal{C}}$ 的函子性, 读者可回忆例 2.3.3. 定义函子

$$h_{\mathcal{C}} : \mathcal{C} \longrightarrow \mathcal{C}^\wedge,$$
$$S \longmapsto \mathrm{Hom}_{\mathcal{C}}(\cdot, S).$$

我们有自然的求值函子 $\mathrm{ev}^\wedge : \mathcal{C}^{\mathrm{op}} \times \mathcal{C}^\wedge \to \mathsf{Set}$, 它将 (S, A) 映至集合 $A(S)$. 同理定

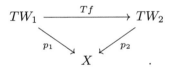

义函子

$$\begin{aligned} k_{\mathcal{C}}: \mathcal{C} &\longrightarrow \mathcal{C}^{\vee}, & \mathrm{ev}^{\vee}: (\mathcal{C}^{\vee})^{\mathrm{op}} \times \mathcal{C} &\longrightarrow \mathsf{Set}, \\ S &\longmapsto \mathrm{Hom}_{\mathcal{C}}(S, \cdot), & (B, S) &\longmapsto B(S). \end{aligned}$$

定理 2.5.1 (米田信夫) 对于 $S \in \mathrm{Ob}(\mathcal{C})$ 和 $A \in \mathrm{Ob}(\mathcal{C}^{\wedge})$, 映射

$$\begin{gathered} \mathrm{Hom}_{\mathcal{C}^{\wedge}}(h_{\mathcal{C}}(S), A) \longrightarrow A(S) \\ \left[\mathrm{Hom}_{\mathcal{C}}(\cdot, S) \xrightarrow{\phi} A(\cdot)\right] \longmapsto \phi_S(\mathrm{id}_S) \end{gathered} \tag{2.4}$$

是双射; 它给出函子的同构 $\mathrm{Hom}_{\mathcal{C}^{\wedge}}(h_{\mathcal{C}}(\cdot), \cdot) \xrightarrow{\sim} \mathrm{ev}^{\wedge}$. 函子 $h_{\mathcal{C}}$ 是全忠实的.

同理, 存在自然的函子同构 $\mathrm{Hom}_{\mathcal{C}^{\vee}}(\cdot, k_{\mathcal{C}}(\cdot)) \xrightarrow{\sim} \mathrm{ev}^{\vee}$. 函子 $k_{\mathcal{C}}$ 是全忠实的.

此结果一般称为米田引理, 函子 $h_{\mathcal{C}}, k_{\mathcal{C}}$ 相应地称为米田嵌入.

证明 由 (2.3) 仅需证明第一部分. 映射 (2.4) 对 S, A 的函子性是显见的. 对于 $\mathcal{C}$ 中任一态射 $f: T \to S$, 令 $u_S := \phi_S(\mathrm{id}_S) \in A(S)$. 交换图表

$$\begin{array}{ccccccc} \mathrm{id}_S & \in & \mathrm{Hom}_{\mathcal{C}}(S, S) & \xrightarrow{\phi_S} & A(S) & \ni & u_S \\ \big\downarrow & & \big\downarrow{\scriptstyle f^*} & & \big\downarrow{\scriptstyle A(f)} & & \big\downarrow \\ f & \in & \mathrm{Hom}_{\mathcal{C}}(T, S) & \xrightarrow[\phi_T]{} & A(T) & \ni & \phi_T(f) \end{array}$$

道尽一切. 最后在 (2.4) 中取 $A = h_{\mathcal{C}}(T)$ 即得 $h_{\mathcal{C}}$ 的全忠实性. □

证明里 u_S 的用法是一种标准技巧, 今后还会反复运用.

定义 2.5.2 称 $A: \mathcal{C}^{\mathrm{op}} \to \mathsf{Set}$ 是可表函子, 如果存在 $X \in \mathrm{Ob}(\mathcal{C})$ 及同构 $\phi: h_{\mathcal{C}}(X) \xrightarrow{\sim} A$, 并称 (X, ϕ) 是其代表元. 类似地, 可以用 $k_{\mathcal{C}}$ 定义函子 $B: \mathcal{C} \to \mathsf{Set}$ 的可表性和代表元.

注记 2.5.3 从定理 2.5.1 的证明可知: 给定资料 $(X, \phi: h_{\mathcal{C}}(X) \to A)$ 相当于给定 (X, u), 这里的 $u \in A(X)$ 是 $\mathrm{id}_X: X \to X$ 在 ϕ_X 下的像; 对 $\mathcal{C}$ 中态射 $f: T \to X$, 我们有 $\phi_T(f) = A(f)(u)$.

有鉴于此, 可表函子 A 的代表元可以用 (X, u) 描述, 其中的 u 一般称为**泛族**; 术语源于几何学中模空间的研究.

引理 2.5.4 若函子 $A: \mathcal{C}^{\mathrm{op}} \to \mathsf{Set}$ 可表, 则其代表元 $(X, \phi: h_{\mathcal{C}}(X) \xrightarrow{\sim} A)$ 在至多差一个唯一同构的意义下是唯一的. 对函子 $B: \mathcal{C} \to \mathsf{Set}$ 也有类似性质.

代表元及其同构可以用 §2.4 讨论过的逗号范畴 $(h_{\mathcal{C}}/A)$ 解释, 对应于函子 $\mathcal{C} \xrightarrow{h_{\mathcal{C}}}$

$\mathcal{C}^\wedge \xleftarrow{j_A} \mathbf{1}$, 详见下述证明.

证明 对于任意 $Y \in \mathrm{Ob}(\mathcal{C})$ 与 $\psi : h_\mathcal{C}(Y) \to A$, 根据定理 2.5.1 断言的全忠实性, 存在唯一的 $f \in \mathrm{Hom}_\mathcal{C}(Y, X)$ 使下图交换.

$$\begin{array}{ccc} h_\mathcal{C}(Y) & \xrightarrow{h_\mathcal{C}(f)} & h_\mathcal{C}(X) \\ & {}_{\psi}\searrow \quad \swarrow_{\phi}^{\simeq} & \\ & A & \end{array}$$

审视 $(h_\mathcal{C}/A)$ 之定义 2.4.7 可知 (X, ϕ) 是其终对象. 由命题 2.4.2 遂有唯一性. □

例 2.5.5 回顾例 2.4.5 的函子 $V : \mathsf{Set} \to \mathsf{Vect}(\Bbbk)$. 其泛性质给出了

$$\mathrm{Hom}_{\mathsf{Set}}(X, U(\cdot)) \xrightarrow{\sim} \mathrm{Hom}_{\mathsf{Vect}(\Bbbk)}(V(X), \cdot).$$

因此 $V(X)$ 连同上述同构表示了函子 $\mathrm{Hom}_{\mathsf{Set}}(X, U(\cdot))$.

例 2.5.6 考虑函子 $P : \mathsf{Set}^{\mathrm{op}} \to \mathsf{Set}$, 它将 Set 的对象 S 映至其幂集 $P(S)$, 将态射 $f : S \to T$ 映至 $T \supset A \mapsto f^{-1}(A) \subset S$. 置 $\Omega := \{0, 1\}$, $u := \{1\} \in P(\Omega)$. 利用注记 2.5.3, 我们断言 (Ω, u) 给出同构 $\phi : \mathrm{Hom}_\mathcal{C}(\cdot, \Omega) \xrightarrow{\sim} P$, 从而 P 可表.

对任意 Set 的对象 S, 相应的映射是

$$\begin{aligned} \phi_S : \mathrm{Hom}_{\mathsf{Set}}(S, \Omega) &\longrightarrow P(S) \\ f &\longmapsto f^{-1}(\{1\}). \end{aligned}$$

由中学数学可知 ϕ_S 是双射, 其逆将 $A \in P(S)$ 映至函数 $\mathbf{1}_A : S \to \Omega$, 其定义是 $\mathbf{1}_A(s) = 1$ 当且仅当 $s \in A$.

可表函子在数学中有许多深刻的实例, 例如代数几何学中的模空间 (表几何对象的分类问题), 或拓扑学中的 Eilenberg–MacLane 空间 (表同调函子) 等等.

我们将经常省略符号 $h_\mathcal{C}$ 或 $k_\mathcal{C}$, 将 $\mathcal{C}$ 直接看作 $\mathcal{C}^\wedge$ 或 $\mathcal{C}^\vee$ 的全子范畴. 在代数几何学等实际应用中, 常有许多构造在 "具体" 的给定范畴 $\mathcal{C}$ 中颇为棘手, 在 $\mathcal{C}^\wedge$ 或 $\mathcal{C}^\vee$ 中却有直截了当的定义. 所以不妨将米田嵌入类比于分析学中 L. Schwartz 的广义函数理论, 唯其抽象, 故堪实用.

2.6 伴随函子

D. Kan 在 1958 年首先阐释了伴随对的概念. 伴随性在范畴论及其应用中几乎无所不在, 相关历史注记可参阅 [29, p.107].

定义 2.6.1 **伴随对**意指下述资料 (F, G, φ), 其中 $\mathcal{C}_1 \underset{G}{\overset{F}{\rightleftarrows}} \mathcal{C}_2$ 是一对函子, 而 φ 是函子的同构

$$\varphi : \mathrm{Hom}_{\mathcal{C}_2}(F(\cdot), \cdot) \xrightarrow{\sim} \mathrm{Hom}_{\mathcal{C}_1}(\cdot, G(\cdot)).$$

一般称 G 是 F 的右伴随, F 是 G 的左伴随, 或说 (F, G, φ) 是伴随对; 资料中的 φ 经常省略不记.

例 2.6.2 选定域 $\Bbbk$. 在例 2.2.4 中, 我们业已定义了对偶函子 $D : \mathsf{Vect}(\Bbbk)^{\mathrm{op}} \to \mathsf{Vect}(\Bbbk)$, $DV := V^\vee$. 存在自然的同构

$$\begin{aligned} \varphi_{V,W} : \mathrm{Hom}_{\Bbbk}(V, W^\vee) &\longrightarrow \mathrm{Hom}_{\Bbbk}(W, V^\vee) \\ f &\longmapsto [w \mapsto [v \mapsto f(v)(w)]], \end{aligned}$$

其中 V, W 是 $\Bbbk$-向量空间. 实际上, 两边都自然地同构于双线性型 $B : V \times W \to \Bbbk$ 构成的空间: 仅需将 $f \in \mathrm{Hom}_{\Bbbk}(V, W^\vee)$ 映到 $B : (v, w) \mapsto f(v)(w)$; 交换 V, W 的角色就得到 $\mathrm{Hom}_{\Bbbk}(W, V^\vee)$ 情形. 这些同构重写为

$$\varphi_{VW} : \mathrm{Hom}_{\mathsf{Vect}(\Bbbk)}(V, DW) \xrightarrow{\sim} \mathrm{Hom}_{\mathsf{Vect}(\Bbbk)^{\mathrm{op}}}(D^{\mathrm{op}}V, W),$$

并且对变元 V, W 满足函子性, 由此得到伴随对 $(D^{\mathrm{op}}, D, \varphi^{-1})$.

注意到 D 限制在 $\mathsf{Vect}_f(\Bbbk)$ 上给出范畴等价 $\mathsf{Vect}(\Bbbk)_f^{\mathrm{op}} \to \mathsf{Vect}_f(\Bbbk)$, 见例 2.2.14. 其证明关键是考虑态射 $\mathrm{id}_{\mathsf{Vect}(\Bbbk)} \to DD^{\mathrm{op}}$, 它仅当限制在 $\mathsf{Vect}_f(\Bbbk)$ 上才是同构. 对于一般的伴随对 (F, G, φ), 类似的态射仍扮演关键角色.

定义 2.6.3 设 (F, G, φ) 为伴随对, 定义态射

$$\eta = (\eta_X)_{X \in \mathrm{Ob}(\mathcal{C}_1)} : \mathrm{id}_{\mathcal{C}_1} \longrightarrow GF$$

如下

$$\begin{aligned} \mathrm{Hom}_{\mathcal{C}_2}(FX, FX) &\xrightarrow{\varphi} \mathrm{Hom}_{\mathcal{C}_1}(X, GFX) \\ \mathrm{id}_{FX} &\longmapsto \eta_X. \end{aligned}$$

同理, 反转箭头即可定义态射 $\varepsilon = (\varepsilon_X)_X : FG \to \mathrm{id}_{\mathcal{C}_2}$. 我们称 η 是 (F, G, φ) 的**单位**, 而 ε 是**余单位**.

须验证 η 确为自然变换. 诚然, 对于 $\mathcal{C}_1$ 中的态射 $h : X' \to X$, 由 φ 的自然性知

$$\begin{array}{ccccccc}
\mathrm{id}_{FX} & \in & \mathrm{Hom}(FX, FX) & \xrightarrow{\varphi} & \mathrm{Hom}(X, GFX) & \ni & \eta_X \\
\big\downarrow & & \big\downarrow{\scriptstyle (Fh)^*} & & \big\downarrow{\scriptstyle h^*} & & \big\downarrow \\
Fh & \in & \mathrm{Hom}(FX', FX) & \xrightarrow{\varphi} & \mathrm{Hom}(X', GFX) & \ni & \varphi(Fh) \\
\big\uparrow & & \big\uparrow{\scriptstyle (Fh)_*} & & \big\uparrow{\scriptstyle (GFh)_*} & & \big\uparrow \\
\mathrm{id}_{FX'} & \in & \mathrm{Hom}(FX', FX') & \xrightarrow[\varphi]{} & \mathrm{Hom}(X', GFX') & \ni & \eta_{X'}
\end{array}$$

的上、下两子图皆交换; 按图索骥知 $\begin{array}{ccc} X' & \xrightarrow{\eta_{X'}} & GFX' \\ {\scriptstyle h}\big\downarrow & \searrow^{\varphi(Fh)} & \big\downarrow{\scriptstyle GFh} \\ X & \xrightarrow[\eta_X]{} & GFX \end{array}$ 也交换. 同理可证 ε 是自然变换.

此外, 单位和余单位各自按下式确定了 φ

$$\begin{aligned}
\varphi(f) &= Gf \circ \eta_X : X \to GY, \quad \forall f : FX \to Y; \\
\varphi^{-1}(g) &= \varepsilon_Y \circ Fg : FX \to Y, \quad \forall g : X \to GY.
\end{aligned} \tag{2.5}$$

同样用交换图表论证之: 对于 $\varphi(f)$, 考虑

$$\begin{array}{ccccccc}
\mathrm{id}_{FX} & \in & \mathrm{Hom}(FX, FX) & \xrightarrow{\varphi} & \mathrm{Hom}(X, GFX) & \ni & \eta_X \\
\big\downarrow & & \big\downarrow{\scriptstyle f_*} & & \big\downarrow{\scriptstyle (Gf)_*} & & \big\downarrow \\
f & \in & \mathrm{Hom}(FX, Y) & \xrightarrow[\varphi]{} & \mathrm{Hom}(X, GY) & \ni & \varphi(f) = Gf \circ \eta_X.
\end{array}$$

反转箭头便得到 $\varphi^{-1}(g)$ 的情形.

以下要用到自然变换 ηG, $G\varepsilon$, $F\eta$ 和 εF, 相关符号的解释见 §2.2.

引理 2.6.4 对于伴随对 (F, G, φ) 和相应的 $\eta : \mathrm{id} \to GF$, $\varepsilon : FG \to \mathrm{id}$, 我们有自然变换之间的等式.

$$\begin{aligned}
&\left[G \xrightarrow{\eta G} (GF)G = G(FG) \xrightarrow{G\varepsilon} G \right] = \mathrm{id}_G, \\
&\left[F \xrightarrow{F\eta} F(GF) = (FG)F \xrightarrow{\varepsilon F} F \right] = \mathrm{id}_F.
\end{aligned} \tag{2.6}$$

证明 对任意 $Y \in \mathrm{Ob}(\mathcal{C}_2)$, 据 $\varepsilon_Y : FGY \to Y$ 的定义和 (2.5) 可得

$$\mathrm{id}_{GY} = \varphi(\varepsilon_Y) = G(\varepsilon_Y) \circ \eta_{GY} : \quad GY \to GY.$$

此即第一式. 同理, 用 $\mathrm{id}_{FX} = \varphi^{-1}(\eta_X)$ 配合 (2.5) 可证第二式. □

命题 2.6.5 对于给定的函子 $\mathcal{C}_1 \underset{G}{\overset{F}{\rightleftarrows}} \mathcal{C}_2$, 以下的映射互为逆

$$\{\varphi : (F, G, \varphi) \text{ 是伴随对}\} \rightleftharpoons \{(\eta, \varepsilon) : \text{ 满足 (2.6)}\}$$

$$\varphi \longmapsto \left(\eta_X := \varphi(\mathrm{id}_{FX}),\ \varepsilon_Y := \varphi^{-1}(\mathrm{id}_{GY})\right),$$

$$\varphi(f) := Gf \circ \eta_X \longleftarrow (\eta, \varepsilon).$$

因此伴随对亦可用资料 $(F, G, \eta, \varepsilon)$ 描述, 这样的好处是不牵涉 Hom 集.

证明 给定 (η, ε) 满足 (2.6). 定义 $\varphi(f) = Gf \circ \eta_X$ 和 $\psi(g) = \varepsilon_Y \circ Fg$ 如 (2.5), 其中 $f : FX \to Y$, $g : X \to GY$. 依据 η, ε 的自然性, φ 和 ψ 构成函子间的一对态射 $\mathrm{Hom}(F(\cdot), \cdot) \leftrightarrows \mathrm{Hom}(\cdot, G(\cdot))$.

我们断言 $\psi\varphi = \mathrm{id}$: 左式将 f 映至 $\varepsilon_Y \circ FGf \circ F\eta_X$. 由于 ε 的自然性, 图表

$$\begin{array}{ccccc} FX & \xrightarrow{F\eta_X} & FGFX & \xrightarrow{FGf} & FGY \\ & & \downarrow{\scriptstyle \varepsilon_{FX}} & & \downarrow{\scriptstyle \varepsilon_Y} \\ & & FX & \xrightarrow[f]{} & Y \end{array}$$

交换. 因此 $\psi\varphi(f) = f \circ \varepsilon_{FX} \circ F\eta_X$, 根据 (2.6) 这无非是 f. 同理可证 $\varphi\psi = \mathrm{id}$. 故 (F, G, φ) 是伴随对. 由定义立见 $\varphi(\mathrm{id}_{FX}) = \eta_X$, $\psi(\mathrm{id}_{GY}) = \varepsilon_Y$.

配合先前的讨论可以看出 $\leftharpoondown$ 和 $\rightharpoonup$ 互逆. 证毕. □

资料 $(F, G, \eta, \varepsilon)$ 里的 ε (或 η) 是同构当且仅当 G (或 F) 是全忠实函子; 习题中将勾勒其证明.

注记 2.6.6 关系式 (2.6) 还能用 2-胞腔 (见 §2.2) 的写法概括. 将横合成 $\eta G = \eta \circ \mathrm{id}_G : G \to GFG$ 表作

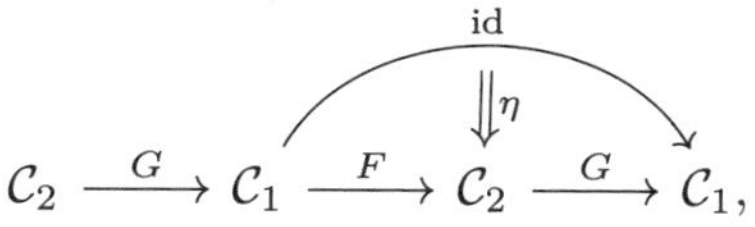

类似地描绘 $G\varepsilon$, $F\eta$, εF 等图表. 则 (2.6) 说的是

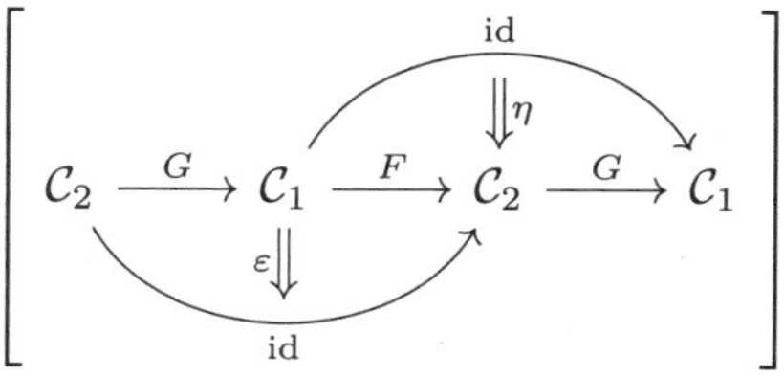

$= [\mathrm{id}_G : G \to G]$

以及

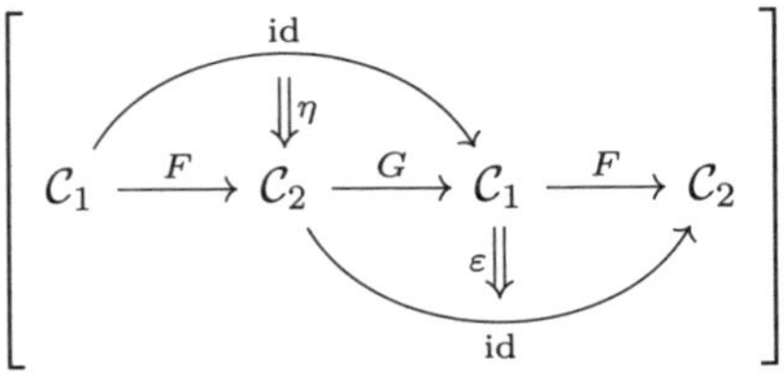

$= [\mathrm{id}_F : F \to F]$,

其中左图皆表自然变换的纵合成. 进一步, 还可以把图表调整为便于记忆的形式:

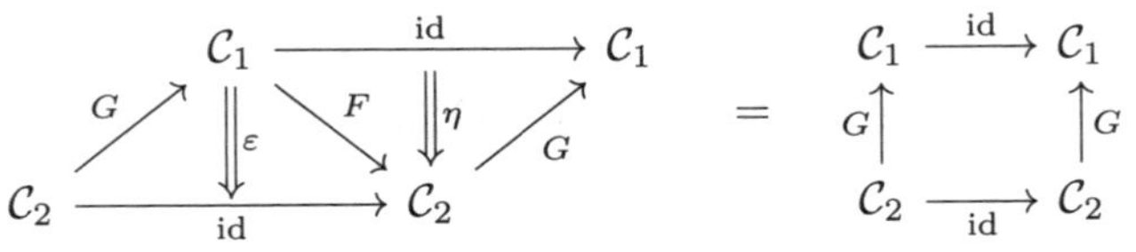

和

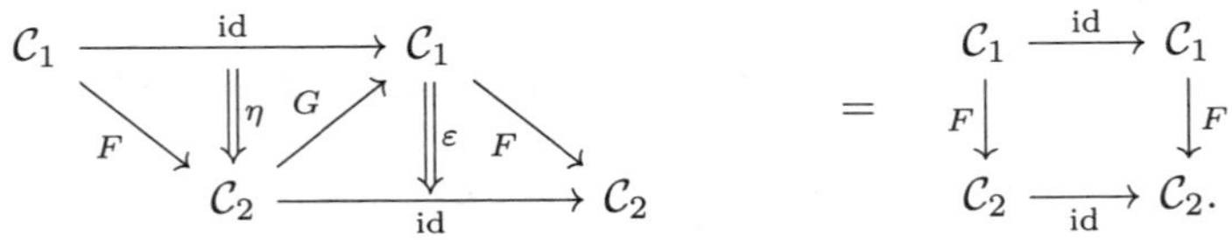

职是之故, (2.6) 又叫作三角等式. 我们在 §3.5 还会遇到这些图表.

例 2.6.7 忘却函子 Top → Set 兼有左右伴随函子: 左伴随函子 L : Set → Top 赋予一个集合离散拓扑 (所有子集皆开), 而右伴随函子 R : Set → Top 赋予一个集合 S 平凡拓扑 (仅 $\varnothing$, S 开).

例 2.6.8 数学中还有许多构造是忘却函子或包含函子的左伴随. 以下举少量例子.

1. 忘却函子 Grp → Set 的左伴随是自由群函子: $F : X \mapsto \mathbf{F}(X)$ (定义 4.8.2), 其单位是集合 X 到其自由群的嵌入 $X \hookrightarrow \mathbf{F}(X)$. 以后我们还会考察自由模和多项式环等类似的自由构造, 无论对哪一种结构, 准则不外乎

   "自由是遗忘的左伴随".

   命题 2.6.10 将阐明伴随函子的唯一性, 故上句应当视作自由构造的一般刻画.

2. 包含函子 Ab → Grp 的左伴随是 Abel 化函子 $G \mapsto G/G_{\mathrm{der}}$, 其单位是商同态 $G \to G/G_{\mathrm{der}}$.

3. 沿用例 2.4.6 的记号. 包含函子 ComMetr → Metr 的左伴随是完备化 $(X, d) \mapsto (\hat{X}, \hat{d})$, 其单位是标准 (对角) 的等距嵌入 $X \hookrightarrow \hat{X}$.

4. 令 CHaus 为紧 Hausdorff 拓扑空间构成的范畴, 包含函子 CHaus → Top 的左伴随是 Stone–Čech 紧化 $X \mapsto \beta X$, 其单位是紧化带有的连续映射 $X \to \beta X$.

以下结果表明伴随函子对变元 $Y \in \mathrm{Ob}(\mathcal{C}_2)$ 其实是一种“逐点”的构造. 置

$$A_Y := \mathrm{Hom}_{\mathcal{C}_2}(F(\cdot), Y) \in \mathcal{C}_1^{\wedge}.$$

命题 2.6.9 函子 $F : \mathcal{C}_1 \to \mathcal{C}_2$ 有右伴随的充分必要条件是 A_Y 对每个 Y 皆可表; 类似地, $G : \mathcal{C}_2 \to \mathcal{C}_1$ 有左伴随的充分必要条件是 $\mathrm{Hom}_{\mathcal{C}_1}(X, G(\cdot))$ 对每个 X 皆可表.

证明 证明 F 的情形即可. 必要性是显然的. 反之, 假设对每个 Y 存在对象 GY 和同构 $\psi_Y : h_{\mathcal{C}_1}(GY) \xrightarrow{\sim} A_Y := \mathrm{Hom}(F(\cdot), Y)$. 请留意 $h_{\mathcal{C}_1}(GY) = \mathrm{Hom}_{\mathcal{C}_2}(\cdot, GY)$. 引理 2.5.4 断言 (GY, ψ_Y) 的唯一性: 它是逗号范畴 $(h_{\mathcal{C}_1}/A_Y)$ 的终对象. 对每个 Y 选定 (GY, ψ_Y). 任意态射 $h : Y \to Y'$ 诱导 $h_* : A_Y \to A_{Y'}$, 因而存在唯一的 $Gh : GY \to GY'$ 使得下图交换

$$\begin{array}{ccc} h_{\mathcal{C}_1}(GY) & \xrightarrow[\sim]{\psi_Y} & A_Y \\ {\scriptstyle h_{\mathcal{C}_1}(Gh)}\downarrow & & \downarrow{\scriptstyle h_*} \\ h_{\mathcal{C}_1}(GY') & \xrightarrow[\psi_{Y'}]{\sim} & A_{Y'}. \end{array}$$

由此易知 $(GY, \psi_Y)_Y$ 给出 $G : \mathcal{C}_2 \to \mathcal{C}_1$ 和 $\varphi = \psi^{-1} : \mathrm{Hom}(F(\cdot), \cdot) \xrightarrow{\sim} \mathrm{Hom}(\cdot, G(\cdot))$. □

命题 2.6.10 函子 $F : \mathcal{C}_1 \to \mathcal{C}_2$ 若有右伴随, 则在下述意义下唯一: 若 (F, G, φ) 和 (F, G', φ') 是伴随对, 则存在唯一的同构 $\psi : G \xrightarrow{\sim} G'$ 使得对每个 $Y \in \mathrm{Ob}(\mathcal{C}_2)$ 下图交换

$$\begin{array}{ccccc} h_{\mathcal{C}_1}(GY) & & \xrightarrow{h_{\mathcal{C}_1}(\psi_Y)} & & h_{\mathcal{C}_1}(G'Y) \\ & {\scriptstyle \varphi_Y}\searrow & & \swarrow{\scriptstyle \varphi'_Y} & \\ & & A_Y & & \end{array}$$

左伴随也满足类似的唯一性.

证明 类似命题 2.6.9 的证明, 我们利用 (GY, φ_Y), $(G'Y, \varphi'_Y)$ 在 $(h_{\mathcal{C}_1}/A_Y)$ 中同为终对象的性质, 对每个 Y 制造同构 $\psi_Y : GY \xrightarrow{\sim} G'Y$, 并用终对象的泛性证明 $(\psi_Y)_Y$ 成一自然变换. □

伴随对还可以作合成, 以下我们略去其中的 φ, 其定义在证明中是明显的.

命题 2.6.11 考虑函子 $\mathcal{C}_1 \underset{G}{\overset{F}{\rightleftarrows}} \mathcal{C}_2 \underset{G'}{\overset{F'}{\rightleftarrows}} \mathcal{C}_3$, 若 $(F, G, \eta, \varepsilon)$, $(F', G,' \eta', \varepsilon')$ 是伴随对, 则 $(F'F,\ GG',\ G\eta' F \circ \eta,\ \varepsilon' \circ F'\varepsilon G')$ 亦然. 其中 $\circ$ 代表纵合成.

证明 考虑以下同构

$$\mathrm{Hom}_{\mathcal{C}_3}(F'F(\cdot), \cdot) \xrightarrow{\sim} \mathrm{Hom}_{\mathcal{C}_2}(F(\cdot), G'(\cdot)) \xrightarrow{\sim} \mathrm{Hom}_{\mathcal{C}_1}(\cdot, GG'(\cdot))$$

的合成. 单位和余单位的计算留予读者. □

最后, 我们比较范畴等价 (定义 2.2.8) 与伴随对 (F,G,η,ε) 的定义. 拟逆函子带有的同构 $\eta:\mathrm{id}_{\mathcal{C}_1}\xrightarrow{\sim}GF$ 和 $\varepsilon:FG\xrightarrow{\sim}\mathrm{id}_{\mathcal{C}_2}$ 形似伴随对的单位和余单位, 问题是它们未必适合于三角等式 (2.6), 须做适当调整. 本书不调用以下定理, 但证明是有趣的.

定理 2.6.12 (伴随等价) 考虑互为拟逆的函子 $\mathcal{C}_1 \underset{G}{\overset{F}{\rightleftarrows}} \mathcal{C}_2$, 并给定同构 $\eta:\mathrm{id}\xrightarrow{\sim}GF$ 和 $\varepsilon:FG\xrightarrow{\sim}\mathrm{id}$, 那么存在唯一的 $\varepsilon':FG\xrightarrow{\sim}\mathrm{id}$ 使得 (F,G,η,ε'), $(G,F,\varepsilon'^{-1},\eta^{-1})$ 皆成伴随对.

证明 首务是定义 ε' 并验证 (F,G,η,ε') 所需满足的三角等式

$$(\varepsilon'F)(F\eta)=\mathrm{id}_F, \tag{2.7}$$

$$(G\varepsilon')(\eta G)=\mathrm{id}_G. \tag{2.8}$$

既然 ε',η 为同构, 对上式所有态射取逆也就导出 $(G,F,\varepsilon'^{-1},\eta^{-1})$ 的情形. 兹定义同构 $FG\xrightarrow{\sim}\mathrm{id}$

$$\varepsilon':=\varepsilon\cdot(F\eta^{-1}G)\cdot(FG\varepsilon^{-1})\qquad(\text{纵合成}).$$

我们用称为线图的可视化技巧来研究函子与其间的态射, 符号中将省略范畴. 图中以函子为节点, 以函子间的态射为边, 自上而下. 若函子 A,B 的合成有意义, 合成函子 $AB=A\circ B$ 以节点的水平并置表示. 纵、横两种合成分别有如下图解.

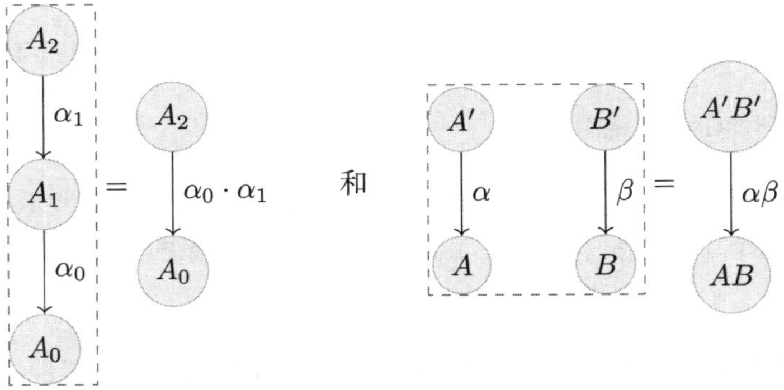

引理 2.2.7 相当于说图表合成时可以先纵后横, 或先横后纵. 我们按惯例不标注恒等函子. 于是 η,ε 及其逆图解如下.

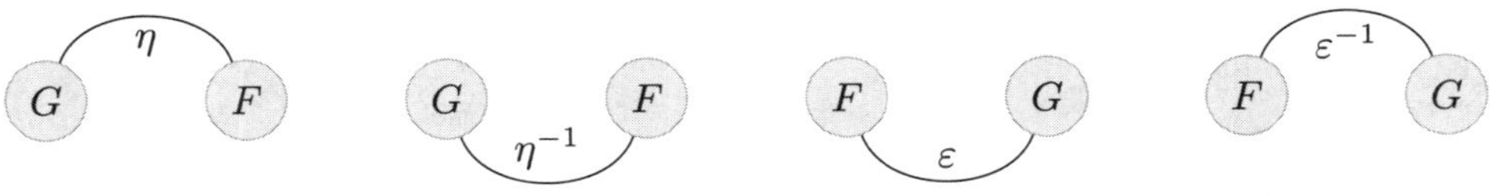

对于函子的恒等自同构, 相应的边不予命名. 兹断言 $\varepsilon' : FG \to \mathrm{id}$ 有两种表法如下:

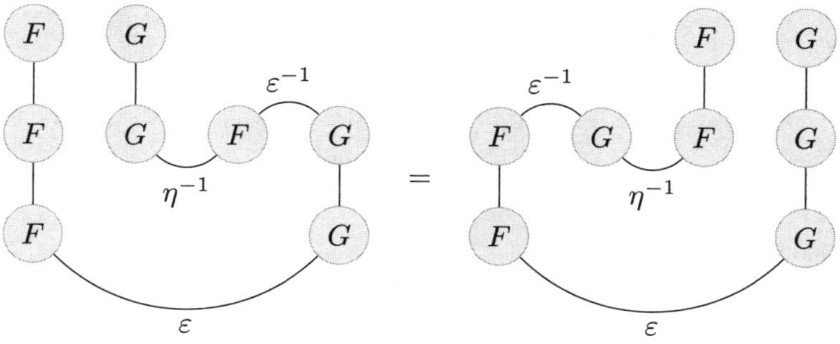

(2.9)

左边诚然是 $\varepsilon\cdot(F\eta^{-1}G)\cdot(FG\varepsilon^{-1})$ 的图解, 因为 $FG\varepsilon^{-1}$ 无非是 ε^{-1} 左横合成 id_F, id_G, 依此类推. 为了过渡到右图, 将 $FG\varepsilon^{-1} : FG \to FGFG$ 表作:

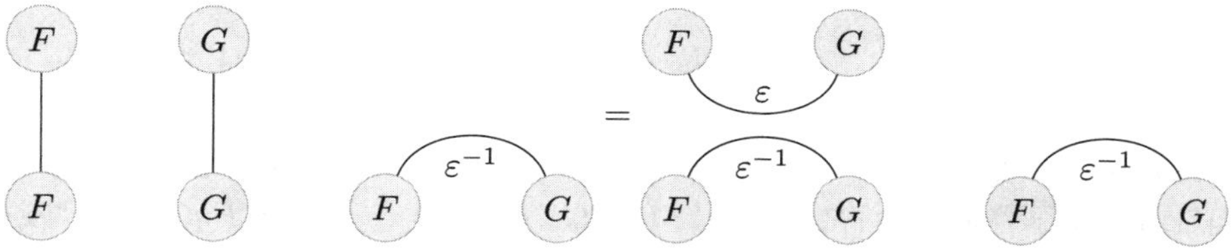

因为与恒等函子的横合成不起作用, 上层的 ε 放在左侧或右侧是一样的, 右图遂化作

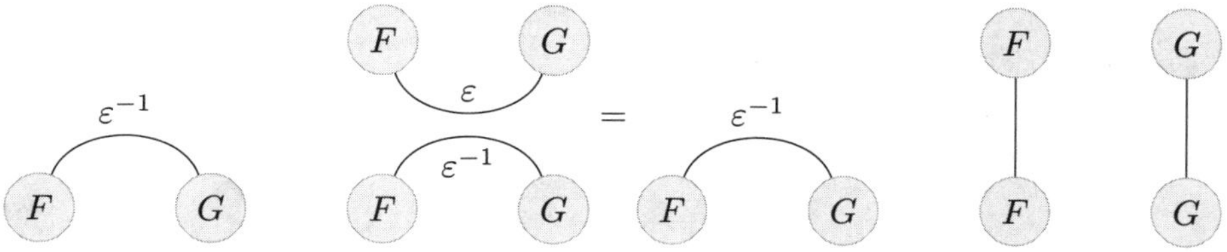

等式右边的底部再装配 $\varepsilon\cdot(F\eta^{-1}G)$, 便是 (2.9).

现在来证明 (2.8). 将 (2.9) 的左图代入 ε', 省略函子标记以表 $(G\varepsilon')(\eta G)$ 为

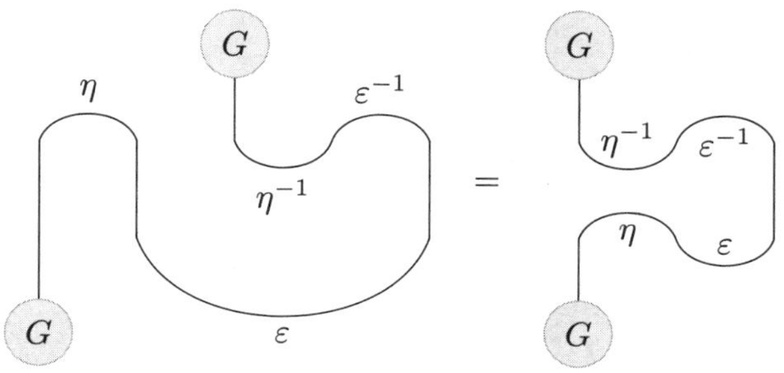

从左图化到右图的方法是先将图按垂直方向拉开 (即在中间插入 id_F, id_G 等), 然后将 η^{-1} 向左挪动, 道理和 (2.9) 的论证类似. 现在可以用 $\eta\eta^{-1} = \mathrm{id}_{GF}$ 和 $\varepsilon^{-1}\varepsilon = \mathrm{id}$ 来将

右图化作

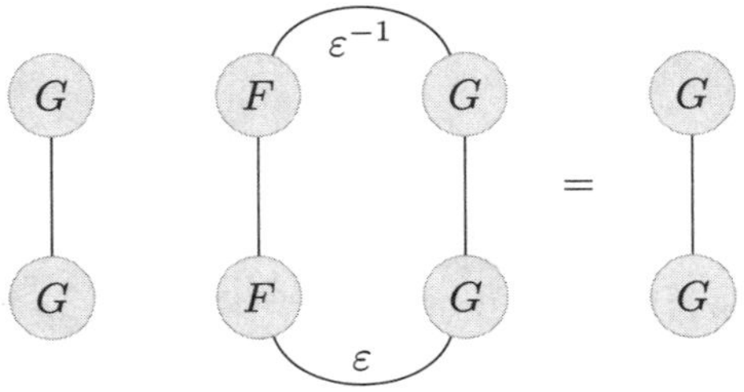

这就证出了 (2.8). 至于 (2.7) 的情形几乎是以上论证的镜像, 唯一差别是改用 (2.9) 的右图代入 ε'.

最后证唯一性. 假设 $\varepsilon'' : FG \to \mathrm{id}$ 也满足 (2.7) 和 (2.8). 注意到 $\varepsilon'' \cdot (\varepsilon' FG) = \varepsilon' \cdot (FG\varepsilon'')$; 这是因为两者对应同一个图表 $FGFG \to \mathrm{id}$:

此外易见 $(\varepsilon' F \cdot F\eta)G = \varepsilon' FG \cdot F\eta G$ 和 $F(G\varepsilon'' \cdot \eta G) = FG\varepsilon'' \cdot F\eta G$; 应用 (2.7) 和 (2.8) 可知这两者都等于 id_{FG}; 综之 $\varepsilon'' = \varepsilon'' \cdot (\varepsilon' FG)(F\eta G) = \varepsilon'(FG\varepsilon'')(F\eta G) = \varepsilon'$. 唯一性得证. □

范畴论中还有许多类似的可视化技巧, 读者不妨参阅 P. Selinger 在 [7, Chapter 4] 撰写的综述. 在 §3.3 还会碰上类似的手法.

2.7 极限

我们先给出极限的一般定义, 然后逐步剖析.

定义 2.7.1 令 $I, \mathcal{C}$ 为范畴. 定义对角函子 $\Delta : \mathcal{C} \to \mathcal{C}^I := \mathrm{Fct}(I, \mathcal{C})$ 如下: 它将任一 $X \in \mathrm{Ob}(\mathcal{C})$ 映至常值函子

$$\Delta(X) : I \longrightarrow \mathcal{C} \quad \begin{cases} \forall i \in \mathrm{Ob}(I), & i \longmapsto X, \\ \forall [i \to j] \in \mathrm{Mor}(I), & [i \to j] \longmapsto [\mathrm{id}_X : X \to X]. \end{cases}$$

给定态射 $f : X \to Y$, 范畴 $\mathcal{C}^I$ 中 $\Delta(f) : \Delta(X) \to \Delta(Y)$ 的定义是显然的: 它对每个 $i \in \mathrm{Ob}(I)$ 指定 $f : X \to Y$.

以 I^{op} 代 I, 同样可定义对角函子 $\Delta : \mathcal{C} \to \mathcal{C}^{I^{\mathrm{op}}} := \mathrm{Fct}(I^{\mathrm{op}}, \mathcal{C})$. 回忆定义 2.4.7 及

其后的讨论: 对于函子 $I \xrightarrow{\alpha} \mathcal{C} \xleftarrow{\beta} I^{\mathrm{op}}$, 可以构造两种逗号范畴

$$\left[\mathbf{1} \xrightarrow{j_\alpha} \mathcal{C}^I \xleftarrow{\Delta} \mathcal{C}\right] \rightsquigarrow \quad (j_\alpha/\Delta) =: (\alpha/\Delta),$$
$$\left[\mathcal{C} \xrightarrow{\Delta} \mathcal{C}^{I^{\mathrm{op}}} \xleftarrow{j_\beta} \mathbf{1}\right] \rightsquigarrow \quad (\Delta/j_\beta) =: (\Delta/\beta).$$

定义 2.7.2 (极限) 令 $I, \mathcal{C}$ 为范畴. 考虑函子 $\alpha : I \to \mathcal{C}$ 和 $\beta : I^{\mathrm{op}} \to \mathcal{C}$.

1. 逗号范畴 (α/Δ) 中若存在始对象则记作 $\varinjlim \alpha$, 称为 α 的**归纳极限**;
2. 逗号范畴 (Δ/β) 中若存在终对象则记作 $\varprojlim \beta$, 称为 β 的**投射极限**.

我们也说它们是以 I 为指标的极限.

关于极限的术语尚未统一, 以下是几种常见版本.

$\varinjlim$	$\varprojlim$
归纳极限	投射极限
正向极限	逆向极限
余极限 (colim)	极限 (lim)

命题 2.4.2 确保各极限若存在则唯一. 更明确地说, 逗号范畴给出下述基于 $\mathcal{C}$ 中交换图表的描述

$$(\alpha/\Delta): \begin{cases} \text{对象}: \left(L, (\alpha(i) \xrightarrow{f_i} L)_{i \in \mathrm{Ob}(I)}\right), \quad \forall\, [i \xrightarrow{\phi} j], \quad \begin{array}{ccc} \alpha(i) & \xrightarrow{\alpha(\phi)} & \alpha(j) \\ & \searrow \quad \swarrow & \\ & L & \end{array} \\ \text{态射}: [\varphi : (L, (f_i)_i) \to (L', (f'_i)_i)] = \forall i, \quad \begin{array}{ccc} \alpha(i) & \xrightarrow{f_i} & L \\ & {\scriptstyle f'_i}\searrow & \downarrow{\scriptstyle\varphi} \\ & & L' \end{array} \end{cases}$$

$$(\Delta/\beta): \begin{cases} \text{对象}: \left(L, (L \xrightarrow{g_i} \beta(i))_{i \in \mathrm{Ob}(I)}\right), \quad \forall\, [i \xrightarrow{\phi} j], \quad \begin{array}{ccc} \beta(i) & \xleftarrow{\beta(\phi)} & \beta(j) \\ & \nwarrow \quad \nearrow & \\ & L & \end{array} \\ \text{态射}: [\varphi : (L, (g_i)_i) \to (L', (g'_i)_i)] = \forall i, \quad \begin{array}{ccc} \beta(i) & \xleftarrow{g_i} & L \\ & {\scriptstyle g'_i}\nwarrow & \downarrow{\scriptstyle\varphi} \\ & & L' \end{array} \end{cases}$$

一些文献将 (α/Δ) 和 (Δ/β) 的对象分别称作锥和余锥, 这是直观的.

依此, α 的归纳极限可以重新理解为资料 $(\varinjlim \alpha, \alpha(i) \xrightarrow{\iota_i} \varinjlim \alpha)$, 而 β 的投射

极限为资料 $(\varprojlim \beta, p_i : \varprojlim \beta \xrightarrow{p_i} \beta(i))$, 各自的泛性质图解为

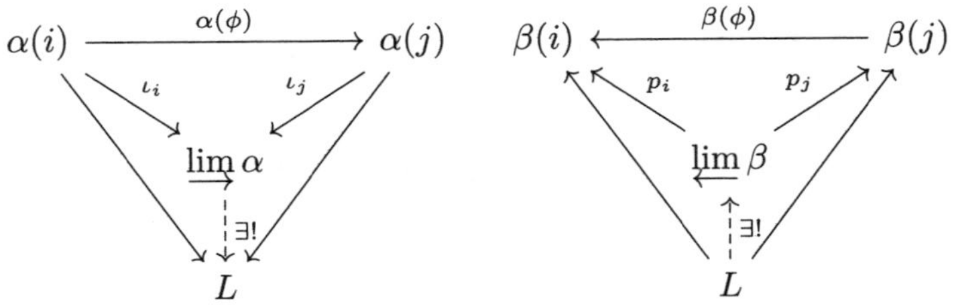

(2.10)

图表的读法是: 对每个 (α/Δ) 或 (Δ/β) 的对象 $(L, \ldots)$, 图中存在唯一的态射 $\dashrightarrow$ 使得全图对任意 $\phi \in \mathrm{Mor}(I)$ 皆交换.

注记 2.7.3 注意到 (2.10) 中两图箭头反向. 其实 $\varinjlim$ 和 $\varprojlim$ 是对偶的概念: 设 $\alpha : I \to \mathcal{C}$, 对反范畴有相应的 $\alpha^{\mathrm{op}} : I^{\mathrm{op}} \to \mathcal{C}^{\mathrm{op}}$ (注记 2.2.2). 对 I^{op} 和 $\mathcal{C}^{\mathrm{op}}$ 仍有相应的对角函子 Δ^{op}. 从而导出

$$
\begin{aligned}
&(\alpha/\Delta)^{\mathrm{op}} = (\Delta^{\mathrm{op}}/\alpha^{\mathrm{op}}), \\
&\varprojlim(\alpha^{\mathrm{op}}) = \varinjlim \alpha, \quad \text{假设任一侧的极限存在.}
\end{aligned}
$$

引理 2.7.4 设 $\psi : \alpha \to \alpha'$ 是函子范畴 $\mathcal{C}^I$ 中的态射, 假定相应的 $\varinjlim$ 皆存在, 则存在唯一的态射 $\varinjlim \psi$ 使得 $\begin{array}{ccc} \alpha(i) & \longrightarrow & \varinjlim \alpha \\ {\scriptstyle \psi(i)}\downarrow & & \downarrow{\scriptstyle \varinjlim \psi} \\ \alpha'(i) & \longrightarrow & \varinjlim \alpha' \end{array}$ 对每个 i 皆交换. 若 $\alpha \xrightarrow{\psi_1} \alpha' \xrightarrow{\psi_2} \alpha''$, 则 $\varinjlim(\psi_2\psi_1) = \varinjlim \psi_2 \varinjlim \psi_1$. 对 $\varprojlim$ 也有类似的结果: $\psi : \beta \to \beta'$ 自然地诱导出 $\varprojlim \beta \to \varprojlim \beta'$ 等等.

证明 在 $\varinjlim \alpha$ 的泛性质中考虑 $L := \varinjlim \alpha' \leftarrow \alpha'(i) \xleftarrow{\psi(i)} \alpha(i)$ 即可. 性质 $\varinjlim(\psi_2\psi_1) = \varinjlim \psi_2 \varinjlim \psi_1$ 源自

$$
\begin{array}{ccccc}
\alpha(i) & \longrightarrow & \alpha'(i) & \longrightarrow & \alpha''(i) \\
\downarrow & & \downarrow & & \downarrow \\
\varinjlim \alpha & \longrightarrow & \varinjlim \alpha' & \longrightarrow & \varinjlim \alpha''
\end{array}
\qquad i \in \mathrm{Ob}(I)
$$

全图的交换性. □

以下遵循约定 2.1.4, 区分范畴与小范畴. 我们仅考虑 I 是小范畴情形的极限. 这主要是为了陈述方便, 而且按假设 1.5.2 总能扩大所选的宇宙 $\mathcal{U}$ 使得所论的范畴都是小范畴. 但也请读者先留个心眼, 因为在一些场合下集合的大小确实会造成实质差异, 例如下面要提到的命题 2.8.2.

例 2.7.5 取 $\mathcal{C} := \mathsf{Set}$ 并设 I 是小范畴. 我们先构造 $\varprojlim \beta$. 定义

$$\begin{aligned}\varprojlim \beta &:= \left\{(x_i)_{i\in\mathrm{Ob}(I)} \in \prod_i \beta(i) : \forall \sigma \in \mathrm{Hom}_I(i,j),\ \beta(\sigma)(x_j) = x_i\right\} \\ &= \ker\left[\prod_i \beta(i) \rightrightarrows \prod_\sigma \beta(s(\sigma))\right] \quad (\text{等化子}),\end{aligned}$$

$\ker[\cdots]$ 的双箭头分别以映射 $(x_i)_i \mapsto x_{s(\sigma)}$ 和 $(x_i)_i \mapsto \beta(\sigma)\left(x_{t(\sigma)}\right)$ 为其 "σ-坐标", 其中 σ 取遍 I 中态射. 上式是 Set 的一个对象, 它带有一族投影映射 $p_j : \varprojlim \beta \to \beta(j)$, $p_j((x_i)_i) = x_j$, 其中 j 取遍 $\mathrm{Ob}(I)$. 不难验证 $(\varprojlim \beta, (p_j)_j)$ 是 β 的投射极限.

接着考虑 $\alpha : I \to \mathsf{Set}$. 定义

$$\varinjlim \alpha := \left(\bigsqcup_{i\in\mathrm{Ob}(I)} \alpha(i)\right) \Big/ \sim,$$

其中 $\bigsqcup_i \alpha(i)$ 代表无交并, $\sim$ 是下述关系生成的等价关系

$$x \sim \alpha(\sigma)(x), \quad \sigma : i \to j, \quad x \in \alpha(i).$$

由商集的性质得到一族映射 $\iota_j : \alpha(j) \to \varinjlim \alpha$, 其中 j 取遍 $\mathrm{Ob}(I)$; 它映 $x \in \alpha(j)$ 至含 x 的等价类. 不难验证 $(\varinjlim \alpha, (\iota_j)_j)$ 是 α 的归纳极限.

上述构造有一个明显缺陷: 它仅说明如何 "生成" 等价关系 $\sim$, 却没有直接的描述. 弥补这点需要对 I 施加进一步的条件, 我们顺势引入滤过范畴的概念.

定义 2.7.6 非空范畴 I 若满足以下条件, 则称为**滤过**的:

- ◇ 对任意 $i, j \in \mathrm{Ob}(I)$ 存在 $k \in \mathrm{Ob}(I)$ 及态射 $i \to k$, $j \to k$;
- ◇ 对任意箭头 $f, g : i \to j$, 存在 $k \in \mathrm{Ob}(I)$ 和 $h : j \to k$, 使得 $hf = hg$.

对于来自非空偏序集 $(I, \leq)$ 的范畴, 第二个条件是多余的, 此时我们回到 §4.10 定义之滤过偏序概念. 例如偏序集 $(\mathbb{Z}_{\geq 1}, \leq)$ 便是滤过偏序集.

现在回到例 2.7.5 的函子 $\alpha : I \to \mathsf{Set}$ 并假设 I 滤过. 在无交并 $\bigsqcup_{i\in\mathrm{Ob}(I)} \alpha(i)$ 上定义关系 $\sim$ 如下: 对任意 $i, j \in \mathrm{Ob}(I)$ 及 $x_i \in \alpha(i)$, $x_j \in \alpha(j)$, 若

$$\text{存在} \begin{cases} f : i \to k, \\ g : j \to k \end{cases} \text{使得} \quad \alpha(f)(x_i) = \alpha(g)(x_j) \in \alpha(k), \tag{2.11}$$

则定 $x_i \sim x_j$, 显然例 2.7.5 中的等价关系也必须满足这个性质, 若我们能说明 $\sim$ 已然是等价关系, 则这里的 $\sim$ 就是例 2.7.5 中的 $\sim$. 反身性和对称性实属显然, 现验证传递

性如下: 设 $(x_i \sim x_j) \wedge (x_j \sim x_k)$, 存在图表

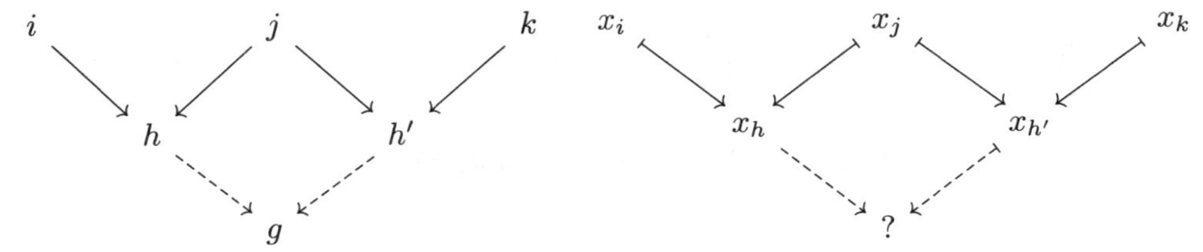

其中的虚线箭头和 g 由定义 2.7.6 的第一条补全. 然而 x_h 和 $x_{h'}$ 在虚箭头下的像未必相同, 为此我们利用定义第二条找到 I 中态射 $g \to g'$, 使得合成态射 $j \to h \to g \to g'$ 同 $j \to h' \to g \to g'$ 相等; 在图表中以 g' 代 g 便可确保 $x_i \sim x_k$. 故 $\sim$ 为等价关系. 由 $\sim$ 的定义亦可导出 (2.10) 的左图交换. 综之,

$$\varinjlim \alpha := \bigsqcup_{i \in \mathrm{Ob}(I)} \alpha(i) / \sim$$

尔后我们还会在不同范畴中反复考虑滤过的 $\varinjlim$.

例 2.7.7 同样方法可构造范畴 $\mathcal{C} := \mathsf{Top}$ 中的极限. 对于小范畴 I, 极限 $(\varinjlim \alpha, \iota_j)$ 和 $(\varprojlim \beta, p_j)$ 的构造与 Set 完全相同, 只消赋予这些集合商拓扑或子空间拓扑 [57, §3.1, §3.4].

给定范畴 $\mathcal{C}$. 尽管所论的极限在 $\mathcal{C}$ 中未必存在, 一旦将 $\mathcal{C}$ 嵌入函子范畴 $\mathcal{C}^\wedge$ 或 $\mathcal{C}^\vee$ (参考 §2.5), 则能确保所有 (小) 极限的存在性.

命题 2.7.8 设 I 为小范畴, 函子 $\alpha : I \to \mathcal{C}^\wedge$ 的极限由如下定义的对象 "$\varinjlim$"$\alpha \in \mathrm{Ob}(\mathcal{C}^\wedge)$

$$\text{“}\varinjlim\text{”}\alpha : S \longmapsto \varinjlim (\alpha(S)),$$

$$[T \xrightarrow{f} S] \rightsquigarrow \varinjlim \alpha(S) \xrightarrow{\varinjlim \alpha(f)} \varinjlim \alpha(T),$$

连同自然态射族 $\alpha(j)(\cdot) \to \varinjlim \alpha(\cdot)$ 给出, 其中 $j \in \mathrm{Ob}(I)$ 而 $\varinjlim \alpha(f)$ 的构造见引理 2.7.4; 这里不带引号的 $\varinjlim$ 是 Set 中的极限. 类似地, 函子 $\beta : I^{\mathrm{op}} \to \mathcal{C}^\wedge$ 的极限由

$$\text{“}\varprojlim\text{”}\beta : S \longmapsto \varprojlim (\beta(S))$$

等资料给出. 类似性质对取值在 $\mathcal{C}^\vee$ 的情形同样成立, 我们在符号上将这些极限不予区分地记作

$$\text{“}\varinjlim\text{”}\alpha : S \longmapsto \varinjlim (\alpha(S)), \quad \alpha : I \to \mathcal{C}^\wedge \text{ 或 } \mathcal{C}^\vee,$$

$$\text{“}\varprojlim\text{”}\beta : S \longmapsto \varprojlim (\beta(S)), \quad \beta : I^{\mathrm{op}} \to \mathcal{C}^\wedge \text{ 或 } \mathcal{C}^\vee.$$

证明 诀窍是对函子逐点地 (或逐对象地) 取极限以化约到 Set 情形, 仅以 $\alpha : I \to \mathcal{C}^\wedge$ 和 "$\varinjlim$"α 的情形阐释. 考虑相应的图表 (2.10) 并给定 $L \in \mathcal{C}^\wedge$ 和一族态射 $\alpha(i) \to L$. 对于每个 $S \in \mathrm{Ob}(\mathcal{C})$, 根据 Set 中 $\varinjlim$ 的构造可知存在唯一的 $\varphi(S)$ 使得图表

$$\begin{array}{ccc} \alpha(i)(S) & \longrightarrow & \varinjlim \alpha(S) \\ & \searrow \quad \swarrow_{\varphi(S)} & \\ & L(S) & \end{array}$$

对所有 i 交换. 关键在于证明这些 $\varphi(\cdot)$ 能在 $\mathcal{C}^\wedge$ 中拼为 "$\varinjlim$"$\alpha \xrightarrow{\varphi} L$. 考虑 $\mathcal{C}$ 中任意态射 $f : T \to S$, 以下将 $L(S)$ 视同常值函子 $\Delta(L(S)) : I \to$ Set, 易见其 $\varinjlim$ 是 $L(S)$ 自身 (请验证); 对 $L(T)$ 亦同. 于是由引理 2.7.4 导出: 对每个 $i \in \mathrm{Ob}(I)$

$$\begin{array}{ccc} \alpha(i)(S) & \xrightarrow{\alpha(i)(f)} & \alpha(i)(T) \\ \downarrow & & \downarrow \\ L(S) & \xrightarrow[L(f)]{} & L(T) \end{array} \text{ 交换, 故 } \begin{array}{ccc} \varinjlim \alpha(S) & \xrightarrow{\varinjlim \alpha(f)} & \varinjlim \alpha(T) \\ {\scriptstyle \varphi(S)}\downarrow & & \downarrow{\scriptstyle \varphi(T)} \\ L(S) & \xrightarrow[L(f)]{} & L(T) \end{array} \text{ 交换,}$$

而右图就是 $\varphi(\cdot)$ 所需的函子性. □

如此一来, 极限的存在性就归结为函子的可表性, 见 §2.5.

命题 2.7.9 设 I 为小范畴. 以下我们利用函子 $k_{\mathcal{C}}$ 和 $h_{\mathcal{C}}$, 分别将 $\mathcal{C}$ 看作 $\mathcal{C}^\vee$ 和 $\mathcal{C}^\wedge$ 的子范畴.

1. 函子 $\alpha : I \to \mathcal{C}$ 的归纳极限存在当且仅当 "$\varinjlim$"$\alpha \in \mathcal{C}^\vee$ 可表; 给定 α 的极限相当于给定对象 $\varinjlim \alpha \in \mathrm{Ob}(\mathcal{C})$ 连同一个同构 $k_{\mathcal{C}}(\varinjlim \alpha) \xrightarrow{\sim}$ "$\varinjlim$"α.

2. 函子 $\beta : I^{\mathrm{op}} \to \mathcal{C}$ 的投射极限存在当且仅当 "$\varprojlim$"$\beta \in \mathcal{C}^\wedge$ 可表; 给定 β 的极限相当于给定对象 $\varprojlim \beta \in \mathrm{Ob}(\mathcal{C})$ 连同一个同构 $h_{\mathcal{C}}(\varprojlim \beta) \xrightarrow{\sim}$ "$\varprojlim$"β.

极限的性质遂可简洁地刻画为

$$\mathrm{Hom}_{\mathcal{C}}(\varinjlim \alpha, \cdot) \xrightarrow{\sim} \varprojlim_i \mathrm{Hom}_{\mathcal{C}}(\alpha(i), \cdot) = \text{“}\varinjlim\text{”}\alpha,$$

$$\mathrm{Hom}_{\mathcal{C}}(\cdot, \varprojlim \beta) \xrightarrow{\sim} \varprojlim_i \mathrm{Hom}_{\mathcal{C}}(\cdot, \beta(i)) = \text{“}\varprojlim\text{”}\beta.$$

注意到这里的 $\mathcal{C}^\vee$ 与 $\mathcal{C}^\wedge$ 不能互换: 在 $\mathrm{Hom}_{\mathcal{C}}$ 外头的极限必须是 $\varprojlim$!

证明 先考虑归纳极限的情形. 将 (2.10) 中的泛性质改写为: 给定 α 的极限相当于给

定对象 $\varinjlim \alpha \in \mathrm{Ob}(\mathcal{C})$, 连同一族态射 $\iota_i : \alpha(i) \to \varinjlim \alpha$, 使得函子间的态射

$$\begin{array}{ccccccc} k_{\mathcal{C}}(\varinjlim \alpha) & = & \mathrm{Hom}_{\mathcal{C}}(\varinjlim \alpha, \cdot) & \xrightarrow{\xi} & \varprojlim_i \mathrm{Hom}_{\mathcal{C}}(\alpha(i), \cdot) & = & \text{“}\varinjlim\text{”}\alpha \\ & & \rotatebox{90}{$\in$} & & \rotatebox{90}{$\in$} & & \\ & & f & \longmapsto & (\iota_i^* f = f \circ \iota_i)_{i \in \mathrm{Ob}(I)} & & \end{array}$$

为同构. 反过来说, 任何同构 $\xi : k_{\mathcal{C}}(\varinjlim \alpha) \xrightarrow{\sim} \text{“}\varinjlim\text{”}\alpha$ 都可由一族 $\iota_i : \alpha(i) \to \varinjlim \alpha$ 如是导出: 这是定理 2.5.1 的应用, 或者更直截了当地将上图的变元取为 $\varinjlim \alpha$, 则 $f = \mathrm{id}$ 的像就是所求的 $(\iota_i)_i$.

投射极限的处理方法完全类似, 此时考察的同构是

$$\begin{array}{ccc} \mathrm{Hom}_{\mathcal{C}}(\cdot, \varprojlim \beta) & \longrightarrow & \varprojlim_i \mathrm{Hom}_{\mathcal{C}}(\cdot, \beta(i)) = \text{“}\varprojlim\text{”}\beta \\ \rotatebox{90}{$\in$} & & \rotatebox{90}{$\in$} \\ f & \longmapsto & (p_{i*} f = p_i \circ f)_{i \in \mathrm{Ob}(I)} \end{array}$$

明所欲证. □

命题 2.7.9 可将极限的许多性质化约到集合情形, 实质地简化论证. 我们且看一个例子.

引理 2.7.10 设 I, J 为小范畴, 假设 $\mathcal{C}$ 中具有以 I, J 为指标的 $\varinjlim$. 考虑函子 $\alpha : I \times J \to \mathcal{C}$, 存在典范同构

$$\varinjlim_j \left(\varinjlim \alpha(\cdot, j) \right) \simeq \varinjlim \alpha \simeq \varinjlim_i \left(\varinjlim \alpha(i, \cdot) \right),$$

其中左项极限先对 I 再对 J 取, 右项反之. 投射极限 $\varprojlim \beta$ 的情形类似.

证明 证 $\varinjlim$ 情形即足. 给定 I 中的态射 $i \to i'$, 引理 2.7.4 对每个 j 给出自然的交换图表

$$\begin{array}{ccc} \varinjlim \alpha(i, \cdot) & \longrightarrow & \varinjlim \alpha(i', \cdot) \\ \uparrow & & \uparrow \\ \alpha(i, j) & \longrightarrow & \alpha(i', j) \end{array}$$

因此断言中左项的极限有意义, 右项亦同. 命题 2.7.9 将断言化约到范畴 $\mathcal{C} = \mathsf{Set}$ 中的 $\varprojlim$ 情形, 后者从例 2.7.5 的构造看乃是自明的. □

如果范畴 I 的对象和态射集皆为有限集, 相应的极限称为有限极限, 此时常用图表来描述 I 的构造. 极限可以分成两步来构造: 积 (或余积) 与等化子 (或余等化子); 以下讨论中都假设所论极限存在.

1. 取 I 为离散范畴, 不妨把 I 等同于 $\mathrm{Ob}(I)$. 此时 $\varinjlim \alpha(i)$ 称作对象 $X_i := \alpha(i)$

的**余积**, 写作 $\coprod_{i \in I} X_i$; 相应地, $\prod_{i \in I} Y_i := \varprojlim \beta(i)$ 称作对象 $Y_i := \beta(i)$ 的**积**. 泛性质 (2.10) 化作

$$\mathrm{Hom}_{\mathcal{C}}\left(\coprod_{i \in I} X_i, \cdot\right) \xrightarrow{\sim} \prod_{i \in I} \mathrm{Hom}_{\mathcal{C}}(X_i, \cdot) \qquad \mathrm{Hom}_{\mathcal{C}}\left(\cdot, \prod_{i \in I} Y_i\right) \xrightarrow{\sim} \prod_{i \in I} \mathrm{Hom}_{\mathcal{C}}(\cdot, Y_i)$$

$$\phi \longmapsto (\phi \iota_i)_{i \in I} \qquad\qquad \phi \longmapsto (p_i \phi)_{i \in I}$$

此处用到态射 $\iota_j : X_j \to \coprod_i X_i$ 和 $p_j : \prod_i Y_i \to Y_j$, 后者称为到 Y_j 的投影.

有限个对象的余积或积习惯写作 $X_1 \sqcup \cdots \sqcup X_n$ 或 $Y_1 \times \cdots \times Y_n$. 这些符号兼容于 Set 与 Top 情形下的惯例 (积空间, 无交并).

2. 取空范畴 $I = \mathbf{0}$, 此时 (2.10) 表明 \varinjlim 是始对象而 \varprojlim 是终对象. 它们也可以分别被理解为空余积和空积.

3. 取 I 为图表 $\bullet \rightrightarrows \bullet$ 给出的范畴 (两个对象, 两个非 id 的态射), 显然 $I^{\mathrm{op}} \simeq I$. 函子 $\alpha : I \to \mathcal{C}$ 或 $\beta : I^{\mathrm{op}} \to \mathcal{C}$ 可以理解为 \mathcal{C} 中两个平行箭头 $X \underset{g}{\overset{f}{\rightrightarrows}} Y$; 相应的极限记为 $\mathrm{coker}(f, g) := \varinjlim \alpha$ (称为**余等化子**), $\ker(f, g) := \varprojlim \beta$ (称为**等化子**或差核). 等化子 $\ker(f, g)$ 的泛性质表作

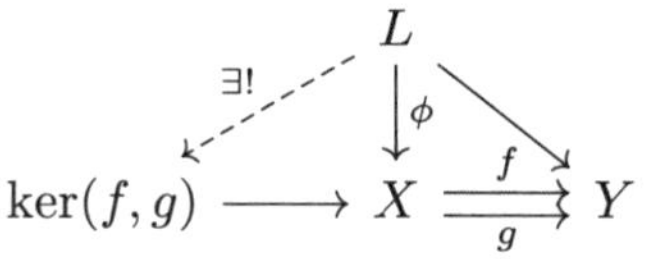

$$
\begin{array}{c}
L \\
\exists! \diagup \quad \downarrow \phi \\
\ker(f, g) \longrightarrow X \underset{g}{\overset{f}{\rightrightarrows}} Y
\end{array}
\tag{2.12}
$$

意谓: 两合成态射 $\ker(f, g) \to X \xrightarrow{f} Y$ 和 $\ker(f, g) \to X \xrightarrow{g} Y$ 相等, 而且对任意 $\phi : L \to X$, 若 $f\phi = g\phi$ 则存在唯一的态射 $L \dashrightarrow \ker(f, g)$ 使左三角交换. 同理, 余等化子的泛性质表作

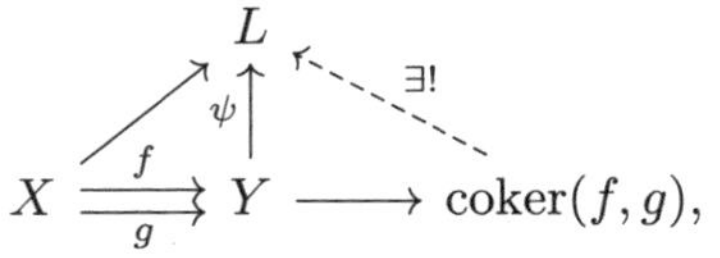

$$
\begin{array}{c}
L \\
\psi \uparrow \quad \diagdown \exists! \\
X \underset{g}{\overset{f}{\rightrightarrows}} Y \longrightarrow \mathrm{coker}(f, g),
\end{array}
\tag{2.13}
$$

意谓: $X \xrightarrow{f} Y \to \mathrm{coker}(f, g)$ 等于 $X \xrightarrow{g} Y \to \mathrm{coker}(f, g)$, 而且对任意 $\psi : Y \to L$, 若 $\psi f = \psi g$ 则存在唯一的 $\mathrm{coker}(f, g) \dashrightarrow L$ 使右三角交换.

当 $\mathcal{C} = \mathsf{Set}$ 时, $f, g : X \rightrightarrows Y$ 的等化子是子集 $\{x : f(x) = g(x)\} \hookrightarrow X$, 余等化子是商集 $Y \twoheadrightarrow Y/\sim$, 其中 \sim 是由 $f(x) \sim g(x)$ 生成的等价关系; $\mathcal{C} = \mathsf{Top}$ 的情况类似.

研究一般极限的性质前, 先对以上特例搜集一些简单的性质.

引理 2.7.11 (积和余积的结合约束) 设有小集合的无交并分解 $I = \bigsqcup_{j \in J} I_j$. 若范畴 \mathcal{C} 具有以 J 和每个 I_j 为指标的积, 则以 I 为指标的积也存在. 而且有唯一的同构 a 及交

换图表如下

$$\begin{array}{ccc} \prod_{i\in I} X_i & \xrightarrow[\sim]{a} & \prod_{j\in J}\left(\prod_{i\in I_j} X_i\right) \\ & {\scriptstyle p_k}\searrow \quad \swarrow{\scriptstyle p_k p_j} & \\ & X_k & \end{array} \qquad j\in J,\ k\in I_j.$$

同样断言对余积和态射 $\iota_k : X_k \to \coprod_{i\in I} X_i$ 等也成立.

以上结果称为"结合约束"而非结合律, 因为它体现为一个唯一的同构而非等号. 以下结果表明积和余积也具有某种"交换约束". 其证明皆可仿照引理 2.7.10 的论证, 化归为熟知的集合情形.

引理 2.7.12 (积和余积的交换约束) 设 $\sigma : I \to I$ 为小集合的双射. 设范畴 $\mathcal{C}$ 具有以 I 为指标的积, $\{X_i\}_{i\in I}$ 为一族对象, 则有唯一的同构 c 及交换图表如下

$$\begin{array}{ccc} \prod_{i\in I} X_i & \xrightarrow[\sim]{c} & \prod_{i\in I} X_{\sigma(i)} \\ & {\scriptstyle p_j}\searrow \quad \swarrow{\scriptstyle p_{\sigma^{-1}(j)}} & \\ & X_j & \end{array} \qquad j\in I.$$

同样断言对余积和态射 $\iota_j : X_j \to \coprod_{i\in I} X_i$ 等也成立.

引理 2.7.13 设 $f, g : X \to Y$. 若 $\ker(f,g)$ 存在则 $\ker(f,g) \to X$ 是单态射. 若 $\operatorname{coker}(f,g)$ 存在则 $Y \to \operatorname{coker}(f,g)$ 是满态射.

证明 若态射 $\mu, \nu : L \rightrightarrows \ker(f,g)$ 与 $\ker(f,g) \to X$ 的合成是同一个态射 $\phi : L \to X$, 那么 $f\phi = g\phi$, 则在交换图表 (2.12) 中可将 $\dashrightarrow$ 取为 μ 或 ν, 从唯一性得知 $\mu = \nu$. 故 $\ker(f,g) \to X$ 是单的. 倒转箭头可证 $\operatorname{coker}(f,g)$ 的情形. □

2.8 完备性

极限能够统摄数学实践中许多重要的构造, 如拓扑学中的积空间, 商空间等. 在为数学问题制定范畴时, 我们自然也希望其中具有充分多的极限. 这就引向了以下概念.

定义 2.8.1 对于范畴 $\mathcal{C}$, 若对有所有小范畴 I, 所有以 I 为指标的 $\varprojlim$ 都存在, 则称之为**完备**的; 若所有以 I 为指标的 $\varinjlim$ 都存在, 则称之为**余完备**的.

举例明之, Set 既是完备也是余完备的, 见例 2.7.5. 定义中如不要求 $\mathcal{C}$ 比 I 来得"大", 应用范围将大大地受限. 请看以下结果.

命题 2.8.2 (P. Freyd) 小范畴 $\mathcal{C}$ 完备当且仅当 $\mathcal{C}$ 来自一个预序集 $(P, \leq)$ (例 2.1.5), 其中每个子集都有下确界.

证明 假设 $\mathcal{C}$ 完备. 假若存在相异的态射 $f, g : X \to Y$, 对于小集合 I 可构造 $\prod_{i\in I} Y$, 故 $\mathrm{Hom}_{\mathcal{C}}(X, \prod_{i\in I} Y) \supset \{f, g\}^I$. 取 $|I| = |\mathrm{Mor}(\mathcal{C})|$ 并运用定理 1.4.3 便导出矛盾. 因此 $\mathcal{C}$ 是预序集. 另一方面, 从 (2.10) 不难看出一个预序集 $(P, \leq)$ 中的 $\varprojlim \beta$ 无非是子集 $\{\beta(i) : i \in \mathrm{Ob}(I)\}$ 的下确界; 注意到下确界在同构意义下是唯一的. 证毕. □

定理 2.8.3 设 I 为小范畴, $\mathcal{C}$ 为范畴.

1. 若对所有子集 $J \subset \mathrm{Mor}(I)$ 和 $\mathcal{C}$ 中的对象族 $(X_j)_{j\in J}$ 都存在 $\prod_{j\in J} X_j$, 而且对所有 $f, g : X \to Y$ 都存在 $\ker(f, g)$, 则 $\mathcal{C}$ 有所有以 I 为指标的 $\varprojlim$.
2. 若对所有子集 $J \subset \mathrm{Mor}(I)$ 和 $(X_j)_{j\in J}$ 都存在 $\coprod_{j\in J} X_j$, 而且对所有 $f, g : X \to Y$ 都存在 $\mathrm{coker}(f, g)$, 则 $\mathcal{C}$ 有所有以 I 为指标的 $\varinjlim$.

证明 两断言显然对偶, 以 $\mathcal{C}^{\mathrm{op}}$ 代 $\mathcal{C}$ 可互相过渡. 故以下仅考虑 $\varprojlim$ 情形.

考虑函子 $\beta : I^{\mathrm{op}} \to \mathcal{C}$. 对于 I 中的态射 $\sigma : i \to j$, 请回忆早先定义的来源 $s(\sigma) = i$ 与目标 $t(\sigma) = j$. 构造积 $\prod_{i\in\mathrm{Ob}(I)} \beta(i)$ 与 $\prod_{\sigma\in\mathrm{Mor}(I)} \beta(s(\sigma))$. 对每个 $\sigma \in \mathrm{Mor}(I)$ 定义一对态射

$$\prod_{i\in\mathrm{Ob}(I)} \beta(i) \xrightarrow{p_{s(\sigma)}} \beta(s(\sigma)), \qquad \prod_{i\in\mathrm{Ob}(I)} \beta(i) \xrightarrow{p_{t(\sigma)}} \beta(t(\sigma)) \xrightarrow{\beta(\sigma)} \beta(s(\sigma))$$

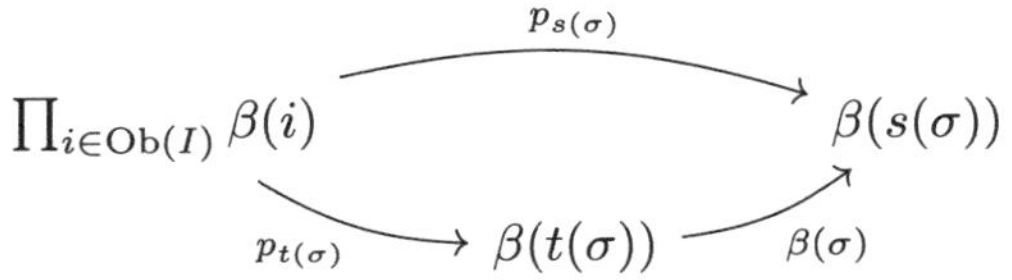

故从积的泛性质导出相应的态射 $\displaystyle\prod_{i\in\mathrm{Ob}(I)} \beta(i) \underset{g}{\overset{f}{\rightrightarrows}} \prod_{\sigma\in\mathrm{Mor}(I)} \beta(s(\sigma))$. 今断言下述资料构成了所欲的 $\varprojlim \beta$:

$$\ker(f, g), \qquad \left(q_j : \ker(f, g) \to \prod_{i\in\mathrm{Ob}(I)} \beta(i) \xrightarrow{p_j} \beta(j) \right)_{j\in\mathrm{Ob}(I)}. \tag{2.14}$$

根据例 2.7.5 中的极限构造和命题 2.7.8 在 $\mathcal{C}^\wedge$ 中操作, 知函子 "$\varprojlim$"β 等于

$$\begin{aligned} \varprojlim_i \mathrm{Hom}_{\mathcal{C}}(\cdot, \beta(i)) &= \ker\left[\prod_i \mathrm{Hom}_{\mathcal{C}}(\cdot, \beta(i)) \rightrightarrows \prod_\sigma \mathrm{Hom}_{\mathcal{C}}(\cdot, \beta(s(\sigma)))\right] \\ &= \mathrm{Hom}_{\mathcal{C}}(\cdot, \ker(f, g)). \end{aligned}$$

这就说明函子 "$\varprojlim$"β 可表, 细观 q_j 可知在上式左侧取投影 $\varprojlim_i \mathrm{Hom}(\cdot, \beta(i)) \to \mathrm{Hom}(\cdot, \beta(j))$ 相当于在右侧取 $q_{j*} : \mathrm{Hom}(\cdot, \ker(f, g)) \to \mathrm{Hom}(\cdot, \beta(j))$. 应用命题 2.7.9 便得到断言 (2.14). □

简洁起见, 今后把以小集合 I (视为离散范畴) 为指标的积称为小积, 类似地定义小余积. 以下结果是定理 2.8.3 的直接推论.

推论 2.8.4 范畴 $\mathcal{C}$ 完备当且仅当它有所有等化子和小积, 余完备当且仅当它有所有余等化子和小余积.

范畴 $\mathcal{C}$ 具有所有的有限 $\varprojlim$ 当且仅当它有终对象、所有 $\ker(f,g)$ 和所有 $X \times Y$; 它具有所有的有限 $\varinjlim$ 当且仅当它有始对象、所有 $\operatorname{coker}(f,g)$ 和所有 $X \sqcup Y$.

谨介绍两种最常见的极限构造: 纤维积及其对偶版本纤维余积. 以下假设所论极限存在.

定义 2.8.5 设 I 为图表 $\bullet \leftarrow \bullet \rightarrow \bullet$ 给出的范畴 (略去恒等态射).

1. 函子 $\beta : I^{\mathrm{op}} \to \mathcal{C}$ 对应到 $\mathcal{C}$ 中箭头 $X \to Z \leftarrow Y$. 置 $X \underset{Z}{\times} Y := \varprojlim \beta$, 称为 $X \to Z$ 和 $Y \to Z$ 的**纤维积**或**拉回**.

2. 函子 $\alpha : I \to \mathcal{C}$ 对应到 $\mathcal{C}$ 中箭头 $X \leftarrow Z \to Y$. 置 $X \underset{Z}{\sqcup} Y := \varinjlim \alpha$, 称为 $X \leftarrow Z$ 和 $Y \leftarrow Z$ 的**纤维余积**或**推出**.

循 (2.10) 的惯例, 拉回和推出的泛性质图解为

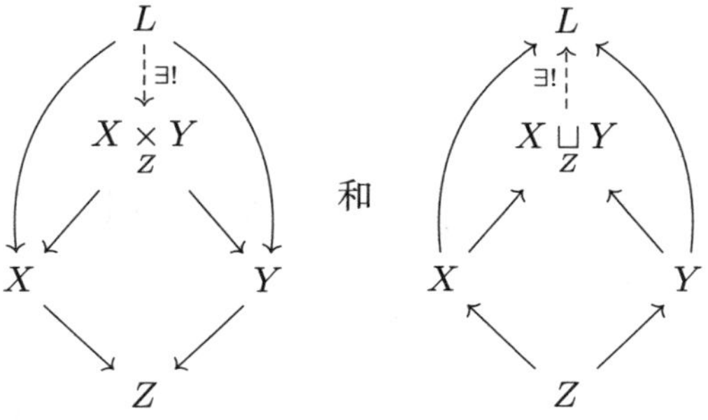

(2.15)

约定 2.8.6 拉回和推出的交换图表经常出现, 一般以符号 □ 和 ⊞ 标记, 如:

$$\begin{array}{ccc} X \underset{Z}{\times} Y & \longrightarrow & X \\ \downarrow & \square & \downarrow \\ Y & \longrightarrow & Z \end{array} \qquad \begin{array}{ccc} X \underset{Z}{\sqcup} Y & \longleftarrow & X \\ \uparrow & \boxplus & \uparrow \\ Y & \longleftarrow & Z. \end{array} \tag{2.16}$$

拉回图表也经常被称为 **Cartesius 图表**; Renatus Cartesius 是 René Descartes 的拉丁文名字.

例 2.8.7 以下几个范畴都是完备且余完备的.

- ◇ Set: 参见例 2.7.5.
- ◇ Top: 参见例 2.7.7.
- ◇ Grp: 我们假设基本的群论知识并用推论 2.8.4 证明之. 令 I 为小集合.

– 一族群 $(G_i)_{i\in I}$ 的积是群的直积 $\prod_{i\in I} G_i$ (定义 4.3.1), 连同其投影同态 $p_j : \prod_i G_i \to G_j$ $(j \in I)$;
– 一族群 $(G_i)_{i\in I}$ 的余积是群的自由积 $\circledast_{i\in I} G_i$ (定义 4.8.9), 连同包含同态 $\iota_j : G_j \to \circledast_{i\in I} G_i$;
– 对于群同态 $f, g : G \to H$, 定义 $\ker(f,g) := \{x \in G : f(x) = g(x)\} \hookrightarrow G$ 与 $H \twoheadrightarrow \mathrm{coker}(f,g) := H/N$, 其中 N 是由子集

$$\{f(x)g(y) : x, y \in G,\ xy = 1\}$$

生成的正规子群.

◇ 范畴 **Ab**: 依旧用推论 2.8.4 证之.

– 积的定义与 **Grp** 情形相同, 即直积;
– 一族交换群 $(G_i)_{i\in I}$ 的余积是交换群的直和 $\bigoplus_{i\in I} G_i$ (命题 4.8.11), 连同包含态射 $\iota_j : G_j \to \bigoplus_{i\in I} G_i$;
– 对于交换群同态 $f, g : G \to H$, 定义 $\ker(f,g) := \ker(f-g) \hookrightarrow G$ 与 $H \twoheadrightarrow \mathrm{coker}(f,g) := H/(f-g)(G)$. 这解释了 “差核” 一词的来历.

以上范畴都不是小范畴, 所以这不违反命题 2.8.2.

我们转向极限与函子的关系. 令 $F : \mathcal{C}_1 \to \mathcal{C}_2$ 为函子, 并令 I 为小范畴. 根据命题 2.7.9, 以 I 为指标的极限其存在性归结于函子 “$\varinjlim$”$\alpha \in \mathrm{Ob}(\mathcal{C}_i^\vee)$ 或 “$\varprojlim$”$\beta \in \mathrm{Ob}(\mathcal{C}_i^\wedge)$ 的可表性, 这里 $I \xrightarrow{\alpha} \mathcal{C}_i \xleftarrow{\beta} I^{\mathrm{op}}$ $(i = 1, 2)$. 今将研究 $\mathcal{C}_1$ 中的极限在 F 下的像.

先考虑 $\alpha : I \to \mathcal{C}_1$. 假设 $\varinjlim \alpha$ 在 $\mathcal{C}_1$ 中存在; 以下将省略符号 $k_{\mathcal{C}_2}$. 命题 2.7.8 蕴涵 “$\varinjlim$”$F\alpha$ 在 $\mathcal{C}_2^\vee$ 中是 $F\alpha$ 的 $\varinjlim$; 按照泛性质 (2.10) 得出由

$[i \xrightarrow{\phi} j] \in \mathrm{Mor}(I) \implies$ 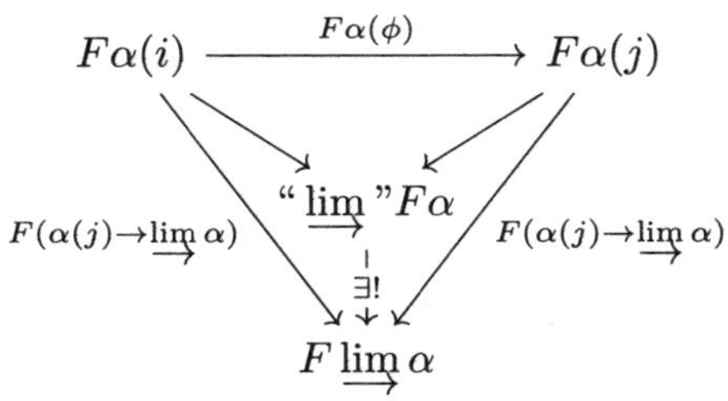

刻画的态射 “$\varinjlim$”$F\alpha \to F \varinjlim \alpha$. 同理, 设 $\varprojlim \beta$ 在 $\mathcal{C}_1$ 中存在, 将上图箭头倒转可得 $\mathcal{C}_2^\wedge$ 中的态射 $F \varprojlim \beta \to$ “$\varprojlim$”$F\beta$.

定义 2.8.8 设 F 和 α, β 如上, 并假设 α, β 的极限都存在.

◇ 称 F 保 $\varinjlim \alpha$, 如果 “$\varinjlim$”$(F\alpha) \xrightarrow{\sim} F(\varinjlim \alpha)$;
◇ 称 F 保 $\varprojlim \beta$, 如果 $F(\varprojlim \beta) \xrightarrow{\sim}$ “$\varprojlim$”$(F\beta)$.

由命题 2.7.9 可知对于保 $\varinjlim \alpha$ (相应地, $\varprojlim \beta$) 的函子 F, 极限 $\varinjlim(F\alpha)$ (相应地, $\varprojlim \beta$) 在 $\mathcal{C}_2$ 中存在.

注记 2.8.9 根据定理 2.8.3, 特别是 (2.14), 要验证 F 是否保以所有 I 为指标的 $\varprojlim$, 仅需检验它是否保积和等化子即可. 同样地, 对于以 I 为指标的 $\varinjlim$ 仅需在余积和余等化子上检验.

例 2.8.10 忘却函子 Top → Set 保所有小极限: 参看例 2.7.7. 相对地, Ab → Grp 保小 $\varprojlim$ 但不保小 $\varinjlim$: 举例明之, Ab 中的余积是交换群的直积, 而在 Grp 中是自由积, 两者判若云泥.

命题 2.8.11 设 I 为小范畴, $X \in \mathrm{Ob}(\mathcal{C})$.

◇ 函子 $\mathrm{Hom}_{\mathcal{C}}(X, \cdot) : \mathcal{C} \to \mathsf{Set}$ 保以 I 为指标的 $\varprojlim$ (假设存在);

◇ 函子 $\mathrm{Hom}_{\mathcal{C}}(\cdot, X) : \mathcal{C}^{\mathrm{op}} \to \mathsf{Set}$ 保以 I 为指标的 $\varprojlim$ (假设存在).

证明 这是命题 2.7.8, 2.7.9 的改写; 需留意到 $\mathcal{C}^{\mathrm{op}}$ 中的 $\varprojlim$ 无非是 $\mathcal{C}$ 中的 $\varinjlim$. □

验证函子保极限的一种有力技术是 §2.6 介绍的伴随函子.

定理 2.8.12 考虑伴随对 (F, G, φ), 其中 $\mathcal{C}_1 \underset{G}{\overset{F}{\rightleftarrows}} \mathcal{C}_2$. 则 $\begin{cases} F \text{ 保 } \varinjlim \\ G \text{ 保 } \varprojlim \end{cases}$; 这里假设所论的极限存在, 并且是小极限.

证明 根据注记 2.7.3 的对偶性, 证第二条即足. 考虑函子 $\beta : I^{\mathrm{op}} \to \mathcal{C}_2$ 并假设 $\varprojlim \beta$ 存在. 根据命题 2.7.8, 2.7.9 及伴随同构 φ 的函子性, 有 $\mathcal{C}_1^\wedge$ 中的同构

$$\begin{aligned}
\mathrm{Hom}_{\mathcal{C}_1}\left(\cdot, G(\varprojlim \beta)\right) &\xrightarrow{\sim} \mathrm{Hom}_{\mathcal{C}_2}\left(F(\cdot), \varprojlim \beta\right) \\
&= \varprojlim_i \mathrm{Hom}_{\mathcal{C}_2}(F(\cdot), \beta(i)) \\
&\xrightarrow{\sim} \varprojlim_i \mathrm{Hom}_{\mathcal{C}_1}(\cdot, G\beta(i)) = \text{“} \varprojlim \text{”} G\beta.
\end{aligned}$$

这是否完成了证明呢? 严格说还差一步, 因为尚需验证此同构符合定义 2.8.8 的构造. 虽说这类验证几无悬念, 基于教学考量, 以下仍证明如仪.

对任意 $j \in \mathrm{Ob}(i)$ 记投影态射为 $p_j : \varprojlim \beta \to \beta(j)$. 有交换图表如下

$$\begin{array}{ccc}
\mathrm{Hom}_{\mathcal{C}_1}\left(\cdot, G(\varprojlim \beta)\right) & \xrightarrow{(Gp_j)_*} & \mathrm{Hom}_{\mathcal{C}_1}(\cdot, G\beta(j)) \\
\downarrow & & \downarrow \varphi \\
\mathrm{Hom}_{\mathcal{C}_2}\left(F(\cdot), \varprojlim \beta\right) & \xrightarrow{p_{j*}} & \mathrm{Hom}_{\mathcal{C}_1}(F(\cdot), \beta(j)) \\
\| & & \| \\
\varprojlim_i \mathrm{Hom}_{\mathcal{C}_2}(F(\cdot), \beta(i)) & \twoheadrightarrow & \mathrm{Hom}_{\mathcal{C}_1}(F(\cdot), \beta(j)) \\
\downarrow & & \downarrow \varphi^{-1} \\
\varprojlim_i \mathrm{Hom}_{\mathcal{C}_1}(\cdot, G\beta(i)) & \longrightarrow\!\!\!\!\!\rightarrow & \mathrm{Hom}_{\mathcal{C}_1}(\cdot, G\beta(j))
\end{array}$$

其中 (a) 第一和第三个方块因 φ 的函子性而交换, (b) 右列合成是 id, (c) 左列的合成是前一步得到的同构. 这就表明同构 $G \varprojlim \beta \xrightarrow{\sim}$ “$\varprojlim$”$G\beta$ 和定义 2.8.8 中的 $G \varprojlim \beta \to$ “$\varprojlim$”$G\beta$ 由同一族交换图表所刻画, 至此证毕. □

回顾例 2.8.10. 可以说函子 Top $\to$ Set 之所以保小极限, 是因为它兼有左、右伴随 (例 2.6.7). 而根据例 2.6.8 和引理 4.7.3, 忘却函子 U : Ab $\to$ Grp 有左伴随 $G \mapsto G/G_{\mathrm{der}}$, 故保小 $\varprojlim$; 从它不保余积又能反推 U 无右伴随.

习题

1. 设 $A \xrightarrow{f} B \xrightarrow{g} C \xrightarrow{h} D$ 是任意范畴中的态射. 证明若 $A \xrightarrow{gf} C$ 和 $B \xrightarrow{hg} D$ 皆为同构. 则 f, g, h 全是同构.

2. 对范畴 $\mathcal{C}, \mathcal{C}'$ 定义其**并** $\mathcal{C} \star \mathcal{C}'$ 如下:

$$\mathrm{Ob}(\mathcal{C} \star \mathcal{C}') := \mathrm{Ob}(\mathcal{C}) \sqcup \mathrm{Ob}(\mathcal{C}'),$$

$$\mathrm{Hom}_{\mathcal{C}\star\mathcal{C}'}(X, Y) := \begin{cases} \mathrm{Hom}_{\mathcal{C}}(X, Y), & X, Y \in \mathrm{Ob}(\mathcal{C}), \\ \mathrm{Hom}_{\mathcal{C}'}(X, Y), & X, Y \in \mathrm{Ob}(\mathcal{C}'), \\ \text{独点集 } \{*\}, & X \in \mathrm{Ob}(\mathcal{C}),\ Y \in \mathrm{Ob}(\mathcal{C}'), \\ \varnothing, & X \in \mathrm{Ob}(\mathcal{C}'),\ Y \in \mathrm{Ob}(\mathcal{C}). \end{cases}$$

为 $\mathcal{C} \star \mathcal{C}'$ 中的态射合理地定义合成和单位元, 并验证 $\mathcal{C} \star \mathcal{C}'$ 确实构成范畴; 它包含 $\mathcal{C}$ 和 $\mathcal{C}'$ 作为全子范畴. 对于有限序数范畴, 证明 $\mathbf{n} \star \mathbf{m}$ 同构于 $\mathbf{n} + \mathbf{m}$.

3. 选定 Grothendieck 宇宙, 证明其中全体有限全序集及其间的保序映射构成一个范畴 Ord_f. 证明有限序数 $\mathbf{0}, \mathbf{1}, \ldots$ 构成此范畴的骨架.

4. 设 $\mathcal{C}$ 为范畴, 并对每个 $X, Y \in \mathrm{Ob}(\mathcal{C})$ 在 $\mathrm{Hom}_{\mathcal{C}}(X, Y)$ 上给定二元关系 $\mathcal{R}$. 构造相应的**商范畴** $\mathcal{C}/\mathcal{R}$ 连同函子 $Q : \mathcal{C} \to \mathcal{C}/\mathcal{R}$ 使得

◇ 对任意 $\mathcal{C}$ 中态射 f, g 有 $f\mathcal{R}g \implies Q(f) = Q(g)$,

◇ 函子 Q 在对象集上是双射,

◇ 对任何函子 $S: \mathcal{C} \to \mathcal{C}'$ 满足 $f\mathcal{R}g \implies S(f) = S(g)$ 者, 存在唯一的函子 $\bar{S}: \mathcal{C}/\mathcal{R} \to \mathcal{C}'$ 使得 $S = \bar{S}Q$.

说明 $Q: \mathcal{C} \to \mathcal{C}/\mathcal{R}$ 的唯一性.

5. 设 $F: \mathcal{C}_1 \to \mathcal{C}_2$ 和 $G: \mathcal{C}_2 \to \mathcal{C}_3$ 为范畴等价 (即: 具有逆拟函子), 证明 $GF: \mathcal{C}_1 \to \mathcal{C}_3$ 也是等价, 其拟逆可以取为 F 和 G 的拟逆之合成.

6. 详述例 2.6.8 中各个伴随对的余单位.

7. 记 Ring 为以环为对象、环同态为态射的范畴, 注意到这里的环皆含乘法幺元, 同态按定义须保幺元. 如果不假设环含幺, 所得范畴记为 Rng (这可能是本书中唯一一次考虑这类环). 证明显然的函子 Ring → Rng 具有左伴随.

8. 设 (F, G, φ) 是伴随对, 则 (i) $\eta: \mathrm{id}_{\mathcal{C}_1} \to GF$ 为同构当且仅当 F 是全忠实函子; (ii) $\varepsilon: FG \to \mathrm{id}_{\mathcal{C}_2}$ 为同构当且仅当 G 是全忠实函子. 提示〉 基于对偶性 (以 $\mathcal{C}_i^{\mathrm{op}}$ 代 $\mathcal{C}_i$), 仅需证 (i). 先证明对所有 $\mathcal{C}_1$ 中的态射 $f: X \to Y$ 都有 $\varphi(Ff) = \eta_Y f: X \to GFY$: 这是缘于 φ 的自然性导致图表

$$\begin{array}{ccccccc}
\mathrm{id}_{FY} & \in & \mathrm{Hom}(FY, FY) & \xrightarrow{\varphi} & \mathrm{Hom}(Y, GFY) & \ni & \eta_Y \\
\downarrow & & \downarrow{\scriptstyle (Ff)^*} & & \downarrow{\scriptstyle f^*} & & \downarrow \\
Ff & \in & \mathrm{Hom}(FX, FY) & \xrightarrow[\varphi]{} & \mathrm{Hom}(X, GFY) & \ni & \varphi(Ff) = \eta_Y f
\end{array}$$

交换. 米田引理 (定理 2.5.1) 表明 $\eta_Y: Y \xrightarrow{\sim} GFY$ 当且仅当 $f \mapsto \eta_Y f$ 给出双射 $\mathrm{Hom}(X, Y) \xrightarrow{\sim} \mathrm{Hom}(X, GFY)$, 其中 X 取遍 $\mathcal{C}_1$ 的对象; 既然 φ 是同构, 这又相当于 $f \mapsto Ff$ 是双射, 亦即 F 是全忠实的.

9. 假设 $\mathcal{C}$ 既是完备也是余完备的. 对于小范畴 I, 证明对角函子 $\Delta: \mathcal{C} \to \mathcal{C}^I$ (定义 2.7.1) 有左、右伴随函子, 阐释它们与 $\mathcal{C}$ 中的 $\varinjlim$ 与 $\varprojlim$ 的关系, 相应的单位和余单位做何解释?

10. 设域 $\Bbbk$ 为域, 证明在 $\Bbbk$-向量空间范畴 Vect($\Bbbk$) 里, 每个对象都同构于一些有限维子空间的 $\varinjlim$. 将此想法移植到交换群范畴 Ab (考虑有限生成交换群的 $\varinjlim$).

11. 设 $\mathcal{C}$ 是 $\mathcal{C}'$ 的全子范畴, 包含函子记为 $J: \mathcal{C} \to \mathcal{C}'$. 说明对任意两个函子 $F, G: \mathcal{C}_0 \rightrightarrows \mathcal{C}$, 与 J 的横合成诱导双射

$$\mathrm{Hom}_{\mathrm{Fct}(\mathcal{C}_0, \mathcal{C}')}(JF, JG) = \mathrm{Hom}_{\mathrm{Fct}(\mathcal{C}_0, \mathcal{C})}(F, G).$$

12. 在带基点的集合范畴 $\mathsf{Set}_\bullet$ 中描述积和余积, 证明它是完备且余完备的. 推广到 $\mathsf{Top}_\bullet$ 的情形.

13. 考虑忘却函子 $\mathsf{Set}_\bullet \to \mathsf{Set}$, 找出 U 的左伴随, 并证明 U 无右伴随.

第三章 幺半范畴

幺半范畴原名“带乘法的范畴”, 它是带有类似于乘法的运算 $\otimes$ 和幺对象 $\mathbf{1}$ 的范畴结构, 并且在精确到自然同构的意义下具有结合性与幺元性质等约束. 幺半范畴在数学物理和几何等领域中有出色应用. 除此之外, 它既是表述其他范畴论构造的方便语言, 更是进一步熟悉范畴论技巧的极佳机会, 这是本书决定尽早引入幺半范畴概念的原因. 尽管其定义对初学者可能稍显复杂, 却有两个极具体的例子:

1. 向量空间的张量积 $\otimes$, 或者更广泛地说, 交换环上的模的张量积, 这在 §6.5 将有仔细的辨析;
2. 拓扑学中的直观实例, 将在 §3.3 探讨的辫范畴 Braid 就是一个例子.

充实范畴是数学工作者日用而不知的概念, 我们将在 §3.4 道个明白, 随后在 §3.5 解释 2-范畴的基本想法. 两者都基于幺半范畴的语言.

关于幺半范畴的进一步理论与应用, 可参阅 [11].

阅读提示

幺半范畴的原型是模的张量积 $\otimes$. 对此我们只会在 §3.4 用到最简单的 $\mathbb{Z}$-模情形, 亦即交换群的张量积. 倘若读者对交换环上的模及其张量积具备基本知识, 或者至少了解向量空间的情形, 将有助于理解本章的许多例子; 如果读者还不熟悉相关的代数或几何背景, 可考虑暂时略过. 本章后半部的 Ab-范畴、加性范畴和双积之后将派上用场, 不必动用幺半范畴就可以理解这些概念.

由于这部分的定义和证明稍长, 初次接触时宜先以体会概略想法与实例为初步目标; 另一种办法则是待后续章节如 §6 碰上时再回头研读. 无须强记相关概念.

部分文献中改用所谓张量范畴或 $\otimes$-范畴的概念, 一些定义也有细微出入, 读者宜多留意.

3.1 基本定义

本节不涉及集合论问题, 以下定义取自 [11, §2.1].

定义 3.1.1 **幺半范畴**意指一组资料 $(\mathcal{V}, \otimes, a, \mathbf{1}, \iota)$, 其中

(i) $\mathcal{V}$ 是一个范畴;

(ii) $\otimes : \mathcal{V} \times \mathcal{V} \to \mathcal{V}$ 是二元函子, 其在对象和态射集上定义的映射分别记为 $(X, Y) \mapsto X \otimes Y$ 和 $(f, g) \mapsto f \otimes g$;

(iii) a 是函子范畴 $\mathrm{Fct}(\mathcal{V} \times \mathcal{V} \times \mathcal{V}, \mathcal{V})$ 中的同构

$$a : ((\cdot \otimes \cdot) \otimes \cdot) \xrightarrow{\sim} (\cdot \otimes (\cdot \otimes \cdot)),$$

使得对所有对象 X, Y, Z, W, 下图交换.

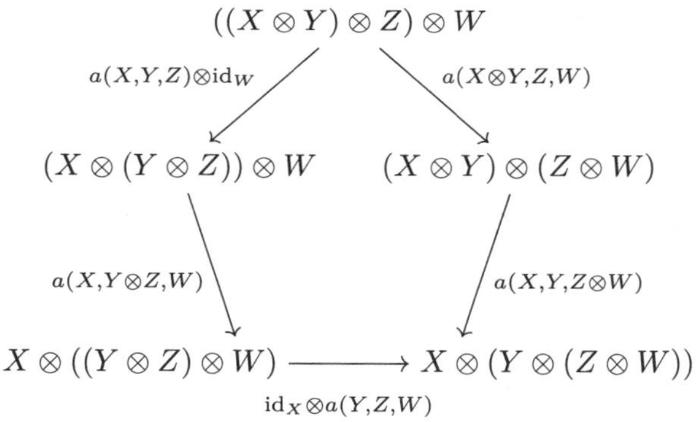

(iv) 对象 $\mathbf{1} \in \mathrm{Ob}(\mathcal{V})$ 称为幺元, 相应的函子 $\mathbf{1} \otimes -$ 和 $- \otimes \mathbf{1}$ 须给出范畴 $\mathcal{V}$ 到自身的等价;

(v) $\iota : \mathbf{1} \otimes \mathbf{1} \xrightarrow{\sim} \mathbf{1}$.

这里的 a 又称**结合约束**. 我们习惯将 $\otimes$ 想成某种二元运算, 现实中 $\otimes$ 鲜少具备严格结合律 $(X \otimes Y) \otimes Z = X \otimes (Y \otimes Z)$, 因此退而求其次, 将结合律的等式改成一族给定的 "约束" $a(X, Y, Z) : (X \otimes Y) \otimes Z \xrightarrow{\sim} X \otimes (Y \otimes Z)$, 使得 a 对各变元皆自然. 由于结合约束可以反复套用, a 还应具备 (iii) 的相容条件. 此交换图表称为 MacLane 的五角形公理, 画法是以 X, Y, Z, W 循序相乘的所有可能方式作为图的顶点; 能应用一次结合约束 a 相连的以边连接. 同理, 幺元 $\mathbf{1}$ 满足的并非严格等式 $\mathbf{1} \otimes \mathbf{1} = \mathbf{1}$, 而是自然同构 ι.

这也再次见证了范畴论中严格等同与同构概念的差别, 见注记 2.2.11.

定义 3.1.2 给定幺半范畴 $(\mathcal{V}, \otimes, a, \mathbf{1}, \iota)$ 和对象 X, 由于 $\mathbf{1}\otimes -$ 和 $-\otimes\mathbf{1}$ 给出范畴等价 $\mathcal{V}\to\mathcal{V}$, 我们可以

◇ 唯一地定义 $\lambda_X : \mathbf{1}\otimes X \xrightarrow{\sim} X$ 使得

$$\mathrm{id}_{\mathbf{1}}\otimes\lambda_X = \left[\mathbf{1}\otimes(\mathbf{1}\otimes X) \xrightarrow{a(\mathbf{1},\mathbf{1},X)^{-1}} (\mathbf{1}\otimes\mathbf{1})\otimes X \xrightarrow{\iota\otimes\mathrm{id}_X} \mathbf{1}\otimes X\right];$$

◇ 同理可唯一地定义 $\rho_X : X\otimes\mathbf{1} \xrightarrow{\sim} X$ 使得

$$\rho_X\otimes\mathrm{id}_{\mathbf{1}} = (\mathrm{id}_X\otimes\iota)\circ a(X,\mathbf{1},\mathbf{1}).$$

它们构成函子间的同态 $\lambda : \mathbf{1}\otimes\bullet \xrightarrow{\sim} \bullet$ 和 $\rho : \bullet\otimes\mathbf{1} \xrightarrow{\sim} \bullet$.

这些态射 λ, ρ 也称作幺约束, 它们与 a 的角色相近. 我们稍后会证明 $\lambda_{\mathbf{1}} = \iota = \rho_{\mathbf{1}}$.

若无混淆之虞, 我们经常将一个幺半范畴用 $\mathcal{V}$ 表示, 略去其他构件. 如果子范畴 $\mathcal{V}'\subset\mathcal{V}$ 包含对象 $\mathbf{1}$, 并且 $X, Y\in\mathrm{Ob}(\mathcal{V}')$ 蕴涵 $X\otimes Y\in\mathrm{Ob}(\mathcal{V}')$, 则称 $\mathcal{V}'$ 是 $\mathcal{V}$ 的**幺半子范畴**.

例 3.1.3 以下都是幺半范畴.

1. 若范畴 $\mathcal{C}$ 具有有限积, 取 $\otimes := \times$ 和引理 2.7.11 给出的同构 $a(X,Y,Z) : (X\times Y)\times Z \xrightarrow{\sim} X\times(Y\times Z)$ 即得幺半范畴; 幺元由终对象 (空积) 给出.

2. 若范畴 $\mathcal{C}$ 具有有限余积, 取 $\otimes := \sqcup$, 同理可得幺半范畴; 幺元由始对象 (空余积) 给出.

3. 设 $\mathcal{C}$ 为范畴. 自函子范畴 $\mathrm{Fct}(\mathcal{C},\mathcal{C})$ 对于函子合成 $\otimes := \circ$ 成为幺半范畴; 注意到对于 $\mathrm{Fct}(\mathcal{C},\mathcal{C})$ 的态射 $\theta : F\to G$, $\psi : F'\to G'$, 诱导的态射是横合成 $\psi\theta : F'F\to G'G$; 幺元即恒等函子 $\mathrm{id}_{\mathcal{C}}$.

4. 假定读者对模论有基本了解. 令 A 为交换环, 考虑 A-模范畴 A-Mod, 它对于张量积 $\otimes := \underset{A}{\otimes}$ 有自然的幺半范畴结构; 幺元是 A 自身. 详见推论 6.5.15.

例 3.1.4 (配边范畴) 对于 $n\in\mathbb{Z}_{\geq 1}$, 定义配边范畴 n-Cob 如下. 以下流形皆指实微分流形. 范畴 n-Cob 的对象是 $n-1$ 维紧闭定向流形, 包括空集 $\varnothing$. 将对象 X 的定向倒转后得到的对象记作 X^*. 两对象 X, Y 间的态射集由**配边**的等价类给出, 即一个 n 维带边定向流形 W 配上同构 $\partial W \xrightarrow{\sim} X\sqcup Y^*$. 对于 $n=2$ 的情形, 配边可以用俗称裤子的图表表示, 由左而右绘制, 如

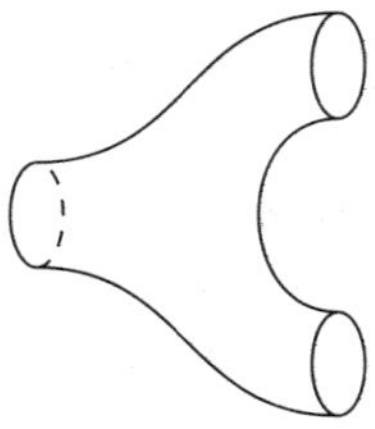

给出了从带正定向的单位圆 $\mathbb{S}^1$ 到 $\mathbb{S}^1 \sqcup \mathbb{S}^1$ 的态射; 图中的 "裤子" 就是态射定义中的定向流形 W. 由此可知态射的合成无非是缝合裤管, 如

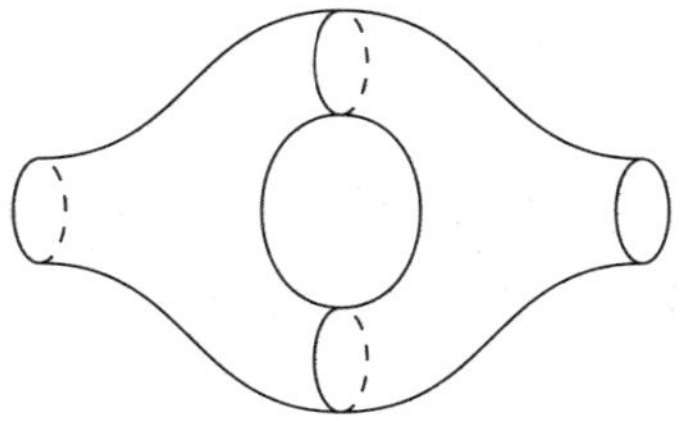

给出了 $\mathbb{S}^1$ 的自同态. 显然缝合时要求保持定向, 即要求两裤管的内、外两面不相错; 此外还要保证接口平滑, 然而后者无关宏旨.

恒等态射 id_X 由柱体 $W := X \times [0,1]$ 给出. 无交并 $(X,Y) \mapsto X \sqcup Y$ 赋予 n-Cob 幺半范畴结构, 其幺元是 $\varnothing$. 篇幅所限, 这里不多验证细节. 围绕范畴 n-Cob 及其变体的研究是拓扑学和拓扑量子场论的重点之一.

乍看之下, 定义 3.1.1 和 3.1.2 并未穷尽幺元 $\mathbf{1}$ 应有的性质. 然而其余皆可用五角形公理和函子性质演绎, 为此需要一些准备工作. 定义 3.1.1 的合理性将在 §3.2 得到完满的说明.

引理 3.1.5 (G. M. Kelly) 对于幺半范畴 $(\mathcal{V}, \otimes, a, \mathbf{1}, \lambda, \rho)$ 的任意对象 X, 以下等式成立

$$\lambda_{\mathbf{1}\otimes X} = \mathrm{id} \otimes \lambda_X : \mathbf{1} \otimes (\mathbf{1} \otimes X) \to \mathbf{1} \otimes X, \tag{3.1}$$

$$\rho_{X\otimes\mathbf{1}} = \rho_X \otimes \mathrm{id} : (X \otimes \mathbf{1}) \otimes \mathbf{1} \to X \otimes \mathbf{1}, \tag{3.2}$$

$$\lambda_{\mathbf{1}} = \rho_{\mathbf{1}} = \iota : \mathbf{1} \otimes \mathbf{1} \xrightarrow{\sim} \mathbf{1}. \tag{3.3}$$

而对任意对象 X, Y, 下列各图交换:

$$\begin{array}{ccc} (X \otimes \mathbf{1}) \otimes Y & \xrightarrow{a(X,\mathbf{1},Y)} & X \otimes (\mathbf{1} \otimes Y) \\ & {\scriptstyle \rho_X\otimes\mathrm{id}} \searrow \quad \swarrow {\scriptstyle \mathrm{id}\otimes\lambda_Y} & \\ & X \otimes Y & \end{array} \tag{3.4}$$

(以上又称幺半范畴的三角形公理)

$$
\begin{array}{ccc}
(X\otimes Y)\otimes \mathbf{1} & \longrightarrow & X\otimes (Y\otimes \mathbf{1}) \\
& {\scriptstyle \rho_{X\otimes Y}}\searrow \quad \swarrow{\scriptstyle \mathrm{id}_X\otimes\rho_Y} & \\
& X\otimes Y &
\end{array}
\qquad
\begin{array}{ccc}
(\mathbf{1}\otimes X)\otimes Y & \longrightarrow & \mathbf{1}\otimes (X\otimes Y) \\
& {\scriptstyle \lambda_X\otimes \mathrm{id}_Y}\searrow \quad \swarrow{\scriptstyle \lambda_{X\otimes Y}} & \\
& X\otimes Y &
\end{array}
\tag{3.5}
$$

以及

$$
\begin{array}{ccccc}
(\mathbf{1}\otimes X)\otimes \mathbf{1} & & \longrightarrow & & \mathbf{1}\otimes (X\otimes \mathbf{1}) \\
{\scriptstyle \rho_{\mathbf{1}\otimes X}}\downarrow & & & & \downarrow{\scriptstyle \lambda_{X\otimes \mathbf{1}}} \\
\mathbf{1}\otimes X & \xrightarrow[\lambda_X]{} & X & \xleftarrow[\rho_X]{} & X\otimes \mathbf{1}
\end{array} .
\tag{3.6}
$$

证明 首先证明 (3.1). 根据 λ 的自然性知

$$
\begin{array}{ccc}
\mathbf{1}\otimes(\mathbf{1}\otimes X) & \xrightarrow{\lambda_{\mathbf{1}\otimes X}} & \mathbf{1}\otimes X \\
{\scriptstyle \mathrm{id}\otimes\lambda_X}\downarrow & & \downarrow{\scriptstyle \lambda_X} \\
\mathbf{1}\otimes X & \xrightarrow[\lambda_X]{} & X
\end{array}
$$

交换, 而 λ_X 为同构故 $\lambda_{\mathbf{1}\otimes X}=\mathrm{id}\otimes\lambda_X$. 考量到对称性可得 (3.2).

细观图表

$$
\begin{array}{ccccc}
((X\otimes \mathbf{1})\otimes \mathbf{1})\otimes Y & \longrightarrow & (X\otimes \mathbf{1})\otimes(\mathbf{1}\otimes Y) & \longrightarrow & X\otimes(\mathbf{1}\otimes(\mathbf{1}\otimes Y)) \\
\downarrow & {\scriptstyle (\rho_X\otimes \mathrm{id}_{\mathbf{1}})\otimes \mathrm{id}_Y}\searrow & \downarrow{\scriptstyle \rho_X\otimes \mathrm{id}_{\mathbf{1}\otimes Y}} & \swarrow{\scriptstyle \mathrm{id}_X\otimes\lambda_{\mathbf{1}\otimes Y}} & \uparrow \\
\downarrow & (X\otimes \mathbf{1})\otimes Y & \longrightarrow & X\otimes(\mathbf{1}\otimes Y) & \uparrow \\
\downarrow & {\scriptstyle (\mathrm{id}_X\otimes\iota)\otimes \mathrm{id}_Y}\nearrow & & \nwarrow{\scriptstyle \mathrm{id}_X\otimes(\iota\otimes \mathrm{id}_Y)} & \uparrow \\
(X\otimes(\mathbf{1}\otimes \mathbf{1}))\otimes Y & & \longrightarrow & & X\otimes((\mathbf{1}\otimes \mathbf{1})\otimes Y)
\end{array}
\tag{3.7}
$$

其中所有箭头都可逆, 纵横箭头皆来自结合约束 a. 五角形公理断言矩形外框交换, 而两个梯形子图 (一大一小) 的交换性归结于结合约束 a 的自然性. 其余三个三角子图中只要任两者交换, 剩下者自动交换. 今断言右上三角图交换. 诚然, 由 (3.1) 有 $\mathrm{id}\otimes\lambda_Y=\lambda_{\mathbf{1}\otimes Y}:\mathbf{1}\otimes(\mathbf{1}\otimes Y)\xrightarrow{\sim}\mathbf{1}\otimes Y$, 因而 λ_Y 之定义导致最右三角在施行 $X\otimes -$ 前便已交换; 同理可证左三角交换. 由于任意 $\mathcal{V}$ 中对象皆同构于某个 $\mathbf{1}\otimes Y$, 这就证明了 (3.4). 而在 (3.4) 中取 $X=Y=\mathbf{1}$ 并比对 $\rho_{\mathbf{1}},\lambda_{\mathbf{1}}$ 的构造, 则得到 $\mathrm{id}\otimes\lambda_{\mathbf{1}}=\mathrm{id}\otimes\iota$ 和 $\rho_{\mathbf{1}}\otimes\mathrm{id}=\iota\otimes\mathrm{id}$, 于是回头证出 (3.3).

准此要领, 对于任意对象 X, Y, Z 可考虑图表

$$((Z \otimes \mathbf{1}) \otimes X) \otimes Y \longrightarrow (Z \otimes \mathbf{1}) \otimes (X \otimes Y) \to Z \otimes (\mathbf{1} \otimes (X \otimes Y))$$

$$(\rho_Z \otimes \mathrm{id}_X) \otimes \mathrm{id}_Y \qquad \rho_Z \otimes \mathrm{id}_{X \otimes Y} \quad \mathrm{id}_Z \otimes \lambda_{X \otimes Y}$$

$$(Z \otimes X) \otimes Y \longrightarrow Z \otimes (X \otimes Y)$$

$$(\mathrm{id}_Z \otimes \lambda_X) \otimes \mathrm{id}_Y \qquad \mathrm{id}_Z \otimes (\lambda_X \otimes \mathrm{id}_Y)$$

$$(Z \otimes (\mathbf{1} \otimes X)) \otimes Y \longrightarrow Z \otimes ((\mathbf{1} \otimes X) \otimes Y)$$

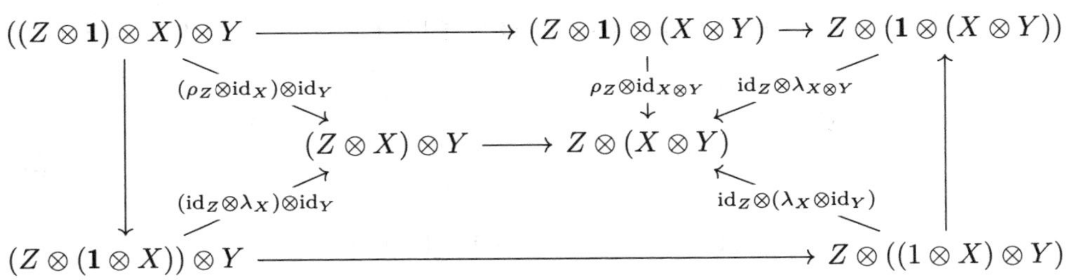

我们断言最右三角交换. 论证同上: 仅需从 (3.4) 导出左侧及右上两个三角交换. 取 $Z = \mathbf{1}$ 可知图表

$$(\mathbf{1} \otimes X) \otimes Y \longrightarrow \mathbf{1} \otimes (X \otimes Y)$$

$$\lambda_X \otimes \mathrm{id}_Y \searrow \quad X \otimes Y \quad \swarrow \lambda_{X \otimes Y}$$

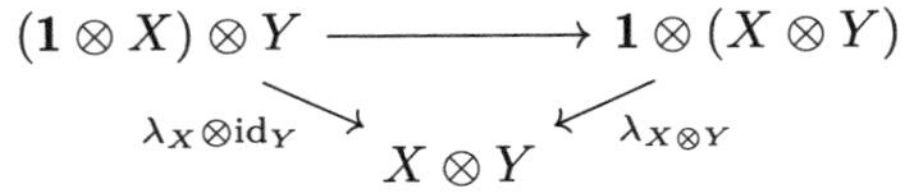

在施行 $\mathbf{1} \otimes -$ 之后交换, 故原图交换. 由此得到 (3.5) 的第二个交换图; 基于对称性知 (3.5) 的第一个图也交换.

现证明图表 (3.6) 交换: 将之拆解为

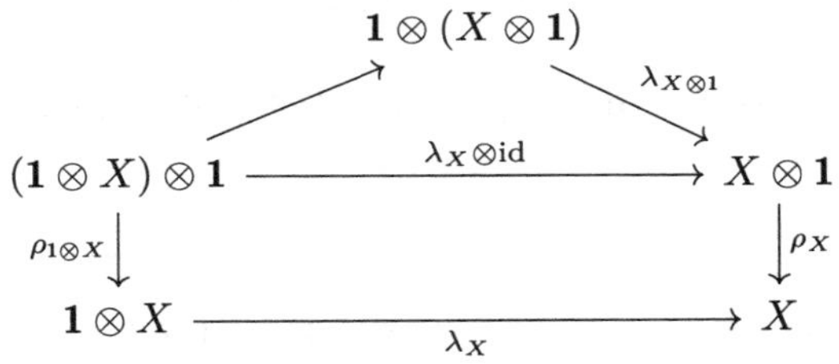

由 ρ 的自然性可知矩形部分交换, 另一方面业已证明三角部分亦交换, 故全图交换.　□

注记 3.1.6　一些文献 (如 [29]) 对幺半范畴的定义较为复杂: 幺元 $\mathbf{1}$ 带有的同构 λ, ρ 和三角形公理 (3.4) 都是定义的一员.

定义 3.1.7　设 \mathcal{V}_1 和 \mathcal{V}_2 为幺半范畴. 一个从 \mathcal{V}_1 到 \mathcal{V}_2 的**幺半函子**意谓资料 (F, ξ_F), 其中 $F : \mathcal{V}_1 \to \mathcal{V}_2$ 是函子而

$$\xi_F : F(\cdot) \otimes F(\cdot) \xrightarrow{\sim} F(\cdot \otimes \cdot)$$

是二元函子之间的同构, 使得 $\exists\varphi_F : F(\mathbf{1}_1) \simeq \mathbf{1}_2$, 并且下图对所有对象 X, Y, Z 交换.

$$\begin{array}{ccc} F((X\otimes Y)\otimes Z) & \xrightarrow{Fa(X,Y,Z)} & F(X\otimes(Y\otimes Z)) \\ \uparrow{\scriptstyle \xi_F(X\otimes Y,Z)} & & \uparrow{\scriptstyle \xi_F(X,Y\otimes Z)} \\ F(X\otimes Y)\otimes F(Z) & & F(X)\otimes F(Y\otimes Z) \\ \uparrow{\scriptstyle \xi_F(X,Y)\otimes\mathrm{id}} & & \uparrow{\scriptstyle \mathrm{id}\otimes\xi_F(Y,Z)} \\ (F(X)\otimes F(Y))\otimes F(Z) & \xrightarrow[a(F(X),F(Y),F(Z))]{} & F(X)\otimes(F(Y)\otimes F(Z)) \end{array}$$

依惯例, 我们也经常略去幺半函子中的附加资料 ξ_F.

注意到对于幺半函子 F, 同构 $\varphi_F : \mathbf{1}_2 \xrightarrow{\sim} F(\mathbf{1}_1)$ 有一种标准的取法: 以下图表

$$\begin{array}{ccc} \mathbf{1}_2\otimes F(\mathbf{1}_1) & \xrightarrow{\lambda_2} & F(\mathbf{1}_1) \\ {\scriptstyle \varphi_F\otimes\mathrm{id}}\downarrow & & \downarrow{\scriptstyle F(\iota_1)^{-1}} \\ F(\mathbf{1}_1)\otimes F(\mathbf{1}_1) & \xrightarrow[\xi_F]{} & F(\mathbf{1}_1\otimes\mathbf{1}_1) \end{array} \qquad \begin{array}{ccc} F(\mathbf{1}_1)\otimes\mathbf{1}_2 & \xrightarrow{\rho_2} & F(\mathbf{1}_1) \\ {\scriptstyle \mathrm{id}\otimes\varphi_F}\downarrow & & \downarrow{\scriptstyle F(\iota_1)^{-1}} \\ F(\mathbf{1}_1)\otimes F(\mathbf{1}_1) & \xrightarrow[\xi_F]{} & F(\mathbf{1}_1\otimes\mathbf{1}_1) \end{array} \tag{3.8}$$

的交换性是等价的, 确定同一个 φ_F (见 [11, Proposition 2.4.3]). 推而广之, 对任意 X 皆有交换图表

$$\begin{array}{ccc} \mathbf{1}_2\otimes F(X) & \xrightarrow{\lambda_2} & F(X) \\ {\scriptstyle \varphi_F\otimes\mathrm{id}}\downarrow & & \downarrow{\scriptstyle F(\lambda_X)^{-1}} \\ F(\mathbf{1}_1)\otimes F(X) & \xrightarrow[\xi_F]{} & F(\mathbf{1}_1\otimes X) \end{array} \qquad \begin{array}{ccc} F(X)\otimes\mathbf{1}_2 & \xrightarrow{\rho_2} & F(X) \\ {\scriptstyle \mathrm{id}\otimes\varphi_F}\downarrow & & \downarrow{\scriptstyle F(\rho_X)^{-1}} \\ F(X)\otimes F(\mathbf{1}_1) & \xrightarrow[\xi_F]{} & F(X\otimes\mathbf{1}_1) \end{array} \tag{3.9}$$

由于用途有限, 我们不详细证明等价性. 提示: 从第一个图表出发定义 φ_F, 将全图同取 $F(X)\otimes\bullet$ 并运用结合约束、幺元和 ξ_F 的性质, 最后适当地从右边消去 $F(\mathbf{1}_1)$ 即得第四个交换图表; 其余论证留给读者.

注记 3.1.8 许多文献中, 如上定义的幺半函子被称作**强幺半函子**, 而 (3.9) 的交换性与 $\varphi_F : \mathbf{1}_2 \xrightarrow{\sim} F(\mathbf{1}_1)$ 皆是定义一部分. 在此框架下若不要求 $\xi_F : F(\cdot)\otimes F(\cdot) \to F(\cdot\otimes\cdot)$ 和 $\varphi_F : \mathbf{1}_2 \to F(\mathbf{1}_1)$ 是同构, 得到的资料 (F, ξ_F, φ_F) 称为**右松幺半函子**; 把资料中的箭头倒转成 $\eta_F : F(\cdot\otimes\cdot) \to F(\cdot)\otimes F(\cdot)$ 和 $\psi_F : F(\mathbf{1}_1) \to \mathbf{1}_2$ 并相应地修改 (3.9), 则得到**左松幺半函子**. 读者不必强记, 必要时我们会明确区分.

例 3.1.9 假设范畴 $\mathcal{C}_1$, $\mathcal{C}_2$ 有有限积, 故可视作幺半范畴 ($\otimes := \times$, $\mathbf{1} :=$ 终对象). 任意函子 $F : \mathcal{C}_1 \to \mathcal{C}_2$ 都带有自然的态射 $\eta_F : F(\cdot\otimes\cdot) \to F(\cdot)\otimes F(\cdot)$, 这使得 F 具有自然的左松幺半函子结构 (见定义 2.8.8); F 是幺半函子当且仅当 F 有有限积.

定义 3.1.10 设 $F, G : \mathcal{V}_1 \to \mathcal{V}_2$ 为幺半函子, 其间的自然变换 (或曰态射), 且记作 θ, 是

使得 θ_{1_1} 为同构, 而且使下图对所有 X, Y 都交换的自然变换

$$\begin{array}{ccc} F(X)\otimes F(Y) & \xrightarrow{\xi_F(X,Y)} & F(X\otimes Y) \\ {\scriptstyle \theta_X\otimes\theta_Y}\downarrow & & \downarrow{\scriptstyle \theta_{X\otimes Y}} \\ G(X)\otimes G(Y) & \xrightarrow[\xi_G(X,Y)]{} & G(X\otimes Y). \end{array}$$

作为练习, 可以证明对标准的 φ_F 和 φ_G 必然有 $\varphi_G = \theta_{1_1}\varphi_F$.

幺半函子和自然变换之间有自明的合成运算, 借此可以定义幺半范畴的同构与等价性, 参看定义 2.2.8. 为资区分, 有时也将幺半范畴间的等价称作幺半等价.

3.2 严格性与融贯定理

由于幺半范畴的结合律与幺元都是在差一个同构的意义下定义的, 我们费了很大力气证明它们满足一些直观的性质, 这体现为种种交换图表. 然而至少有两个问题悬而未决:

(i) 实践中能否化约到具有严格结合律及幺元的情形?

(ii) 定义 3.1.1 是否穷尽了我们对幺半范畴的期待? 更具体地说, 从二元函子 $\otimes$ 和结合约束 a, 幺约束 λ, ρ 出发, 能制造千变万化的图表, 它们既是“自然”的, 理应交换. 试问能从 MacLane 的五角形公理和 $\iota : \mathbf{1}\otimes\mathbf{1} \xrightarrow{\sim} \mathbf{1}$ 的性质推出这一切吗?

两个问题密切相关. 对于问题 (i), 我们先引入**严格幺半范畴**的概念.

定义 3.2.1 幺半范畴 $\mathcal{V}$ 被称为严格的, 如果

- ◇ 结合约束 a 是等号, 即 $(X\otimes Y)\otimes Z = X\otimes(Y\otimes Z)$;
- ◇ 幺约束 λ, ρ 是等号, 即 $X\otimes\mathbf{1} = \mathbf{1}\otimes X = X$.

这里 X, Y, Z 表 $\mathcal{V}$ 中任意对象.

在严格幺半范畴中可以将任意个对象的 $\otimes$-积写成 $X_1\otimes X_2\otimes X_3\cdots$ 的形式而不致歧义; 此时问题 (ii) 也有了肯定的回答, 因为从结合约束和幺约束造出的图表只有一种箭头, 就是等号.

严格幺半范畴的理论显然大大地简化了. 所有 §3.1 中的论证在严格情形下都成了同义反复. 例 3.1.3 中的范畴 $\mathrm{Fct}(\mathcal{C},\mathcal{C})$ 是严格幺半范畴的典型例子. 除此之外, 代数学中常见的幺半范畴多非严格. 这又反过来说明问题 (ii) 的复杂性. MacLane 的以下结果 [29, VII.2] 给出了肯定的回答.

定理 3.2.2 (S. MacLane) 任意幺半范畴 $\mathcal{V}$ 都幺半等价于一个严格幺半范畴.

定理 3.2.2 又称融贯定理. 在更广的意义下, 融贯性意谓范畴中的某类图表交换. 这类结果在范畴论中比较稀有. 以下论证取自 [24, pp.26–27] 和 [11, §2.8], 此处仅略陈

梗概. 设 $\mathcal{V}$ 为幺半范畴. 定义新的幺半范畴 $\mathbf{e}(\mathcal{V})$ 如下:

◇ 对象: 形如 (F,ρ), 其中 $F:\mathcal{V}\to\mathcal{V}$ 是函子, 而

$$\rho=\Big(\rho(X,Y): FX\otimes Y \xrightarrow{\sim} F(X\otimes Y)\Big)_{X,Y\in \mathrm{Ob}(\mathcal{V})}$$

是函子间的态射, 使得下图恒交换.

$$\begin{array}{ccc} & (FX\otimes Y)\otimes Z & \\ \swarrow{\scriptstyle \rho(X,Y)\otimes \mathrm{id}_Z} & & \searrow{\scriptstyle a(FX,Y,Z)} \\ F(X\otimes Y)\otimes Z & & FX\otimes(Y\otimes Z) \\ \downarrow{\scriptstyle \rho(X\otimes Y,Z)} & & \downarrow{\scriptstyle \rho(X,Y\otimes Z)} \\ F((X\otimes Y)\otimes Z) & \xrightarrow[Fa(X,Y,Z)]{} & F(X\otimes(Y\otimes Z)) \end{array}$$

◇ 态射: 从 (F_1,ρ_1) 到 (F_2,ρ_2) 的态射是与 ρ 相容的自然变换 $\theta: F_1\to F_2$, 即: 图表

$$\begin{array}{ccc} F_1(X)\otimes Y & \xrightarrow{\rho_1} & F_1(X\otimes Y) \\ {\scriptstyle \theta_X\otimes \mathrm{id}_Y}\downarrow & & \downarrow{\scriptstyle \theta_{X\otimes Y}} \\ F_2(X)\otimes Y & \xrightarrow[\rho_2]{} & F_2(X\otimes Y) \end{array}$$

对所有 X,Y 皆交换; 态射的合成定义为自然变换的纵合成.

◇ 幺元: 取 $\mathbf{1}$ 为恒等函子 $\mathrm{id}:\mathcal{V}\to\mathcal{V}$, 相应地 $\rho(X,Y):=\mathrm{id}_{X\otimes Y}$.

◇ 定义 $(F_1,\rho_1)\otimes(F_2,\rho_2)$ 为函子 $F_1F_2:\mathcal{V}\to\mathcal{V}$ 连同一族同构 $\rho_3(X,Y)$, 定为合成

$$(F_1F_2X)\otimes Y\xrightarrow{\rho_1(F_2X,Y)} F_1(F_2X\otimes Y)\xrightarrow{F_1\rho_2(X,Y)} F_1F_2(X\otimes Y),$$

其中 $X,Y\in \mathrm{Ob}(\mathcal{V})$.

引理 3.2.3 $\mathrm{e}(\mathcal{V})$ 是严格幺半范畴.

证明 直接验证. □

粗略地说, $\mathbf{e}(\mathcal{V})$ 的定义相当于说 F 须与 $\otimes$ 定出的右乘"交换", 资料 ρ 的功能在"见证"此交换性; 再由幺元的性质可以看出 F 被 $F(\mathbf{1})$ 与 ρ 完全地刻画. 将这事说透彻了即得下述结果.

引理 3.2.4 定义函子 $L:\mathcal{V}\to\mathbf{e}(\mathcal{V})$ 使得对每个对象 X 有

$$LX=X\otimes - :\mathcal{V}\to\mathcal{V}$$

而相应的 $\rho(Y,Z)$ 取为结合约束 $a(X,Y,Z)$. 在态射层面定义 $Lf = f \otimes -$. 则 L 是全忠实本质满函子, 并具有自然的幺半函子结构.

证明 (勾勒) 函子 L 良定缘于 $\mathcal{V}$ 的五角形公理, 其幺半函子构造由显然的同构 $L\mathbf{1} \xrightarrow{\sim} \mathbf{1}$ 和结合约束给出的同构族 $\xi_L(X_1,X_2): LX_1 \otimes LX_2 \xrightarrow{\sim} L(X_1 \otimes X_2)$ 确定. 接着验证

- ◇ L 本质满: 事实上 $(F,m) \simeq L(F(\mathbf{1}))$;
- ◇ L 全忠实: 逆映射 $\mathrm{Hom}_{\mathbf{e}(\mathcal{V})}(LX,LY) \to \mathrm{Hom}_{\mathcal{V}}(X,Y)$ 将 $\theta: LX \to LY$ 映至

$$X \xrightarrow{\sim} X \otimes \mathbf{1} = LX(\mathbf{1}) \xrightarrow{\theta_1} LY(\mathbf{1}) = Y \otimes \mathbf{1} \xrightarrow{\sim} Y.$$

请有兴致的读者补全细节或阅读文献. □

结合前两个引理即得定理 3.2.2.

3.3 辫结构

幺半范畴里的运算 $\otimes$ 一般不要求交换性. 但在许多例子中, 交换现象不仅存在而且至关紧要. 辫结构的目的便在阐明 $\otimes$ 运算的交换性. 一如幺元和结合律的情形, 这里需要的是一族同构而非严格的等号; 此族同构也称为**交换约束**. 我们将在例 3.3.8 解释辫结构命名的来由. 其原始文献之一是 [24].

定义 3.3.1 设 $(\mathcal{V},\otimes,a,\mathbf{1},\iota)$ 是幺半范畴, 其上的**辫结构**意谓二元函子之间的同构

$$c(X,Y): X \otimes Y \xrightarrow{\sim} Y \otimes X, \quad X,Y \in \mathrm{Ob}(\mathcal{V})$$

(即: 对变元 X,Y 自然), 使得以下图表交换

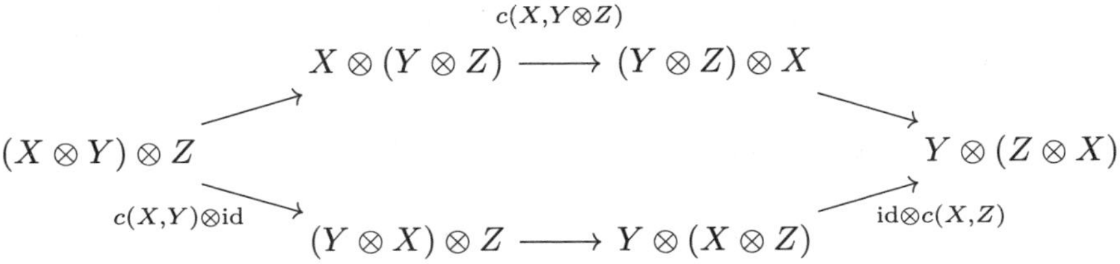

$$\begin{array}{ccccc} & X \otimes (Y \otimes Z) & \xrightarrow{c(X,Y\otimes Z)} & (Y \otimes Z) \otimes X & \\ \nearrow & & & & \searrow \\ (X \otimes Y) \otimes Z & & & & Y \otimes (Z \otimes X) \\ \searrow^{c(X,Y)\otimes \mathrm{id}} & & & & \nearrow_{\mathrm{id}\otimes c(X,Z)} \\ & (Y \otimes X) \otimes Z & \longrightarrow & Y \otimes (X \otimes Z) & \end{array} \tag{3.10}$$

$$\begin{tikzcd}[column sep=small] & (X\otimes Y)\otimes Z \arrow[r, "c(X\otimes Y,Z)"] & Z\otimes(X\otimes Y) \arrow[dr] & \\ X\otimes(Y\otimes Z) \arrow[ur] \arrow[dr, "\mathrm{id}\otimes c(Y,Z)"'] & & & (Z\otimes X)\otimes Y \\ & X\otimes(Z\otimes Y) \arrow[r] & (X\otimes Z)\otimes Y \arrow[ur, "c(X,Z)\otimes\mathrm{id}"'] & \end{tikzcd} \tag{3.11}$$

和

$$\begin{tikzcd} \mathbf{1}\otimes X \arrow[rr, "c(\mathbf{1},X)"] \arrow[dr, "\lambda_X"'] & & X\otimes\mathbf{1} \arrow[dl, "\rho_X"] \\ & X & \end{tikzcd} \qquad \begin{tikzcd} X\otimes\mathbf{1} \arrow[rr, "c(X,\mathbf{1})"] \arrow[dr, "\rho_X"'] & & \mathbf{1}\otimes X \arrow[dl, "\lambda_X"] \\ & X & \end{tikzcd} \tag{3.12}$$

其中 X, Y, Z 是 $\mathcal{V}$ 中任意对象, 未标名的箭头都是结合约束或其逆.

给定辫结构 c 的幺半范畴简称辫幺半范畴. 一般将 (3.10) 和 (3.11) 称为六角形公理.

注记 3.3.2 对于严格幺半范畴 (定义 3.2.1), 六角形公理可以写作

$$c(X\otimes Y, Z) = (c(X,Z)\otimes \mathrm{id}_Y)(\mathrm{id}_X\otimes c(Y,Z)),$$
$$c(X, Y\otimes Z) = (\mathrm{id}_Y\otimes c(X,Z))(c(X,Y)\otimes \mathrm{id}_Z)$$

定义 3.3.3 设 $\mathcal{V}_1, \mathcal{V}_2$ 为幺半范畴, 幺半函子 $F:\mathcal{V}_1\to\mathcal{V}_2$ 若满足以下性质则称为辫幺半函子: 对任意对象 X, Y, 下图交换.

$$\begin{CD} FX\otimes FY @>>> F(X\otimes Y) \\ @V{c_2(FX,FY)}VV @VV{Fc_1(X,Y)}V \\ FY\otimes FX @>>> F(Y\otimes X) \end{CD}$$

定义 3.3.4 设 $(\mathcal{V}, \otimes, a, \mathbf{1}, \iota, c)$ 为辫幺半范畴. 如果对称性 $c(Y,X)\circ c(X,Y) = \mathrm{id}_{X\otimes Y}$ 对所有 X, Y 成立, 则称之为**对称幺半范畴**.

例 3.3.5 例 3.1.3 中由积和余积构造的幺半范畴都有自然的辫结构 (参看引理 2.7.12). 同样地, 交换环 R 上的模范畴 R-Mod 的自然辫结构如下

$$\begin{aligned} c(M,N): M\underset{R}{\otimes} N &\longrightarrow N\underset{R}{\otimes} M \\ m\otimes n &\longmapsto n\otimes m, \quad m\in M, n\in N. \end{aligned}$$

这些辫幺半范畴都是对称的. 细节见诸 §6.5.

命题 3.3.6 (杨–Baxter 方程) 设 $\mathcal{V}$ 为辫幺半范畴. 下图的实线部分对任意对象 X, Y, Z 皆交换.

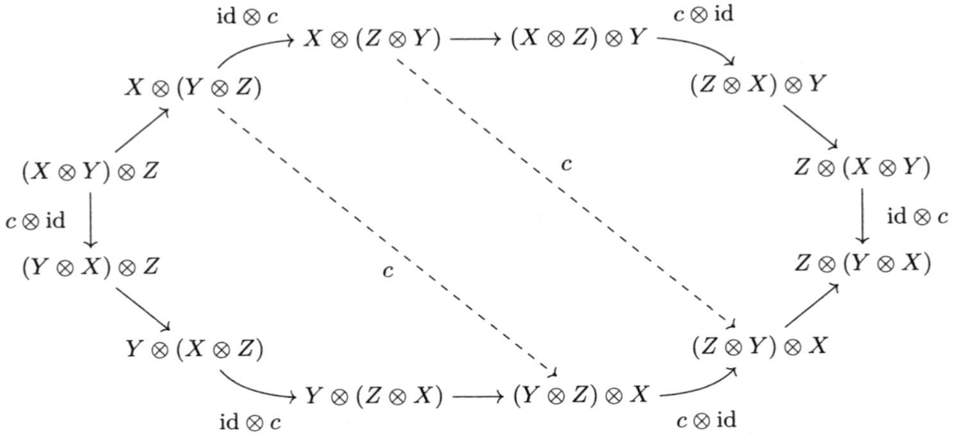

其中未标名的箭头都是结合约束, c 代表自明的交换约束.

证明 虚线分大图为三块. 左右两块因六角形公理故交换. 中间的四边形因 c 的自然性而交换. 故全图交换. □

注记 3.3.7 对于 $\mathcal{V}$ 是严格幺半范畴的情形, 上图可以简并到六项, 其交换性无非是说

$$(c(Y,Z) \otimes \mathrm{id}_X)\,(\mathrm{id}_Y \otimes c(X,Z))\,(c(X,Y) \otimes \mathrm{id}_Z) = \\ (\mathrm{id}_Z \otimes c(X,Y))\,(c(X,Z) \otimes \mathrm{id}_Y)\,(\mathrm{id}_X \otimes c(Y,Z)).$$

当 $\mathcal{V}$ 是向量空间对张量积构成的辫幺半范畴, 而 $X = Y = Z$ 时, 上式联系于统计物理学中的杨–Baxter 方程 (“杨” 代表杨振宁). 习题中将有进一步的阐释.

例 3.3.8 以下将从拓扑视角构造辫范畴 Braid. 设 $n \in \mathbb{Z}_{\geq 1}$, 定义

$$C_n := \left\{ \text{子集 } c \subset \mathbb{R}^2 : |c| = n \right\},$$

或者说是空间 $\left\{(y_1, \ldots, y_n) \in (\mathbb{R}^2)^n : \text{相异元}\right\}$ 在置换群作用下的商, 它自然地带有拓扑. 今起取定 $p = \{p_1, \ldots, p_n\} \in C_n$. 定义 n 条线的辫子为连续映射 $x : [0,1] \to C_n$ 使得 $x(0) = x(1) = p$ 者. 形象地看, 以时间 t 为纵轴, 则 x 的轨迹给出 $\mathbb{R}^3$ 中 n 条既不自交又不相交, 从 $\{(p_1, 0), \ldots, (p_n, 0)\}$ 上行至 $\{(p_1, 1), \ldots, (p_n, 1)\}$ 的连续曲线, 是名辫子. 如果辫子 x_1 可以连续变动到 x_2, 使得端点 p 全程不变, 则称 x_1 和 x_2 等价. 以下所谓的辫子皆指等价类. 全体 n 条线的辫子所成集合记为 $\mathcal{B}_n$.

虽然辫子可以视作 $\mathbb{R}^3$ 中的图形, 我们习惯将之压扁到某平面 $L \simeq \mathbb{R}^2$ 上, 过程中可能造成这些曲线的像相交, 但适当扰动 L 可保证任三条曲线的像不共点, 并且无妨假定辫子的头尾两端分别映到 $(i,0),(i,1) \in \mathbb{R}^2$, 其中 $i = 1,\ldots,n$. 为了保存空间中的信息, 我们在任两条曲线的像的交点标注何者在上, 何者在下. 考虑 $n = 3$ 的情形为例:

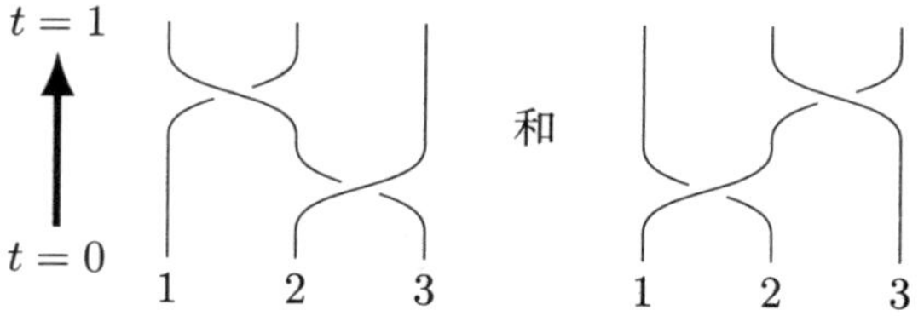

定义任意 $x, y \in \mathcal{B}_n$ 的合成 xy 为 $x, y : [0,1] \to C_n$ 的首尾相衔; 形象地看, 这无非是黏结 x 的起点与 y 的终端以得到新的辫子. 不难看出这是良定的. 例如上图的两条辫子若依序记作 x, y, 则

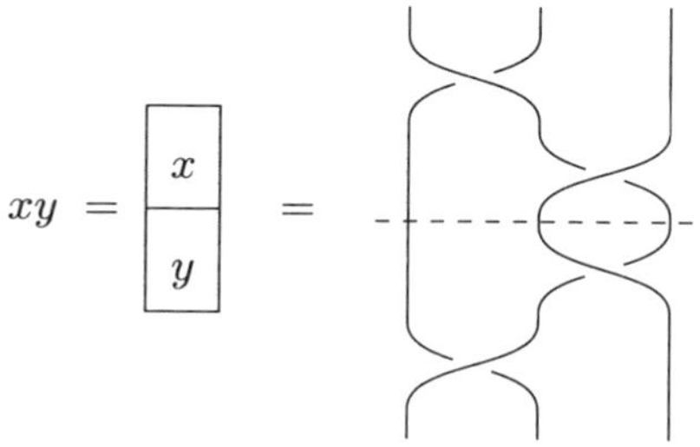

将上图的各条线拉直, 可见它等价于三条垂直线 $|||$. 从代数的视角, $\mathcal{B}_n$ 连同辫子的合成运算构成一个群, 称为 **Artin 辫群**. 乘法结合律是自明的, 乘法幺元是 $\underbrace{|\cdots|}_{n\text{条}}$, 或者说是常值函数 $[0,1] \to \{p\} \subset C_n$. 而一个辫子 x 的逆元无非是让曲线 $x : [0,1] \to C_n$ 逆行, 或者说是压扁到平面 $\mathbb{R}^2$ 后取其垂直镜像. 熟悉拓扑学的读者当可立刻看出 $\mathcal{B}_n = \pi_1(C_n, p)$; 见例 2.1.9.

约定 $\mathcal{B}_0$ 为平凡群. 我们将在 §4.9 探究 $\mathcal{B}_n$ 的一些群论性质, 及其与对称群 $\mathfrak{S}_n$ 的联系; 群 $\mathcal{B}_n$ 的一套展示将在 (4.8) 给出.

现在构造严格幺半范畴 Braid: 其对象集是 $\mathbb{Z}_{\geq 0}$, 而任两个对象 n, m 间的态射集在 $n = m$ 时定为 $\mathcal{B}_n$, 否则定为空集. 态射的合成即是辫群中的合成. 紧接着定义 $m \otimes n := m + n$, 而对 $x \in \mathcal{B}_m$, $y \in \mathcal{B}_n$, 态射 $x \otimes y \in \mathcal{B}_{m+n}$ 定为两条辫子的并置, 形象地表述为

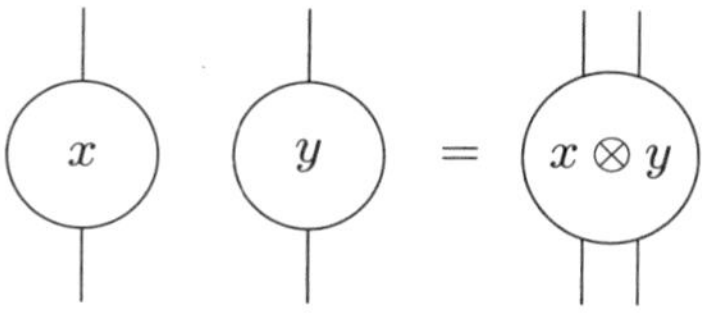

易见 $x \otimes y$ 良定. 并使得 Braid 成为严格幺半范畴; 其幺元是 0.

现在定义交换约束 c 以得到辫幺半范畴. 对于 $X = m, Y = n$, 我们以 表示对应于辫子 X 的 m 条互不缠绕的线, 而以 表示对应于辫子 Y 的 n 条互不缠绕的线. 定义 $c(X, Y) \in \mathcal{B}_{m+n}$ 为

$c(m,n) =$ 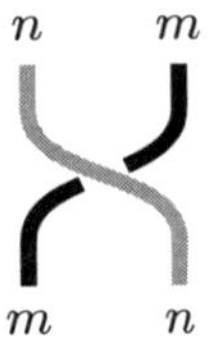

这意味着把 n 条线 视为一个整体, 压过由 表示的 m 条线. 若再把 X 或 Y 分成两股 U, V 并绘制相应的辫图 (形如  或 ) 就能验证六角形公理 (注记 3.3.2), 细节留给读者.

杨–Baxter 方程 (注记 3.3.7) 可翻译为一目了然的等式.

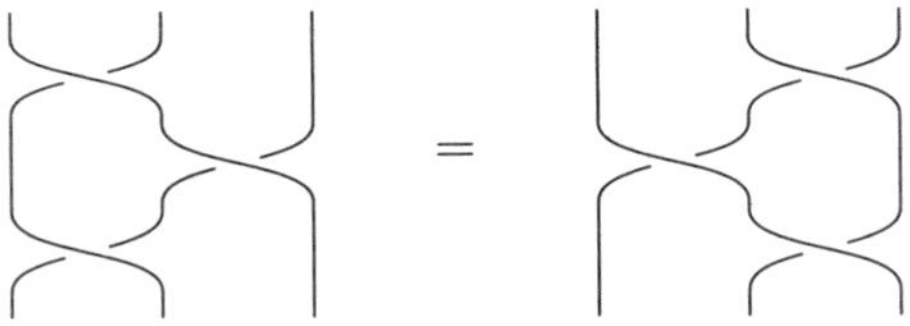

同理, 交换约束的自然性直观地诠释如下.

$$\begin{array}{ccc} X \otimes Y & \xrightarrow{c(X,Y)} & Y \otimes X \\ {\scriptstyle f\otimes g}\downarrow & & \downarrow{\scriptstyle g\otimes f} \\ X \otimes Y & \xrightarrow[c(X,Y)]{} & Y \otimes X \end{array}$$

交换相当于 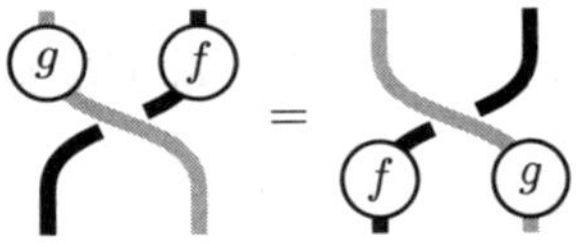

由于 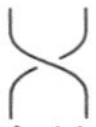 $\neq$ , 幺半范畴 Braid 并不对称; 实际上 $c(1,1)$ 生成无穷循环群群 $\mathcal{B}_2 \simeq \mathbb{Z}$, 这应当是直观的.

我们依靠一些拓扑直觉对 Braid 验证了辫结构的各条性质. 反观之, 可以证明 Braid 中态射在合成运算下的诸般关系, 亦即辫图的种种等式, 业已囊括一切辫幺半范畴的共性 [24, Corollary 2.6]; 按数学家的 “黑话”, Braid 乃是 “由对象 1 生成的自由辫幺半范畴”. 直白地说, 辫幺半范畴的一般性质可以在 Braid 中用直观检验. 相较于定义 3.3.1 诸公理, 辫图之间的等式往往是一目了然的, 相信读者在关于杨–Baxter 方程的讨论中已经充分领教过.

3.4 充实范畴

其实各位已经遇过不少充实范畴. 对充实范畴可以有两种视角:

◇ 它是范畴论的一种延伸;

◇ 充实范畴是 Hom-集被赋予额外结构的范畴.

前者便于铺陈理论, 也是我们将采用的观点, 而数学家通常倾向于后者. 我们在例 2.1.5 中已经看到不少实例, 其中范畴的 Hom 集经常带有种种额外的结构, 如交换群或拓扑空间等. 充实范畴论的想法是

Hom-集 ⟹(代换成) Hom-对象

然而后者是何种范畴中的对象呢? 我们必须能定义 Hom-对象之间的合成与其中的恒等态射, 幺半范畴为此提供了一套合适的语言. 关于充实范畴的专论可见 [25].

定义 3.4.1 设 $\mathcal{V}$ 为幺半范畴. 所谓 $\mathcal{V}$-充实范畴或 $\mathcal{V}$-范畴 $\mathcal{C}$, 意谓以下一组资料:

1. 对象集 $\mathrm{Ob}(\mathcal{C})$;

2. 对任两个 $X, Y \in \mathrm{Ob}(\mathcal{C})$, 给定态射对象 $\mathcal{H}om_{\mathcal{C}}(X, Y) \in \mathrm{Ob}(\mathcal{V})$;

3. 对任三个 $X, Y, Z \in \mathrm{Ob}(\mathcal{C})$, 给定合成态射

$$M : \mathcal{H}om_{\mathcal{C}}(Y, Z) \otimes \mathcal{H}om_{\mathcal{C}}(X, Y) \longrightarrow \mathcal{H}om_{\mathcal{C}}(X, Z),$$

依往例, 我们将经常省略符号 M 并将 $\mathcal{H}om_{\mathcal{C}}(\cdots)$ 写成 $\mathcal{H}om(\cdots)$;

4. 对任意对象 $X \in \mathrm{Ob}(\mathcal{C})$, 给定恒等态射

$$\mathrm{id}_X : \mathbf{1} \to \mathcal{H}om_{\mathcal{C}}(X, X);$$

使得以下图表对任意 $X, Y, Z, W \in \mathrm{Ob}(\mathcal{C})$ 皆交换.

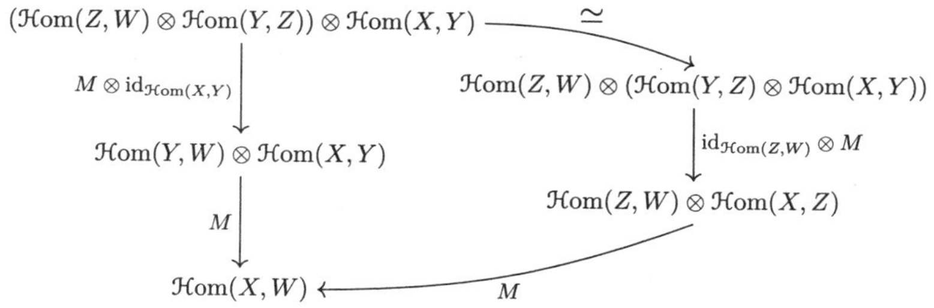

$$
\begin{array}{ccc}
 & \nearrow^{\mathrm{id}_Y\otimes \mathrm{id}_{\mathcal{H}om(X,Y)}} & \mathcal{H}om(Y,Y)\otimes\mathcal{H}om(X,Y) \\
 & & \downarrow M \\
\mathbf{1}\otimes\mathcal{H}om(X,Y) & \longrightarrow & \mathcal{H}om(X,Y)
\end{array}
\qquad
\begin{array}{ccc}
\mathcal{H}om(X,Y)\otimes\mathcal{H}om(X,X) & \nwarrow^{\mathrm{id}_{\mathcal{H}om(X,Y)}\otimes \mathrm{id}_X} & \\
\downarrow M & & \\
\mathcal{H}om_{\mathcal{C}}(X,Y) & \longleftarrow & \mathcal{H}om(X,Y)\otimes\mathbf{1}
\end{array}
$$

易见上述交换图表无非是定义 2.1.1 中的态射性质在幺半范畴中的版本. 接着讨论 $\mathcal{V}$-范畴之间的函子. 读者或许已经胸有成竹, 但我们仍不厌其烦地复述如下.

定义 3.4.2 对于给定之 $\mathcal{V}$-范畴 $\mathcal{C}_1$ 和 $\mathcal{C}_2$, 函子 $F:\mathcal{C}_1\to\mathcal{C}_2$ 由对象集间的映射 $X\mapsto FX$ 和 Hom-对象间的态射 $\mathcal{H}om(X,Y)\to\mathcal{H}om(FX,FY)$ 给出, 使得以下图表对所有对象 X,Y,Z 交换.

$$
\begin{array}{ccc}
\mathcal{H}om(Y,Z)\otimes\mathcal{H}om(X,Y) & \longrightarrow & \mathcal{H}om(X,Z) \\
\downarrow & & \downarrow \\
\mathcal{H}om(FY,FZ)\otimes\mathcal{H}om(FX,FY) & \longrightarrow & \mathcal{H}om(FX,FZ)
\end{array}
$$

$$
\begin{array}{ccc}
\mathcal{H}om(X,X) & \longrightarrow & \mathcal{H}om(FX,FX) \\
\nwarrow & & \nearrow \\
 & \mathbf{1} &
\end{array}
$$

注记 3.4.3 给定 $\mathcal{V}$-范畴 $\mathcal{C}$, 可以定义一个相应的普通范畴如下: 对象集仍取 $\mathrm{Ob}(\mathcal{C})$, 而态射集取作

$$\mathrm{Hom}(X,Y):=\mathrm{Hom}_{\mathcal{V}}\left(\mathbf{1},\mathcal{H}om(X,Y)\right).$$

恒等态射 $\mathrm{id}_X:\mathbf{1}\to\mathcal{H}om(X,X)$ 因此是 $\mathrm{Hom}(X,X)$ 的元素, 态射的合成定义为

$$
\begin{array}{c}
\mathrm{Hom}_{\mathcal{V}}\left(\mathbf{1},\mathcal{H}om(Y,Z)\right)\otimes\mathrm{Hom}_{\mathcal{V}}\left(\mathbf{1},\mathcal{H}om(X,Y)\right) \\
\downarrow \otimes\ \text{的函子性} \\
\mathrm{Hom}_{\mathcal{V}}\left(\mathbf{1}\otimes\mathbf{1},\mathcal{H}om(Y,Z)\otimes\mathcal{H}om(X,Y)\right) \\
\downarrow \text{用 } \iota:\mathbf{1}\otimes\mathbf{1}\xrightarrow{\sim}\mathbf{1}\ \text{拉回} \\
\mathrm{Hom}_{\mathcal{V}}\left(\mathbf{1},\mathcal{H}om(X,Z)\right).
\end{array}
$$

定义 3.4.4 设 $F,G:\mathcal{C}_1\to\mathcal{C}_2$ 为 $\mathcal{V}$-范畴间的函子, 自然变换 (或称态射) $\theta:F\to G$ 是

一族态射 $\theta_X : \mathbf{1} \to \mathcal{H}\mathrm{om}(FX, GX)$, 其中 X 取遍 $\mathrm{Ob}(\mathcal{C}_1)$, 使得下图对所有 X, Y 交换.

$$\begin{array}{ccc} \mathbf{1} \otimes \mathcal{H}\mathrm{om}(X,Y) & \xrightarrow{\theta_Y \otimes F} & \mathcal{H}\mathrm{om}(FY, GY) \otimes \mathcal{H}\mathrm{om}(FX, FY) \\ \uparrow & & \downarrow \\ \mathcal{H}\mathrm{om}(X,Y) & & \mathcal{H}\mathrm{om}(FX, GY) \\ \downarrow & & \uparrow \\ \mathcal{H}\mathrm{om}(X,Y) \otimes \mathbf{1} & \xrightarrow[G \otimes \theta_X]{} & \mathcal{H}\mathrm{om}(GX, GY) \otimes \mathcal{H}\mathrm{om}(FX, GX) \end{array}$$

定义之所以这么迂回, 是因为在一般的 $\mathcal{V}$-范畴中无法谈论 Hom-对象里的元素. 自然变换的纵、横合成的定义留给读者. 由函子与自然变换的充实版本可对 $\mathcal{V}$-范畴定义范畴等价的概念.

例 3.4.5 取 $\mathcal{V} = \mathsf{Set}$, 配上 $\otimes := \times$ 使之成为幺半范畴 (例 3.1.3), 则 $\mathcal{V}$-范畴无非是之前定义的范畴. 请留意此处仍遵循约定 2.1.4, 因此 Set 是 $\mathcal{U}$-集构成的范畴, 而范畴意指 $\mathcal{U}$-范畴.

例 3.4.6 类似地, 取 $\mathcal{V} = \mathsf{CGHaus}$ (例 2.1.5) 及 $\otimes := \times$, 相应的充实范畴称作**拓扑范畴**. 关于使用 CGHaus 的缘由可参阅例 2.1.5 的讨论, 或参阅 [32, Chapter 5].

例 3.4.7 取 $\mathcal{V} := \mathsf{Ab}$, $\otimes$ 为交换群 (即 $\mathbb{Z}$-模) 的张量积而 $\mathbf{1} := \mathbb{Z}$, 得到的 Ab-范畴也称为**预加性范畴**. 其实无须幺半范畴的语言也能定义 Ab-范畴. 说穿了, Ab-范畴的特性如下.

- ◇ Hom-集都带有交换群的结构.
- ◇ 合成映射 $\mathrm{Hom}(Y, Z) \times \mathrm{Hom}(X, Y) \to \mathrm{Hom}(X, Z)$ 是 $\mathbb{Z}$-双线性映射, 即: 满足 $f(g+h) = fg + fh$, $(g+h)f = gf + hf$. 这是因为根据张量积的性质, 群同态 $\mathrm{Hom}(Y, Z) \underset{\mathbb{Z}}{\otimes} \mathrm{Hom}(X, Y) \to \mathrm{Hom}(X, Z)$ 与双线性映射 $\mathrm{Hom}(Y, Z) \times \mathrm{Hom}(X, Y) \to \mathrm{Hom}(X, Z)$ 是一回事.
- ◇ 展开定义, 可知 Ab-范畴之间的函子是在 Hom-集间给出群同态的函子.
- ◇ 对自然变换无额外条件.

凡此种种都符合本节开头提到的视角, 详细验证留作练习. 特别地, 对所有对象 X, Y, 在 $\mathrm{Hom}(X, Y)$ 中有良定的零元 0, 它与任何可相合成的态射合成后仍是零元. 这是一类极常见的范畴: 举例明之, 任意环 A 上的左模范畴 A-Mod 都是 Ab-范畴, 这也包括了 Ab 本身.

在 Ab 的例子中, 由于对任意交换群 M 有自然的双射

$$\begin{aligned} \mathrm{Hom}_{\mathsf{Ab}}(\mathbb{Z}, M) &\xrightarrow{\sim} M \\ f &\mapsto f(1), \end{aligned}$$

可见函子 $\mathrm{Hom}_{\mathsf{Ab}}(\mathbf{1},\cdot)=\mathrm{Hom}_{\mathsf{Ab}}(\mathbb{Z},\cdot):\mathsf{Ab}\to\mathsf{Set}$ 同构于忘却函子. 故注记 3.4.3 的手续施于 Ab-范畴的效果无非是忘却 Hom-集上的群结构.

由于 Ab-范畴在数学中经常用到, 我们接着考察它的一些特殊性质. 回顾 §2.7. 设 I 为小集合, 则已知在范畴 A-Mod 中存在以 I 为指标集的积 $\prod_{i\in I}M_i$ 和余积 $\bigoplus_{i\in I}M_i$ (即模的直和). 当 I 有限时两者相等: 这从 $\prod$ 和 $\bigoplus$ 的具体定义看是一目了然的, 然而这也是 Ab-范畴共有的普遍现象. 我们引进双积的概念予以解释.

定义 3.4.8 设 $\mathcal{C}$ 为 Ab-范畴, X_1,X_2 为其中对象. 则 X_1,X_2 的**双积**意指图表

$$X_1 \underset{\iota_1}{\overset{p_1}{\leftrightarrows}} Z \underset{\iota_2}{\overset{p_2}{\rightleftarrows}} X_2$$

使得 $p_1\iota_1=\mathrm{id}$, $p_2\iota_2=\mathrm{id}$, $\iota_1p_1+\iota_2p_2=\mathrm{id}_Z$. 我们也说 Z 连同 $(\iota_1,\iota_2,p_1,p_2)$ 是 X_1 和 X_2 的双积. 记作 $Z=X_1\oplus X_2$.

在等式 $\iota_1p_1+\iota_2p_2=\mathrm{id}_Z$ 中左合成 p_2, 右合成 ι_1, 便得出 $p_2\iota_1=0$; 同理可得 $p_1\iota_2=0$. 双积的构造可以迭代到多变元情形 $Z=X_1\oplus\cdots\oplus X_n$, 定义条件推广为对 $1\leq i\leq n$ 给定 $X_i \underset{\iota_i}{\overset{p_i}{\leftrightarrows}} Z$, 使得

$$p_i\iota_j=\begin{cases}\mathrm{id}, & i=j,\\ 0, & i\neq j,\end{cases}\qquad \sum_{i=1}^{n}\iota_ip_i=\mathrm{id}_Z.$$

定理 3.4.9 设 X_1,X_2 为 Ab-范畴 $\mathcal{C}$ 中对象. 以下断言等价

(i) 积 $X_1\times X_2$ 存在;

(ii) 余积 $X_1\sqcup X_2$ 存在;

(iii) X_1 和 X_2 的双积 Z 存在.

若任一断言成立, 则双积 Z 连同 (p_1,p_2) 给出 X_1 和 X_2 的积, 而 Z 连同 (ι_1,ι_2) 给出其余积.

根据引理 2.7.11, 有限积和余积可从二元情形迭代地构造, 这就解释了模的有限直和何以兼具积和余积两种角色.

证明 假设 X_1,X_2 的双积 Z 存在. 由于

$$\begin{aligned}p_1\iota_2&=p_1\circ\mathrm{id}_Z\circ\iota_2=p_1(\iota_1p_1+\iota_2p_2)\iota_2=(p_1\iota_1)p_1\iota_2+p_1\iota_2(p_2\iota_2)\\&=p_1\iota_2+p_1\iota_2,\end{aligned}$$

故 $p_1\iota_2=0$. 同理 $p_2\iota_1=0$. 对给定的态射 $X_1\xleftarrow{f_1}W\xrightarrow{f_2}X_2$, 置 $\phi:=\iota_1f_1+\iota_2f_2:$

$W \to Z$. 由先前公式可导出 $p_i\phi = f_i$ $(i = 1, 2)$. 反之, 若 $\phi : W \to Z$ 满足 $p_i\phi = f_i$, 则

$$\phi = (\iota_1 p_1 + \iota_2 p_2)\phi = \iota_1 f_1 + \iota_2 f_2$$

唯一确定了 ϕ. 因此 (Z, p_1, p_2) 确实满足积的泛性质.

今假设 $X_1 \xleftarrow{p_1} Z \xrightarrow{p_2} X_2$ 是积. 对于 $i = 1, 2$, 定义 $\iota_i : X_1 \to Z$ 使得

$$\forall j = 1, 2, \quad p_j\iota_i = \begin{cases} \mathrm{id}_{X_i}, & i = j, \\ 0, & i \neq j. \end{cases}$$

仅需验证 $\iota_1 p_1 + \iota_2 p_2 = \mathrm{id}_Z$ 即可说明 $(Z, \iota_1, \iota_2, p_1, p_2)$ 是双积. 我们有

$$p_1(\iota_1 p_1 + \iota_2 p_2) = p_1 + 0 = p_1 \circ \mathrm{id}_Z,$$
$$p_2(\iota_1 p_1 + \iota_2 p_2) = 0 + p_2 = p_2 \circ \mathrm{id}_Z.$$

根据积的泛性质遂有 $\iota_1 p_1 + \iota_2 p_2 = \mathrm{id}_Z$. 反转箭头便得到余积的情形. □

注记 3.4.10 审视证明可知同构 $\psi : X_1 \sqcup X_2 \xrightarrow{\sim} X_1 \times X_2$ 可以取为由

$$p_j\psi\iota_i = \begin{cases} \mathrm{id}_{X_i}, & i = j, \\ 0, & i \neq j \end{cases}$$

刻画的态射, 其中 $\iota_i : X_i \to X_1 \sqcup X_2$, $p_i : X_1 \times X_2 \to X_i$.

引理 3.4.11 设 X 为 Ab-范畴 $\mathcal{C}$ 中对象. 以下性质等价,

(i) X 是始对象,

(ii) $\mathrm{id}_X = 0$,

(iii) $\mathrm{End}_{\mathcal{C}}(X) = \{0\}$,

(iv) X 是终对象.

特别地, 如果 X 是始对象或终对象, 则 X 是零对象 (定义 2.4.1), 而 $0 \in \mathrm{Hom}(X, \cdot)$ 是定义 2.4.3 中的零态射.

证明 设 X 是 $\mathcal{C}$ 的始对象, 则群 $\mathrm{End}_{\mathcal{C}}(X)$ 仅有一个元素, 它只能是 $0 = \mathrm{id}_X$, 故 (i) $\implies$ (ii). 由于对每个 Y 和 $f \in \mathrm{Hom}(X, Y)$ 都有 $f \circ \mathrm{id}_X = f$, 利用 Ab-范畴的性质可以推出 (ii) $\implies$ (iii) $\implies$ (i). 反转箭头可知 (iv) 与其他条件等价. □

定义 3.4.12 (加性函子与加性范畴) 称 Ab-范畴之间的函子 (见定义 3.4.2) 为**加性函子**. 若 Ab-范畴 $\mathcal{C}$ 有零对象 0, 而且任意 $X, Y \in \mathrm{Ob}(\mathcal{C})$ 有双积 $X \oplus Y$, 则称 $\mathcal{C}$ 为**加性范畴**.

先前举出的模范畴 A-Mod 是加性范畴的典型例子, 见推论 6.2.4. 函子 $F : \mathcal{C}_1 \to \mathcal{C}_2$ 为加性函子当且仅当 $\mathrm{Hom}_{\mathcal{C}_1}(X, Y) \to \mathrm{Hom}_{\mathcal{C}_2}(FX, FY)$ 对每个 X, Y 都是加法群同态.

命题 3.4.13 Ab-范畴之间的加性函子保持双积.

证明 若 $F:\mathcal{C}\to\mathcal{C}'$ 是加性函子, 而资料 $(\iota_1,\iota_2,p_1,p_2)$ 定义了 $\mathcal{C}$ 里的双积, 则资料 $(F(\iota_1),F(\iota_2),F(p_1),F(p_2))$ 依然满足双积的条件. 原因在于双积是由等式而非箭头的存在性来定义的. □

命题 3.4.14 在加性范畴中任意有限个对象的积和余积存在, 并且两者自然同构.

证明 两项的情形无非是关于双积的定理 3.4.9, 一般情形则按引理 2.7.11 的结合约束化到两项. □

3.5 2-范畴一瞥

我们已经习惯将范畴的对象表示为点, 而将态射表示为其间的箭头; 这种图示中维度最高的构造是一维的箭头, 所以不妨称范畴为 1-范畴. 忘掉箭头的范畴无非是集合, 剩下的仅有零维的对象, 所以集合可以设想为 0-范畴. 于是引出一个自然的问题: 如何定义高阶范畴? 本节仅探讨 2 阶的情形, 换言之, 我们要在点与箭头之外添上某些 2 维构造, 称为 2-胞腔.

2-范畴并非无端的空想, 譬如例 3.5.3 考虑的 Cat 就是一个标准例子; 另一个自然的例子是考虑拓扑空间 (点), 其间的连续映射 (箭头), 与映射之间的同伦 (2-胞腔). 尽管想法简单, 如何萃取合适的定义却是一大问题. 以下定义的版本又称严格 2-范畴.

定义 3.5.1 一个 (严格) 2-范畴 $\mathcal{C}$ 意指以下资料:

- ◇ 对象, 或称 0-态射构成的集合 $\mathrm{Ob}(\mathcal{C})=\mathrm{Mor}_0(\mathcal{C})$;
- ◇ 1-态射构成的集合 $\mathrm{Mor}_1(\mathcal{C})=\bigsqcup_{X,Y\in\mathrm{Mor}_0(\mathcal{C})}\mathrm{Hom}(X,Y)$;
- ◇ 2-态射构成的集合 $\mathrm{Mor}_2(\mathcal{C})=\bigsqcup_{a,b\in\mathrm{Mor}_1(\mathcal{C})}\mathrm{Hom}(a,b)$.

习惯将 1-态射写成 $f:X\to Y$, 而 2-态射写成 $\theta:a\Rightarrow b$ 的形式. $\mathcal{C}$ 中有以下几种运算.

(i) 我们要求 $\mathcal{C}$ 的对象连同 1-态射构成一个 (1-) 范畴.

(ii) 2-态射有纵、横两种合成. 先看纵合成: 令 X,Y 为对象, $f,g,h:X\to Y$ 为 1-态射, $\theta:f\Rightarrow g$, $\psi:g\Rightarrow h$ 为 2-态射, 则有纵合成 $\psi\circ\theta:f\Rightarrow h$, 图示为

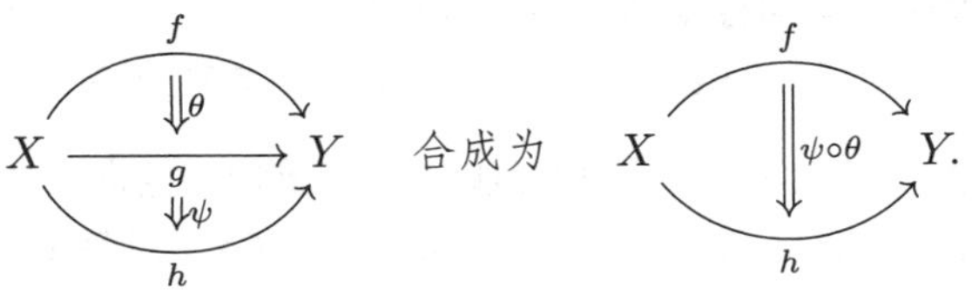

(iii) 接着看横合成. 令 X, Y, Z 为对象, $X \underset{g}{\overset{f}{\rightrightarrows}} Y$, $Y \underset{g'}{\overset{f'}{\rightrightarrows}} Z$ 为两对 1-态射, 而 $\theta : f \Rightarrow g$ 和 $\psi : f' \Rightarrow g'$ 为 2-态射, 则有横合成 $\psi \circ \theta : f'f \Rightarrow g'g$, 图示为

(iv) 形如 $X \overset{f}{\underset{g}{\Downarrow \theta}} Y$ 的图表称作 2-胞腔. 我们要求横合成满足严格的结合律

$$\phi \circ (\psi \circ \theta) = (\phi \circ \psi) \circ \theta,$$ 并且对每个对象 X 都有横幺元 (或者该叫横幺胞腔) $\mathrm{id}_{X,2} : \mathrm{id}_X \Rightarrow \mathrm{id}_X$, 使得 $\theta \circ \mathrm{id}_{X,2} = \theta$, $\mathrm{id}_{X,2} \circ \psi = \psi$, 只要上述横合成有意义.

(v) 同样地, 要求 2-胞腔的纵合成满足严格结合律, 并且对每个 1-态射 f 都有纵幺元 $\mathrm{id}_f : f \Rightarrow f$.

(vi) 纵幺元的横合成仍为纵幺元:

$$X \overset{f}{\underset{f}{\Downarrow \mathrm{id}_f}} Y \overset{f'}{\underset{f'}{\Downarrow \mathrm{id}_{f'}}} Z \quad \text{横合成为} \quad X \overset{f'f}{\underset{f'f}{\Downarrow \mathrm{id}_{f'f}}} Z.$$

(vii) 纵横合成之间满足互换律: 对于图表

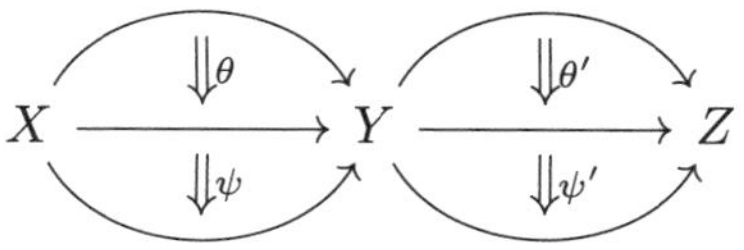

我们有

$$\left(\psi' \underset{\text{纵}}{\circ} \theta' \right) \underset{\text{横}}{\circ} \left(\psi \underset{\text{纵}}{\circ} \theta \right) = \left(\psi' \underset{\text{横}}{\circ} \psi \right) \underset{\text{纵}}{\circ} \left(\theta' \underset{\text{横}}{\circ} \theta \right).$$

注记 3.5.2 这里的定义显然违背了注记 2.2.11 的精神, 因为我们要求态射合成满足严格的结合律与幺元性质. 对于 2-范畴, 有些定义较为宽松, 同时也远为复杂的版本, 例如所谓的双范畴; 幸运的是双范畴也满足融贯定理, 也就是说任意双范畴皆等价于某个 2-范畴 (请对照幺半范畴的定义及其融贯定理 3.2.2). 这般的融贯现象对超过 2 阶的范畴不再成立. 篇幅所限, 就此打住.

例 3.5.3 2-范畴的典型例子是 Cat, 不妨先粗略地设想为"范畴的范畴", 这般朴素的想象很快会撞上集合论的困难. 在此我们必须选定一个 Grothendieck 宇宙 $\mathcal{U}$, 依约定 2.1.4 区分范畴与小范畴. 现在可以定义 2-范畴 Cat 如下.

◇ 对象或 0-态射: 所有小范畴构成的集合.

◇ 1-态射: $\mathrm{Hom}(\mathcal{C}_1, \mathcal{C}_2)$ 定义为从 $\mathcal{C}_1$ 到 $\mathcal{C}_2$ 的函子所成集合.

◇ 2-态射: $\mathrm{Hom}(\alpha, \beta)$ 定义为自然变换 $\theta : \alpha \to \beta$ 所成的集合.

◇ 1-态射的合成定为函子合成; 2-态射的纵、横两种合成各自定为自然变换的纵、横合成.

纵横幺元的定义是显然的, 不必多说. 引理 2.2.7 确保 Cat 满足 2-范畴的公理.

若忘掉 Cat 的 2-态射, 只看其普通的范畴结构, 则 Cat 带有自然的幺半结构: 其中的运算 $\otimes$ 取为范畴的积 $\times$, 而幺元 $\mathbf{1}$ 是仅有一个态射的范畴 (回忆例 2.1.5). 注意到 $\times$ 可以理解为范畴 Cat 中的积, 而 $\mathbf{1}$ 是 Cat 的终对象, 因此这里的构造是例 3.1.3 的一个特殊情形.

注记 3.5.4 现在可以用充实范畴的想法理解 2-范畴. 设 $\mathcal{C}$ 为 2-范畴. 对其任意对象 X, Y, 定义纵范畴 $\mathcal{V}(X, Y)$ 使得其对象为 1-态射 $f : X \to Y$ 而其态射为 2-态射 $\theta : f \Rightarrow g$, 态射的合成由 2-态射的纵合成给出. 纵结合律和纵幺元 $\mathrm{id}_f : f \Rightarrow f$ 的性质确保 $\mathcal{V}(X, Y)$ 确实是范畴. 以下假设每个 $\mathcal{V}(X, Y)$ 皆是小范畴. 对于 Cat, 相应的纵范畴 $\mathcal{V}(\mathcal{C}_1, \mathcal{C}_2)$ 无非是 §2.3 所定义的函子范畴 $\mathrm{Fct}(\mathcal{C}_1, \mathcal{C}_2)$.

重述 2-范畴 $\mathcal{C}$ 的结构如下:

◇ 对象集 $\mathrm{Ob}(\mathcal{C})$;

◇ 对任意 $X, Y \in \mathrm{Ob}(\mathcal{C})$, 指定一个范畴 $\mathcal{V}(X, Y)$;

◇ 对任意 $X, Y, Z \in \mathrm{Ob}(\mathcal{C})$, 指定二元函子

$$\circ : \mathcal{V}(Y, Z) \times \mathcal{V}(X, Y) \to \mathcal{V}(X, Z);$$

◇ 对任意 $X \in \mathrm{Ob}(\mathcal{C})$, 指定函子

$$U_X : \mathbf{1} \to \mathcal{V}(X, X);$$

◇ 我们要求函子 $\circ$ 满足严格的结合律, 而 U_X 对 $\circ$ 满足幺元的性质.

实际上, 函子 $\circ : \mathcal{V}(Y, Z) \times \mathcal{V}(X, Y) \to \mathcal{V}(X, Z)$ 在其对象层面蕴藏了 1-态射的合成运算, 在其态射层面蕴藏了 2-态射的横合成运算, 可以验证它同时还蕴涵横幺元的性质与 2-范畴定义中的互换律. 选取函子 $U_X : \mathbf{1} \to \mathcal{V}(X, X)$ 相当于在 $\mathrm{Hom}(X, X)$ 中标出一个对象, 这正是 id_X.

综之, 2-范畴无非是由 Cat-充实的范畴: 对于任意对象 $X, Y \in \mathrm{Ob}(\mathcal{C})$, 我们把 Hom-集 $\mathrm{Hom}(X, Y)$ 充实为纵范畴 $\mathcal{H}\mathrm{om}(X, Y) := \mathcal{V}(X, Y)$, 后者是幺半范畴 Cat 的对象, 如此一来就接上了充实范畴的定义 3.4.1.

定义 3.5.5 2-范畴之间的 2-函子与 2-自然变换按照 Cat-充实范畴的方法定义 (参看定义 3.4.2, 3.4.4).

读者不妨试着写开这些定义. 例如 2-函子的定义是将 i-态射映到 i-态射 (此处 $i=0,1,2$), 并保持这些态射的来源/目标、合成与幺元等诸般性质.

约定 3.5.6 我们对 2-范畴沿用处理自然变换 (即 2-范畴 Cat) 时引入的一些图表, 例如 §2.2 中形如

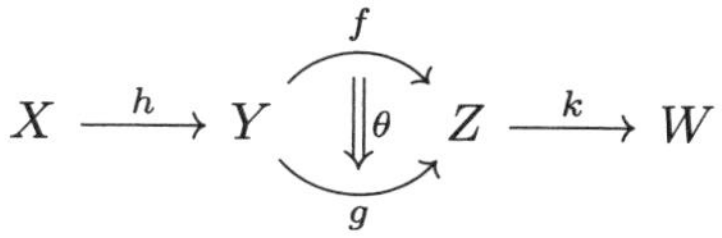

的横合成, 其确切含义是将 1-态射 h, k 各自“拉开”成 2-胞腔 $\mathrm{id}_h, \mathrm{id}_k$, 再进行横合成. 同理, 注记 2.6.6 中引入的图表

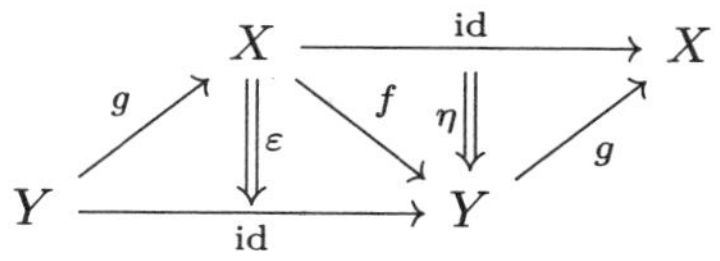

代表 2-范畴中的合成

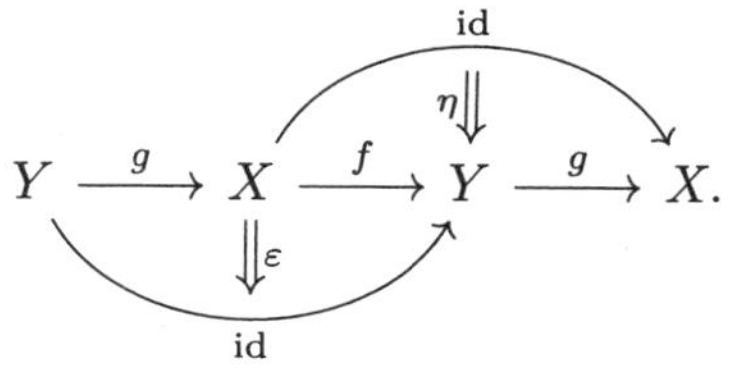

注记 3.5.7 在 §2.6 探讨的伴随对 $(F, G, \eta, \varepsilon)$ 可以用 2-范畴的语言改写. 设

$$X \underset{g}{\overset{f}{\rightleftarrows}} Y$$

为 2-范畴 $\mathcal{C}$ 中的一对 1-态射, 而 $\eta : \mathrm{id}_X \Rightarrow gf$ 和 $\varepsilon : fg \Rightarrow \mathrm{id}_Y$ 是 2-态射. 若它们满足注记 2.6.6 中的三角等式, 则称 $(f, g, \eta, \varepsilon)$ 是伴随对. 取 $\mathcal{C} = \mathsf{Cat}$ 就回到伴随对的经典定义. 伴随函子的许多性质可以推广到 2-范畴情形, 例如伴随等价定理 2.6.12 的证明就完全可以照搬.

习题

1. 对于一般幺半范畴中的对象 $X_1, \ldots, X_{n+1}$, 有种种方式能构作循序的 n-重 $\otimes$ 运算, 取决于安插括号的方法, 如 $\cdots \otimes (X_i \otimes X_{i+1}) \cdots$ 等等. 证明括号的放法恰有 $\frac{1}{n+1}\binom{2n}{n}$ 种.

提示 此即组合学中的 Catalan 数.

2. 证明对任意幺半范畴, $\mathrm{End}(\mathbf{1})$ 对态射的合成交换. 提示 应用引理 3.1.5 和 $(f \otimes \mathrm{id})(\mathrm{id} \otimes g) = f \otimes g = (\mathrm{id} \otimes g)(f \otimes \mathrm{id})$.

3. 考虑全体有限全序集和保序映射所成范畴 On_f. 对于有限全序集 σ, τ, 在 $\sigma \sqcup \tau$ 上定义唯一的全序使得 σ 和 τ 到 $\sigma \sqcup \tau$ 的嵌入是保序的, 而且 σ 中的元素总小于 τ 中元素. 证明 $\sqcup$ 赋予 On_f 自然的幺半范畴结构, 其幺元是空集.

4. 承上, 说明存在唯一的同构 $c(\sigma, \tau) : \sigma \sqcup \tau \xrightarrow{\sim} \tau \sqcup \sigma$, 证明 $(\mathsf{On}_f, \sqcup, c)$ 构成对称幺半范畴.

5. 本题假定读者熟悉向量空间的张量积. 令 V 为域 $\Bbbk$ 上的向量空间, R 为 $V \otimes V$ 的线性自同构, 相应的杨–Baxter 方程定义作

$$(R \otimes \mathrm{id}_V)(\mathrm{id}_V \otimes R)(R \otimes \mathrm{id}_V) = (\mathrm{id}_V \otimes R)(R \otimes \mathrm{id}_V)(\mathrm{id}_V \otimes R),$$

其中每一项都是 $V \otimes V \otimes V$ 的线性自同构. 设 $\{e_i\}_{i \in I}$ 是 V 的基, 将 R 按 $R(e_i \otimes e_j) = \sum_{k,l} R_{i,j}^{k,l} e_k \otimes e_l$ 展开, 那么上述方程化作

$$\forall i, j, k, l, m, n, \quad \sum_{p,q,y} R_{i,j}^{p,q} R_{q,k}^{y,n} R_{p,y}^{l,m} = \sum_{y,q,r} R_{j,k}^{q,r} R_{i,q}^{l,y} R_{y,r}^{m,n}.$$

显然此方程不易求解. 如果 $\mathcal{V}$ 是 $(\mathsf{Vect}(\Bbbk), \otimes, \ldots)$ 的一个幺半子范畴, 且具有辫结构 c, 那么对任意 $V \in \mathrm{Ob}(\mathcal{V})$, 从 $R := c(V, V)$ 可得出杨–Baxter 方程的解. 这些方程和一些量子可积系统密切相关. 这也解释了命题 3.3.6 的背景. 请验证上述论断.

现在引进参数 $q \in \Bbbk^\times$. 对于有限维 $\Bbbk$-向量空间 $V = \bigoplus_{i=1}^h \Bbbk e_i$, 证明

$$R(e_i \otimes e_j) = \begin{cases} e_j \otimes e_i, & i < j, \\ q e_i \otimes e_j, & i = j, \\ e_j \otimes e_i + (q - q^{-1}) e_i \otimes e_j, & i > j \end{cases}$$

给出杨–Baxter 方程的解, 并且满足 $(R - q \cdot \mathrm{id}_{V \otimes V})(R + q^{-1} \cdot \mathrm{id}_{V \otimes V}) = 0$. 当 $q = 1$ 时它退化为 $\mathsf{Vect}(\Bbbk)$ 上标准的辫结构 $v \otimes w \mapsto w \otimes v$.

6. 设 $(\mathcal{V}, \otimes, \ldots)$ 为幺半范畴. 为简便起见, 以下设其为严格幺半范畴, 省略结合约束等态射和括号. 定义幺半范畴 $Z(\mathcal{V})$ 使得:

- 其对象为 (X, Φ), 其中 X 是 $\mathcal{V}$ 的对象而 $\Phi : (X \otimes -) \xrightarrow{\sim} (- \otimes X)$ 是函子的同构, 我们进一步要求对所有对象 Y, Z, 下图交换.

$$\begin{array}{ccc} X \otimes Y \otimes Z & \xrightarrow{\Phi_{Y \otimes Z}} & Y \otimes Z \otimes X \\ & {\scriptstyle \Phi_Y \otimes \mathrm{id}_Z} \searrow \quad \nearrow {\scriptstyle \mathrm{id}_Y \otimes \Phi_Z} & \\ & Y \otimes X \otimes Z & \end{array}$$

- 从 (X, Φ) 到 (Y, Ψ) 的态射取为所有满足下式的 $f \in \mathrm{Hom}_{\mathcal{V}}(X, Y)$

$$\forall Z \in \mathrm{Ob}(\mathcal{V}), \quad (\mathrm{id}_Z \otimes f)\Phi_Z = \Psi_Z(f \otimes \mathrm{id}_Z) \in \mathrm{Hom}_{\mathcal{V}}(X \otimes Z, Z \otimes Y).$$

⋄ 取 $(X, \Phi) \otimes (Y, \Psi)$ 为 $(X \otimes Y, (\Phi \otimes \mathrm{id})(\mathrm{id} \otimes \Psi))$. 定义 $Z(\mathcal{V})$ 之幺元为 $\bigl(\mathbf{1}, (\mathrm{id}_X)_{X \in \mathrm{Ob}(\mathcal{V})}\bigr)$.

验证这确实给出幺半范畴. 此外 $Z(\mathcal{V})$ 具有自然的辫结构, 试阐明之. 范畴 $Z(\mathcal{V})$ 称为 \mathcal{V} 的 Drinfeld 中心, 这是幺半群中心的一种范畴化.

7. 验证例 3.4.7 中 **Ab**-范畴的刻画确实符合充实范畴的一般理论.

8. 对给定的函子 $\mathcal{A} \xrightarrow{S} \mathcal{C} \xleftarrow{T} \mathcal{B}$, 按定义 2.4.7 构造范畴 (S/T) (回忆其对象形如 (A, B, f)) 及投影函子 P, Q. 定义态射 $\alpha : SP \to TQ$ 为 $SP(A, B, f) = \begin{bmatrix} SA \xrightarrow{f} TB \end{bmatrix} = TQ(A, B, f)$. 证明 α 确实是函子间的态射, 而且

$$
\begin{array}{ccc}
(S/T) & \xrightarrow{\ P\ } & \mathcal{A} \\
{\scriptstyle Q} \downarrow & \!\!\!\!\underset{\alpha}{\Longrightarrow}\!\!\!\! & \downarrow {\scriptstyle S} \\
\mathcal{B} & \xrightarrow[\ T\]{} & \mathcal{C}
\end{array}
$$

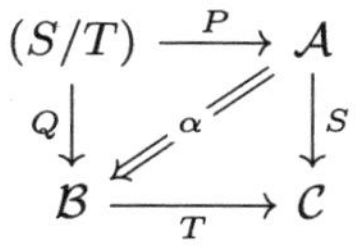

是 2-范畴 **Cat** 中的 2-胞腔.

第四章 群论

群是代数学中最基本的结构之一. 本章涉及的内容大致有两类:

1. 形式构造, 包括幺半群和群的基本定义、群作用、直积、自由群等概念, 这也是研究其他代数结构的基石.
2. 群本身的具体性质, 主要是组合面向, 包括有限群的 Sylow 三定理、对称群和辫群的展示等. 这部分较富技巧性, 是群论引人入胜之处.

我们力求做到两者的交错搭配. 对于群论的基本概念, 本书不予连篇累牍的辨析, 但在形式性质及一些初等教材遗漏的重要构造 (如自由群、完备化等) 方面则力求详备, 这也是为后续章节做铺垫. 至于群论的具体部分, 对称群可谓是群论和表示理论的思想泉源之一, 相关的 §4.9 是对此前理论的一次总操练. 有限生成交换群的分类是群论的另一个重要结果, 本书将其纳入模论处理, 见 §6.7.

尽管本章在逻辑上几乎是自足的, 我们期望读者对群有些许的基本认知. 此后凡论及群、幺半群或其他代数结构组成的范畴时, 若无另外申明, 则一律沿用关于 Grothendieck 宇宙的约定 2.1.4, 默认这些对象都是 “小” 的.

阅读提示

从 §4.1 到 §4.4 的内容属于群论的基础知识, 本章只是采取了一个稍广泛的框架. 随后的内容相较之下需要一定的技术, 然而也同样初等. §4.8 讨论的自由群无论怎么构造都难免琐碎, 本章从自由幺半群和融合积切入, 论证稍长但得到的结果更多, 实用上也是必要的.

如前所述, 对称群 (§4.9) 是一类不得不谈的重要实例. 极限和完备化 (§4.10) 涉及一些点集拓扑的语言, 对以后要陈述的无穷 Galois 理论不可或缺, 更是从事进一步研究的必备素养.

本章的缺憾之一在于未探讨正多面体的旋转对称群, 这是几何直观与群论技巧的优美嵌合; 譬如正十二面体和正二十面体的群相同, 是 60 阶单群, 从它到交

错群 $\mathfrak{A}_5$ 的同构可用几何语言表述. 了解经典内容大有益处, 建议读者参阅相关教材如 [17, Chapter 8].

4.1 半群, 幺半群与群

本节借鉴 Bourbaki [3] 定义代数结构的进路, 思路是从带有**二元运算**的集合出发. 非空集合 S 上的二元运算意谓一个映射 $S \times S \to S$, 一般用乘法记号写为 $(x, y) \mapsto x \cdot y$, 或索性简写为 xy; 二元运算可视作 S 上的某种乘法. 反复操作可以得到形如 $x(yz)$, $(wx)(yz)$ 等等的表达式, 括号在此表示元素相乘的先后顺序. 如不致混淆, 我们经常略去结构 $(S, \cdot)$ 中的二元运算, 径以 S 概括. Bourbaki 为这种混沌未开的结构起了个贴切的名字, 唤作 "岩浆" (法文: le magma).

首先收集关于 $(S, \cdot)$ 的一些初步概念.

- 在 S 上定义新的二元运算 $\star$ 使得 $x \star y = y \cdot x$, 得到的新结构 $(S, \star)$ 记作 S^{op}, 称为 S 的相反结构.
- 若对所有 $x, y \in S$ 都有等式 $xy = yx$, 则称 S 满足**交换律**, 或称 S 是交换的; 这等价于 $S = S^{\mathrm{op}}$.
- 若对所有 $x, y, z \in S$ 都有等式 $(xy)z = x(yz)$, 则称 S 满足**结合律**.
- 设 $u \in S$, 若相应的从 S 到 S 的**左乘**映射 $x \mapsto ux$ 是单射, 则称 u 满足左消去律; 若**右乘**映射 $x \mapsto xu$ 是单射, 则称 u 满足右消去律.
- 若 A, B 为 S 的子集, 定义
$$AB := \{ab : a \in A,\ b \in B\} \subset S;$$
若 A 或 B 是独点集 $\{x\}$, 则 AB 相应地写作 xB 或 Ax; 在结合律的前提下还可以无歧义地定义子集 ABC, $ABCD, \ldots$
- 若 S 的子集 A 满足 $AA \subset A$, 则称 A **对乘法封闭**.
- 元素 $1 \in S$ 称为**幺元**或单位元, 如果
$$\forall x \in S, \quad x \cdot 1 = 1 \cdot x = x.$$
注意到 S 的幺元至多仅一个: 若 $1, 1' \in S$ 皆为幺元, 则 $1 = 1 \cdot 1' = 1'$. 此外 S 的幺元也是 S^{op} 的幺元. 一些书籍将幺元记为 e.

◇ 假设存在幺元 1. 对于元素 $x \in S$, 若存在 $y \in S$ 使得 $yx = 1$, 则称 x 左可逆而 y 是 x 的一个左逆; 若条件改为 $xy = 1$, 则相应地得到右逆和右可逆元的定义. 左右皆可逆的元素称为**可逆元**. 幺元 1 显然可逆.

定义 4.1.1 (半群与幺半群) 带有二元运算的非空集 S 若满足结合律, 则称之为**半群**. 存在幺元的半群称为**幺半群**. 若 M 是幺半群, 而子集 $M' \subset M$ 满足 (i) M' 对乘法封闭, (ii) $1 \in M'$, 则称 M' 为 M 的子幺半群.

对于半群 S, 结合律确保了任意元素 $x_1, \ldots, x_n \in S$ 的连乘积 $x_1(x_2(\cdots x_n)\cdots)$ 可以无歧义地写作 $x_1 \cdots x_n$, 其解读与安插括号的方式无关. 当 S 交换时, 此连乘积甚且与 $x_1, \ldots, x_n$ 的顺序无关.

以下设 M 是幺半群. 易证其中的左 (右) 可逆元满足左 (右) 消去律. 若 $x \in M$ 可逆, 则 x 的左逆与右逆皆唯一并相等, 记为 x^{-1}. 论证如下: 若 x 有左逆元 y 和右逆元 y', 则 $y' = (yx)y' = y(xy') = y$, 由此可一并导出左、右逆的唯一性和等式. 所有可逆元构成的子集记为 $M^\times$, 它对乘法封闭, 实际上

$$\forall x, y \in M^\times, \quad (xy)^{-1} = y^{-1}x^{-1}.$$

定义 4.1.2 (群) 所有元素皆可逆的幺半群称为**群**. 群 G 的基数 $|G|$ 称为它的**阶**.

任意幺半群 M 的可逆元子集 $M^\times$ 对 M 的乘法构成一个群, 称为 M 的单位群. 根据先前关于二元运算的讨论, 可以定义**交换幺半群**或**交换群**的概念, 后者又称 **Abel 群**. 用同样套路定义**相反幺半群**或**相反群**, 并沿用符号 $G \mapsto G^{\mathrm{op}}$.

对于 $n \in \mathbb{Z}_{\geq 0}$ 和 $x \in M$, 我们引入记号

$$x^n := \underbrace{x \cdots x}_{n\ \text{项}}.$$

特别地, $x^0 := 1$, 并且对可逆元有 $(x^{-1})^n = (x^n)^{-1}$, 后者可以无歧义地记作 x^{-n}.

约定 4.1.3 对于交换幺半群, 惯例是将其二元运算 $\cdot$ 写成加法 $+$, 并将幺元 1 写成 0, 元素 x 的逆写成 $-x$; 但一些场合仍适用乘法记号. 必要时另外申明.

例 4.1.4 非负实数集 $\mathbb{R}_{\geq 0}$ 对加法构成幺半群, 而 $\mathbb{R}_{>0}$ 构成半群. 进一步说, 空间 $\mathbb{R}^d$ 中的任意闭凸锥 C 对向量加法构成幺半群, 而 C 的内点集 $\mathrm{int}(C)$ 若非空则构成半群. 两者皆交换. 考虑锥中整点便得到幺半群 $C \cap \mathbb{Z}^d$ 及半群 $\mathrm{int}(C) \cap \mathbb{Z}^d$; 它们一方面直接联系于线性不定方程和格点等计数组合学问题, 另一方面则定义了一类称为仿射环面簇的几何对象. 这些交换幺半群的结构远比相应的交换群要丰富得多.

例 4.1.5 (一般线性群) 考虑 $n \times n$ 实矩阵构成的集合 $M_n(\mathbb{R})$, 并定义 $\mathrm{GL}(n, \mathbb{R})$ 为其中的可逆矩阵构成的子集. 显见 $M_n(\mathbb{R})$ 对矩阵乘法构成幺半群, 其幺元为单位矩阵, 但

它不是群 (例: 零矩阵不可逆). 然而 $\mathrm{GL}(n,\mathbb{R})$ 对矩阵乘法则构成群, 它正是 $M_n(\mathbb{R})$ 的单位群. 这些结构在 $n>1$ 时非交换.

更一般地说, 对任意域 F 依然能定义 $M_n(F)$ 和 $\mathrm{GL}(n,F)$, 后者称为 F 上的**一般线性群**; 域是一种能作加减乘除的代数结构, 如大家熟悉的 $\mathbb{Q}$, $\mathbb{R}$, $\mathbb{C}$ 等, 或模素数 p 的同余系 $\mathbb{Z}/p\mathbb{Z}$, 详见定义 5.2.3.

例 4.1.6 (对称群) 从任意集合 X 映到自身的全体双射构成一个群, 称为 X 上的**对称群** $\mathfrak{S}_X := \mathrm{Aut}(X)$. 其中的二元运算是双射的合成 $(f,g)\mapsto f\circ g$, 幺元为恒等映射 $\mathrm{id}_X: X\to X$, 而逆元无非是逆映射. 当 $X=\{1,\ldots,n\}$ $(n\in\mathbb{Z}_{\geq 1})$ 时也记为 $\mathfrak{S}_n$, 称为 n 次的对称群或置换群. 注意到 $|\mathfrak{S}_n|=n!$.

一般线性群和对称群是群论中的两类重要例子, 请读者铭记.

定义 4.1.7 (子群和正规子群) 设 G 为群, 子集 $H\subset G$ 被称为 G 的**子群**, 如果 (i) H 是子幺半群, (ii) 对任意 $x\in H$ 有 $x^{-1}\in H$. 假若子群 H 对所有 $x\in G$ 满足 $xH=Hx$, 则称 H 为 G 的**正规子群**, 记作 $H\lhd G$. 子群 $\{1\}\lhd G$ 称作 G 的**平凡子群**.

正规子群的定义可以改写为 $\forall x\in G,\ xHx^{-1}=H$. 由于 $xHx^{-1}=H$ 等价于 $xHx^{-1}\subset H$ 且 $x^{-1}Hx\subset H$, 验证正规性时仅需对每个 x 证明 $xHx^{-1}\subset H$ 即可. 最早洞悉正规子群的重要性者是 Galois.

定义 4.1.8 (单群) 若群 G 不具有除 $\{1\}, G$ 之外的正规子群, 则称 G 为**单群**.

交错群 $\mathfrak{A}_n$ $(n\geq 5)$ 是最早被发现的一族非交换有限单群, 将于定理 4.9.7 详述. 有限单群在同构意义下的分类是群论发展的重大里程碑. 从 Hölder 在 1892 年提出分类问题, 直到 Aschbacher 和 Smith 在 2004 年左右补全 Gorenstein 等人的证明, 历时凡百余年. 相关文献卷帙浩繁, 即便粗略地勾勒分类结果也需不少篇幅, 请有兴趣的读者查阅 [47].

子群的交仍是子群, 正规子群的交依然正规. 设 $E\subset G$ 是任意子集, 则包含 E 的最小子群称为由 E **生成**的子群, 记为 $\langle E\rangle$. 其中的元素是由 E 的元素出发, 从乘法及取逆运算所能得到的所有元素. 一种直截了当的写法是

$$\langle E\rangle := \bigcap_{\substack{H\subset G:\text{子群}\\ H\supset E}} H.$$

同理, 由 E 生成的正规子群定义为 $\bigcap_{E\subset N\lhd G} N$. 当 E 是独点集 $\{x\}$ 时, 使用简写

$$\langle x\rangle := \langle\{x\}\rangle = \{x^n : n\in\mathbb{Z}\}.$$

对于任意 G 与 $x\in G$, 记 $\mathrm{ord}(x) := |\langle x\rangle|$, 称为 x 的**阶**.

定义 4.1.9 (循环群) 若群 G 中存在元素 x 使得 $G=\langle x\rangle$, 则称 G 为循环群. 换言之, 循环群是能由单个元素生成的群. 参看例 4.2.10.

例 4.1.10 整数全体 $\mathbb{Z}$ 对加法构成群. 它由 $1 \in \mathbb{Z}$ 生成故循环. 所有子群 $H \subset G$ 都形如 $H = n\mathbb{Z} = \{m \in \mathbb{Z} : n \mid m\}$: 当 $H \neq \{0\}$ 时取 n 为 $H \cap \mathbb{Z}_{>0}$ 的最小元即可.

定义 4.1.11 (陪集) 设 H 为群 G 的子群. 定义:

- ◇ 左陪集: G 中形如 xH 的子集, 全体左陪集构成的集合记作 G/H;
- ◇ 右陪集: G 中形如 Hx 的子集, 全体右陪集构成的集合记作 $H\backslash G$;
- ◇ 双陪集: 设 K 为另一子群, 则 G 中形如 $HxK := \{hxk : h \in H, k \in K\}$ 的子集称为 G 对 (H, K) 的双陪集, 全体双陪集构成的集合记作 $H\backslash G/K$.

陪集中的元素称为该陪集的一个代表元. 若 $H \lhd G$ 则左、右陪集无异. 由于陪集的左右之分总能从符号辨明, 以下不再申明. 定义 H 在 G 中的指数

$$(G : H) := |G/H|.$$

陪集空间 G/H 未必有限, 在此视 $(G : H)$ 为基数.

左、右陪集其实是双陪集的特例, 分别取 H 或 K 为 $\{1\}$ 即是. 因此以下结果仅对双陪集陈述.

引理 4.1.12 设 H, K 为群 G 的子群, 则

(i) 对于任意双陪集 HxK, HyK, 其交非空当且仅当 $HxK = HyK$;

(ii) G 写作无交并 $G = \bigsqcup_x HxK$, 其中我们对 $H\backslash G/K$ 中的每个双陪集挑选一代表元 x.

证明 设 $HxK \cap HyK \neq \varnothing$. 若 $hxk = h'yk'$, 则 $x = h^{-1}h'yk'k^{-1} \in HyK$, 从而 $HxK \subset HHyKK = HyK$; 由对称性得 $HyK \subset HxK$, 故两者相等. 由于任意 $g \in G$ 都属于 HgK, 断言的无交并是显然的. □

对每个 $x \in G$, 左乘 $h \mapsto xh$ 给出集合间的双射 $H \to xH$, 这是因为群中的元素满足左消去律. 同理, 右乘给出双射 $H \to Hx$.

命题 4.1.13 设 H 为群 G 的子群, 则

(i) $|G| = (G : H)|H|$, 特别地, 当 G 有限时 $|H|$ 必整除 $|G|$ (称为 Lagrange 定理);

(ii) 若 K 是 H 的子群, 则 $(G : K) = (G : H)(H : K)$.

这里的乘法是基数的乘法.

证明 陪集分解

$$H = \bigsqcup_y yK,$$
$$G = \bigsqcup_x xH = \bigsqcup_{x,y} xyK$$

可用以证明 (ii). 由于 $(G : 1) = |G|$, $(H : 1) = |H|$, 取 $K = \{1\}$ 即得 (i). □

定义 4.1.14 (中心, 中心化子与正规化子) 设 G 为群.
(i) G 的**中心**定义为 $Z_G := \{z \in G : \forall x \in G,\ xz = zx\}$;
(ii) 设 $E \subset G$ 为任意子集, 定义其**中心化子**为 $Z_G(E) := \{z \in G : \forall x \in E,\ xz = zx\}$;
(iii) 承上, 定义其**正规化子**为 $N_G(E) := \{n \in G : nEn^{-1} = E\}$.
当 E 是独点集 $\{x\}$ 时, 使用简写 $Z_G(x)$ 和 $N_G(x)$.

易见 $Z_G(E)$ 和 $N_G(E)$ 都是子群, 而且 $Z_G(E) \lhd N_G(E)$, 前者仅与 E 生成的子群 $\langle E\rangle$ 有关. 若 H 是子群则 $H \lhd N_G(H)$. 取 $E = G$ 即有

$$Z_G(G) = Z_G \lhd G = N_G(G).$$

注记 4.1.15 若 $N, H \subset G$ 为子群, 而且 $H \subset N_G(N)$, 则 $HN = NH$ 是 G 的子群而且 $N \lhd HN$. 请读者自行验证.

4.2 同态和商群

同态的意义是保结构的映射. 对于带二元运算的非空集 S_1, S_2, 同态 $\varphi : S_1 \to S_2$ 所要保持的结构无非是二元运算, 即: $\forall x, y \in S_1$, $\varphi(xy) = \varphi(x)\varphi(y)$. 准此要领可定义半群的同态. 然而幺半群的情形更常见也更为实用, 此时我们要求同态必须兼保乘法和幺元.

定义 4.2.1 (同态与同构) 设 M_1, M_2 为幺半群. 映射 $\varphi : M_1 \to M_2$ 如满足下述性质即称为**同态**
(i) $\forall x, y \in M_1$, $\varphi(xy) = \varphi(x)\varphi(y)$;
(ii) $\varphi(1) = 1$.
从幺半群 M 映至自身的同态称为**自同态**, 如恒等映射 $\mathrm{id}_M : M \to M$. 同态的合成仍为同态. 取常值 1 的同态称作**平凡同态**.

若存在同态 $\psi : M_2 \to M_1$ 使得 $\varphi\psi = \mathrm{id}_{M_2}$, $\psi\varphi = \mathrm{id}_{M_1}$, 则称 φ 可逆而 ψ 是 φ 的逆; 可逆同态称作**同构**, 写成 $\varphi : M_1 \xrightarrow{\sim} M_2$. 此时我们也称 M_1 与 M_2 同构. 从幺半群映至自身的同构称为**自同构**.

从 M_1 到 M_2 的同态所成集合写作 $\mathrm{Hom}(M_1, M_2)$. 下述性质是显然的:
- $\varphi : M_1 \to M_2$ 的逆若存在则唯一, 记作 φ^{-1};
- φ 可逆当且仅当 φ 是双射;
- φ 诱导出单位群之间的映射 $M_1^\times \to M_2^\times$. 事实上 $\forall x \in M_1^\times$, $\varphi(x)^{-1} = \varphi(x^{-1})$;
- 对任意幺半群 M, 它的所有自同态对映射的合成 $\circ$ 构成一个幺半群 $\mathrm{End}(M) := \mathrm{Hom}(M, M)$, 后者的单位群 $\mathrm{Aut}(M)$ 是 M 的**自同构群**, 顾名思义由自同构组成.

我们已经对幺半群定义了同态的概念. 群是幺半群的特例, 群之间的同态也称为**群同态**, 同样地定义群同构、群自同构等概念. 而同态的定义在群的情形还有如下简化,

对于实际操作相当方便, 我们以后将不加说明地使用.

命题 4.2.2 设 G_1, G_2 为群. 映射 $\varphi: G_1 \to G_2$ 为群同态当且仅当对所有 $x, y \in G_1$ 皆有 $\varphi(xy) = \varphi(x)\varphi(y)$.

证明 关键是 "当" 的方向. 对 $\varphi(1)\varphi(1) = \varphi(1 \cdot 1) = \varphi(1)$ 两边左乘以 $\varphi(1)^{-1}$ 即得 $\varphi(1) = 1$. □

有一类群自同构格外常见, 称为**内自同构**或**伴随同构**: 设 G 为群, 对于 $x \in G$, 定义自同构

$$\begin{aligned} \mathrm{Ad}_x : G &\longrightarrow G \\ g &\longmapsto {}^x g := xgx^{-1}. \end{aligned}$$

容易验证 $\mathrm{Ad}_1 = \mathrm{id}_G$ 而且 $\mathrm{Ad}_{xy} = \mathrm{Ad}_x \circ \mathrm{Ad}_y$, 因此我们进一步导出群同态

$$\begin{aligned} \mathrm{Ad} : G &\longrightarrow \mathrm{Aut}(G) \\ x &\longmapsto \mathrm{Ad}_x\,. \end{aligned}$$

定义 4.2.3 设 $\varphi: G_1 \to G_2$ 为群同态. 它的像记作 $\mathrm{im}(\varphi) := \{\varphi(x) : x \in G_1\}$, 而其**核**定义为

$$\ker(\varphi) := \varphi^{-1}(1).$$

从定义立刻得到 $\mathrm{im}(\varphi)$ 是 G_2 的子群, 而 $\ker(\varphi)$ 是 G_1 的正规子群. 举例明之, 群的中心 Z_G 可描述为核 $\ker[\mathrm{Ad} : G \to \mathrm{Aut}(G)]$.

到了回头考察商结构的时候. 设 S 为非空集合, 而 $\sim$ 是 S 上的等价关系, 相应的等价类构成了商集 $S/\sim$. 包含元素 $x \in S$ 的等价类记为 $[x]$. 数学家关心的一般问题是: 如何让 $S/\sim$ 继承 S 的代数或拓扑等诸般结构? 在此我们假设 S 带有二元运算, 继承的意义是让商映射 $x \mapsto [x]$ 保持二元运算, 换言之, 要求等式

$$[x] \cdot [y] = [x \cdot y], \quad x, y \in S$$

在 $S/\sim$ 中成立. 显然这唯一地刻画了 $S/\sim$ 的二元运算, 问题是此运算是否良定? 读者沉思半晌当可明白, 这里必须加上条件

$$(x \sim x') \wedge (y \sim y') \implies xy \sim x'y', \quad x, x', y, y' \in S. \tag{4.1}$$

这般定出的结构 $S/\sim$ 称作**商结构**. 若 S 是半群 (或幺半群, 群), 则 $S/\sim$ 亦然; 在后两种情况下, $S/\sim$ 的幺元是 $[1]$, 元素的逆由 $[x]^{-1} = [x^{-1}]$ 给出. 以下考虑幺半群 M 的情形. 对于 M 上满足 (4.1) 的等价关系 $\sim$, 映射 $x \mapsto [x]$ 给出同态 $M \to M/\sim$. 商幺半群 $M/\sim$ 满足如下性质.

命题 4.2.4 对于任意同态 $\varphi: M \to M'$ 使得 $(x \sim y) \implies \varphi(x) = \varphi(y)$ 者, 存在唯一的同态 $\bar{\varphi}: (M/\sim) \to M'$ 使得下图交换.

$$\begin{array}{ccc} M & \xrightarrow{\varphi} & M' \\ \downarrow & \nearrow_{\exists!\bar{\varphi}} & \\ M/\sim & & \end{array}$$

这里的 $\bar{\varphi}$ 称为 φ 的诱导同态. 图表交换意谓 $\bar{\varphi}$ 与 $M \to M/\sim$ 的合成等于 φ, 请参看 §2.1 的讨论.

证明 唯一的取法是 $\bar{\varphi}([x]) = \varphi(x)$, 其中 $x \in M$. □

命题 4.2.5 设 $\varphi: M \to M'$ 为满同态. 定义 M 上的等价关系 $x \sim y \iff \varphi(x) = \varphi(y)$, 则 $\sim$ 满足 (4.1), 而且诱导同态 $\bar{\varphi}: (M/\sim) \to M'$ 是同构.

证明 条件 (4.1) 一望可知. 从 $\sim$ 的定义知 $\bar{\varphi}$ 是双射, 故为同构. □

对于群 G 的情形, 满足条件 (4.1) 的等价关系有更简单的描述: 定义 $N := \{x \in G : 1 \sim x\}$, 则

$$(x \sim y) \iff \left(x^{-1}y \in N\right). \tag{4.2}$$

因此等价关系 $\sim$ 完全由子集 N 确定. 反之, 给定子集 N, 可直接验证 (4.2) 给出等价关系当且仅当 N 包含 1 而且对取逆和乘法封闭, 亦即 N 是子群; 它满足 (4.1) 当且仅当 N 是正规子群. 我们有双射 (回忆定义 4.1.11)

$$\begin{aligned} G/\sim &\xrightarrow{\sim} G/N \\ [x] &\longmapsto xN = Nx. \end{aligned}$$

这就解释了以下的商群定义.

定义 4.2.6 (商群) 设 G 为群, N 为其正规子群. 在陪集空间 G/N 上定义二元运算

$$xN \cdot yN = xyN, \quad x, y \in G.$$

这使得 G/N 构成一个群, 称为 G 模 N 的**商群**, 其中的幺元是 $1 \cdot N$ 而逆由 $(xN)^{-1} = x^{-1}N$ 给出. 群同态

$$\begin{aligned} \pi : G &\longrightarrow G/N \\ x &\longmapsto xN \end{aligned}$$

称为商同态.

注意到商同态 $\pi : G \to G/N$ 总是满的, 而且 $\ker(\pi) = N$. 现在可以陈述同态的几个基本性质.

命题 4.2.7 设 $\varphi : G_1 \to G_2$ 是群同态, 则 φ 诱导出同构 $\bar{\varphi} : G_1/\ker(\varphi) \xrightarrow{\sim} \mathrm{im}(\varphi)$, 它映陪集 $g \cdot \ker(\varphi)$ 为 $\varphi(g)$.

证明 应用命题 4.2.5. □

命题 4.2.8 设 $\varphi : G_1 \to G_2$ 是群之间的满同态. 则有双射

$$\begin{array}{ccc} \{\text{子群} H_2 \subset G_2\} & \xleftrightarrow{1:1} & \{\text{子群} H_1 \subset G_1 : H_1 \supset \ker(\varphi)\} \\ \cup & & \cup \\ \{\text{正规子群} H_2 \lhd G_2\} & \xleftrightarrow{1:1} & \{\text{正规子群} H_1 \lhd G_1 : H_1 \supset \ker(\varphi)\} \end{array}$$

$$H_2 \longmapsto \varphi^{-1}(H_2)$$

$$\varphi(H_1) \longleftarrow\!\shortmid H_1.$$

此双射满足 $H_2 \subset H_2' \iff \varphi^{-1}(H_2) \subset \varphi^{-1}(H_2')$. 而且合成态射 $G_1 \xrightarrow{\varphi} G_2 \twoheadrightarrow G_2/H_2$ 诱导出同构 $G_1/\varphi^{-1}(H_2) \xrightarrow{\sim} G_2/H_2$.

当 φ 是商同态 $G \twoheadrightarrow G/N$ 时, 断言的同构可写成熟悉的形式 $G/H \xrightarrow{\sim} (G/N)/(H/N)$, 其中 $N \subset H$, $N, H \lhd G$.

证明 易见子群 $H_1 \supset \ker(\varphi)$ 蕴涵 $H_1 = \varphi^{-1}(\varphi(H_1))$, 而 φ 满蕴涵 $H_2 = \varphi(\varphi^{-1}(H_2))$, 由此得到互逆的双射. 显然 φ, φ^{-1} 都保持包含关系. 关于正规子群的对应则是因为 $\varphi(gH_1g^{-1}) = \varphi(g)\varphi(H_1)\varphi(g)^{-1}$ 而 φ 满, 上述双射导致

$$\forall g \in G_1,\ gH_1g^{-1} = H_1 \iff \forall \bar{g} \in G_2,\ \bar{g}\varphi(H_1)\bar{g}^{-1} = \varphi(H_1).$$

最后, 同构 $G_1/\varphi^{-1}(H_2) \xrightarrow{\sim} G_2/H_2$ 源自命题 4.2.7. □

命题 4.2.9 设 H, N 是 G 的子群而 $H \subset N_G(N)$, 则 $N \cap H \lhd H$, 而且合成同态 $H \hookrightarrow HN \twoheadrightarrow HN/N$ 诱导出的同态

$$\theta : H/N \cap H \to HN/N$$

是同构.

关于子群 HN 请见注记 4.1.15. 许多书上采用的假设是 $N \lhd G$, 结果实则是等价的, 以 HN 代 G 即可.

证明 从 $N_G(N)$ 的定义立得 $N \cap H \lhd H$. 将商同态 $\pi : HN \to HN/N$ 限制到 H 上, 显然其像为 $\pi(H) = \pi(HN) = HN/N$, 核则为 $H \cap \ker(\pi) = N \cap H$. 所以命题 4.2.7 给出同构 $H/N \cap H \xrightarrow{\sim} HN/N$, 这正是断言中的 θ. □

例 4.2.10 (循环群的结构) 考虑群 $\mathbb{Z}$, 二元运算取为整数加法. 对于 $n \in \mathbb{Z}$, 商群 $\mathbb{Z}/n\mathbb{Z}$ 是循环群, 生成元可取为陪集 $1 + n\mathbb{Z}$. 由上述结果导出:

(i) 任何循环群都同构于某个 $\mathbb{Z}/n\mathbb{Z}$: 若 $G = \langle x \rangle$, 则有满同态 $\mathbb{Z} \to \langle x \rangle$ 映 1 为 x, 根据例 4.1.10 其核必为 $n\mathbb{Z}$ 的形式. 应用命题 4.2.7 可得 $\langle x \rangle \simeq \mathbb{Z}/n\mathbb{Z}$; 进一步, 若 $\mathrm{ord}(x)$ 有限则等于 $|n|$.

(ii) 群 $\mathbb{Z}/n\mathbb{Z}$ 的子群都形如 $m\mathbb{Z}/n\mathbb{Z}$, 其中 $m \mid n$: 这是命题 4.2.8 施于 $\mathbb{Z} \twoheadrightarrow \mathbb{Z}/n\mathbb{Z}$ 的结果, 因为 $m\mathbb{Z} \supset n\mathbb{Z}$ 当且仅当 $m \mid n$.

(iii) 设 $m \mid n$. 映射 $x \mapsto mx$ 显然诱导群同构 $\mathbb{Z}/\frac{n}{m}\mathbb{Z} \xrightarrow{\sim} m\mathbb{Z}/n\mathbb{Z}$, 故 $m\mathbb{Z}/n\mathbb{Z}$ 是 $\frac{n}{m}$ 阶循环群.

习见的同余式 $a \equiv b \mod n$ 说的无非是陪集 $a + n\mathbb{Z}$ 和 $b + n\mathbb{Z}$ 在 $\mathbb{Z}/n\mathbb{Z}$ 中相等.

命题 4.2.11 设 $x \in G$ 阶数有限, 则 $x^{\mathrm{ord}(x)} = 1$; 若 G 有限则 $x^{|G|} = 1$.

证明 仅需在循环子群 $\langle x \rangle \simeq \mathbb{Z}/\mathrm{ord}(x)\mathbb{Z}$ 中验证. 当 G 有限时命题 4.1.13 蕴涵 $\mathrm{ord}(x)$ 整除 $|G|$. □

谨介绍从交换幺半群构造交换群的一种基本构造.

定义–定理 4.2.12 设 M 为交换幺半群, 二元运算表作加法 $(x, y) \mapsto x + y$. 定义商集

$$K(M) := M \times M \Big/ (x,y) \sim (x', y') \iff \exists z \in M,\ x + y' + z = x' + y + z,$$

含 (x, y) 的等价类记为 $[x, y]$, 并在 $K(M)$ 上定义二元运算 $[x, y] + [x', y'] = [x + x', y + y']$, 则 $(K(M), +)$ 构成交换群, $x \mapsto [x, 0]$ 给出同态 $M \to K(M)$, 并且有如下泛性质: 对任意交换群 $(A, +)$ 和幺半群同态 $f : M \to A$, 存在唯一的 $\psi : K(M) \to A$ 使下图交换.

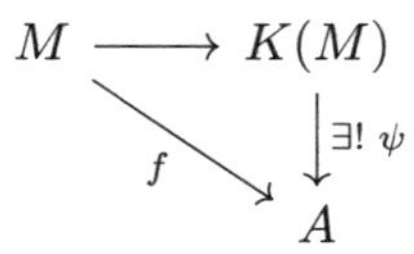

称 $K(M)$ 为 M 给出的 **Grothendieck 群**.

证明 容易验证 $\sim$ 是等价关系, 而且 $K(M)$ 的加法良定; 定义中的 z 对此是必要的, 因为 M 对加法未必有消去律. 同样地, 验证 $(K(M), +)$ 成群而 $x \mapsto [x, 0]$ 为同态乃是例行公事: 元素 $[x, y]$ 的加法逆元无非是 $-[x, y] := [y, x]$. 泛性质中 ψ 的唯一选择是 $\psi([x, y]) = \psi([x, 0] - [y, 0]) = f(x) - f(y)$, 这是良定的. □

等价类 $[x,y]$ 可以设想成 $x-y$. 当 M 取为 $\mathbb{Z}_{\geq 0}$ 时, 以上正是构造整数 $\mathbb{Z}$ 的经典手法, 由之可以进一步定义 $\mathbb{Z}$ 上的乘法及初等算术 (见 [59, 第零章, §3]); 注意到以上构造未见负数或减法, 故无循环论证之虞. Grothendieck 群还会在更深入的代数理论中反复出现, 容后再述.

注记 4.2.13 从范畴 (定义 2.1.1) 观点看, 定义

- ◇ Mon: 以所有幺半群为对象的范畴;
- ◇ Grp: 以所有群为对象的范畴;
- ◇ Ab: 以所有交换群 (Abel 群) 为对象的范畴.

这些范畴的态射都取作同态. 显然有 Ab ⊂ Grp ⊂ Mon, 其中 ⊂ 表示前者是后者的全子范畴 (定义 2.1.2). 严格说来, 这里得限制量词 "所有" 的范围, 以避免集合论悖论. 为此就必须按本章开头的办法, 固定一个 Grothendieck 宇宙 $\mathcal{U}$, 并假设所论的结构都是定义在 $\mathcal{U}$-集上的, 如此一来 Mon 等都是 $\mathcal{U}$-范畴. 详见定义 2.1.3 及其后的讨论.

以下且来个牛刀小试, 看如何从范畴的高度梳理一些代数构造. 命 CMon 为交换幺半群所成范畴. 从定义–定理 4.2.12 可见交换幺半群的同态 $\phi : M \to N$ 自然地诱导出 $\psi : K(M) \to K(N)$ (在泛性质中取 $f : M \xrightarrow{\varphi} N \to K(N)$), 而且 K : CMon → Ab 构成函子 (定义 2.2.1). 另一方面, 交换群自然也是交换幺半群, 故有忘却函子 U : Ab → CMon; 定义–定理 4.2.12 的泛性质可以改写成双射

$$\begin{aligned} \mathrm{Hom}_{\mathsf{Ab}}(K(M), A) &\xrightarrow{\sim} \mathrm{Hom}_{\mathsf{CMon}}(M, U(A)) \\ \psi &\longmapsto f := [M \to K(M) \xrightarrow{\psi} A]. \end{aligned}$$

从伴随函子 (定义 2.6.1, 也参考命题 2.6.9) 的观点看, 这说的无非是 (K,U) 构成伴随对. 是故精确到同构, 泛性质唯一确定了 $K(M)$ 连同 $M \to K(M)$.

4.3 直积, 半直积与群扩张

无论构造新群或分解既有的群都会碰上积构造. 我们从幺半群的情形入手.

定义 4.3.1 (幺半群的直积) 设 I 为集合, $(M_i)_{i\in I}$ 为一族以 I 为指标的幺半群. 在集合的积 $\prod_{i\in I} M_i$ 上定义如下的幺半群结构:

- ◇ 将 $\prod_{i\in I} M_i$ 中的元素表作 $(x_i)_{i\in I}$, 则二元运算由 $(x_i)_{i\in I}(y_i)_{i\in I} = (x_iy_i)_{i\in I}$ 给出;
- ◇ 幺元为 $(1)_{i\in I}$;
- ◇ 若 $(x_i)_{i\in I}$ 中每个 x_i 皆可逆, 则 $(x_i)_{i\in I}^{-1} = (x_i^{-1})_{i\in I}$.

由此可知若每个 M_i 都是群, 则 $\prod_{i\in I} M_i$ 亦然. 称此为 $(M_i)_{i\in I}$ 的**直积**. 对每个 $j \in I$

定义投影同态

$$\begin{aligned} p_j : \prod_{i \in I} M_i &\longrightarrow M_j \\ (x_i)_{i \in I} &\longmapsto x_j. \end{aligned}$$

有限个幺半群 $M_1, \ldots . M_n$ 的直积也写作 $M_1 \times \cdots \times M_n$.

引理 4.3.2 沿用先前符号. 积 $\prod_{i \in I} M_i$ 满足下述性质: 对任意幺半群 M' 及一族同态 $\varphi_i : M' \to M_i$, 存在唯一的 $\varphi : M' \to M$ 使得图表

$$\begin{array}{ccc} M' & & \\ {\scriptstyle \exists ! \varphi} \downarrow & \searrow^{\varphi_j} & \\ \prod_{i \in I} M_i & \xrightarrow[p_j]{} & M_j \end{array}$$

对每个 j 皆交换 (即: $\forall j \in I$, $\varphi_j = p_j \circ \varphi$).

证明 唯一的取法是 $\forall x \in M'$, $\varphi(x) = (\varphi_i(x))_{i \in I}$. 易证 φ 是同态. □

幺半群的直积实则是一种范畴论的构造, 而引理 4.3.2 给出了相应的泛性质. 在群论的研究中, **半直积**是更富弹性也更为复杂的概念.

定义 4.3.3 (群的半直积) 设 H, N 为群, 并给定同态 $\alpha : H \to \mathrm{Aut}(N)$. 相应的半直积 $N \rtimes_\alpha H$ 为如下定义的群 (下标 α 经常略去):

- ◇ 作为集合, $N \rtimes H$ 无非是积集 $N \times H$;
- ◇ 二元运算是 $(n, h)(n', h') = (n\alpha(h)(n'), hh')$, 其中 $n, n' \in N$, $h, h' \in H$.

首先注意到 $N \rtimes H$ 满足结合律, 其幺元是 $(1, 1)$ 而 $(n, h)^{-1} = (\alpha(h^{-1})(n^{-1}), h^{-1})$, 这些验证都是简单然而稍显冗长的. 对此宜做进一步的解释.

1. 透过单同态 $h \mapsto (1, h)$ 和 $n \mapsto (n, 1)$ 可将 H 和 N 都视为 $N \rtimes H$ 的子群. 从二元运算的定义立得 $N \lhd (N \rtimes H)$. 符号 $N \rtimes H$ 遂有了便于记忆的诠释, 它实际是 $N \lhd \cdots$ 的变形.
2. 半直积里的二元运算可以拆开来看: (a) H 内部的乘法, (b) N 内部的乘法, (c) H 与 N 之间的乘法. 无论怎么乘, 我们都希望将结果写成形如 $(n, h) = n \cdot h$ 的标准形. 唯一待厘清的是如何将形如 $h \cdot n$ 的元素化成标准形. 既然 N 是正规子群, 自然的想法是在 $N \rtimes H$ 里考虑

$$hn = \left(hnh^{-1}\right) h = \underbrace{\mathrm{Ad}_h(n)}_{\in N} h. \tag{4.3}$$

于是乘法结构归结到同态 $H \ni h \mapsto \mathrm{Ad}_h|_N \in \mathrm{Aut}(N)$, 这正是半直积定义里的 α.

3. 当 α 是平凡同态时, $N \rtimes H = N \times H$.

以下说明如何将一个给定的群描述为半直积.

引理 4.3.4 设 G 为群, H, N 为其子群而且 $H \subset N_G(N)$. 定义 $\alpha : H \to \mathrm{Aut}(N)$ 为 $\alpha(h) = \mathrm{Ad}_h|_N$, 则映射

$$\begin{aligned} \mu : N \rtimes H &\longrightarrow G \\ (n, h) &\longmapsto nh \end{aligned}$$

是同态; μ 是同构当且仅当 $NH = G$, $N \cap H = \{1\}$. 这时我们也称 G 是子群 N, H 的半直积.

如果 $N \cap H = \{1\}$ 且 $N \subset N_G(H)$, 则 $nh = hn$ 对任何 $n \in N$, $h \in H$ 恒成立; 换言之此时 $\alpha = 1$.

证明 关于 μ 是同态的验证可参照之前讨论, 特别是 (4.3). 条件 $NH = G$ 确保 G 中每个元素都能写作 nh 的形式, 而条件 $N \cap H = \{1\}$ 确保写法唯一, 同样由先前讨论可知此时 μ 是同构; 反向断言是自明的.

至于乘法交换性, 仅需注意到

$$nhn^{-1}h^{-1} \in nHn^{-1}H \cap NhNh^{-1}$$

由正规化子的条件知右项等于 $H \cap N = \{1\}$. □

例 4.3.5 设 $n \in \mathbb{Z}_{\geq 0}$. 取循环群 $H := \mathbb{Z}/2\mathbb{Z}$, $N := \mathbb{Z}/n\mathbb{Z}$, 其二元运算写作加法 $+$. 令 τ 为 H 中的非平凡元, 定义 $\alpha : H \to \mathrm{Aut}(N)$ 使得 $\alpha(\tau) : x \mapsto -x$, 得到的 $N \rtimes H$ 是**二面体群** D_{2n}. 几何上看, D_{2n} 由固定平面上正 n 边形的所有刚体运动组成. 这样的变换必然固定多边形的重心 (取为坐标原点), 分成旋转和反射两类. 请端详下图:

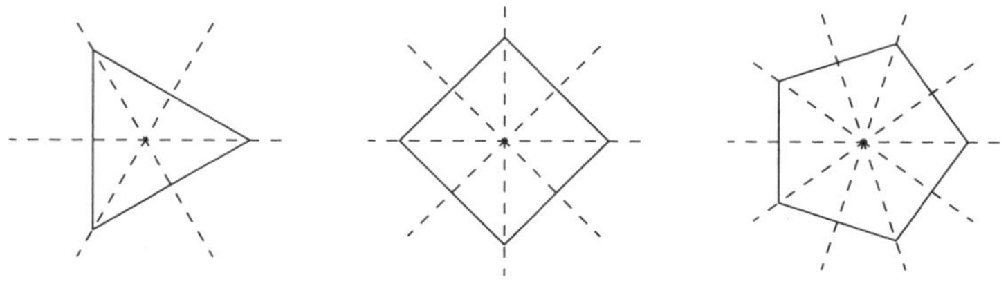

$n = 3$ $n = 4$ $n = 5$

子群 $N = \mathbb{Z}/n\mathbb{Z}$ 对应到保持正 n 边形的旋转 ($k + n\mathbb{Z}$ 的转角为 $\frac{2\pi k}{n}$), 剩下 n 个元素是对图中各虚线的镜射, 例如 τ 可取为对水平轴的镜射. 请读者试着验证.

表法 $G = NH \simeq N \rtimes H$ 也称为内半直积分解, 因为 NH 由群 G 自身的乘法结构描述, 而 $N \rtimes H$ 可谓是从外部构造的. 它们是一体两面, 不必强做区分. 对于直积, 我们还可以刻画多变元的情形.

引理 4.3.6 设 $G_1,\ldots,G_n$ 为群 G 的子群, 假设

◇ 对每个 i 皆有 $G_i \lhd G$,

◇ 对每个 i 皆有 $G_i \cap (G_1 \cdots \widehat{G_i} \cdots G_n) = \{1\}$, 其中 $\widehat{\cdots}$ 表示略去该项,

则 G_i, G_j 的元素对乘法相交换 $(i \neq j)$, 此时 $G_1 \cdots G_n$ 是 G 的正规子群, 而且

$$\begin{aligned} \prod_{i=1}^{n} G_i &\xrightarrow{\sim} G_1 \cdots G_n \\ (g_1,\ldots,g_n) &\longmapsto g_1 \cdots g_n. \end{aligned}$$

当 $G = G_1 \cdots G_n$ 时, 此同构 $\prod_i G_i \xrightarrow{\sim} G$ 称作 G 的**内直积**分解.

证明 乘法交换性和 $n=2$ 的情形已经包含于引理 4.3.4; 由此亦可推出对任意子列 $1 \leq i_1 < \cdots < i_m \leq n$, 乘积 $G_{i_1} \cdots G_{i_m}$ 仍为 G 的正规子群. 对 n 用引理 4.3.4 递归地论证就得到一般情形. □

定义 4.3.7 (正合列) 考虑一列群同态

$$\cdots \xrightarrow{f_0} G_1 \xrightarrow{f_1} G_2 \xrightarrow{f_2} \cdots \xrightarrow{f_i} G_{i+1} \to \cdots,$$

长度或有限或无限. 若对所有 i 都有

$$\mathrm{im}(f_i) = \ker(f_{i+1}),$$

则称此列**正合**. 我们经常把 $\{1\}$ 简写为 1, 或用加性符号记为 0. 举例明之, 对于任意同态 $\varphi: G \to G'$, 列 $G \to G' \to 1$ 正合当且仅当 φ 是满的, 列 $1 \to G \to G'$ 正合当且仅当 φ 是单的, 而我们恒有正合列

$$1 \to \ker(\varphi) \to G \xrightarrow{\varphi} \mathrm{im}(\varphi) \to 1,$$

其中 $\ker(\varphi) \to G$ 是自然的包含映射.

正合列经常和交换图表 (见 §2.1) 搭配. 其妙用在同调代数中才会完全彰显.

形如

$$1 \to N \to G \xrightarrow{p} H \to 1$$

的正合列称为**群扩张**. 若有群同态的交换图表

$$\begin{array}{ccccccccc} 1 & \longrightarrow & N & \longrightarrow & G & \xrightarrow{p} & H & \longrightarrow & 1 \\ & & \| & & \downarrow{\scriptstyle \varphi} & & \| & & \\ 1 & \longrightarrow & N & \longrightarrow & G' & \xrightarrow[p']{} & H & \longrightarrow & 1 \end{array}$$

其横行皆是群扩张, 则称 φ 是群扩张的等价. 不难验证此时 φ 必为同构. 对于给定的 H 和 N, 群扩张在等价意义下的分类是代数学中不时碰到的问题.

对于群扩张 $1 \to N \to G \xrightarrow{p} H \to 1$, 同态 $s: H \to G$ 若满足 $ps = \mathrm{id}_H$, 则称为该扩张的一个**分裂**. 由此可建立半直积与可裂扩张的联系, 细说如下.

1. 设 $G = N \rtimes_\alpha H$ 为半直积, 则有可裂的群扩张

$$1 \longrightarrow N \longrightarrow G \underset{s}{\overset{p}{\rightleftarrows}} H \longrightarrow 1,$$

其中 $p: G \to H$ 是投影同态 $(n,h) \mapsto h$, 而 $s: H \hookrightarrow G$ 是包含同态 $s(h) = (1,h)$.

2. 反之, 给定如上的群扩张及其分裂 s, 定义 $\alpha: H \to \mathrm{Aut}(N)$ 为伴随自同构 $\alpha(h) = \mathrm{Ad}(s(h))|_N$, 则有群扩张的等价

$$\begin{array}{ccccccccc}
1 & \longrightarrow & N & \longrightarrow & N \rtimes_\alpha H & \longrightarrow & H & \longrightarrow & 1 \\
 & & \| & & \downarrow{\scriptstyle\varphi} & & \| & & \\
1 & \longrightarrow & N & \longrightarrow & G & \longrightarrow & H & \longrightarrow & 1,
\end{array}$$

其中 $\varphi(n,h) := ns(h)$. 请读者验证 φ 确实是一对一的群同态.

4.4 群作用和计数原理

无论从实际应用还是历史的发展观之, 抽象的群往往都由它在某集合上的作用所描述, 而考察种种群作用又是研究群性质的重要手段. 本节的第一个目的是澄清群作用的基本概念.

定义 4.4.1 (幺半群作用) 设 X 为集合, M 为幺半群. M 在 X 上的作用定义为一个映射

$$a: M \times X \to X,$$

称为作用映射, 它必须满足以下性质

(i) 对所有 $g, g' \in M$ 和 $x \in X$, 有 $a(g', a(g,x)) = a(g'g, x)$ (结合律),

(ii) 对所有 $x \in X$, 有 $a(1,x) = x$.

带有 M 作用的集合称为 M-集. 对所有 m, x 皆有 $a(m,x) = x$ 的作用称为**平凡作用**. M-集间的映射 $f: X \to Y$ 若满足

$$f(a(m,x)) = a(m, f(x)), \quad m \in M, x \in X,$$

则称为 M-**等变**映射. 若等变映射 $M_1 \underset{g}{\overset{f}{\rightleftarrows}} M_2$ 满足 $fg = \mathrm{id}_{M_2}$, $gf = \mathrm{id}_{M_1}$, 则称

f, g 为互逆的同构. 由此可以定义 M-集之间的同构概念.

注记 4.4.2 一句话, 给定 M, 全体 M-集连同等变映射构成一范畴 M-Set. 这里严格地说也得限制 M-集 X 的大小, 必须假设 M, X 同属选定的宇宙 $\mathcal{U}$, 详见定义 2.1.3 及相关讨论.

习惯将 M-集带有的作用映射略去, 并将 $a(m, x)$ 写成 $m \cdot x$ 或 mx. 作用映射的条件和等变性遂有自然的写法

$$m'(mx) = (m'm)x,$$
$$1 \cdot x = x,$$
$$f(mx) = mf(x),$$

其中 $m, m' \in M, x \in X$. 这般定义的作用称为 M 的左作用, 因以 M 的左乘表示之故. 我们同样可以定义 M 的右作用 $(x, m) \mapsto xm$. 上述定义可以逐条改写, 例如 $(xm)m' = x(mm')$ 等. 一劳永逸的方法则是利用对偶性: M 的右作用无非是 M^{op} 的左作用. 本节针对左作用的陈述都有相应的右版本, 不再赘述.

例 4.4.3 对任意集合 X, 对称群 $\mathfrak{S}_X$ 当然地作用于 X 上: $a : (\sigma, x) \mapsto \sigma(x)$. 类似地, 实 $n \times n$ 矩阵所成幺半群 $M_n(\mathbb{R})$ 作用于 $\mathbb{R}^n$: 视 $\mathbb{R}^n$ 元素为 $n \times 1$ 阶竖直矩阵, 则作用 $(A, x) \mapsto Ax$ 无非是矩阵乘法.

例 4.4.4 若群 G 左作用于 X, 而 Y 是任意集合, 则 G 在 $\{f : 映射\ X \to Y\}$ 上有自然的左作用 $a(g, f) = \left[x \mapsto f(g^{-1}x)\right]$; 若 G 右作用于 X, 则相应的左作用取为 $[x \mapsto f(xg)]$. 请读者验证细节.

例 4.4.5 以下讨论可参看 [54, 例 7.2.4]. 设 $n \geq 1$, 空间 $C_\infty(\mathbb{R}^n)$ 为速降函数空间 $\mathscr{S}(\mathbb{R}^n)$ (参看 [53, 例 3.2.7]) 在 $L^\infty(\mathbb{R}^n)$ 中的闭包. 定义幺半群 $(\mathbb{R}_{\geq 0}, +)$ 在 $C_\infty(\mathbb{R}^n)$ 上的作用如下:

$$a(t, u) = \begin{cases} G_t * u, & t > 0, \\ u, & t = 0, \end{cases}$$

其中 $*$ 是卷积而 G_t 是 $\mathbb{R}^n$ 上熟知的热核函数

$$G_t(x) := (4\pi t)^{-\frac{n}{2}} e^{-\|x\|^2/4t}, \quad x \in \mathbb{R}^n.$$

根据热传导方程的理论, $v(t, \cdot) := a(t, u)$ 满足初值问题 $\frac{\partial v}{\partial t} = \Delta v$, $v(0, \cdot) = u(\cdot)$, 因此 a 的确给出幺半群作用. 泛函分析中称此为算子 (幺) 半群. 由于热传导磨光函数的奇点, 此作用无法延拓到群 $(\mathbb{R}, +)$.

定义 4.4.6 设幺半群 M 作用于 X. 定义

◇ **不动点**集 $X^M := \{x \in X : \forall m \in M,\ mx = x\}$;
◇ 对于 $x \in X$, **轨道** $Mx := \{mx : m \in M\}$, 其元素称为该轨道的代表元, 轨道 Mx 是 X 的 M-子集;
◇ 承上, 其**稳定化子**定为 M 的子幺半群 $\operatorname{Stab}_M(x) := \{m \in M : mx = x\}$.

最常用的作用还是群作用. 对于群 G, 作用的基本构件是形如 G/H 的陪集空间, 其作用映射由 $(g, xH) \mapsto gxH$ 给出. 以下结果告诉我们如何将一般的 G-集分解成陪集空间的无交并. 这也是计数原理的出发点.

引理 4.4.7 设群 G 作用于 X, 则
(i) 有轨道分解 $X = \bigsqcup_x Gx$, 其中我们对每个轨道选定代表元 x;
(ii) 对每个 $x \in X$, 映射

$$\begin{aligned} G/\operatorname{Stab}_G(x) &\longrightarrow Gx \\ g \cdot \operatorname{Stab}_G(x) &\longmapsto gx \end{aligned}$$

是 G-集间的同构;
(iii) 特别地, 我们有基数的等式 (参看 (1.2))

$$|X| = \sum_x (G : \operatorname{Stab}_G(x));$$

(iv) 对所有 $x \in X$ 和 $g \in G$, 有

$$\operatorname{Stab}_G(gx) = g \operatorname{Stab}_G(x) g^{-1}.$$

证明 首先证明若两轨道 Gx, Gy 有交, 则 $Gx = Gy$. 诚然, 若 $gx = g'y$, 则 $x = g^{-1}g'y \in Gy$, 故 $Gx \subset Gy$; 由对称性导出 $Gx = Gy$. 由 $\forall x,\ x = 1 \cdot x \in Gx$ 立得轨道分解. 关于映射 $G/\operatorname{Stab}_G(x) \to Gx$ 的断言是稳定化子定义的直接推论. 配合轨道分解便导出基数等式. 最后一个等式可径由定义验证. □

由此可见性质 "x, y 属同一轨道" 给出 X 上的等价关系. 相应的商集或曰轨道空间记为 $G\backslash X$; 对于右作用, 轨道空间自然就记为 X/G. 留意到给定 G 在 X 上的作用相当于给定同态 $G \to \mathfrak{S}_X$, 它映 g 为 $[x \mapsto gx]$.

定义 4.4.8 设 G 为群, X 为 G-集, 我们称 G 在 X 上的作用是
◇ 忠实的, 如果相应的 $G \to \mathfrak{S}_X$ 是单射, 这相当于 $\bigcap_{x \in X} \operatorname{Stab}_G(x) = \{1\}$;
◇ 自由的或单的, 如果对任意 $x \in X$ 都有 $\operatorname{Stab}_G(x) = \{1\}$;
◇ 传递的, 如果 X 仅有一个轨道, 这相当于要求 X 非空, 并且对所有 $x, y \in X$ 皆存在 $g \in G$ 使得 $gx = y$;
◇ 推而广之, 若对每个 $1 \leq m \leq n$, 群 G 在 $\{(x_1, \ldots, x_m) \in X^m : \text{相异元}\}$ 上的作

用皆传递, 则称 G 在 X 上的作用为 n-传递的.

传递的 G-集又称 G-**齐性空间**, 自由的 G-齐性空间称为 G-**主齐性空间**或**挠子**.

作为引理 4.4.7 的推论, 陪集空间 G/H 在同构意义下穷尽了所有齐性空间.

这些术语有显然的几何渊源, 为此必须引入流形结构及底空间. 然而本节考虑的仅有集合, 主要的应用在于集合的计数问题, 详见 §4.5. 我们且先看些一般例子.

例 4.4.9 (平移作用与陪集) 设 G 为群而 H 为其子群, 则 H 在 G 上的左作用 $(h,g)\mapsto hg$ 称为左平移作用. 易见 (i) 相应的轨道无非是陪集 Hg $(g\in G)$, (ii) 轨道空间无非是陪集空间 $H\backslash G$, (iii) 此作用是自由的, 它是传递的当且仅当 $H=G$. 这些断言对 H 在 G 上的右平移作用 $(g,h)\mapsto gh$ 同样成立, 相应的轨道空间无非是 G/H.

现在设 H, K 为 G 的子群. 双陪集有类似的解读: 考虑 $H\times K^{\mathrm{op}}$ 在 G 上的左作用

$$((h,k),g)\mapsto hgk, \quad (h,k)\in H\times K^{\mathrm{op}},\ g\in G.$$

相应的轨道正好是双陪集 HgK $(g\in G)$, 轨道空间等同于 $H\backslash G/K$. 但此作用的其他性质则远比左陪集或右陪集的情形复杂.

例 4.4.10 (共轭作用) 依旧设 G 为群. 伴随自同构 $\mathrm{Ad}: G\to \mathrm{Aut}(G)$ 给出的作用称为 G 的**共轭作用** $G\times G\to G$ (在此考虑左作用). 定义展开后无非是

$$(g,x)\longmapsto {}^g x := gxg^{-1}.$$

共轭作用下的轨道称为 G 中的**共轭类**.

推而广之, 对任意子集 $E\subset G$ 我们业已定义子群 $N_G(E)$, 它在 E 上的作用也叫共轭. 若两子集 E, E' 满足 $\exists g\in G,\ E'=gEg^{-1}$, 则称 E 与 E' 共轭.

非交换群共轭作用的性状一般相当复杂. 对于 $x\in G$, 其稳定化子群正是中心化子 $Z_G(x)$, 而不动点集则是中心 Z_G. 剖析 G 的共轭作用是了解其群结构的必由之路.

挠子是一类特别常见的 G-集, 这套语言需要有合适的几何背景方能发力: 参看 §4.11. 以下仅介绍最初步的例子.

例 4.4.11 设 G_1, G_2 为群, 置

$$\mathrm{Isom}(G_1,G_2) := \{\ \text{同构}\ \varphi: G_1\to G_2\}.$$

当 $\mathrm{Isom}(G_1,G_2)$ 非空时, 其上有 $\mathrm{Aut}(G_2)$ 的左作用 $(g,\varphi)\mapsto g\circ\varphi$, 其中 $g\in \mathrm{Aut}(G_2)$. 这使得 $\mathrm{Isom}(G_1,G_2)$ 成为 $\mathrm{Aut}(G_2)$-挠子. 虽然这里只考虑群同构, 类似构造实则可以在任意范畴中进行, 请参见 §2.1.

我们当然不必自限于左作用, $\mathrm{Aut}(G_1)$ 也借映射合成右作用于 $\mathrm{Isom}(G_1,G_2)$, 两侧的作用满足 $(g\circ\varphi)\circ g' = g\circ(\varphi\circ g')$, 故可并作 $\mathrm{Aut}(G_1)^{\mathrm{op}}\times \mathrm{Aut}(G_2)$-作用, 无论左看

右看 $\mathrm{Isom}(G_1, G_2)$ 都是挠子. 这样的结构称为双挠子.

挠子原来的定义稍显曲折, 然而它另有简捷的刻画如下, 在范畴论的框架中将会格外方便; 可参看 §4.11.

引理 4.4.12 设 X 为非空 G-集, 则 X 为挠子当且仅当映射

$$\begin{aligned}\Phi : G \times X &\longrightarrow X \times X \\ (g, x) &\longmapsto (x, gx)\end{aligned}$$

是双射.

证明 据定义 $\Phi^{-1}(x, y) = \{g \in G : gx = y\}$. 因此映射 Φ 是单射当且仅当 X 自由, 是满射当且仅当 X 传递. □

4.5 Sylow 定理

首先引入 p-群的概念.

定义 4.5.1 设 p 为素数. 满足 $|G| = p^m$, $m \in \mathbb{Z}_{\geq 0}$ 的群 G 称为 p-群.

应用命题 4.1.13, 易见 p-群的子群和商群仍是 p-群.

命题 4.5.2 设 G 为非平凡 p-群, 则任意有限 G-集 X 皆满足

$$|X| \equiv \left|X^G\right| \mod p.$$

证明 对任意 $x \in X$, 命题 4.1.13 蕴涵 $(G : \mathrm{Stab}_G(x))$ 是 p 的幂. 故有

$$[x \notin X^G] \iff [\mathrm{Stab}_G(x) \neq G] \iff (G : \mathrm{Stab}_G(x)) \equiv 0 \bmod p.$$

套入引理 4.4.7 即得所求. □

推论 4.5.3 设 G 为非平凡的 p-群, 则 $Z_G \neq \{1\}$.

证明 考虑 G 的共轭作用 (例 4.4.10). 由命题 4.5.2 得到

$$0 \equiv |G| \equiv |Z_G| \mod p,$$

故 $|Z_G| > 1$. □

此式可用以递归地研究 p-群的结构, 兹举一例.

推论 4.5.4 设 G 为 p-群而 $H \subsetneq G$ 为真子群, 则 $H \subsetneq N_G(H)$. 特别地, $(G:H)=p$ 蕴涵 $H \lhd G$.

证明 已知 Z_G 非平凡, 显然 $Z_G \subset N_G(H)$. 若 $Z_G \not\subset H$, 则 $H \subsetneq Z_G H \subset N_G(H)$. 因此不妨假设 $Z_G \subset H$. 现在对 $|G|$ 递归论证: 定义 $\bar{G} := G/Z_G$, $\bar{H} := H/Z_G$, 可假设

$$\bar{H} \subsetneq N_{\bar{G}}(\bar{H}).$$

容易看出 $N_G(H)/Z_G = N_{\bar{G}}(\bar{H})$. 应用命题 4.2.8 即得 $H \subsetneq N_G(H)$. □

另一个直接而重要的推论如下. 先回忆我们在 §4.1 定义的元素 $x \in G$ 的阶 $\mathrm{ord}(x)$.

推论 4.5.5 (Cauchy 定理) 设 G 为有限群, 素数 p 整除 $|G|$, 则存在 $x \in G$ 使得 $\mathrm{ord}(x) = p$.

证明 定义集合

$$X_p := \{(g_i)_{1 \le i \le p} \in G^p : g_1 \cdots g_p = 1\}.$$

不妨将下标 $1 \le i \le p$ 看成 $\mathbb{Z}/p\mathbb{Z}$ 里的元素. 如此一来循环群 $\mathbb{Z}/p\mathbb{Z}$ 就作用在 X_p 上: 陪集 $m + p\mathbb{Z}$ 的作用是平移下标

$$(g_i)_{i \in \mathbb{Z}/p\mathbb{Z}} \longmapsto (g_{i+m})_{i \in \mathbb{Z}/p\mathbb{Z}}.$$

须证明此作用不逸出 X_p, 仅需检查 $m=1$ 的情形: 对等式 $g_1 \cdots g_p = 1$ 左乘以 g_1^{-1}, 右乘以 g_1 即是. 由此导出 $(X_p)^{\mathbb{Z}/p\mathbb{Z}} = \{(x, \ldots, x) : x^p = 1\}$. 注意到 $x^p = 1$ 且 $x \neq 1$ 等价于 $\mathrm{ord}(x) = p$ (参看例 4.2.10).

由于 $g_p = (g_1 \cdots g_{p-1})^{-1}$, 投影映射 $X_p \to G^{p-1}$, $(g_i)_{1 \le i \le p} \mapsto (g_i)_{1 \le i < p}$ 是双射, 故

$$|X_p| = |G|^{p-1} \equiv 0 \mod p.$$

另一方面, 命题 4.5.2 给出

$$|X_p| \equiv \left|(X_p)^{\mathbb{Z}/p\mathbb{Z}}\right| = 1 + |\{x \in G : \mathrm{ord}(x) = p\}| \mod p,$$

故 $\{x \in G : \mathrm{ord}(x) = p\}$ 非空. □

约定 4.5.6 设 p 为素数, $n \in \mathbb{Z}_{\ge 1}$, 若 $p^a \mid n$ 而且 $p^{a+1} \nmid n$, 则写作 $p^a \| n$.

定义 4.5.7 设 G 为 n 阶有限群, p 为素数. 设 $p^m \| n$, 满足 $|H| = p^m$ 的子群 H 称为 G 的 Sylow p-子群.

这意谓 p-子群 H 在 Lagrange 定理的约束下达到最大可能阶数. 此定义显然仅在 $p \mid n$ 时才有实质意涵.

引理 4.5.8 设 p 为素数. 对任意非负整数 $b \le a$, $a \neq 0$ 和 m, 二项式系数满足同余式

$$\binom{p^m a}{p^m b} \equiv \binom{a}{b} \mod p.$$

证明 考虑以符号 T 为变元的整系数多项式. 由于 $0 < c < p \implies p \mid \binom{p}{c}$, 故

$$(T+1)^{pa} = (T^p + p(\cdots) + 1)^a \equiv (T^p+1)^a \mod p.$$

即: 两边逐系数模 p 同余. 两侧以二项式定理展开, 比较 T^{pb} 的系数即得 $m=1$ 的情形. 迭代 m 次遂得一般情形. □

定理 4.5.9 (Sylow 第一定理) 对任意素数 p, 任意有限群 G 含有 Sylow p-子群.

下面论证供鉴赏之用, 另有它证如 [28, Theorem 6.2].

证明 (H. Wielandt) 置 $n := |G|$, 不妨假设 $p^m \| n$, $m \ge 1$. 定义

$$Y := \left\{ \text{子集 } E \subset G : |E| = p^m \right\}.$$

由引理 4.5.8 知

$$|Y| = \binom{n}{p^m} \equiv \binom{p^{-m}n}{1} = p^{-m}n \not\equiv 0 \mod p.$$

群 G 以左平移 $(g, E) \mapsto gE$ 作用于 Y. 由引理 4.4.7 和以上同余式知存在 $E \in Y$ 使得 $p \nmid (G : \mathrm{Stab}_G(E))$, 我们断言 $H := \mathrm{Stab}_G(E)$ 是 Sylow p-子群. 首先注意到 $p \nmid \frac{|G|}{|H|}$ 故 p^m 整除 $|H|$. 任取 $g \in E$, 由稳定化子的性质知 $Hg \subset E$; 配合 $|H| = |Hg|$ 遂得到 $|H| \le |E| = p^m$, 故 $|H| = p^m$. 明所欲证. □

引理 4.5.10 设 p 为素数, 而 P 是 G 的 Sylow p-子群. 若 G 的 p-子群 H 满足 $H \subset N_G(P)$, 则 $H \subset P$.

证明 对群 HP 应用命题 4.2.9 可得群同构 $HP/P \simeq H/H \cap P$, 故 HP 仍是 p-群. 又因为 $P \subset HP \subset G$ 而 P 是 Sylow p-子群, 必有 $HP = P$, 而这又等价于 $H \subset P$. □

定理 4.5.11 (Sylow 第二定理) 令 G 为有限群, p 为素数. 则

(i) 任意 p-子群 $H \subset G$ 皆包含于某个 Sylow p-子群;

(ii) G 的任两个 Sylow p-子群 P, P' 皆共轭;

特别地, G 中存在正规的 Sylow p-子群当且仅当 G 有唯一的 Sylow p-子群.

证明 选定 Sylow p-子群 $P \subset G$, 并考虑它在 G 的共轭作用下的轨道

$$X := \left\{ gPg^{-1} : g \in G \right\}$$

任意 $Q \in X$ 都是 G 的 Sylow p-子群, 而且其稳定化子群是 $N_G(Q)$. 我们有 G-集的同构

$$\begin{aligned} G/N_G(P) &\xrightarrow{\sim} X \\ gN_G(P) &\longmapsto gPg^{-1}. \end{aligned}$$

由于 $P \subset N_G(P)$, 我们有 $|X| \not\equiv 0 \mod p$. 现假设 $H \subset G$ 为 p-子群, 那么 H 也共轭作用于 X 上. 应用命题 4.5.2 得 X^H 非空. 取 $Q \in X^H$, 从定义知 $H \subset N_G(Q)$, 上述引理遂保证 $H \subset Q$, 这就证明了第一个断言. 若进一步要求 H 为 Sylow p-子群, 则必有 $H = Q$. 由于 X 中元素相互共轭, 第二个断言随之得证. □

定理 4.5.12 (Sylow 第三定理) 承上, G 中 Sylow p-子群的个数 $\equiv 1 \mod p$.

证明 沿用上个证明的框架, 选定 Sylow p-子群 P 并取 $H = P$, 以上业已证明了 X^P 中的元素必为包含 P 的 p-子群, 故 $X^P = \{P\}$. 套回命题 4.5.2 遂得 $|X| \equiv \left|X^P\right| = 1 \mod p$. □

命题 4.5.13 对每个素数 p, 有限群 G 的每个 Sylow p-子群皆正规的充分必要条件是 $G = \prod_{p \mid |G|} H_p$, 其中 H_p 是 p-子群.

证明 设 $p_1 < \cdots < p_r$ 为素数. 若 G 同构于直积 $\prod_{i=1}^r H_{p_i}$, 其中 $|H_{p_i}| = p_i^{a_i}$ $(a_i \in \mathbb{Z}_{\geq 1})$, 那么 H_{p_i} 自然地嵌入为 G 的正规 Sylow p_i-子群, 而 $|G| = \prod_{i=1}^r p_i^{a_i}$.

反过来设 $|G| = p_1^{a_1} \cdots p_r^{a_r}$, 而且对每个 $1 \leq i \leq r$ 皆有正规 Sylow p_i-子群 H_{p_i}. 它们的阶数两两互素, 运用命题 4.1.13 可以在 G 中验证 $H_{p_i} \cap \prod_{j \neq i} H_{p_j} = \{1\}$. 于是引理 4.3.6 的条件成立, 得到同构 $\prod_{i=1}^r H_{p_i} \xrightarrow{\sim} H_{p_1} \cdots H_{p_r} \subset G$. 比较阶数可知 $H_{p_1} \cdots H_{p_r} = G$. □

4.6 群的合成列

将一个群设法拆解为较小的构件是群论的常见手法, 合成列是其中一例.

定义 4.6.1 (正规列) 群 G 的递降子群链

$$G = G_0 \supset G_1 \supset \cdots \supset G_n = \{1\}$$

如满足 $\forall 0 \leq i < n$, $G_{i+1} \lhd G_i$, 则称之为**正规列**, 而群族

$$G_i/G_{i+1}, \quad i = 0, \ldots, n-1$$

称为该列的**子商**. 正规列的**加细**是透过形如

$$[\cdots \supset G_i \supset G_{i+1} \supset \cdots] \rightsquigarrow [\cdots \supset G_i \supset G' \supset G_{i+1} \supset \cdots]$$

的反复插项得到的新列. 插入 $G' = G_i$ 或 G_{i+1} 得到的加细是平凡的; 反之则称为**真加细**.

下节将考虑一种特殊的正规列, 在此一并定义.

定义 4.6.2 (中心列) 群 G 的正规列 $G = G_0 \supset G_1 \supset \cdots$ 如对每个 i 都满足

$$G_i \lhd G,$$
$$G_i/G_{i+1} \subset Z_{G/G_{i+1}},$$

则称为**中心列**.

定义 4.6.3 (合成列) 若群 G 的正规列 $G = G_0 \supset G_1 \supset \cdots$ 满足 $G_{i+1} \subsetneq G_i$, 而且子商皆为单群, 则称之为**合成列**.

细观单群定义可见合成列正是无冗余项, 而且无法再 (真) 加细的列. 有限群总有合成列, 一般的群则未必.

引理 4.6.4 (Zassenhaus 引理) 固定群 G, 考虑子群 U, V 及各自的正规子群 $u \lhd U$, $v \lhd V$. 则有

$$u(U \cap v) \lhd u(U \cap V),$$
$$(u \cap V)v \lhd (U \cap V)v,$$

其中各项在注记 4.1.15 的意义下都是子群, 而且有自然的同构

$$\frac{u(U \cap V)}{u(U \cap v)} \simeq \frac{(U \cap V)v}{(u \cap V)v}.$$

证明 我们将表解各子群之间的关系, 图例如下:

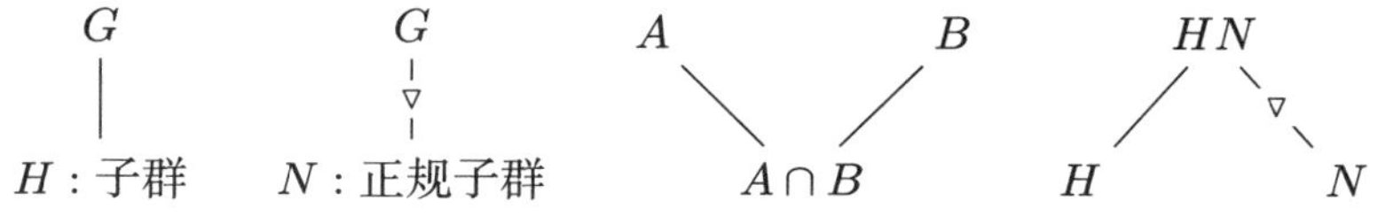

其中 $H \subset N_G(N)$. 现断言有以下图表:

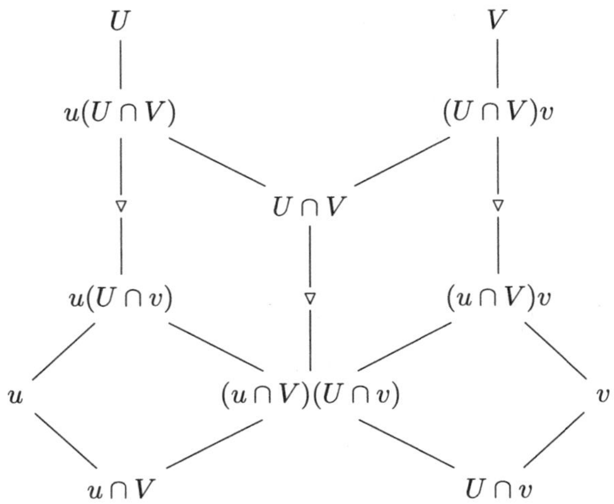

首先留意有性质 $U \cap V \subset N_G(u) \cap N_G(v)$ 等等, 图中的积 $u(U \cap V)$ 等因而是子群. 图例第一条 (即: 子群在下) 显然成立. 又可逐一验证

$$\begin{aligned}
&u(U \cap v) \cap (U \cap V) = (u \cap V)(U \cap v) = (U \cap V) \cap (u \cap V)v, \\
&u \cap (u \cap V)(U \cap v) = u \cap V, \\
&(u \cap V)(U \cap v) \cap v = U \cap v.
\end{aligned}$$

故图例第三条 (子群交) 也成立. 同理可验证图例第四条 (子群积). 至于第二条 (正规子群), 从 $v \lhd V$ 可导出 $U \cap v \lhd U \cap V$, 从而 $u(U \cap v) \lhd u(U \cap V)$; 同理有 $(u \cap V)v \lhd (U \cap V)v$, 取交即得 $(u \cap V)(U \cap v) \lhd U \cap V$. 至此证成断言.

现在考虑图表中的两个平行四边形. 分别运用命题 4.2.9 可得自然同构

$$\frac{u(U \cap V)}{u(U \cap v)} \xrightarrow{\simeq} \frac{U \cap V}{(u \cap V)(U \cap v)} \xleftarrow{\simeq} \frac{(U \cap V)v}{(u \cap V)v}$$

明所欲证. □

定义 4.6.5 设 $G = G_0 \supset \cdots$ 为正规列, 我们视其子商 $(G_i/G_{i+1})_{i \geq 0}$ 为不计顺序, 但计入重数的集合. 如果两个正规列长度相同, 而且其子商在上述意义下相等, 则称两正规列**等价**.

定理 4.6.6 (Schreier 加细定理) 设

$$G = G_0 \supset \cdots \supset G_r \supset G_{r+1} = \{1\},$$
$$G = H_0 \supset \cdots \supset H_s \supset H_{s+1} = \{1\}$$

为 G 的两个正规列, 则两者有等价的加细.

证明 对每个 $0 \leq i \leq r$, $0 \leq j \leq s$ 定义

$$G_{i,j} := G_{i+1}(H_j \cap G_i),$$
$$H_{j,i} := (G_i \cap H_j)H_{j+1}.$$

先看 $G_{i,j}$, 由 $G_{i+1} \lhd G_i$ 知其为子群. 包含关系 $G_{i,j+1} \lhd G_{i,j}$ 成立, 而且

$$G_{i,0} = G_{i+1}(G \cap G_i) = G_i, \quad G_{i,s+1} = G_{i+1},$$

遂得到 $(G_i)_{i=0}^r$ 的加细

$$\mathcal{G} := [\cdots \supset G_i = G_{i,0} \supset G_{i,1} \supset \cdots G_{i,s} \supset G_{i,s+1} = G_{i+1} \supset \cdots].$$

同理可见 $H_{j,i}$ 给出 $(H_j)_{j=0}^s$ 的加细, 记为 $\mathcal{H}$. 在引理 4.6.4 中取 $u := G_{i+1}$, $U := G_i$ 和 $v := H_{j+1}$, $V := H_j$, 遂导出

$$\frac{G_{i,j}}{G_{i,j+1}} = \frac{u(U \cap V)}{u(U \cap v)} \simeq \frac{(U \cap V)v}{(u \cap V)v} = \frac{H_{j,i}}{H_{j,i+1}}.$$

当 (i,j) 取遍所有可能, 正规列 $\mathcal{G}$, $\mathcal{H}$ 的各个子商在同构两边都恰好出现一次. 证毕. □

定理 4.6.7 (Jordan–Hölder 定理) 群 G 的任两个合成列皆等价.

证明 这是定理 4.6.6 配合定义 4.6.3 的直接推论. □

因此, 一旦群 G 有合成列, 则其子商在定义 4.6.5 的意义下无关合成列的选取.

定义 4.6.8 假设群 G 有合成列, 定义其**合成因子**或 Jordan–Hölder 因子集 $\mathrm{JH}(G)$ 为其任意合成列的全体子商 (不计顺序, 计入重数).

带重数集 $\mathrm{JH}(G)$ 是一种管用的不变量, 但它无法在同构意义下刻画群. 例如群 $\mathbb{Z}/4\mathbb{Z}$ 与 $\mathbb{Z}/2\mathbb{Z} \times \mathbb{Z}/2\mathbb{Z}$ 的合成因子都是 $\{\mathbb{Z}/2\mathbb{Z}, \mathbb{Z}/2\mathbb{Z}\}$, 但两群不同构.

此外, 给定群的正合列 $1 \to N \to G \xrightarrow{\pi} Q \to 1$. 假设 N, Q 皆有合成列, 则 G 亦有

合成列, 而且

$$\mathrm{JH}(G) = \mathrm{JH}(N) \cup \mathrm{JH}(Q), \tag{4.4}$$

这里的并集当然是计入重数的. 论证如下: 分别考虑 Q 和 N 的合成列 $(Q_i)_i$, $(N_j)_j$, 两者可以衔接成合成列

$$G \supset \pi^{-1}(Q_1) \supset \cdots \supset \pi^{-1}(Q_r) = N \supset N_1 \supset \cdots.$$

其合成因子正是 $\mathrm{JH}(N) \cup \mathrm{JH}(Q)$.

命题 4.6.9 若 G 为有限交换群, 则 $\mathrm{JH}(G)$ 中的元素都是素数阶群.

留意: 素数阶群都是循环群.

证明 可假设 G 非平凡群. 推论 4.5.5 确保存在素数 p 及 p 阶元素 $t \in G$. 考虑交换群的正合列

$$1 \to \langle t \rangle \to G \to G/\langle t \rangle \to 1$$

并利用 (4.4) 施递归于 $|G|$, 即得所求. □

我们将在推论 6.7.9 详细描述有限交换群的结构.

4.7 可解群与幂零群

可解群的概念源于 Galois 对高次方程根式解的研究, 幂零与超可解群则是其变体. 这些概念在 Lie 群, Lie 代数的研究中占有重要地位, 本节主要介绍其群论的面向. 请先回忆定义 4.6.1, 4.6.2 中的子群列.

定义 4.7.1 设 G 为群.

1. 若存在正规列 $G = G_0 \supset G_1 \supset \cdots \supset G_r = \{1\}$ 使得每个子商都交换, 则称之为**可解群**;

2. 承上, 若对每个 i 皆有 $G_i \lhd G$, 且 G_i/G_{i+1} 是素数阶循环群, 则称之为**超可解群**;

3. 如果存在中心列 $G = G_0 \supset G_1 \supset \cdots \supset G_r = \{1\}$, 则称之为**幂零群**.

我们希望在上述定义中找到一类典则的正规列/中心列, 借以检验一个群是否可解或幂零. 以下概念是必要的.

定义 4.7.2 对于 $x, y \in G$, 定义**换位子**

$$[x, y] := xyx^{-1}y^{-1}.$$

对任意子集 $A, B \subset G$, 置 $[A, B] \lhd G$ 为包含 $\{[a,b] : a \in A, b \in B\}$ 的最小正规子群, 或简称为它们生成的正规子群. 递归地定义 G 之

◇ **导出列**: $\begin{cases} \mathscr{D}^{i+1}G := [\mathscr{D}^i G, \mathscr{D}^i G] & (i \geq 0), \\ \mathscr{D}^0 G := G, \end{cases}$

◇ **降中心列**: $\begin{cases} \mathscr{C}^{i+1}G := [\mathscr{C}^i G, G] & (i \geq 0), \\ \mathscr{C}^0 G := G. \end{cases}$

容易验证以下性质. 设 $i \in \mathbb{Z}_{\geq 0}$:

◇ $xy = yx \iff [x, y] = 1$, 而 $[x, y]^{-1} = [y, x]$;

◇ 对于任意群同态 $\varphi : G_1 \to G_2$, 有 $\varphi[x, y] = [\varphi(x), \varphi(y)]$;

◇ $\mathscr{D}^i G \subset \mathscr{C}^i G$;

◇ $\mathscr{D}^i G \lhd G$, $\mathscr{C}^i G \lhd G$: 事实上 G 的任何自同构都保持子群 $\mathscr{D}^i G$ 和 $\mathscr{C}^i G$.

关于 $\mathscr{D}^i G$, $\mathscr{C}^i G$ 的性质可以递归地证明. 我们也称 $G_{\mathrm{der}} := \mathscr{D}^1 G$ 为 G 的**导出子群**. 而 $G_{\mathrm{ab}} := G/G_{\mathrm{der}}$ 称为 G 的**交换化**. 下述泛性质表明了 $G \twoheadrightarrow G_{\mathrm{ab}}$ 是 G 的 "极大交换商".

引理 4.7.3 商群 G_{ab} 是交换群. 对任意交换群 A 和同态 $\varphi : G \to A$, 存在唯一的同态 $\psi : G_{\mathrm{ab}} \to A$ 使下图交换.

$$\begin{array}{ccc} G & \twoheadrightarrow & G_{\mathrm{ab}} \\ {\scriptstyle\varphi}\downarrow & \swarrow {\scriptstyle\exists!\,\psi} & \\ A & & \end{array}$$

特别地, 商群 G/N 交换当且仅当 $N \supset G_{\mathrm{der}}$, 相应地有商同态 $G_{\mathrm{ab}} \twoheadrightarrow G/N$.

证明 设 $x, y \in G$ 映至 $\bar{x}, \bar{y} \in G/G_{\mathrm{der}}$, 则 $[\bar{x}, \bar{y}]$ 是 $[x, y] \in G_{\mathrm{der}}$ 的像, 故平凡. 关于 ψ 的存在性相当于 $\ker(\varphi) \supset G_{\mathrm{der}}$, 由 $1 = [\varphi(x), \varphi(y)] = \varphi([x, y])$ 立可导出. 唯一性则缘于 $\psi(\bar{x}) = \varphi(x)$. □

引理 4.7.4 对任意群 G,

(i) 对每个 i, 商群 $\mathscr{D}^i G/\mathscr{D}^{i+1}G$ 交换, 而 $\mathscr{C}^i G/\mathscr{C}^{i+1}G$ 包含于 $Z_{G/\mathscr{C}^{i+1}G}$;

(ii) 群 G 可解当且仅当 n 充分大时 $\mathscr{D}^n G = \{1\}$;

(iii) 群 G 幂零当且仅当 n 充分大时 $\mathscr{C}^n G = \{1\}$.

证明 先证 (i). 商群 $\mathscr{D}^i G/\mathscr{D}^{i+1}G$ 交换缘于引理 4.7.3. 另一方面, 置 $\bar{G} := G/\mathscr{C}^{i+1}G$; 据定义 $[\mathscr{C}^i G, G] \subset \mathscr{C}^{i+1}G$ 等价于 $[\mathscr{C}^i G/\mathscr{C}^{i+1}G, \bar{G}] = \{1\}$, 后者又等价于 $\mathscr{C}^i G/\mathscr{C}^{i+1}G \subset Z_{\bar{G}}$.

现证 (ii). 假设有正规列 $G = G_0 \supset G_1 \supset \cdots \supset G_r = \{1\}$, 其子商皆交换. 对 $G \twoheadrightarrow G/G_1$ 应用引理 4.7.3 可得 $\mathscr{D}^1 G \subset G_1$. 由此递归地对所有 $i \geq 0$ 导出 $\mathscr{D}^i G \subset G_i$. 是以 $\mathscr{D}^r G = \{1\}$. 反之若 $\mathscr{D}^r G = \{1\}$, 则正规列 $G_i := \mathscr{D}^i G$ 满足所需条件.

对 (iii) 的证明类似. 设有中心列 $G = G_0 \supset G_1 \supset \cdots \supset G_r = \{1\}$. 对 (i) 的论证中业已说明了 $G_i/G_{i+1} \subset Z_{G/G_{i+1}}$ 蕴涵 $[G_i, G] \subset G_{i+1}$ ($i = 0$ 的情形是显然的), 故可递归地导出 $\mathscr{C}^i G \subset G_i$, 故 $\mathscr{C}^r G = \{1\}$. 反之假设 $\mathscr{C}^r G = \{1\}$, 那么 $G_i := \mathscr{C}^i G$ 给出所求的中心列. 证毕. □

注记 4.7.5 设 G 为幂零群, $\mathscr{C}^n G = \{1\}$, 则对任意 $x \in G$, 映射 $[x, \cdot] : g \mapsto [x, g]$ 迭代 n 次后的像落在 $\mathscr{C}^n G$, 故成为平凡映射 $g \mapsto 1$. 这解释了 "幂零" 一词的来由.

引理 4.7.6 设 G 为群, 用 $\mathcal{P}$ 代表可解、超可解或幂零三种性质之一.
- ◇ 若 G 具有性质 $\mathcal{P}$, 则 G 的子群和商群都有性质 $\mathcal{P}$;
- ◇ 设 $N \lhd G$, 令 $\bar{G} := G/N$, 则 G 可解当且仅当 $N, \bar{G}$ 皆可解.

证明 设 N 是 G 的子群, $\bar{G}$ 是 G 的商群. 由定义知 $\mathscr{D}^i N \subset \mathscr{D}^i G$, 而 $\mathscr{D}^i \bar{G}$ 是 $\mathscr{D}^i G$ 的商群; 类似性质对 $\mathscr{C}^i G$ 亦成立. 由此知性质 $\mathcal{P} \in \{$可解, 幂零$\}$ 传递到 N 和 $\bar{G}$ 上. 接着证明 $N \lhd G$ 和 $\bar{G} = G/N$ 皆可解蕴涵 G 可解: 假设 $\mathscr{D}^r \bar{G} = \{1\}$ 且 $\mathscr{D}^s N = \{1\}$, 则 $\mathscr{D}^r G \subset N$, 而 $\mathscr{D}^{r+s} G \subset \mathscr{D}^s N = \{1\}$, 故 G 可解.

最后证明超可解性可以传递到子群 N 和商群 $\bar{G}$. 设有 $G = G_0 \supset \cdots \supset G_r = \{1\}$ 使得 $G_i \lhd G$ 且各子商皆为素数阶循环群. 取 $N_i := N \cap G_i$ 及 $\bar{G}_i := \pi(G_i)$ (正规情形), 其中 $\pi : G \to \bar{G}$ 是满同态, 分别得到 N 与 $\bar{G}$ 中满足类似性质的子群列, 故 $N, \bar{G}$ 皆为超可解群. □

由 $\mathscr{D}^i G \subset \mathscr{C}^i G$ 知幂零蕴涵可解. 事实上还有下述稍强的结果.

引理 4.7.7 对于有限群, 幂零 $\Longrightarrow$ 超可解 $\Longrightarrow$ 可解.

证明 显然超可解蕴涵可解. 现给定幂零群 G, 假设 $\mathscr{C}^{r+1} G = \{1\}$. 已知 $\mathscr{C}^r G$ 包含于 $G = G/\mathscr{C}^{r+1} G$ 的中心; 特别地, 它是交换群. 故可取其中的合成列

$$\mathscr{C}^r G = V_0 \supset V_1 \supset \cdots \supset V_{s+1} = \{1\}$$

使其子商皆为素数阶循环群 (命题 4.6.9). 对降中心列的长度 r 作归纳, 知 $\bar{G} := G/\mathscr{C}^r G$ 也有正规列

$$\bar{G} = \bar{G}_0 \supset \cdots \supset \bar{G}_{t+1} = \{1\}, \quad \bar{G}_i \lhd \bar{G}$$

满足与 $(V_i)_i$ 相同的性质. 取 G_i 为 $\bar{G}_i$ 在 G 中原像, 则 $G_i \lhd G$; 另一方面, $V_j \subset \mathscr{C}^r G \subset Z_G$ 蕴涵 $V_j \lhd G$. 于是子群列

$$G = G_0 \supset \cdots \supset G_t \supset V_0 \supset \cdots \supset V_{s+1} = \{1\}$$

满足超可解群所需条件. □

关于可解有限群最著名的结果当属 Feit–Thompson 定理 [12]: 任意奇数阶有限群

皆可解. 该定理曾经有力地推动了有限群的分类工作; 作为一篇有限群论的论文, 其长度与繁复亦属空前, 然而还远远不是绝后的.

例 4.7.8 可解群的典型例子是上三角矩阵群. 具体地说, 选定任意域 $\Bbbk$, 记 $\mathrm{GL}(n,\Bbbk)$ 为 $\Bbbk$ 上的 $n\times n$ 可逆矩阵对乘法构成的群 ($n\in\mathbb{Z}_{\geq 1}$). 考虑 $\mathrm{GL}(n,\Bbbk)$ 的如下子群

$$B := \begin{pmatrix} * & \cdots & * \\ & \ddots & \vdots \\ 0 & & * \end{pmatrix} \supset U := \begin{pmatrix} 1 & \cdots & * \\ & \ddots & \vdots \\ 0 & & 1 \end{pmatrix},$$

其中 $*$ 表任意元素, 此外对 B, U 分别要求对角元全可逆和全为 1. 那么 B 是可解群, U 是幂零群. 这些性质可以用矩阵计算说明, 但这里从抽象观点考察或许更合适: 以下设 $\mathcal{V}$ 为 n 维 $\Bbbk$-向量空间. 考虑线性子空间链

$$\mathcal{V}=\mathcal{V}_0\supset\cdots\supset\mathcal{V}_n=\{0\},\quad \dim_{\Bbbk}\mathcal{V}_i/\mathcal{V}_{i+1}=1\quad(0\leq i<n).$$

方便起见, 对 $m>n$ 置 $\mathcal{V}_m:=\{0\}$. 记 $\mathcal{V}$ 的线性自同构群为 $\mathrm{GL}(\mathcal{V})$. 命

$$U_r:=\{x\in\mathrm{GL}(\mathcal{V}):\forall i,\ (x-1)(\mathcal{V}_i)\subset\mathcal{V}_{i+r}\},\quad r\in\mathbb{Z}_{\geq 1};$$

当然, 1 代表恒等映射. 显然 $U_1\supset U_2\supset\cdots\supset U_n=\{1\}$. 一并留意到 U_r 的定义蕴涵 $\forall i,\ x(\mathcal{V}_i)\subset\mathcal{V}_i$. 我们断言每个 U_r 都是子群, 而且对所有 r,s 都有 $[U_r,U_s]\subset U_{r+s}$.

首先, 若 $x,x'\in U_r$, 则 $xx'-1=(x-1)x'+(x'-1)$ 依然将每个 $\mathcal{V}_i$ 映入 $\mathcal{V}_{i+r}$, 故 U_r 对乘法封闭. 若 $x=1-X\in U_r$, 则 $\mathrm{End}_{\Bbbk}(\mathcal{V})$ 中的等式 $X^n=0$ 和

$$(1-X)^{-1}=\sum_{k=0}^{n-1}X^k=1+X\sum_{k=1}^{n-1}X^{k-1}\ \in U_r,$$

说明 U_r 对取逆封闭. 现在设 $x=1-X\in U_r$ 而 $y=1-Y\in U_s$. 按上式在 $\mathrm{End}_{\Bbbk}(\mathcal{V})$ 中展开 $[y,x]=yxy^{-1}x^{-1}$. 为了方便集项, 我们用 qX,vY 取代 X,Y, 其中 q,v 是形式变元; 这相当于容许线性变换的系数为 q,v 的多项式. 于是

$$\begin{aligned}(1-vY)(1-qX)(1-vY)^{-1}(1-qX)^{-1}&=(1-vY)(1-qX)\cdot\sum_{h=0}^{n-1}v^hY^h\cdot\sum_{k=0}^{n-1}q^kX^k\\&=\text{常数项}+\text{仅含 }q\text{ 的项}+\text{仅含 }v\text{ 的项}+\text{含 }qv\text{ 的项}.\end{aligned}$$

左式代入 $q=v=0$ 可知常数项为 1; 代入 $v=0$ (或 $q=0$) 可知仅含 q (或仅含 v) 的项为 0; 代入 $q=v=1$ 则得到 $[y,x]$: 其中含 qv 的项同时有 X 和 Y 出现, 这样的项必

将 $\mathcal{V}_i$ 映入 $\mathcal{V}_{i+r+s}$. 综之 $[x,y]^{-1}=[y,x]\in U_{r+s}$, 于是证出了 $[U_r,U_s]\subset U_{r+s}$. 作为推论, $xyx^{-1}=[x,y]y$ 导致 $r\geq s \implies U_r\lhd U_s$.

以下定义 $U:=U_1$. 于是乎 $U_r\lhd U$ 和 $[U_r,U]\subset U_{r+1}$. 这说明 $(U_r)_{1\leq r\leq n}$ 是 U 的中心列, 从而 U 是幂零群. 我们有满的群同态 Φ

$$B:=\{x\in \mathrm{GL}(\mathcal{V}):\forall i,\ x(\mathcal{V}_i)\subset\mathcal{V}_i\}\overset{\Phi}{\twoheadrightarrow}\bigoplus_{i=0}^{n-1}\mathrm{GL}\left(\mathcal{V}_i/\mathcal{V}_{i+1}\right)\simeq(\Bbbk^\times)^n,$$
$$x\mapsto\left(x|_{\mathcal{V}_i/\mathcal{V}_{i+1}}\right)_{i=0}^{n-1},$$

其中因为 x 保持每个 $\mathcal{V}_i$, 可取 x 在每个子商 $\mathcal{V}_i/\mathcal{V}_{i+1}$ 上的诱导自同构. 显然 $\ker(\Phi)=U$, 所以 $U\lhd B$ 而且 $B/U\simeq\mathrm{im}(\Phi)$ 交换. 若取定 $\mathcal{V}$ 的基 $e_1,\ldots,e_n$ 使得

$$\mathcal{V}_i=\bigoplus_{1\leq j\leq n-i}\Bbbk e_j$$

并且将 $\mathrm{GL}(\mathcal{V})$ 中的元素写成矩阵, 一切回归之前对 B,U 的矩阵定义, 而 $x|_{\mathcal{V}_i/\mathcal{V}_{i+1}}$ 恰是 x 的第 i 个对角元. 从 B/U 交换和引理 4.7.6 立见 B 可解.

现在考虑另一种构造. 对于群 G, 取 $Z^0=\{1\}$, 并递归地定义 $Z^{i+1}\lhd G$ 为 Z_{G/Z^i} 对商同态 $G\twoheadrightarrow G/Z^i$ 的原像 $(i\geq 0)$. 因此 $Z^{i+1}\supset Z^i$. 称 $\{1\}=Z^0\subset Z^1\subset\cdots$ 为群 G 的**升中心列**. 设若存在 n 使得 $Z^n=G$, 逆序观察遂得 $G=Z^n\supset Z^{n-1}\supset\cdots\supset Z^0=\{1\}$, 由构造易知此为 G 的中心列, 故此时 G 幂零.

命题 4.7.9 令 p 为素数, 则有限 p-群皆幂零.

证明 设 $|G|=p^n$. 考虑 G 的升中心列 $(Z^i)_i$; 由前述观察知对每个 $i\geq 0$, 或者 $Z^i=G$ 或者 G/Z^i 是非平凡 p-群. 后一情形下推论 4.5.3 蕴涵 $Z_{G/Z^i}\neq\{1\}$ 故 $Z^{i+1}\supsetneq Z^i$, 此时 $p\mid(Z^{i+1}:Z^i)$. 于是升中心列必须在 n 步内止于 G. □

例 4.7.10 Heisenberg 群是一类特别的幂零群. 为方便起见, 我们仅在实数域 $\mathbb{R}$ 上操作. 考虑一个有限维 $\mathbb{R}$-向量空间 W 连同其上的非退化双线性型

$$\langle\cdot|\cdot\rangle:W\times W\to\mathbb{R},$$

并假设 $\langle\cdot|\cdot\rangle$ 反称: $\forall w,w'$, $\langle w|w'\rangle=-\langle w'|w\rangle$; 这类双线性型称作辛形式. 定义

$$\mathcal{H}(W):=\mathbb{R}\times W,$$

其上的二元运算定为

$$(t,X)\cdot(s,Y):=\left(t+s+\frac{\langle X,Y\rangle}{2},X+Y\right).$$

请读者验证 $\mathcal{H}(W)$ 满足群公理, 而且 $\mathbb{R}=\mathbb{R}\times\{0\}$ 正是 $\mathcal{H}(W)$ 的中心. 我们有群的正合列

$$0\to\mathbb{R}\to\mathcal{H}(W)\to W\to 0,$$

其中 $\mathbb{R}$ 和 W 对加法构成群. 因而 $\mathcal{H}(W)\supset\mathbb{R}\supset\{0\}$ 是中心列, $\mathcal{H}(W)$ 是幂零群.

为说明 Heisenberg 群的来由, 下面取定 n 维 $\mathbb{R}$-向量空间 V. 我们须考虑 V 上的某个复值函数空间, 具体选取无关宏旨, 以下不妨就使用速降函数空间 $\mathscr{S}(V)\ni f$; 定义其上的算子空间

$$\begin{aligned} L' &:= \{f\mapsto xf : x\in\mathrm{Hom}_{\mathbb{R}}(V,\mathbb{R})\} \quad (\text{逐点乘以 } x),\\ L &:= \{f\mapsto \partial_v f : v\in V\} \quad (\text{方向导数}). \end{aligned}$$

若选取 V 的一组基 $v_1,\ldots,v_n$ 及其对偶基 $x_1,\ldots,x_n$ (即: $x_i(v_j)=\delta_{i,j}$), 那么 $\partial_{v_1},\ldots,\partial_{v_n}$ 和 $x_1,\ldots,x_n$ 分别构成了 L 和 L' 的基. 对于任意线性算子 $X,Y:\mathscr{S}(V)\to\mathscr{S}(V)$, 相应的换位子 $[X,Y]$ 定义成线性算子 $XY-YX$. 则 $[\cdot,\cdot]$ 是反称双线性型, 而且对任意 $1\le i,j\le n$ 有

$$\begin{aligned} [x_i,x_j]&=0,\quad [\partial_{v_i},\partial_{v_j}]=0,\\ [\partial_{v_i},x_j]&=\delta_{i,j}:=\begin{cases}1, & i=j,\\ 0, & i\neq j.\end{cases} \end{aligned}$$

这些等式不外是初等数学分析. 由以上关系式知 $L\cap L'=\{0\}$, 且 $[\cdot,\cdot]$ 在向量空间的直和 $W:=L\oplus L'$ 上非退化. 如此遂从 V 得到 Heisenberg 群 $\mathcal{H}(W)$. 在量子力学中, 取 $V=\mathbb{R}^3$ 并适当选取量纲使得 $\hbar=1$, 则 L 和 L' 分别由空间中的动量 $p_i:=\sqrt{-1}\partial_{v_i}$ 和位置算子 $q_i:=x_i$ 张成. 关系式 $[\partial_{v_i},x_j]=\delta_{i,j}$ 化作量子力学里熟知的典则对易关系. 注意到 p_i 正是 q_i 的 Fourier 变换.

4.8 自由群

设 X 为集合. 概略地说, X 上的自由群 $\mathbf{F}(X)$ 是由从 X 的元素出发, "形式地" 进行乘法与取逆所能得到的表达式组成的群. 这些表达式称为自由群里的**字**, 也称 X 为字母集. 例如当 $X=\{x,y\}$ 时, $\mathbf{F}(X)$ 是由

$$1,x,y,x^{-1},y^{-1},xy,yx,x^2,yxy,\cdots$$

等无穷多个字组成的集合. "自由" 意谓字的乘法除群论的基本要求如结合律和 $xx^{-1}=1$ 外, 再无其他约束. 自由群可以由泛性质 (参看 §2.4) 刻画. 我们也一并考虑

自由幺半群.

定义 4.8.1 (自由幺半群) 考虑形如 $(\mathbf{M}(X), \iota)$ 的资料, 其中 $\mathbf{M}(X)$ 是幺半群而 $\iota : X \to \mathbf{M}(X)$ 是集合间的映射. 若对任意幺半群 M' 及映射 $\iota' : X \to M'$, 存在唯一的同态 $\varphi : \mathbf{M}(X) \to M'$ 使得下图交换

$$\begin{array}{ccc} X & \xrightarrow{\iota} & \mathbf{M}(X) \\ & \searrow^{\iota'} & \downarrow{\scriptstyle \exists! \varphi} \\ & & M' \end{array}$$

则称 $(\mathbf{M}(X), \iota)$ 为 X 上的自由幺半群.

定义 4.8.2 (自由群) 考虑形如 $(\mathbf{F}(X), \iota)$ 的资料, $\mathbf{F}(X)$ 是群而 $\iota : X \to \mathbf{F}(X)$ 是集合间的映射. 若对任意群 G 及映射 $\iota' : X \to G$, 存在唯一的同态 $\varphi : \mathbf{F}(X) \to G$ 使得下图交换

$$\begin{array}{ccc} X & \xrightarrow{\iota} & \mathbf{F}(X) \\ & \searrow^{\iota'} & \downarrow{\scriptstyle \exists! \varphi} \\ & & G \end{array}$$

则称 $(\mathbf{F}(X), \iota)$ 为 X 上的**自由群**.

由定义立得 $\mathbf{M}(X)$, $\mathbf{F}(X)$ 的一些形式性质, 例如任意映射 $f : X \to Y$ 给出唯一的交换图表

$$\begin{array}{ccc} X & \xrightarrow{\iota_X} & \mathbf{M}(X) \\ {\scriptstyle f}\downarrow & & \downarrow{\scriptstyle \varphi_f} \\ Y & \xrightarrow[\iota_Y]{} & \mathbf{M}(Y) \end{array}$$

其中 φ_f 是同态: 在 $\mathbf{M}(X)$ 的泛性质中取 $M' = \mathbf{M}(Y)$, $\iota' = \iota_Y \circ f$ 即可; 显然 $\varphi_{\mathrm{id}_X} = \mathrm{id}_{\mathbf{M}(X)}$, 因此 $X \mapsto \mathbf{M}(X)$ 成为函子. 同理 $X \mapsto \mathbf{F}(X)$ 也有类似的函子性, 记号中经常略去 ι.

注记 4.8.3 换个角度看, 自由群的构造 $X \mapsto (\mathbf{F}(X), \iota : X \to \mathbf{F}(X))$ 决定了忘却函子 $U : \mathsf{Grp} \to \mathsf{Set}$ 的左伴随函子:

$$\begin{aligned} \mathrm{Hom}_{\mathsf{Set}}(X, G) &\xrightarrow{\sim} \mathrm{Hom}_{\mathsf{Grp}}(\mathbf{F}(X), G) \\ \iota' &\longmapsto \varphi. \end{aligned}$$

大而化之地说, 代数学中的一条基本原理是

$$\text{自由构造} = \text{忘却函子的左伴随}.$$

之后讨论多项式环, 自由模等构造时还会反复见证这一原理.

给定 X, 由 §2.4 的讨论知自由幺半群或自由群若存在, 则在差一个唯一同构的意义下是唯一的. 举自由幺半群为例, 若资料 (F_1, ι_1) 和 (F_2, ι_2) 都是自由幺半群, 则从定义知存在唯一的同态 $F_1 \underset{\psi}{\overset{\varphi}{\rightleftarrows}} F_2$ 使得 $\varphi\iota_1 = \iota_2$, $\psi\iota_2 = \iota_1$. 由唯一性可知 $\varphi\psi\iota_2 = \iota_2 \implies \varphi\psi = \mathrm{id}_{F_2}$, 同理 $\psi\varphi = \mathrm{id}_{F_1}$, 它们是所求的同构.

万事俱备, 只差构造. 我们先处理自由幺半群 $(\mathbf{M}(X), \iota)$. 定义 $\mathbf{M}(X)$ 为形如

$$g := x_1 x_2 \cdots x_n, \qquad n \in \mathbb{Z}_{\geq 0}, \quad x_1, \ldots, x_n \in X$$

的 "字" 构成的集合; 严格说, 字 g 是 X 中一个 n 项的序列 $(x_i)_{i=1}^n$; 称 n 为字 g 的**长度**. 当 $n = 0$ 时相应的字是空的 (即空序列), 记之为 1.

设 $g = x_1 \cdots x_n$, $h = y_1 \cdots y_m$ 为两个字, 其积 gh 无非是两字的合成

$$gh := x_1 \cdots x_n y_1 \cdots y_m;$$

按定义自然有 $g \cdot 1 = g = 1 \cdot g$ 以及结合律 $g(hk) = (gh)k$. 这就赋予 $\mathbf{M}(X)$ 幺半群结构. 映射 $\iota : X \to \mathbf{M}(X)$ 将 $x \in X$ 映到长为一的字 $x \in \mathbf{M}(X)$.

引理 4.8.4 上述资料 $(\mathbf{M}(X), \iota)$ 是 X 上的自由幺半群.

证明 对于任意幺半群 M' 及映射 $\iota' : X \to M'$, 定义 4.8.1 中的 φ 必满足

$$\varphi : x_1 \cdots x_n \longmapsto \iota'(x_1) \cdots \iota'(x_n), \quad x_1, \ldots, x_n \in X$$

于是 φ 唯一; 按 $\mathbf{M}(X)$ 的构造, 上式亦给出良定的 φ. □

以下策略是从幺半群的融合积构造自由群.

定义 4.8.5 (融合积) 令 $(M_i)_{i \in I}$ 为一族幺半群. 给定幺半群 A 及一族同态 $(f_i : A \to M_i)_{i \in I}$. 满足以下泛性质的资料 $(M, (\varphi_i)_{i \in I})$ 称为 $(M_i, f_i)_{i \in I}$ 的融合积:

- ◇ M 是幺半群, $\forall i \in I$, $\varphi_i : M_i \to M$ 是同态;
- ◇ 合成同态 $h := \varphi_i f_i : A \to M$ 与 i 无关;
- ◇ 若资料 $(M', (\varphi'_i)_{i \in I})$ 也满足以上性质, 则存在唯一同态 $\varphi : M \to M'$ 使得下图交换.

$$\begin{array}{ccc} M_i & \xrightarrow{\varphi_i} & M \\ & \underset{\varphi'_i}{\searrow} & \downarrow{\scriptstyle \exists!\varphi} \\ & & M' \end{array}$$

融合积既以泛性质定义, 自然满足熟知的唯一性, 不再赘述. 在此给出一种构造方

法: 取 M_i 的无交并和相应的自由幺半群

$$S := \bigsqcup_{i \in I} M_i, \quad \iota : S \to \mathbf{M}(S).$$

我们希望在 $\mathbf{M}(S)$ 中嫁接各个 M_i 的乘法, 并黏合诸 f_i 的像. 请考虑幺半群 $(\mathbf{M}(S), \cdot)$ 上由

$$\underbrace{xy}_{\text{在 } M_i \text{ 中}} \sim \underbrace{x \cdot y}_{\text{在 } \mathbf{M}(S) \text{ 中}}, \quad i \in I,\ x, y \in M_i,$$

$$\underbrace{1_i}_{M_i \text{ 幺元}} \sim \underbrace{1}_{\mathbf{M}(S) \text{ 幺元}}, \quad i \in I,$$

$$f_i(a) \sim f_j(a), \quad i, j \in I,\ a \in A,$$

和 (4.1) 生成的等价关系 $\sim$. 根据 §4.2 中关于商结构的讨论, 商集

$$M := \mathbf{M}(S)/\sim .$$

具有自然的幺半群结构. 定义合成同态 $\varphi_i : M_i \to \mathbf{M}(S) \to M$, 由构造知同态 $\varphi_i f_i$ 无关乎 i, 记之为 $h : A \to M$. 而且 M 中任意元素总能表成形如 $\varphi_i(x)$ $(i \in I)$ 的元素的积.

引理 4.8.6 以上构造的资料 $(M, (\varphi_i)_{i \in I})$ 是 $(M_i, f_i)_{i \in I}$ 的融合积.

证明 对于定义 4.8.5 中考察的资料 $(M', (\varphi'_i)_{i \in I})$, 逐步导出

(i) 同态 $\mathbf{M}(S) \to M'$, 使得 $x \in M_i$ 的像映至 $\varphi'_i(x)$ (用定义 4.8.1);

(ii) 同态 $\varphi : M = (\mathbf{M}(S)/\sim) \to M'$, 使得图表

$$\begin{array}{ccc} \mathbf{M}(S) & \longrightarrow & M' \\ \downarrow & \nearrow_{\varphi} & \\ M = \mathbf{M}(S)/\sim & & \end{array}$$

交换 (利用等价关系 $\sim$ 的定义).

易见 φ 使定义 4.8.5 中的图表交换. 既然诸 φ_i 的像生成 M, 这是唯一的取法. □

根据以上构造, 融合积 M 的元素总能表成形如

$$m = \varphi_{i_1}(m_1)\varphi_{i_2}(m_2) \cdots \varphi_{i_n}(m_n), \quad m_j \in M_{i_j}$$

的有限积; 不致混淆时简记为

$$m = m_1 \cdots m_n \in M.$$

若每个 $m_j \in M_{i_j}$ 皆可逆, 则 $m_1 \cdots m_n \in M$ 亦可逆, 这是因为

$$(m_1 \cdots m_n)^{-1} = m_n^{-1} \cdots m_1^{-1}. \tag{4.5}$$

今引入条件

$$\forall i \in I,\ \exists \text{ 子集 } 1 \in H_i \subset M_i \text{ 使得 } \begin{array}{ccc} A \times H_i & \xrightarrow{1:1} & M_i \\ \uplus & & \uplus \\ (a, x_i) & \longmapsto & f_i(a)x_i. \end{array} \tag{4.6}$$

将 M 的元素表成 $m = m_1 \cdots m_n$ 的形式, $m_j \in M_{i_j}$, 其中 $i_1, \ldots, i_n \in I$. 集项后可以假设相邻的 i_j 必相异. 据 (4.6) 可设 $m_j = f_{i_j}(a_j)x_j$, 其中 $a_j \in A$ 而 $x_j \in H_{i_j}$. 我们希望在 m 的表达式中将 a_j 全移到左端. 为此考察 $n = 2$ 的情形足矣: 在 M_{i_1} 中可写 $x_1 f_{i_1}(a_2) = f_{i_1}(a_2')x_1'$; 于是融合积 M 的性质确保 $h(a_1)x_1h(a_2)x_2 = h(a_1)h(a_2')x_1'x_2$. 如此工序给出的表达式

$$m = h(a)x_1 \cdots x_n$$

称为**既约**的, 其中的 n 称为该表达式的**长度**; 零长的既约表达式无非是 $h(a)$ 的形式 $(a \in A)$.

引理 4.8.7 假设融合积中的 A 满足条件 (4.6), 则每个元素都有唯一的既约表法, 两元素相等当且仅当其既约表法相同. 特别地, 此时每个 $\varphi_i : M_i \to M$ 皆单.

当每个 f_i 都是群之间的单同态时, 引理条件自动成立: 考虑 A 透过 f_i 在 M_i 上的左乘作用, 为每个轨道选取代表元即得 H_i.

证明 以下思路并不难, 写严谨了则颇费笔墨, 所以我们仅述其概要. 选定一族子集 $(H_i \subset M_i)_{i \in I}$ 满足 (4.6), 定义 Σ 为如下形式的序列所成集合

$$[a; x_1, \ldots, x_n], \quad a \in A,\ n \geq 0,\ x_j \in H_{i_j}, x_j \neq 1,$$

其中 $i_1, \ldots, i_n \in I$, 我们还要求相邻的 i_j 相异. 定义映射

$$\begin{aligned} \Phi : \Sigma &\longrightarrow M \\ [a; x_1, \ldots, x_n] &\longmapsto h(a)x_1 \cdots x_n. \end{aligned}$$

它映 [1] (取 $n = 0$) 为 1. 先前关于既约表达式的推导蕴涵 Φ 为满, 以下仅需说明 Φ 为单.

我们欲借 Φ 在 Σ 中模拟 M 的左乘作用. 先取定 $i \in I$. 定义幺半群作用 $\alpha_i : M_i \times \Sigma \to \Sigma$ 如下. 任意 $\xi \in M_i$ 有唯一写法 $\xi = f_i(a'')x$ (此处 $a'' \in A$, $x \in H_i$);

对于 $\sigma = [a; x_1, \ldots, x_n] \in \Sigma$, 仿前段方法定义下式涉及的 $(a', x') \in A \times H_i$: 置

$$\alpha_i(\xi, \sigma) := \begin{cases} [a''a'; x', x_2, \ldots, x_n], \text{ 其中 } xf_i(a)x_1 = f_i(a')x', & i_1 = i, \\ [a''a'; x', x_1, \ldots, x_n], \text{ 其中 } xf_i(a) = f_i(a')x', & i_1 \neq i. \end{cases}$$

另定义作用 $\alpha_A : A \times \Sigma \to \Sigma$ 使得 $\alpha_A(a, [b; \ldots]) = [ab; \ldots]$. 视此诸作用为同态族 $M_i \to \mathrm{End}(\Sigma)$, $A \to \mathrm{End}(\Sigma)$, 其中 $\mathrm{End}(\Sigma)$ 表所有映射 $\Sigma \to \Sigma$ 所成幺半群.

据融合积的泛性质, 上述诸同态可黏合为 $M \to \mathrm{End}(\Sigma)$, 亦即幺半群的作用 $\alpha : M \times \Sigma \to \Sigma$. 易证

$$\alpha(\Phi(\sigma), [1]) = \sigma, \quad \sigma \in \Sigma.$$

由此立得 Φ 是单射. □

命题 4.8.8 设 X 为集合. 在定义 4.8.5 中取 $I = X$, $A = \{1\}$, 对每一 $x \in X$ 取 $M_x := \mathbb{Z}$ (加法群); 记其融合积为 $(\mathbf{F}(X), (\iota_x)_{x \in X})$. 定 $\iota(x) = \iota_x(1)$, 则 $(\mathbf{F}(X), \iota)$ 是 X 上的自由群.

证明 由 (4.5) 知 $\mathbf{F}(X)$ 是群. 为验证泛性质, 给定群 G 和映射 $\iota' : X \to G$, 我们对每个 $x \in X$ 定义同态

$$\begin{aligned} \varphi'_x : \mathbb{Z} &\longrightarrow G, \\ a &\longmapsto \iota'(x)^a. \end{aligned}$$

此族同态满足定义 4.8.5 中的条件, 故存在唯一同态 $\varphi : \mathbf{F}(X) \to G$ 使得

$$\varphi(\iota_x(a)) = \varphi'_x(a) = \iota'(x)^a, \quad x \in X,\ a \in \mathbb{Z}.$$

根据群同态的性质, 上式可以化约到 $a = 1$ 的情形, 亦即 $\varphi(\iota(x)) = \iota'(x)$, 这正是自由群的泛性质. □

从关于融合积的讨论知 $\mathbf{F}(X)$ 的元素能表成 $\iota_x(a)\iota_y(b)\cdots$ 的形式, 其中 $x, y, \ldots \in X$ 而 $a, b, \ldots \in \mathbb{Z}$, 我们简记为 $x^a y^b \cdots$. 进一步还能拆解为 $a, b, \ldots \in \{\pm 1\}$ 的情形, 称 $\mathbf{F}(X)$ 中形如

$$x_1^{\pm 1} \cdots x_n^{\pm 1}, \quad x_1, \ldots, x_n \in X \text{ (容许重复)}$$

的表达式称为**字**. 相应地可定义**既约字**的概念. 定义 $g \in \mathbf{F}(X)$ 的**长度**为这般表达式的最短长度. 易见 $\ell(g) = 0 \iff g = 1$, 而 $\ell(g) = 1 \iff g \in \iota(X) \sqcup \iota(X)^{-1}$.

融合积的用途不止于此. 考虑以下情形: 在定义 4.8.5 中假设 A 和每个 $M_i = G_i$ 都是群, 而且 f_i 单. 相应的融合积记为 $*_{\substack{i \in I \\ A}} G_i$. 由 (4.5) 知 $*_{\substack{i \in I \\ A}} G_i$ 是群. 它带有一族态射 $\iota_i : G_i \to *_{\substack{i \in I \\ A}} G_i$.

定义 4.8.9 (自由积) 设 I 为集合, $(G_i)_{i\in I}$ 为一族群, 在融合积的定义中取 $A=\{1\}$, 得到的资料 $(*_{i\in I}G_i, (\iota_i)_{i\in I})$ 称为 $(G_i)_{i\in I}$ 的自由积. 当 I 是有限集 $\{1,\ldots,n\}$ 时也写作 $G_1 * \cdots * G_n$.

其泛性质与定义 4.8.5 类似, 留给读者表述.

紧接着考察交换情形, 我们同样从泛性质出发, 叙述将尽量简省. 以下交换幺半群的二元运算一律用加法表示.

定义 4.8.10 (自由交换幺半群与自由交换群) 设 X 为集合. 若资料 (M,ι) 满足 (i) M 是交换幺半群, (ii) $\iota: X\to M$ 是映射, (iii) 对任意资料 (M',ι') 如上, 存在唯一同态 $\varphi: M\to M'$ 使得图表 $\begin{array}{ccc} X & \xrightarrow{\iota} & M \\ & \searrow_{\iota'} & \downarrow \varphi \\ & & M' \end{array}$ 交换. 则称 (M,ι) 为 X 上的自由交换幺半群. 若在条件中要求 M, M' 为交换群, 就得到自由交换群的概念.

我们将用直和来进行构造.

命题 4.8.11 设 $(M_i)_{i\in I}$ 为一族交换幺半群, 定义其**直和**为子幺半群

$$\bigoplus_{i\in I} M_i := \left\{ (m_i)_{i\in I} \in \prod_{i\in I} M_i : \text{除至多有限个 } i \text{ 外},\ m_i = 0 \right\}.$$

则相对于包含态射 $\iota_j: M_j \to \bigoplus_{i\in I} M_i$ (即: 嵌入第 j 个位置), 以下泛性质成立: 对任意一族交换幺半群同态 $\iota'_j: M_j\to M'$, 下图交换.

$$\begin{array}{ccc} M_j & \xrightarrow{\iota_j} & \bigoplus_{i\in I} M_i \\ & \searrow^{\iota'_j} & \downarrow {\scriptstyle \exists!\varphi} \\ & & M' \end{array}$$

证明 能且仅能取 $\varphi: (m_i)_{i\in I} \mapsto \sum_{i\in I} \iota'_i(m_i)$, 后者是有限和. □

回到 X 上的自由交换幺半群. 其构造是取 X 份 $\mathbb{Z}_{\geq 0}$ 的直和

$$\mathbb{Z}_{\geq 0}^{\oplus X} := \left\{ \text{形式和} \sum_{x\in X} a_x \cdot x : \forall x,\ a_x \in \mathbb{Z}_{\geq 0}, \text{仅有限项非零} \right\}.$$

"形式和" 意谓 $\sum_x a_x x$ 其实应看成元素族 $(a_x)_{x\in X}$; 映射 $\iota: X \to \mathbb{Z}_{\geq 0}^{\oplus X}$ 由 $\iota(x) = 1\cdot x =: x$ 给出.

若在以上定义中将幺半群 $\mathbb{Z}_{\geq 0}$ 换成群 $\mathbb{Z}$, 就得到自由交换群 $(\mathbb{Z}^{\oplus X}, \iota)$. 注意到 $-(\sum_x a_x x) = \sum_x (-a_x) x$.

命题 4.8.12 任何群 G 都能表成某个自由群的商. 实际上若子集 $X \subset G$ 生成 G, 则

$X \hookrightarrow G$ 诱导满同态 $p: \mathbf{F}(X) \to G$.

证明 同态 p 映 $\mathbf{F}(X)$ 中的字 $x_1^{\pm 1} \cdots x_n^{\pm 1}$ 为 $x_1^{\pm 1} \cdots x_n^{\pm 1} \in G$, 故 $\mathrm{im}(p) = \langle X \rangle$. □

正规子群 $\ker(p) \lhd \mathbf{F}(X)$ 的元素可以视为生成元 X 在 G 中满足的**关系**, 我们欲以一组生成元描述之. 确切地说, 对任意群 $\mathcal{G}$ 及其子集 Y, 定义 $\langle Y \rangle_{\mathrm{nor}}$ 为 $\mathcal{G}$ 中包含 Y 的最小正规子群, 它作为子群由 $\{gyg^{-1} : y \in Y,\ g \in \mathcal{G}\}$ 生成. 我们希望取 $Y \subset \mathbf{F}(X)$ 使得 $\langle Y \rangle_{\mathrm{nor}} = \ker(p)$, 这就引向了以下概念.

定义 4.8.13 (群展示) 群 G 的**展示**意指一个集合 X, 子集 $Y \subset \mathbf{F}(X)$ 连同一个同构

$$\mathbf{F}(X)/\langle Y \rangle_{\mathrm{nor}} \xrightarrow{\sim} G;$$

当 X 可取为有限集时称 G **有限生成**, 当 X, Y 俱有限时称 G 具备**有限展示**.

一句话, 展示 = 生成元 + 关系. 习惯将有限展示写成

$$G = \left\langle\ x_1, \ldots, x_n \middle| w_1 = 1, \ldots, w_m = 1\ \right\rangle$$

的形式, 其中 $X = \{x_1, \ldots, x_n\}$ 而 $\ker[\mathbf{F}(X) \to G] = \langle w_1, \ldots, w_n \rangle_{\mathrm{nor}}$.

例 4.8.14 对于 $n \in \mathbb{Z}_{\geq 1}$, 例 4.3.5 的二面体群 D_{2n} 有如下展示

$$D_{2n} = \left\langle a, b \middle| a^n = 1, b^2 = 1, b^{-1}ab = a^{-1} \right\rangle.$$

参照例 4.3.5 的符号, 生成元 a 对应于 $\mathbb{Z}/n\mathbb{Z}$ 的生成元 $1 + n\mathbb{Z}$, 而 b 对应于 $\tau \in \mathbb{Z}/2\mathbb{Z}$. 我们还可以使用生成元 $\sigma := ab$, $\tau := b$ 给出另一套展示

$$D_{2n} \simeq \left\langle \sigma, \tau \middle| \sigma^2 = 1, \tau^2 = 1, (\sigma\tau)^n = 1 \right\rangle.$$

例 4.8.15 R. Guranlnick 和 G. Malle 证明了一切非交换有限单群都可以用两个相互共轭的元素生成, 见 [16, Corollary 8.3]; 当然, 其间的关系可以极复杂. 证明技术是曲折的, 依赖于有限单群的分类和较深入的群表示论.

莫忘我们的初衷是探索 G 的结构. 对给定的有限展示, M. Dehn [9] 提出了以下问题.

▷ **字问题** 如何判断给定的字 $w \in \mathbf{F}(X)$ 是否属于 $\langle Y \rangle_{\mathrm{nor}}$?

▷ **共轭问题** 如何判断两字 $w, w' \in \mathbf{F}(X)$ 在 G 中的像是否共轭?

▷ **同构问题** 如何判断两个有限展示是否给出同构的群?

三个问题在算法上都是不可判定的, 但对于特定的某类群 (例如辫群 $\mathcal{B}_n$) 则存在算法. 这类问题属于**组合群论**, 本书不拟细说. 读者在定理 4.9.9 的证明中当可领略其复杂性. 关于可判定性或曰可计算性的研究属于数理逻辑的一支, 称为**递归论**.

定理 4.8.16 (Nielsen–Schreier) 自由群的子群也是自由群.

证明 我们采取拓扑论证. 考虑自由群 $\mathbf{F}(X)$; 论证中读者可假设 X 有限, 以利直观. 设 $(B_X, \star)$ 是由 X 份 $\mathbb{S}^1$ 黏在一点得到的带基点拓扑空间, 例如当 $|X| = 4$ 时:

$B_X =$ 

我们断言存在群同构 $\mathbf{F}(X) \xrightarrow{\sim} \pi_1(B_X, \star)$, 它将 $x \in X$ 映至 B_X 中从 $\star$ 出发, 沿第 x 份 $\mathbb{S}^1$ 顺向绕一圈的道路. 当 $|X| = 1$ 时这无非是习见的同构 $\pi_1(\mathbb{S}^1, \star) \xrightarrow{\sim} \mathbb{Z}$ [50, 第四章 §3.1]. 一般情形则从 van Kampen 定理导出, 其有限版本可见 [50, 附录 B].

回顾图的概念. 一个图 $\Gamma = (V, E, s, t)$ 是由顶点集 V 和边集 E 组成的, 边有头尾两端, 由一对映射 $s, t : E \to V$ 给出. 从 Γ 可以构造其几何实现 $|\Gamma|$: 说穿了, 这无非是对每个边具体地取一份区间 $[0, 1]$, 并沿顶点黏合成 $|\Gamma|$. 以下等同 Γ 与 $|\Gamma|$, 所论的图因之是无向的. 先前定义的 B_X 就是仅有一个顶点的图. 图论的一个基本结果断言当 Γ 连通时, 必存在极大子树 T: 它是 Γ 的子图, 包含 Γ 的每个顶点并且不含回路. 直观地看, 我们可以在 Γ 中让树 T 连续地收缩到某顶点 $\star$ (这称为形变收缩, 见 [50, 第四章 §4.3]); 譬如在下图中缩掉粗线标出的极大子树, 就得到之前的四叶幸运草.

一般情形下, 因 T 含所有顶点, 商空间 Γ/T 将同胚于某个 B_Y. 故

$$\pi_1(\Gamma, \star) \xrightarrow{\sim} \pi_1(\Gamma/T, \star) \simeq \pi_1(B_Y, \star) \text{ 是自由群.}$$

取定集合 X, 复叠空间的理论 [50, 第五章 §4] 告诉我们对 $\mathbf{F}(X) \simeq \pi_1(B_X, \star)$ 的任意子群 H, 皆存在复叠空间 $\widetilde{B_X} \to B_X$ 使得 H 是单同态 $\pi_1\left(\widetilde{B_X}, \star\right) \to \pi_1(B_X, \star)$ 的像. 至此, 我们只消证明 $\pi_1\left(\widetilde{B_X}, \star\right)$ 自由; 断言归结为以下性质:

图的复叠空间仍为图.

这是复叠空间的道路提升性质的直接推论. □

4.9 对称群

对集合 X, 其**对称群** $\mathfrak{S}_X$ 是全体双射 $X \xrightarrow{1:1} X$ 对映射合成所构成的群, 它自然地左作用于 X 上, 其中元素也称为置换. 本节仅关心 $n := |X|$ 有限的情形, 此时 $|\mathfrak{S}_X| = n!$. 习惯上经常将 X 的元素等同于 $\{1, \ldots, n\}$ 并记 $\mathfrak{S}_n := \mathfrak{S}_{\{1,\ldots,n\}}$.

对集合 X, Y 存在自然的群嵌入 $\mathfrak{S}_X \times \mathfrak{S}_Y \hookrightarrow \mathfrak{S}_{X \sqcup Y}$, 或记作 $\mathfrak{S}_n \times \mathfrak{S}_m \hookrightarrow \mathfrak{S}_{n+m}$. 这里 $\mathfrak{S}_X$ 和 $\mathfrak{S}_Y$ 在 $\mathfrak{S}_{X \sqcup Y}$ 中之所以对乘法交换, 是因为它们所挪动的元素 "不交". 这自然地导向下述定义.

定义 4.9.1 设 $a_1, \ldots, a_m$ 是 X 中相异的元素. 对称群 $\mathfrak{S}_X$ 中的 m-**循环** (又称轮换) $(a_1 \cdots a_m)$ 是下述映射 $\sigma : X \to X$

$$\sigma(a_i) = a_{i+1}, \quad i \in \mathbb{Z}/m\mathbb{Z},$$
$$\sigma(x) = x, \quad x \notin \{a_1, \ldots, a_m\},$$

在此将下标 $\{1, \ldots, m\}$ 方便地视为 $\mathbb{Z}/m\mathbb{Z}$ 中元素, 即模 m 的同余类. 称 m 为该循环的长度; 2-循环 (ab) 又称**对换**. 我们称 $\mathfrak{S}_X$ 中两个循环 $(a_1 \cdots a_m)$, $(b_1 \cdots b_k)$ 不交, 如果 $\{a_1, \ldots, a_m\} \cap \{b_1, \ldots, b_k\} = \varnothing$.

由先前讨论可知不交的循环对乘法相交换. 同样显然的是 $\mathrm{ord}((a_1 \cdots a_m)) = m$.

命题 4.9.2 (循环分解) 每个 $\sigma \in \mathfrak{S}_X$ 都能表成不交的循环之积

$$\sigma = (a_1 a_2 \cdots)(b_1 b_2 \cdots) \cdots,$$

其中的循环 $(a_1 \cdots)$, $(b_1 \cdots)$ 在至多差一个顺序的意义下唯一. 由于 1-循环是单位元, 乘积中可以省去.

证明 这无非是 X 在 σ 生成的有限循环群 $\langle \sigma \rangle$ 下的轨道分解 (引理 4.4.7), 每个循环对应到一个轨道, 描述了 σ 在该轨道上的作用. □

我们称循环分解中出现的循环长度 $n_1, n_2, \ldots$ (包括长度为一的循环) 为 σ 的循环型, 计重数不计顺序. 为了得到唯一性, 不妨排成 $n_1 \geq n_2 \geq \cdots$, 循环型因之对应于整数 $n := |X|$ 的分拆: $n = n_1 + n_2 + \cdots$. 上面对阶数的讨论蕴涵 σ 的阶数等于 $n_1, n_2, \ldots$ 的最小公倍数.

据此, 共轭作用在对称群情形下有干净的陈述.

引理 4.9.3 设 $\tau = (a_1 a_2 \cdots)(b_1 \cdots) \cdots$ 为上述的循环分解, $\tau \in \mathfrak{S}_X$, 则

$$\sigma \tau \sigma^{-1} = (\sigma(a_1)\sigma(a_2) \cdots)(\sigma(b_1) \cdots) \cdots.$$

作为推论，元素 τ 的共轭类由其循环型确定；$\mathfrak{S}_X$ 中的共轭类一一对应于循环型 $n_1 \geq n_2 \geq \cdots$，后者又一一对应于整数 $n = |X|$ 的分拆.

证明 易见 $\sigma\tau\sigma^{-1}$ 将 $\sigma(a_i)$ 映至 $\sigma(a_{i+1})$，将 $\sigma(b_j)$ 映至 $\sigma(b_{j+1})$，依此类推. 由于 σ 是双射，由此唯一确定了 $\sigma\tau\sigma^{-1}$ 的循环分解. 适当选取 σ 即可使 $\sigma\tau\sigma^{-1}$ 成为任意与 τ 有同样循环型的元素，证毕. □

下面我们改采符号 $\mathfrak{S}_n$.

引理 4.9.4 群 $\mathfrak{S}_n$ 由对换 $\tau_i = (i \quad i+1)$ 生成，这里 $1 \leq i < n$.

证明 将给定的置换 σ 视同数列 $\sigma(1), \ldots, \sigma(n)$，则表 σ 为诸 τ_i 的积相当于借由反复交换数列中的相邻项，将 $\sigma(1), \ldots, \sigma(n)$ 逐步化成 $1, \ldots, n$；这当然是可行的. 严格论证留给有闲情逸致的读者. □

引理 4.9.5 存在唯一的群同态 $\mathrm{sgn} : \mathfrak{S}_n \to \{\pm 1\}$ 使得 $\mathrm{sgn}((a_1 \cdots a_m)) = (-1)^{m+1}$.

证明 群 $\mathfrak{S}_n$ 在函数集 $\{f : \mathbb{Z}^n \to \mathbb{Z}\}$ 上有自然的左作用

$$(\sigma f)(x_1, \ldots, x_n) = f(x_{\sigma(1)}, \ldots, x_{\sigma(n)}),$$

此作用对函数的逐点加法显然为线性: $\sigma(f \pm g) = \sigma f \pm \sigma g$. 今考虑函数

$$\Delta(x_1, \ldots, x_n) = \prod_{1 \leq i < j \leq n} (x_j - x_i).$$

对于 $\sigma \in \mathfrak{S}_n$，显见存在 $\mathrm{sgn}(\sigma) \in \{\pm 1\}$ 使得 $\sigma\Delta = \mathrm{sgn}(\sigma)\Delta$. 因为 Δ 不恒为零 (代入 $x_i = i$ 可知)，$\mathrm{sgn}(\sigma)$ 是唯一确定的，因而 $\mathrm{sgn} : \mathfrak{S}_n \to \{\pm 1\}$ 是群同态. 容易验证对每个 $1 \leq i < n$ 皆有 $\tau_i\Delta = -\Delta$. 对换之间两两共轭，故对所有对换 $\tau \in \mathfrak{S}_n$ 皆有 $\mathrm{sgn}(\tau) = -1$. 由

$$(a_1 \cdots a_m) = (a_1 a_m)(a_1 \cdots a_{m-1}) = \cdots = (a_1 a_m)(a_1 a_{m-1}) \cdots (a_1 a_2)$$

可见 $\mathrm{sgn}((a_1 \cdots a_m)) = (-1)^{m+1}$. 唯一性导自命题 4.9.2. □

定义 4.9.6 (交错群) 定义**交错群** $\mathfrak{A}_n$ 为 $\ker[\mathfrak{S}_n \xrightarrow{\mathrm{sgn}} \{\pm 1\}]$，它是 $\mathfrak{S}_n$ 的正规子群.

落在 $\mathfrak{A}_n$ 中的置换称为偶置换，否则称为奇置换. 当 $n > 1$ 时 $(\mathfrak{S}_n : \mathfrak{A}_n) = |\{\pm 1\}| = 2$. 当 $n \geq 4$ 时 $\mathfrak{A}_n$ 非交换，例如: $(123)(124) = (13)(24)$ 而 $(124)(123) = (14)(23)$.

我们需要以下简单的性质:

◇ 群 $\mathfrak{S}_n$ 的导出子群 (见 §4.7) $\mathscr{D}^1\mathfrak{S}_n$ 等于 $\mathfrak{A}_n$. 当 $n = 1$ 时此为显然. 以下解释 $n \geq 2$ 情形: $\mathfrak{S}_n$ 由对换生成，每个对换都共轭于 $(1\ 2)$，故交换商 $\mathfrak{S}_n/\mathscr{D}^1\mathfrak{S}_n$ 由

(1 2) 的像生成, 这是二阶元. 另一方面引理 4.7.3 给出满同态

$$\mathfrak{S}_n/\mathscr{D}^1\mathfrak{S}_n \overset{\text{商同态}}{\twoheadrightarrow} \mathfrak{S}_n/\mathfrak{A}_n \simeq \{\pm 1\}.$$

比较阶数可见以上同态实为同构, 亦即 $\mathscr{D}^1\mathfrak{S}_n = \mathfrak{A}_n$.

◇ 所有 $\mathfrak{S}_n$ 中长度为奇数的循环皆包含于 $\mathfrak{A}_n$.

◇ 当 $n \geq 3$ 时, $\mathfrak{A}_n$ 由 3-循环 (形如 (ijk)) 生成. 这是由于任意 $\sigma \in \mathfrak{A}_n$ 可以表成对换的积, $\operatorname{sgn}(\sigma) = 1$ 确保乘积有偶数个项. 运用以下观察

$$(ij)(kl) = \begin{cases} 1, & \{i,j\} = \{k,l\}, \\ \text{3-循环}, & \{i,j\} \cap \{k,l\} \text{ 恰有一元素}, \\ (ijk)(jkl), & \{i,j\} \cap \{k,l\} = \varnothing \end{cases}$$

可将乘积改写为 3-循环的积.

◇ 当 $n \geq 5$ 时, 任两个 3-循环 (ijk), $(i'j'k')$ 在 $\mathfrak{A}_n$ 中共轭. 首先留意到引理 4.9.3 蕴涵存在 $\sigma \in \mathfrak{S}_n$ 使得 $\sigma(ijk)\sigma^{-1} = (i'j'k')$. 若 $\sigma \in \mathfrak{A}_n$ 则收工, 否则取相异元 $l, m \in \{1, \ldots, n\} \smallsetminus \{i,j,k\}$ 并置 $\sigma' := \sigma \cdot (lm) \in \mathfrak{A}_n$; 对之仍有 $\sigma'(ijk)(\sigma')^{-1} = (i'j'k')$.

以下记任意置换 σ 的不动点集为 $\operatorname{Fix}(\sigma) := \{i : \sigma(i) = i\}$.

定理 4.9.7 (É. Galois) 当 $n \geq 5$ 时 $\mathfrak{A}_n$ 是单群.

证明 设 $H \lhd \mathfrak{A}_n$, $H \neq \{1\}$. 从以上性质可知找出一个 3-循环 $\sigma \in H$ 即足. 兹断言取 $\sigma \in H \smallsetminus \{1\}$ 使得 $|\operatorname{Fix}(\sigma)|$ 极大便是.

如果 σ 的循环分解中只有对换, 那么分解中至少含两项如 $(ij)(kl)$, 其中 $\{i,j\} \cap \{k,l\} = \varnothing$. 由于 $n \geq 5$, 可取 $r \notin \{i,j,k,l\}$ 并定义

$$\tau := (klr), \quad \sigma' := [\tau, \sigma] = \tau\sigma\tau^{-1}\sigma^{-1} \in H \quad (\because H \lhd \mathfrak{A}_n). \tag{4.7}$$

可直接验证 $i, j \in \operatorname{Fix}(\sigma') \smallsetminus \operatorname{Fix}(\sigma)$, $\sigma'(k) = r \neq k$, 以及

$$\operatorname{Fix}(\sigma) \smallsetminus \{r\} = \operatorname{Fix}(\sigma) \smallsetminus \{k,l,r\} = \operatorname{Fix}(\sigma) \cap \operatorname{Fix}(\tau) \subset \operatorname{Fix}(\sigma').$$

综之 $|\operatorname{Fix}(\sigma')| > |\operatorname{Fix}(\sigma)|$, 矛盾.

设 σ 的循环分解中包含长度 > 2 的项 $(ijk\cdots)$. 假若 $\sigma = (ijk)$ 则是所求的 3-循环; 否则因为 σ 不可能是 4-循环, σ 除了 i, j, k 之外还挪动至少两个相异元 r, l. 依然以

(4.7) 式定义 $\sigma' \in H$. 可以验证 $j \in \mathrm{Fix}(\sigma')$, $\sigma'(k) = l \neq k$ 和

$$\mathrm{Fix}(\sigma) = \mathrm{Fix}(\sigma) \smallsetminus \{k, l, r\} = \mathrm{Fix}(\sigma) \cap \mathrm{Fix}(\tau) \subset \mathrm{Fix}(\sigma').$$

仍得到矛盾 $|\mathrm{Fix}(\sigma')| > |\mathrm{Fix}(\sigma)|$. 明所欲证. □

当 $n \geq 5$ 时 $\mathfrak{A}_n$ 是非交换单群, 因此它必然等于自身的导出子群 $\mathscr{D}^1\mathfrak{A}_n$. 下述推论是证明五次以上方程无根式解 (定理 9.7.5) 的群论钥匙.

推论 4.9.8 当 $n \geq 5$ 时, 对所有 $i \geq 1$ 都有 $\mathscr{D}^i\mathfrak{S}_n = \mathfrak{A}_n$; 作为推论, 当 $n \geq 5$ 时 $\mathfrak{S}_n$ 不可解.

证明 已知 $\mathscr{D}^1\mathfrak{S}_n = \mathfrak{A}_n$. 配合前述讨论, 当 $n \geq 5$ 时, 对所有 $i \geq 1$ 皆有 $\mathscr{D}^i\mathfrak{S}_n = \mathscr{D}^{i-1}\mathfrak{A}_n = \mathfrak{A}_n$. 关于不可解性的断言请见引理 4.7.4. □

读者可以动手验证 $\mathscr{D}^1\mathfrak{A}_4 = \{\mathrm{id}, (12)(34), (13)(24), (14)(23)\}$, 同构于 $(\mathbb{Z}/2\mathbb{Z})^2$. 因此 $n < 5$ 时 $\mathfrak{S}_n$ 确实可解.

我们接着考察 $\mathfrak{S}_n$ 的展示. 为此不妨一并考虑例 3.3.8 提到的辫群 $\mathcal{B}_n$. 简要摘录之前的构造如下: 形象地看, $\mathcal{B}_n$ 是由所有 n 条线编成的辫子为元素的群, 辫子在空间 $\mathbb{R}^3$ 中连续的形变下 (不动端点, 不割断线) 视为等价. 辫子可以图解为诸如 $(n = 2, 3)$

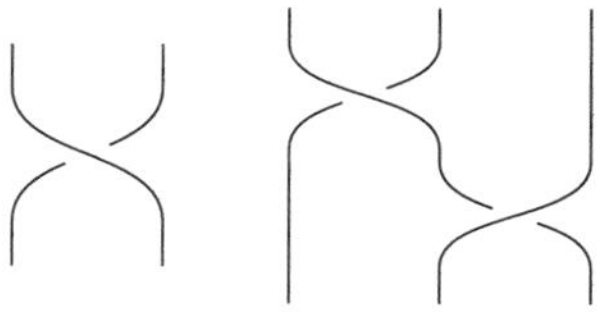

的形式. 辫群中的乘法是将辫子从上而下地接合, 如

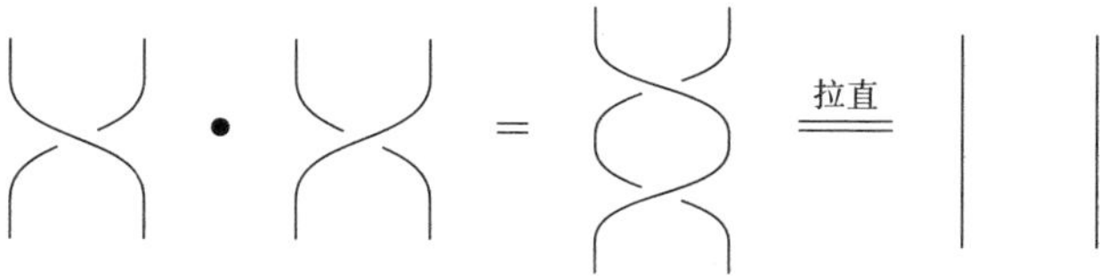

结合律一望可知, $\mathcal{B}_n$ 的幺元是 n 条平行线 $|\cdots|$. 辫子的图表对水平轴作镜射给出其逆, 何以故? 请端详上图.

两组辫子的 "横向并列" 导出群同态 $\mathcal{B}_n \times \mathcal{B}_m \to \mathcal{B}_{n+m}$.

显然 $\mathcal{B}_1 = \{1\}$. 以下假设 $n \geq 2$. 对 $1 \leq i < n$, 定义元素 $\sigma_i \in \mathcal{B}_n$ 使得其中第 i, $i+1$ 条线的缠绕模式为

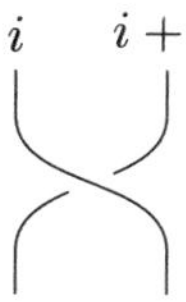

其余诸线则不相缠绕. 容易看出当 $|i-j|>1$ 时, σ_i, σ_j 影响的线不交故 $\sigma_i\sigma_j=\sigma_j\sigma_i$; 另一方面, “杨–Baxter 方程”

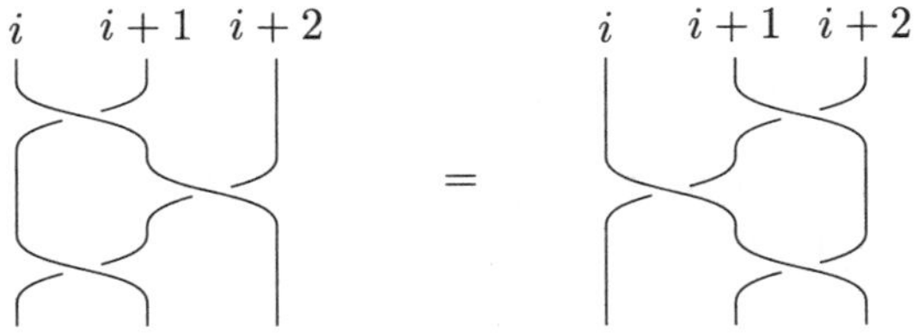

表明 $\sigma_i\sigma_{i+1}\sigma_i=\sigma_{i+1}\sigma_i\sigma_{i+1}$ 对 $1\le i<n-1$ 恒成立. 请读者试着直观地理解 (a) 元素 $\sigma_1,\ldots,\sigma_{n-1}$ 生成 $\mathcal{B}_n$, (b) 关系式 $|i-j|>1 \implies \sigma_i\sigma_j=\sigma_j\sigma_i$ 和 $\sigma_i\sigma_{i+1}\sigma_i=\sigma_{i+1}\sigma_i\sigma_{i+1}$ 完全描述了 $\mathcal{B}_n$ 的结构. 更精简的说法是借助群的展示

$$\left\langle \sigma_1,\ldots,\sigma_{n-1} \;\middle|\; \begin{array}{ll} \sigma_i\sigma_j=\sigma_j\sigma_i, & |i-j|>1 \\ \sigma_i\sigma_{i+1}\sigma_i=\sigma_{i+1}\sigma_i\sigma_{i+1}, & 1\le i<n-1 \end{array} \right\rangle \xrightarrow{\sim} \mathcal{B}_n. \tag{4.8}$$

这个展示既可以从 $\mathcal{B}_n$ 的拓扑诠释推导, 亦可直接当作辫群的组合学定义. 留意到 $\mathcal{B}_2\simeq\mathbb{Z}$, 当 $n\ge 3$ 时 $\mathcal{B}_n$ 是无穷非交换群.

现在我们来联系 $\mathcal{B}_n$ 与 $\mathfrak{S}_n$. 对每条辫子 $x\in\mathcal{B}_n$, 定义相应的 $\sigma\in\mathfrak{S}_n$ 使得辫图从底端 i 走到顶端 $\sigma(i)$ 如下

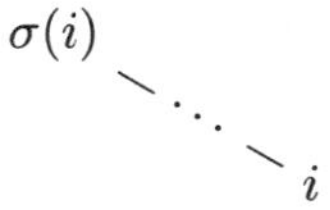

易见这给出群同态 $\mathcal{B}_n\to\mathfrak{S}_n$, 它使图表

$$\begin{array}{ccc} \mathcal{B}_n\times\mathcal{B}_m & \longrightarrow & \mathcal{B}_{n+m} \\ \downarrow & & \downarrow \\ \mathfrak{S}_n\times\mathfrak{S}_m & \longrightarrow & \mathfrak{S}_{n+m} \end{array}$$

交换, 并将 $\sigma_i\in\mathcal{B}_n$ 映到对换

$$\tau_i := (i \quad i+1)\in\mathfrak{S}_n, \quad 1\le i<n.$$

引理 4.9.4 断言它们生成 $\mathfrak{S}_n$. 如改从 $\mathcal{B}_n$ 的展示 (4.8) 切入, 我们可以先在 $\mathfrak{S}_n$ 中验证

关系式

$$|i-j|>1 \implies \tau_i\tau_j=\tau_j\tau_i,$$
$$\tau_i^2=1, \quad 1\leq i<n,$$
$$\tau_i\tau_{i+1}\tau_i=\tau_{i+1}\tau_i\tau_{i+1}=(i \quad i+2), \quad 1\leq i<n-1.$$

所以 $\sigma_i\mapsto\tau_i$ 确定了同态 $\mathcal{B}_n\to\mathfrak{S}_n$. 这就引出一个显然的问题: 这些关系式是否给出 $\mathfrak{S}_n$ 的展示?

为避免歧义, 另立符号 $\tilde{\tau}_i$ 代入以上三族关系式, 联立后能够化作等价形式

$$\begin{aligned}\tilde{\tau}_i^2=1, \quad 1\leq i<n,\\ |i-j|>1 \implies (\tilde{\tau}_i\tilde{\tau}_j)^2=1,\\ (\tilde{\tau}_i\tilde{\tau}_{i+1})^3=1, \quad 1\leq i<n-1.\end{aligned} \tag{4.9}$$

定义 $\mathfrak{S}'_n:=\langle\tilde{\tau}_1,\ldots,\tilde{\tau}_n|$满足于 (4.9)$\rangle$, 另外约定 $\mathfrak{S}'_1:=\{1\}$. 因之有群同态 $\mathcal{B}_n\twoheadrightarrow\mathfrak{S}'_n\twoheadrightarrow\mathfrak{S}_n$, 满足 $\sigma_i\mapsto\tilde{\tau}_i\mapsto\tau_i$. 从 $\mathcal{B}_n$ 过渡到 $\mathfrak{S}'_n$ 相当于忽视缠绕 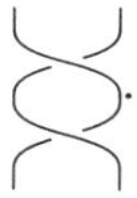.

定理 4.9.9 映射 $\mathfrak{S}'_n\to\mathfrak{S}_n$ 是同构, 换言之 (4.9) 确实给出 $\mathfrak{S}_n$ 的展示.

证明 既然 $\mathfrak{S}'_n\to\mathfrak{S}_n$ 是满同态, 只要递归地证明 $|\mathfrak{S}'_n|\leq n!$ 即可. 因 $n=1,2$ 的情形是平凡的, 以下设 $n>2$. 展示 (4.9) 给出自然同态 $\mathfrak{S}'_{n-1}\to\mathfrak{S}'_n$. 我们暂不知这是否为单射, 但总能让 $\mathfrak{S}'_{n-1}$ 以右乘作用在 $\mathfrak{S}'_n$ 上并考察其轨道. 今断言

$$\mathfrak{S}'_n=1\cdot\mathfrak{S}'_{n-1}\cup\tilde{\tau}_{n-1}\mathfrak{S}'_{n-1}\cup\cdots\cup(\tilde{\tau}_1\cdots\tilde{\tau}_{n-1}\mathfrak{S}'_{n-1}),$$

若此式成立, 立得 $\mathfrak{S}'_n\leq n|\mathfrak{S}'_{n-1}|\leq n(n-1)!=n!$.

仅需证明等式右侧在每个 $\tilde{\tau}_i$ 的左乘下保持封闭. 考虑 $\tilde{\tau}_i(\tilde{\tau}_j\cdots\tilde{\tau}_{n-1})\mathfrak{S}'_{n-1}$: 当 $i=j-1$ 或 $i=j$ 时显然有封闭性 ($\tilde{\tau}_j^2=1$); 当 $i<j-1$ 时用 (4.9) 可将 $\tilde{\tau}_i$ 朝右吸收到 $\mathfrak{S}'_{n-1}$, 依然封闭. 故以下假设 $i>j$. 我们利用 (4.9) 的第二式将 $\boldsymbol{\tilde{\tau}_i}$ 右移 (为强调故变化字体), 直到

$$\cdots\tilde{\tau}_{i-2}\boldsymbol{\tilde{\tau}_i}\tilde{\tau}_{i-1}\tilde{\tau}_i\tilde{\tau}_{i+1}\cdots\mathfrak{S}'_{n-1}.$$

接着应用 (4.9) 的第三式 (或它在 (4.8) 中的形式) 化之为

$$\cdots\tilde{\tau}_{i-2}\tilde{\tau}_{i-1}\tilde{\tau}_i\boldsymbol{\tilde{\tau}_{i-1}}\tilde{\tau}_{i+1}\cdots\mathfrak{S}'_{n-1}.$$

上式标出的 $\boldsymbol{\tilde{\tau}_{i-1}}$ 可一路右移直到并入 $\mathfrak{S}'_{n-1}$, 故所求的左乘封闭性成立. □

展示 (4.9) 表明对称群属于一类称为 Coxeter 群的构造, 它们带有形如 $W=$

$\langle S | (st)^{m(s,t)} = 1,\ s,t \in S \rangle$ 的展示, 其中

◇ S 是有限集,

◇ $m : S \times S \to \mathbb{Z}_{\geq 1} \sqcup \{\infty\}$ (取 ∞ 意谓无关系),

◇ $\forall s,t \in S,\ m(s,t) = m(t,s)$,

◇ $s = t \iff m(s,t) = 1$.

例 4.8.14 表明二面体群 D_{2n} 也具有这种展示. Coxeter 群是研究 Lie 群、Lie 代数和相关表示理论的必备工具.

4.10 群的极限和完备化

基于 §4.8 的构造和例 2.8.7, 群范畴 Grp 和其子范畴 Ab 中可以定义极限 $\varinjlim$ 和 $\varprojlim$. 构造方法已在例 2.8.7 大致说明. 本节将深入探讨 $\varprojlim$ 的情形.

对于小范畴 I, 给定函子 $\beta : I^{\mathrm{op}} \to \mathsf{Grp}$ 相当于给定一族群 $\{G_i := \beta(i) : i \in \mathrm{Ob}(I)\}$, 并对每个箭头 $s : i \to j$ 指定群同态 $\beta(s) : G_j \to G_i$, 使得

◇ $\beta(\mathrm{id} : i \to i) = \mathrm{id}_{G_i}$,

◇ 合成箭头 $i \to j \to k$ 给出合成同态 $G_k \to G_j \to G_i$.

例 2.8.7 已将 $\varprojlim_i G_i := \varprojlim \beta$ 的存在性归结为积和等化子的存在性. 铺开定理 2.8.3 证明中的构造, 便得到明白的表法

$$\varprojlim_i G_i := \left\{ (x_i)_{i\in I} \in \prod_{i\in I} G_i : \forall s : i \to j,\ \beta(s)(x_j) = x_i \right\}.$$

显然 $\varprojlim_i G_i$ 构成直积 $\prod_{i\in I} G_i$ 的子群. 同时我们也得到自明的投影同态 $p_j : \varprojlim_i G_i \to G_j$.

以下将假设 I 实由偏序集 $(I, \leq)$ 给出 (参看例 2.1.5); 并且 $(I, \leq)$ 是**滤过**的, 即任意两元素都有共同上界 (定义 1.2.3). 滤过偏序是滤过范畴的一个特例, 请见定义 2.7.6.

首先回顾一些点集拓扑学的定义, 详见 [63, 第一章].

定义 4.10.1 *一个拓扑群 G 意指群 G 上带有拓扑结构, 使得乘法 $m : G \times G \to G$ 与取逆运算 $i : G \to G$ 皆为连续映射.*

典型例子是加法群 $(\mathbb{R}^n, +)$. 作为推论, 任意 $g \in G$ 的左乘或右乘作用都给出同胚 $G \to G$, 取逆亦同. 基于此, 群的拓扑完全由幺元 1 的邻域基反映, 因为总能以左右乘法将基平移到 G 的每一点, 而且 1 的一组邻域基各个取逆后仍是邻域基. 反过来, 给定群 G 的一族子集 $\{H_i \ni 1\}_{i\in I}$, 能否靠左右平移赋予 G 拓扑群结构, 并使该子集给出 1 处的开邻域基? 以下情形对我们已经足够了: 假定 $(I, \leq)$ 是滤过偏序集, $i \leq j \implies H_j \subset H_i$ 而且 $\forall i\ H_i \lhd G$, 那么这样的拓扑总是存在: 事实上

$$\text{子集 } E \subset G \text{ 为开} \iff \forall x \in E, \exists i \in I,\ xH_i = H_i x \subset E.$$

易见这的确使 G 成拓扑群, 验证留作简单习题. 进一步, 拓扑的分离性公理也简化了.

引理 4.10.2 设 G 为拓扑群, 则

$$G: \text{Hausdorff} \iff \{1\} \subset G \text{ 为闭子集} \iff \bigcap_{U \ni 1: \text{开邻域}} U = \{1\}. \tag{4.10}$$

此外, 任何 $x \in G$ 都有一组由闭邻域构成的邻域基.

证明 先处理第一条. 对每个 $x \in G$ 置 $\mathfrak{N}_x := \{x \text{ 的所有邻域}\}$. 先前关于邻域基的讨论给出 $\mathfrak{N}_x = x\mathfrak{N}_1 = x\mathfrak{N}_1^{-1}$ (意谓对每个邻域都用 x 平移或取逆), 从而

$$\begin{aligned} x \in \overline{\{1\}} &\iff 1 \in \bigcap_{V \in \mathfrak{N}_x} V = \bigcap_{U \in \mathfrak{N}_1} xU^{-1} \\ &\iff x^{-1} \in \bigcap_{U \in \mathfrak{N}_1} U^{-1} \iff x \in \bigcap_{U \in \mathfrak{N}_1} U. \end{aligned}$$

换言之 $\overline{\{1\}} = \bigcap_{U \in \mathfrak{N}_1} U$. 由之立见第二个 $\iff$. 对第一个 $\iff$ 仅 $\Leftarrow$ 方向非平凡: 定义连续函数 $\nu: G \times G \to G$ 映 (x, y) 为 xy^{-1}, 那么 G 是 Hausdorff 空间等价于对角子集 $\Delta_G \subset G \times G$ 为闭, 但 $\Delta_G = \nu^{-1}(1)$ 而 $\{1\} \subset G$ 为闭.

第二条即刻化约到 $x = 1$ 的情形; 由于群运算的连续性, 对任何开邻域 $V \ni 1$ 皆存在开集 $U \ni 1$ 使得 $U^{-1}U \subset V$, 只需观察到闭包 $\bar{U}$ 包含于 $U^{-1} \cdot U$: 这是因为 $g \in \bar{U}$ 蕴涵 $Ug \cap U \neq \varnothing$. □

引理 4.10.3 设拓扑群 G 的子群 H 是 1 的邻域, 则 H 既开又闭, 而且 G 紧蕴涵 $(G:H)$ 有限.

证明 取开集 U 使得 $1 \in U \subset H$, 因此 $H = \bigcup_{x \in H} Ux$ 为开. 取 G/H 在 G 中的一族代表元 Ξ, 则陪集分解 (引理 4.1.12) 给出 G 的开覆盖 $G = \bigsqcup_{x \in \Xi} xH$. 于是 $H = G \smallsetminus \bigsqcup_{\substack{x \in \Xi \\ xH \neq H}} xH$ 为闭, 而且当 G 紧时 Ξ 有限. □

回到 $\varprojlim_i G_i$. 今假设每个 G_i 皆是拓扑群, 且对每个 $i \leq j$ 同态 $G_j \to G_i$ 皆连续. 我们赋 $\prod_{i \in I} G_i$ 予积拓扑 (见 [57, §3.3]), 其子群 $\varprojlim_i G_i$ 遂继承了自然的拓扑群结构.

引理 4.10.4 拓扑群 $\varprojlim_i G_i$ 在 1 处有一组形如

$$\mathcal{U}_{I_0} = \bigcap_{i \in I_0} p_i^{-1}(U_i), \qquad I_0 \subset I: \text{ 有限子集}, \quad U_i \ni 1: \text{ 开子集}$$

的邻域基. 若每个 G_i 都是 Hausdorff 空间, 则 $\varprojlim_i G_i$ 亦然; 如进一步假设每个 G_i 皆紧, 则 $\varprojlim_i G_i$ 是紧 Hausdorff 空间.

由于已设 $(I, \leq)$ 滤过, 描述邻域基时可取 I_0 的上界 j, 从而化约到 $I_0 = \{j\}$ 的情形.

证明　邻域基的描述是积拓扑定义的直接推论. Hausdorff 空间的积和子空间仍是 Hausdorff 的, 而 Tychonoff 定理 [57, 定理 7.7.2] 断言紧空间的积仍紧; 从 Hausdorff 性质可推出 $\varprojlim_i G_i$ 是 $\prod_i G_i$ 的闭子群 (它由一族连续函数的等式定义), 故紧. □

在代数及数论中, 较常见的是每个 G_i 皆为有限群的情形, 此时赋予 G_i 离散拓扑使之成为 Hausdorff 紧群.

定义 4.10.5 (pro-有限群)　同构意义下形如 $\varprojlim_i G_i$, 其中 $(I, \leq)$ 滤过而且每个 G_i 皆有限的拓扑群, 称作 **pro-有限群**.

定理 4.10.6　一个拓扑群 G 是 pro-有限群当且仅当它是 Hausdorff 紧群, 而且 1 处有一组由正规子群构成的邻域基.

证明　假设 $G = \varprojlim_i G_i$ 为 pro-有限. 我们业已说明 G 为 Hausdorff 紧群. 引理 4.10.4 中的 U_i 可取为 $\{1\}$, 从而 1 的邻域基由一族正规开子群 U 组成.

现假设拓扑群 G 满足所示条件, 取一组正规子群构成的邻域基, 记为 I; 集合的包含关系使 I 成为偏序集, 邻域基的性质确保 $(I, \leq)$ 滤过. 将对应于 $i \in I$ 的正规子群记为 N_i. 引理 4.10.3 蕴涵 G/N_i 有限, N_i 既开且闭.

根据泛性质, 全体商映射 $q_i : G \to G/N_i$ 确定了同态 $\varphi : G \to \varprojlim_i G/N_i$. 我们断言 φ 是拓扑群的同构. 首先, 不难验证 φ 连续, 而且 Hausdorff 性质确保 $\ker(\varphi) = \bigcap_{i \in I} N_i = \{1\}$, 故 φ 为单射. 今断言 $\mathrm{im}(\varphi)$ 在 $\varprojlim_i G/N_i$ 中稠密. 诚然, 取 $x = (x_i)_i \in \varprojlim_i G/N_i$, 对任意有限子集 $I_0 \subset I$, 仅需说明 $x^{-1}\,\mathrm{im}(\varphi)$ 交 $\bigcap_{i \in I_0} \ker(p_i)$. 根据滤过偏序集的定义, 存在 I_0 的一个上界 $k \in I$; 取 $y \in G$ 使得 $q_k(y) = x_k$, 那么对每个 $i \in I_0$ 都会有 $q_i(y) = x_i$, 因而 $x^{-1}\varphi(y) \in \bigcap_{i \in I_0} \ker(p_i)$.

由于 G 和 $\varprojlim_i G/N_i$ 都是紧 Hausdorff 空间, 综上 φ 自动成为同胚 (见 [57, §7.2]). 明所欲证. □

注记 4.10.7　以上条件可以化成更有拓扑味儿的形式: G 为 pro-有限当且仅当 G 是完全不连通的紧群. 证明见 [63, 命题 1.9.3].

定义 4.10.8 (群的完备化)　设 G 为群. 假设偏序集 $(I, \leq)$ 滤过. 对每个 $i \in \mathrm{Ob}(I)$ 取定正规子群 $H_i \lhd G$, 并假设 $i \leq j \implies H_j \subset H_i$. 则在 $\varprojlim$ 的定义中可取 $G_i := G/H_i$, 而且 $i \leq j$ (即 $i \to j$) 给出商同态 $G/H_j \twoheadrightarrow G/H_i$. 极限 $\varprojlim_i G/H_i$ 称作 G 对子群族 $(H_i)_{i \in I}$ 的**完备化**.

完备化带有显然的同态 $\iota : G \xrightarrow{g \mapsto (gH_i)_{i \in I}} \varprojlim_i G/H_i$. 以下概略解释 "完备化" 与拓扑的关联. 简单起见, 今后假定偏序集 I 可数. 读者对于以 Cauchy 列从 $\mathbb{Q}$ 构造 $\mathbb{R}$ 的手法理应有基本的认知.

定义 4.10.9　拓扑群 G 中的点列 $(x_n)_{n \geq 0}$ 称为 **Cauchy 列**, 如果对任意 1 的开邻域 U, 存在 $N \geq 0$ 使得 $n, m \geq N \implies x_n x_m^{-1} \in U$. 假定 G 在 1 处有一组可数邻域基, 如果群 G 的每个 Cauchy 序列都收敛, 则称 G 为**完备**的.

今后总假设有 1 的可数邻域基. 考虑 G 在拓扑意义下的完备化: 这系指一个拓扑群的同态 $\iota: G \to \hat{G}$, 满足下述性质:

CO.1 $\iota: G \to \iota(G) \subset \hat{G}$ 是同胚;

CO.2 ι 的像稠密;

CO.3 $\hat{G}$ 是完备的 Hausdorff 拓扑群.

完备化的构造方式不止一种, 要旨在于性质 **CO.1** — **CO.3** 唯一刻画了 $(\hat{G}, \iota)$, 精确到一个唯一同构; 其证明可以参照大同小异的命题 10.1.4, 或度量空间情形 [57, §8.1]. 如直观地把握, 则这三条性质说明 $\hat{G}$ 中元素可以用 G 中的 Cauchy 列代表, 而且只要 $\hat{x}, \hat{y} \in \hat{G}$ 足够接近, 则 G 中以之为极限的 Cauchy 列 $(x_n)_n$, $(y_n)_n$ 也会足够接近 (当 $n \gg 0$); 于是 $\hat{G}$ 的结构完全被 G 确定. 如此则思过半矣.

定理 4.10.10 考虑定义 4.10.8 中的资料 $\{H_i \lhd G\}_{i \in I}$ 并假定 $\bigcap_i H_i = \{1\}$, 赋予 G 以 $\{H_i : i \in I\}$ 为 1 的邻域基之 Hausdorff 拓扑群结构, 并赋予每个 G/H_i 离散拓扑. 进一步设 I 可数, 则 $\iota: G \to \varprojlim_i G/H_i$ 满足 **CO.1** — **CO.3**, 因而也是拓扑意义下的完备化.

证明 可数条件蕴涵 G 和 $\hat{G} := \varprojlim_i G/H_i$ 在幺元处确实有可数邻域基. 由 $\ker(\iota) = \bigcap_i H_i = \{1\}$ 知 ι 为单. 引理 4.10.4 中 $\hat{G}$ 的邻域基 $\mathcal{U}_j := \{\hat{y} = (\bar{y}_i)_i \in \hat{G} : i \leq j \implies \bar{y}_i = 1\}$ 满足 $\iota^{-1}(\mathcal{U}_j) = H_j$, 因此得到 ι 连续和 **CO.1**. 至于 **CO.2**, 对 $\hat{x} = (\bar{x}_i)_i \in \hat{G}$ 和任给之 $j \in I$, 取 $G \ni x_j \mapsto \bar{x}_j$, 则 $\iota(x_j) \in \hat{x}\mathcal{U}_j$, 故 $\iota(G)$ 稠密.

兹确立 **CO.3**. 对于 $\hat{G}$ 中 Cauchy 列 $(\hat{x}_n)_n$, 对任给之 j, 当 $n, m \gg 0$ 时 $\hat{x}_n \hat{x}_m^{-1} \in \mathcal{U}_j$, 故 $\hat{x}_n$ 的 j-分量当 $n \gg 0$ 时为常数, 记作 $\bar{x}_j \in G/H_j$. 置 $\hat{x} := (\bar{x}_i)_i \in \hat{G}$ 即为 $(\hat{x}_n)_n$ 的极限. □

注记 4.10.11 若舍去邻域基的可数条件, 则完备性须改以网 (Moore–Smith 收敛性) 或滤子的语言陈述, 我们将在 §10.1 引入滤子, 并回头考察 $\iota: G \to \hat{G}$ 的构造.

例 4.10.12 (p-进数) 取 I 为全序集 $\mathbb{Z}_{\geq 0}$. 对每个 $i \geq 0$ 定义 $H_i := p^{i+1}\mathbb{Z}$. 完备化 $\varprojlim_i \mathbb{Z}/p^{i+1}\mathbb{Z}$ 记作 $\mathbb{Z}_p$, 其元素无非是一族 $(a_i \in \mathbb{Z}/p^{i+1}\mathbb{Z})_{i \geq 1}$, 满足 $a_{i+1} \mapsto a_i$. 称此为 p-进数的加法群; 我们会在 §5.5 探讨 $\mathbb{Z}_p$ 上的乘法结构.

例 4.10.13 (Tate 模) 设 A 为交换群, ℓ 为素数. 仍取 $I = \mathbb{Z}_{\geq 0}$ 如上. 对每个 $N \in \mathbb{Z}$ 置 $A[N] := \ker[a \mapsto a^N]$, 显然 $N \mid N' \implies A[N] \subset A[N']$; 置 $A[\ell^\infty] := \bigcup_{n \geq 0} A[\ell^n]$. 定义函子 $V : I^{\mathrm{op}} \to \mathsf{Ab}$ 为

$$V(i) := A[\ell^\infty],$$
$$V(i \to i+1) := [a \mapsto a^\ell].$$

置 $V_\ell(A) := \varprojlim_i V(i)$, 其元素 $(a_i \in A[\ell^\infty])_{i\geq 0}$ 须满足 $a_{i+1}^\ell = a_i$. 称此为**有理 Tate 模**. 以同样方式定义一函子 $T: I^{\mathrm{op}} \to \mathsf{Ab}$, 但要求 $T(0) = \{1\}$, 得到的极限是

$$T_\ell(A) := \varprojlim_i T(i) \subset V_\ell(A),$$

称为群 A 的 **Tate 模**. 请留意到 $T(i) = A[\ell^i]$.

举例明之. 取复环面 $E := \mathbb{C}/(\mathbb{Z} \oplus \mathbb{Z}\tau)$ 所成的加法群, 其中 $\mathrm{Im}(\tau) > 0$. 映射 $(a, b) \mapsto a + b\tau$ 导出同构 $(\mathbb{R}/\mathbb{Z})^2 \xrightarrow{\sim} E$, 而 $(\mathbb{R}/\mathbb{Z})[\ell^i] = \ell^{-i}\mathbb{Z}/\mathbb{Z}$. 易见图表

$$\begin{array}{ccc}
a \bmod \mathbb{Z} & \longmapsto & \ell^{i+1}a \bmod \ell^{i+1}\mathbb{Z} \\
\cap & & \cap \\
\ell^{-i-1}\mathbb{Z}/\mathbb{Z} & \xrightarrow{\sim} & \mathbb{Z}/\ell^{i+1}\mathbb{Z} \\
{\scriptstyle 乘以\ \ell}\downarrow & & \downarrow{\scriptstyle 商} \\
\ell^{-i}\mathbb{Z}/\mathbb{Z} & \xrightarrow[\sim]{} & \mathbb{Z}/\ell^{i}\mathbb{Z} \\
\cup & & \cup \\
\ell a \bmod \mathbb{Z} & \longmapsto & \ell^{i+1}a \bmod \ell^{i}\mathbb{Z}
\end{array}$$

交换, 故 $T_\ell(E) \simeq \mathbb{Z}_\ell \oplus \mathbb{Z}_\ell$. 令 $\Gamma := \mathbb{Z} \oplus \mathbb{Z}\tau$, 以上论证实则说明了 $T_\ell(E)$ 自然同构于 Γ 对 $(\ell^i\Gamma)_{i\geq 0}$ 的完备化.

当 ℓ 取遍所有素数, 不妨设想 $T_\ell(E)$ 代数地"模拟"了定义 E 的格 Γ, 而后者又是 E 的拓扑不变量 $H_1(E, \mathbb{Z})$. 这般手法对复环面自然是迂回. 然而 E 又可看作射影平面 $\mathbb{P}^2(\mathbb{C})$ 中的三次代数曲线, 连同一个给定的点 O (对应于复环面的零点), 此即域 $\mathbb{C}$ 上的**椭圆曲线**; 后一种解读能在任意代数闭域上操作, 相应的曲线依然是交换群. 这种代数框架是处理相关数论问题所必需的, 此时不易沿用习见的同调理论, Tate 模 $T_\ell(E)$ 就成为极有力的工具.

4.11 范畴中的群

群范畴 Grp, Ab 的性质已经谈了不少, 现在我们反其道而行, 试着在一般范畴中辨识具有"群"特质的对象. 此节可以视为范畴论的初步练习.

以下取 $\mathcal{C}$ 为范畴, 并假设 $\mathcal{C}$ 具备有限积; 特别地, $\mathcal{C}$ 中有一个择定的终对象 $\mathbf{1}$, 亦即空积.

定义 4.11.1 范畴 $\mathcal{C}$ 中的**群对象**系指一族资料 (G, m, i, e), 其中

◇ G 是 $\mathcal{C}$ 的对象,

◇ $m: G \times G \to G$ (乘法), $i: G \to G$ (取逆) 及 $e: \mathbf{1} \to G$ (幺元) 是 $\mathcal{C}$ 中的态射,

满足下列条件:

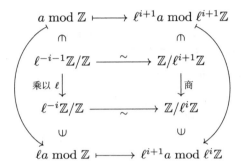

▷ **结合律** 在 $\mathcal{C}$ 中有交换图表

$$\begin{array}{ccccc} G\times(G\times G) & & \overset{\sim}{\overline{\qquad\qquad\qquad}} & & (G\times G)\times G \\ \big\downarrow{\scriptstyle \mathrm{id}_G\times m} & & & & \big\downarrow{\scriptstyle m\times\mathrm{id}_G} \\ G\times G & \xrightarrow[m]{} & G & \xleftarrow[m]{} & G\times G \end{array}$$

其中的无名同构 $G\times(G\times G)\simeq(G\times G)\times G$ 是积的结合约束 (引理 2.7.11).

▷ **幺元性质** 同样利用结合约束 (空积情形), 我们要求下图交换

$$\begin{array}{ccccc} & \overset{\sim}{\swarrow} & G & \overset{\sim}{\searrow} & \\ \mathbf{1}\times G & & \big\downarrow{\scriptstyle \mathrm{id}_G} & & G\times\mathbf{1} \\ & \underset{m\circ(e\times\mathrm{id}_G)}{\searrow} & G & \underset{m\circ(\mathrm{id}_G\times e)}{\swarrow} & \end{array}$$

▷ **逆元性质** 下图交换

$$\begin{array}{ccccc} & \overset{(\mathrm{id}_G,i)}{\swarrow} & G & \overset{(i,\mathrm{id}_G)}{\searrow} & \\ & & \downarrow & & \\ G\times G & & \mathbf{1} & & G\times G \\ & & \downarrow{\scriptstyle e} & & \\ & \underset{m}{\searrow} & G & \underset{m}{\swarrow} & \end{array}$$

我们经常省去群对象中的 (m,i,e). 群对象 G_1, G_2 之间的同态是指保持 m, i, e 的态射 $\varphi: G_1\to G_2$, 这相当于说以下图表交换:

$$\begin{array}{ccc} G_1\times G_1 & \xrightarrow{m_1} & G_1 \\ \big\downarrow{\scriptstyle \varphi\times\varphi} & & \big\downarrow{\scriptstyle \varphi} \\ G_2\times G_2 & \xrightarrow[m_2]{} & G_2 \end{array} \qquad \begin{array}{ccc} G_1 & \xrightarrow{i_1} & G_1 \\ \big\downarrow{\scriptstyle \varphi} & & \big\downarrow{\scriptstyle \varphi} \\ G_2 & \xrightarrow[i_2]{} & G_2 \end{array} \qquad \begin{array}{ccc} & \mathbf{1} & \\ {\scriptstyle e_1}\swarrow & & \searrow{\scriptstyle e_2} \\ G_1 & \xrightarrow[\varphi]{} & G_2 \end{array}$$

据此可以定义群对象的同构、自同构等概念. 如果合成态射 $G\times G\xrightarrow{\text{置换}}G\times G\xrightarrow{m}G$ (参看引理 2.7.12) 等于 $G\times G\xrightarrow{m}G$, 则称 G 为**交换**的.

以上定义显然是用范畴语言重写群的定义, 取 $\mathcal{C}=\mathsf{Set}$ 就回到定义 4.1.2; 差异在于这里的 i, e 都是给定的, 不似抽象情形下是乘法结构的派生物. 群的抽象理论可以照搬到 $\mathcal{C}$ 上, 例如 $\mathcal{C}$ 中 G 的群作用可以看作一个对象 $E\in\mathrm{Ob}(\mathcal{C})$ 配上作用态射

$$a: G\times E\to E$$

使之满足定义 4.4.1 诸条件, 由此出发建立范畴中的群作用、等变态射等诸般概念. 当然这一切都得用箭头改写. 举例明之, 关于挠子的判准 (引理 4.4.12) 已然是范畴化

了的.

例 4.11.2 范畴 Top 的群对象即是拓扑群, 而光滑流形范畴的群对象是 Lie 群. 这类群对象的作用是几何与拓扑学关注的重点. 若考虑 Top 中由完全不连通紧空间构成的全子范畴, 则其中的群对象是 pro-有限群, 参看注记 4.10.7.

从定义 4.11.1 中的大量图表可看出群对象的箭头定义并不便于操作, 可表函子在此派上用场. 下面设 $\mathcal{C}$ 为任意范畴. 我们引入 §2.5 定义的范畴 $\mathcal{C}^\wedge := \mathrm{Fct}(\mathcal{C}^{\mathrm{op}}, \mathsf{Set})$ 及米田嵌入 $h_{\mathcal{C}} : \mathcal{C} \hookrightarrow \mathcal{C}^\wedge$.

定义 4.11.3 范畴 $\mathcal{C}^\wedge$ 中的**群函子**系指对象 G 及以下一族资料: 对每个 $S \in \mathrm{Ob}(\mathcal{C})$, 给定集合 $G(S)$ 上的一个群结构, 并要求对任意 $\mathcal{C}$ 中的态射 $f : S \to T$, 相应的映射 $G(f) : G(T) \to G(S)$ 都是群同态. 换言之, 群函子无非是形如

$$G : \mathcal{C}^{\mathrm{op}} \to \mathsf{Grp}$$

的函子, 其间的同态、同构等概念有显然的定义.

根据命题 2.7.8, 函子范畴 $\mathcal{C}^\wedge$ 中存在任意小极限. 这些极限的定义是 "逐点" 的, 例如 $(X \times Y)(\cdot) = X(\cdot) \times Y(\cdot)$ 和 $\mathbf{1}(\cdot) = \{\mathrm{pt}\}$ 等等. 于是

$$\begin{array}{ccc}
\left\{\begin{array}{l} G \in \mathrm{Ob}(\mathcal{C}^\wedge) \\ \text{资料 } G(\cdot) \times G(\cdot) \xrightarrow{\text{自然}} G(\cdot), \ldots \end{array}\right. & \Longleftrightarrow & \left\{\begin{array}{l} G \in \mathrm{Ob}(\mathcal{C}^\wedge) \\ \text{资料 } (G \times G)(\cdot) \xrightarrow{\text{自然}} G(\cdot), \ldots \end{array}\right. \\
\Updownarrow & & \Big\Updownarrow \\
\left\{\begin{array}{l} G \in \mathrm{Ob}(\mathcal{C}^\wedge) \\ S \xrightarrow{f} T \rightsquigarrow \text{群同态 } G(T) \xrightarrow{G(f)} G(S), \ldots \end{array}\right. & & \\
\Big\| & & \\
G : \mathcal{C}^{\mathrm{op}} \to \mathsf{Grp} & & G \in \mathrm{Ob}(\mathcal{C}^\wedge) : \text{ 群对象}
\end{array}$$

由此可见群函子正是 $\mathcal{C}^\wedge$ 中的群对象.

群函子比群对象更容易处理, 诸多性质很容易对 $S \in \mathrm{Ob}(\mathcal{C})$ 逐一验证, 亦即化约到群 $G(S)$ 的情形. 一般群对象的研究因而可以分两步走, 首先是 $\mathcal{C}^\wedge$ 的情形, 而第二步探讨是函子的可表性, 见定义 2.5.2.

引理 4.11.4 假设 $\mathcal{C}$ 具有有限积, 则

$$\begin{aligned} h : \{\mathcal{C}\ \text{的群对象}\} &\longrightarrow \{\mathcal{C}^\wedge\ \text{中的群函子}\} \\ (G, \cdots) &\longmapsto (h_{\mathcal{C}}(G), \cdots) \end{aligned}$$

是全忠实函子, 满足 $G(\cdot)$ 可表的群函子 $(G(\cdot), \cdots)$ 都同构于 h 的某个像.

证明 这是定理 2.5.1 的直接推论. □

群函子的实例之一是 §10.9 将介绍的 Witt 加法群函子 $\mathrm{W} : \mathsf{CRing} \to \mathsf{Ab}$, 这里 CRing 表交换环范畴.

注记 4.11.5 同理, $\mathcal{C}^\wedge$ 中可以考虑群函子的作用: 给定群函子 G 和任意 $E \in \mathrm{Ob}(\mathcal{C}^\wedge)$, 所谓的作用无非是对每个 S 给定真正的群作用

$$a(S) : G(S) \times E(S) \to E(S)$$

使得对每个 $f : S \to T$, 图表

$$\begin{array}{ccc} G(T) \times E(T) & \longrightarrow & E(T) \\ \downarrow & & \downarrow \\ G(S) \times E(S) & \longrightarrow & E(S) \end{array}$$

交换. 如考虑可表的 G, E 即导出 $\mathcal{C}$ 中群对象的作用 $a : G \times E \to E$.

准此要领可以处理环、模等对象的范畴版本. 这里按下不表.

习题

1. 设 S 为半群. 证明元素 $1 \in S$ 是幺元当且仅当 (i) $1 \cdot 1 = 1$, (ii) 1 满足左、右消去律. 读者不妨对照定义 3.1.1.

2. 以泛性质解释命题 4.2.4 (见 §2.4 的讨论), 并说明它在何种意义下唯一地刻画了商幺半群 $M/\sim$.

3. 证明群 G 的子集 S 是子群当且仅当 S 非空而且对运算 $(x, y) \mapsto xy^{-1}$ 封闭.

4. 假设群 G 的每个元素 x 都满足 $x^2 = 1$, 证明 G 交换.

5. 证明群 G 的全体内自同构 $\{\mathrm{Ad}_g : g \in G\}$ 成为 $\mathrm{Aut}(G)$ 的正规子群, 记之为 $\mathrm{Inn}(G)$, 称商群 $\mathrm{Out}(G) := \mathrm{Aut}(G)/\mathrm{Inn}(G)$ 为 G 的**外自同构群**. 探讨如何对任意群扩张 $1 \to N \to G \to H \to 1$ 自然地导出同态 $H \to \mathrm{Out}(N)$.

6. 证明交换单群为素数阶循环群.

7. 对有限群 G 的任意子群 H, K, 证明 $|HK| = \frac{|H||K|}{|H\cap K|}$.

8. (Neumann 引理) 设 $H_1, \ldots, H_n$ 为 G 的子群, 并且存在 $\{a_{ij} \in G\}_{\substack{1\leq i\leq m\\ 1\leq j\leq n}}$ 使得 $G = \bigcup_{i,j} H_i a_{ij}$. 证明必有某个 H_i 使得 $(G : H_i)$ 有限. 提示 不妨设 $n \geq 2$ 而 $(G : H_1)$ 无穷, 此时存在 $H_1 b$ 与 $\bigcup_j H_1 a_{1j}$ 无交; 证明 $H_1 \subset \bigcup_{i\geq 2} \bigcup_j H_i a_{ij} b^{-1}$ 以递归到 $n-1$ 的情形.

9. 证明任意有限群 G 都能嵌入某个对称群 $\mathfrak{S}_n$. 提示 让 G 在某个有限集上忠实作用.

10. 设 H 是群 G 的子群, $(G : H)$ 有限, 证明存在正规子群 $H' \lhd G$ 使得 $(G : H')$ 有限而且 $H' \subset H$. 提示 让 G 在陪集空间 G/H 上作用, 考虑同态 $G \to \mathrm{Aut}(G/H)$ 的核.

11. 证明若交换群中的元素 x, y 的阶数 $a, b \in \mathbb{Z}_{\geq 1}$ 互素, 则 xy 的阶数为 ab.

12. 设 A 为有限交换群, A' 为其子群, 证明任何同态 $A' \to \mathbb{Q}/\mathbb{Z}$ 都能延拓到 $A \to \mathbb{Q}/\mathbb{Z}$.

13. 群 G 能表成半直积 $N \rtimes H$ 当且仅当存在可裂扩张 $1 \to N \to G \to H \to 1$. 这两类对象 (半直积分解/可裂扩张) 在什么意义下一一对应?

14. 设 I 为集合, $(G_i)_{i\in I}$ 为一族以 I 为指标的群. 假设 $I_0 \subset I$ 为有限子集, 而且对每个 $i \in I \setminus I_0$ 皆给定子群 $H_i \subset G_i$ (利索的讲法: 对**几乎所有**指标 i 给定 H_i), 定义**受限积**为

$$\prod\nolimits'_{i\in I} G_i := \left\{ (x_i)_{i\in I} \in \prod_{i\in I} G_i : \exists \text{ 有限子集 } I_x \subset I,\ i \notin I_x \implies x_i \in H_i \right\};$$

换言之, 我们要求其中元素几乎所有的坐标 x_i 都落在 H_i. 证明 $\prod'_{i\in I} G_i$ 是 $\prod_{i\in I} G_i$ 的子群. 如取 $H_i = \{1\}$, 所得结构称为群的**直和** $\bigoplus_{i\in I} G_i$.

15. 对于任意有限群 G 在有限集 X 上的左作用, 证明:

(i) $|G| \cdot |G\backslash X| = \sum_{g\in G} |\{x \in X : gx = x\}|$;

(ii) 一个传递作用是 2-传递的当且仅当 $\sum_{g\in G} |\{x \in X : gx = x\}|^2 = 2|G|$.

16. 设 G 为群.

(i) 对任意子群 $H \subset G$, 证明陪集空间 G/H 在 G-集范畴中的自同构群等同于 $N_G(H)/H$.

(ii) 对任意子群 $H, K \subset G$, 明确给出从双陪集空间 $H\backslash G/K$ 到商空间 $G\backslash (G/H \times G/K)$ 的双射, 这里 G 按 $(aH, bK) \overset{g}{\mapsto} (gaH, gbK)$ 左作用于 $G/H \times G/K$.

(iii) 考虑 $G \times G$ 的子群 $\Delta := \{(g, g) : g \in G\}$. 命 $\mathrm{Conj}(G)$ 为 G 中共轭类所成之集合. 明确给出从 $\Delta\backslash(G \times G)/\Delta$ 到 $\mathrm{Conj}(G)$ 的双射.

17. 证明在阶数为 pq ($p < q$ 为素数) 的群 G 中, Sylow q-子群总是正规的, 而且当 $p \nmid q-1$ 时 $G \simeq \mathbb{Z}/q\mathbb{Z} \times \mathbb{Z}/p\mathbb{Z}$.

18. 证明阶数为 30 的群总是有正规的 Sylow 子群, 故非单群.

19. 设 F 为有限域, $|F| = q = p^m$, 其中 p 是素数 (尚不熟悉有限域的读者不妨取 $F := \mathbb{Z}/p\mathbb{Z}$).

(i) 确定系数在 F 上的 $n \times n$-可逆矩阵所成乘法群 $\mathrm{GL}(n, F)$ 的阶数;

(ii) 验证幂幺上三角阵子群 U 是 $\mathrm{GL}(n, F)$ 的 Sylow p-子群;

(iii) 证明 $N_{\mathrm{GL}(n,F)}(U)$ 是可逆上三角阵所成子群.

20. 对素数 p 证明对称群 $\mathfrak{S}_p$ 中的 p-子群个数有 $(p-2)!$ 个, 并从 Sylow 第三定理导出初等数论中的 Wilson 定理: $(p-1)! \equiv -1 \pmod{p}$.

21. 证明若 G/Z_G 是循环群, 则 G 交换; 证明阶数为 p^2 (这里 p 为素数) 的群皆交换.

22. 设 X 为集合, 证明幺半群族 $(\mathbb{Z}_{\geq 0})_{x\in X}$ 对 $A=\{1\}$ 的融合积是自由幺半群 $\mathbf{M}(X)$.

23. 证明 $\mathbf{F}(X)$ 的交换化是 $\mathbb{Z}^{\oplus X}$. 提示〉 利用泛性质.

24. 设子群 $H\subset G$ 满足 $(G:H)$ 有限, 证明以下方法给出良定的同态 $G_{\mathrm{ab}}\xrightarrow{\mathrm{Ver}}H_{\mathrm{ab}}$, 称为转移: 任取陪集分解 $G=\bigsqcup_{i=1}^{n}\rho_i H$, 对 $g\in G$ 有 $g\rho_i=\rho_j h_i$, 其中 $h_i\in H$ 而 $1\leq j\leq n$ 依赖于 i, 置 $\mathrm{Ver}(gG_{\mathrm{der}})=\prod_{i=1}^{n}(h_i H_{\mathrm{der}})$.

25. 令群 G 作用于集合 X 而 $G_1,\ldots,G_r$ 为 G 的非平凡子群, $G=\langle G_1,\ldots,G_r\rangle$, 且其中至少有一个子群的阶数 >2. 证明以下俗称乒乓引理的结果: 设存在不交的非空集 $X_1,\ldots,X_r\subset X$ 使得

$$\forall 1\leq i\neq j\leq r,\ \forall g\in G_i\smallsetminus\{1\},\ gX_j\subset X_i,$$

则从自由积 $G_1*\cdots*G_r$ 到 G 的自然同态是同构. 提示〉 不妨假设 $|G_1|\geq 3$, 须证明既约字 w 的像在 X 上作用若平凡, 则 $w=1$. 对 $w\neq 1$ 取适当共轭以确保该既约字为 $w=g_1\cdots g_1'$ 的形式, 然后论证 $j\neq 1\implies w(X_j)\subset X_1$.

26. 考虑 pro-有限群 $\mathcal{G}:=\varprojlim_U G/U$ 和 $\mathcal{H}:=\varprojlim_V H/V$, 说明

$$\mathrm{Hom}_{\mathrm{c}}(\mathcal{G},\mathcal{H})\simeq\varprojlim_V\varinjlim_U\mathrm{Hom}(G/U,H/V),$$

其中 $\mathrm{Hom}_{\mathrm{c}}$ 表连续同态集.

第五章 环论初步

环是具有加法和乘法两种二元运算的结构，满足结合律、分配律等习见的运算法则，然而不要求乘法交换. 交换环的根本例子是整数环 $\mathbb{Z}$. 推而广之，在数论中，任意一个代数数域中的代数整数皆对加法和乘法构成交换环；正是在这个脉络下，Hilbert 于 1897 年出版的《数论报告》中首次引进了环的术语，其原文是德文 *der Zahlring*，即"数环". 非交换环的根本例子是域上的 $n \times n$-矩阵环，譬如 $n \times n$-实矩阵环 $M_n(\mathbb{R})$. 综之，环结构在数学中的分量一目了然.

交换环与非交换环无论在性质或研究视角上都有明显差异，域和除环又各有其独特的方法论，必须各辟专章讨论. 本章目的仅是铺陈共通的基本概念，并间杂以具体的经典结果，如：Wedderburn 小定理 5.2.6，唯一分解性 §5.7 以及对称多项式的初步理论 §5.8；这些结果还会在后续章节登场.

如不另做说明，我们仅考虑含幺元的环，而且一般假设环 $\neq \{0\}$. 为了避免悖论，论及环范畴 Ring 时我们仍沿用约定 2.1.4，假定所论的环在集合论意义下都是"小"的.

阅读提示

本章内容较偏于形式面向，着眼于为后继章节搭建合适的框架，前半部内容在一般的抽象代数课程多有涉及. 在 §5.4 介绍 Möbius 反演有双重目的，一是顾及未熟悉经典 Möbius 反演公式的读者，二是说明环论语言对计数组合学的应用；习题中还会提供进一步的例子.

对称多项式也是大学数学课程常涉及的内容，我们在 §5.8 引进的 Young 图处理手法既非最快也不是最简单的，其用意是介绍一套应用范围更广的思考模式.

5.1 基本概念

环是一种具备加、减与乘法运算的代数结构, 亦可视为叠架在一个交换群 (运算写作加法) 上的乘法结构, 后一观点在理论上往往更为便利.

定义 5.1.1 (含幺) **环**是一组资料 $(R,+,\cdot)$, 其中

1. $(R,+)$ 是交换群, 二元运算用加法符号记作 $(a,b)\mapsto a+b$, 加法幺元记为 0, 称之为 R 的加法群;
2. 乘法运算 $\cdot : R\times R\to R$ 简记为 $a\cdot b=ab$, 满足下述性质: 对所有 $a,b,c\in R$,
   - ◇ $a(b+c)=ab+ac,\quad (b+c)a=ba+ca$ (分配律, 或曰双线性),
   - ◇ $a(bc)=(ab)c$ (乘法结合律);
3. 存在元素 $1\in R$ 使得对所有 $a\in R$ 皆有 $a\cdot 1=a=1\cdot a$, 称作 R 的 (乘法) 幺元.

除去和幺元相关性质得到的 $(R,+,\cdot)$ 称作无幺环. 若子集 $S\subset R$ 对 $(+,\cdot)$ 也构成环, 并且和 R 共用同样的乘法幺元 1, 则称 S 为 R 的子环, 或称 R 是 S 的环扩张或扩环.

以上定义蕴涵了 $(R,\cdot)$ 构成幺半群, 故幺元 1 是唯一的, 必要时标注为 1_R. 子环 $S\subset R$ 的定义相当于说 $(S,+)$ 为子群而 $(S,\cdot)$ 为子幺半群. 左乘映射 $b\mapsto ab$ 对每个 $a\in R$ 都是加法群 $(R,+)$ 的自同态, 故环论公理蕴涵 $a\cdot 0=0$; 同理 $0\cdot a=0$. 此外, $(-1)a+a=(-1+1)a=0$ 蕴涵 $(-1)a=-a$; 同理 $a(-1)=-a$.

留意到满足 $1=0$ 的环只有一个元素 0, 称作**零环**. 本章如不另做说明, 环皆指非零的含幺环, 并将 $(R,+,\cdot)$ 简记为 R, 其中对乘法可逆的元素全体记为 $R^\times$; 这和先前关于幺半群中可逆元的符号是一致的.

定义 5.1.2 设 R 为环, 定义其相反环 $R^{\mathrm{op}}=(R,+,\odot)$, 其中仅乘法运算 $\odot$ 改为

$$a\odot b:=ba,\quad a,b\in R.$$

若 $R^{\mathrm{op}}=R$ (即: $ab=ba$ 恒成立), 则 R 称为**交换环**.

定义 5.1.3 设 R,S 为环, 映射 $\varphi:R\to S$ 若满足下列条件则称为环同态: 对所有 $a,b\in R$

- ◇ $\varphi(a+b)=\varphi(a)+\varphi(b)$, 这相当于说 φ 是加法群的同态;
- ◇ $\varphi(ab)=\varphi(a)\varphi(b)$;
- ◇ $\varphi(1_R)=1_S$, 以上两条相当于说 φ 是乘法幺半群的同态.

如去掉与 1_R, 1_S 相关的条件, 就得到无幺环之间的同态概念.

由此可导出环的同构 (即可逆同态)、自同态、自同构等概念, 与 §2.1 探讨范畴论时同一套路, 不再赘述.

一个同态 φ 是同构当且仅当它是双射, φ 的像 $\mathrm{im}(\varphi)$ 是 S 的子环. 对环同态依然有核 $\ker(\varphi) := \varphi^{-1}(0)$ 的概念, 我们马上会看到同态的核无非是环的双边理想.

例 5.1.4 非交换环的基本例子是矩阵环: 设 $n \in \mathbb{Z}_{\geq 1}$ 而 R 为环, 定义矩阵环 $M_n(R)$ 使其元素为 $n \times n$ 阶矩阵

$$(a_{ij})_{1 \leq i,j \leq n} = \begin{pmatrix} a_{11} & \cdots & a_{1n} \\ \vdots & & \vdots \\ a_{n1} & \cdots & a_{nn} \end{pmatrix}, \quad \forall i, j,\ a_{ij} \in R,$$

加法、乘法定义为习见的矩阵运算; 注意到这里不要求 R 交换. 矩阵环的幺元是

$$1 = \begin{pmatrix} 1_R & & \\ & \ddots & \\ & & 1_R \end{pmatrix}.$$

例 5.1.5 设 $(A, +)$ 为交换群, 则 A 的自同态集 $\mathrm{End}(A)$ 具有自然的环结构: 自同态的合成给出乘法 $\phi\psi = \phi \circ \psi$, 其中 $\phi, \psi \in \mathrm{End}(A)$, 而加法可以 "逐点地" 定义成

$$\phi + \psi : a \longmapsto \phi(a) + \psi(a).$$

容易验证这使 $(\mathrm{End}(A), +, \cdot)$ 成环, 幺元是 id_A.

接着考虑环的商. 设 R 为环, 这里的思路和 §4.2 类似: 给定集合 R 上的等价关系 $\sim$, 试问在什么条件下能赋予 $R/\sim$ 典范的环结构, 使得商映射 $R \to R/\sim$, $r \mapsto [r]$ 为环同态? 环同态首先必是加法群的同态, 因而等价关系由一个加法子群 $I \subset R$ 确定, 使得对所有 $r, r' \in R$ 有

$$(r \sim r') \iff (r - r' \sim 0) \iff (r - r' \in I).$$

现在计入乘法, $\sim$ 须满足条件

$$(r \sim r') \wedge (s \sim s') \implies (rs \sim r's').$$

由环的公理易知 $rs - r's' = r(s - s') + (r - r')s'$. 因此我们的条件化归为: $\forall r \in R$, 有

$rI \subset I$, $Ir \subset I$; 这里

$$rI := \{ra : a \in I\} \subset R,$$
$$Ir := \{ar : a \in I\} \subset R,$$

两者皆为 R 的加法子群. 事实上由 R 含幺元可知以上条件等价于 $IR = I = RI$. 于是我们提炼出以下定义.

定义 5.1.6 设 R 为环, $I \subset R$ 为加法子群.

(i) 若对每个 $r \in R$ 皆有 $rI \subset I$, 则称 I 为 R 的**左理想**;
(ii) 若对每个 $r \in R$ 皆有 $Ir \subset I$, 则称 I 为 R 的**右理想**;
(iii) 若 I 兼为左、右理想, 则称作**双边理想**.

满足 $I \neq R$ 的左、右或双边理想称为真理想. 交换环的左、右理想不分, 简称为理想.

关于加法子群的前提可以放宽为 I 对加法封闭且非空, 因为 $(-1)r = -r$. 理想具有以下几种最简单的运算.

◇ 设 I_1, I_2 为 R 的左理想 (或右理想, 双边理想), 则 $I_1 + I_2$ 与 $I_1 \cap I_2$ 亦然. 推而广之, 对于任意一族 R 的左理想 (或右理想, 双边理想) $\{I_t : t \in T\}$, 定义其和

$$\sum_{t \in T} I_t := \left\{ r_{t_1} + \cdots + r_{t_n} : \begin{array}{c} n \in \mathbb{Z}_{\geq 1},\ t_1, \ldots, t_n \in T, \\ \forall 1 \leq j \leq n,\ r_{t_j} \in I_{t_j} \end{array} \right\},$$

对 $T = \varnothing$ 约定空和为 $\{0\}$, 则 $\sum_{t \in T} I_t$ 也是左理想 (或右理想, 双边理想). 同理, 当 $T \neq \varnothing$ 时, 类似断言对交 $\bigcap_{t \in T} I_t$ 也成立.

◇ 对 R 的任意子集 S, 定义由 S 生成的左理想 (或右理想, 双边理想) 为包含 S 的最小的左理想 (或右理想, 双边理想), 即 $\bigcap_{I \supset S} I$, 其中 I 取遍左理想 (或右理想, 双边理想).

◇ 设 I 为双边理想, S 为子环, 则 $S + I$ 亦为子环.

◇ 设 S 为子环, I 在 R 中为左理想 (或右理想, 双边理想, 子环), 则 $S \cap I$ 在 S 中亦然.

◇ 定义双边理想 I, J 的积 IJ 为由子集 $\{xy : x \in I,\ y \in J\}$ 生成的理想, 注意到

IJ 的元素能表为这些 xy 的和. 积运算具有以下简单性质,

$$IJ \subset I \cap J \subset I + J,$$
$$(\sum_{t\in T} I_t)J = \sum_{t\in T}(I_t J), \quad J(\sum_{t\in T} I_t) = \sum_{t\in T} JI_t,$$
$$I(JK) = (IJ)K.$$

利用最后一条结合律, 可定义有限多个理想的积 $I_1 \cdots I_n$; 理想 I 的幂次可递归地按 $I^0 = R$ 和 $I^k = I \cdot I^{k-1}$ 来定义, 此处 $k \in \mathbb{Z}_{\geq 1}$.

一般将有限个元素 $r_1, \ldots, r_n \in R$ 生成的双边理想记为 $\langle r_1, \ldots, r_n \rangle$. 在交换环的情形也习惯写作 $(r_1, \ldots, r_n)$.

定义 5.1.7 设 I 为 R 的双边理想, 赋予加法群 R/I 乘法运算如下

$$(r + I) \cdot (s + I) := (rs + I), \quad r, s \in R.$$

则 R/I 构成一个环, 称为 R 模 I 的**商环**. 商映射 $R \twoheadrightarrow R/I$ 称为**商同态**.

我们在定义 5.1.6 前的讨论中业已说明了 R/I 确实成环, 其幺元是 $1_{R/I} = 1_R + I$; 而且从定义立得 $R \twoheadrightarrow R/I$ 确实为同态. 需注意到 R/I 是零环当且仅当 $I = R$, 我们通常仅考虑 I 是真理想的情形. 取商 R/I 的操作有时也叫作 $\bmod I$.

例 5.1.8 设 $n \in \mathbb{Z}$, 则 $n\mathbb{Z}$ 是 $\mathbb{Z}$ 的理想. 当 $n \neq 0$ 时商环 $\mathbb{Z}/n\mathbb{Z}$ 中的运算无非就是数论中的同余类操作. 反过来看, 任意理想 $I \subset \mathbb{Z}$ 必为 $I = n\mathbb{Z}$ 的形式: $I = \{0\}$ 时自不待言, 如非零则取 $I \cap \mathbb{Z}_{>0}$ 中的极小元 n, 由带余除法知 I 中元素必被 n 整除; 如要求 $n \geq 0$, 则 n 是唯一确定的. 这表明 $\mathbb{Z}$ 是稍后将介绍的主理想环 (定义 5.3.7) 的初等例子.

商环满足一些与商群共通的性质如下, 证明和群的情形如出一辙, 留作练习.

命题 5.1.9 设 $I \subset R$ 为双边理想, 则对任意环同态 $\varphi: R \to R'$ 满足 $\varphi(I) = 0$ 者, 存在唯一的同态 $\bar{\varphi}: R/I \to R'$ 使得下图交换.

$$\begin{array}{ccc} R & \xrightarrow{\varphi} & R' \\ \downarrow & \nearrow_{\exists!\,\bar{\varphi}} & \\ R/I & & \end{array}$$

命题 5.1.10 设 $\varphi: R \to R'$ 为环同态, 则 $\ker(\varphi) := \varphi^{-1}(0)$ 是 R 的双边理想, 且诱导同态 $\bar{\varphi}: (R/I) \to \mathrm{im}(\varphi)$ 是环同构.

接着观察到对任意环同态 $\varphi : R_1 \to R_2$, 理想间有相应的原像映射:

$$\begin{aligned} \{R_2 \text{ 的双边理想}\} &\longrightarrow \{R_1 \text{ 的双边理想}\} \\ I_2 &\longmapsto \varphi^{-1}(I_2). \end{aligned} \tag{5.1}$$

此映射满足

$$I_2 \subset I_2' \implies \varphi^{-1}(I_2) \subset \varphi^{-1}(I_2').$$

如取 φ 为子环的包含映射 $R_1 \hookrightarrow R_2$, 便得到 $I_2 \mapsto I_2 \cap R_1$. 下面考虑另一个极端, 即商同态或满同态 (回忆命题 5.1.10) 的情形.

命题 5.1.11 设 $\varphi : R_1 \to R_2$ 是满的环同态. 则 (5.1) 诱导出双射

$$\begin{aligned} \{\text{双边理想 } I_2 \subset R_2\} &\xleftrightarrow{1:1} \{\text{双边理想 } I_1 \subset R_1 : I_1 \supset \ker(\varphi)\} \\ I_2 &\longmapsto \varphi^{-1}(I_2) \\ \varphi(I_1) &\longleftarrow I_1. \end{aligned}$$

而且合成同态 $R_1 \xrightarrow{\varphi} R_2 \twoheadrightarrow R_2/I_2$ 诱导出环同构 $R_1/\varphi^{-1}(I_2) \xrightarrow{\sim} R_2/I_2$.

接着考虑子环 $S \subset R$ 及双边理想 $I \subset R$. 合成同态 $S \hookrightarrow R \twoheadrightarrow R/I$ 的像为 R/I 的子环 $(S+I)/I$, 它的核显然是 $I \cap S$. 以下证明与群的情形同一套路, 是故略去.

命题 5.1.12 设 S 是 R 的子环而 I 是 R 的双边理想, 则合成同态 $S \twoheadrightarrow (S+I)/I$ 诱导的环同态

$$\theta : S/I \cap S \to (S+I)/I$$

乃是同构.

和左理想或右理想相关的构造将在模论部分统一处理.

5.2 几类特殊的环

设 R 为环, 以下皆假设 R 非零. 对任意 $x \in R$, 定义其**中心化子**

$$Z_R(x) := \{r \in R : rx = xr\};$$

环 R 的**中心**定为

$$Z_R := \{r \in R : \forall s \in R, rs = sr\} = \bigcap_{x \in R} Z_R(x).$$

这些都是 R 的子环, 而且 Z_R 是交换环.

既然 R 对乘法构成幺半群, 故可定义其中元素的左逆与右逆. 设 $r \in R$ 非零, 若 r 可逆, 其逆记为 r^{-1}; 全体可逆元构成的乘法群记为 $R^\times$. 若存在 $r' \neq 0$ 使得 $rr' = 0$ 则称 r 为**左零因子**; 条件改作 $r'r = 0$ 则称**右零因子**. 为 R 中左或右零因子的元素统称为**零因子**. 元素 $r \in R \smallsetminus \{0\}$ 非左零因子当且仅当 r 的左乘满足消去律, 这是由于 $ra = rb \iff r(a-b) = 0$; 右零因子的情形类似.

由于环对加法成群, 对其中元素可取任意整数倍: 如 $(-1)r = -r$, $nr = \underbrace{r + \cdots + r}_{n\text{ 项}}$, $(-n)r = nr$ 等等 (设 $n \geq 0$). 不难验证映射

$$\begin{aligned} \mathbb{Z} &\longrightarrow R \\ a &\longmapsto a \cdot 1_R \end{aligned} \tag{5.2}$$

为环同态; 这也是从 $\mathbb{Z}$ 到 R 的唯一同态, 像包含于 Z_R. 由命题 5.1.10 和例 5.1.8 知其像必同构于某个 $\mathbb{Z}/p\mathbb{Z}$, 其中 $p \in \mathbb{Z}_{\geq 0}$ 是唯一的. 此时必有 $p \neq 1$, 否则在 R 中 $1 = 0$ 将导致 R 是零环. 记此数 p 为 $\mathrm{char}(R)$.

定义 5.2.1 设 R 非零环, 定义其**特征**为上述的 $\mathrm{char}(R)$.

如果 R 中没有非零的零因子, 则 $\mathbb{Z}/p\mathbb{Z}$ 亦然, 后者成立当且仅当 $p = 0$ 或素数. 以下的公式在域论中格外有用: 设交换环 R 的特征为素数 p, 则

$$(u+v)^{p^m} = u^{p^m} + v^{p^m}, \quad u, v \in R,\ m \geq 0; \tag{5.3}$$

这是 R 上二项式定理和引理 4.5.8 的直接应用.

定义 5.2.2 无非零的零因子的交换环称为**整环**.

定义 5.2.3 若环 R 中的每个非零元皆可逆, 则称 R 为**除环**. 交换除环称为**域**.

按本节的约定, 除环不能是零环; 某些文献将除环称作体.

例 5.2.4 设 p 为素数, 则商环 $\mathbb{Z}/p\mathbb{Z}$ 是域, 一般记为 $\mathbb{F}_p$. 诚然, 若 $x \in \mathbb{Z}$ 和 p 互素, 则辗转相除法表明 $xy + pz = 1$ 有整数解 y, z, 因而 $y + p\mathbb{Z}$ 给出 $x + p\mathbb{Z}$ 的乘法逆元.

除环 D 中可作除法, 故存在包含 1 的最小子域, 称为 D 的**素子域**; 当 $\mathrm{char}(D) = 0$ 时, $\mathbb{Z} \hookrightarrow D$, 故其素子域同构于有理数域 $\mathbb{Q}$; 若 $\mathrm{char}(D) = p > 0$, 其素子域是上述之 $\mathbb{F}_p$.

环上的拓扑、几何结构或有限性等条件往往与其代数性质有着微妙的关系. 下述两个结果是绝佳范例. 定理 5.2.6 的证明略需一些多项式和初等数论的知识.

命题 5.2.5 有限环 D 若无非零的零因子, 则 D 必为除环.

证明 设 $x \in D$, $x \neq 0$. 由条件可知从 D 到自身的左乘映射 $L_x : r \mapsto xr$ 为单射. 因为 D 有限, L_x 自动是双射, 故存在 $x' \in R$ 使得 $xx' = 1$, 即 x 右可逆. 同理, 考虑右乘

映射可知 x 左可逆. 因而 $x \in D^\times$. □

定理 5.2.6 (Wedderburn 小定理) 有限除环必为域.

证明 (E. Witt) 设 D 为有限除环. 对任意 $r \in D^\times$, 应用 $r^{\pm 1}$ 在 D 上的共轭作用可知对任意 $x \in D$,

$$xr = rx \iff r^{-1}x = xr^{-1}.$$

由之得到两条推论: 第一, $Z_D(x) \smallsetminus \{0\}$ 对取逆封闭, 因而 $Z_D(x)$ 是子除环; 第二, $Z_D \smallsetminus \{0\}$ 也对取逆封闭, 从而 Z_D 是域. 以下置 $F := Z_D$, 记其基数为 $q \in \mathbb{Z}_{\geq 2}$.

注意到 D 在 F 的乘法作用下构成 F-向量空间, 由假设知 $n := \dim_F D$ 有限. 下面证明 $n = 1$, 由此立见 $D = F$ 交换.

对乘法群 $D^\times = D \smallsetminus \{0\}$ 的共轭作用应用引理 4.4.7, 可得

$$q^n - 1 = \underbrace{q-1}_{=|F^\times|} + \sum_x (D^\times : Z_D(x)^\times), \tag{5.4}$$

其中 x 取遍 $D^\times \smallsetminus F^\times$ 在共轭作用下的一组代表元. 注意到 $Z_D(x)$ 也是 F-向量空间, 维数记为 $n(x) \in \mathbb{Z}_{\geq 1}$, 故 $n(x) < n$ 而

$$(D^\times : Z_D(x)^\times) = \frac{q^n - 1}{q^{n(x)} - 1}.$$

兹断言 $n(x) \mid n$. 根据初等数论的结果或稍后的例 5.7.16, 可知 $q^n - 1$ 和 $q^{n(x)} - 1$ 的最大公因子是 $q^{(n,n(x))} - 1$, 因此 $\frac{q^n-1}{q^{n(x)}-1} = (D^\times : Z_D(x)^\times) \in \mathbb{Z}$ 导致所求之 $n(x) \mid n$. 另一条途径则是将 D 视为除环 $Z_D(x)$ 上的左向量空间, 那么 $n/n(x) = \dim_{Z_D(x)} D$; 这需要 §6.4 的理论, 留给读者探究.

下面将应用分圆多项式的理论: 这是一族最高次项系数为 1 (简称首一) 的整系数多项式 $\Phi_r(X)$, $r \in \mathbb{Z}_{\geq 1}$, 使得

$$X^m - 1 = \prod_{r \mid m} \Phi_r(X), \quad m \in \mathbb{Z}_{\geq 1},$$

$$\deg \Phi_r = \varphi(r) := |(\mathbb{Z}/r\mathbb{Z})^\times| \qquad \text{(Euler 函数)}$$

恒成立. 直接的定义是

$$\begin{aligned}
\Phi_m(X) &= (X^m-1)\cdot \prod_{\substack{p:\text{素数}\\ p|m}} (X^{m/p}-1)^{-1}\cdot \prod_{\substack{p\neq q:\text{素数}\\ pq|m}} (X^{m/pq}-1)\cdots \\
&= \prod_{d|m}(X^d-1)^{\mu(m/d)}, \\
\deg\Phi_m &= \sum_{d|m} d\mu\left(\frac{m}{d}\right) = \sum_{h|m}\frac{m}{h}\cdot\mu(h) \\
&= \varphi(m) \qquad \because \text{初等数论, 或 (5.9)};
\end{aligned}$$

其中 μ 表 Möbius 函数

$$\mu(d)=\begin{cases}(-1)^{(d\text{ 的素因子个数})}, & d\text{ 无 1 之外的平方因子},\\ 0, & d\text{ 有平方因子}\neq 1.\end{cases}$$

由于在整系数多项式环中 $X^{(a,b)}-1$ 是 X^a-1 和 X^b-1 的最大公因子 (例 5.7.16), 这般定义的 $\Phi_m(X)$ 确实是首一整系数多项式, 它实际是运用容斥原理从 X^m-1 移除所有来自 X^d-1 $(d \mid m, d\neq m)$ 的首一因子后的硬核; 我们将在 §5.4 讨论 Möbius 反演的一般框架, 并在例 5.4.7 回顾这里用上的经典版本 (精确地说是其 "乘性" 情形). 分圆多项式的系统性研究是 §9.4 的任务.

在复数域 $\mathbb{C}$ 上 $\Phi_m(X)$ 可分解为 $\prod_\zeta(X-\zeta)$, 其中 ζ 取遍 $\mathbb{C}^\times$ 中的 m 次单位原根. 因为 $n(x)\mid n$ 而 $n(x)<n$, 我们有整系数首一多项式之间的整除关系

$$\Phi_n(X)\mid X^n-1, \quad \Phi_n(X)\mid \prod_{\substack{d|n\\ d\nmid n(x)}}\Phi_d(X)=\frac{X^n-1}{X^{n(x)}-1};$$

上式也可以透过在 $\mathbb{C}$ 上作分解来证明. 代值 $X\rightsquigarrow q\in\mathbb{Z}$ 以后可见 (5.4) 中的 q^n-1 及每一项 $\frac{q^n-1}{q^{n(x)}-1}$ 都被 $\Phi_n(q)$ 整除, 因而 $\Phi_n(q)\mid q-1$. 另一方面, 假若 $n>1$, 则对每个 $\mathbb{C}^\times$ 中的 n 次单位原根 ζ 皆有

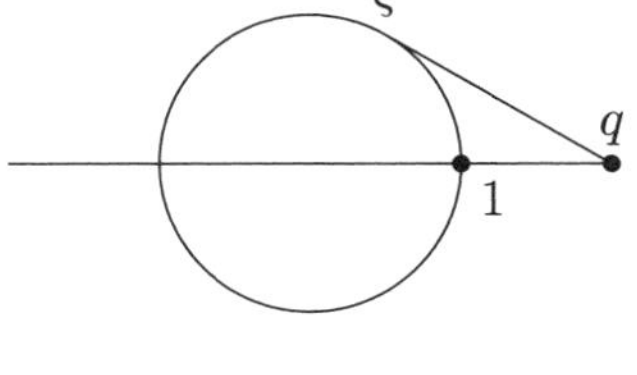

$$\Longrightarrow \quad |q-\zeta|>q-1\geq 1.$$

于是 $|\Phi_n(q)|=\prod_\zeta|q-\zeta|>q-1$, 导出矛盾. □

非交换除环的发现甚晚, 可稽的最早例子是 W. Hamilton 于 1843 年发现的**四元数**

代数. 以后探讨有限维代数时将给出构造这类除环的一些系统性的方法.

例 5.2.7 (四元数) 考虑以 $1, i, j, k$ 为基的实向量空间 $\mathbb{H} := \mathbb{R}1 \oplus \mathbb{R}i \oplus \mathbb{R}j \oplus \mathbb{R}k$. 其上具有良定的乘法使得 $\mathbb{H}$ 成环并满足:

◇ 乘法 $(x, y) \mapsto xy$ 是 $\mathbb{H}$ 上的双线性映射;

◇ 1 是乘法单位元, 故我们可将 $\mathbb{R}$ 等同于 $\mathbb{R} \cdot 1$ 嵌入 $Z_{\mathbb{H}}$;

◇ $i^2 = j^2 = -1$;

◇ $ij = k = -ji$.

由此可以推导出 $k^2 = -1$, $jk = i = -kj$, $ki = j = -ik$. 细节留给读者. 由向量空间结构和前两条性质, 我们也说 $\mathbb{H}$ 是一个 "$\mathbb{R}$-代数", 定义 7.1.1 将有详细解释. 此外亦可将复数域 $\mathbb{C} = \mathbb{R} \oplus \mathbb{R}i$ 嵌入 $\mathbb{H}$. 下面验证 $\mathbb{H}$ 是除环: 如定义共轭运算

$$z = a + bi + cj + dk \longmapsto \bar{z} = a - bi - cj - dk$$

则有性质 $\overline{zw} = \bar{w}\bar{z}$, $z\bar{z} = \bar{z}z = a^2 + b^2 + c^2 + d^2 \in \mathbb{R}$, 由此可得

$$z^{-1} = (z\bar{z})^{-1}\bar{z} = (\underbrace{a^2 + b^2 + c^2 + d^2}_{\neq 0})^{-1}\bar{z}, \quad z \in \mathbb{H} \smallsetminus \{0\}.$$

这里用到的关键性质可归结为 $a^2 + b^2 + c^2 = -1$ 在实数域 $\mathbb{R}$ 中无解, 更强的陈述是 -1 在 $\mathbb{R}$ 中非平方和; 具后一条件的域称作形实域, 它们在域论、二次型和模型论等研究中是饶富兴味的对象, 见 [49, §9.1].

5.3 交换环初探

交换环的理论与一般的非交换情形面貌迥异, 一方面体现于交换环所独有的一些概念与技术, 另一方面则归因于交换环在代数几何、代数数论及代数组合学等领域中的关键地位. 本节目的仅在铺陈基本概念, 包括交换环的局部化, 较深入的研究将另辟专章讨论.

本节只论含幺交换环, 故理想不分左右.

定义 5.3.1 环 R 的真理想 I 称为

◇ **素理想**, 如果 $xy \in I$ 蕴涵 $x \in I$ 或 $y \in I$;

◇ **极大理想**, 如果 $I \neq R$ 且不存在严格包含 I 的理想.

分别记 R 中素理想和极大理想所成的集合为 $\operatorname{Spec} R$ 与 $\operatorname{MaxSpec} R$, 称为 R 的素谱和极大理想谱.

对任意环都能对左、右和双边理想定义极大性的概念, 但用途不如交换情形来得广泛.

引理 5.3.2 对任意环同态 $\varphi: R_1 \to R_2$, 式 (5.1) 映素理想为素理想; 换言之, 由 φ 导出映射

$$\begin{aligned}\varphi^\sharp : \operatorname{Spec} R_2 &\longrightarrow \operatorname{Spec} R_1 \\ I_2 &\longmapsto \varphi^{-1}(I_2).\end{aligned}$$

以范畴语言诠释, 映射

$$\begin{aligned}R &\longmapsto \operatorname{Spec} R, \\ [\varphi: R_1 \to R_2] &\longmapsto [\varphi^\sharp : \operatorname{Spec} R_2 \to \operatorname{Spec} R_1]\end{aligned}$$

定义出函子 $\operatorname{Spec}: \mathsf{CRing}^{\mathrm{op}} \to \mathsf{Set}$, 其中 CRing 表示交换环所成的范畴.

证明 设 I_2 为 R_2 的素理想. 若在 R_1 中有 $xy \in \varphi^{-1}(I_2)$, 则 $\varphi(x)\varphi(y) \in I_2$, 从而 x, y 必有一者落在 $\varphi^{-1}(I_2)$. 于是 $\varphi^{-1}(I_2)$ 为 R_1 的素理想. 为证明 Spec 给出函子 $\mathsf{CRing}^{\mathrm{op}} \to \mathsf{Set}$, 仅需对任一对可合成的同态 φ, ψ 证明 $(\varphi \circ \psi)^\sharp = \psi^\sharp \circ \varphi^\sharp$: 观察到 $(\varphi \circ \psi)^{-1} = \psi^{-1} \circ \varphi^{-1}$ 足矣. □

注记 5.3.3 对 MaxSpec 一般而言没有相应的结果, 参看例 5.3.14.

命题 5.3.4 设 I 为 R 的真理想, 则

1. 在命题 5.1.11 的双射

$$\begin{aligned}\big\{J \subset R : \text{理想},\ J \supset I\big\} &\longrightarrow \{\bar{J} \subset R/I : \text{理想}\} \\ J &\longmapsto \bar{J} := J/I\end{aligned}$$

   中, $\bar{J}$ 为素理想 (极大理想) 当且仅当 J 亦然;

2. R/I 为整环当且仅当 I 为素理想;

3. R/I 为域当且仅当 I 为极大理想.

证明 先证明第一条断言. 极大理想的情形是命题 5.1.11 的显然推论. 引理 5.3.2 表明 $\bar{J} \in \operatorname{Spec} R/I \implies J \in \operatorname{Spec} R$. 今假设 $J \in \operatorname{Spec} R$, $J \supset I$, 则在 R/I 中 $\bar{x}\bar{y} \in \bar{J}$ 当且仅当 $xy \in J$, 这里 x, y 分别是 $\bar{x}, \bar{y}$ 的任意原像, 这就表明 $\bar{J} \in \operatorname{Spec} R/I$.

取 $J = I$, 则余下两条断言分别化约为: R 是整环 (域) 当且仅当 $\{0\}$ 是素理想 (极大理想). 说 $\{0\}$ 是素理想无非是说 $xy = 0$ 当且仅当 $x = 0$ 或 $y = 0$, 这正是整环定义. 另一方面, $\{0\}$ 是极大理想等价于 R 仅有一个真理想 $\{0\}$, 这相当于说对任意非零元 $x \in R$, 理想 $Rx = \langle x \rangle$ 只能是 R 全体; 换言之存在 y 使得 $xy = 1 = yx$. □

推论 5.3.5 极大理想必为素理想.

其逆一般不成立, 因为整环未必是域.

命题 5.3.6 设 R 为任意环 (未必交换). 对 R 的任意真双边理想 I, 存在极大双边理想 $\mathfrak{m}$ 使得 $\mathfrak{m} \supset I$.

取 $I = \{0\}$ 即知 R 必有极大双边理想. 此结果一般施于 R 为交换环的情形.

证明 以下理想皆指双边理想. 由命题 5.1.11 立即化约到 $I = \{0\}$ 的情形, 亦即 R 中极大理想的存在性. 先观察到 R 的真理想构成一个偏序集 $(\mathcal{P}, \leq)$: 定义 $I_1 \leq I_2 \iff I_1 \subset I_2$, 于是 $\mathcal{P}$ 中的极大元正好是 R 的极大理想. 下面将运用 Zorn 引理 (定理 1.3.6) 给出极大元. 首先注意到 $\mathcal{P}$ 中任意链 (即全序子集) 都有上界: 设 $\mathcal{C} \subset \mathcal{P}$ 为链, 由全序性质可知 $J := \bigcup_{I \in \mathcal{C}} I$ 亦为 R 的理想; 若 $J = R$, 则存在 $I \in \mathcal{C}$ 使得 $1 \in I$, 亦即 $I = R$, 与 $\mathcal{P}$ 的定义矛盾. 是故 $J \in \mathcal{P}$ 提供了 $\mathcal{C}$ 的上界. 证毕. □

定义 5.3.7 设 I 为 R 的理想, 若存在 $a \in R$ 使得 $I = \langle a \rangle = Ra$, 则称 I 为**主理想**. 若整环 R 的所有理想皆为主理想, 则称 R 为**主理想环**.

例如整数环 $\mathbb{Z}$ 即是主理想环 (例 5.1.8).

下面探讨交换环的局部化, 思路是形式地在环中添进某些乘法逆元.

定义 5.3.8 设 R 为交换环. 子集 $S \subset R$ 若对环的乘法构成幺半群, 则称 S 为 R 的**乘性子集**.

构作对乘性子集 S 的**局部化** $R[S^{-1}]$ 如下. 首先在集合 $R \times S$ 上定义关系

$$(r, s) \sim (r', s') \iff [\exists t \in S,\ trs' = tr's].$$

易证 $\sim$ 是等价关系, 相应的商集记为 $R[S^{-1}]$, 其中的等价类 $[r, s]$ 应该设想为"商" r/s, 且对任意 $t \in S$ 皆有 $[r, s] = [rt, st]$. 以下定义的环运算因而是顺理成章的:

$$\begin{aligned} [r, s] + [r', s'] &= [rs' + r's, ss'], \\ [r, s] \cdot [r', s'] &= [rr', ss']. \end{aligned}$$

请读者验证 $R[S^{-1}]$ 对此确实成交换环, 零元为 $0 = [0, s]$ 而幺元为 $1 = [s, s]$, 其中 $s \in S$ 可任取. 由此得到

$$[r, s] = 0 \iff [\exists t \in S,\ tr = 0]. \tag{5.5}$$

因此 $R[S^{-1}]$ 是零环当且仅当存在 $s \in S$ 使得 $sR = 0$, 我们既假定 R 含幺元, 这也相当于说 $0 \in S$; 一般总排除这种情形.

另一方面, $r \mapsto [r,1]$ 给出环同态 $R \to R[S^{-1}]$. 注意到 $s \in S$ 的像落在 $R[S^{-1}]^{\times}$ 中, 其逆无非是 $[1,s]$. 局部化应当同态射 $R \to R[S^{-1}]$ 一并考量. 从范畴论的角度看, 局部化构造 $R \to R[S^{-1}]$ 是令 S 中元素可逆的 "最经济" 的方式, 它被以下的泛性质唯一刻画.

命题 5.3.9 局部化 $R \to R[S^{-1}]$ 满足下述泛性质: 任意交换环的同态 $\varphi : R \to A$ 若满足 $\varphi(S) \subset A^{\times}$, 则存在唯一的环同态 $\varphi[S^{-1}] : R[S^{-1}] \to A$ 使下图交换.

$$\begin{array}{ccc} R & \xrightarrow{\varphi} & A \\ \downarrow & \nearrow_{\varphi[S^{-1}]} & \\ R[S^{-1}] & & \end{array}$$

证明 图表交换等价于

$$[r,s] = [r,1] \cdot [1,s] \xmapsto{\varphi[S^{-1}]} \varphi(r)\varphi(s)^{-1} \in A.$$

反过来, 易证此式确实定义了环同态 $R[S^{-1}] \to A$. □

引理 5.3.10 设 $S \subset R$ 为乘性子集, $0 \notin S$, 则 $[r,s] \in R[S^{-1}]$ 可逆当且仅当存在 $r_1 \in R$ 使得 $rr_1 \in S$.

证明 若 $rr_1 \in S$ 则 $[r,s][r_1 s, rr_1] = 1$. 反之设存在 $[r',s']$ 使得 $[r,s][r',s'] = 1$, 则存在 $t \in S$ 使得 $trr' = tss'$, 因而 $r(tr') \in S$. □

原环 R 的部分信息可能在局部化过程中丢失. 由 (5.5) 可知

$$\ker\left[R \to R[S^{-1}]\right] = \{r \in R : \exists s \in S,\ sr = 0\}.$$

我们希望取尽可能大的 S 使得 $R[S^{-1}]$ 是 R 的扩环. 前述讨论自然引向以下结果.

引理 5.3.11 设 $S \subset R$ 为乘性子集, $0 \notin S$. 则局部化态射 $R \to R[S^{-1}]$ 是单射当且仅当 S 不含零因子. 另一方面, $R \smallsetminus \{0\}$ 中的所有非零因子构成 R 的乘性子集, 相应的局部化记为

$$R \hookrightarrow \mathrm{Frac}(R),$$

而 $\mathrm{Frac}(R)$ 称为 R 的**全分式环**.

当 R 是整环时, $\mathrm{Frac}(R)$ 无非是对 $S := R \smallsetminus \{0\}$ 的局部化; 此时由引理 5.3.10 知 $\mathrm{Frac}(R)$ 是域: 事实上 $r \neq 0$ 时 $[r,s]^{-1} = [s,r]$; 称此为 R 的**分式域**.

例 5.3.12 整数环 $\mathbb{Z}$ 的分式域同构于 $\mathbb{Q}$: 将 $[r,s] \in \mathrm{Frac}(R)$ 映至 r/s 即可.

下面研究局部化对理想的影响. 给定乘性子集 S, $0 \notin S$. 对任意理想 $I \subset R$, 定义

$$I[S^{-1}] := \{[r, s] : r \in I,\ s \in S\} \subset R[S^{-1}].$$

由 $R[S^{-1}]$ 的环结构定义, 易证 $I[S^{-1}]$ 事实上是由 I 在 $R \to R[S^{-1}]$ 下的像所生成的理想. 另一方面, 据 (5.1) 可得理想间的映射

$$J \mapsto I := \{r \in R : [r, 1] \in J\}, \tag{5.6}$$

其中 J 是 $R[S^{-1}]$ 的理想, 而右式无非是 J 对 $R \to R[S^{-1}]$ 的原像. 兹考察

$$\{I : R \text{ 的理想}\} \underset{(5.6)}{\overset{I \mapsto I[S^{-1}]}{\rightleftarrows}} \{J : R[S^{-1}] \text{ 的理想}\}.$$

今断言上图按 $\circlearrowright$ 之合成是 id: 显然 $I \leftarrow\!\shortmid J$ 蕴涵 $I[S^{-1}] \subset J$, 另一方面, 对任意 $[r, s] \in J$ 皆有 $[r, 1] = [r, s][s, 1] \in J$, 故 $r \in I$, 于是 $J \subset I[S^{-1}]$. 由此可见 $I \mapsto I[S^{-1}]$ 为满而 (5.6) 为单. 然而若不限定所论的理想, 则上图按 $\circlearrowleft$ 合成未必是 id, 从以下证明可以窥见端倪.

命题 5.3.13 令 S 为 R 的乘性子集, $0 \notin S$.

1. 对任意理想 I, 等式 $I[S^{-1}] = R[S^{-1}]$ 成立当且仅当 $I \cap S \neq \varnothing$.
2. 映射 $I \mapsto I[S^{-1}]$ 诱导出双射

$$\{I \in \operatorname{Spec} R : I \cap S = \varnothing\} \xrightarrow{1:1} \operatorname{Spec} R[S^{-1}],$$

   其逆是前述之 (5.6).

3. 上述双射保持包含关系: $I_1 \subset I_2 \iff I_1[S^{-1}] \subset I_2[S^{-1}]$.

证明 由于 $1 \in R[S^{-1}]$ 对应到形如 $[r, s]$ 并存在 $t \in S$ 使 $tr = ts \in S$ 的等价类, 立得第一条断言.

现在设 $I \in \operatorname{Spec} R$, $I \cap S = \varnothing$. 则在 $R[S^{-1}]$ 中

$$[r_1, s_1][r_2, s_2] \in I[S^{-1}] \iff r_1 r_2 \in I \iff \bigl(r_1 \in I \text{ 或 } r_2 \in I\bigr),$$

故 $I[S^{-1}]$ 为素理想. 它对 $R \to R[S^{-1}]$ 的原像等于

$$\{r \in R : \exists a \in I,\ s \in S, \quad [r, 1] = [a, s]\} \in \operatorname{Spec} R \quad \because \text{引理 } 5.3.2;$$

此集可进一步改写为 $\{r \in R : \exists s \in S,\ rs \in I\}$, 由于 S 与素理想 I 不交, 此原像无非是

I. 配合先前的讨论, 这就证明了 $I \mapsto I[S^{-1}]$ 在素理想层面是双射. 关于包含关系的断言是显然的. □

前述双射又可表作

$$\operatorname{Spec} R[S^{-1}] = \operatorname{Spec} R \smallsetminus \{I \in \operatorname{Spec} R : I \cap S \neq \varnothing\}.$$

若视素谱 $\operatorname{Spec} R$ 为某种意义下的 "空间", 不妨设想 $R \mapsto R[S^{-1}]$ 的效果是在 $\operatorname{Spec} R$ 中隐去与 S 有交的 "点", 这就解释了局部化一词的由来. 篇幅所限, 这里还不能详细展开素谱的几何意涵.

例 5.3.14 取定 $\mathfrak{p} \in \operatorname{Spec} R$, 则 $S := R \smallsetminus \mathfrak{p}$ 为乘性子集. 由前述双射知 $R_{\mathfrak{p}} := R[S^{-1}]$ 的素理想一一对应于 R 中包含于 $\mathfrak{p}$ 的素理想, 而 $\mathfrak{p}[S^{-1}] = \mathfrak{p}R_{\mathfrak{p}}$ 是 $R_{\mathfrak{p}}$ 唯一的极大理想, 尽管相应的 $\mathfrak{p} \in \operatorname{Spec} R$ 未必极大. 这是交换环论的常用技巧.

5.4 间奏: Möbius 反演

Möbius 反演公式是组合学与数论中的基本工具. 之所以专辟一节讨论, 有三重目的: 一是迅速地补全我们需要的情形, 二是演示环论的一种有趣应用, 三则是说明如何从高观点梳理经典的 Möbius 反演公式, 将之阐述为偏序集中的一套计数手段. 本节将取法 [37, §§3.7–3.8], 以代数工具演绎 Möbius 反演的基本理路.

定义 5.4.1 若非空偏序集 $(P, \leq)$ 中对任意 $x \leq y$, 子集 $[x, y] := \{z \in P : x \leq z \leq y\}$ 皆有限, 则称 $(P, \leq)$ 为**局部有限偏序集**.

对于局部有限的 $(P, \leq)$, 定义环 $(I(P, \leq), +, \star)$ 如下:

- ◇ 它作为加法群由所有函数 $f : \{(x, y) \in P^2 : x \leq y\} \to \mathbb{Q}$ 构成, 加法为 $(f + g)(x, y) = f(x, y) + g(x, y)$;
- ◇ 乘法定为 $(f \star g)(x, y) = \sum_{z:\, x \leq z \leq y} f(x, z) g(z, y)$;
- ◇ 乘法幺元 $\delta \in I(P, \leq)$ 为

$$\delta(x, y) = \begin{cases} 1, & x = y, \\ 0, & x < y, \end{cases}$$

这是数学中常用的符号记法, 称为 Kronecker 的 δ.

局部有限确保 $I(P, \leq)$ 的乘法是良定的. 环公理的验证毫无困难, 例如乘法结合律成立的缘由就和矩阵乘法情形如出一辙; 细节留给读者. 如在定义中容许函数取值在任意域 $\Bbbk$ 中, 便得到所谓 $\Bbbk$ 上的**关联代数**; 域上代数的概念将在 §7.1 介绍, 这里按下不表.

翻转序关系得到的 $(P,\geq)$ 依然是局部有限偏序集. 细观乘法定义可知

$$I(P,\geq)=I(P,\leq)^{\mathrm{op}}. \tag{5.7}$$

引理 5.4.2 设 $(P,\leq)$ 局部有限, 对任意 $f\in I(P,\leq)$, 以下陈述等价:

◇ f 有乘法左逆元;

◇ 对每个 $x\in P$ 皆有 $f(x,x)\neq 0$;

◇ f 有乘法右逆元.

特别地, 在环 $I(P,\leq)$ 中左可逆 $\iff$ 可逆 $\iff$ 右可逆.

证明 公式 $g\star f=\delta$ 展开后无非是

$$\begin{aligned}&g(x,x)f(x,x)=1, \quad x\in P,\\ &g(x,y)f(y,y)=-\sum_{x\leq z<y}g(x,z)f(z,y), \quad x,y\in P,\ x<y.\end{aligned}$$

因而此式成立蕴涵 $\forall x\ f(x,x)\neq 0$; 反之, 当 $\forall x\ f(x,x)\neq 0$ 时上式唯一地定义了 $g(x,y)$ 使得 $g\star f=\delta$. 由此可见 f 左可逆等价于 $f(x,x)\neq 0$. 考虑 $(P,\geq)$ 并利用 (5.7) 便得到右可逆的情形. □

对于局部有限偏序集 $(P,\leq)$, 定义

$$\begin{aligned}\zeta=\zeta_P\in I(P,\leq), &\quad \forall x\leq y,\ \zeta(x,y)=1,\\ \mu=\mu_P\in I(P,\leq), &\quad \mu:=\zeta^{-1}.\end{aligned}$$

此处 ζ 的可逆性由引理 5.4.2 保证. 我们也称函数 μ 为 $(P,\leq)$ 的 **Möbius 函数** μ. 性质 $\mu\star\zeta=\delta=\zeta\star\mu$ 展开了无非是

$$\sum_{z\in[x,y]}\mu(x,z)=\delta(x,y)=\sum_{z\in[x,y]}\mu(z,y). \tag{5.8}$$

回顾引理 5.4.2 证明中的递归公式, 还能进一步导出 μ 取值在 $\mathbb{Z}$. 这对后续应用是要紧的.

命题 5.4.3 (Möbius 反演公式 (Gian-Carlo Rota, 1964)) 设 $(A,+)$ 为交换群. 设偏序集 $(P,\leq)$ 满足

$$\forall x\in P, \quad \{y\in P: y\leq x\}\ \text{有限},$$

则 $(P,\leq)$ 为局部有限偏序集; 并且对任意函数 $f,g:P\to A$, 有

$$\forall x, \quad g(x)=\sum_{y\leq x}f(y) \iff \forall x, \quad f(x)=\sum_{y\leq x}g(y)\mu(y,x).$$

证明 条件显然蕴涵 $(P, \leq)$ 局部有限, 且断言中的和式皆有限. 如第一式成立, 则

$$\begin{aligned}\sum_{y \leq x} g(y)\mu(y,x) &= \sum_{z \leq y \leq x} f(z)\mu(y,x) \\ &= \sum_{z \leq x} \left(\sum_{z \leq y \leq x} \mu(y,x) \right) f(z).\end{aligned}$$

同理, 如第二式成立则

$$\sum_{y \leq x} f(y) = \sum_{z \leq x} \left(\sum_{z \leq y \leq x} \mu(z,y) \right) g(z).$$

代入 $\mathbb{Z}$ 中的等式 (5.8) 立得断言. □

例 5.4.4 (色多项式) 试问如何用一个有 q 种颜色的色盘为一份地图上色, 使得相邻的区/县颜色相异? 下图是兰州市的例子, 我们也一并给出图论的改述.

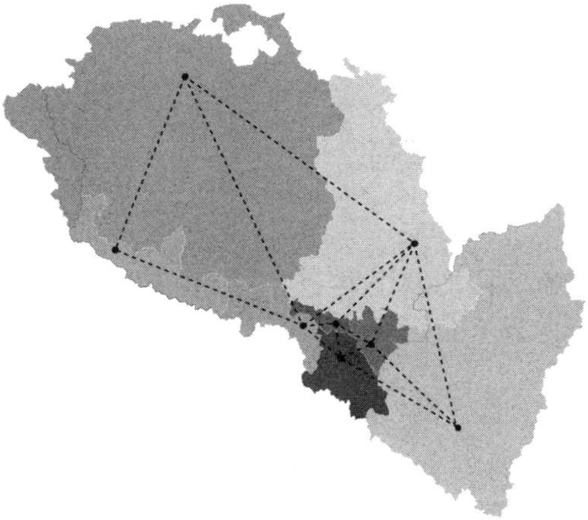

★ 图源: Wikimedia Commons.

若用顶点对应区县, 相邻者以边相连, 那么原问题就等价于为一个有限平面图 Γ 的每个顶点上色 (q 种选择), 使得每条边的两端不同色. 如此则可探讨任意有限图的着色. 称这种着色方式为 "恰当" 的.

记 Γ 的所有恰当着色方式的个数为 $M_\Gamma(q)$. 为了计数, 先不管着色是否恰当, 则着色方式恰有 $q^{V(\Gamma)}$ 种, 其中 $V(\Gamma)$ 为顶点或者说区县的个数. 我们称 Γ' 是 Γ 的子地图, 如果 Γ' 是从 Γ 合并若干行政区划得到的, 或从图论角度看就是缩并, 记为 $\Gamma' \leq \Gamma$. 如是则使 Γ 的全体子地图对 $\leq$ 构成有限偏序集. 于是看出

$$q^{V(\Gamma)} = \sum_{\Gamma' \leq \Gamma} M_{\Gamma'}(q);$$

诚然, 对任何一种地图着色, 总能合并相邻的同色区县使之变为恰当的. 现在应用命题

5.4.3 导出

$$M_\Gamma(q)=\sum_{\Gamma'\leq\Gamma} q^{V(\Gamma')}\mu(\Gamma',\Gamma).$$

视 q 为变元, 则整系数多项式 $M_\Gamma(q)$ 给出图 Γ 的一个代数不变量, 称为 Γ 的色多项式, 这是 Birkhoff 研究四色问题时引入的. 在统计物理学中, $M_\Gamma(q)$ 对应于反铁磁 q-态 Potts 模型的配分函数在零温极限的情形; 见 [40].

下一步是推导经典的 Möbius 反演, 仍需几道工序.

引理 5.4.5 设 $(P_1,\leq),\ldots,(P_n,\leq)$ 为局部有限偏序集. 赋予积集 $P:=\prod_{i=1}^n P_i$ 序结构 $(x_i)_{i=1}^n\leq(y_i)_{i=1}^n \iff \forall i\ x_i\leq y_i$, 则 $(P,\leq)$ 依然是局部有限偏序集, 其 Möbius 函数为

$$\mu_P(x,y)=\prod_{i=1}^n \mu_{P_i}(x_i,y_i),\quad x=(x_i)_i,\ y=(y_i)_i\in P.$$

证明 极易看出 $(P,\leq)$ 是局部有限偏序集. 剩下工作是对如上定义的 μ_P 验证 (5.8), 这可以归结为 P 上的求和公式

$$\sum_{\substack{z=(z_i)_i\in P\\ x\leq z\leq y}}=\sum_{x_1\leq z_1\leq y_1}\cdots\sum_{x_n\leq z_n\leq y_n}. \qquad\square$$

尚需一个毫不困难的推广. 考虑一族局部有限的偏序集 $(P_i,\leq)_{i\in I}$. 假定对 “几乎所有的” 下标 i (确切地说, 至多有限个下标除外), 我们取定了元素 $\mathring{x}_i\in P_i$. 定义所谓**受限积** $P:=\prod'_i P_i$ 为

$$\left\{(x_i)_i\in\prod_{i\in I}P_i: \text{对几乎所有 } i,\text{ 有 } x_i=\mathring{x}_i\right\},$$

此处 $\prod'_i P_i$ 继承 $\prod_i P_i$ 的积偏序: $(x_i)_i\leq(y_i)_i \iff \forall i\ x_i\leq y_i$. 那么 $(P,\leq)$ 仍然局部有限, 而且 Möbius 函数的表法照旧

$$\mu_P(x,y)=\prod_i \mu_{P_i}(x_i,y_i),$$

对几乎所有 i 都有 $x_i=y_i=\mathring{x}_i$ 而 $\mu_{P_i}(\mathring{x}_i,\mathring{x}_i)=1$, 乘积因之有限. 欲证上式仅需对每个 $x\leq y$ 验证 (5.8), 然而该式中仅涉及使得 $x_i,y_i\neq\mathring{x}_i$ 的有限多个下标 i, 问题立刻化约到有限积的情形. 现在可以阐述经典的 Möbius 反演公式.

例 5.4.6 考虑全序集 $(\mathbb{Z}_{\geq 0}, \leq)$, 它当然使得 $\{y : y \leq x\}$ 对每个 x 皆为有限集. 取

$$\mu(n,m) := \begin{cases} 1, & n-m=0, \\ -1, & n-m=-1, \\ 0, & \text{其他情形}. \end{cases}$$

不待计算立见 (5.8) 成立. 此即所求的 Möbius 函数. 在此特例下, 请读者将命题 5.4.3 的反演公式翻译为一望可知的计数原理.

例 5.4.7 (A. F. Möbius, 1832) 现在赋予 $\mathbb{Z}_{\geq 1}$ 整除偏序: 定义 $n \prec m \iff n \mid m$; 同样地, $\{y : y \prec x\}$ 对每个 x 都有限, 因为每个正整数仅有有限多个因子. 正整数的唯一分解给出偏序集的同构:

$$\begin{aligned} {\prod}'_{p:\text{素数}} (\mathbb{Z}_{\geq 0}, \leq) &\xrightarrow{\sim} (\mathbb{Z}_{\geq 1}, \prec) \\ (n_p)_p &\longmapsto \prod_{p:\text{素数}} p^{n_p}, \end{aligned}$$

左端实际是之前解释过的受限积, 取 $\mathring{x}_p = 0$. 因此 $\prod_p p^{n_p}$ 有限, 映射是良定的. 根据引理 5.4.5 的受限积版本, $(\mathbb{Z}_{\geq 1}, \prec)$ 的 Möbius 函数 μ 表作

$$\begin{aligned} \mu\left(\prod_p p^{n_p}, \prod_p p^{m_p}\right) &= \prod_{p:\text{素数}} \mu_{(\mathbb{Z}_{\geq 0}, \leq)}(n_p, m_p) \\ &= \begin{cases} \prod_{p:\text{素数}} (-1)^{n_p - m_p}, & \forall p \quad n_p - m_p \geq -1, \\ 0, & \exists p \quad n_p - m_p < -1. \end{cases} \end{aligned}$$

记 $\mu(n) := \mu(1, n)$, 则 $\mu(d, n) = \mu(n/d)$, 而上式给出直截了当的描述

$$\mu(n) = \begin{cases} (-1)^{(n \text{ 的素因子个数})}, & n \text{ 无平方因子} \neq 1, \\ 0, & \text{其他情形}. \end{cases}$$

对于交换群 $(A, +)$ 及任意函数 $f, g : \mathbb{Z}_{\geq 1} \to A$, 命题 5.4.3 化作

$$\forall n,\ g(n) = \sum_{d \mid n} f(d) \iff \forall n,\ f(n) = \sum_{d \mid n} g(d) \mu\left(\frac{n}{d}\right).$$

此即熟知的 Möbius 反演公式, 实践中又分为 (a) 加性情形: A 取为 $\mathbb{Z}$, $\mathbb{C}$ 等加法群, 以及 (b) 乘性情形: A 取为 $\mathbb{Q}^\times$ 或非零有理多项式 $\mathbb{Q}(X)^\times$ 等乘法群. 但理论框架并无二致.

现在来考虑一个初等应用. 对于任意 $n \in \mathbb{Z}_{\geq 1}$, 熟知的 Euler 函数 $\varphi(n) := |(\mathbb{Z}/n\mathbb{Z})^\times|$ 无非是计算所有 $\leq n$ 而与 n 互素的正整数个数. 以下等式恒成立:

$$\begin{aligned}\sum_{d|n} \varphi(d) = n,\\ \sum_{d|n} d\mu\left(\frac{n}{d}\right) = \varphi(n).\end{aligned} \tag{5.9}$$

第一式的一种解释如下: 将 n 个有理数 $\frac{1}{n}, \ldots, \frac{n}{n}$ 全化作最简分数, 则 $\varphi(d)$ 正好是其中分母化为 d 的元素个数; 应用 Möbius 反演立得第二式. 这些都是初等数论中熟知的性质.

5.5 环的极限与完备化

本节中出现的 I 皆为非空集或非空范畴. 我们将按照直积、$\varprojlim$ 和 $\varinjlim$ 的顺序解说, 顺带引入点集拓扑的语言来讨论完备化.

定义 5.5.1 设 $\{R_i : i \in I\}$ 为一族环. 其直积 $\prod_{i\in I} R_i$ 在加法群的层次与定义 4.3.1 相同, 我们在 $\prod_{i\in I} R_i$ 上定义乘法运算为

$$(r_i)_{i\in I} \cdot (s_i)_{i\in I} = (r_i \cdot s_i)_{i\in I}.$$

换言之, $\prod_{i\in I} R_i$ 同时是乘法幺半群的直积, 其幺元是 $(1_{R_i})_{i\in I}$. 易证 $\prod_{i\in I} R_i$ 满足环的公理.

对每个 $j \in I$, 投影映射 $(r_i)_{i\in I} \mapsto r_j$ 是 $\prod_{i\in I} R_i$ 到 R_j 的环同态. 环直积及其投影同态在环范畴中也满足泛性质 (对照引理 4.3.2), 证明与幺半群情形相同, 此处略去.

定理 5.5.2 (中国剩余定理) 设 R 为环, $I_1, \ldots, I_n$ 为一族理想. 假设对每个 $i \neq j$ 皆有 $I_i + I_j = R$, 则环同态

$$\begin{aligned}\varphi : R &\longrightarrow \prod_{i=1}^n R/I_i,\\ r &\longmapsto (r \bmod I_i)_{i=1}^n\end{aligned}$$

诱导出环同构 $R/(\bigcap_{i=1}^n I_i) \xrightarrow{\sim} \prod_{i=1}^n R/I_i$.

连带地, φ 也诱导群同构 $\left(R/(\bigcap_{i=1}^n I_i)\right)^\times \xrightarrow{\sim} \prod_{i=1}^n (R/I_i)^\times$.

证明 显然 $\ker(\varphi) = \bigcap_{i=1}^n I_i$, 仅需证明 φ 是满的. 取定 $1 \leq i \leq n$, 对每个 $j \neq i$ 存在 $r_j \in I_i$ 和 $s_j \in I_j$ 使得 $r_j + s_j = 1$. 以下的连乘积 $\prod_j$ 约定为按 $j = 1, 2, \ldots$ 循序相乘:

展开 $1 = \prod_{j \neq i}(r_j + s_j)$ 并分离 $s := \prod_j s_j \in \prod_{j \neq i} I_j$ 与其余诸项之和 $r \in I_i$, 遂得

$$1 = r + s \in I_i + \prod_{j \neq i} I_j.$$

因此 $y_i := s$ 在 R/I_j $(j \neq i)$ 中的像是 0, 在 R/I_i 中的像是 1. 由于对任意 $x_1, \ldots, x_n \in R$ 有

$$\varphi(x_1 y_1 + \cdots + x_n y_n) = (x_i \bmod I_i)_{i=1}^{n},$$

故 φ 确为满射. □

现于定理中取 $R = \mathbb{Z}$, $I_i = a_i\mathbb{Z}$, 其中 $a_i \geq 1$; 如置 a 为 $a_1, \ldots, a_n$ 的最小公倍数, 则 $\bigcap_{i=1}^{n} I_i = a\mathbb{Z}$. 定理的条件相当于 $a_1, \ldots, a_n$ 两两互素, 而结论是说 $\mathbb{Z}/a\mathbb{Z} \xrightarrow{\sim} \prod_{i=1}^{n} \mathbb{Z}/a_i\mathbb{Z}$. 这是中国剩余定理在初等数论中的面貌.

今将证明环范畴 Ring 中存在非空的 $\varprojlim$. 下面沿用 §2.7 的符号, 考虑函子 $\beta : I^{\mathrm{op}} \to$ Ring, 其中 I 是小范畴 (见约定 2.1.4). 为了符号方便, 不妨就假定 I 实际是一个小的非空偏序集 $(I, \leq)$, 而 β 对应到环族 $\{R_i = \beta(i)\}_{i \in I}$ 及同态族 $\{\varphi_{ij} = \beta(j \to i) : R_i \to R_j\}_{i \geq j}$, 后者须满足相容条件

$$i \geq j \geq k \implies \varphi_{jk}\varphi_{ij} = \varphi_{ik} : R_i \to R_k.$$

下面构造极限 $\varprojlim \alpha = \varprojlim_{i \in I} R_i$, 其手法与群的情形 §4.10 是一贯的.

命题 5.5.3 定义 $\prod_{i \in I} R_i$ 的子环

$$\varprojlim_{i \in I} R_i := \left\{ (r_i)_{i \in I} \in \prod_{i \in I} R_i : \ \forall i \geq j, \ \varphi_{ij}(r_i) = r_j \right\}.$$

则 $\varprojlim_{i \in I} R_i$ 连同投影同态族 $\left(p_j : \varprojlim_{i \in I} R_i \to R_j\right)_{j \in I}$ 满足如下泛性质: 对任意环 S 及同态族 $(q_j : S \to R_j)_{j \in I}$, 若图表

$$\begin{array}{ccc} S & \xrightarrow{q_i} & R_i \\ & \searrow^{q_j} & \downarrow{\scriptstyle \varphi_{ij}} \\ & & R_j \end{array}$$

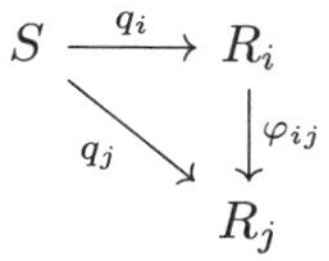

对 I 中每个 $i \geq j$ 皆交换, 则存在唯一环同态 $\varphi : S \to \varprojlim_{i \in I} R_i$ 使下图对每个 $j \in I$ 皆交换:

$$\begin{array}{ccc} S & \xrightarrow{q_j} & R_j \\ {\scriptstyle \exists ! \varphi}\downarrow & \nearrow_{p_j} & \\ \varprojlim_{i \in I} R_i & & \end{array}$$

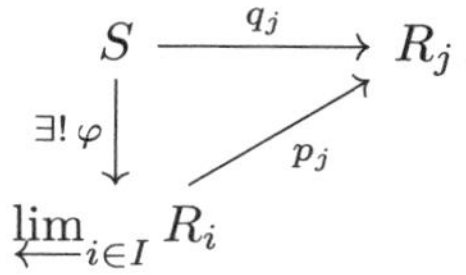

证明　由于每个 φ_{ij} 都是环同态, 易见 $\varprojlim_i R_i$ 为 $\prod_{i\in I} R_i$ 的子环. 图表交换相当于说对每个 $s\in S$ 皆有 $\varphi(s)=(q_i(s))_{i\in I}$, 后者落在 $\varprojlim_i R_i$ 中当且仅当 (S,q_i) 满足命题中的交换性条件. 这就唯一给出了 φ. □

对于一般的小范畴 I, 极限 $\varprojlim \beta \subset \prod_{i\in \mathrm{Ob}(I)} \beta(i)$ 的构造方法完全类似. 现在转向其特例完备化, 假设 $(I,\le)$ 为滤过偏序集 (定义 1.2.3).

定义 5.5.4 (环的完备化)　设 R 为环, $(\mathfrak{a}_i)_{i\in I}$ 为一族 R 的双边真理想, 使得 $i\ge j$ 蕴涵 $\mathfrak{a}_i\subset\mathfrak{a}_j$, 从而导出商映射 $\varphi_{ij}: R/\mathfrak{a}_i\to R/\mathfrak{a}_j$. 相应的极限 $\varprojlim_{i\in I} R/\mathfrak{a}_i$ 称作 R 对 $(\mathfrak{a}_i)_{i\in I}$ 的**完备化**.

从商同态族 $R\to R/\mathfrak{a}_i$ 导出自然的环同态 $\iota: R\to\varprojlim_i R/\mathfrak{a}_i$, 其核是 $\bigcap_i \mathfrak{a}_i$; 以 $R/\ker(\iota)$ 代 R, 总能化约到 $\ker(\iota)=\{0\}$ 的情形, 以下不妨如是假设.

令 $\mathfrak{A}_j$ 表 $\varprojlim_i R/\mathfrak{a}_i\to R/\mathfrak{a}_j$ 的核, 即

$$\mathfrak{A}_j=\left\{(r_i)_{i\in I}\in\varprojlim_i R/\mathfrak{a}_i:\ i\le j\implies r_i=0\right\}.$$

兹引进**拓扑环**的概念: 这意谓一个环兼有拓扑空间结构, 而环的加法、取负和乘法皆连续; 特别地, 拓扑环对加法构成拓扑交换群. 现在赋予每个 $R_i:=R/\mathfrak{a}_i$ 离散拓扑, 则 $\varprojlim_{i\in I} R/\mathfrak{a}_i$ 无非是对加法群 R 及 $\{\mathfrak{a}_i\}_{i\in I}$ 作定义 4.10.8 的完备化. 因而 $(\varprojlim_i R_i,+)$ 成为完备 Hausdorff 拓扑群, 理想族 $\{\mathfrak{A}_i\}_{i\in I}$ 给出 0 处的邻域基. 进一步, $\varprojlim_i R_i$ 成拓扑环: 乘法连续性是下述性质的直接推论

$$(j,k\ge i)\implies \mathfrak{A}_j\cdot\mathfrak{A}_k\subset\mathfrak{A}_i.$$

若每个 $R/\mathfrak{a}_i$ 皆为有限环, 则从引理 4.10.4 知 $\varprojlim_i R/\mathfrak{a}_i$ 是紧的.

注记 5.5.5　令 $\hat{R}:=\varprojlim_i R/\mathfrak{a}_i$. 就拓扑观点看, 这里的构造相当于令 $(\mathfrak{a}_i)_{i\in I}$ 为 $0\in R$ 的一组邻域基, 使 R 成 Hausdorff 拓扑环 (见 (4.10)), 再仿照 §4.10 作环 R 的完备化 $\hat{R}$. 一如群的情形, 环的完备化意谓一个连续环同态 $\iota: R\to\hat{R}$, 由以下性质刻画 (精确到唯一同构):

CO.1 $\iota: R\to\iota(R)$ 为同胚,
CO.2 ι 的像稠密,
CO.3 $\hat{R}$ 是完备的 Hausdorff 拓扑环.

实践中常取定一个双边理想 $\mathfrak{a}$, 考虑全序集 $I=(\mathbb{Z}_{\ge 0},\le)$ 和 $\mathfrak{a}_i=\mathfrak{a}^{i+1}$; 此时 R 上的拓扑称为 $\mathfrak{a}$-进拓扑. 如果存在 $\mathfrak{a}$ 使得 R 带 $\mathfrak{a}$-进拓扑, 我们则称 R 带有进制拓扑, 这是一类常见的拓扑环. 留意到 $\mathfrak{a}$ 的选取并不唯一: 读者可以验证对任意 $k\in\mathbb{Z}_{\ge 1}$, 由 $\mathfrak{a}^k$ 和 $\mathfrak{a}$ 确定的进制拓扑是一样的.

例 5.5.6　考虑环 $R=\mathbb{Z}$ 及其理想族 $\mathfrak{a}_i:=p^{i+1}\mathbb{Z}$, 其中 p 是取定的素数. 相应的完备化

$\mathbb{Z}_p$ 称为 p-进整数环, 它是 $\mathbb{Z}$ 对其 $p\mathbb{Z}$-进拓扑 (今后简称 p-进拓扑) 的完备化.

例 5.5.7 取集合 $I := \mathbb{Z}_{>1}$, 并以整除性定义滤过偏序: $N \prec N' \iff N \mid N'$, 此时有商同态 $\mathbb{Z}/N'\mathbb{Z} \to \mathbb{Z}/N\mathbb{Z}$. 相应的完备化 $\hat{\mathbb{Z}} := \varprojlim_N \mathbb{Z}/N\mathbb{Z}$ 称作 Prüfer 环. 事实上 $\hat{\mathbb{Z}} \simeq \prod_p \mathbb{Z}_p$, 其中 p 取遍素数. 缘由如下: N 有唯一的素因子分解 $N = \prod_p p^{v_p(N)}$, 对任意 $N \prec N'$ 皆有交换图表

$$\begin{array}{ccc} \prod_p(\mathbb{Z}/p^{v_p(N')}\mathbb{Z}) & \xrightarrow{\sim} & \mathbb{Z}/N'\mathbb{Z} \\ \downarrow & & \downarrow \\ \prod_p(\mathbb{Z}/p^{v_p(N)}\mathbb{Z}) & \xrightarrow[\sim]{} & \mathbb{Z}/N\mathbb{Z} \end{array}$$

其中横向同构来自中国剩余定理, 纵向是商同态. 左右比较完备化得 $\prod_p \mathbb{Z}_p \xrightarrow{\sim} \hat{\mathbb{Z}}$.

环 $\mathbb{Z}_p$ 是完备化的典型. 鉴于其应用之广, 以下将进一步探讨 $\mathbb{Z}_p$ 的性质, 同时演示交换环论中的一些基本技巧. 首先, 观察到 $\varprojlim$ 的构造蕴涵

$$\begin{aligned} p^{n+1}\mathbb{Z}_p &= \left\{(x_i)_{i\geq 0} : x_i \in p^{n+1} \cdot \mathbb{Z}/p^{i+1}\mathbb{Z}\right\} \\ &= \{(x_i)_{i\geq 0} : i \leq n \implies x_i = 0\} = \ker\left[\mathbb{Z}_p \overset{p_n}{\twoheadrightarrow} \mathbb{Z}/p^{n+1}\mathbb{Z}\right]. \end{aligned}$$

从而 $\mathbb{Z}_p/p^{n+1}\mathbb{Z}_p \xrightarrow{\sim} \mathbb{Z}/p^{n+1}\mathbb{Z}$. 这也蕴涵 $p\mathbb{Z}_p$ 是极大理想. 此外留意到 p 在 $\mathbb{Z}_p$ 中非零因子: 如果 $(x_i)_i \neq 0$, 取 n 使得 $x_{n-1} \neq 0$, 则必有 $x_n \notin p^n\mathbb{Z}/p^{n+1}\mathbb{Z}$, 从而 $px_n \neq 0$.

对任意 $x = \left(x_i \in \mathbb{Z}/p^{i+1}\mathbb{Z}\right)_{i\geq 0} \in \mathbb{Z}_p$, 由以上观察可以定义

$$v_p(x) := \sup\{n : x \in p^n\mathbb{Z}_p\} = \inf\{n : x_n \neq 0\}.$$

函数 $v_p : \mathbb{Z}_p \to \mathbb{Z}_{\geq 0} \sqcup \{\infty\}$ 称为 p-进赋值.

命题 5.5.8 对任意素数 p, 以下性质成立.

1. $\mathbb{Z}_p$ 是整环, 而且 $v_p(x) = \infty \iff x = 0$.

2. 对任意 $x, y \in \mathbb{Z}_p$

$$\begin{aligned} v_p(xy) &= v_p(x) + v_p(y), \\ v_p(x+y) &\geq \min\{v_p(x), v_p(y)\} \quad (\text{强三角不等式}). \end{aligned}$$

3. 元素 $x \in \mathbb{Z}_p$ 可逆当且仅当 $v_p(x) = 0$.

4. $\mathbb{Z}_p$ 是主理想环, 其非零理想皆为 $p^n\mathbb{Z}_p = \{x \in \mathbb{Z}_p : v_p(x) \geq n\}$ 的形式.

证明 记 $W := \mathbb{Z}_p$. 之后的论证仅需要定义 $v_p(x) = \sup\{n : x \in p^n W\}$ 和业已经观察过的性质: (a) $W \xrightarrow{\sim} \varprojlim_{n\geq 0} W/p^{n+1}W$; (b) p 在 W 中不是零因子; (c) W/pW 是域.

首先, $v_p(x) = \infty$ 等价于 $x \in \bigcap_{n\geq 0} p^{n+1}W$, 然而 (a) 蕴涵此时 $x = 0$. 接着证明 W 为整环: 若 $x, y \in W$ 皆非零, 由前一步可假设 $x = p^{v_p(x)}x'$, $y = p^{v_p(y)}y'$ 满足于 $x', y' \notin pW$, 再由 (b) 知问题化为证 $x'y' \neq 0$. 然而 W/pW 是域故 $x'y' \notin pW$, 特别地 $x'y' \neq 0$.

下面证明 v_p 的两条性质. 同样置 $x = p^{v_p(x)}x'$ 和 $y = p^{v_p(y)}y'$. 不妨设 $v_p(x) \geq v_p(y)$, 则 $x + y \in p^{v_p(y)}W$ 故 $v_p(x+y) \geq \min\{v_p(x), v_p(y)\}$. 又从 $x'y' \notin pW$ 可导出 $v_p(xy) = v_p(x) + v_p(y)$.

令 $x \in W^\times$, 考虑其模 pW 的像可知 $v_p(x) = 0$. 相反地, 假设 $x \in W \smallsetminus pW$, 由 (c) 知存在 $a \in W$ 使得 $ax \equiv 1 \pmod{pW}$. 因此不妨假设 $x \equiv 1 \pmod{pW}$. 置 $x = 1 - t$, $v_p(t) \geq 1$. 在 Hausdorff 拓扑环 W 中有等式

$$x(1 + t + \cdots + t^N) = (1-t)(1 + t + \cdots + t^N) = 1 - t^{N+1}.$$

当 $N \to \infty$ 时右式趋近于 1. 如能证明 $y_N := 1 + t + \cdots + t^N$ 亦收敛, 则其极限给出 x^{-1}. 为此, 仅需观察到对于 $N' \geq N$, 和式 $y_{N'}$ 中 t^N 以后的项不影响它模 $p^N W$ 的类.

最后证明关于理想的断言. 假设 I 是 W 中的非零理想. 定义 $n := \min\{v_p(x) : x \in I\}$, 于是 $I \subset p^n W$. 取非零元 $x = p^n y \in I$ 满足 $v_p(x) = n$, 于是 y 必可逆, 从而 $p^n W = xW \subset I$. 明所欲证. □

环 $\mathbb{Z}_p$ 对乘性子集 $\{1, p, p^2, \ldots\}$ 的局部化 $\mathbb{Z}_p[\frac{1}{p}] =: \mathbb{Q}_p$ 称为 **p-进数域**. 由以上对可逆元的刻画知 $\mathbb{Q}_p = \mathrm{Frac}(\mathbb{Z}_p)$, 其非零元可以唯一地表作 $p^a t$ 的形式, 其中 $t \in \mathbb{Z}_p^\times$ 而 $a \in \mathbb{Z}$. 同时赋值 v_p 在 $\mathbb{Q}_p$ 上有自然延拓: $v_p(p^a t) = a$; 请读者验证命题 5.5.8 的不等式在 $\mathbb{Q}_p$ 上仍旧成立. 另一方面, $\mathbb{Q}_p$ 也可以视为域 $\mathbb{Q}$ 对赋值 $v_p\big|_{\mathbb{Q}}$ 的完备化, 一步到位地构造, 这点将在 §10.3 做细致讨论.

下面转向 $\varinjlim$ 的研究. 考虑小范畴 I 及函子 $\alpha : I \to \mathsf{Ring}$. 我们即将为滤过的 I 定义极限 $\varinjlim \alpha$ (定义 2.7.6). 应用中 I 往往是滤过偏序集, 不过为突出滤过条件的作用, 我们将不厌其烦地处理一般情形. 且先回忆对 I 中的每个态射 $f : i \to j$, 都有相应的环同态 $\alpha(f) : \alpha(i) \to \alpha(j)$.

假设 I 滤过. 在例 2.7.5 中, 我们业已在 $\bigsqcup_{i\in\mathrm{Ob}(I)} \alpha(i)$ 上以 (2.11) 定义了等价关系 $\sim$, 从而将 Set 中的 $\varinjlim \alpha$ 实现为相应的商集 $\bigsqcup_{i\in\mathrm{Ob}(I)} \alpha(i)/\sim$; 对每个 $j \in \mathrm{Ob}(I)$ 皆有映射

$$\iota_j : \alpha(j) \to \bigsqcup_{i\in\mathrm{Ob}(I)} \alpha(i) \xrightarrow{\text{商映射}} \varinjlim \alpha.$$

今将往证商集 $\varinjlim \alpha$ 上具有唯一的环结构使得对每个 $f: j \to j'$,

$$
\begin{array}{ccc}
\alpha(j) & \xrightarrow{\alpha(f)} & \alpha(j') \\
& {\scriptstyle \iota_j} \searrow \quad \swarrow {\scriptstyle \iota_{j'}} & \\
& \varinjlim \alpha &
\end{array}
\tag{5.10}
$$

皆是 Ring 中的交换图表.

我们沿用构造集合的滤过极限时的符号. 定义 $\varinjlim \alpha$ 的环结构如下: 对其中任两个等价类 $[r_i]$, $[r'_j]$, 按滤过范畴定义总能找到从 i, j 到某个 $k \in \mathrm{Ob}(I)$ 的箭头以及 $r_k, r'_k \in \alpha(k)$ 使得 $[r_i] = [r_k]$ 且 $[r'_j] = [r'_k]$. 在 (5.10) 中取 $f = \mathrm{id}: k \to k$ 可知 $[r_i][r'_j]$ 的定义只能是 $[r_k r'_k]$. 同样手法可以证明此乘法良定, 并给出环结构 (幺元为 $1 \in \alpha(i)$ 的等价类, i 任取) 使得 (5.10) 恒交换: 在比较种种不同选取给出的乘法时, 我们总是可以在范畴 I 中走得足够 "深" 以消除所有不确定性, 这是定义 2.7.6 的要旨. 这就验证了断言.

命题 5.5.9 对滤过小范畴 I 和 $\alpha: I \to$ Ring 如上, 环 $\varinjlim \alpha$ 连同同态族 $\iota_j: \alpha(j) \to \varinjlim \alpha$ 构成范畴 Ring 中的 $\varinjlim \alpha$.

证明 若忘掉环结构, $\varinjlim \alpha$ 作为集合是 $\alpha(i)$ 在 Set 中的极限. 因而对任意环 R 及同态族 $\left(\iota'_j: \alpha(j) \to R\right)_{j \in \mathrm{Ob}(I)}$ 使得图表

$$
\begin{array}{ccc}
\alpha(i) & & \\
{\scriptstyle \alpha(f)} \downarrow & \searrow^{\iota'_i} & \\
& & R \\
\alpha(j) & \nearrow_{\iota'_j} &
\end{array}
\qquad (f: i \to j)
$$

恒交换者, 存在唯一的集合映射 $\varphi: \varinjlim \alpha \to R$ 使得

$$
\begin{array}{ccc}
\alpha(i) & \xrightarrow{\iota_i} & \varinjlim \alpha \\
& {\scriptstyle \iota'_i} \searrow & \downarrow {\scriptstyle \varphi} \\
& & R
\end{array}
\qquad i \in \mathrm{Ob}(I)
$$

恒交换. 事实上 $\varphi([r_i]) = \iota'_i(r_i)$, 需要证明的是 φ 为环同态. 论证与先前类似: 应用滤过范畴的条件, 再配合环同态族 $\iota'_j: \alpha(j) \to R$ 的性质即可, 细节留予读者. □

以上皆假设 I 非空, 现在补全 I 是空范畴的情形. 注意到空 $\varinjlim$ 无非是范畴中的始对象. 从 (5.2) 及随后的讨论, 立得以下简单而重要的结果.

命题 5.5.10 整数环 $\mathbb{Z}$ 是环范畴 Ring 的始对象.

读者可能要问: 环范畴里是否总有一般的小 $\varinjlim$? 由于本章只论非零含幺环, 答案

是否定的: 以下例子说明一对同态 $f, g: R \to S$ 的余等化子未必存在. 考虑多项式环 $R = \mathbb{C}[X]$ 和 $S = \mathbb{C}$, 取同态 $f: P \mapsto P(0)$ 和 $g: P \mapsto P(1)$, 其中 $P \in \mathbb{C}[X]$. 若有环同态 $h: S \to T$ 满足 $hf = hg$, 取 $P(X) = -X$ 则有 $h(1) = h(P(0) - P(1)) = 0$, 这与 $h(1) = 1$ 矛盾.

5.6 从幺半群环到多项式环

读者对有理系数多项式环 $\mathbb{Q}[X] = \{a_0 + a_1 X + \cdots + a_n X^n : n \geq 0,\ a_i \in \mathbb{Q}\}$ 理应是熟悉的, 它作为 $\mathbb{Q}$-向量空间以 $\{X^i : i \geq 0\}$ 为基, 其间的乘法不外是幺半群 $(\mathbb{Z}_{\geq 0}, +)$ 上加法的改述. 若代之以一般的幺半群便得到如下推广. 以下固定环 R, 考察以其元素为系数的多项式.

定义 5.6.1 令 M 为幺半群. **幺半群环** $R[M]$ 定义如下: 其元素是积集 R^M 中形如 $(r_m)_{m \in M}$ 的列, 至多仅有限多项非零; 惯常将 $(r_m)_{m \in M}$ 形式地写作 R 上的有限线性组合

$$f = \sum_{m \in M} r_m m,$$

这里的 r_m 称为 m 在 f 中的系数. 分别定义 $R[M]$ 的加法和乘法为

$$\left(\sum_m r_m m\right) + \left(\sum_m s_m m\right) = \sum_m (r_m + s_m) m,$$

$$\left(\sum_m r_m m\right) \cdot \left(\sum_m s_m m\right) = \sum_m \left(\sum_{\substack{x, y \in M \\ xy = m}} r_x s_y\right) m,$$

易见其中每个和都仅有有限个非零项, 故运算良定.

不难验证 $R[M]$ 满足环的公理, 其零元是 $0 = \sum_m 0 \cdot m$, 幺元是 $1 = 1_R \cdot 1_M$: 这里的 $1_R, 1_M$ 分别表 R 和 M 的幺元. 事实上 $R[M]$ 的乘法运算是由 $(rm) \cdot (r'm') = rr'(mm')$ 和分配律所唯一确定的 $(r, r' \in R,\ m, m' \in M)$. 乘法结合律仅需对形如 rm 的项验证即可.

注意到幺半群环带有自然的同态

$$\begin{array}{ccc} M & \xrightarrow{\text{幺半群}} & (R[M], \cdot) \\ \cup & & \cup \\ m & \longmapsto & 1 \cdot m \end{array} \qquad \begin{array}{ccc} R & \xrightarrow{\text{环}} & R[M] \\ \cup & & \cup \\ r & \longmapsto & r \cdot 1. \end{array}$$

两者皆单, 而且其像在 $R[M]$ 中对乘法互相交换, 即 $(r \cdot 1)(1 \cdot m) = (1 \cdot m)(r \cdot 1)$ (尽管 R, M 各自都未必交换). 这为 $R[M]$ 的构造提供了一个泛性质的解释.

命题 5.6.2 幺半群环由下述泛性质刻画：对任意环 S，幺半群同态 $f: M \to (S, \cdot)$ 及环同态 $g: R \to S$，若 f 和 g 的像对 S 的乘法互相交换，则存在唯一的环同态 $\varphi: R[M] \to S$，使得 f 和 g 分别等于 $M \to R[M]$ 和 $R \to R[M]$ 合成上 φ.

证明 唯一的取法是 $\varphi(rm) = g(r)f(m)$. 细节留给读者. □

倘若读者愿提前调用 §7.1 的语汇，特别是命题 7.1.3，那么当 R 交换时上述同态 $R \hookrightarrow R[M]$ 赋予 $R[M]$ 一个 R-代数的结构；职是之故，$R[M]$ 也称为交换环 R 上的**幺半群代数**.

定义 5.6.3 当 M 为群时，环 $R[M]$ 称为 M 在 R 上的**群环**. 当 R 交换时也称之为 R 上的**群代数**.

群环是表示理论的基本语言. 这里先回到本节开头的楔子，同时也是环论中最基本的构造之一：多项式环.

定义 5.6.4 (多项式环) 对集合 $\mathcal{X}$ 取 $(\mathbf{M}(\mathcal{X}), \cdot)$ 为 $\mathcal{X}$ 上的自由交换幺半群 (定义 4.8.10，注意：此处改用乘法符号)，则 $R[\mathcal{X}] := R[\mathbf{M}(\mathcal{X})]$ 称为 R 上以 $\mathcal{X}$ 为变元集的多项式环，它带有自然映射 $\mathcal{X} \to R[\mathcal{X}]$. 当 $\mathcal{X} = \{X, Y, \ldots\}$ 时也写作 $R[\mathcal{X}] = R[X, Y, \ldots]$.

当 R 交换时，也称 $R[\mathcal{X}]$ 是以 $\mathcal{X}$ 为变元集的多项式代数，依此类推.

命题 5.6.5 以下泛性质刻画 $R[\mathcal{X}]$ 和 $\mathcal{X} \to R[\mathcal{X}]$：对任意环 S，映射 $f: \mathcal{X} \to S$ 及环同态 $g: R \to S$，若 f 和 g 的像在 S 中对乘法相交换，f 的像对乘法也交换，则存在唯一的环同态 $\varphi: R[\mathcal{X}] \to S$ 使得 f 和 g 分别等于 $\mathcal{X} \to R[\mathcal{X}]$ 和 $R \to R[\mathcal{X}]$ 合成上 φ.

证明 这是幺半群环与 $\mathbf{M}(\mathcal{X})$ 的泛性质的嫁接. □

称映射 $\mathbf{M}(\mathcal{X}) \to R[\mathcal{X}]$ 的像为单项式. 对任意 $f \in R[\mathcal{X}]$，称 $1 \in \mathbf{M}(\mathcal{X})$ 在 f 中的系数为 f 的常数项. 注意到一些性质：

- ◇ $R[\mathcal{X}]$ 交换当且仅当 R 交换；
- ◇ 若 R 是交换整环，则 $R[\mathcal{X}]$ 亦然；
- ◇ 任意环同态 $R \to R'$ 和映射 $\mathcal{X} \to \mathcal{X}'$ 诱导出自然的同态 $R[\mathcal{X}] \to R'[\mathcal{X}']$；
- ◇ 对任意集合 $\mathcal{X}, \mathcal{Y}$ 有自然同构 $R[\mathcal{X}][\mathcal{Y}] = R[\mathcal{Y}][\mathcal{X}] = R[\mathcal{X} \sqcup \mathcal{Y}]$.

以最后一个性质为例，我们既可直接给出自明的同构，也可用泛性质说明：对任意环 S，给定环同态 $\varphi: R[\mathcal{X}][\mathcal{Y}] \to S$ 相当于给定像相交换的映射 $\mathcal{Y} \to S$ 及环同态 $R[\mathcal{X}] \to S$；对后者再应用一次泛性质，知其无非是给定映射 $\mathcal{Y} \to S$，$\mathcal{X} \to S$ (亦即给定 $\mathcal{X} \sqcup \mathcal{Y} \to S$) 及环同态 $R \to S$，使得三者的像对乘法交换. 这正是 $R[\mathcal{X} \sqcup \mathcal{Y}]$ 的泛性质.

定义 5.6.6 (有理函数域) 若 F 是域，多项式环 $F[\mathcal{X}]$ 的分式域 $F(\mathcal{X})$ 称为 F 上以 $\mathcal{X}$ 为变元集的**有理函数域**. 当 $\mathcal{X} = \{X, Y, \ldots\}$ 时也写作 $F(\mathcal{X}) = F(X, Y, \ldots)$.

一如前述的多项式, 这里的有理函数实非函数, 只是约定俗成. 稍后将看到数学分析里的幂级数 (如 $e^X = \sum_{n\geq 0} X^n/n!$) 等也有形式的构造.

我们进一步把 $R[\mathcal{X}]$ 写明白. 回忆 $\mathbf{M}(\mathcal{X})$ 中的元素可以唯一地表成 $X_1^{a_1}\cdots X_n^{a_n}$ 的形式, 其中 $X_1,\ldots,X_n \in \mathcal{X}$ 而 $a_1,\ldots,a_n \geq 0$ (不计顺序). 因而 $R[\mathcal{X}]$ 中的元素是形如 $X_1^{a_1}\cdots X_n^{a_n}$ 的 "单项式" 的线性组合 (以 R 为系数); 这确乎是多项式的抽象版本, 变元集正是 $\mathcal{X}$. 以下专门考察 $\mathcal{X} = \{X_1,\ldots,X_n\}$ 的情形, 此时 $R[\mathcal{X}] = R[X_1,\ldots,X_n]$ 为 n 元多项式环; 元素用经典的记号 $f = f(X_1,\ldots,X_n)$ 表之. 环 $R[X_1,\ldots,X_n]$ 中的元素表作

$$f = \sum_{a_1,\ldots,a_n\in\mathbb{Z}_{\geq 0}} c_{a_1,\ldots,a_n} X_1^{a_1}\cdots X_n^{a_n}.$$

下标稍嫌繁杂, 我们顺势引进方便的**多重指标**符号

$$\begin{aligned}
\boldsymbol{a} &:= (a_1,\ldots,a_n), \quad a_1,\ldots,a_n \in \mathbb{Z}_{\geq 0},\\
|\boldsymbol{a}| &:= a_1+\cdots+a_n,\\
c_{\boldsymbol{a}} &:= c_{a_1,\ldots,a_n},\\
\boldsymbol{X}^{\boldsymbol{a}} &:= X_1^{a_1}\cdots X_n^{a_n}.
\end{aligned}$$

准此, 定义多项式 f 的**全次数**为 $\deg f := \max\{|\boldsymbol{a}| : |c_{\boldsymbol{a}}| \neq 0\}$. 如果 f 满足于 $c_{\boldsymbol{a}} \neq 0 \iff |\boldsymbol{a}| = m$, 则称 f 是 m 次**齐次多项式**.

对多重指标 $\boldsymbol{a} = (a_1,\ldots,a_n)$, $\boldsymbol{b} = (b_1,\ldots,b_n)$, 置 $\boldsymbol{a}+\boldsymbol{b} := (a_1+b_1,\ldots,a_n+b_n)$, 那么 $R[X_1,\ldots,X_n]$ 中的乘法化成简练的形式

$$\left(\sum_{\boldsymbol{a}'} c'_{\boldsymbol{a}'}\boldsymbol{X}^{\boldsymbol{a}'}\right)\cdot\left(\sum_{\boldsymbol{a}''} c''_{\boldsymbol{a}''}\boldsymbol{X}^{\boldsymbol{a}''}\right) = \sum_{\boldsymbol{a}} \underbrace{\left(\sum_{\boldsymbol{a}'+\boldsymbol{a}''=\boldsymbol{a}} c'_{\boldsymbol{a}'}c''_{\boldsymbol{a}''}\right)}_{\text{有限和}}\boldsymbol{X}^{\boldsymbol{a}}. \tag{5.11}$$

当 $n=1$, 我们回到熟知的单变元多项式环 $R[X]$. 形如 $X^n + a_{n-1}X^{n-1}+\cdots+a_0 \in R[X]$ 的多项式 ($n \geq 1$) 称为**首一多项式**. 微积分学中的求导运算可以形式地定义在 $R[X]$ 上.

命题 5.6.7 映射

$$\begin{aligned}
\partial : R[X] &\longrightarrow R[X]\\
f(X) = \sum_{k\geq 0} a_k X^k &\longmapsto f'(X) := \sum_{k\geq 1} k a_k X^{k-1}
\end{aligned}$$

满足于

- $(rf+sg)' = rf'+sg'$, 其中 $r,s \in R$ 而 $f,g \in R[X]$;
- Leibniz 律: $(fg)' = fg'+f'g$.

证明 直接验证. □

在多变元情形 $R[X_1,\ldots,X_n]$ 可以对每个变元求偏导 $\partial_i := \frac{\partial}{\partial X_i}$, 方式是显然的.

定义 5.6.8 (形式幂级数与 Laurent 级数) 定义 n 元**形式幂级数环** $R[\![X_1,\ldots,X_n]\!]$ 为 $R[X_1,\ldots,X_n]$ 对理想族

$$\mathfrak{a}_i := \langle X_1,\ldots,X_n\rangle^i, \quad \mathfrak{a}_1 \supset \mathfrak{a}_2 \supset \cdots$$

的完备化; 按 §5.1 的定义,

$$\langle X_1,\ldots,X_n\rangle = \{f \in R[X_1,\ldots,X_n] : \text{常数项} = 0\}.$$

另一方面, 假设 R 交换并取 $R[\![X]\!]$ 的乘性子集

$$S := \{\boldsymbol{X}^{\boldsymbol{a}} : |\boldsymbol{a}| \geq 0\}.$$

则 $R[\![X_1,\ldots,X_n]\!]$ 对 S 的局部化记为 $R(\!(X_1,\ldots,X_n)\!)$, 称作 R 上的 n 元**形式 Laurent 级数环**.

注记 5.6.9 不难递归地证明 $\mathfrak{a}_i$ 的元素皆为 $\{\boldsymbol{X}^{\boldsymbol{a}} : |\boldsymbol{a}| \geq i\}$ 中元素以 R 为系数的线性组合. 形式幂级数环的元素一般定义为形如

$$\sum_{\boldsymbol{a}} c_{\boldsymbol{a}} \boldsymbol{X}^{\boldsymbol{a}}, \quad c_{\boldsymbol{a}} \in R$$

的无穷和; 这里不要求任何收敛性, 故曰 "形式". 其加法 (逐系数相加) 和乘法 (参看 (5.11)) 运算都和多项式情形类似, 兹不赘述. 以下说明这般定义的环无非就是 $R[\![X_1,\ldots,X_n]\!]$.

先观察到商映射给出加法群的同构

$$R_{<i} := \left\{ \sum_{|\boldsymbol{a}|<i} c_{\boldsymbol{a}} \boldsymbol{X}^{\boldsymbol{a}} : c_{\boldsymbol{a}} \in R \right\} \xrightarrow{\sim} R[X_1,\ldots,X_n]/\mathfrak{a}_i, \quad i \geq 0.$$

在此同构下, 商同态 $R[X_1,\ldots,X_n]/\mathfrak{a}_{i+1} \twoheadrightarrow R[X_1,\ldots,X_n]/\mathfrak{a}_i$ 等同于截断映射 $\tau_{<i} : R_{<i+1} \to R_{<i}$ (即舍弃 $|\boldsymbol{a}| = i$ 的项); 留意到 $\tau_{<0} = 0$. 由此得出同构

$$\begin{aligned} \varprojlim_{i\geq 1} R_{<i} &\xrightarrow{\sim} \left\{ \text{无穷和 } \sum_{\boldsymbol{a}} c_{\boldsymbol{a}} \boldsymbol{X}^{\boldsymbol{a}} \right\} \\ (f_i)_{i\geq 1} &\longmapsto \sum_{i\geq 1} \left(f_i - \tau_{<i-1}(f_i)\right), \end{aligned}$$

其逆为

$$\sum_{\boldsymbol{a}} c_{\boldsymbol{a}} \boldsymbol{X}^{\boldsymbol{a}} \longmapsto (f_i)_{i\geq 1}, \qquad f_i := \sum_{|\boldsymbol{a}|<i} c_{\boldsymbol{a}} \boldsymbol{X}^{\boldsymbol{a}}.$$

可直接验证两边的环结构在同构下相匹配.

由此亦可看出局部化 $R(\!(X_1,\ldots,X_n)\!)$ 相当于在无穷和 $\sum_{\boldsymbol{a}} c_{\boldsymbol{a}}\boldsymbol{X}^{\boldsymbol{a}}$ 中容许在至多有限个项中 $a_1,\ldots,a_n$ 可取负整数值. 这正是复变函数论中亚纯函数在有限阶极点附近的 Laurent 展开式.

同于多项式情形, 我们称 $f=\sum_{\boldsymbol{a}} c_{\boldsymbol{a}}\boldsymbol{X}^{\boldsymbol{a}}$ 中的系数 $c_{\mathbf{0}}=c_{(0,\ldots,0)}$ 为 f 的常数项.

命题 5.6.10 形式幂级数 $f\in R[\![X_1,\ldots,X_n]\!]$ 可逆当且仅当其常数项 $c_{\mathbf{0}}$ 在 R 中可逆.

作为推论, 若 R 为域且 $n=1$ (即单变元情形), 则 $R(\!(X)\!)$ 无非是 $R[\![X]\!]$ 的分式域; 请读者对照 $\mathbb{Q}_p$ 的情形.

证明 考虑对理想 $\mathfrak{a}_1=\langle X_1,\ldots,X_n\rangle$ 的商同态 $R[\![X_1,\ldots,X_n]\!]\twoheadrightarrow R$, 它将 f 映至 $c_{\mathbf{0}}$. 故 f 可逆蕴涵 $c_{\mathbf{0}}\in R^{\times}$. 下面证明其逆命题. 假设 f 的常数项可逆, 以 $c_{\mathbf{0}}^{-1}f$ 代 f, 可化约到 $f\in 1+\mathfrak{a}_1$ 的情形. 后续论证类似于命题 5.5.8 的证明: 置 $a:=1-f$, $a\in\mathfrak{a}_1$. 在 Hausdorff 拓扑环 $R[\![X_1,\ldots,X_n]\!]$ 中有等式

$$(1-a)^{-1}=1+a+a^2+\cdots \quad (\text{收敛级数}),$$

故 f 可逆. □

最后假设 R 交换. 多项式 $f\in R[X,Y,\ldots]$ 可在任意点 $(x,y,\ldots)\in R\times R\times\cdots$ 上取值, 记为 $f(x,y,\ldots)$ 或 $\mathrm{ev}_{(x,y,\ldots)}(f)$, 办法是在表达式中代入 $X=x$, $Y=y$ 等等. 推而广之, 考虑以 $\mathcal{X}$ 为变元集的多项式, 设 $R\to R'$ 是交换环的同态, 命题 5.6.5 之泛性质蕴涵: 对任意映射 $\sigma:\mathcal{X}\to R'$, 存在唯一的同态 $\mathrm{ev}_\sigma: R[\mathcal{X}]\to R'$ 满足 $\forall X\in\mathcal{X}$, $\mathrm{ev}_\sigma(X)=\sigma(X)$. 这相当于视 σ 为空间 $(R')^{\mathcal{X}}$ 中的点, 对多项式 $f\in R[\mathcal{X}]$ 在该点求值. 这就给出环同态

$$\begin{aligned}\mathrm{ev}: R[\mathcal{X}] &\longrightarrow \left\{\text{映射}(R')^{\mathcal{X}}\to R'\right\}\\ f &\longmapsto [\sigma\mapsto \mathrm{ev}_\sigma(f)],\end{aligned} \tag{5.12}$$

右侧的环结构来自函数的逐点加法和乘法, 乘法幺元为常值函数 1. 简单起见取恒等同态 $R'=R$, 那么同态 ev 将一个多项式 $f\in R[\mathcal{X}]$ 映至相应的多项式函数 $R^{\mathcal{X}}\to R$. 多项式与多项式函数一般来说是不同的概念. 举例明之, 取 p 为素数, $R=\mathbb{Z}/p\mathbb{Z}$ 而 $\mathcal{X}=\{X\}$ 为独点集, 则多项式 $f(X)=X^p-X$ 在 R 上恒取零值 (这是初等数论中的 Fermat 小定理, 见注记 9.3.2), 然而 f 作为 $(\mathbb{Z}/p\mathbb{Z})[X]$ 的元素非零, 于是 (5.12) 非单.

另一方面, 以下命题表明当 R 为无穷整环时, 其上的多项式与多项式函数是一回事.

命题 5.6.11 当 R 为无穷整环时, (5.12) 中的 ev (取 $R'=R$) 是单同态.

证明 须说明 $\mathrm{ev}(f)=0 \implies f=0$. 因为 f 只涉及 $\mathcal{X}$ 中有限多个变元, 问题化约到有限元情形 $R[\mathcal{X}]=R[X_1,\ldots,X_n]$; 以下对 $n\geq 1$ 递归地论证. 当 $n=1$ 时, 因为域 $\mathrm{Frac}(R)$ 上多项式的根数不超过次数, 断言得证. 当 $n\geq 2$ 时, 将 $f\neq 0$ 写作

$$f=\sum_{i=0}^{m} f_i(X_1,\ldots,X_{n-1})X_n^i, \quad f_i\in R[X_1,\ldots,X_{n-1}],\ f_m\neq 0.$$

于是存在 $(r_1,\ldots,r_{n-1})\in R^{n-1}$ 使 $f_m(r_1,\ldots,r_{n-1})\neq 0$. 因之 $f(r_1,\ldots,r_{n-1},X)\in R[X]$ 非零多项式, 从而非零函数. 证毕. □

注记 5.6.12 现在回到一般框架, 给定环同态 $\phi: R\to R'$. 对于 R' 中的一族元素 $\mathcal{E}=\{s_x\}_{x\in\mathcal{X}}$ (视同映射 $\sigma:\mathcal{X}\to R'$), 环同态 $\mathrm{ev}_\sigma: R[\mathcal{X}]\to R'$ 的像记为 $R[\mathcal{E}]$, 它是 R' 的子环, 称为 $\{s_x\}_x$ 在 R 上生成的子环. 当 $\mathcal{X}=\{1,\ldots,n\}$ 时将之简记为 $R[s_1,\ldots,s_n]$, 由下述形式的元素构成

$$f(s_1,\ldots,s_n):=\mathrm{ev}_{(s_1,\ldots,s_n)}(f)=\sum_{\boldsymbol{a}}\phi(c_{\boldsymbol{a}})s_1^{a_1}\cdots s_n^{a_n},$$
$$\text{其中}\quad f=\sum_{\boldsymbol{a}} c_{\boldsymbol{a}}X^{\boldsymbol{a}}\in R[X_1,\ldots,X_n].$$

局部化的符号 $R[S^{-1}]$ 和此处类似, 实属有意为之, 缘由就留给读者琢磨了.

5.7 唯一分解性

本节探讨整环 R 中元素的乘积分解, 聚焦于整环中的整除性, 以及如何将元素表成不可约元的乘积. 数论中的经典案例是 $R=\mathbb{Z}$, 或者推而广之, R 是某些由代数整数构成的环, 如例 5.7.8 的 Gauss 整数环. 这些问题曾有力地推动了交换环论的发展. 唯一分解性质在代数几何学中也扮演要角, 它反映代数方程的零点集上一些较精密的几何性质.

在整环 R 中定义整除关系 $x\mid y \iff (\exists a\in R,\ y=ax) \iff \langle y\rangle\subset\langle x\rangle$. 留意到 x,y 相互整除当且仅当它们差一个 $R^\times$ 中元素. 在整除性问题中 $R^\times$ 显然不起作用, 故我们引进商幺半群 $\mathcal{P}:=(R\smallsetminus\{0\})/R^\times$. 如不另外申明, 本节以 $\mathring{x}\in\mathcal{P}$ 标记 $x\in R\smallsetminus\{0\}$ 的像, 这只是临时的符号. 易见整除性赋予 $\mathcal{P}$ 偏序:

$$\mathring{y}\leq\mathring{x} \iff x\mid y.$$

如果 $x,y\in R$ 在 $\mathcal{P}$ 中有上确界 $\mathring{d}$ (定义 1.2.2), $d\in R$ 是其原像, 则称 d 是 x,y 的最大公因子; 按上确界定义 $\mathring{d}$ 是唯一的. 若 x,y 的最大公因子为 $\mathring{1}$, 则称 x,y 互素.

我们以后谈及唯一分解、最大公因子等概念时, 实际都是在 $\mathcal{P} := (R \smallsetminus \{0\})/R^\times$ 中考虑. 又因为 $\mathring{x} = \mathring{y} \iff \langle x \rangle = \langle y \rangle$, 所以 $\mathcal{P}$ 的元素可等同于 R 的主理想.

定义 5.7.1 整环 R 中的非零元 r 称为**不可约**的, 如果 $r \notin R^\times$ 而且在 R 中 $d \mid r$ 蕴涵 $\langle d \rangle = \langle r \rangle$ 或 $d \in R^\times$. 不可约性仅取决于 r 在 $\mathcal{P}$ 中的像. 如果 $\mathcal{P}$ 的每个元素 $\mathring{r}$ 都能写成

$$\mathring{r} = \prod_{i=1}^{n} \mathring{p}_i, \quad n \in \mathbb{Z}_{\geq 0},$$

其中 $\mathring{p}_i \in \mathcal{P}$ 不可约, 而且 $\{\mathring{p}_1, \ldots, \mathring{p}_n\}$ (计重数但不计顺序) 是唯一的, 则称 R 为**唯一分解环**; 称 $\mathring{p}_1, \ldots, \mathring{p}_n$ (或其原像 $p_1, \ldots, p_n \in R$) 是 $\mathring{r}$ (或其原像 $r \in R$) 的不可约因子. 约定 $n = 0 \iff \mathring{r} = 1$.

众所周知 $\mathbb{Z}$ 是唯一分解环, 这一事实也称作算术基本定理. 在唯一分解环中若 $a \mid b$ 而 $b \neq 0$, 那么将 a 和 b/a 的不可约分解相乘便得到 b 的不可约分解; 作为推论, a 的不可约因子 (计重数) 构成 b 的不可约因子的子集, 而精确到 $R^\times$, 任意 $b \in R \smallsetminus \{0\}$ 只有有限多个因子.

如果整环 R 中的非零元 p 满足 $p \notin R^\times$ 而且 $p \mid ab \iff (p \mid a) \vee (p \mid b)$, 则称 p 是**素元**. 我们先做些初步观察:

- ◇ 元素 p 是素元当且仅当 $\langle p \rangle$ 是素理想.
- ◇ 素元必不可约: 若有分解 $p = ab$ 则不妨设 $p \mid a$, 因此 a, p 相互整除, $b \in R^\times$. 其逆对一般整环不成立.
- ◇ 唯一分解环中任两个元素 $x, y \neq 0$ 总有最大公因子. 进一步, 此环的不可约元 p 皆为素元: 若 $(p \nmid a) \wedge (p \nmid b)$, 那么 a, b 的不可约分解相乘后仍不含 p, 故有 $p \nmid ab$.
- ◇ 命 $\mathcal{P}_0$ 为 R 中所有 $\neq R$ 的主理想的集合, 配备偏序 $\subset$, 则元素 $p \in R \smallsetminus \{0\}$ 不可约当且仅当 $\langle p \rangle$ 在 $\mathcal{P}_0$ 中是极大元.
- ◇ 在唯一分解环中, $\mathcal{P}_0$ 中的无穷升链 $\langle a_1 \rangle \subset \langle a_2 \rangle \subset \cdots$ 必须 "稳定化", 具体地说, 存在 $m \geq 1$ 使得 $\langle a_m \rangle = \langle a_{m+1} \rangle = \cdots$. 这是由于精确到 $R^\times$, 每个 a_i 只能有有限多个因子. 此性质称为偏序集 $\mathcal{P}_0$ 的**升链条件**.
- ◇ 反过来说, 若 $\mathcal{P}_0$ 满足升链条件如上, 那么任意非零元 $r \in R$ 都能分解为不可约元的积. 设若不然, 则有分解 $r = r_1 r'$, $r_1 = r_2 r''$ 等等, 使得 $r', r'', \ldots \notin R^\times$, 故 $\langle r_1 \rangle \subsetneq \langle r_2 \rangle \subsetneq \cdots$ 以至于无穷, 矛盾.
- ◇ 如果 R 中的不可约元皆为素元, 例如唯一分解环, 那么不可约分解满足定义 5.7.1 中的唯一性. 理路同于算术基本定理的证明: 假若 $\mathcal{P}$ 中有两个不可约分解 $\mathring{p}_1 \cdots \mathring{p}_m = \mathring{q}_1 \cdots \mathring{q}_n$, 则由素性知存在 j 使得 $p_1 \mid q_j$, 由不可约性知 $\langle p_1 \rangle = \langle q_j \rangle$. 于是等式两边可以消掉 $\mathring{p}_1 = \mathring{q}_j$, 如是反复以推导唯一性.

于是我们得到唯一分解环的另一种刻画.

命题 5.7.2 整环 R 是唯一分解环的充要条件是
- ◇ 在 R 中所有 $\neq R$ 的主理想构成的偏序集 $(\mathcal{P}_0, \subset)$ 满足升链条件;
- ◇ R 中的不可约元皆是素元.

证明 业已说明唯一分解环满足所列条件. 反之, 上述讨论表明 $\mathcal{P}_0$ 的升链条件保证不可约分解存在, 不可约元为素元则保证唯一性. □

局部化保持唯一分解性.

命题 5.7.3 设 S 是唯一分解环 R 的乘性子集, $0 \notin S$, 则 $R[S^{-1}]$ 也是唯一分解环.

证明 因 $R[S^{-1}] \hookrightarrow \mathrm{Frac}(R)$ 故 $R[S^{-1}]$ 为整环. 现将 R 中的不可约元 p 划作两类. (i) p 整除某个 S 中元素; 依引理 5.3.10, 这等价于 p 在 $R[S^{-1}]$ 中可逆. (ii) p 不整除 S 中任一元素; 此时 p 在 $R[S^{-1}]$ 中不可约, 证明如下. 首先它的像不可逆. 其次设 $p = \frac{r}{s} \cdot \frac{r'}{s'}$, 则 p 为素元故 $ss'p = rr'$ 蕴涵 $p \mid r$ 或 $p \mid r'$; 不妨设 $p \mid r$, 则从 $1 = \frac{r/p}{s} \cdot \frac{r'}{s'}$ 可见 $\frac{r'}{s'}$ 在 $R[S^{-1}]$ 中可逆.

给定非零元 $\frac{r}{s} \in R[S^{-1}]$. 在 R 中作不可约分解 $\mathring{r} = \prod_{i=1}^{m} \mathring{p}_i \cdot \prod_{j=1}^{n} \mathring{q}_j$, 其中 p_i, q_j 分属 (i), (ii) 两类不可约元. 那么 $\prod_{j=1}^{n} \mathring{q}_j$ 就给出 $\frac{\mathring{r}}{s}$ 的不可约分解. 另外 $\langle q_j \rangle$ 是素理想且不交 S; 命题 5.3.13 说明 $\langle q_j \rangle [S^{-1}] = q_j R[S^{-1}]$ 也是素理想. 按稍早的讨论, 这就确保 $R[S^{-1}]$ 中不可约分解的唯一性. □

现在着手将唯一分解性推广到主理想环上.

引理 5.7.4 对于主理想环 R 中的理想升链

$$\mathfrak{a}_1 \subset \mathfrak{a}_2 \subset \cdots,$$

总存在 $m \geq 1$ 使得 $\mathfrak{a}_m = \mathfrak{a}_{m+1} = \cdots$.

换言之, R 的理想满足升链条件. 在定义 6.10.1 将有更加系统的研究.

证明 由于 $\mathfrak{a} = \bigcup_{i=1}^{\infty} \mathfrak{a}_i$ 仍为理想, 可写成 $\mathfrak{a} = \langle a \rangle$ 的形式. 取 m 充分大使得 $a \in \mathfrak{a}_m$ 即可. □

定理 5.7.5 主理想环都是唯一分解环, 其中的非零素理想皆由单个不可约元生成, 因而是极大理想.

证明 鉴于唯一分解环的刻画和引理 5.7.4, 仅需证明 R 中每个不可约元 p 都是素元即可建立唯一分解性. 由于 R 是主理想环, 不可约元的定义蕴涵 $\langle p \rangle$ 是 R 的极大理想; 推论 5.3.5 蕴涵 $\langle p \rangle$ 是素理想, 于是 p 是素元. □

判定一个环是否为主理想环并不容易. 回顾基本案例, 证明 $\mathbb{Z}$ 是主理想环的传统办法是带余除法, 我们将此办法略做推广如下.

引理 5.7.6 设 R 为整环, 若存在良序集 L (定义 1.2.5) 和函数 $N: R \smallsetminus \{0\} \to L$, 使得对任意 $x \in R$, $d \in R \smallsetminus \{0\}$ 都存在 $q \in R$ 使 $r := x - qd$ 满足

$$r = 0 \quad \text{或者} \quad r \neq 0 \text{ 而 } N(r) < N(d).$$

则 R 是主理想环, 因而也是唯一分解环. 满足此条件的 R 称作 Euclid 环.

证明 以上条件是带余除法的直接推广, r 扮演了余数的角色. 仿照 $R = \mathbb{Z}$ 的情形, 容易证明对任意非零理想 $\mathfrak{a} \subset R$, 若 $a \in \mathfrak{a} \smallsetminus \{0\}$ 取到最小可能的 $N(a) \in L$, 则 $\mathfrak{a} = \langle a \rangle$.□

例 5.7.7 域 $\Bbbk$ 上的一元多项式环 $\Bbbk[X]$ 是主理想环. 为此取 N 为次数函数 $\deg : \Bbbk[X] \smallsetminus \{0\} \to \mathbb{Z}_{\geq 0}$ 即可, 这相当于运用域上多项式的带余除法.

例 5.7.8 Gauss 整数环定义为

$$\mathbb{Z}[\sqrt{-1}] := \left\{x + y\sqrt{-1} : x, y \in \mathbb{Z}\right\} \quad (\text{作为 } \mathbb{C} \text{ 的子环}).$$

兹断言这是 Euclid 环, 因此是主理想环. 在引理 5.7.6 中取范数映射

$$N(x + y\sqrt{-1}) = |x + y\sqrt{-1}|^2 = x^2 + y^2 \ \in \mathbb{Z}_{\geq 0}.$$

为了验证所需条件, 仅需对给定的 x, d 取 $q \in \mathbb{Z}[\sqrt{-1}]$ 为复平面上距 $\frac{x}{d}$ 最近的整点, 并注意到 $\left|\frac{x}{d} - q\right|^2 \leq \frac{1}{2^2} + \frac{1}{2^2} = \frac{1}{2} \implies N(x - qd) < N(d)$.

注意到 $\mathbb{Z}[\sqrt{-1}]$ 对共轭运算 $z \mapsto \bar{z}$ 封闭, $N(z) = z\bar{z}$ 是乘法幺半群的同态, 由此不难推得 $\mathbb{Z}[\sqrt{-1}]^\times = N^{-1}(\mathbb{Z}^\times) = \{\pm 1, \pm\sqrt{-1}\}$.

基于数论的考量, 一个自然的推广是考虑无平方因子的 $D \in \mathbb{Z}_{\neq 0}$, 相应的**二次数域** $\mathbb{Q}(\sqrt{D}) := \mathbb{Q} + \mathbb{Q}\sqrt{D} \subset \mathbb{C}$ 和包含于其中的某一类整环 $\mathfrak{o}_D$, 并研究其是否具唯一分解性或为主理想环. 合理的选择是取 $\mathbb{Q}(\sqrt{D})$ 中由代数整数构成的子环

$$\mathfrak{o}_D := \begin{cases} \mathbb{Z} \oplus \mathbb{Z}\sqrt{D}, & D \not\equiv 1 \pmod 4, \\ \mathbb{Z} \oplus \mathbb{Z} \cdot \frac{1+\sqrt{D}}{2}, & D \equiv 1 \pmod 4. \end{cases} \tag{5.13}$$

整性是 §7.2 的主题, 先请读者动手验证 $\mathfrak{o}_D$ 为子环. 当 $D > 0$ 时仍有许多相关问题未解. 对于 $D < 0$, Heegner–Stark 定理完全确定了使 $\mathfrak{o}_D$ 为主理想环的 D:

$$D = -1, -2, -3, -7, -11, -19, -43, -67, -163.$$

这是更广阔的 Gauss 类数问题的一则特例. 20 世纪以降的数论发展表明, 这一大类代数/数论问题与模形式 (分析学对象) 和椭圆曲线 (几何学对象) 有极为密切的联系, 例证之一是 D. Goldfeld 对类数问题取得的重大突破, 谨向感兴趣的读者推荐他自撰的综

述 [13].

且看如何用 $\mathbb{Z}[\sqrt{-1}]$ 的唯一分解性来证明数论中一个绝非显然的定理, 对 $\mathbb{Z}[\sqrt{-1}]$ 结构的进一步梳理留作习题.

定理 5.7.9 (Fermat) 素数 p 能写成 x^2+y^2 的形式 $(x,y\in\mathbb{Z})$ 当且仅当 $p=2$ 或 $p\equiv 1 \pmod 4$; 解 (x,y) 在至多差一个重排和符号的意义下唯一.

证明 这是不可约元分类的一个简单结论. 任何不可约元 $\mathfrak{p}\in\mathbb{Z}[\sqrt{-1}]$ 都整除 $N(\mathfrak{p}):=\mathfrak{p}\bar{\mathfrak{p}}\in\mathbb{Z}$, 因而整除某个素数 $p\in\mathbb{Z}$, 该素数唯一: 若 $\mathfrak{p}$ 整除另一素数 p', 那么从 $p\mathbb{Z}+p'\mathbb{Z}=\mathbb{Z}$ 推出 $\mathfrak{p}\mid 1$, 矛盾. 不可约元的分类化约到以下问题: 对于每个素数 p, 研究它在 $\mathbb{Z}[\sqrt{-1}]$ 中的不可约分解.

照例以 $\mathring{\xi}$ 表示 ξ (非零元) mod $\mathbb{Z}[\sqrt{-1}]^\times$ 的类, 任何非零整数 a 在 $\mathbb{Z}[\sqrt{-1}]$ 中可以作唯一分解

$$\mathring{a}=\prod_{\mathring{\mathfrak{p}}}\mathring{\mathfrak{p}}^{n(\mathfrak{p})},\quad \mathfrak{p}\in\mathbb{Z}[\sqrt{-1}]:\text{相异不可约元},$$

出现的不可约因子分成两种:

- ◇ $\mathring{\mathfrak{p}}\neq\mathring{\bar{\mathfrak{p}}}$, 此时 $\bar{a}=a$ 和唯一分解性蕴涵 $n(\mathfrak{p})=n(\bar{\mathfrak{p}})$;
- ◇ $\mathring{\mathfrak{p}}=\mathring{\bar{\mathfrak{p}}}$, 其中 $u\in\mathbb{Z}[\sqrt{-1}]^\times=\{\pm1,\pm\sqrt{-1}\}$, 直接计算表明精确到 $\mathbb{Z}[\sqrt{-1}]^\times$, 唯二可能是 $\mathfrak{p}\in\mathbb{Z}$ 或 $\mathfrak{p}=1\pm\sqrt{-1}$.

对分解的两边取 N 得 $a^2=\prod_{\mathring{\mathfrak{p}}}N(\mathfrak{p})^{n(\mathfrak{p})}$. 今取 $a=p$ 为素数, 由 $N(\mathfrak{p})\in\mathbb{Z}_{>1}$ 知不可约分解中至多只有两个不可约元, 特别地, 对任意 $\mathfrak{q}\in\mathbb{Z}[\sqrt{-1}]$, 等式 $p=\mathfrak{q}\bar{\mathfrak{q}}$ 蕴涵 $\mathfrak{q}$ 不可约. 特例: $2=N(1+\sqrt{-1})$ 蕴涵 $1\pm\sqrt{-1}$ 不可约.

于是 p 的分解有三种互斥的情形:

▷ **分裂** $\mathring{p}=\mathring{\mathfrak{p}}\mathring{\bar{\mathfrak{p}}}$ 可约而 $\mathring{\mathfrak{p}}\neq\mathring{\bar{\mathfrak{p}}}$, 此时必有 $p=\mathfrak{p}\bar{\mathfrak{p}}=N(\mathfrak{p})$, 这是因为两边都是正整数, 可以排除可逆元 $\{\pm\sqrt{-1},\pm1\}$ 的作用.

▷ **分歧** $\mathring{p}=\mathring{\mathfrak{p}}^2$ 可约, $\mathring{\bar{\mathfrak{p}}}=\mathring{\mathfrak{p}}$; 因为 p 是素数, 不可能有 $\mathfrak{p}\in\mathbb{Z}$, 故可以设 $\mathfrak{p}=1\pm\sqrt{-1}$ 而 $p=N(\mathfrak{p})=2$.

▷ **惯性** $\mathring{p}=\mathring{\mathfrak{p}}$ 不可约, 适当用 $\mathbb{Z}[\sqrt{-1}]^\times$ 调整 $\mathfrak{p}$ 后可设 $\mathfrak{p}\in\mathbb{Z}$.

令 $\mathfrak{p}=x+\sqrt{-1}y\in\mathbb{Z}[\sqrt{-1}]$, 那么 $N(\mathfrak{p})=x^2+y^2$. 综上, 平方和问题 $p=x^2+y^2$ 有解当且仅当 $p=N(\mathfrak{p})$, 此式成立时 $\mathfrak{p}$ 不可约, 正好对应到 p 分裂或分歧的情形. 此时从唯一分解性 (精确到 $\pm1,\pm\sqrt{-1}$ 和 $\mathfrak{p}\leftrightarrow\bar{\mathfrak{p}}$) 直接推出解 (x,y) 的唯一性 (精确到符号和重排). 欲证的断言归结到以下性质: 素数 p

$$\text{分歧}\iff p=2,\quad \text{分裂}\iff p\equiv1 \pmod 4,\quad \text{惯性}\iff p\equiv 3\pmod 4.$$

分歧情形 $p=2$ 已经处理. 此外容易验证 $x^2+y^2\equiv 0,1,2\pmod 4$, 因此 $p\equiv3\pmod 4$ 导致 p 是惯性素数. 以下设 $p\equiv1\pmod 4$. 初等数论告诉我们 $(\mathbb{Z}/p\mathbb{Z})^\times$ 是 $p-1$ 阶循环群; 事实上任何有限域的乘法群皆循环 (本章习题). 任取 $(\mathbb{Z}/p\mathbb{Z})^\times$ 的生成元 $g \bmod p$, 数论中称 g 为 mod p 的原根, 那么 $g^{\frac{p-1}{2}}\equiv-1\pmod p$, 故整数 $t:=g^{\frac{p-1}{4}}$

满足同余式 $t^2+1\equiv 0 \pmod p$. 因而在 $\mathbb{Z}[\sqrt{-1}]$ 中 $p \mid (t+\sqrt{-1})(t-\sqrt{-1})$. 显然 $p\nmid (t\pm\sqrt{-1})$, 于是 p 在 $\mathbb{Z}[\sqrt{-1}]$ 中可约, 从 $p\neq 2$ 遂知 p 分裂. □

一般说来, {Euclid 环} $\subsetneq$ {主理想环} $\subsetneq$ {唯一分解环}, 是主理想环而非 Euclid 环的例子参见 [46]; 因而上述种种判准的效力委实有限. 往后将在交换代数部分做更深入的介绍. 以下着眼于唯一分解环上的多项式环.

命题 5.7.10 (一次因式检验法) 考虑唯一分解环 R 上的多项式

$$f(X)=a_nX^n+a_{n-1}X^{n-1}+\cdots+a_0,\quad a_n\neq 0.$$

若 $\alpha\in\operatorname{Frac}(R)$ 满足 $f(\alpha)=0$ 则 α 可表作 p/q, 其中 $p,q\in R$ 互素, $q\mid a_n$ 而 $p\mid a_0$.

特别地, 若 $\alpha\in\operatorname{Frac}(R)$ 是 $R[X]$ 中首一多项式的根, 则 $\alpha\in R$; 满足这条性质的整环称为**整闭环**.

证明 在唯一分解环中总存在互素的 p,q 使得 $\alpha=p/q$. 从 $0=\sum_{i=0}^n a_ip^iq^{n-i}$ 可知 $q\mid a_np^n$, $p\mid a_0q^n$; 断言是互素性质的直接结论. □

对于唯一分解环 R 中的不可约元 p, 照例记其类为 $\mathring{p}\in(R\smallsetminus\{0\})/R^\times =: \mathcal{P}$. 定义函数 $v_p: R\smallsetminus\{0\}\to\mathbb{Z}_{\geq 0}$ 以使任意 $a\neq 0$ 在 $(R\smallsetminus\{0\})/R^\times$ 中分解为

$$\mathring{a}=\prod_{\mathring{p}:v_p(a)\neq 0}\mathring{p}^{v_p(a)},$$

显然 $v_p(ab)=v_p(a)+v_p(b)$, 借此可将 v_p 延拓为群同态 $\operatorname{Frac}(R)^\times\to\mathbb{Z}$. 约定 $v_p(0):=\infty$, 则 $v_p(ab)=v_p(a)+v_p(b)$ 在 $\operatorname{Frac}(R)$ 中恒成立. 不难看出 $(\forall p\ v_p(a)=0)\iff a\in R^\times$.

定义 5.7.11 设 R 为唯一分解环, $K:=\operatorname{Frac}(R)$ 而 $p\in R$ 为不可约元. 对任意非零多项式 $f(X)=\sum_{i=0}^n a_iX^i\in K[X]$ 定义

$$v_p(f):=\min\{v_p(a_i): i=0,\ldots,n\}.$$

继而定义 $K^\times/R^\times$ 的元素

$$c_p(f):=\mathring{p}^{v_p(f)},\quad c(f):=\prod_{\mathring{p}:v_p(f)\neq 0}c_p(f).$$

引理 5.7.12 (C. F. Gauss) 对每个不可约元 p, 函数 c 皆满足乘性 $c(fg)=c(f)c(g)$.

证明 设 $f,g\in K[X]\smallsetminus\{0\}$. 置 $f=c(f)f^\flat$, $g=c(g)g^\flat$ 以化约到 $c(f)=c(g)=1$ 的情形, 此时显然有 $f,g\in R[X]$. 我们将证明对每个 p 皆有 $v_p(fg)=0$.

对任意非零 $h \in R[X]$ 显然有 $v_p(h) \geq 0$, 而且 $v_p(h) > 0$ 当且仅当 h 在 $R[X]/pR[X] = (R/\langle p\rangle)[X]$ 中的像为零. 由于 $\langle p\rangle$ 为素理想, $(R/\langle p\rangle)[X]$ 是整环; 代入 $h = f, g, fg$ 即得 $v_p(fg) = 0$. □

注记 5.7.13 Gauss 引理一个常用的特例如下: 设 $f, g \in K[X]$ 是首一多项式, 则 $fg \in R[X] \implies f, g \in R[X]$: 这是因为首一多项式总满足 $v_p \leq 0$, 而 $R[X]$ 的元素满足 $v_p \geq 0$. 因此对任意 p 皆有 $v_p(f) + v_p(g) = v_p(fg) = 0$, 故 $v_p(f) = v_p(g) = 0$.

定理 5.7.14 设 R 是唯一分解环. 对任意 $n \geq 0$, 环 $R[X_1, \ldots, X_n]$ 仍是唯一分解环, 其中不可约元的分类为

(a) $f = a$, 其中 a 是 R 的不可约元,

(b) $c(f) = 1$ 而且 f 在 $K[X_1, \ldots, X_n]$ 中不可约.

证明 基于自然同构 $R[X_1, \ldots, X_{n+1}] \simeq R[X_1, \ldots, X_n][X_{n+1}]$, 探讨 $n = 1$ 即环 $R[X]$ 的情形即可.

置 $K := \mathrm{Frac}(R)$. 由例 5.7.7 知 $K[X]$ 是唯一分解环. (a) 注意到 $R[X]^\times = R^\times$. 易见 R 的不可约元在 $R[X]$ 中仍不可约. (b) 今考察 $K[X]$ 中满足 $c(f) = 1$ 的不可约元 f. 假设 $f = gh$, 其中 $g, h \in R[X]$, 则不失一般性可设 $g \in R[X] \cap K[X]^\times$, 而 $c(f) = 1$ 蕴涵 $g \in R^\times$. 综之, 这两类元素都是 $R[X]$ 的不可约元. 任意非零的 $f \in R[X]$ 在 $K[X]$ 中能分解为

$$f = ap_1 \cdots p_n,$$

其中 $a \in K^\times$ 而 $p_1, \ldots, p_n$ 是 $K[X]$ 的不可约元. 将各个 p_i 用 $K^\times$ 中的元素调整, 可以假设 $c(p_i) = 1$, 这样的 $p_i \in R[X]$ 精确到 $R^\times$. 引理 5.7.12 蕴涵 $c(f) = c(a)$, 而在 R 中还有唯一分解 $a = q_1 \cdots q_m$. 如是得到的分解 $f = q_1 \cdots q_m p_1 \cdots p_n$ 至多差个 $R^\times$ 是唯一的. 这就说明 $R[X]$ 的唯一分解性. □

例 5.7.15 设 R 是唯一分解环, 定理 5.7.14 和命题 5.7.3 蕴涵 $R[X_1, \ldots, X_n]$ 的局部化也是唯一分解环; 例如多变元 Laurent 多项式环 $R[X_1^{\pm 1}, \ldots, X_n^{\pm 1}]$ 等等.

例 5.7.16 考虑任一唯一分解环 R 及非零元 $X \in R$, 例如多项式环 $\mathbb{Q}[X], \mathbb{Z}[X] \ni X$. 对任意 $a, b \in \mathbb{Z}_{\geq 1}$, 记其最大公因数为 (a, b), 今将往证 $X^{(a,b)} - 1$ 是 $X^a - 1$ 和 $X^b - 1$ 的最大公因子; 将证明的结论其实稍强: R 中理想之和 $(X^a - 1) + (X^b - 1)$ 等于 $\left(X^{(a,b)} - 1\right)$.

(i) 如果 $a \mid b$, 由 $X^b - 1 = (X^a - 1)(1 + X^a + \cdots + X^{a(\frac{b}{a} - 1)})$ 可知 $X^a - 1 = X^{(a,b)} - 1 \mid X^b - 1$.

(ii) 注意到对交换环中的任意元素 f, g, t 皆有

$$(f) + (g) = (f) + (g + tf).$$

今设 $a < b$, $a \nmid b$. 在 $\mathbb{Z}$ 中作带余除法 $b = aq + r$ $(0 < r < a)$, 则

$$X^b - 1 = X^r(X^{aq} - 1) + (X^r - 1).$$

由 $X^a - 1 \mid X^{aq} - 1$ 立得理想的等式 $(X^a - 1) + (X^b - 1) = (X^a - 1) + (X^r - 1)$; 而在 $\mathbb{Z}$ 中又有 $(a) + (b) = (a) + (r)$, 亦即 $(a, b) = (a, r)$. 根据辗转相除法, 或者说对 $\max\{a, b\}$ 递归, 终归能化约到情形 (i).

定理 5.7.17 (Eisenstein 判准) 设 R 是唯一分解环, $K := \mathrm{Frac}(R)$ 而 p 是其中的不可约元. 若 $f = \sum_{i=0}^{n} a_i X^i \in R[X]$ 满足

- ◇ 存在指标 $k \leq n$ 使得 $0 \leq i < k \implies p \mid a_i$,
- ◇ $p \nmid a_k$,
- ◇ $p^2 \nmid a_0$,

则 f 必有次数 $\geq k$ 的不可约因子. 特别地, 当 $k = n$ 时 f 在 $K[X]$ 中不可约, 进一步假设 $c(f) = 1$ 则 f 在 $R[X]$ 中不可约.

证明 根据定理 5.7.14 在 $R[X]$ 中作分解 $f = ap_1 \cdots p_m$, 其中 $a \in R$ 而 $p_1, \ldots, p_m$ 是满足 $c(p_i) = 1$ 的不可约多项式. 我们的条件蕴涵 $p \nmid a$. 记 p_i 的常数项为 c_i, 由于 $p^2 \nmid a_0$, 适当重排下标后可以假设

$$\begin{aligned} &p \mid c_1, \quad p^2 \nmid c_1, \\ &i > 1 \implies p \nmid c_i. \end{aligned}$$

考虑 f 在环 $(R/\langle p \rangle)[X]$ 中的像, 可得等式

$$(a \bmod p) \cdot \prod_{i=1}^{m} (p_i \bmod p) = \bar{a}_k X^k + \text{高次项}, \quad \bar{a}_k \neq 0.$$

由于 $R/\langle p \rangle$ 是整环, $a \cdot \prod_{i>1} p_i$ 在 $\bmod p$ 之后常数项非零, 因而 $p_1 \bmod p$ 形如

$$\bar{b}_k X^k + \text{高次项}, \quad \bar{b}_k \neq 0,$$

于是 $\deg p_1 \geq k$, 明所欲证. □

5.8 对称多项式入门

取定交换环 R. 对于任意 $n \in \mathbb{Z}_{\geq 1}$, 对称群 $\mathfrak{S}_n$ 在多项式环 $R[X_1, \ldots, X_n]$ 上有自明的作用

$$(\sigma f)(X_1, \ldots, X_n) = f(X_{\sigma(1)}, \ldots, X_{\sigma(n)}), \quad \sigma \in \mathfrak{S}_n,\ f \in R[X_1, \ldots, X_n].$$

定义

$$\Lambda_n = R[X_1, \ldots, X_n]^{\mathfrak{S}_n} := \{f \in R[X_1, \ldots, X_n] : \forall \sigma \in \mathfrak{S}_n,\ \sigma f = f\}.$$

易见此作用满足性质

$$\sigma(f+g) = \sigma(f) + \sigma(g), \quad \sigma(fg) = \sigma(f)\sigma(g), \quad \sigma(1) = 1,$$

因此 Λ_n 是 $R[X_1, \ldots, X_n]$ 的子环, 称为 R 上的 n 元对称多项式环, 其元素称为 n 元**对称多项式**. 对域 F 上的有理函数环也有相应的版本 $F(X_1, \ldots, X_n)^{\mathfrak{S}_n}$.

将 $f \in R[X_1, \ldots, X_n]$ 用 §5.6 的多重指标符号展成 $\sum_{\boldsymbol{a}} c_{\boldsymbol{a}} \boldsymbol{X}^{\boldsymbol{a}}$, 那么对称性等价于: 若下标 $\boldsymbol{a} = (a_1, \ldots, a_n)$ 和 $\boldsymbol{b} = (b_1, \ldots, b_n)$ 差一个重排, 则 $c_{\boldsymbol{a}} = c_{\boldsymbol{b}}$.

考虑一族正整数 $\lambda_1, \ldots, \lambda_r$, 其中 $1 \leq r \leq n$, 不计顺序, 容许重复. 置

$$m_{\lambda_1, \ldots, \lambda_r} := \sum_{\boldsymbol{a}} \boldsymbol{X}^{\boldsymbol{a}},$$

其指标 $\boldsymbol{a}$ 取遍 $(\lambda_1, \ldots, \lambda_r, 0, \ldots, 0)$ 的所有不同排列 (n 个分量). 为了得到唯一性, 今后总排定 $\lambda_1, \ldots, \lambda_r$ 的顺序, 记为

$$\begin{aligned} \lambda &:= (\lambda_1 \geq \lambda_2 \geq \cdots \geq \lambda_r), \quad \lambda_i \in \mathbb{Z},\ 1 \leq \lambda_i \leq n, \\ m_\lambda &:= m_{\lambda_1, \ldots, \lambda_r}. \end{aligned}$$

称 r 为 λ 的长度. 之前讨论表明所有 $f \in \Lambda_n$ 都能表成有限和 $f = \sum_\lambda r_\lambda m_\lambda$, 其中的系数 r_λ 是唯一确定的. 如果 R 是域, 这无非是说向量空间 Λ_n 有一组基 $(m_\lambda)_\lambda$; 对于一般的 R, 相应的概念则是自由 R-模 (定义 6.3.1), 暂时不必钻研这些术语.

以上资料 $\lambda = (\lambda_1 \geq \cdots \geq \lambda_r)$ 常称作分拆, 对此有格外方便的表法曰 **Young 图**:

我们从上而下, 在第 i 个横行从左而右放置 λ_i 个方格, 例如

$(3 \geq 2 \geq 1 \geq 1):$ 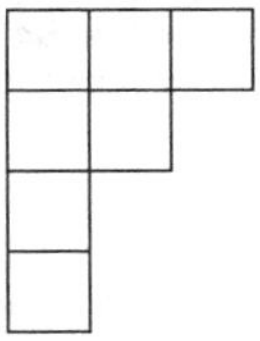 $(5 \geq 4 \geq 1):$ 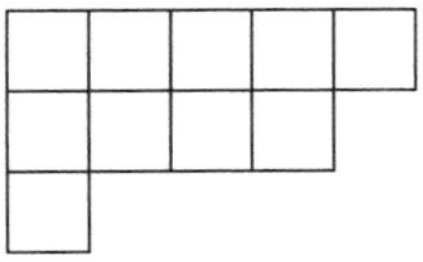

等等. 容易看出如是图表与分拆 $\lambda = (\lambda_1 \geq \cdots \geq \lambda_r)$ 有一一对应. 如果分拆的长度 r (即 Young 图的高度) 超过给定的 n, 相应的 $m_\lambda \in \Lambda_n$ 规定为 0.

处理 Young 图的一般性质时宜抛开宽度限制. 此时 Young 图具备明显的 "共轭" 操作: 将对应于 $\lambda = (\lambda_1 \geq \cdots)$ 的 Young 图对轴 $\diagdown$ 作镜射, 所得图形依然是 Young 图; 假它在第 i 个横行有 $\bar{\lambda}_i$ 个方格, 相应的资料记为 $\bar{\lambda} = (\bar{\lambda}_1 \geq \cdots)$, 称 $\bar{\lambda}$ 为 λ 的**共轭**. 显然 $\bar{\bar{\lambda}} = \lambda$. 一例如下:

$\lambda :$ 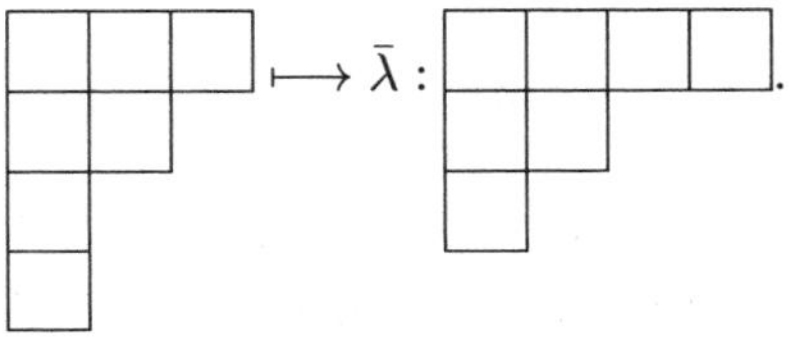

定义 5.8.1 为分拆或 Young 图定义

▷ **支配序** 记 $\mu \leq \lambda$, 如果对每个 k 都有

$$\mu_1 + \cdots + \mu_k \leq \lambda_1 + \cdots + \lambda_k. \tag{5.14}$$

▷ **字典序** 记 $\mu \prec \lambda$, 如果存在 $k \geq 1$ 使得

$$0 \leq i < k \implies \mu_i = \lambda_i, \quad \mu_k < \lambda_k.$$

当 k 超过 λ (或 μ) 的行数时, 约定 $\lambda_k = 0$ (或 $\mu_k = 0$).

命题 5.8.2 全体分拆或 Young 图对支配序 $\leq$ 构成偏序集, 对字典序 $\preceq$ 构成全序集, 而且对每个 λ, 集合 $\{\mu : \mu \leq \lambda\}$ 有限. 我们有 $\mu \leq \lambda \implies \mu \preceq \lambda$.

证明 前半部属显然. 今假设 $\mu < \lambda$, 则可取最小的 $k \geq 1$ 使得 $\mu_k < \lambda_k$, 此即字典序 $\mu \prec \lambda$ 定义中的 k. □

尽管 Λ_n 中元素能唯一地表作诸 m_λ 的 R-线性组合, 但这组基对乘法的性质并不明朗, 实用上还有些累赘. 为此我们引进如下经典对象.

定义 5.8.3 (初等对称多项式)　对于 $1 \le k \le n$, 定义

$$e_k := \sum_{1 \le i_1 < \cdots < i_k \le n} X_{i_1} \cdots X_{i_k}.$$

易见这是 Λ_n 中的元素, 称为第 k 个 n 元**初等对称多项式**.

令 $e_0 := 1$, 于是等价的刻画是

$$\sum_{i=0}^{n} e_i Y^{n-i} = \prod_{i=1}^{n} (Y + X_i), \quad \text{或者}$$
$$E(Y) := \sum_{i=0}^{n} e_i Y^i = \prod_{i=1}^{n} (1 + X_i Y),$$

其中 Y 是额外引入的变元. 对每个分拆 $\lambda = (\lambda_1 \ge \cdots \ge \lambda_r)$ 定义

$$e_\lambda := e_{\lambda_1} \cdots e_{\lambda_r},$$

这在当 n 大于等于 $\bar{\lambda}$ 的长度时有意义, 并且 $e_\lambda \in \Lambda_n$.

引理 5.8.4　对于任意 $\lambda = (\lambda_1 \ge \cdots \ge \lambda_r)$ 和 $n \ge r$, 存在一族 $a_{\lambda,\mu} \in \mathbb{Z}_{\ge 0}$, 其中 $\mu \le \lambda$, 使得

$$e_{\bar{\lambda}} = \sum_{\mu \le \lambda} a_{\lambda,\mu} m_\mu, \quad a_{\lambda,\lambda} = 1$$

在 Λ_n 中成立, 其中 $\mu \le \lambda$ 意谓支配序 (5.14).

证明　按定义, 乘积 $e_{\bar{\lambda}} = e_{\bar{\lambda}_1} e_{\bar{\lambda}_2} \cdots$ 为所有单项式

$$\left(X_{i_1} \cdots X_{i_{\bar{\lambda}_1}} \right) \left(X_{j_1} \cdots X_{j_{\bar{\lambda}_2}} \right) \cdots = X_1^{b_1} \cdots X_n^{b_n}$$

的和, 其下标满足 $i_1 < \cdots < i_{\bar{\lambda}_1}$, $j_1 < \cdots < j_{\bar{\lambda}_2}$ 等等. 因此有 $e_{\bar{\lambda}} = \sum_\mu a_{\lambda,\mu} m_\mu$, 其中 $a_{\lambda,\mu} \in \mathbb{Z}_{\ge 0}$. 欲进一步理解 $a_{\lambda,\mu}$, 必须梳理每个变元 X_i 在左式中出现的次数 b_i. 为此, 我们将下标 $i_1, \ldots$ 和 $j_1, \ldots$ 等等 (作为变元的标记) 逐列填入 λ 的 Young 图, 如:

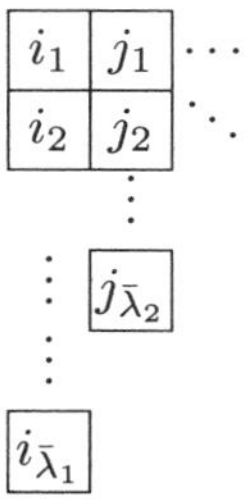

每列数字严格递增, 故 $\le r$ 的数字只能填入前 r 行, 共有 $\lambda_1+\cdots+\lambda_r$ 个空位, 于是对每个 $r\ge 1$ 皆有 $b_1+\cdots+b_r\le\lambda_1+\cdots+\lambda_r$. 特别地, 当 $(b_1\ge\cdots\ge b_n)=:\mu$ 时也是如此, 故支配序的定义蕴涵 $a_{\lambda,\mu}\neq 0 \implies \mu\le\lambda$.

当 $\mu=\lambda$ 时, 以上论证表明 Young 图恰有一种填法: 在第 i 行置 $\lambda_i=b_i$ 个 i. 故 m_λ 之系数 $a_{\lambda,\lambda}=1$. 明所欲证. □

泛性质给出从 n 元多项式环 $R[t_1,\ldots,t_n]$ 到 Λ_n 的同态 Φ, 它映每个 t_i 为 e_i, 而 $\Phi|_R=\mathrm{id}_R$.

定理 5.8.5 (对称多项式基本定理) 自然同态 $\Phi: R[t_1,\ldots,t_n]\xrightarrow{t_i\mapsto e_i}\Lambda_n$ 是环同构, 因此我们无妨将 Λ_n 和 n 元多项式环 $R[e_1,\ldots,e_n]$ 等同.

若 F 为域, 则有 $F(X_1,\ldots,X_n)^{\mathfrak{S}_n}=F(e_1,\ldots,e_n)$.

证明 引理 5.8.4 和命题 5.8.2 表明 $e_{\bar\lambda}$ 和 m_λ 之间由一个幂幺三角阵联系 (诸 λ 以 $\preceq$ 排序). 由此知每个 $f\in\Lambda_n$ 都能表作有限和 $f=\sum_\lambda c_\lambda e_{\bar\lambda}$, 其中 λ 取遍所有长度 $\le n$ 的分拆, 而 $c_\lambda\in R$ 是唯一确定的: 这源于 m_λ 的相应性质.

考虑到 $e_{\bar\lambda}=\prod_{i\ge 1}e_{\bar\lambda_i}$, $e_{(0)}:=1$ 和明显的性质 (λ 长度 $\le n$) $\iff$ $(\bar\lambda_1\le n)$, 这相当于说任意 f 都能唯一地表成 $e_1,\ldots,e_n$ 的多项式. 这就证明了前半部.

现在设 F 为域, 显见包含关系 $F(e_1,\ldots,e_n)\subset F(X_1,\ldots,X_n)^{\mathfrak{S}_n}$. 反之任一非零元 $f\in F(X_1,\ldots,X_n)^{\mathfrak{S}_n}$ 可表作分式 g/h; 取 $\tilde h:=\prod_{\sigma\in\mathfrak{S}_n}\sigma h$, 则 $\tilde h, f\tilde h\in\Lambda_n$. 由此导出 $f=f\tilde h/\tilde h\in F(e_1,\ldots,e_n)$. 证毕. □

例 5.8.6 (判别式) 显然 $\prod\limits_{1\le i<j\le n}(X_i-X_j)^2$ 属于 $\mathbb{Z}[X_1,\ldots,X_n]^{\mathfrak{S}_n}$, 故可记为 $\delta\in\mathbb{Z}[e_1,\ldots,e_n]$. 令 F 为域, $x_1,\ldots,x_n\in F$. 考虑以 Y 为变元的首一多项式 $P=\sum_{i=0}^n(-1)^ic_iY^{n-i}=\prod_{i=1}^n(Y-x_i)$, 则其系数由 $c_i=e_i(X_1=x_1,\ldots,X_n=x_n)$ 确定. 因此

$$P \text{ 有重根} \iff \prod_{i<j}(x_i-x_j)^2=0 \iff \delta(e_1=c_1,\ldots,e_n=c_n)=0.$$

这提供了检验重根的一种算法.

另一类常见的对称多项式是**幂和**. 对每个 $k\in\mathbb{Z}_{\ge 0}$ 定义

$$p_k:=\sum_{r=1}^n X_r^k\in\Lambda_n.$$

定理 5.8.7 (Newton 公式) 幂和 $p_1,\ldots,p_n,\ldots$ 满足于

$$\sum_{\substack{i+j=k\\0\le i\le n\\j\ge 1}}(-1)^{j+1}e_ip_j=\begin{cases}ke_k, & 1\le k\le n,\\ 0, & k>n.\end{cases}$$

证明 应用以 Y 为变元的生成级数, 在 $R[\![Y]\!]$ 中形式地计算

$$P(Y) := \sum_{k\geq 1} p_k Y^{k-1} = \sum_{r=1}^{n} \frac{X_r}{1 - X_r Y},$$
$$E(Y) := \sum_{k=0}^{n} e_k Y^k = \prod_{r=1}^{n} (1 + X_r Y).$$

于是导出 $P(-Y) = \frac{\mathrm{d}}{\mathrm{d}Y} \log E(Y) = E'(Y)/E(Y)$. 移项展开后比较系数即可. □

对于 $1 \leq k \leq n$, Newton 公式将 p_k 递归地表为 $(-1)^{k+1} k e_k + R[e_1, \ldots, e_{k-1}]$ 的元素. 当 $R \supset \mathbb{Q}$ 时, 因为 $p_1 = e_1$, 由此又可以递归地说明

◇ $R[p_1, \cdots, p_n] = R[e_1, \ldots, e_n] = \Lambda_n$,

◇ $R[p_1, \ldots, p_n]$ 可以视同 R 上的 n 元多项式环.

以上获得的结论与方法同等重要, 这还仅只是敲开了对称多项式理论的大门, 有心一窥堂奥的读者可参阅 [30].

习题

1. 证明若环 R 的每个元素 x 都满足 $x^2 = x$, 则 R 交换. 也请尝试 $x^3 = x$ 的情形.

2. 证明除环的素子域总包含于中心.

3. 对任意域 $\Bbbk$ 和 $d \in \mathbb{Z}_{\geq 1}$, 乘法群 $\Bbbk^\times$ 中满足 $\mathrm{ord}(z) = d$ 的元素个数不超过 $\varphi(d)$, 其中 φ 是 Euler 函数. 提示〉 可利用定理 5.2.6 证明中的分圆多项式理论: 若 $\mathrm{ord}(z) = d$ 则 $\Phi_d(z) = 0$.

4. 承上, 证明 $\Bbbk^\times$ 的有限子群必为循环群. 提示〉 对于阶数为 n 的子群 H, 证明逐项的不等式

$$n = \sum_{d|n} |\{x \in H : \mathrm{ord}(x) = d\}| \leq \sum_{d|n} \varphi(d),$$

其中 φ 是 Euler 函数, 再利用数论的公式 $\sum_{d|n} \varphi(d) = n$.

5. 令 D 为一个特征 $p > 0$ 的除环. 证明 $D^\times$ 的有限子群 H 必为循环群; 给出特征 0 时的反例. 提示〉 设 D 的素子域为 $\mathbb{F}_p = \mathbb{Z}/p\mathbb{Z}$, 证明 $\left\{\sum_{h\in H} a_h h : \forall h \in H,\ a_h \in \mathbb{F}_p\right\}$ 构成 D 的有限子环, 因而为域; 反例可在例 5.2.7 的四元数环 $\mathbb{H}$ 中寻找.

6. 试对无幺元的交换环 R 定义局部化: 设 S 非空且对乘法封闭; 此时得到的 $R[S^{-1}]$ 总含幺元 $1 = [t, t]$ (任选 $t \in S$), 局部化同态是 $r \mapsto [rt, t]$, 而 $s \in S$ 在 $R[S^{-1}]$ 中的逆是 $[t, st]$.

7. 补全例 5.5.7 中论证, 并证明 $\prod_p \mathbb{Z}_p \xrightarrow{\sim} \hat{\mathbb{Z}}$ 是拓扑群的同态.

8. 给出全分式环构造 $R \to \mathrm{Frac}(R)$ 满足的泛性质.

9. 给定局部有限偏序集 $(P,\leq)$, 证明对 $k=1,2,\ldots$, 元素 $\zeta\in I(P,\leq)$ 皆满足

$$\zeta^k(x,y)=\sum_{x=x_0\leq\cdots\leq x_k=y}1,$$
$$(\zeta-1)^k(x,y)=\sum_{x=x_0<\cdots<x_k=y}1,$$

其中 1 代表 $I(P,\leq)$ 的幺元, 亦即 §5.4 定义的函数 δ.

10. 向给定的有限偏序集 $(P,\leq)$ 添加下界 $\hat{0}$ 和上界 $\hat{1}$, 得到的偏序集记为 $\hat{P}$. 记

$$c_i:=\left|\{x_0,\ldots,x_i\in\hat{P}:\hat{0}=x_0<\cdots<x_i=\hat{1}\}\right|.$$

证明 $\mu(\hat{0},\hat{1})=\sum_{i\geq 0}(-1)^i c_i$, 这里 $\mu:=\mu_{\hat{P}}$. 能否赋予 $\mu(\hat{0},\hat{1})$ 拓扑诠释? (参见 [37, §3.8]) 提示〉 $\mu(\hat{0},\hat{1})=(1+(\zeta-1))^{-1}$.

11. 承上, 对 $n\geq 2$ 置 $Z(P,n)$ 为 P 中的列 $x_1\leq\cdots\leq x_{n-1}$ 的个数, 证明 $Z(P,n)=\sum_{i=2}^n c_i\binom{n-2}{i-2}$, 从而 $Z(P,s)$ 的定义能延拓到任意 $s\in\mathbb{C}$. 证明 $Z(P,1)=\mu(\hat{0},\hat{1})=\sum_i(-1)^i c_i$. 提示〉 我们有 $\binom{-1}{k}=(-1)^k$.

12. 考虑域 $\Bbbk$ 上的 "分数指数" 多项式集 $R:=\Bbbk[X,X^{1/2},\ldots,X^{1/2^n},\ldots]$, 带有自明的环结构. 证明 $R^\times=\Bbbk^\times$, 而且 $X\in R$ 无法分解为不可约元的积.

13. 证明多项式 $P\in\mathbb{Q}[X]$ 满足 $P(\mathbb{Z})\subset\mathbb{Z}$ 当且仅当 P 形如 $\sum_{k=0}^n a_k\binom{X}{k}$, 其中 $a_0,\ldots,a_n\in\mathbb{Z}$ 而 $\binom{X}{k}=X(X-1)\cdots(X-k+1)/k!$; 这种多项式称为整值多项式. 提示〉 利用杨辉三角的性质, 对 $n:=\deg P$ 施递归.

14. 对于交换环 R 上的齐次 m 次多项式 $f\in R[X_1,\ldots,X_n]$, 证明其形式偏导数满足 Euler 恒等式

$$\sum_{i=1}^n X_i\cdot\frac{\partial f}{\partial X_i}=mf.$$

试着在 $R=\mathbb{R}$ 时给出微分几何的解释. 提示〉 当 $R=\mathbb{R}$ 时对伸缩作用 $\mathbb{R}^\times\times\mathbb{R}^n\ni(t,v)\mapsto tv\in\mathbb{R}^n$ 求导.

15. 延伸定理 5.7.9 的论证来刻画不定方程 $n=x^2+y^2$ 对哪些整数 n 有解, 并描述解的个数.

16. 令 $\omega:=\frac{-1+\sqrt{-3}}{2}$. 验证 $\mathbb{Z}[\omega]=\mathbb{Z}\oplus\mathbb{Z}\omega$ 是 $\mathbb{C}$ 的子环, 对共轭封闭. 对付 $\mathbb{Z}[\sqrt{-1}]$ 的技术可以沿用, 此时仍有范数映射 $N(z)=z\bar{z}$.

(i) 证明 $\mathbb{Z}[\omega]$ 是 Euclid 环并确定 $\mathbb{Z}[\omega]^\times$.

(ii) 修改定理 5.7.9 的论证来分类 $\mathbb{Z}[\omega]$ 中的不可约元, 精确到 $\mathbb{Z}[\omega]^\times$. 提示〉 当 $p=3$ 时分歧, $p\equiv 1 \pmod 3$ 时分裂, $p\equiv 2 \pmod 3$ 时惯性.

(iii) 以此研究不定方程 $n=x^2+xy+y^2$ 的解数, 可从 n 是素数的情形入手.

环 $\mathbb{Z}[\omega]$ 也称为 Eisenstein 整数环.

17. 设 $\Bbbk$ 为域, 证明 (i) Z^2-XY 是 $\Bbbk[X,Y,Z]$ 的不可约元, 因而生成一素理想; (ii) X,Y,Z 在商环 $\Bbbk[X,Y,Z]/(Z^2-XY)$ 中的像皆不可约; (iii) 考虑 Z^2 的像的分解以说明 $\Bbbk[X,Y,Z]/(Z^2-XY)$ 非唯一分解环.

18. 当 p 为素数时, 证明 $\Phi_p(X) = \sum_{k=0}^{p-1} X^k = (X^p - 1)/(X - 1)$ 在 $\mathbb{Z}[X]$ 和 $\mathbb{Q}[X]$ 中皆不可约. 提示〉 作变元变换 $Y := X - 1$, 用定理 5.7.17 证明 $((Y + 1)^p - 1)/Y$ 在 $\mathbb{Z}[Y]$ 中不可约.

19. 设 R 为整环, 证明 n 阶行列式 det 作为以矩阵元 $(X_{ij})_{1\leq i,j\leq n}$ 为变元的多项式是不可约的. 提示〉 若 $\det = fg$, 且设变元 X_{11} 出现在 f 中, 先论证 g 中无形如 X_{1j} 的变元, 其次论证 g 中无形如 X_{jj} 的变元 (否则 X_{1j} 必须在 g 中出现), 因而 f 包含项 $X_{11} \cdots X_{nn}$, 比较次数可知 g 为常数.

20. 同上, 但考虑对称 n 阶方阵的行列式作为以 $(X_{ij})_{i\leq j}$ 为变元之多项式, 证其不可约.

21. 对 $n = 2, 3$ 的情形具体写下例 5.8.6 的判别式 δ.

22. 若域 $\Bbbk$ 上的多项式 ϕ 满足于 $\phi(X + Y) = \phi(X) + \phi(Y) \in \Bbbk[X, Y]$, 则称 ϕ 为加性多项式.

(i) 证明加性多项式对加法与合成 $(\phi \circ \psi)(X) = \phi(\psi(X))$ 构成环.

(ii) 证明当 $\mathrm{char}(\Bbbk) = 0$ 时, 加性多项式形如 $\phi(X) = a_0 X$, 当 $p := \mathrm{char}(\Bbbk)$ 为素数时它们形如 $\phi = \sum_{i=0}^{n} a_i X^{p^i}$, 其中 $a_i \in \Bbbk$, $n \geq 0$. 提示〉 应用引理 4.5.8.

(iii) 对特征 $p > 0$ 情形引入变元 τ 来定义环 $\Bbbk\{\tau\}$, 其中元素写作多项式 $\sum_{i=0}^{n} a_i \tau^i$, 但修改乘法使得当 $a \in \Bbbk$ 时 $\tau a = a^p \tau$, 因而 $(a\tau^i)(b\tau^j) = ab^{p^i} \tau^{i+j}$ 对所有 $i, j \geq 0$ 成立. 证明 $\sum_{i=0}^{n} a_i X^{p^i} \mapsto \sum_{i=0}^{n} a_i \tau^i$ 给出从加性多项式环到 $\Bbbk\{\tau\}$ 的同构.

第六章 模论

模按纯量乘法的方式分成左右两种. 环 R 上的左模 M 粗看可以类比于向量空间, M 本身对加法成群, 兼具 R 的左纯量乘法 $R \times M \to M$. 从这个观点看, 向量空间是域上的模, 而交换群无非是 $\mathbb{Z}$-模.

模是数学中一种富于弹性、用途特别广泛的结构; 例如 (a) 主理想环上的有限生成模结构定理涵摄了有限生成交换群的分类, 以及线性变换的标准形理论; (b) 环 R 上的模构成的范畴既是范畴论里的标准例子, 又是同调代数的原初样板; (c) 模的张量积则为对称幺半范畴提供了极佳的例证. 本章探讨的正合列、投射模与内射模理论如进一步发展, 就导向交换环论和同调代数; 而半单模和不可分解模的讨论则自然地通向群和代数的表示理论. 无论转向何方, 张量积都是必备工具, 也是初学模论的重点所在.

本章起将渐次增加范畴论的观点, 一方面固然是为了有效整理模的性质, 包括种种模范畴之间的函子, 与其间的自然变换, 另一方面也借此机会帮助读者熟悉范畴论的旨趣; 举凡伴随函子、极限、泛性质、幺半范畴等概念都会在模论中找到合宜的位置, 表明这些抽象工夫既是自然的, 也是必要的.

阅读提示

张量积是模论的关键之一, 为了囊括一般情形, 我们将铺陈双模情形下的一般理论; 相关表述因而显得复杂, 读者不妨先从交换环上的情形切入, 参见例 6.5.3. 我们将使用幺半范畴和幺半函子的语言表述张量积的诸般性质, 读者不必为此逐条审视范畴论里的相关定义, 但是对幺半范畴的精神应当有切实的认识: 幺半范畴是带有 "张量积" $\otimes$ 的范畴 + 种种约束同构, 而幺半函子是在自然同构意义下保持 $\otimes$ 的函子.

本章关于正合列、投射/内射模和链条件的讨论可视为走进交换环论和同调代数前的热身运动, 浅尝辄止. 适于考察这些概念的一般框架是 Abel 范畴; 环 R 上的左模范畴就是 Abel 范畴的典型例子.

6.1 基本概念

从形式观点看, 模是带有一族乘法算子的加法群. 回忆我们一贯的假设: 加法群意指交换群 A, 其二元运算记为 $+$, 幺元记为 0, 元素 $a \in A$ 的加法逆元记为 $-a$.

定义 6.1.1 设 R 为环, 所谓的左 R-**模**意谓以下资料:

◇ 加法群 $(M, +)$;

◇ 映射 $R \times M \to M$, 记为 $(r, m) \mapsto r \cdot m = rm$ (左乘), 满足以下性质:

$$\begin{aligned} r(m_1 + m_2) &= rm_1 + rm_2, && r \in R,\ m_1, m_2 \in M, \\ (r_1 + r_2)m &= r_1 m + r_2 m, && r_1, r_2 \in R,\ m \in M, \\ (r_1 r_2)m &= r_1(r_2 m), \\ 1_R \cdot m &= m. \end{aligned}$$

若将定义中的左乘改为右乘 $(m, r) \mapsto mr$, 条件改为 $m(r_1 r_2) = (mr_1)r_2$ 等等, 得到的概念称为右 R-模. 一般简称 M 是左或右 R-模.

比照熟悉的向量空间情形, 我们也称运算 $R \times M \to M$ 为 R 的纯量乘法. 由以上公理容易导出在左 R-模 M 中有下述性质

$$\begin{aligned} 0 \cdot m &= 0, \quad m \in M, \\ (-1_R) \cdot m &= -m, \\ (n \cdot 1_R) \cdot m &= nm = \underbrace{m + \cdots + m}_{n\text{项}}, \quad n \in \mathbb{Z}_{\geq 0}, \\ (-n \cdot 1_R) \cdot m &= -(nm). \end{aligned} \tag{6.1}$$

因此形如 $n \cdot m$ $(n \in \mathbb{Z})$ 的表达式没有歧义: 既可视之为 $(M, +)$ 中的倍数运算, 亦可视为 $n \cdot 1_R \in R$ 的乘法作用. 右模的情形类似.

注记 6.1.2 根据例 5.1.5, 任意加法群 $(M, +)$ 的自同态集 $\mathrm{End}(M)$ 具备自然的环结构, 其乘法是同态的合成, 加法是同态的 "逐点" 加法. 赋予 $(M, +)$ 左 R-模结构相当于给定环同态

$$\begin{aligned} R &\longrightarrow \mathrm{End}(M) \\ r &\longmapsto [m \mapsto rm], \end{aligned}$$

而赋予右 R-模结构相当于给定环同态

$$\begin{aligned} R^{\mathrm{op}} &\longrightarrow \mathrm{End}(M) \\ r &\longmapsto [m \mapsto mr]. \end{aligned}$$

由此立得

$$\text{左 } R\text{-模} = \text{右 } R^{\mathrm{op}}\text{-模}.$$

交换环 R 上的模不分左右, 可以简称为 R-模.

例 6.1.3 任意环 R 对自身的左乘法构成左 R-模, 对右乘法构成右 R-模.

例 6.1.4 整数环 $\mathbb{Z}$ 上的模无非是加法群, 这是由于 $\mathbb{Z}$ 在 M 上仅有唯一一种乘法作用, 即 (6.1). 所以交换群的理论可划为模论的一支.

定义 6.1.5 设 M 为左 R-模, 子集 $M' \subset M$ 如满足

◇ 加法封闭性: M' 是加法群 $(M, +)$ 的子群,

◇ 纯量乘法封闭性: 对每个 $r \in R$, $m \in M'$ 皆有 $rm \in M'$,

则称 M' 为 M 的**子模**. 右模的子模定义也是类似的.

若左或右 R-模 M 没有除了 $\{0\}$ 和 M 自身之外的子模, 而且 $M \neq \{0\}$, 则称 M 为**单模**.

以下假设 M 为左 R-模. 令 $\{M_i : i \in I\}$ 为 M 的一族子模, 则其和

$$\sum_{i \in I} M_i := \left\{ \begin{array}{ll} m_{i_1} + \cdots + m_{i_r} : & r \in \mathbb{Z}_{\geq 1},\ i_1, \ldots, i_r \in I, \\ & \forall 1 \leq k \leq r,\ m_{i_k} \in M_{i_k} \end{array} \right\}$$

(约定空和为 $\{0\}$) 与交 (设 $I \neq \varnothing$)

$$\bigcap_{i \in I} M_i$$

仍为子模. 令 S 为 M 的子集, 我们可以定义由 S 生成的子模 $\langle S \rangle$ 为 M 中包含 S 的最小子模, 亦即

$$\langle S \rangle := \bigcap_{\substack{M' : \text{子模} \\ M' \supset S}} M'.$$

当 S 是独点集 $\{x\}$ 时, $\langle S \rangle = \langle x \rangle$ 有直截了当的描述 $Rx := \{rx : r \in R\}$; 对于一般情形, 容易验证 $\langle S \rangle = \sum_{x \in S} Rx \subset M$. 能表成 Rx 的形式的模称为**循环模**; 当 $R = \mathbb{Z}$ 时, 循环模无非就是循环群.

对于右 R-模可以依样画葫芦来定义子模 xR 等等, 不再赘述.

例 6.1.6 环 R 对本身的乘法具有自然的左模和右模结构. 比较子模和理想的定义 5.1.6 可知

$$R\text{ 作为左 }R\text{-模的子模} = R\text{ 的左理想},$$
$$R\text{ 作为右 }R\text{-模的子模} = R\text{ 的右理想}.$$

模论本身搭建在环的概念上, 以后将看到如何从 R-模观点反推 R 的环论性质.

定义 6.1.7 设 M_1, M_2 为左 R-模, 映射 $\varphi: M_1 \to M_2$ 若满足

◇ φ 是加法群同态: 对所有 $x, y \in M_1$ 皆有 $\varphi(x+y) = \varphi(x) + \varphi(y)$,

◇ φ 保持纯量乘法: 对所有 $r \in R$, $x \in M_1$ 皆有 $\varphi(rx) = r\varphi(x)$,

则称 φ 为 M_1 到 M_2 的**模同态**. 恒等映射显然是同态, 而同态 $\varphi: M_1 \to M_2$, $\psi: M_2 \to M_3$ 的合成 $\psi\varphi: M_1 \to M_3$ 仍为同态, 由此得到左 R-模的范畴 R-Mod, 以及同构、自同构等诸般概念. 右 R-模范畴的定义类似, 记为 Mod-R.

对于如上的同态 φ, 定义其**核**或曰零核为 $\ker(\varphi) := \{x \in M_1 : \varphi(x) = 0\}$, 其**像**为 $\operatorname{im}(\varphi) := \{\varphi(x) : x \in M_1\}$, 两者分别是 M_1 和 M_2 的子模.

一如幺半群和环的情形, 同态 $\varphi: M_1 \to M_2$ 是同构当且仅当 φ 是双射, 因为此时其逆映射 $\varphi^{-1}: M_2 \to M_1$ 也是模同态: 仅需对定义中 φ 满足的等式取 φ^{-1} 即可.

注记 6.1.8 与交换群或 $\mathbb{Z}$-模的状况相同, 对于任意左 (或右) R-模 M, M', 同态集 $\operatorname{Hom}_{R\text{-Mod}}(M, M') =: \operatorname{Hom}_R(M, M')$ 构成加法群: 对任意 $\phi, \psi \in \operatorname{Hom}_R(M, M')$, 定义

$$\phi + \psi := [m \mapsto \phi(m) + \psi(m)] \in \operatorname{Hom}_R(M, M').$$

群 $\operatorname{Hom}_R(M, M')$ 的零元是**零态射** $\forall m \mapsto 0$. 而且同态的合成运算

$$\begin{aligned} \operatorname{Hom}_R(M', M'') \times \operatorname{Hom}_R(M, M') &\longrightarrow \operatorname{Hom}_R(M, M'') \\ (\phi, \psi) &\longmapsto \phi\psi \end{aligned}$$

是 $\mathbb{Z}$-双线性映射, 亦即:

$$\phi(\psi_1 + \psi_2) = \phi\psi_1 + \phi\psi_2, \quad (\phi_1 + \phi_2)\psi = \phi_1\psi + \phi_2\psi.$$

由此亦可看出 M 的自同态集 $\operatorname{End}_R(M)$ 具备自然的环结构, 乘法由合成给出. 以下且考虑右 R-模, 任意模 M 于是获得自然的左 $D := \operatorname{End}_R(M)$-模结构如下

$$\begin{aligned} D \times M &\longrightarrow M \\ (\phi, m) &\longmapsto \phi(m). \end{aligned}$$

这里的要点是 D 的乘法作用与 R 的作用相“交换”, 如 $\phi(mr)=\phi(m)r$. 我们尔后将见证这种结构的妙用, 见约定 6.6.1, 6.11.1.

根据注记 6.1.2, 范畴 R-Mod 与 Mod-R^{op} 等价. 为了省事, 以下固定环 R, 并且仅考虑左模的情形.

我们考虑模的商结构. 简言之, 给定左 R-模 M 上一个“保持模结构”的等价关系 $\sim$ 相当于给定一个子模 N, 其间的联系是

$$x \sim y \iff x-y \in N.$$

细节可参看 4.2 的讨论. 以下只说明如何从给定的子模 $N\subset M$ 构造商模 $M \twoheadrightarrow M/N$. 首先注意到作为加法群的商 $(M/N,+)$ 已有了定义, 其元素是形如 $x+N$ 的加法陪集, 二元运算是 $(x+N)+(y+N)=x+y+N$; 眼下任务是添上 R 的纯量乘法.

定义 6.1.9 设 $N\subset M$ 为子模, 在加法商群 M/N 上定义左 R-模结构

$$r(x+N)=rx+N, \qquad r\in R,\ x\in M.$$

则商映射 $M\to M/N$ 是模同态, 称 M/N 是 M 对 N 的**商模**.

商模满足与商群、商环等类似的一些形式性质, 简要勾勒如次. 证明与群的情形类似, 而且由于不必考虑交换性, 其手法更为简单.

命题 6.1.10 商模 $M\twoheadrightarrow M/N$ 满足以下泛性质: 对任意模同态 $\varphi: M\to M'$, 若 $N\subset\ker(\varphi)$, 则存在唯一的同态 $\bar{\varphi}: M/N\to M'$ 使得图表

$$\begin{array}{ccc} M & \longrightarrow & M/N \\ & {\scriptstyle\varphi}\searrow & \downarrow{\scriptstyle\exists!\,\bar{\varphi}} \\ & & M' \end{array}$$

交换.

证明 唯一的取法是 $\bar{\varphi}(x+N)=\varphi(x)$, 易证此为良定的. □

命题 6.1.11 设 $\varphi: M_1\to M_2$ 是模同态, 则 φ 诱导出同构 $\bar{\varphi}: M_1/\ker(\varphi)\xrightarrow{\sim}\mathrm{im}(\varphi)$, 它映 $m+\ker(\varphi)$ 为 $\varphi(m)$.

证明 应用命题 6.1.10. □

命题 6.1.12 设 $\varphi: M_1 \to M_2$ 是满的模同态. 则有双射

$$\left\{\text{子模} N_2 \subset M_2\right\} \xrightarrow{1:1} \left\{\text{子模} N_1 \subset M_1 : N_1 \supset \ker(\varphi)\right\}$$

$$N_2 \longmapsto \varphi^{-1}(N_2)$$

$$\varphi(N_1) \longleftarrow\!\shortmid N_1.$$

此双射满足 $N_2 \subset N_2' \iff \varphi^{-1}(N_2) \subset \varphi^{-1}(N_2')$. 而且合成态射 $M_1 \xrightarrow{\varphi} M_2 \twoheadrightarrow M_2/N_2$ 诱导出同构 $M_1/\varphi^{-1}(N_2) \xrightarrow{\sim} M_2/N_2$.

如取 φ 为商同态 $M \twoheadrightarrow M/N$, 断言的同构可写成熟悉的形式 $M/N' \xrightarrow{\sim} (M/N)/(N'/N)$, 其中 $N \subset N'$.

证明 例行公事. □

命题 6.1.13 设 M, N 是 $\mathcal{M}$ 的子模, 合成同态 $M \hookrightarrow M+N \twoheadrightarrow (M+N)/N$ 诱导出自然的模同构

$$M/(M\cap N) \xrightarrow{\sim} (M+N)/N,$$
$$m+(M\cap N) \mapsto m+N, \quad m \in M.$$

证明 将商同态 $\pi: \mathcal{M} \to \mathcal{M}/N$ 限制到 M 上, 其像显然为 $\pi(M) = M+N$, 核为 $M \cap \ker(\pi) = M \cap N$. 应用命题 6.1.11 得到同构 $M/(M\cap N) \xrightarrow{\sim} (M+N)/N$, 它映 $m+(M\cap N)$ 为 $m+N$. □

定义 6.1.14 对于模同态 $f: M \to M'$, 定义其**余核**为 $\operatorname{coker}(f) := M'/\operatorname{im}(f)$.

模范畴 R-Mod 的进一步性质将在 §6.8 予以探讨.

6.2 模的基本操作

本节取定环 R, 所论的模皆为左 R-模. 右模的情形是完全类似的.

定义 6.2.1 设 M 为 R-模.

◇ 元素 $x \in M$ 的**零化子**定为 R 的左理想如下

$$\operatorname{ann}_M(x) := \{r \in R : rx = 0\}.$$

若 $\operatorname{ann}_M(x) = \{0\}$ 则称 x 是**无挠**的, 否则称之为**挠元**, 所有非零元皆无挠的模称为**无挠模**.

◇ 模 M 的零化子定为 R 的双边理想如下

$$\operatorname{ann}(M) := \{r \in R : \forall x \in M,\ rx = 0\} = \bigcap_{x \in M} \operatorname{ann}_M(x).$$

若 R 的双边理想 I 包含于 $\operatorname{ann}(M)$, 则 M 自然地成为 R/I-模: 加法不变, 纯量乘法按 $(r+I)m = rm$ 来定义, 其中 $(r,m) \in R \times M$.

◇ 模 M 对右理想 $\mathfrak{a} \subset R$ 的 **$\mathfrak{a}$-挠部分**定为子模

$$M[\mathfrak{a}] := \{m \in M : \forall a \in \mathfrak{a},\ am = 0\}.$$

这些术语将在 §6.7 用到. 请读者验证 M 作为 $R/\operatorname{ann}(M)$-模的零化子自动是 $\{0\}$.

本节的后续目标是以下定理.

定理 6.2.2 范畴 R-Mod 是完备且余完备的, 并且具有零对象.

零对象是兼为始、终对象的对象, 见定义 2.4.1. 关于完备性及余完备性请参见定义 2.8.1, 说穿了, R-模范畴具有所有小极限; 关于形容词 "小" 请参看定义 2.1.3. 关于 $\mathbb{Z}$-模即交换群的特例, 在例 2.8.7 中已有勾勒. 以下证明将一并引入关于直和与直积的一些标准记法.

证明 注记 6.1.8 已说明了 R-Mod 是 Ab-范畴: 这是说其中 Hom-集有自然的加法群结构, 使得态射的合成是双线性的; 特别地, 对任意 M, M' 存在零态射 $0 : M \to M'$, 它将每个元素映到 0. 下面将循序渐进地构作各类极限.

1. 范畴 R-Mod 的零对象是零模 $\{0\}$, 经常简记为 0. 其上的模结构只能是 $r \cdot 0 = 0$. 显然, 出入零模的态射恰好是零态射, 因此它确实是范畴 R-Mod 的零对象.

2. 我们接着在 R-Mod 中构造积和余积. 设 I 为小集, 而 $\{M_i : i \in I\}$ 为一族 R-模. 定义其**积** (或称**直积**) $\prod_{i \in I} M_i$ 为

$$\begin{aligned} \prod_{i \in I} M_i &:= \{(m_i)_{i \in I} : \forall i \in I,\ m_i \in M_i\}, \\ (m_i)_{i \in I} + (m'_i)_{i \in I} &:= (m_i + m'_i)_{i \in I}, \\ r(m_i)_{i \in I} &:= (rm_i)_{i \in I}, \quad r \in R. \end{aligned}$$

显然 $\prod_{i \in I} M_i$ 成 R-模, 其零元由 $\forall i \in I$, $m_i = 0$ 给出. 它带有一族投影同态

$$\begin{aligned} p_j : \prod_{i \in I} M_i &\longrightarrow M_j, \qquad j \in I \\ (m_i)_{i \in I} &\longmapsto m_j. \end{aligned}$$

定义其**余积** (惯称为**直和**) 为

$$\bigoplus_{i\in I} M_i := \left\{ (m_i)_{i\in I} \in \prod_{i\in I} M_i : \text{仅至多有限个 } m_i \neq 0 \right\},$$

易见 $\bigoplus_{i\in I} M_i$ 为 $\prod_{i\in I} M_i$ 的子模. 它带有一族包含同态

$$\begin{aligned} \iota_j : M_j &\longrightarrow \prod_{i\in I} M_i \\ m_j &\longmapsto (m_i)_{i\in I}, \quad m_i := \begin{cases} m_j, & i = j, \\ 0, & i \neq j. \end{cases} \end{aligned}$$

若每个 $M_i = M$, 相应的直积与直和常写作 M^I 和 $M^{\oplus I}$. 当 $I = \{1, \ldots, n\}$ 时我们常采用 $M_1 \times \cdots \times M_n$ 和 $M_1 \oplus \cdots \oplus M_n$ 的写法; 两者作为 R-模显然是一回事, 读者可进一步参看 3.4.8 关于双积的讨论. 我们回到一般的 I 的情形, 接着验证 §2.7 中积和余积的范畴论性质.

给定模 M 和一族同态 $\phi_j : M \to M_j$, 我们希望存在唯一的 $\phi : M \to \prod_{i\in I} M_i$ 使得下图对每个 $j \in I$ 皆交换:

$$\begin{array}{ccc} M & \xrightarrow{\phi} & \prod_{i\in I} M_i \\ & {\scriptstyle \phi_j}\searrow & \downarrow {\scriptstyle p_j} \\ & & M_j \end{array}$$

此图定下了 $\phi(m)$ 的第 j 个坐标, 因而唯一的取法显然是 $\phi(m) = (\phi_i(m))_{i\in I}$. 此即所求泛性质.

类似地, 给定模 M 和一族同态 $\psi_j : M_j \to M$, 使图表

$$\begin{array}{ccc} \bigoplus_{i\in I} M_i & \xrightarrow{\psi} & M \\ {\scriptstyle \iota_j}\uparrow & \nearrow {\scriptstyle \psi_j} & \\ M_j & & \end{array}$$

对每个 $j \in I$ 交换的同态 ψ 有唯一的取法: $\psi((m_i)_{i\in I}) = \sum_{i\in I} \psi_i(m_i)$ (有限和), 这是因为 $\bigoplus_{i\in I} M_i = \sum_{i\in I} \operatorname{im}(\iota_i)$. 至此完成积和余积的构造.

3. 下一步是在 R-**Mod** 中构造等化子和余等化子 (见 §2.7). 考虑一对同态 $f, g : X \to Y$. 等化子 $\ker(f,g) \to X$ 的泛性质 (2.12) 归结如下:

◇ 同态 $\iota : \ker(f,g) \to X$ 满足 $f\iota = g\iota$;

◇ 假若 $\phi : L \to X$ 满足 $f\phi = g\phi$, 则存在唯一的分解 $\phi = [L \xrightarrow{\exists! \phi_0} \ker(f,g) \xrightarrow{\iota} X]$.

基于 Hom 集的加法群结构, 上述条件可以改写成 $(f-g)\iota = 0$, $(f-g)\phi = 0$, 因此构造

$\ker(f,g) \to X$ 和构造 $\ker(f-g,0) \to X$ 是一回事. 我们立刻化约到 $g=0$ 的情形. 准此要领, 观察余等化子 $Y \to \operatorname{coker}(f,g)$ 的泛性质 (2.13), 可知它无非是 $Y \to \operatorname{coker}(f-g,0)$. 同样化约到 $g=0$ 的情形.

4. 现在描述等化子 $\ker(f,0) \to X$, 其中 $f: X \to Y$ 是 R-模的同态. 泛性质化约为:

$$[\phi : L \to X,\ f\phi = 0] \implies \phi \text{ 有唯一的分解 } L \to \ker(f,0) \to X.$$

注意到 $f\phi = 0 \iff \operatorname{im}(\phi) \subset \ker(f)$, 因此核 $\ker(f) \hookrightarrow X$ 给出所求的等化子 $\ker(f,0) \to X$.

5. 余等化子 $Y \to \operatorname{coker}(f,0)$ 的情形类似, 其泛性质化约为:

$$[\psi : Y \to L,\ \psi f = 0] \implies \psi \text{ 有唯一的分解 } Y \to \operatorname{coker}(f,0) \to L.$$

由于 $\psi f = 0 \iff \operatorname{im}(f) \subset \ker(\psi)$, 应用命题 6.1.10 可知余核 $Y \to \operatorname{coker}(f) := Y/\operatorname{im}(f)$ 给出所求的余等化子.

根据上述构造和推论 2.8.4, 范畴 R-Mod 具有所有的小极限. □

注记 6.2.3 类似于集合情形, 模的滤过 $\varinjlim$ 具有更容易掌握的构造, 它涵摄了代数学中俗称的直极限. 设 I 为滤过小范畴 (定义 2.7.6) 并考虑函子 $\alpha : I \to R\text{-Mod}$, 对象层面记作 $i \mapsto M_i$, 则 $\varinjlim_i M_i := \varinjlim \alpha$ 作为集合可以取为:

$$\varinjlim_i M_i := \left(\bigsqcup_{i \in \mathrm{Ob}(I)} M_i \right) \Big/ \sim,$$

其中 $\sim$ 是由 (2.11) 定义的等价关系; 换句话说, 它是合成函子 $I \xrightarrow{\alpha} R\text{-Mod} \to \mathsf{Set}$ 的 $\varinjlim$. 与环的情形 (命题 5.5.9) 类似, 要点在于选取 R-模结构使得 $M_j \to \varinjlim_i M_i$ 成为同态, 选取既是明显的也是唯一的. 请读者仿照环的情形进行论证. 当 I 是全序集而所有转移同态 $i \le j \implies M_i \to M_j$ 都是单射时, 极限可以合理地写作 $\bigcup_i M_i$.

举例明之, 任何模 M 皆可表为它的有限生成子模的 $\varinjlim$, 这个极限是滤过的, 写法 $M = \bigcup_{\substack{N \subset M \\ \text{有限生成子模}}} N$ 也是自明的.

推论 6.2.4 范畴 R-Mod 是加性范畴 (参看定义 3.4.12). 特别地, R-模的有限直积与直和相等.

证明 定理 6.2.2 构作了积和余积; 根据双积的定义 3.4.8 和定理 3.4.9 可知这蕴涵双积存在性, 故 Ab-范畴 R-Mod 实为加性范畴. 有限直积与直和的等同是命题 3.4.14, 按构造看亦属显然. □

引理 6.2.5 设环 R 为直积 $R = \prod_{i \in I} R_i$, 其中 I 是有限集. 对每个 $i \in I$ 定义 R 的双

边理想 $\mathfrak{b}_i := \prod_{\substack{j\in I\\ j\neq i}} R_j$, 以及

$$e_i := (\delta_{i,j})_{j\in I} \in R, \quad \delta_{i,j} = \begin{cases} 1, & i=j, \\ 0, & i\neq j. \end{cases}$$

对任意左 R-模 M 定义 $M_i := \{m \in M : \mathfrak{b}_i m = 0\}$, 则有直和分解

$$\begin{array}{ccc} \bigoplus_{i\in I} M_i & \xrightarrow{\sim} & M \\ \Cup & & \Cup \\ (m_i)_{i\in I} & \longmapsto & \sum_{i\in I} m_i \\ & & \\ (e_i m)_{i\in I} & \longleftarrow & m \end{array}$$

证明 运用性质 $\mathfrak{b}_i e_i = 0$, $\sum_i e_i = 1$ 和 $i\neq j \implies e_j \in \mathfrak{b}_i$ 来验证. □

在此亦可将 M_i 视为 $R_i \simeq R/\mathfrak{b}_i$ 上的左模.

注记 6.2.6 反之, 给定一族左 R_i-模 M_i, 透过投影同态 $R \to R_i$ 将之拉回为左 R-模, 可构造直和 $M = \bigoplus_i M_i$. 容易验证两种构造在精确到自然同构的意义下互逆. 是以给定一个 R 模相当于给定一族 R_i-模. 用范畴论的语言说, 我们得到 R-Mod 和 $\prod_{i\in I}(R_i\text{-Mod})$ 间的范畴等价.

6.3 自由模

仍固定环 R. 接着考虑模范畴 R-Mod 中的 "自由" 构造. 设 X 为 (小) 集合. 对每个 $x \in X$ 定义循环模 Rx 如下: 其元素是形如 rx 的符号, 其中 $r \in R$; 加法和纯量乘法分别定为 $rx + r'x = (r+r')x$, $r(r'x) = (rr')x$. 换言之, Rx 其实就是作为左 R-模的 R, 只是形式地在右侧添上符号 x.

定义 6.3.1 以 X 为基的**自由模**定义为 $R^{\oplus X} = \bigoplus_{x\in X} Rx$. 作为集合有自然的包含映射

$$\begin{aligned} X &\longrightarrow R^{\oplus X} \\ x &\longmapsto 1\cdot x. \end{aligned}$$

其中的元素可以写成有限和 $m = \sum_{x\in X} a_x x$ 或数组 $(a_x)_{x\in X}$, 其中 $a_x \in R$ 是唯一确定的, 至多有限项非零; 这与定理 6.2.2 证明中介绍的符号一致.

这是自由模与基的外在定义, 稍后将给出内在版本. 易见 $X \mapsto R^{\oplus X}$ 定义函子 Set $\to R$-Mod, 它由以下泛性质刻画.

命题 6.3.2 对任意 R-模 M 和集合的映射 $\phi: X \to M$, 存在唯一的模同态 $\varphi: R^{\oplus X} \to M$ 使下图交换.

$$\begin{array}{ccc} X & \longrightarrow & R^{\oplus X} \\ & \underset{\phi}{\searrow} & \downarrow{\scriptstyle \exists!\,\varphi} \\ & & M \end{array}$$

证明 显然对每个 $x \in X$ 必须有 $\varphi(rx) = r\varphi(x) = r\phi(x) \in M$, 这就完全确定了 φ. □

因此函子 $X \mapsto R^{\oplus X}$ 是忘却函子的左伴随函子: 换言之, 存在自然同构

$$\mathrm{Hom}_R(R^{\oplus X}, M) \xrightarrow{\sim} \mathrm{Hom}_{\mathsf{Set}}(X, M),$$

其中的变元 X 取遍集合而 M 取遍 R-模. 换个观点看, 给出始于 $R^{\oplus X}$ 的同态相当于对基 X 的每个元素指派其像, 不需任何约束条件, 因而是“自由”的.

借此机会, 我们将线性代数中几个常见的概念推广到模上.

定义 6.3.3 设 X 为 R-模 M 的子集. 根据命题 6.3.2, 包含映射 $X \hookrightarrow M$ 诱导出同态 $\sigma: R^{\oplus X} \to M$. 我们称

- ◇ X 是**线性无关**的或**自由**的, 如果 σ 是单射, 反之则称 X 是**线性相关**的;
- ◇ X 生成或张成 M, 如果 σ 是满射, 此时称 X 为 M 的**生成集**. 具有有限生成集的模称为**有限生成模**.

线性无关生成集称为**基**; 具有基的模亦称**自由模**, 这是定义 6.3.1 的内禀版本.

注意到 σ 单等价于 $\ker(\sigma) = \{0\}$, 这相当于说

$$\underbrace{\sum_{x \in X} r_x x}_{M\ \text{中有限和}} = 0 \iff \forall x \in X,\ r_x = 0.$$

而 σ 满等价于每个元素皆可表作 R-线性组合 $\sum_{x \in X} r_x x$. 这都是线性代数熟知的定义. 显然 X 是 $R^{\oplus X}$ 的基, 故自由模的内禀和外在定义是兼容的.

举例明之. 设 Δ 为幺半群, 读者可以验证定义 5.6.1 构作的幺半群环 $R[\Delta]$ 对 R 的左乘作用 $r \cdot (\sum_{\delta \in \Delta} r_\delta \delta) = \sum_{\delta \in \Delta} r r_\delta \delta$ (其中 $r \in R$) 构成左 R-模, 而且 $\Delta \subset R[\Delta]$ 是基. 右乘情形依此类推. 作为特例, 多项式环 $R[X] = \bigoplus_{n \geq 0} RX^n$ 是以 $\Delta := \{X^n : n \geq 0\}$ 为基的自由左 R-模.

推论 6.3.4 在同构意义下, 任意模 M 皆可表成自由模的商.

证明 取 M 的子集 X 和相应的同态 $\sigma: R^{\oplus X} \to M$, 则 $\mathrm{im}(\sigma) \simeq R^{\oplus X}/\ker(\sigma)$. 如取 X 为 M 的生成集 (譬如 $X = M$), 则 $\mathrm{im}(\sigma) = M$. □

当基 X 有限时, $R^{\oplus X}$ 的自同态环可以表成熟悉的矩阵环形式, 见例 5.1.4. 不失一般性设 $X=\{1,\ldots,n\}$. 我们先从 Mod-R 中一般的有限积说起, 关键在于应用推论 6.2.4; 事实上以下论证适用于任意加性范畴 (定义 3.4.12). 选定

- ◇ 正整数 n,m;
- ◇ 对象 $M_1,\ldots,M_n$ 和 $M'_1,\ldots,M'_m$.

此处 $\bigoplus_{i=1}^n M_i$ 兼有直积直和两种角色, 分别由两族态射 $\bigoplus_{i=1}^n M_i \xrightarrow{p_j} M_j$ 和 $M_j \xrightarrow{\iota_j} \bigoplus_{i=1}^n M_i$ 给出. 同理有 p'_j,ι'_j 等态射. 于是根据积和余积的泛性质,

$$\begin{aligned}\mathrm{Hom}\left(\bigoplus_{j=1}^n M_j,\bigoplus_{i=1}^m M'_i\right) &\xrightarrow[\sim]{\phi\mapsto(p'_i\phi)_i}\prod_{i=1}^m \mathrm{Hom}\left(\bigoplus_{j=1}^n M_j, M'_i\right)\\ &\xrightarrow[\sim]{(p'_i\phi)_i\mapsto(p'_i\phi\iota_j)_{i,j}}\prod_{j=1}^n\prod_{i=1}^m \mathrm{Hom}(M_j,M'_i).\end{aligned}$$

因此 $\phi:\bigoplus_{j=1}^n M_j\to\bigoplus_{i=1}^m M'_i$ 完全由同态族

$$\phi_{ij}:=p'_i\phi\iota_j:M_j\to M'_i,\quad 1\le i\le m,\ 1\le j\le n$$

确定, 表为矩阵

$$\phi\longleftrightarrow\mathcal{M}(\phi)=(\phi_{ij})_{\substack{1\le i\le m\\1\le j\le n}}=\begin{pmatrix}\phi_{11}&\cdots&\phi_{1n}\\ \vdots&&\vdots\\ \phi_{m1}&\cdots&\phi_{mn}\end{pmatrix}.$$

回忆矩阵的乘法 $C=AB$ 由 $c_{ik}=\sum_j a_{ij}b_{jk}$ 确定. 对于矩阵 $\mathcal{M}(\phi)$, 尽管诸元取值在容或不同的 Hom (成加法群) 中, 下面涉及的运算仍是良定的.

引理 6.3.5 对于 $\phi:\bigoplus_{i=1}^n M_i\to\bigoplus_{i=1}^{n'} M'_i$ 和 $\psi:\bigoplus_{i=1}^{n'} M'_i\to\bigoplus_{i=1}^{n''} M''_i$, 相应的矩阵满足

$$\mathcal{M}(\psi\phi)=\mathcal{M}(\psi)\mathcal{M}(\phi),$$

其中矩阵元的相乘由合成 $\mathrm{Hom}(M'_j,M''_i)\times\mathrm{Hom}(M_k,M'_j)\to\mathrm{Hom}(M_k,M''_i)$ 给出.

证明 应用环 $\mathrm{End}_R(\bigoplus_i M'_i)$ 中的等式 $\sum_{j=1}^{n'}\iota'_jp'_j=1$, $p'_i\iota'_i=\mathrm{id}_{M'_i}$ 和 $i\neq j\implies p'_i\iota'_j=0$ (双积定义 3.4.8 的多元版本) 计算 $\psi\phi$ 的第 (i,k) 个矩阵系数 $\mathcal{M}(\psi\phi)_{ik}$: 根据

同态合成的结合律与双线性, 可得

$$\begin{aligned}\mathcal{M}(\psi\phi)_{ik} = p_i''\psi\phi\iota_k &= \sum_{j=1}^{n'} p_i''\psi(\iota_j' p_j')\phi\iota_k \\ &= \sum_{j=1}^{n'} (p_i''\psi\iota_j')(p_j'\phi\iota_k) = \sum_{j=1}^{n'} \mathcal{M}(\psi)_{ij}\mathcal{M}(\phi)_{jk}.\end{aligned}$$

这正是矩阵乘法. 断言得证. □

上述论证和线性代数中用矩阵表示线性变换的办法如出一辙.

命题 6.3.6 模 $R^{\oplus n}$ 的自同态环自然地同构于 $n \times n$ 矩阵环 $M_n(R^{\mathrm{op}})$, 此同构由 $\phi \mapsto \mathcal{M}(\phi)$ 导出. 进一步, 加法群 $\mathrm{Hom}_R(R^{\oplus n}, R^{\oplus m})$ 自然地同构于全体 $m \times n$ 矩阵的加法群 $M_{m\times n}(R^{\mathrm{op}})$; 同态的合成对应到矩阵乘法.

如改用右 R-模, 则相应地有 $\mathrm{Hom}_R(R^{\oplus n}, R^{\oplus m}) \simeq M_{m\times n}(R)$.

证明 视 R 为左 R-模, 标作 ${}_RR$. 任意 $\phi \in \mathrm{End}({}_RR)$ 皆满足 $\phi(r) = r\phi(1)$, 由此可证

$$\begin{aligned}\mathrm{End}({}_RR) &\longrightarrow R^{\mathrm{op}} \\ \phi &\longmapsto \phi(1)\end{aligned}$$

是环同构: 其逆将 $r \in R$ 映至右乘自同态 $x \mapsto xr$ (留意到乘法顺序将倒转). 在先前的讨论和引理 6.3.5 中代入 $M_i = M_j' = {}_RR$, 即得所求. 对于右模则有 $\mathrm{End}(R_R) \simeq R$, 其余相同. □

下述 "生成引理" 涉及 §1.4 简介的无穷基数.

引理 6.3.7 设 I 为无穷集, $(M_i)_{i\in I}$ 为一族非零模, 则 $\bigoplus_{i\in I} M_i$ 的任意生成集 S 皆满足 $|S| \geq |I|$.

证明 任意 $s \in S$ 可写成 $(s_i)_{i\in I}$, 记 $E_s := \{i \in I : s_i \neq 0\}$. 根据直和定义 E_s 有限, 而 S 生成 $\bigoplus_{i\in I} M_i$ 蕴涵了 $\bigcup_{s\in S} E_s = I$, 因之 S 无穷. 推论 1.4.9 遂蕴涵基数不等式

$$\max\{|S|, \aleph_0\} = |S| \cdot \aleph_0 \geq \left|\bigcup_{s\in S} E_s\right| = |I|,$$

而最左端无非是 $|S|$. □

最后来探讨自由模的秩. 以下设 R 非零. 自然的想法是定 $M \simeq R^{\oplus X}$ 的秩为 $|X|$, 然而须说明这和基 $X \subset M$ 的选择无关. 当 R 为域时, 向量空间的理论说明秩确实是良定的, 读者应已熟知有限维情形, 而定义–定理 6.4.7 将给出一般的证明, 引理 6.3.7 会派上用场. 由此可以推得交换环上的自由模也具有类似性质.

命题 6.3.8 设 R 为交换环, 则 $R^{\oplus X} \simeq R^{\oplus Y}$ 当且仅当 $|X| = |Y|$.

证明 显然 $|X| = |Y|$ 蕴涵 $R^{\oplus X} \simeq R^{\oplus Y}$. 为证明另一个方向, 我们应用命题 5.3.6 取 R 的一个极大理想 $\mathfrak{m}$. 对任意 R-模 M, 定义 $\mathfrak{m}M$ 为形如 am ($m \in M$, $a \in \mathfrak{m}$) 的元素生成的子模. 于是 $M/\mathfrak{m}M$ 是 $R/\mathfrak{m}$-模, 亦即域 $R/\mathfrak{m}$ 上的向量空间. 当 $M = R^{\oplus X}$ 时易见 $\mathfrak{m}M = \mathfrak{m}^{\oplus X}$, 故有向量空间的同构

$$\begin{aligned} M/\mathfrak{m}M &\xrightarrow{\sim} (R/\mathfrak{m})^{\oplus X} \\ (a_x)_{x\in X} + \mathfrak{m}M &\longmapsto (a_x + \mathfrak{m})_{x\in X}. \end{aligned}$$

故 $|X| = \dim_{R/\mathfrak{m}}(M/\mathfrak{m}M)$, 等式右边只和 M 的 R-模结构有关, 不依赖基的选取. □

定义 6.3.9 (自由模的秩) 设 E 为非零交换环 R 上的自由模, 其**秩**定义为 $\mathrm{rk}_R(E) := |X|$, 如果 $E \simeq R^{\oplus X}$. 根据前述命题, 这是良定的.

注记 6.3.10 对于一般的环 R, 如果 I 为无穷集, $R^{\oplus I} \simeq R^{\oplus J}$, 则引理 6.3.7 蕴涵 $|J| \geq |I|$, 由对称性故 $|I| = |J|$. 因此环 R 上的自由模有良定的秩当且仅当

$$\forall n, m \in \mathbb{Z}_{\geq 0},\ R^{\oplus n} \simeq R^{\oplus m} \iff n = m.$$

称此为左**不变基数**性质 (英文简写为 IBN); 若考虑右模则谓右不变基数性质. 除环、交换环和有限环皆有不变基数性质. 进一步的讨论可参看 [27, §1].

6.4 向量空间

读者理应接触过向量空间的理论. 从代数观点看, 向量空间大致是一种带有加法和纯量乘法的结构, 纯量乘法一般来自实数域 $\mathbb{R}$ 或复数域 $\mathbb{C}$, 然而向量空间的代数性质实则可以建立在任意域上. 我们还能进一步舍弃乘法交换性, 进而考虑除环上的向量空间. 这既是一种自然又轻松的推广, 对于环论的研究也是必要的.

定义 6.4.1 设 D 为除环. 我们称右 D-模为 D-向量空间. 其子模、商模等也称为子空间、商空间.

定义中选取左模或右模其实无关宏旨, 当 D 为域时更可以不论左右. 这里选取右乘主要是为了符号的方便: 若 $\varphi : V \to V'$ 为 D-向量空间的态射 (亦即右 D-模的态射), 则态射对纯量乘法的性质可以写成类似结合律的形式:

$$\varphi(vd) = (\varphi v)d, \quad v \in V,\ d \in D.$$

以下选定除环 D. 子空间、基和维数等概念可以毫不费力地推广到 D-向量空间上.

定义–定理 6.4.2 设 V 为 D-向量空间, $X \subset V$, 以下性质等价:

(i) X 是 V 的极大线性无关子集;

(ii) 包含映射 $X \hookrightarrow V$ 诱导出同构 $D^{\oplus X} \xrightarrow{\sim} V$;

(iii) X 是 V 的极小生成集;

(iv) V 中的任意元素皆可表成形如 $\sum_{x \in X} x d_x$ 的有限和, 其中 $(d_x)_{x \in X}$ 是唯一的.

满足以上任一性质的 X 称为 V 的**基**.

证明 (i) $\implies$ (ii): 给定 $v \in V$, 由 X 的极大性知 $X \sqcup \{v\}$ 必线性相关, 从而存在等式 $\sum_{x \in X \sqcup \{v\}} x d_x = 0$, 其中 d_x 不全为零; 由 X 的线性无关性可知 $d_v \neq 0$, 因此 $v = -\sum_{x \in X} x d_x d_v^{-1}$ 属于 $D^{\oplus X} \to V$ 的像. 既然 $D^{\oplus X} \to V$ 是单射, 它实为同构.

(ii) $\implies$ (iii): 不妨设 $V = D^{\oplus X}$. 显然 X 生成 V; 假若 $X' \subset X \smallsetminus \{y\}$ (其中 $y \in X$), 则 y 显然不属于 X' 生成的子模 $D^{\oplus X'}$, 因而 X 是极小生成集.

(iii) $\implies$ (iv): 由 X 生成 V 可知任意元素皆可表成有限和 $\sum_{x \in X} x d_x$. 假若

$$\sum_{x \in X} x d_x = \sum_{x \in X} x d'_x, \quad \exists y \in X,\ d_y \neq d'_y,$$

则 $y = -\sum_{x \neq y} x(d_x - d'_x)(d_y - d'_y)^{-1}$, 由此导出 $X \smallsetminus \{y\}$ 也生成 V, 矛盾.

(iv) $\implies$ (i): 子集 X 显然线性无关. 任意 $v \in V$ 可表为 $\sum_{x \in X} x d_x$, 亦即 $v - \sum_{x \in X} x d_x = 0$, 是以 $X \sqcup \{v\}$ 线性相关. □

命题 6.4.3 任意 V 中的线性无关子集 X 皆包含于某个基 B; 特别地, V 有基.

证明 选定 X, 令 $\mathcal{E} := \{Y \subset V : \text{线性无关}, Y \supset X\}$, 赋 $\mathcal{E}$ 以偏序 $Y \leq Y' \iff Y \subset Y'$. 今将运用 Zorn 引理 (定理 1.3.6) 证明偏序集 $(\mathcal{E}, \leq)$ 有极大元, 从而得到所求之基: 仅需证明 $(\mathcal{E}, \leq)$ 中任意链 $\mathcal{E}'$ 有上界即可. 令 $Y \subset V$ 为 $\mathcal{E}'$ 中所有元素之并, 我们断言 Y 线性无关: 假设等式

$$\sum_{y \in Y} y d_y = 0 \quad (\text{有限和})$$

成立, 由于 $\mathcal{E}'$ 为全序, 可取充分大的 $Y_0 \in \mathcal{E}'$ 使得 $y \notin Y_0 \implies d_y = 0$; 再利用 Y_0 的线性无关性质, 即可导出 $\forall y \in Y$, $d_y = 0$. 此 Y 即为所求上界. □

引理 6.4.4 (Steinitz 换元性质) 设 X, Y 为 V 的两组有限基, $y \in Y \smallsetminus X$, 则存在 $x \in X \smallsetminus Y$ 使得 $(Y \smallsetminus \{y\}) \cup \{x\}$ 为基.

证明 留意到 X 非空确保 Y 非空. 每个 $x \in X$ 可唯一地展为 Y 的 D-线性组合, 我们断言 y 必须出现在某个 x 的展开式中, 否则 $Y \smallsetminus \{y\}$ 将是 V 的一组生成元, 与基的定义矛盾. 取如是 x 并定义 $Z := (Y \smallsetminus \{y\}) \cup \{x\}$. 观察到 (a) 每个 Y 中元素都能展

成 Z 的线性组合, 考虑 y 的情形并利用 x 的展开式即可; (b) Z 必线性无关: 否则因为 $Y \smallsetminus \{y\}$ 线性无关, 故 x 必能表成 $Y \smallsetminus \{y\}$ 的线性组合, 回忆上一步可知 y 也能表成 $Y \smallsetminus \{y\}$ 的线性组合, 矛盾. 于是 V 中元素能唯一地表成 Z 的线性组合. 最后观察到 $x \notin Y$: 设若不然, 则 $y \notin X \implies y \neq x \implies Z = Y \smallsetminus \{y\}$, 与基是极大线性无关子集这一性质矛盾. □

换元性质是证明维数良定的关键. 由于类似论证在代数学中并非孤例, 在此乘势引入一套组合学的工具.

定义 6.4.5 (H. Whitney) 设 E 为集合, Bs 为 E 的一族有限子集; 如下列条件满足则称资料 (E, Bs) 为**拟阵**:

B.1 集合 Bs 非空;

B.2 若 $X, Y \in \mathrm{Bs}$ 而 $y \in Y \smallsetminus X$, 则存在 $x \in X \smallsetminus Y$ 使得 $(Y \smallsetminus \{y\}) \cup \{x\} \in \mathrm{Bs}$.

举例来说, 只要 D-向量空间 V 有一组有限基, 那么引理 6.3.7 蕴涵每个基皆有限, 这时运用引理 6.4.4, 取 $E := V$ 和 $\mathrm{Bs} := \{V \text{ 的基}\}$ 便给出拟阵. 一般定义中还要求 E 有限, 不过这点在此无关宏旨. 拟阵的奥妙在于它有种种等价然而面貌迥异的刻画, 感兴趣的读者可参阅专著 [36].

命题 6.4.6 设 (E, Bs) 为拟阵, 则 Bs 的每个元素都有相同的基数; 此基数称为该拟阵的秩.

证明 设若不然, 取 $X, Y \in \mathrm{Bs}$ 使得 $|Y| > |X|$ 且 $|Y \smallsetminus X|$ 尽可能小; 前一条件保证 $Y \smallsetminus X \neq \varnothing$. 根据换元性质 (**B.2**) 可取 $y \in Y \smallsetminus X$ 和 $x \in X \smallsetminus Y$ 使得 $Y' := (Y \smallsetminus \{y\}) \cup \{x\} \in \mathrm{Bs}$. 从 $|Y| = |Y'| > |X|$ 和 $|Y' \smallsetminus X| < |Y \smallsetminus X|$ 导出矛盾. □

定义–定理 6.4.7 (维数的不变性) 设 X, Y 为 V 的两组基, 则 $|X| = |Y|$. 于是可定义 V 的**维数**为基数 $|X|$, 记作 $\dim V$ 或 $\dim_D V$, 其中 X 为 V 的任意基.

证明 如先前观察到的, 引理 6.3.7 蕴涵 V 的基或者全有限, 或全无限; 而且在无限情形有 $|X| \leq |Y| \leq |X|$, 此时配合定理 1.4.2 立即导出 $|X| = |Y|$.

假设 V 的基皆有限, 应用拟阵结构和命题 6.4.6 即得 $|X| = |Y|$. □

我们在 §6.3 以此证明了非零交换环上的自由模有良定的秩.

6.5 模的张量积

张量积是模论中最常用的构造之一. 不妨先从熟悉的向量空间情形入手: 令 X, Y 为 $\mathbb{C}$-向量空间; 考虑取值在某一 $\mathbb{C}$-向量空间 A 的函数 $B : X \times Y \to A$. 如果 $B(x, \cdot)$ 和 $B(\cdot, y)$ 对所有 x, y 都是线性映射, 则 B 称为双线性型. 所谓 X 和 Y 的张量积无非是 "泛双线性型" $X \times Y \to X \underset{\mathbb{C}}{\otimes} Y$. 更精确地说, 我们要求每个双线性型 $B : X \times Y \to A$ 皆能按 $\begin{array}{ccc} X \times Y & \longrightarrow & X \underset{\mathbb{C}}{\otimes} Y \\ & {\scriptstyle B}\searrow & \downarrow{\scriptstyle \exists! f} \\ & & A \end{array}$ 分解, 其中 f 是唯一确定的线性映射. 先不论构造, 记 $(x, y) \in X \times Y$ 在 $X \underset{\mathbb{C}}{\otimes} Y$ 中的像为 $x \otimes y$. 双线性蕴涵

$$(x + x') \otimes y = x \otimes y + x' \otimes y, \quad x \otimes (y + y') = x \otimes y + x \otimes y',$$
$$(tx) \otimes y = t(x \otimes y) = x \otimes (ty), \quad t \in \mathbb{C}.$$

可以想见, 向量空间 $X \underset{\mathbb{C}}{\otimes} Y$ 应当由所有 $x \otimes y$ 张成, 而且除上列性质外 $X \underset{\mathbb{C}}{\otimes} Y$ 再无其他约束, 否则就不成其 "泛" 了.

对于一般的模, 问题的表述并无不同, 但是需要一系列的准备工作, 首先是双模的概念.

定义 6.5.1 (双模) 设 R, S 为环, 所谓 (R, S)-**双模**意谓一个兼具左 R-模与右 S-模结构的加法群 M, 满足下式

$$r(ms) = (rm)s, \quad m \in M,\ r \in R,\ s \in S.$$

此式遂可简写为 rms; 既可以把它理解为某种乘法的结合律, 又可视为 R 左乘与 S 右乘之间的交换性. 对 (R, S)-双模可以定义显然的同态、同构、商模等概念, 从而得到双模范畴 (R, S)-Mod, 无须赘述. 注记 7.3.5 将说明如何将双模理论化到单边的情形.

例 6.5.2 存在范畴间的同构 R-Mod $\simeq (R, \mathbb{Z})$-Mod. 这是因为任意左 R-模 M 有唯一的 $\mathbb{Z}$-右乘结构 $ma := am$, 其中 $m \in M$, $a \in \mathbb{Z}$, 双模公理显然满足. 同理, Mod-$R \simeq (\mathbb{Z}, R)$-Mod.

例 6.5.3 当 R 交换时, 任意左 R-模 M 都自然地成为 (R, R)-双模: 置 $rmr' := rr'm$ 即可.

约定 6.5.4 今后我们将不时使用符号 ${}_RM$ (或 M_S, ${}_RM_S$) 表示 M 带有左 R-模 (或右 S-模, (R, S)-双模) 结构.

双模的语言便于研究张量积, 而张量积是由某种泛性质所刻画的 "平衡积", 后者是

双线性型的非交换版本. 下面先从取值在一个交换群 A 里的平衡积入手, A 为双模的一般情形将在注记 6.5.10 讨论.

定义 6.5.5 (平衡积: 单边情形) 设 R 为环. 考虑模 M_R, ${}_RN$ 和交换群 $(A,+)$. 映射

$$B : M \times N \to A$$

若满足以下条件则称为**平衡积**:

(i) $B(x+x',y) = B(x,y) + B(x',y)$,

(ii) $B(x,y+y') = B(x,y) + B(x,y')$,

(iii) $B(xr,y) = B(x,ry)$,

其中 $x, x' \in M$, $y, y' \in N$ 和 $r \in R$ 为任意元素. 所有平衡积 $B : M \times N \to A$ 所成集合记为 $\mathrm{Bil}(M, N; A)$, 对加法构成交换群.

给定 M, N, 所有从 $M \times N$ 出发的平衡积构成一个范畴 $\mathsf{Bil}(M, N; *)$: 从对象 B 到 B' 的态射定为如下形式的交换图表:

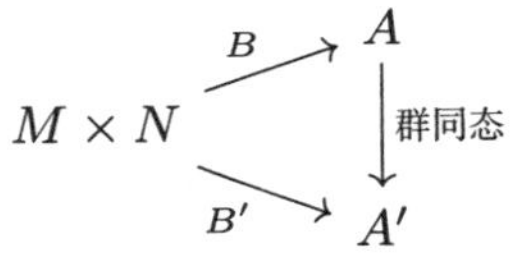

即将定义的张量积 $M \times N \to M \underset{R}{\otimes} N$ 无非是 $\mathsf{Bil}(M, N; *)$ 的始对象; 见定义 2.4.1.

定义 6.5.6 满足下述泛性质的平衡积 $M \times N \to M \underset{R}{\otimes} N$ 称为 M_R 和 ${}_RN$ 的**张量积**: 对任意平衡积 $B : M \times N \to A$, 存在唯一的群同态 $M \underset{R}{\otimes} N \to A$ 使得下图交换

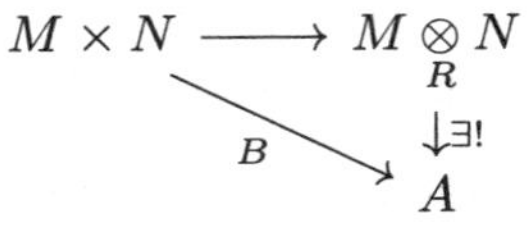

既然 $M \times N \to M \underset{R}{\otimes} N$ 被泛性质刻画, 它是唯一确定的, 精确到一个唯一同构. 我们习惯省去箭头, 径称 $M \underset{R}{\otimes} N$ 为 M 和 N 的张量积; 有时连 $\otimes$ 的下标 R 一并省去. 元素 (x, y) 在 $M \underset{R}{\otimes} N$ 中的像记为 $x \otimes y$. 请留意: 单讨论 $M \underset{R}{\otimes} N$ 本身的结构并无多大意义, 下面探究张量积满足的种种函子性质时, 映射 $(x, y) \mapsto x \otimes y$ 总要一并考量.

引理 6.5.7 对任意 M_R, ${}_RN$, 张量积 $M \times N \to M \underset{R}{\otimes} N$ 存在.

证明 受本节开头的讨论启发, 考虑集合 $M \times N$ 上的自由 $\mathbb{Z}$-模 F, 其中形如

$$\begin{gathered}(x+x', y)-(x, y)-(x', y)\\(x, y+y')-(x, y)-(x, y')\\(xr, y)-(x, ry)\end{gathered}$$

的元素生成一个 $\mathbb{Z}$-子模 I. 记 $M \underset{R}{\otimes} N := F/I$, 并记 $(x, y) \in M \times N$ 在 F/I 中的像为 $x \otimes y$. 今将证明映射 $M \times N \to M \underset{R}{\otimes} N$ 即所求.

根据自由模的定义, 给定交换群 A 及映射 $B : M \times N \to A$ 相当于给定同态 $\beta : F \to A$, 对应关系由

$$\beta(x, y) = B(x, y), \quad (x, y) \in M \times N$$

唯一确定. 因此 B 是平衡积当且仅当 β 在 I 上为零, 作为特例 $M \times N \to F/I$ 也是平衡积; 此时令 $\bar{\beta} : F/I \to A$ 为 β 诱导的同态. 平衡积 $B : M \times N \to A$ 与同态 $\bar{\beta} : M \underset{R}{\otimes} N \to A$ 的对应遂由

$$\bar{\beta}(x \otimes y) = B(x, y)$$

所刻画; 此式等价于定义 6.5.6 中图表的交换性. □

引理 6.5.8 张量积 $M \underset{R}{\otimes} N$ 对 M, N 满足函子性: 设若 $\varphi : M \to M'$, $\psi : N \to N'$ 为模同态, 则存在唯一的同态 $\varphi \otimes \psi : M \underset{R}{\otimes} N \to M' \underset{R}{\otimes} N'$ 使下图交换.

$$\begin{array}{ccc} M \times N & \longrightarrow & M \underset{R}{\otimes} N \\ {\scriptstyle \varphi \times \psi}\downarrow & & \downarrow{\scriptstyle \exists! \varphi \otimes \psi} \\ M' \times N' & \longrightarrow & M' \underset{R}{\otimes} N' \end{array}$$

证明 合成映射 $M \times N \xrightarrow{\phi \times \psi} M' \times N' \to M' \underset{R}{\otimes} N'$ 显然也是平衡积, 用定义 6.5.6 便得到唯一之 $\varphi \otimes \psi : M \underset{R}{\otimes} N \to M' \underset{R}{\otimes} N'$ 使上图交换. □

以上引理的条件相当于要求

$$(\varphi \otimes \psi)(x \otimes y) = \varphi(x) \otimes \psi(y).$$

这唯一确定了同态 $\varphi \otimes \psi$. 由此刻画可知同态的张量积与同态的合成兼容:

$$(\varphi \otimes \psi) \circ (\varphi' \otimes \psi') = (\varphi \circ \varphi') \otimes (\psi \circ \psi'),$$

前提是合成同态 $\varphi \circ \varphi'$ 和 $\psi \circ \psi'$ 有定义.

命题 6.5.9 给定环 Q, R, S 和双模 ${}_QM_R$, ${}_RN_S$, 张量积 $M \underset{R}{\otimes} N$ 带有唯一的 (Q,S)-双模结构使得

$$q(x \otimes y)s = qx \otimes ys, \quad q \in Q,\ s \in S.$$

不妨设想符号 $\underset{R}{\otimes}$ 的作用是缩并掉邻接的 R-模结构.

证明 给定 $q \in Q$ 和 $s \in S$. 根据双模定义, q 在 M 上的左乘与 s 在 N 上的右乘分别给出 M 和 N 作为 R-模的自同态, 于是引理 6.5.8 给出由下式刻画的群同态

$$\begin{aligned} M \underset{R}{\otimes} N &\longrightarrow M \underset{R}{\otimes} N \\ x \otimes y &\longmapsto qx \otimes ys. \end{aligned}$$

考虑所有 q, s 便得到所求的双模结构. □

注记 6.5.10 (双模的平衡积) 对于双模 ${}_QM_R$, ${}_RN_S$, 同样可定义附加 (Q,S)-双模结构的平衡积 $B: M \times N \to A$, 其中我们要求 A 是 (Q,S)-双模, 并对 B 加上额外条件

$$B(qx, ys) = qB(x,y)s, \quad q \in Q,\ s \in S.$$

不难验证 $M \times N \to M \underset{R}{\otimes} N$ 便是这样的平衡积, 并且满足与定义 6.5.6 类似的泛性质. 取 $Q = S = \mathbb{Z}$ 便回到原先情形.

引理 6.5.8 断言的函子性也有直截了当的推广, 我们得到函子

$$\begin{aligned} \underset{R}{\otimes} : ((Q,R)\text{-}\mathsf{Mod}) \times ((R,S)\text{-}\mathsf{Mod}) &\longrightarrow (Q,S)\text{-}\mathsf{Mod} \\ (M,N) &\longmapsto M \underset{R}{\otimes} N \quad (\text{对象层次}) \\ (\varphi,\psi) &\longmapsto \varphi \otimes \psi \quad (\text{态射层次}). \end{aligned}$$

当 R 交换时, 按例 6.5.3 等同 R-Mod 与 (R,R)-Mod, 可得函子

$$\underset{R}{\otimes} : R\text{-}\mathsf{Mod} \times R\text{-}\mathsf{Mod} \longrightarrow R\text{-}\mathsf{Mod};$$

进一步假设 $R = S$ 为域, 则一切化约到向量空间的张量积与双线性型.

接着探讨张量积函子一些标准的函子性质, 这在应用中是十分要紧的.

命题 6.5.11 (张量积保持直和) 对任意左、右 R-模族 $(N_j)_{j \in J}$ 和 $(M_i)_{i \in I}$, 存在自

然同态

$$\begin{array}{ccc} \left(\prod_{i\in I} M_i\right) \underset{R}{\otimes} \left(\prod_{j\in J} N_j\right) & \longrightarrow & \prod_{(i,j)\in I\times J} M_i \underset{R}{\otimes} N_j \\ \uparrow & & \cup \\ \left(\bigoplus_{i\in I} M_i\right) \underset{R}{\otimes} \left(\bigoplus_{j\in J} N_j\right) & \xrightarrow{\sim} & \bigoplus_{(i,j)\in I\times J} M_i \underset{R}{\otimes} N_j \end{array}$$

它对变元 $(N_j)_{j\in J}$ 和 $(M_i)_{i\in I}$ 具备函子性. 当 M_i, N_j 具有双模结构时, 此性质可以延伸到注记 6.5.10 版本的张量积.

证明 首先观察到显然的平衡积

$$\begin{aligned} \prod_{i\in I} M_i \times \prod_{j\in J} N_j &\longrightarrow \prod_{(i,j)\in I\times J} M_i \underset{R}{\otimes} N_j \\ ((x_i)_i, (y_j)_j) &\longmapsto (x_i \otimes y_j)_{i,j} \end{aligned}$$

它在 $\bigoplus_{i\in I} M_i \times \bigoplus_{j\in J} N_j$ 上的限制的像落在 $\bigoplus_{(i,j)\in I\times J} M_i \underset{R}{\otimes} N_j$ 中, 因为仅涉及有限个非零的 $x_i \otimes y_j$. 这就给出了断言中的两个横向同态, 且记涉及直和的同态为 Φ.

为了证明 Φ 为同构, 仅需验证对每个交换群 A 有以下交换图表 (可参看定理 2.5.1)

$$\begin{array}{ccc} \mathrm{Hom}\left((\bigoplus_{i\in I} M_i) \underset{R}{\otimes} (\bigoplus_{j\in J} N_j), A \right) & \xrightarrow{\sim} & \mathrm{Bil}\left(\bigoplus_i M_i, \bigoplus_j N_j; A \right) \\ & & \simeq \big\downarrow \text{限制} \\ \Phi^* \big\uparrow \text{拉回} & & \prod_{i,j} \mathrm{Bil}(M_i, N_j; A) \\ & & \simeq \big\uparrow \\ \mathrm{Hom}\left((\bigoplus_{i,j} M_i \underset{R}{\otimes} N_j), A \right) & \xrightarrow{\sim} & \prod_{i,j} \mathrm{Hom}\left(M_i \underset{R}{\otimes} N_j, A \right) \end{array}$$

其中 $\mathrm{Hom} = \mathrm{Hom}_{\mathsf{Ab}}$. 一切在注记 6.5.10 的情形有显然的推广. □

命题 6.5.12 (张量积的结合约束) 设 Q, R, S, T 为环. 存在典范同构

$$\begin{aligned} M \underset{R}{\otimes} (M' \underset{S}{\otimes} M'') &\xrightarrow{\sim} (M \underset{R}{\otimes} M') \underset{S}{\otimes} M'' \\ x \otimes (y \otimes z) &\longmapsto (x \otimes y) \otimes z. \end{aligned}$$

这里"典范同构"意味将双模 ${}_Q M_R$, ${}_R M'_S$, ${}_S M''_T$ 视为变元, 而同构的两端皆视为从

$$((Q,R)\text{-}\mathsf{Mod}) \times ((R,S)\text{-}\mathsf{Mod}) \times ((S,T)\text{-}\mathsf{Mod})$$

到 $(Q,T)\text{-}\mathsf{Mod}$ 的函子.

证明 为了简化论述, 取 $Q = T = \mathbb{Z}$. 注意到对任意交换群 $(A, +)$, 在范畴 Ab 中有

$$\mathrm{Hom}\left((M \underset{R}{\otimes} M') \underset{S}{\otimes} M'', A\right) = \mathrm{Bil}\left((M \underset{R}{\otimes} M'), M''; A\right).$$

我们断言右项典范同构于"三元平衡积"所成的群, 亦即满足下述条件的映射 $D : M \times M' \times M'' \to A$:

(i) $D(x + x', y, z) = D(x, y, z) + D(x', y, z)$;
(ii) 同上, 但改为对变元 y, z 操作;
(iii) $D(xr, y, sz) = D(x, rys, z)$, 其中 $r \in R$, $s \in S$.

诚然, 给定如此的 D, 对每个固定的变元 $z \in M''$, 映射 $D(\cdot, \cdot, z)$ 属于 $\mathrm{Bil}(M, M'; A)$, 故存在同态 $B(\cdot, z) : M \underset{R}{\otimes} M' \to A$ 使得 $D(x, y, z) = B(x \otimes y, z)$. 现在变动 z. 从 D 的性质与 $M \underset{R}{\otimes} M'$ 的右 S-模结构可知

$$B(x \otimes y, z + z') = B(x \otimes y, z) + B(x \otimes y, z'),$$
$$B(x \otimes y, sz) = B(x \otimes ys, z) = B((x \otimes y)s, z), \quad s \in S.$$

进而 $B \in \mathrm{Bil}\left((M \underset{R}{\otimes} M'), M''; A\right)$, 相应的同态 $\varphi : (M \underset{R}{\otimes} M') \underset{S}{\otimes} M'' \to A$ 由等式

$$\varphi((x \otimes y) \otimes z) = D(x, y, z)$$

刻画. 以上每一步都可以倒转, 因而得到双射 $B \leftrightarrow D$. 同理,

$$\begin{aligned}\mathrm{Hom}\left(M \underset{R}{\otimes} (M' \underset{S}{\otimes} M''), A\right) &= \mathrm{Bil}\left(M, (M' \underset{S}{\otimes} M''); A\right) \\ &= \left\{D : M \times M' \times M'' \to A, \text{ 三元平衡积}\right\},\end{aligned}$$

而且若首项里的同态 ψ 对应末项的 D, 那么 $\psi(x \otimes (y \otimes z)) = D(x, y, z)$. 由于 A 可任取, 从定理 2.5.1 遂得 $M \underset{R}{\otimes} (M' \underset{S}{\otimes} M'') \xrightarrow{\sim} (M \underset{R}{\otimes} M') \underset{S}{\otimes} M''$ 使得 $(x \otimes y) \otimes z \mapsto x \otimes (y \otimes z)$. 此同构对 M, M', M'' 的函子性是自明的. □

命题 6.5.13 (张量积的幺元) 设 R, S 为环. 利用环的乘法结构将 R 和 S 分别视为 (R, R)-双模和 (S, S)-双模, 则存在典范同构

$$\begin{array}{ccccc} M \underset{S}{\otimes} S & \xrightarrow{\sim} & M & \xleftarrow{\sim} & R \underset{R}{\otimes} M \\ m \otimes s & \longmapsto & ms & & \\ & & rm & \longleftarrow & r \otimes m \end{array}$$

其中 ${}_RM_S$ 视为变元, 上述三项皆视为 (R,S)-Mod 到自身的函子.

证明 以下仅证明 $M\underset{S}{\otimes}S\xrightarrow{\sim}M$, 另一侧完全类似. 以 $\mathrm{Hom}_{(R,S)}$ 表 (R,S)-Mod 的 Hom. 对任意 (R,S)-双模 A 都有

$$\begin{array}{ccccc}\mathrm{Hom}_{(R,S)}(M,A) & \overset{1:1}{\longleftrightarrow} & \left\{M\times S\xrightarrow{\text{平衡积}}A\right\} & \overset{1:1}{\longleftrightarrow} & \mathrm{Hom}_{(R,S)}\left(M\underset{S}{\otimes}S,A\right) \\ \phi & \longleftarrow\!\!\! & B & \xmapsto[\varphi(m\otimes s)=B(m,s)]{} & \varphi.\end{array}$$

第一个双射由 $\phi(m)=B(m,1)$ 给出, 这是因为 $B(m,s)=B(ms,1)$ 故 B 由 ϕ 确定, 而平衡积性质转译为双模同态的性质

$$r\phi(m)s=rB(m,1)s=B(rm,s)=B(rms,1)=\phi(rms).$$

第二个双射是张量积的泛性质. 综上 $\varphi(m\otimes s)=\phi(ms)$. 于是加法群的同构 $\mathrm{Hom}_{(R,S)}(M,A)\xrightarrow[\sim]{\phi\mapsto\varphi}\mathrm{Hom}_{(R,S)}(M\underset{S}{\otimes}S,A)$ 无非是对 $m\otimes s\mapsto ms$ 作拉回; 应用定理 2.5.1 便完成证明. □

以下考虑的交换约束仅在 R 交换时才有意义, 此时由例 6.5.3 可以将 R-模一律视为 (R,R)-双模.

命题 6.5.14 (张量积的交换约束) 设 R 为交换环, 存在典范同构

$$\begin{aligned}c(M,N):M\underset{R}{\otimes}N&\xrightarrow{\sim}N\underset{R}{\otimes}M\\ x\otimes y&\longmapsto y\otimes x\end{aligned}$$

两边都视为以 M, N 为变元的函子 $(R\text{-Mod})\times(R\text{-Mod})\to R\text{-Mod}$. 它满足 $c(N,M)\circ c(M,N)=\mathrm{id}_{M\otimes N}$.

证明 对注记 6.5.10 中考虑的满足 $B(rm,sn)=rB(m,n)s$ 的平衡积集合 $\mathrm{Bil}(M,N;A)$ (其中 A 是任意 R-模), 存在自然双射

$$\begin{aligned}c(M,N;A):\mathrm{Bil}(M,N;A)&\xrightarrow{\sim}\mathrm{Bil}(N,M;A)\\ B&\mapsto[B^{\mathrm{op}}:(n,m)\mapsto B(m,n)].\end{aligned}$$

根据该注记提及的泛性质, 立得自然同构 $c(M,N):M\underset{R}{\otimes}N\xrightarrow{\sim}N\underset{R}{\otimes}M$, 满足 $c(M,N)(x\otimes y)=y\otimes x$. 由显然的等式 $c(N,M;A)\circ c(M,N;A)=\mathrm{id}$ 得出 $c(N,M)\circ c(M,N)=\mathrm{id}$.□

推论 6.5.15 对任意交换环 R, 资料 R-Mod, $\underset{R}{\otimes}$, ${}_RR$ 连同上述典范同构构成对称幺半范

畴 (见定义 3.1.1, 3.3.4).

证明 运用例 6.5.3, 命题 6.5.12, 6.5.13 和 6.5.14. 幺半范畴和辫结构的公理容易从上述同构的刻画 (如 $x \otimes (y \otimes z) \mapsto (x \otimes y) \otimes z$ 和 $x \otimes y \mapsto y \otimes x$ 等) 直接验证. □

上述各种性质并用, 就得到以下熟知的结果.

推论 6.5.16 设 M, N 为交换环 R 上的自由模, 分别取基 X, Y, 则 $M \underset{R}{\otimes} N$ 也是自由 R-模, 以 $X \times Y \xleftrightarrow{1:1} \{x \otimes y : x \in X,\ y \in Y\}$ 为其基. 特别地, $\mathrm{rk}_R(M \underset{R}{\otimes} N) = \mathrm{rk}_R(M)\,\mathrm{rk}_R(N)$.

6.6 环变换

对于给定的环 R, S, 如何以函子联系它们的模范畴 R-Mod 和 S-Mod? 诸函子间又有何联系? 这类课题不单有理论上的兴趣, 在表示论、交换代数等学科中的应用也无所不在. 本节将运用双模的语言, 就 Hom 和张量积函子予以剖析.

首先考虑 Hom 函子. 注记 6.1.8 表明模范畴中的 Hom 自然地形成加法群. 今考虑其上的模结构.

约定 6.6.1 取定环 R. 对于左模 ${}_RM$, ${}_RM'$, 本节将同态集 $\mathrm{Hom}({}_RM, {}_RM')$ 在 M 上的作用以右乘表示:

$$\mathrm{Hom}({}_RM, {}_RM') \ni f : m \longmapsto mf \in M'.$$

对于 M_R, M'_R 的情形, 同态集 $\mathrm{Hom}(M_R, M'_R)$ 在 M 上的作用以左乘表示:

$$\mathrm{Hom}(M_R, M'_R) \ni f : m \longmapsto fm \in M'.$$

在左模情形, 约定中同态的位置和一般惯例是颠倒的. 此处写法的优势在于模同态的性质可以看作乘法结合律: 对任意 $r \in R$ 和 $m \in M$,

$$\begin{aligned} (rm)f &= r(mf) \quad (\text{左模}) \\ f(mr) &= (fm)r \quad (\text{右模}). \end{aligned}$$

定义 6.6.2 设 Q, R, S 为环. 对于双模 ${}_QM_R$, ${}_QM'_S$, 它们作为左 Q-模的 Hom 群 $\mathrm{Hom}({}_QM, {}_QM')$ 具备自然的 (R, S)-双模结构如下: 对任意 $f \in \mathrm{Hom}({}_QM, {}_QM')$,

$$rfs : m \longmapsto \overbrace{(\underbrace{(mr)}_{\in M} f)}^{\in M'} s, \quad r \in R,\ s \in S.$$

类似地, 对于 ${}_RM_S$, ${}_QM'_S$, 它们作为右 S-模的 Hom 群 $\mathrm{Hom}(M_S, M'_S)$ 具备自然的 (Q,R)-双模结构: 对任意 $f \in \mathrm{Hom}(M_S, M'_S)$,

$$qfr : m \longmapsto q\overbrace{(f\underbrace{(rm)}_{\in M})}^{\in M'}, \quad q \in Q,\ r \in R.$$

从结合律诠释, 这些定义十分自然, 而双模性质的验证也是容易的; 显然 $\mathrm{Hom}(-,-)$ 给出从 $((Q,R)\text{-}\mathsf{Mod})^{\mathrm{op}} \times (Q,S)\text{-}\mathsf{Mod}$ 到 $(R,S)\text{-}\mathsf{Mod}$ 的函子.

例 6.6.3 (对偶函子) 取 $M' = {}_RR_R$, 便得到函子 $\mathrm{Hom}(-, {}_RR) : (R\text{-}\mathsf{Mod})^{\mathrm{op}} \to \mathsf{Mod}\text{-}R$ 和 $\mathrm{Hom}(-, R_R) : (\mathsf{Mod}\text{-}R)^{\mathrm{op}} \to R\text{-}\mathsf{Mod}$. 这推广了线性代数中对偶空间的构造.

注记 6.6.4 当 $Q = R = S$ 为交换环时, 范畴 $R\text{-}\mathsf{Mod}$ 里的 Hom 集不仅仅是加法群, 它本身还是 $R\text{-}\mathsf{Mod}$ 的对象 (参看例 6.5.3); 事实上, R 在模同态 $f: M \to N$ 上的纯量乘法无非是 $rf : m \mapsto rf(m)$, 这是线性代数中熟知的构造. 由此可以直接验证同态的合成是 R-双线性型: 对于 $f \in \mathrm{Hom}_R(M,N)$, $g \in \mathrm{Hom}_R(L,M)$ 和 $r \in R$, 恒有 $(rf)g = r(fg) = f(rg)$.

从 $R\text{-}\mathsf{Mod}$ 标准的幺半范畴结构 (推论 6.5.15), 可径行验证它对自身构成充实范畴, 参看 §3.4. 这种自为充实的 Hom-结构在数学中十分常见, 惯称为内 Hom.

张量积最根本的性质之一在于它和 Hom-函子的伴随性, 归根结底, 这无非是张量积泛性质的下述改写.

定理 6.6.5 设 Q, R, S 为环. 存在典范同构

$$\begin{aligned}\mathrm{Hom}_{(Q,S)\text{-}\mathsf{Mod}}\left(M \underset{R}{\otimes} N, A\right) &\xrightarrow{\sim} \mathrm{Hom}_{(R,S)\text{-}\mathsf{Mod}}(N, \mathrm{Hom}({}_QM, {}_QA)) \\ \varphi &\longmapsto [y \mapsto [x \mapsto \varphi(x \otimes y)]]\end{aligned}$$

和

$$\begin{aligned}\mathrm{Hom}_{(Q,S)\text{-}\mathsf{Mod}}\left(M \underset{R}{\otimes} N, A\right) &\xrightarrow{\sim} \mathrm{Hom}_{(Q,R)\text{-}\mathsf{Mod}}(M, \mathrm{Hom}(N_S, A_S)) \\ \varphi &\longmapsto [x \mapsto [y \mapsto \varphi(x \otimes y)]],\end{aligned}$$

同构两端视为以 ${}_QM_R$, ${}_RN_S$ 和 ${}_QA_S$ 为变元的函子

$$((Q,R)\text{-}\mathsf{Mod})^{\mathrm{op}} \times ((R,S)\text{-}\mathsf{Mod})^{\mathrm{op}} \times ((Q,S)\text{-}\mathsf{Mod}) \to \mathsf{Ab}.$$

证明 先证第一个断言. 根据注记 6.5.10, $\mathrm{Hom}_{(Q,S)\text{-}\mathsf{Mod}}\left(M \underset{R}{\otimes} N, A\right)$ 等同于从 $M \times N$ 到 A 的所有平衡积 B (记入 (Q,S)-双模结构) 所成的加法群; 记此对应为 $\varphi \leftrightarrow B$. 给

定平衡积 $B: M \times N \to A$ 相当于给定映射 $N \ni y \mapsto B(\cdot, y) = \varphi(\bullet \otimes y)$, 记之为 Φ, 平衡积的定义转译为

- ◇ $\Phi \in \mathrm{Hom}(N, \mathrm{Hom}(M, A))$ (右侧是加法群范畴 Ab 的 Hom);
- ◇ qm 在 $\Phi(n)$ 下的像 (即 $B(qm, n)$) 等于 m 在 $\Phi(n)$ 下的像 (即 $B(m, n)$) 左乘以 q, 简言之 $\Phi(n) \in \mathrm{Hom}({}_QM, {}_QA)$;
- ◇ 对 $\Phi(n)$ 采取约定 6.6.1, 则有 $m\Phi(ns) = B(m, ns) = B(m, n)s = (m\Phi(n))s$;
- ◇ 同上, $mr\Phi(n) = B(mr, n) = B(m, rn) = m\Phi(rn)$.

根据定义 6.6.2, 末两条相当于说 $\Phi(n)s = \Phi(ns)$, $\Phi(rn) = r\Phi(n)$, 因此给定平衡积 $B: M \times N \to A$ 相当于给定 (R, S)-双模的同态 $\Phi: N \to \mathrm{Hom}({}_QM, {}_QA)$. 同构 $\varphi \mapsto B \mapsto \Phi$ 的函子性是自明的.

第二个断言的证明完全类似, 考虑映射 $x \mapsto B(x, \cdot) = \varphi(x \otimes \bullet)$ 即可. □

推论 6.6.6 设 M 为 (Q, R)-双模, 则函子

$$M \underset{R}{\otimes} - : (R, S)\text{-}\mathsf{Mod} \to (Q, S)\text{-}\mathsf{Mod}$$

有右伴随函子 $\mathrm{Hom}({}_QM, {}_Q(-))$. 类似地, 设 N 为 (R, S)-双模, 则函子

$$- \underset{R}{\otimes} N : (Q, R)\text{-}\mathsf{Mod} \to (Q, S)\text{-}\mathsf{Mod}$$

有右伴随函子 $\mathrm{Hom}(N_S, (-)_S)$. 两者的伴随同构皆来自定理 6.6.5.

证明 回忆伴随函子之定义 2.6.1. □

回归本节开始的设定: 令 $f: R \to S$ 为环同态, 则 S 具有 (R, S)-双模和 (S, R)-双模结构: 律定 R 在 S 上的左、右乘法分别为

$$rs := f(r)s, \quad sr := sf(r),$$

等式右侧表示 S 中的乘法. 因此函子 $-\underset{R}{\otimes} S$ 和 $S \underset{R}{\otimes} -$ 等有意义. 另一方面, 从定义 6.6.2 又可以得到函子 $\mathrm{Hom}(S_R, (-)_R): \mathsf{Mod}\text{-}R \to \mathsf{Mod}\text{-}S$ 和 $\mathrm{Hom}({}_RS, {}_R(-)): R\text{-}\mathsf{Mod} \to S\text{-}\mathsf{Mod}$; 与定义 6.6.2 不同的是此处只有 S 是双模, 然而从例 6.5.2 可知 $(-)_R = {}_{\mathbb{Z}}(-)_R$, ${}_R(-) = {}_R(-)_{\mathbb{Z}}$ 等等, 故无妨碍.

另一方面, 由于任意左 S-模 M 可借由 $rm := f(r)m$ 变成左 R-模, 右模亦同, 同态 f 导出所谓的拉回或忘却函子

$$\mathcal{F}_{R \to S} : \mathsf{Mod}\text{-}S \longrightarrow \mathsf{Mod}\text{-}R,$$
$${}_{R \to S}\mathcal{F} : S\text{-}\mathsf{Mod} \longrightarrow R\text{-}\mathsf{Mod}.$$

引理 6.6.7 存在函子之间的同构

$$\begin{aligned}\mathrm{Hom}({}_SS, {}_S(-)) &\simeq {}_{R\to S}\mathcal{F} \simeq {}_RS \underset{S}{\otimes} -,\\ \mathrm{Hom}(S_S, (-)_S) &\simeq \mathcal{F}_{R\to S} \simeq - \underset{S}{\otimes} S_R.\end{aligned}$$

证明 处理第二条即可. 考虑模 M_S, 模同态的定义蕴涵了交换群的同构

$$\begin{aligned}\mathrm{Hom}(S_S, M_S) &\xrightarrow{\sim} M\\ \varphi &\longmapsto \varphi(1).\end{aligned}$$

这里仍沿用约定 6.6.1. 由于 $(\varphi r)(1) = \varphi(r \cdot 1) = \varphi(1 \cdot f(r)) = \varphi(1)f(r)$, 前述同构给出 $\mathrm{Hom}(S_S, M_S) \xrightarrow{\sim} \mathcal{F}_{R\to S}(M)$; 它对 M 的函子性是容易验证的.

另一方面, 命题 6.5.13 给出右 S-模的自然同构 $M \underset{S}{\otimes} S_S \xrightarrow{\sim} M$ 映 $m \otimes s$ 为 ms. 回忆 $M \underset{S}{\otimes} S$ 的右模结构可知 $\mathcal{F}_{R\to S}(M \underset{S}{\otimes} S_S) = M \underset{S}{\otimes} \mathcal{F}_{R\to S}(S_S) = M \underset{S}{\otimes} S_R$. □

推论 6.6.8 设 $f: R \to S$ 为环同态. 以下每个图表

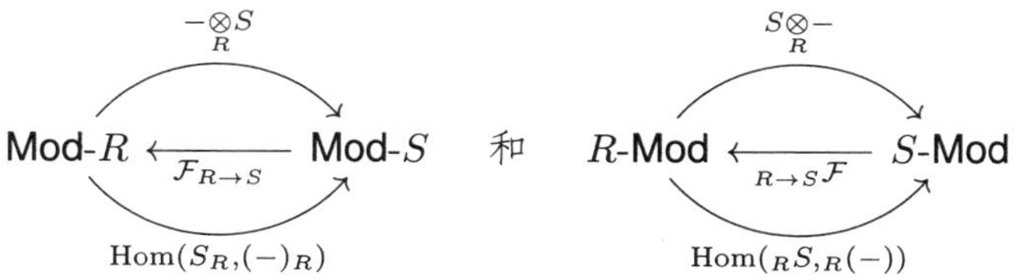

中的函子皆具有如下所示的伴随关系:

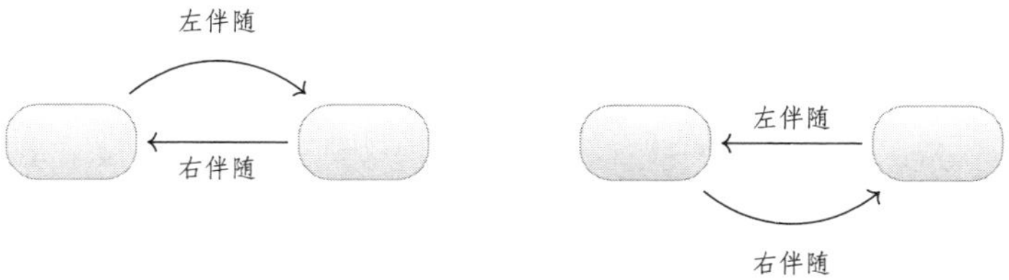

涉及的伴随同构皆来自定理 6.6.5.

证明 左模和右模情形的证明相同, 下面仅考虑左模 ${}_RM$, ${}_SN$. 引理 6.6.7 配合定理 6.6.5 蕴涵

$$\begin{aligned}\mathrm{Hom}\left({}_RM, {}_{R\to S}\mathcal{F}({}_SN)\right) &\simeq \mathrm{Hom}\left({}_RM, \mathrm{Hom}({}_SS, {}_SN)\right)\\ &\simeq \mathrm{Hom}\left(S \underset{R}{\otimes} M, {}_SN\right),\end{aligned}$$

其中每一步都是典范同构, 因而给出了 $(S \underset{R}{\otimes} -, {}_{R\to S}\mathcal{F})$ 的伴随关系. 同理

$$\begin{aligned}\operatorname{Hom}\left({}_{R\to S}\mathcal{F}({}_S N), {}_R M\right) &\simeq \operatorname{Hom}\left({}_R S \underset{S}{\otimes} N, {}_R M\right)\\ &\simeq \operatorname{Hom}\left({}_S N, \operatorname{Hom}({}_R S, {}_R M)\right),\end{aligned}$$

每一步都是典范同构. 明所欲证. □

对给定的环同态 $f: R \to S$, 推论 6.6.8 中的函子也标作

$$\begin{aligned} P_{R\to S} &:= - \underset{R}{\otimes} S, \quad I_{R\to S} := \operatorname{Hom}(S_R, (-)_R);\\ {}_{R\to S}P &:= {}_S S \underset{R}{\otimes} -, \quad {}_{R\to S}I := \operatorname{Hom}({}_R S, {}_R(-)).\end{aligned}$$

字母 P 暗示 "投射", I 暗示 "归纳", 它们显然都是加性函子. 实践中往往需要上述伴随同构的显式描述. 以伴随对 $({}_{R\to S}P, {}_{R\to S}\mathcal{F})$ 为例, 证明中的同构按定义铺开为

$$\begin{array}{ccccc}\operatorname{Hom}\left({}_R M, {}_{R\to S}\mathcal{F}({}_S N)\right) & \xrightarrow{\sim} & \operatorname{Hom}\left({}_R M, \operatorname{Hom}({}_S S, {}_S N)\right) & \xrightarrow{\sim} & \operatorname{Hom}\left(S \underset{R}{\otimes} M, {}_S N\right)\\ f & \longmapsto & [m \mapsto [s \mapsto s(mf)]] & \longmapsto & [s \otimes m \mapsto s(mf)]; \end{array} \tag{6.2}$$

右模情形亦同. 这是实际操作张量积时常用的公式.

引理 6.6.9 考虑环同态 $Q \xrightarrow{f} R \xrightarrow{g} S$ (其合成为 gf). 相应的忘却函子满足等式

$$\begin{aligned}\mathcal{F}_{Q\to R} \circ \mathcal{F}_{R\to S} &= \mathcal{F}_{Q\to S},\\ {}_{Q\to R}\mathcal{F} \circ {}_{R\to S}\mathcal{F} &= {}_{Q\to S}\mathcal{F};\end{aligned}$$

而函子 P, I 满足同构

$$\begin{aligned} P_{R\to S} \circ P_{Q\to R} \simeq P_{Q\to S}, &\quad I_{R\to S} \circ I_{Q\to R} \simeq I_{Q\to S},\\ {}_{R\to S}P \circ {}_{Q\to R}P \simeq {}_{Q\to S}P, &\quad {}_{R\to S}I \circ {}_{Q\to R}I \simeq {}_{Q\to S}I.\end{aligned}$$

证明 忘却函子 $\mathcal{F}$ 的情形是自明的. 其余运用推论 6.6.8 和伴随函子的合成性质 (命题 2.6.11) 即可导出; 左模和右模的情形当然是类似的. □

以下考虑 R 为交换环的情形, 推论 6.5.15 断言 $(R\text{-}\mathsf{Mod}, \otimes, \ldots)$ 构成幺半范畴. 关于幺半函子的概念见定义 3.1.7.

命题 6.6.10 对交换环之间的同态 $R \to S$, 函子 $P_{R\to S}: R\text{-Mod} \to S\text{-Mod}$ 具备自然的幺半函子结构.

证明 我们只给出幺半函子所需的函子同构 $P_{R\to S}(-)\underset{S}{\otimes}P_{R\to S}(-) \xrightarrow[\xi]{\sim} P_{R\to S}\left(-\underset{R}{\otimes}-\right)$. 回忆到 $P_{R\to S}(M) = M\underset{R}{\otimes}S$; 对于 R-模 M, N, 取以下诸同构的合成为 $\xi(M,N)$:

$$\left(M\underset{R}{\otimes}S\right)\underset{S}{\otimes}\left(N\underset{R}{\otimes}S\right) \xrightarrow{\sim} \left(M\underset{R}{\otimes}S\right)\underset{S}{\otimes}\left(S\underset{R}{\otimes}N\right) \xrightarrow{\sim} M\underset{R}{\otimes}\left(S\underset{R}{\otimes}N\right) \xrightarrow{\sim} \left(M\underset{R}{\otimes}N\right)\underset{R}{\otimes}S$$

$$(x\otimes s)\otimes(y\otimes t) \longmapsto (x\otimes s)\otimes(t\otimes y) \longmapsto (x\otimes st\otimes y) \longmapsto (x\otimes y)\otimes st$$

其中第一步和最后一步是 $\otimes_R$ 的交换约束 (命题 6.5.14), 中间是结合约束与幺元约束 $S\underset{S}{\otimes}S \xrightarrow{\sim} S$ (命题 6.5.13) 的应用. 从第二行的描述容易验证定义 3.1.7 中的交换图表, 而条件 $P_{R\to S}(R) = S$ 是幺元约束的直接推论. □

6.7 主理想环上的有限生成模

本节的环都是非零含幺交换整环. 为环 R 的主理想引进标准的符号 $(a) := Ra$, 其中 $a \in R$. 留意到 $(a)(b) = (ab)$. 现在将关于挠元与挠部分的一般定义 6.2.1 施于整环 R. 任意 R-模 M 的所有挠元构成一个子模 $M_{\mathrm{tor}} \subset M$, 称为**挠子模**: 这是因为 $ax = 0$, $by = 0$ 蕴涵 $ab(x+y) = 0$. 对于主理想 (a), 相应的挠部分 $M[\mathfrak{a}] \subset M$ 简记为 $M[a]$.

定义 6.7.1 设 M 为 R-模. 其**无挠商**定义为商模

$$M_{\mathrm{tf}} := M/M_{\mathrm{tor}}.$$

注意到任意模同态 $\varphi: M \to N$ 都满足 $\varphi(M_{\mathrm{tor}}) \subset N_{\mathrm{tor}}$, 从而诱导 $\varphi_{\mathrm{tf}}: M_{\mathrm{tf}} \to N_{\mathrm{tf}}$. 显然无挠商 $M \mapsto M_{\mathrm{tf}}$ 实际给出一个函子.

引理 6.7.2 任意 R-模 M 的无挠商 M_{tf} 都是无挠模. 对商同态 $M \to M_{\mathrm{tf}}$ 的拉回给出自然同构

$$\mathrm{Hom}_R(M_{\mathrm{tf}}, N) \xrightarrow{\sim} \mathrm{Hom}_R(M, N), \quad \text{当 } N \text{ 为无挠 } R\text{-模}.$$

记 $R\text{-Mod}_{\mathrm{tf}}$ 为所有无挠 R-模构成的全子范畴, 那么函子 $M \mapsto M_{\mathrm{tf}}$ 连同上述同构给出了包含函子 $R\text{-Mod}_{\mathrm{tf}} \to R\text{-Mod}$ 的左伴随. 此即无挠商的泛性质.

证明 设 $\bar{x} \in M_{\mathrm{tf}}$ 为挠元, 并取原像 $x \in M$; 仅需证明 $x \in M_{\mathrm{tor}}$ 即可得到第一个断言. 设 $r \in R$, $r \neq 0$ 且 $r\bar{x} = 0$, 则 $rx \in M_{\mathrm{tor}}$; 再取非零的 $s \in R$ 使得 $srx = 0$ 便导出 $x \in M_{\mathrm{tor}}$.

今设 N 无挠, $\varphi \in \mathrm{Hom}_R(M, N)$. 应用性质 $\varphi(M_{\mathrm{tor}}) \subset N_{\mathrm{tor}} = \{0\}$ 和命题 6.1.10

立得分解 $\varphi = [M \to M_{\text{tf}} \xrightarrow{\varphi_{\text{tf}}} N]$. □

约定 6.7.3 本节后续部分一律假设 R 为主理想环 (见定义 5.3.7).

引理 6.7.4 设 E 为自由 R-模, 则 E 的任意子模 M 皆自由, 而且 $\text{rk}_R(M) \leq \text{rk}_R(E)$.

关于自由模 E 的基与秩 $\text{rk}_R(E)$, 请参看定义 6.3.9.

证明 注意到 M 无挠. 选定 E 的基 X 并考虑集合

$$\mathcal{P} := \left\{ (Y, Y', b) : \begin{array}{l} Y' \subset Y : X \text{ 的子集} \\ M_Y := M \cap \sum_{y \in Y} Ry \text{ 是自由模} \\ b : Y' \to M \text{ 为映射} \\ \{b(y) : y \in Y'\} \text{ 构成 } M_Y \text{ 的基} \end{array} \right\}.$$

赋 $\mathcal{P}$ 以偏序

$$(Y, Y', b) \leq (Y_1, Y_1', b_1) \iff (Y \subset Y_1) \wedge (Y' \subset Y_1') \wedge (b_1|_{Y'} = b).$$

显然 $\mathcal{P}$ 非空 (它包含 $Y = Y' = \varnothing$), 且其中每个链都有上界: 取链中诸 $Y' \subset Y$ 的并 $\mathcal{Y}' \subset \mathcal{Y}$ 并将诸函数 b 黏合为 $\mathcal{Y}' \to M$, 便给出 $M_{\mathcal{Y}}$ 的基. Zorn 引理 (定理 1.3.6) 确保 $(\mathcal{P}, \leq)$ 有极大元, 我们仅需证明其中的极大元 (Y, Y', b) 必满足 $Y = X$, 此时 $\text{rk}_R(M) = |Y'| \leq |X| = \text{rk}_R(E)$.

假设 $(Y, Y', b) \in \mathcal{P}$, $Y \neq X$. 对于 $x \in X \setminus Y$, 定义理想

$$\mathfrak{a} := \left\{ a \in R : \left(ax + \sum_{y \in Y} Ry \right) \cap M \neq \varnothing \right\}.$$

1. 若 $\mathfrak{a} = \{0\}$ 则 $M_{Y \sqcup \{x\}} = M_Y$, 此时取 $Y_1 = Y \sqcup \{x\}$, $Y_1' = Y'$ 和 $b_1 = b$ 就得到 $\mathcal{P}$ 中严格大于 (Y, Y', b) 的元素.

2. 若 $\mathfrak{a} \neq \{0\}$, 取非零元 $a \in R$ 使得 $\mathfrak{a} = (a)$, 并且取 $m_x \in M$ 使得

$$m_x \in ax + \sum_{y \in Y} Ry.$$

任意 $M_{Y \sqcup \{x\}}$ 中的元素 m' 如在 E 中以 $Y \sqcup \{x\}$ 展开, 则 x 的系数必属于 (a), 因而存在 $r \in R$ 使得 $m' - rm_x \in M_Y$. 由此可知

$$M_{Y \sqcup \{x\}} = Rm_x \oplus M_Y,$$

从而可以取 $Y_1 := Y \sqcup \{x\}$, $Y_1' := Y' \sqcup \{x\}$, $b_1 : Y_1 \to M$ 满足 $b|_{Y'} = b$, $b(x) = m_x$, 它们给出 $\mathcal{P}$ 中严格大于 (Y, Y', b) 的元素.

综上可知 $(\mathcal{P}, \leq)$ 的极大元 (Y, Y', b) 必满足 $Y = X$. □

当 $\mathrm{rk}_R(E) = |X|$ 有限时, 证明中 $(\mathcal{P}, \leq)$ 里极大元的存在性是明白的, 不需 Zorn 引理. 作为一则应用, 我们得到以下的直和分解.

命题 6.7.5 设 M 为 R-模, 而且 M_{tf} 有限生成. 那么 M_{tf} 是自由模, 并且存在有限秩自由子模 $E \subset M$ 使得 $M = M_{\mathrm{tor}} \oplus E$.

证明 选定有限生成无挠 R-模 M_{tf} 的一个有限生成集 X, 取其中极大的线性无关子集 Y. 对每个 $x \in X \smallsetminus Y$, 我们未必能将 x 表成 Y 的线性组合, 然而因为 $Y \sqcup \{x\}$ 线性相关, 总存在 $a_x \in R$, $a_x \neq 0$ 使得 $a_x x \in \sum_{y \in Y} Ry$. 置 $a := \prod_{x \in X \smallsetminus Y} a_x$, 则同态

$$M_{\mathrm{tf}} \longrightarrow \bigoplus_{y \in Y} Ry = R^{\oplus Y}$$
$$m \longmapsto am$$

是单射; 从引理 6.7.4 立得 M_{tf} 是有限秩自由模.

选取 M_{tf} 的基 B, 并为每个 $\bar{b} \in B$ 拣选原像 $b \in M$. 容易验证 $E := \sum_{\bar{b} \in B} Rb = \bigoplus_{\bar{b} \in B} Rb$ 是 M 的自由子模, 而且 $M \to M_{\mathrm{tf}}$ 限制为同构 $E \xrightarrow{\sim} M_{\mathrm{tf}}$. 由此知 $M = M_{\mathrm{tor}} \oplus E$. □

基于命题 6.7.5, 将有限生成 R-模的研究化约到 $M = M_{\mathrm{tor}}$ 情形兴许是方便的, 此时有以下分解. 请回忆主理想环 R 必是唯一分解环 (定理 5.7.5).

引理 6.7.6 假设 R-模 M 满足 $\mathrm{ann}(M) \neq \{0\}$, 设 R 中元素 $\prod_{i=1}^m p_i^{n_i}$ 生成理想 $\mathrm{ann}(M)$, 其中 $p_1, \ldots, p_m$ 是 R 中互不整除的不可约元. 则 M 有直和分解

$$M = \bigoplus_{i=1}^m M[p_i^{n_i}].$$

分解中对应到 $p = p_i$ 的子模还可以更内禀地写作 $M[p^\infty] := \bigcup_{n \geq 0} M[p^n]$, 称作 M 的 p-准素部分.

证明 可视 M 为 $R/(\prod_{i=1}^m p_i^{n_i})$ 上的模. 置 $I_i := (p_i^{n_i})$, 主理想环的唯一分解性质蕴涵 $(\prod_i p_i^{n_i}) = \bigcap_i I_i$, 而且 $I_1, \ldots, I_m$ 满足定理 5.5.2 的前提, 故

$$R/(\prod_{i=1}^m p_i^{n_i}) \xrightarrow{\sim} \prod_{i=1}^m R/(p_i^{n_i}).$$

引理 6.2.5 给出相应的直和分解 $M = \bigoplus_{i=1}^m M_i$, 其中每个 M_i 实际是 $R/(p_i^{n_i})$-模; 由条

件可知对任意 N 皆有 $(\prod_{j\neq i} p_j^{n_j}) + (p_i^N) = R$, 由此容易导出 $M_i = M[p_i^{n_i}] = M[p_i^\infty]$.□

现在一切就绪, 可以着手证明主理想环上的模的结构定理及其推论.

定理 6.7.7 (初等因子定理) 设 E 为秩 n 的自由 R-模 ($n \in \mathbb{Z}_{\geq 0}$), M 为其子模, 则存在 E 的基 $\{e_1, \ldots, e_n\}$ 及理想族 $\mathfrak{d}_i = (d_i)$, $i = 1, \ldots, n$, 满足于

◇ $\mathfrak{d}_1 \supset \cdots \supset \mathfrak{d}_n$;

◇ 定义 $0 \leq k \leq n$ 使得 $\mathfrak{d}_i \neq (0) \iff i \leq k$, 则元素

$$d_i e_i, \quad 1 \leq i \leq k$$

构成 M 的基.

如此的理想链 $\mathfrak{d}_1 \supset \mathfrak{d}_2 \supset \cdots \supset \mathfrak{d}_n$ 由模 E 和 M 完全确定, 其中的真理想由 E/M 的同构类完全确定.

证明 先证明这样一组基的存在性. 对任意 $\lambda \in \mathrm{Hom}_R(E, R)$, 像集 $\lambda(M)$ 是 R 的理想. 理想族 $\{\lambda(M) : \lambda \in \mathrm{Hom}_R(E, R)\}$ 中总是存在相对于包含关系 $\subset$ 的极大元, 否则可以从中萃取理想的无穷升链 $\mathfrak{a}_1 \subsetneq \mathfrak{a}_2 \subsetneq \cdots$, 与引理 5.7.4 矛盾. 取一极大元 $\lambda_1(M) = \langle d_1 \rangle =: \mathfrak{d}_1$. 若 $d_1 = 0$ 则 $M = \{0\}$; 此时可取任意基 $e_1, \ldots, e_n$.

若 $d_1 \neq 0$, 取 $x_1 \in M$, $x_1 \neq 0$ 使得 $\lambda_1(x_1) = d_1$. 我们断言对任意 $\lambda \in \mathrm{Hom}_R(E, R)$ 都有 $\lambda(x_1) \in (d_1)$, 这相当于说理想 $(b) := (\lambda(x_1)) + (d_1)$ 满足 $(b) = (d_1)$. 设若不然, 则 $(b) \supsetneq (d_1)$ 故存在 $u, v \in R$ 使得

$$b = u\lambda(x_1) + v\lambda_1(x_1) = (u\lambda + v\lambda_1)(x_1) \notin (d_1),$$

与 $\lambda_1(M)$ 的极大性矛盾. 由于 λ 可任取, x_1 在 E 的任一组基下展开后其坐标皆被 d_1 整除, 故存在 $e_1 \in E$ 使得 $x_1 = d_1 e_1$.

根据引理 6.7.4 可知 $E' := \ker(\lambda_1)$ 也是自由模, $E' \cap Re_1 = \{0\}$. 由 $\lambda_1(e_1) = 1$ 可以推得任意 $e \in E$ 具有唯一表法

$$e = \lambda_1(e)e_1 + \underbrace{e - \lambda_1(e)e_1}_{\in E'} \in Re_1 \oplus E',$$

故 $E = Re_1 \oplus E'$. 当 $e \in M$ 时, $\lambda_1(e)e_1 \in (d_1)e_1 = Rx_1 \subset M$, 故

$$M = Rx_1 \oplus \underbrace{(M \cap E')}_{:=M'}.$$

对 $M' \subset E'$ 重复之前的操作, 可得 $\mathfrak{d}_2 = (d_2) = \lambda_2(M')$, 其中 $\lambda_2 \in \mathrm{Hom}_R(E', R)$. 取 $x_2 \in M'$ 使得 $\lambda_2(x_2) = d_2$. 我们断言 $\mathfrak{d}_1 \supset \mathfrak{d}_2$: 这是由于 λ_2 可延拓为同态 $\tilde{\lambda}_2 : E \to R$

使得 $\tilde{\lambda}_2(e_1)=0$; 另一方面取 $u,v\in R$ 使得 $(ud_1+vd_2)=(d_1)+(d_2)$, 配合 E' 的定义可得

$$ud_1+vd_2=(u\lambda_1+v\tilde{\lambda}_2)(x_1+x_2)\in(u\lambda_1+v\tilde{\lambda}_2)(M),$$

于是从 $\lambda_1(M)$ 极大可知 $(d_1)+(d_2)=(d_1)$, 亦即 $\mathfrak{d}_1\supset\mathfrak{d}_2$. 如是反复降秩操作, 便得到所求的各个 e_i 和 $\mathfrak{d}_i$.

最后证唯一性, 注意到

$$(E/M)_{\mathrm{tor}}\simeq\bigoplus_{\substack{1\le i\le k\\ \mathfrak{d}_i\neq R}}R/\mathfrak{d}_i,\quad (E/M)_{\mathrm{tf}}\simeq R^{\oplus(n-k)}.$$

因为 R 是整环, 根据注记 6.3.10 从 $(E/M)_{\mathrm{tf}}$ 可读出 $n-k$. 如能从 $N:=(E/M)_{\mathrm{tor}}$ 读出剩下的资料 $\mathfrak{d}_i\neq R$, 则 $|\{i:\mathfrak{d}_i=R\}|$ 也可以从 $\mathrm{rk}_R(M)$ 来确定. 是故下面转向 $N:=\bigoplus_{i=1}^k R/\mathfrak{d}_i$ 的研究. 为简化符号, 不妨假设 $\mathfrak{d}_1\neq R$.

引理 6.7.6 表 N 为 $\bigoplus_p N[p^\infty]$, 此分解只和模 N 本身的结构相关. 对于每个选定的不可约元 p, 易知 $(R/\mathfrak{d}_i)[p^\infty]=R/(p^{n_i})$, 这里 n_i 是 p 在 d_i 的不可约分解中的次数 (参看引理 6.7.6 的证明). 问题遂化约到 $d_i=p^{n_i}$ 的情形, p 是选定的不可约元而 $1\le n_1\le n_2\le\cdots\le n_h$.

以 pN 表子模 $\{px:x\in N\}$,　则有同构

$$\frac{N}{pN}\xrightarrow{\sim}\bigoplus_{1\le i\le h}\frac{R/(p^{n_i})}{pR/(p^{n_i})}\xrightarrow[\sim]{\text{命题 6.1.12}}(R/(p))^{\oplus h}$$

$$N[p]\xrightarrow{\sim}\bigoplus_{1\le i\le h}p^{n_i-1}\frac{R}{p^{n_i}R}\xrightarrow{\sim}(R/(p))^{\oplus h}$$

将此观察施于 $p^jN=\bigoplus_i p^jR/(p^{n_i})$, 便能从 p^jN 的模结构读出非零的直和项数 $\nu_j:=|\{i:n_i>j\}|$:

$$\dim_{R/(p)}(p^jN)[p]=\nu_j=\dim_{R/(p)}\frac{p^jN}{p^{j+1}N}.\tag{6.3}$$

化用 §5.8 的手法, 将资料 $n_1\le\cdots\le n_h$ 表解如下: 从下到上依序在第 i 个横行放

置 n_i 个方块, 譬如下图 (取 $n_1 = n_2 = 1$, $n_3 = 2$, ...):

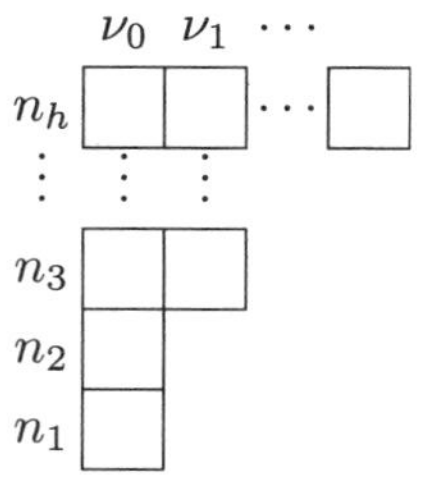

(6.4)

竖着数, 容易看出第 $j+1$ 列恰有 ν_j 个方块, 所以资料 $(n_i)_{i\geq 1}$ 和 $(\nu_j)_{j\geq 0}$ 实为一体两面, 相互确定的. 运用 (6.3) 可以从 N 的结构读出 $(\nu_j)_j$, 继而读出 $(n_i)_i$. □

一旦给定了 E 的基和 M 的生成元, 上述证明也可以用矩阵的算法表述, 得到的结果又称为矩阵的 Smith 标准形. 详见 [59, 第六章 §5].

定理 6.7.8 主理想环 R 上的有限生成模 N 皆同构于形如

$$N \simeq \bigoplus_{i=1}^{n} R/\mathfrak{d}_i, \quad R \neq \mathfrak{d}_1 \supset \cdots \supset \mathfrak{d}_n$$

的模, 真理想链 $\mathfrak{d}_1 \supset \cdots \supset \mathfrak{d}_n$ 被 N 的同构类唯一地确定, 称为 N 的初等因子.

证明 将 N 写成 E/M 的形式, 其中 E 为有限秩自由 R-模. 对 $M \subset E$ 应用定理 6.7.7 即足. □

由于 $\mathbb{Z}$-模无非是交换群 (例 6.1.4), 我们立刻得到以下经典的结构定理.

推论 6.7.9 有限生成交换群 G 皆同构于形如 $\bigoplus_{i=1}^{n} \mathbb{Z}/d_i\mathbb{Z}$ 的群, 其中

$$d_1, \ldots, d_n \in \mathbb{Z}_{\geq 0} \smallsetminus \{1\}, \quad d_1 \mid d_2 \mid \cdots \mid d_n$$

由 G 的同构类所唯一确定. 当 G 有限时 $d_1, \ldots, d_n$ 非零.

注记 6.7.10 在研究定理 6.7.8 中的分解时, 另一进路是先按命题 6.7.5 化约到 $N = N_{\mathrm{tor}}$ 情形. 这时既可以 (a) 先以引理 6.7.6 将模 N 唯一地写为 p-准素部分的直和, 从而选定 p 并化约到 $N = N[p^\infty]$ 的情形, (b) 亦可将 N 的每个直和项 $R/\mathfrak{d}_i$ 分解为准素部分 (注意到 $\mathfrak{d}_i \neq \{0\}$), 这一步说穿了无非是中国剩余定理 (定理 5.5.2). 两者当然是殊途同归的, 最后都对 N 得到一族更细的不变量 $(p^{v_1}), (p^{v_2}), \ldots$, 其中 p 取遍有限多个素元而 $v_1 \leq v_2 \leq \cdots$, 模 N 相应地分解为诸 $R/(p^{v_i})$ 的直和. 这一版本有时要比定理 6.7.8 来得方便.

下面是一则简单应用. 我们称交换群 $(A, +)$ 具有**指数** $m \in \mathbb{Z}_{\geq 1}$, 如果 $mA = \{0\}$; 命题 4.2.11 断言有限交换群都具有指数. 对指数 m 的群定义其对偶群为 $A^\vee :=$

$\mathrm{Hom}(A, \frac{1}{m}\mathbb{Z}/\mathbb{Z})$, 其上加法定为 $(f_1 + f_2)(\cdot) = f_1(\cdot) + f_2(\cdot)$; 它仍有指数 m. 定义中 $\frac{1}{m}\mathbb{Z}/\mathbb{Z}$ 显然可换为 $\mathbb{Z}/m\mathbb{Z}$, 前者的好处是它等于 $(\mathbb{Q}/\mathbb{Z})[m] \subset \mathbb{Q}/\mathbb{Z}$. 如此一来 $\mathrm{Hom}(A, \frac{1}{m}\mathbb{Z}/\mathbb{Z}) = \mathrm{Hom}(A, \mathbb{Q}/\mathbb{Z})$ (思之), 因此定义 $A^\vee := \mathrm{Hom}(A, \mathbb{Q}/\mathbb{Z})$ 可以同时囊括所有指数.

举 $A := \mathbb{Z}/n\mathbb{Z}$ 为例, 这时有群同构 $\mathbb{Z}/n\mathbb{Z} \xrightarrow{\sim} A^\vee$ 映 $a + n\mathbb{Z} \in A$ 为 $A^\vee$ 的元素 $\left[b + n\mathbb{Z} \mapsto \frac{ab}{n} + \mathbb{Z} \in \mathbb{Q}/\mathbb{Z}\right]$. 验证是直截了当的, 谨付读者.

具有指数的交换群全体构成范畴 Ab_e. 若 $\varphi : A \to B$ 是 Ab_e 中同态, 自然有同态 $\varphi^\vee : B^\vee \to A^\vee$ 将 f “拉回” 为 $f \circ \varphi$. 显见 $(\varphi\psi)^\vee = \psi^\vee\varphi^\vee$, 于是 $A \mapsto A^\vee$ 给出加性函子 $D : \mathsf{Ab}_e \to \mathsf{Ab}_e^{\mathrm{op}}$. 在 Ab_e 里有自然同构

$$\begin{array}{ccc} (A \times B)^\vee & \xrightarrow{\sim} & A^\vee \times B^\vee \\ \cup\!\!\!\!\!\!\! \quad & & \cup\!\!\!\!\!\!\! \quad \\ f & \longmapsto & (f|_{A\times 0}, f|_{0\times B}) \\ [(a,b) \mapsto f_1(a) + f_2(b)] & \longleftarrow\!\!\!\shortmid & (f_1, f_2) \end{array} \qquad (A, B \in \mathrm{Ob}(\mathsf{Ab}_e))$$

故可将 (f_1, f_2) 视同 $(A \times B)^\vee$ 的元素. 这也是函子 D 保双积 (命题 3.4.13) 的形式推论. 此外还有自然的 “求值” 同态

$$\begin{aligned} \iota_A : A &\longrightarrow A^{\vee\vee} = D^{\mathrm{op}} D(A) \\ a &\longmapsto [A^\vee \ni f \mapsto f(a)] \,. \end{aligned} \tag{6.5}$$

作为一则简单练习, 请验证对任意 $A \xrightarrow{\varphi} B$ 皆有 $\varphi^{\vee\vee} \circ \iota_A = \iota_B \circ \varphi$; 按上述范畴论诠释, $\iota := (\iota_A)_A$ 给出函子间的态射 $\mathsf{Ab}_e \underset{D^{\mathrm{op}}D}{\overset{\mathrm{id}}{\Downarrow \iota}} \mathsf{Ab}_e$. 此时例 2.2.14 有如下类比.

推论 6.7.11 (有限交换群的对偶性) 设 A 为有限交换群, 则 $\iota_A : A \xrightarrow{\sim} A^{\vee\vee}$.

证明 以 $\Psi_{A,B}$ 记前述的自然同构 $(A \times B)^{\vee\vee} \xrightarrow{\sim} (A^\vee \times B^\vee)^\vee \xrightarrow{\sim} A^{\vee\vee} \times B^{\vee\vee}$. 毫不意外, 展开其定义可见下图交换.

$$\begin{array}{ccccc} & \overset{\iota_{A\times B}}{\nearrow} & (A \times B)^{\vee\vee} & \ni & \lambda \\ A \times B & & \simeq \downarrow \Psi_{A,B} & & \downarrow \\ & \underset{\iota_A \times \iota_B}{\searrow} & A^{\vee\vee} \times B^{\vee\vee} & \ni & (f_A \mapsto \lambda((f_A, 0)),\ f_B \mapsto \lambda((0, f_B))) \end{array}$$

依据推论 6.7.9, 问题遂化简到 $A = \mathbb{Z}/n\mathbb{Z}$ 情形, 由先前对 $(\mathbb{Z}/n\mathbb{Z})^\vee$ 的描述可直接验证 $\iota_{\mathbb{Z}/n\mathbb{Z}}$ 为同构. □

因此 $\iota : \mathrm{id} \to D^{\mathrm{op}} D$ 是函子间的同构, 而 D, D^{op} 是加性范畴间的等价. 以下是此一 “对

偶性" 的形式结论.

推论 6.7.12 设 H 为有限交换群 A 的子群, $f \mapsto f|_H$ 给出"限制"同态 $r_H : A^\vee \to H^\vee$, 其核记作 $H^\perp$, 则

(i) $r_H : A^\vee / H^\perp \xrightarrow{\sim} H^\vee$;

(ii) $H^\perp = (A/H)^\vee \hookrightarrow A^\vee$;

(iii) 作为 $A^{\vee\vee}$ 的子群有 $H^{\vee\vee} = H^{\perp\perp}$, 而且 $\iota_A|_H : H \xrightarrow{\sim} H^{\perp\perp}$.

证明 因为 D 给出加性范畴的等价, 它变 $A/H = \operatorname{coker}[H \hookrightarrow A]$ 为 $\ker(r_H) = H^\perp$, 也变 $H = \ker[A \to A/H]$ 为 $\operatorname{coker}[(A/H)^\vee \to A^\vee] = \operatorname{coker}\left[H^\perp \hookrightarrow A^\vee\right] = A^\vee / H^\perp$, 如是便导出 (i), (ii).

接着考虑 (iii). 将 $H \hookrightarrow A$ 看作 $A \to A/H$ 的核. 由于 $D^{\mathrm{op}}D$ 保核, 诱导的自然同态 $H^{\vee\vee} \to A^{\vee\vee}$ 可视同 $\ker[A^{\vee\vee} \to (A/H)^{\vee\vee}]$. 然而 $A^{\vee\vee} \to (A/H)^{\vee\vee} \simeq (H^\perp)^\vee$ 无非是 $r_{H^\perp}$, 它的核正是 $H^{\perp\perp}$. 由于 ι_A 限制在 H 上成为 $\iota_H : H \xrightarrow{\sim} H^{\vee\vee}$ (缘于 ι 的函子性), 这就证完了 (iii). □

对于有限维向量空间及其对偶空间, 类似性质应当是读者熟知的.

6.8 正合列入门

取定环 R. 以下只考虑左 R-模; 右 R-模 (亦即左 R^{op}-模) 情形是完全相同的. 同理可处理 (R, S)-双模的情形.

模范畴 R-Mod 是所谓 Abel 范畴的样板. 细节留待同调代数的章节处理. 粗略地说, 这意谓

- ◇ R-Mod 是加性范畴 (推论 6.2.4), 特别地, R-Mod 中有双积, 而同态集 $\operatorname{Hom}_R(M, N)$ 具有自然的加法群结构;
- ◇ R-Mod 中的任意态射 $f : M \to N$ 都有核 $\ker(f) \hookrightarrow M$ 和余核 $N \twoheadrightarrow \operatorname{coker}(f)$, 它们分别是范畴论中等化子和余等化子的特例 (见定理 6.2.2);
- ◇ 承上, 自然态射 $M/\ker(f) \to \ker[N \to \operatorname{coker}(f)]$ 是同构: 按定义实属显然.

从上述性质出发可以建立同调代数的一般理论, 这是 Grothendieck 的奠基工作 [14]. 然而本节的结果都可以从模的角度直接验证.

定义 6.8.1 由 R-模构成的**复形**系指一列 R-模, 连同其间循序相连的同态, 形如

$$\cdots \to W \to X \to Y \to Z \to \cdots,$$

此链既容许无穷延伸, 也可以在一边或两边有端点, 我们要求其中任何两个头尾相连

的同态

$$X \to Y \to Z,$$

皆合成为零映射 $X \xrightarrow{0} Z$, 等价的说法是 $\mathrm{im}[X \to Y] \subset \ker[Y \to Z]$; 复形在 Y 处的**同调群**定义为 R-模

$$\ker[Y \to Z] \big/ \mathrm{im}[X \to Y].$$

若 $\ker[Y \to Z] = \mathrm{im}[X \to Y]$, 则称复形在项 Y 处**正合**, 处处正合的复形称作**正合列**.

习惯上, 我们经常将复形的项用一些整数编号, 写作 $[\cdots \to M_i \xrightarrow{d_i} M_{i-1} \to \cdots]$ 或 $(M_\bullet, d_\bullet)$. 于是复形的条件化为对任一个非端点项 M_i 皆有

$$d_i d_{i+1} = 0,$$

在第 i 项的同调群记为

$$\mathrm{H}_i(M_\bullet) := \frac{\ker[d_i : M_i \to M_{i-1}]}{\mathrm{im}[d_{i+1} : M_{i+1} \to M_i]}.$$

正合性化作条件 $\mathrm{H}_i(M_\bullet) = 0$.

无端点的复形 $M_\bullet$ 可以是上有界 ($k \gg 0 \implies M_k = 0$), 下有界 ($k \gg 0 \implies M_{-k} = 0$) 或者有界的 ($|k| \gg 0 \implies M_k = 0$); 多余的零项可在不影响正合性的前提下予以舍弃, 例如有界复形总可以化作 $0 \to M_n \to \cdots \to M_1 \to 0$ 的形式.

若改用上标 $(M^\bullet, d^\bullet)$ 为复形编号, 并要求 $d^i : M^i \to M^{i+1}$, 得到的理论是完全类似的. 因为标号在上, 此时称

$$\mathrm{H}^i(M^\bullet) := \frac{\ker[d^i : M^i \to M^{i+1}]}{\mathrm{im}[d^{i-1} : M^{i-1} \to M^i]}$$

为在 i 处的**上同调群**. 沟通两套标号方法的桥梁是令 $M^i := M_{-i}$, 并取 $d^i : M^i \to M^{i+1}$ 为 d_{-i}.

我们偶尔也会处理环状的复形, 这相当于在定义中以 $i \in \mathbb{Z}/n\mathbb{Z}$ 标号. 同态 d_i 经常简写作 d.

定义 6.8.2 对任意两复形 $M_\bullet$, $N_\bullet$, 假定标号方式相同, 其间的态射是一族同态 $\phi = (\phi_i : M_i \to N_i)_i$, 使得下图对每个 i 交换

$$\begin{array}{ccc} M_i & \xrightarrow{d_i} & M_{i-1} \\ \phi_i \downarrow & & \downarrow \phi_{i-1} \\ N_i & \xrightarrow[d_i]{} & N_{i-1}. \end{array}$$

因此复形间有同构的概念, 并且可以将给定端点 (或无界) 的 R-模复形作成一个范畴. 态射 ϕ 在同调层次上诱导显然的同态 $\mathrm{H}_i(\phi) : \mathrm{H}_i(M_\bullet) \to \mathrm{H}_i(N_\bullet)$.

同调构成了一族从复形范畴到 Ab 的加性函子 $(\mathrm{H}_i)_{a<i<b}$. 此外, 可以逐项地构造一族复形 $(M_{\bullet,i})_{i\in I}$ 的

- ◇ 积 $\prod_i M_{\bullet,i}$,
- ◇ 直和 $\bigoplus_i M_{\bullet,i}$, 或者更一般地说
- ◇ 极限 $\varprojlim_i M_{\bullet,i}$ 或 $\varinjlim_i M_{\bullet,i}$.

对于极限情形, 须假定 I 是小范畴并对 I 中每个态射 $i \to j$ 给定所谓的转移同态 $M_{\bullet,j} \to M_{\bullet,i}$ ($\varprojlim$ 情形) 或 $M_{\bullet,i} \to M_{\bullet,j}$ ($\varinjlim$ 情形), 使之与 I 中态射的合成兼容; 在此同态当然都是指复形的同态. 函子性表明 $\forall i,\ g_i f_i = 0 \implies (\prod_i g_i)(\prod_i f_i) = 0$ 等等, 是故这些构造依然给出复形.

引理 6.8.3 复形族 $(M_{\bullet,i})_i$ 的积 (或直和) 正合当且仅当每个 $M_{\bullet,i}$ 皆正合. 正合列的滤过 $\varinjlim$ (见注记 6.2.3) 依然正合.

证明 处理正合性仅需考虑三项的复形 $L_i \xrightarrow{f_i} M_i \xrightarrow{g_i} N_i$. 显见 $\mathrm{im}(\prod_i f_i) = \prod_i \mathrm{im}(f_i)$, $\ker(\prod_i g_i) = \prod_i \ker(g_i)$, 以 $\bigoplus_i$ 代 $\prod_i$ 亦同, 断言第一部分因之是自明的. 在滤过 $\varinjlim$ 的情形必须验证 $\ker(\varinjlim_i g_i) \subset \mathrm{im}(\varinjlim_i f_i)$, 这是注记 6.2.3 中构造的直接操演, 留作习题. □

接着考察几类最简单的正合列. 回忆到出入零模的同态只有零同态.

- ◇ 列 $0 \to M \to 0$ 正合当且仅当 $M = \{0\}$;
- ◇ 列 $0 \to M' \to M$ 正合当且仅当 $M' \to M$ 是单射: 正合性等价于 $\ker[M' \to M] = \mathrm{im}[0 \to M'] = 0$;
- ◇ 列 $M \to M'' \to 0$ 正合当且仅当 $M \to M''$ 是满射: 正合性等价于 $\mathrm{im}[M \to M''] = \ker[M'' \to 0] = M''$;
- ◇ 列 $0 \to M' \to M \to 0$ 正合当且仅当 $M \to M'$ 是同构, 这是前两者的推论.

定义 6.8.4 **短正合列**是形如 $0 \to M' \xrightarrow{f} M \xrightarrow{g} M'' \to 0$ 的正合列.

根据上例, 短正合列中的 $M' \hookrightarrow M$ 可视为子模的嵌入, 而 $M \to M''$ 是满射, 中项 M 处的正合性等价于 $\ker[M \xrightarrow{g} M''] = M'$. 所以根据命题 6.1.11, 在复形同构的意义下短正合列无非是描述商模 $M'' = M/M'$ 的构造. 模的短正合列可以类比于 §4.3 讨论的群扩张, 而模的情形更单纯. 相应于群扩张的分裂, 对模的短正合列也有分裂的概念, 它联系于模的双积分解 (见定义 3.4.8).

命题 6.8.5 设 $0 \to M' \xrightarrow{f} M \xrightarrow{g} M'' \to 0$ 为范畴 R-Mod 中的短正合列, 以下陈述等价.

(i) 存在 $s: M'' \to M$ 使得 $gs = \mathrm{id}_{M''}$.

(ii) 存在 $r: M \to M'$ 使得 $rf = \mathrm{id}_{M'}$.

(iii) 存在图表 $M' \underset{f}{\overset{r}{\rightleftarrows}} M \underset{g}{\overset{s}{\rightleftarrows}} M''$ 使 M 成为双积 $M' \oplus M''$.

(iv) 映射 $g_*: \mathrm{Hom}(X, M) \to \mathrm{Hom}(X, M'')$ 对每个 R-模 X 皆满.

(v) 映射 $f^*: \mathrm{Hom}(M, X) \to \mathrm{Hom}(M', X)$ 对每个 R-模 X 皆满.

当上述任一条件满足时, 我们称短正合列 $0 \to M' \to M \to M'' \to 0$ **分裂**.

回忆到 $g_*(\varphi) = g\varphi$, $f^*(\psi) = \psi f$. 基于拓扑学的考量, 给定 $f: M' \to M$ 和 $g: M \to M''$, 当 $gs = \mathrm{id}$ 时称 s 为 g 的一个**截面**, 当 $rf = \mathrm{id}$ 时称 r 为 f 的一个**收缩**. 截面和收缩的存在性分别蕴涵 g 满, f 单.

证明 先证 (i) $\implies$ (iii). 若 $gs = \mathrm{id}_{M''}$, 由 $g(\mathrm{id}_M - sg) = g - gsg = 0$ 故存在 $r: M \to M'$ 及分解 $(\mathrm{id}_M - sg) = fr$. 右合成 f 得到 $frf = f - sgf = f$, 由于 f 单, $rf = \mathrm{id}_{M'}$. 综上可得双积的定义性质

$$rf = \mathrm{id}_{M'}, \quad gs = \mathrm{id}_{M''}, \quad fr + sg = \mathrm{id}_M.$$

同理, 从 $rf = \mathrm{id}_{M'}$ 出发可得 $s: M'' \to M$ 使 $(\mathrm{id}_M - fr) = sg$, 依此证明 (ii) $\implies$ (iii). 而 (iii) $\implies$ (i), (ii) 是自明的.

由 $g_* s_* = (gs)_*$ 和 $f^* r^* = (rf)^*$ 可知 (i) $\implies$ (iv), (ii) $\implies$ (v). 另一方面, 在 (iv) 中取 $X = M''$ 便得出 $s \in \mathrm{Hom}_R(M'', M)$ 使得 $g_*(s) = gs = \mathrm{id}_{M''}$, 故 (iv) $\implies$ (i); 同理, 取 $X = M'$ 可知 (v) $\implies$ (ii). □

下面介绍研究正合列的一个基本工具, 俗称**蛇形引理**. 考虑交换图表如下

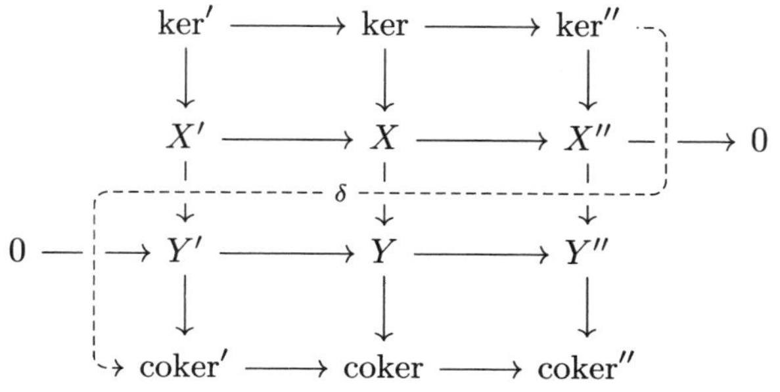

其中

◇ $X' \to X \to X'' \to 0$ 和 $0 \to Y' \to Y \to Y''$ 皆为正合列,

◇ $\ker' := \ker[X' \to Y'] \hookrightarrow X'$, 而 ker 和 ker″ 的定义也类似,

- ◇ $Y' \twoheadrightarrow \mathrm{coker}' := \mathrm{coker}[X' \to Y']$, 而 coker 和 coker$''$ 的定义也类似, 于是上图纵向各列皆正合,
- ◇ 同态 $X' \to X$ 和 $Y' \to Y$ 等自然地导出 $\ker' \to \ker$ 和 $\mathrm{coker}' \to \mathrm{coker}$ 等同态.

由构造易见实线部分确实给出一个交换图表. 所谓**连接同态** $\delta : \ker'' \dashrightarrow \mathrm{coker}'$ 的构造尚待说明, 权且分作三步:

(i) 对于给定的 $x'' \in \ker''$, 由 $X \to X'' \to 0$ 的正合性可取 $x \in X$ 使得 $x \mapsto x''$.

(ii) 令 $y \in Y$ 为 x 在 $X \to Y$ 下的像, 由图表交换可知 $y \in \ker[Y \to Y'']$.

(iii) 由于 $Y' \to Y \to Y''$ 正合, 存在唯一的 $y' \in Y'$ 使得 $y' \mapsto y$, 命 $y' \mapsto \bar{y}' \in \mathrm{coker}'$.

利用图表的交换性与正合性, 可知第一步取的 x 至多只差个 $X' \to X$ 的像, 从而第二步的 y 至多只差个 $X' \to Y' \hookrightarrow Y$ 的像, 从而 $\bar{y}'$ 无关于 x 的选取. 于是连接同态 $\delta(x'') = \bar{y}'$ 是良定的.

命题 6.8.6 列 $\ker' \to \ker \to \ker'' \xrightarrow{\delta} \mathrm{coker}' \to \mathrm{coker} \to \mathrm{coker}''$ 正合.

证明 我们只验证 $\ker''$ 和 coker' 两项, 其余是容易的. 假设在以上构造中 $x'' \mapsto \bar{y}' = 0$, 细审构造可知这相当于存在 $x' \in X'$ 使得 $x - x' \in \ker$; 由于 $X' \to X \to X''$ 正合, 后者等价于 $x'' \in \mathrm{im}[\ker \to \ker'']$. 在 $\ker''$ 处的正合性成立.

今考虑 $y' \in Y'$ 及其像 $\bar{y}' \in \mathrm{coker}'$. 条件 $\bar{y}' \mapsto 0 \in \mathrm{coker}$ 等价于 $\exists x_0 \in X$ 映至 $y' \in Y'$ 在 Y 中的像; 此 x_0 在 $X \to X'' \to Y''$ 下的像自动是零, 因此 $x_0 \mapsto x'' \in \ker''$. 因此回忆连接同态 δ 的构造可知 $\bar{y}' \mapsto 0$ 等价于 $\exists x'' \in \ker''$ 使得 $\delta(x'') = \bar{y}'$. □

这种证明技巧是 "图追踪" 的典型例子, 特色之一是自己动手比读书更快. 以下是另一个称为**五项引理**的有用例子, 基于上述原因, 留予读者自证.

命题 6.8.7 考虑 R-模的交换图表

$$\begin{array}{ccccccccc} X_1 & \longrightarrow & X_2 & \longrightarrow & X_3 & \longrightarrow & X_4 & \longrightarrow & X_5 \\ \downarrow{\scriptstyle f_1} & & \downarrow{\scriptstyle f_2} & & \downarrow{\scriptstyle f_3} & & \downarrow{\scriptstyle f_4} & & \downarrow{\scriptstyle f_5} \\ Y_1 & \longrightarrow & Y_2 & \longrightarrow & Y_3 & \longrightarrow & Y_4 & \longrightarrow & Y_5 \end{array}$$

并假设横行皆正合.

1. 若 f_1 满而 f_2, f_4 单, 则 f_3 为单;
2. 若 f_5 单而 f_2, f_4 满, 则 f_3 为满;
3. 特别地, 若 f_1 满, f_5 单而 f_2, f_4 皆为同构, 则 f_3 为同构.

为理解下一个定义, 注意到若 $0 \to X' \to X \to X''$ 为复形, 应用命题 6.1.10 可知 $X' \to X$ 透过 $X' \to \ker[X \to X'']$ 分解. 根据先前讨论, 复形正合等价于 $X' \xrightarrow{\sim} \ker[X \to X'']$. 同理, 复形 $X' \to X \to X'' \to 0$ 诱导出态射 $\mathrm{coker}[X' \to X] \to X''$, 正合等价于 $\mathrm{coker}[X' \to X] \xrightarrow{\sim} X''$.

定义 6.8.8 设 R, S 为环, $F: R\text{-Mod} \to S\text{-Mod}$ 为加性函子.

- ◇ 若对每个 R-Mod 中的正合列 $0 \to X' \to X \to X''$, 像 $0 \to FX' \to FX \to FX''$ 也正合, 则称 F 为**左正合**函子;
- ◇ 若对每个 R-Mod 中的正合列 $X' \to X \to X'' \to 0$, 像 $FX' \to FX \to FX'' \to 0$ 也正合, 则称 F 为**右正合**函子;
- ◇ 左右皆正合的函子称为**正合函子**.

函子的左/右正合性在合成下保持不变. 由于加性函子 F 保持零态射, 对给定的 $(M_\bullet, d_\bullet)$ 其像 $(FM_\bullet, F(d_\bullet))$ 仍为复形. 左正合函子的定义相当于保持态射的核, 这是因为根据定义前的讨论, F 左正合等价于当 $0 \to X' \to X \to X''$ 正合时, 自然的合成态射

$$F(\ker[X \to X'']) \xleftarrow{\sim} FX' \longrightarrow \ker[FX \to FX'']$$

是同构, 亦即 F 保核. 同理可知右正合性相当于 F 保余核. 一并注意到在模范畴中总有 $\mathrm{im}[X \to Y] = \ker[Y \to \mathrm{coker}(X \to Y)]$, 因此正合函子也保持态射的像.

观察到 $(M_\bullet, d_\bullet)$ 可拆解为复形

$$\mathfrak{C}_i: \quad 0 \to N_i \hookrightarrow M_i \xrightarrow{d_i} N_{i-1} \to 0, \qquad N_i := \ker(d_i)$$

的组合, 反之从给定的一串 $(\mathfrak{C}_i)_i$ 又可以衔接出一个复形 $(M_\bullet, d_\bullet)$, 且 $(M_\bullet, d_\bullet)$ 正合当且仅当每个 $\mathfrak{C}_i$ 皆正合. 因此要验证 F 的正合性仅需考虑短正合列即足.

命题 6.8.9 对于加性函子 $F: R\text{-Mod} \to S\text{-Mod}$, 以下叙述等价:

- ◇ F 正合,
- ◇ F 保持所有短正合列,
- ◇ F 保持所有正合列.

若 F 正合, 则对任意复形 $(M_\bullet, d_\bullet)$ 和任意 i 皆有自然同构 $\mathrm{H}_i(FM_\bullet) \xrightarrow{\sim} F(\mathrm{H}_i(M_\bullet))$.

证明 先前已经说明第一部分. 至于第二部分, 注意到正合函子在同构意义下保持态射的核、像及余核, 故诱导出同构

$$\frac{\ker(F(d_i))}{\mathrm{im}(F(d_{i+1}))} \xrightarrow{\sim} \frac{F(\ker(d_i))}{F(\mathrm{im}(d_{i+1}))}.$$

明所欲证. □

请回忆函子保极限的概念 (定义 2.8.8). 本节都在 Ab-范畴中考虑.

命题 6.8.10 加性函子 $F: R\text{-Mod} \to S\text{-Mod}$ 左正合当且仅当它保所有有限 $\varprojlim$, 右正合当且仅当它保所有有限 $\varinjlim$.

证明 命题 3.4.13 断言加性函子保双积, 故保所有有限积和余积. 由于 F 左 (或右) 正合相当于它保持核 (或余核), 在 Ab-范畴中后者等价于 F 保等化子 (或余等化子), 由注记 2.8.9 立得所求. □

6.9 投射模, 内射模, 平坦模

首先考虑三个环 A, B, C 和相应的各种双模, 并且对 §6.6 中的函子研究其正合性. 温馨提示: 对任意范畴 $\mathcal{C}$, 在 $\mathcal{C}^{\mathrm{op}}$ 中的 $\varprojlim$ 无非是 $\mathcal{C}$ 中的 $\varinjlim$.

命题 6.9.1 定义 6.6.2 中的函子

$$\begin{aligned}\mathrm{Hom}((-)_C,(-)_C):&(B,C)\text{-}\mathsf{Mod}^{\mathrm{op}}\times(A,C)\text{-}\mathsf{Mod}\to(A,B)\text{-}\mathsf{Mod},\\ \mathrm{Hom}({}_A(-),{}_A(-)):&(A,B)\text{-}\mathsf{Mod}^{\mathrm{op}}\times(A,C)\text{-}\mathsf{Mod}\to(B,C)\text{-}\mathsf{Mod}\end{aligned}$$

对两个变元皆保所有 $\varprojlim$, 因而对两个变元皆是左正合的.

证明 命题 2.8.11 断言 Hom 对两个变元皆保任意 $\varprojlim$, 加性则属显然. □

命题 6.9.2 张量积函子

$$-\underset{B}{\otimes}-:(A,B)\text{-}\mathsf{Mod}\times(B,C)\text{-}\mathsf{Mod}\longrightarrow(A,C)\text{-}\mathsf{Mod}$$

对两个变元皆保所有 $\varinjlim$, 因而对两个变元皆是右正合的.

证明 依定理 2.8.12 和定理 6.6.5, 函子 $\otimes$ 对每个变元皆保 $\varinjlim$, 加性则属显然. □

今后取定环 R. 回忆到 $(R,\mathbb{Z})$-Mod $= R$-Mod, $(\mathbb{Z},R)$-Mod $=$ Mod-R, 而 $(\mathbb{Z},\mathbb{Z})$-Mod $=$ Ab, 于是在命题 6.9.1, 6.9.2 中对双模定义的 Hom, $\otimes$ 函子也相应地简化了.

定义 6.9.3 以下设 P, I 为左 R-模, 右模的情形类似:

1. 若函子 $\mathrm{Hom}(P,-):R\text{-}\mathsf{Mod}\to\mathsf{Ab}$ 正合, 则称 P 是**投射模**;
2. 若函子 $\mathrm{Hom}(-,I):R\text{-}\mathsf{Mod}^{\mathrm{op}}\to\mathsf{Ab}$ 正合, 亦即它保持短正合列, 则称 I 是**内射模**.

定义 6.9.4 设 M 为左 R-模. 若函子

$$-\underset{R}{\otimes}M:\mathsf{Mod}\text{-}R\to\mathsf{Ab}$$

正合, 则称 M 是**平坦模**. 右模的情形类似.

引理 6.9.5 直和 $\bigoplus_{i\in I}M_i$ 是平坦 (或投射) 模当且仅当每个 M_i 是平坦 (或投射) 模; 直积 $\prod_{i\in I}M_i$ 是内射模当且仅当每个 M_i 是内射模.

证明 命题 6.9.1, 6.9.2 直接蕴涵了自然同构

$$\mathrm{Hom}(\bigoplus_i M_i, -) \simeq \prod_i \mathrm{Hom}(M_i, -),$$

$$\mathrm{Hom}(-, \prod_i M_i) \simeq \prod_i \mathrm{Hom}(-, M_i),$$

$$- \underset{R}{\otimes} \left(\bigoplus_i M_i \right) \simeq \bigoplus_i (- \underset{R}{\otimes} M_i).$$

再应用引理 6.8.3 即足. □

例 6.9.6 对任意集 X, 自由左 R-模 $R^{\oplus X}$ 既是平坦的也是投射的. 运用引理 6.9.5 以化约到 $|X| = 1$, $R^{\oplus X} = R$ 的情形, 此时 $\mathrm{Hom}(R, -)$ 和 $- \underset{R}{\otimes} R$ 都同构于恒等函子, 是故正合.

命题 6.9.7 平坦模的滤过 \varinjlim (注记 6.2.3) 仍是平坦模.

证明 设 I 为滤过范畴, 对每个对象 i 指派了平坦模 P_i 和相容的态射族 $(P_i \to P_j)_{i \to j}$. 已知张量积保任意 \varinjlim (命题 6.9.2), 而且引理 6.8.3 断言滤过 \varinjlim 保正合列, 故 $0 \to M' \to M \to M'' \to 0$ 的正合性导致在以下交换图表中

$$
\begin{array}{ccccccccc}
0 & \longrightarrow & M' \underset{R}{\otimes} \varinjlim_i P_i & \longrightarrow & M \underset{R}{\otimes} \varinjlim_i P_i & \longrightarrow & M'' \underset{R}{\otimes} \varinjlim_i P_i & \longrightarrow & 0 \\
& & \simeq\big| & & \simeq\big| & & \simeq\big| & & \\
0 & \longrightarrow & \varinjlim_i (M' \underset{R}{\otimes} P_i) & \longrightarrow & \varinjlim_i (M \underset{R}{\otimes} P_i) & \longrightarrow & \varinjlim_i (M'' \underset{R}{\otimes} P_i) & \longrightarrow & 0
\end{array}
$$

第二行正合, 因之第一行也正合. □

回到定义 6.9.3 的投射模与内射模, 它们的泛性质图解如下

1. 模 P 投射当且仅当对每个正合列 $M \to M'' \to 0$ 和 $P \to M''$, 下图可以补入 \dashrightarrow 使之交换

$$
\begin{array}{ccc}
& & P \\
& \overset{\exists}{\diagup} & \big\downarrow \\
M & \longrightarrow M'' & \longrightarrow 0
\end{array}
\qquad (\text{正合});
$$

2. 模 I 内射当且仅当对每个正合列 $0 \to M' \to M$ 和 $M' \to I$, 下图可以补入 \dashrightarrow 使之交换

$$
\begin{array}{ccc}
& & I \\
& \overset{\exists}{\diagup} & \big\uparrow \\
M & \longleftarrow M' & \longleftarrow 0
\end{array}
\qquad (\text{正合});
$$

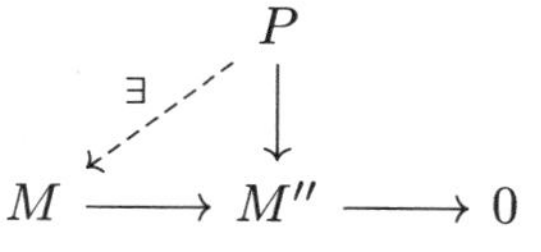

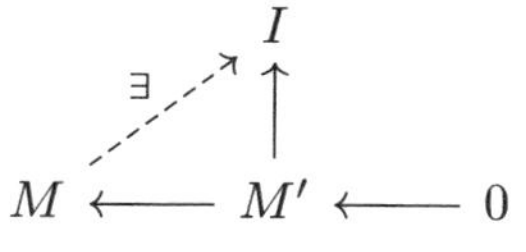

两则泛性质可谓是对偶的, 将交换图中的箭头倒转便可相互过渡; 然而它们的性质却有相当差别. 鉴于这两类模在同调代数中的经典地位, 本节续做进一步然而是极其有限的探讨, 读者可以进一步参阅专著如 [27, Chapter 1].

命题 6.9.8 在短正合列 $0 \to I \xrightarrow{f} M \xrightarrow{g} P \to 0$ 中, 若 (i) I 是内射模, 或 (ii) P 是投射模, 则此短正合列分裂. 一个左 R-模 P 是投射模当且仅当它可表成一个自由模 F 的直和项, 此时可取 F 的基使之对应于 P 的一族生成元.

证明 当 I 内射时, $0 \to I \to M$ 正合蕴涵 $\mathrm{Hom}_R(M,I) \xrightarrow{f^*} \mathrm{Hom}_R(I,I) \to 0$ 正合, 于是存在 $r \in \mathrm{Hom}_R(M,I)$ 使得 $rf = \mathrm{id}_I$, 故命题 6.8.5 蕴涵 $0 \to I \to M \to P \to 0$ 分裂. 准此要领, 当 P 投射时 $\mathrm{Hom}_R(P,M) \xrightarrow{g_*} \mathrm{Hom}_R(P,P) \to 0$ 正合, 由此得到 g 的截面 s 及分裂性.

现证后半部. 设 P 为投射模并且由子集 S 生成, 置 $F := R^{\oplus S}$, 由此导出的满射 $F \twoheadrightarrow P$ 根据第一部分具有截面, 于是命题 6.8.5 将 P 嵌入为 F 的直和项. 反之例 6.9.6 已说明任意自由模 F 皆投射, 从而引理 6.9.5 蕴涵其直和项 P 亦投射. □

运用引理 6.9.5 并配合例 6.9.6, 遂得如下结果.

推论 6.9.9 凡投射模必平坦.

任何模 M 总可以写成自由模的商, 因而也可写成投射模 P 的商; 用正合列表述即是 $P \to M \to 0$. 既然内射模的定义与投射模的相对偶, 一个自然的问题是有无正合列 $0 \to M \to I$ 使得 I 内射, 亦即: 是否任何模都能嵌入内射模? 答案是肯定的 (定理 6.9.14), 然而证明稍费工夫. 这两个方向的构造是同调代数里至关紧要的投射分解 (或自由分解) 和内射分解的基石. 我们先建立内射模的若干一般性质.

命题 6.9.10 (R. Baer) 模 I 是内射模当且仅当对任何左理想 $\mathfrak{a} \subset R$, 任一模同态 $f : \mathfrak{a} \to I$ 皆可延拓为同态 $R \to I$.

证明 内射模的性质相当于说对任意模嵌入 $g : M' \hookrightarrow M$, 每个同态 $h : M' \to I$ 都能延拓为 $\tilde{h} : M \to I$. 断言的刻画无非是特例 $M' = \mathfrak{a} \hookrightarrow R = M$. 今假设断言的延拓性质成立. 考虑非空偏序集 $(\mathcal{P}, \leq)$, 其元素形如 (M_1, h_1), 在此 $M' \subset M_1 \subset M$ 是中间模, $h_1 : M_1 \to I$ 是 h 的延拓, 而 $(M_1, h_1) \leq (M_2, h_2)$ 当且仅当 $(M_1 \subset M_2) \wedge (h_2|_{M_1} = h_1)$. 习见的取并手法和 Zorn 引理确保 $\mathcal{P}$ 中存在极大元, 我们断言 $(M_1, h_1) \in \mathcal{P}$ 如极大必满足 $M_1 = M$.

假若 $M_1 \neq M$, 取 $x \in M \smallsetminus M_1$ 并定义左理想 $\mathfrak{a} := \{r \in R : rx \in M_1\}$. 故有合成同态 $\phi : \mathfrak{a} \xrightarrow{r \mapsto rx} M_1 \xrightarrow{h_1} I$. 据假设存在 ϕ 的延拓 $\tilde{\phi} : R \to I$, 置

$$\begin{aligned} h_2 : (M_2 := M_1 + Rx) &\longrightarrow I \\ x_1 + rx &\longmapsto h_1(x_1) + \tilde{\phi}(r); \end{aligned}$$

从 ϕ 的定义可以验证 $h_2 : M_2 \to I$ 良定. 因此 $(M_2, h_2) > (M_1, h_1)$, 明所欲证. □

以下称 $\mathbb{Z}$-模 A 为可除的, 如果 $n \neq 0 \implies nA = A$.

引理 6.9.11 一个 $\mathbb{Z}$-模 I 可除当且仅当它是内射 $\mathbb{Z}$-模.

证明 对任意 $n \in \mathbb{Z} \smallsetminus \{0\}$, 我们有交换图表:

$$\begin{array}{ccc} \mathrm{Hom}_{\mathbb{Z}}(\mathbb{Z}, I) & \xrightarrow{\text{限制}} & \mathrm{Hom}_{\mathbb{Z}}(n\mathbb{Z}, I) \\ {\scriptstyle \phi\mapsto\phi(1)}\Big\downarrow\simeq & & \simeq\Big\downarrow{\scriptstyle \phi\mapsto\phi(n)} \\ I & \xrightarrow[a\mapsto na]{} & I \end{array}$$

由于 $\mathbb{Z}$ 的非零理想皆形如 $\mathfrak{a} = n\mathbb{Z}$, 代入命题 6.9.10 即可. □

交换群和 $\mathbb{Z}$-模是一回事, 而加法群 $\mathbb{Q}$ 是可除的. 可除 $\mathbb{Z}$-模的直和与商显然可除.

引理 6.9.12 任意 $\mathbb{Z}$-模 A 皆可嵌入内射 $\mathbb{Z}$-模.

证明 表 A 为自由 $\mathbb{Z}$-模的商: $A \simeq \mathbb{Z}^{\oplus X}/N$. 使用嵌入 $\mathbb{Z}^{\oplus X}/N \hookrightarrow \mathbb{Q}^{\oplus X}/N$ 并观察到 $\mathbb{Q}^{\oplus X}/N$ 可除. □

为了进行下一步, 请回忆对于环 R 和 S, 左 S-模 N 与 (S, R)-双模 P, 按定义 6.6.2 可赋予 $\mathrm{Hom}_{S\text{-Mod}}(P, N)$ 左 R-模结构: 办法是用约定 6.6.1 置

$$p(rf) = (pr)f, \quad p \in P,\ r \in R,\ f : P \to N.$$

引理 6.9.13 在上述假设下, 若 N 是内射左 S-模而 P 是平坦右 R-模, 则 $\mathrm{Hom}_{S\text{-Mod}}(P, N)$ 是内射左 R-模.

证明 使用自然同构

$$\mathrm{Hom}_{R\text{-Mod}}(-, \mathrm{Hom}_{S\text{-Mod}}(P, N)) \xrightarrow{\sim} \mathrm{Hom}_{S\text{-Mod}}\left(P \underset{R}{\otimes} -, N\right),$$

这里调用了定理 6.6.5 中的伴随关系; 条件表明右端函子保正合列. □

定理 6.9.14 任意 R-模 M 皆可嵌入一个内射 R-模.

证明 将 M 视为左 $\mathbb{Z}$-模嵌入内射左 $\mathbb{Z}$-模 J. 视 R 为 $(\mathbb{Z}, R)$-双模. 例 6.9.6 配合引理

6.9.13 (取 $S=\mathbb{Z}$, $P={}_{\mathbb{Z}}R_R$) 蕴涵 $\mathrm{Hom}_{\mathbb{Z}\text{-}\mathsf{Mod}}(R,J)$ 是内射左 R-模. 于是

$$\begin{array}{ccccccc} M & \xrightarrow{\sim} & \mathrm{Hom}_{R\text{-}\mathsf{Mod}}(R,M) & \longrightarrow & \mathrm{Hom}_{\mathbb{Z}\text{-}\mathsf{Mod}}(R,M) & \longrightarrow & \mathrm{Hom}_{\mathbb{Z}\text{-}\mathsf{Mod}}(R,J) \\ \Uparrow & & \Uparrow & & & & \\ x & \longmapsto & (r \mapsto rx) & & & & \end{array}$$

是一连串左 R-模的嵌入 (根据先前回顾, 每个 Hom 都带有来自 R_R 的左 R-模结构), 其终点是内射模. □

6.10 链条件和模的合成列

本节所探讨的合成列是群的情形 §4.6 的自然推广, 并且技术上更加简单. 链条件则是模论中最基本的概念之一.

定义 6.10.1 称模 M 为 **Noether 模**或满足**升链条件**, 如果对任意子模升链

$$M_0 \subset \cdots \subset M_i \subset M_{i+1} \subset \cdots, \quad i \in \mathbb{Z}_{\geq 0}$$

皆存在 k 使得 $i \geq k \implies M_i = M_k$. 称模 M 为 **Artin 模**或满足**降链条件**, 如果对任意子模降链

$$M_0 \supset \cdots \supset M_i \supset M_{i+1} \supset \cdots, \quad i \in \mathbb{Z}_{\geq 0}$$

皆存在 k 使得 $i \geq k \implies M_i = M_k$.

若环 R 作为左 R-模是 Noether (或 Artin) 模, 则称 R 是左 Noether (或 Artin) 环; 可以类似地定义右 Noether (或 Artin) 环的概念.

上述条件 $i \geq k \implies M_i = M_k$ 习称为链的稳定性. 左 (右) Noether/Artin 环要求的无非是左 (右) 理想的升链/降链条件, 对交换环不必分左右. 下面是几个基本例子.

◇ 易见 $\mathbb{Z}$ 是 Noether 环然非 Artin 环; 事实上根据引理 5.7.4, 主理想环 (定义 5.3.7) 都是交换 Noether 环.

◇ 任意除环都是左右 Noether 和 Artin 环. 除环上的向量空间是 Noether 或 Artin 模当且仅当其维数有限.

◇ 交换环的局部化 $R \rightsquigarrow R[S^{-1}]$ 保持 Noether 和 Artin 性质 (命题 5.3.13), 这里 $S \subset R$ 是任意不含零的乘性子集.

引理 6.10.2 在短正合列 $0 \to M' \to M \to M'' \to 0$ 中, M 为 Noether (或 Artin) 模的充分必要条件是 M', M'' 皆为 Noether (或 Artin) 模.

设 M, N 是给定的模 Ω 的子模, 则当 M, N 皆为 Noether (或 Artin) 模时, $M+N \subset \Omega$ 亦然. 特别地, Noether (或 Artin) 模的性质在子模、商及有限直和下保持.

证明 对于第一个断言, 由于 M' 和 M'' 中的升 (或降) 链可以分别嵌入和拉回到 M 中相应的链, 保持包含关系不变 (命题 6.1.12), 故 M' 和 M'' 继承 M 的链条件. 今设 M' 和 M'' 皆为 Noether (或 Artin) 模, 考虑 M 中的升 (或降) 链 $(M_i)_{i=1}^{\infty}$. 据假设

$$M_i' := M_i \cap M', \qquad M_i'' := (M_i + M')/M'$$

作为 M' 和 M'' 中的链对 $i \gg 0$ 都是稳定的. 命题 6.1.13 蕴涵 $0 \to M_i' \to M_i \to M_i'' \to 0$ 正合. 在升链情形下, 对交换图表

$$\begin{array}{ccccccccc} 0 & \longrightarrow & M_i' & \longrightarrow & M_i & \longrightarrow & M_i'' & \longrightarrow & 0 \\ & & \big\downarrow & & \big\downarrow & & \big\downarrow & & \\ 0 & \longrightarrow & M_{i+1}' & \longrightarrow & M_{i+1} & \longrightarrow & M_{i+1}'' & \longrightarrow & 0 \end{array}$$

当 $i \gg 0$ 时, $M_i' \hookrightarrow M_{i+1}'$ 和 $M_i'' \hookrightarrow M_{i+1}''$ 都变为同构; 根据命题 6.8.7, 命题 6.8.6 或直接作图追踪, 可知此时 $M_i \hookrightarrow M_{i+1}$ 亦为同构. 降链情形亦同.

为证第二个断言, 仅需对短正合列

$$\begin{array}{ccccccccc} 0 & \longrightarrow & N & \longrightarrow & M+N & \longrightarrow & (M+N)/N & \longrightarrow & 0 \\ & & & & & & \big\downarrow \simeq & & \\ & & & & & & M/M \cap N & & (\because \text{ 命题 } 6.1.13) \end{array}$$

应用上述结果. □

命题 6.10.3 设 R 为左 Noether (或 Artin) 环, 则每个有限生成左 R-模都是 Noether (或 Artin) 模. 以右代左结果亦同.

证明 仅需考虑 Noether 情形. 设 M 由有限子集 X 生成, 对正合列 $R^{\oplus X} \to M \to 0$ 应用上述结果. □

引理 6.10.4 模 M 是 Noether 模当且仅当每个子模 $N \subset M$ 都是有限生成的.

证明 假设 N 非有限生成, 则可以递归地在 N 中选取 $x_1, \ldots, x_i, \ldots$ 使得 $N_i := \langle x_1, \ldots, x_i \rangle$ 满足 $N_{i+1} \supsetneq N_i$, 由此得到永不稳定的子模升链, M 非 Noether. 反过来, 假设每个子模 N 皆有限生成, 对于 M 中给定的升链 $(M_i)_{i=1}^{\infty}$ 可定义子模 $N := \bigcup_i M_i$; 设 N 由有限子集 X 生成, 由于每个 $x \in X$ 都属于某个 $M_{i(x)}$, 因而 $i \geq \max\{i(x) : x \in X\} \implies M_i = N$, 升链趋于稳定. □

注记 6.10.5 不难看出 M 是 Noether (或 Artin) 模当且仅当任一 M 的子模族 $\mathcal{S} \neq \varnothing$ 相对于 $\subset$ 都有极大 (或极小) 元. 此性质显然蕴涵链条件 (给定链 $(M_i)_{i=1}^{\infty}$, 考虑 $\mathcal{S} = \{M_i : i \geq 1\}$), 反过来说, 如果子模族 $\mathcal{S}$ 没有极大 (或极小) 元, 则从中可萃取一条

升链 (或降链) 使得 $M_i \neq M_{i+1}$, $i = 1, 2, \ldots$.

下述定理给出了一套系统地构造交换 Noether 环的方法, 在代数几何学中尤其重要.

定理 6.10.6 (Hilbert 基定理) 令 R 为交换 Noether 环, 则对任意 $n \geq 1$ 多项式环 $R[X_1, \ldots, X_n]$ 也是 Noether 环.

特别地, 系数在域上的有限元多项式环之商皆为 Noether 环.

证明 由于 $R[X_1, \ldots, X_{n+1}] \simeq R[X_1, \ldots, X_n][X_{n+1}]$, 断言化约到 $n = 1$ 亦即环 $R[X]$ 的情形. 给定理想 $\mathfrak{a} \subset R[X]$, 我们将指出如何递归地构造一列元素 $f_1, \ldots, f_m \in \mathfrak{a}$ 使之生成 $\mathfrak{a}$, 由引理 6.10.4 遂导出 $R[X]$ 为 Noether 环.

对任意 $f = \sum_{k=0}^{n} a_k X^k \in R[X]$, $a_n \neq 0$, 定义其领导系数为

$$\mathrm{in}(f) := a_n.$$

取 $f_1 \in \mathfrak{a} \smallsetminus \{0\}$ 使得 $\deg f_1$ 最小. 今假设已选取 $f_1, \ldots, f_k \in \mathfrak{a}$, 倘若 $\mathfrak{a} = \langle f_1, \ldots, f_k \rangle$ 则构造终止, 否则选择 $f_{k+1} \in \mathfrak{a}$ 使得 (i) $f_{k+1} \in \mathfrak{a} \smallsetminus \langle f_1, \ldots, f_k \rangle$; (ii) 在前述条件下 $\deg f_{k+1}$ 取最小可能的值. 置 $\alpha_i := \mathrm{in}(f_i)$. 由 R 的升链条件, 理想 $\langle \alpha_1, \ldots \rangle$ 有一族生成元 $\alpha_1, \ldots, \alpha_m$. 倘若上述构造可以走到第 $m+1$ 步, 则有

$$\mathrm{in}(f_{m+1}) = \sum_{i=1}^{m} u_i \alpha_i, \quad u_1, \ldots, u_m \in R.$$

根据前 m 步的选取, 对 $i = 1, \ldots, m$ 皆有 $d_i := \deg f_{m+1} - \deg f_i \geq 0$. 显见

$$f_{m+1} - \sum_{i=1}^{m} u_i f_i X^{d_i} \in \mathfrak{a} \smallsetminus \langle f_1, \ldots, f_m \rangle$$

的次数严格小于 $\deg f_{m+1}$, 此与 f_{m+1} 的选取矛盾. □

对于定义 5.6.8 里的形式幂级数环也有对应的结论.

定理 6.10.7 令 R 为交换 Noether 环, 则对任意 $n \geq 1$ 环 $R[\![X_1, \ldots, X_n]\!]$ 也是 Noether 环.

证明 由 $R[\![X_1, \ldots, X_{n+1}]\!] \simeq R[\![X_1, \ldots, X_n]\!][\![X_{n+1}]\!]$ 化约到环 $R[\![X]\!]$ 的情形. 以下的证明理路与 $R[X]$ 的情形类似, 差异在于要考虑最低次项:

- ◇ 对任意 $f = \sum_{n \geq m} a_n X^n \in R[\![X]\!]$, 其中 $a_m \neq 0$, 置 $v_X(f) := \min\{n : a_n \neq 0\}$;
- ◇ 并将 $\mathrm{in}(f)$ 的定义改为 a_m;
- ◇ 在论证中以 v_X 代 deg;

生成元 $f_1, \ldots, f_m$ 的构造法是完全相同的. 最后一步改为用形如 $\sum_{i=1}^{m} u_i f_i X^{d_i}$ 的元素不断消去 f_{m+1} 的最低次项, 最终推得 $f_{m+1} \in \langle f_1, \ldots, f_m \rangle$. □

现在我们不用花太大力气, 就可以把 §4.6 的合成列概念移植到模论. 以下固定环 R 并考虑其左模.

定义 6.10.8 设 $(I, \leq)$ 为全序集, 模 M 的以 I 为指标集的**滤过**是指一族子模

$$M_i \subset M \ (i \in I), \qquad i \leq j \implies M_j \subset M_i.$$

今考虑 $I = \{0, \ldots, n\}$, 形如 $M = M_0 \supset M_1 \supset \cdots \supset M_n = \{0\}$ 的滤过, 诸商模 M_i/M_{i+1} 称为其子商. 若每个子商都是单模, 则称此滤过为其**合成列**. 其长度定为 n.

一如群的情形, 对形式如上的滤过可以透过插项来加细

$$(\cdots \supset M_i \supset M_{i+1} \supset \cdots) \rightsquigarrow (\cdots \supset M_i \supset N \supset M_{i+1} \supset \cdots).$$

合成列便是既无冗余项 $(M_{i+1} \subsetneq M_i)$ 又无真加细 $(M_i \supset N \supset M_{i+1} \implies (N = M_i) \vee (N = M_{i+1}))$ 的滤过. 因为这里不必操心子群的正则性, 所需论证较群的情形 (§4.6) 大大地简化了.

引理 6.10.9 模 M 有合成列的充要条件是它兼为 Noether 模和 Artin 模. 这类模被称为**有限长度**模.

证明 给定滤过 $(M_i)_{i=0}^n$, 注意到子商 M_i/M_{i+1} 既是单模, 自然也兼为 Noether 模和 Artin 模. 对短正合列 $0 \to M_{i+1} \to M_i \to M_i/M_{i+1} \to 0$ 从 $i = n-1$ 开始一步步利用命题 6.10.2, 便可得到 $M_{n-1}, \ldots, M_0 = M$ 都是既 Noether 又 Artin 的.

反向假设 M 是 Noether 模, 考虑子模族 $\mathcal{S} = \{N : N \subsetneq M \text{ 真子模}\}$. 当 $M \neq \{0\}$ 时 $\mathcal{S} \neq \varnothing$, 于是注记 6.10.5 蕴涵 $\mathcal{S}$ 包含极大元 M_1, 换言之 M/M_1 是单模. 由于 M_1 也是 Noether 的, 若 $M_1 \neq 0$ 则可续行此法, 得到一条降链 $M = M_0 \supsetneq M_1 \supsetneq \cdots$. 若 M 也是 Artin 模, 则此降链必须在有限步内终止于 $\{0\}$; 而按构造可知 M_i/M_{i+1} 皆单. 此即所求的合成列. □

对于模 M 的合成列 $(M_i)_{i=0}^n$, 定义其 Jordan–Hölder 因子或合成因子构成的集合为

$$\mathrm{JH}(M) := \{M_i/M_{i+1} : i = 0, \ldots, n-1\}.$$

一般只考虑诸子商 M_i/M_{i+1} 的同构类, 故应视 $\mathrm{JH}(M)$ 为带重数的集合, 因为同构的子商容许出现多次. 带重数集之间有自然的并运算 $\cup$ (元素的重数相加). 如果模 M 的两个合成列具有同样的 Jordan–Hölder 因子集 (计入重数), 则称两合成列是等价的.

定理 6.10.10 (模的 Jordan–Hölder 定理) 对于有限长度模 M, 任两个合成列都是等价的. 换言之, 带重数集 $\mathrm{JH}(M)$ 的定义不依赖于合成列的选取. 特别地, 合成列的长度也是唯一的.

在短正合列 $0 \to M' \to M \to M'' \to 0$ 中, 模 M 长度有限当且仅当 M', M'' 亦

然, 此时在计入重数的意义下有

$$\mathrm{JH}(M) = \mathrm{JH}(M') \cup \mathrm{JH}(M'').$$

证明 如上述, 这是群的情形 §4.6 的简化版本: 关键的 Zassenhaus 引理 4.6.4 和 Schreier 加细定理 4.6.6 对模依然成立. 短正合列与有限长度模的关系是命题 6.10.2 和引理 6.10.9 的直接推论. □

6.11 半单模

本节将采取下述方便的约定, 这是约定 6.6.1 的特例.

约定 6.11.1 设 M 为非零的左 R-模, 定义环 $A := \mathrm{End}_R(M)^{\mathrm{op}}$, 则 M 对下述右乘自然地成为右 A-模

$$(m, a) \mapsto a(m), \quad m \in M,\ a \in A;$$

取 $\mathrm{End}_R(M)$ 的相反环是为了照顾映射合成的习惯写法. 事实上 M 对此构成 (R, A)-双模: 乘法结合律 $r(ma) = (rm)a$ 反映了映射 a 的 R-线性.

同理, 对非零右 R-模 M 置 $A := \mathrm{End}_R(M)$, 则左乘 $(a, m) \mapsto a(m)$ 赋予 M 自然的 (A, R)-双模结构, 仍有乘法结合律 $a(mr) = (am)r$.

言归正传. 单模的概念业已在定义 6.1.5 中提及, 我们现在予以进一步的考察. 除非另做说明, 本节主要考虑环 R 上的左模. 若干例子:

◇ 设 $\mathfrak{a} \subset R$ 为左理想, 则商 $R/\mathfrak{a}$ 为单当且仅当 $\mathfrak{a}$ 是极大左理想.

◇ 除环 D 上的向量空间 V 是单 D-模当且仅当 $\dim_D V = 1$.

◇ 设 D 为除环, V 为非零的右 D-向量空间, 定义环 $R := \mathrm{End}(V_D)$. 按约定 6.11.1 赋予 V 左 R-模结构. 由于任意 $v \in V \smallsetminus \{0\}$ 满足 $Rv = V$, 故 V 作为 R-模总是单的. 常见的具体情形是给定 $n \in \mathbb{Z}_{\geq 1}$, 将 $V = D^n$ 视同列向量 (竖), 此时 R 可以等同于矩阵环 $M_n(D)$, 以矩阵的左乘作用于 V.

  若考虑左 D-向量空间则须视 V 为右 R^{op}-模; 当 $V = D^n$ 视同行 (横) 向量时, 以右乘代左乘, 上述的矩阵诠释依然成立.

引理 6.11.2 (Schur 引理) 设 M_1, M_2 为单模, 则任何 $\varphi \in \mathrm{Hom}_R(M_1, M_2)$ 或者是同构, 或者是零同态. 特别地, 对任意单模 M, 自同态环 $\mathrm{End}_R(M)$ 必为除环.

证明 单模按定义非零. 运用单性可知或者 $\ker(\varphi) = M_1$, 此时 $\varphi = 0$; 或者 $\ker(\varphi) = 0$, 此时 $M_1 \simeq \mathrm{im}(\varphi) = M_2$, 故 φ 是同构. □

作为推论, 给定有限直和分解 $M = \bigoplus_{i=1}^r M_i^{\oplus n_i}$, 其中 $M_1, \ldots, M_r$ 是互不同构的单模, 则引理 6.3.5 表明

$$\mathrm{End}_R(M)^{\mathrm{op}} \xrightarrow{\sim} \prod_{i=1}^n M_{n_i}(D_i^{\mathrm{op}})^{\mathrm{op}} \xrightarrow[\text{转置}]{\sim} \prod_{i=1}^n M_{n_i}(D_i),$$

其中 $D_i := \mathrm{End}_R(M_i)^{\mathrm{op}}$ 是除环, $M_i^{\oplus n_i}$ 是右 $M_{n_i}(D_i)$-模, 而 M 是右 $\mathrm{End}_R(M)^{\mathrm{op}}$-模, 上述同构保持这些模结构.

引理 6.11.3 对任意非零模 M 皆存在子模 $M_2 \subset M_1 \subset M$ 使得 M_1/M_2 为单.

证明 取 $m \in M \smallsetminus \{0\}$, $M_1 := Rm$, 定义 R 的左理想 $\mathfrak{a} := \ker[R \xrightarrow{r \mapsto rm} M_1]$ 以使 $R/\mathfrak{a} \simeq M_1$. 由 Zorn 引理 (定理 1.3.6) 知存在极大左理想 $\mathfrak{b} \supset \mathfrak{a}$, 取对应于 $\mathfrak{b}/\mathfrak{a} \subset R/\mathfrak{a}$ 的子模 $M_2 \subset M_1$ 即可. □

命题 6.11.4 对于模 M, 下述条件等价:

(i) M 可表为一族单子模的和: $M = \sum_{i \in I} M_i$;

(ii) M 可表为一族单子模的直和: $M = \bigoplus_{i \in I} M_i$;

(iii) 任意子模 $M' \subset M$ 皆为直和项: 换言之存在子模 $M'' \subset M$ 使得 $M = M' \oplus M''$.

满足上述等价条件的模 M 称为**半单模**.

在短正合列 $0 \to M' \to M \to M'' \to 0$ 中, 若 M 半单则 M' 和 M'' 皆半单.

证明 先证明给定短正合列 $0 \to M' \to M \to M'' \to 0$, 条件 (iii) 若对 M 成立, 则对 M' 和 M'' 亦然. 设 $M'_0 \subset M'$ 为子模, 按假设存在 $N \subset M$ 使得 $M = M'_0 \oplus N$. 容易验证 $M' = M'_0 \oplus (N \cap M')$, 故 (iii) 对 M' 成立. 另一方面, 按假设 M' 是直和项: $M \simeq M' \oplus S$, 于是 $M'' \simeq M/M'$ 同构于 M 的子模 S, 由前一步知 M'' 也满足 (iii). 这也说明了命题的最后一部分.

现证 (i) $\implies$ (ii). 设 $M = \sum_{i \in I} M_i$, 每个 M_i 都是单子模. 置

$$\mathcal{J} := \left\{ J \subset I : \sum_{i \in J} M_i \text{ 是直和} \right\}.$$

我们将用 Zorn 引理证明偏序集 $(\mathcal{J}, \subset)$ 有极大元. 注意到空和定义为零模故 $\varnothing \in \mathcal{J}$, $\mathcal{J} \neq \varnothing$. 我们断言 $(\mathcal{J}, \subset)$ 中每个链都有上界, 论证如下: 给定全序子集 $\mathcal{J}' \subset \mathcal{J}$, 并集 $J' := \cup_{J \in \mathcal{J}'} J$ 仍属于 $\mathcal{J}$, 这是因为 $\sum_{i \in J'} M_i$ 为直和当且仅当

$$\forall i \in J', \quad M_i \cap \sum_{\substack{j \in J' \\ j \neq i}} M_j = \{0\},$$

而此条件仅需对 J' 的有限子集检验即可.

取 J 为 $(\mathcal{J},\subset)$ 的极大元. 若 $\bigoplus_{i\in J} M_i = M$ 则得到 (ii), 否则存在 $k\in I$ 使得 $M_k \not\subset \bigoplus_{i\in J} M_i$; 因为 M_k 单, $M_k \cap \bigoplus_{i\in J} M_i = \{0\}$, 由此可推出 $J\sqcup\{k\}\in\mathcal{J}$, 矛盾.

现证 (ii) $\implies$ (iii). 任取子模 $M'\subset M=\bigoplus_{i\in I} M_i$, 置

$$\mathcal{J} := \left\{ J\subset I : M' + \bigoplus_{i\in J} M_i \text{ 是直和} \right\}.$$

仿照前面论证可知存在极大元 $J\in\mathcal{J}$, 我们断言 $M'' := \bigoplus_{i\in J} M_i$ 满足 $M = M'\oplus M''$. 设若不然, 必存在 $k\in I$ 使 $M_k \not\subset M'\oplus M''$, 单性蕴涵 $M_k\cap(M'\oplus M'')=\{0\}$, 从而 $J\sqcup\{k\}\in\mathcal{J}$ 导致矛盾.

现证 (iii) $\implies$ (i). 我们断言任意非零子模 $M'\subset M$ 皆有单子模. 假设此性质并定义 $\mathrm{soc}(M)$ 为 M 中所有单子模的和, 由 (iii) 知存在 $M'\subset M$ 使得 $M=\mathrm{soc}(M)\oplus M'$, 若 $M'\neq\{0\}$ 则存在单子模 $N\subset M'$, 于是从 $N\subset \mathrm{soc}(M)\cap M' = \{0\}$ 导出矛盾.

最后断言的证明如下. 引理 6.11.3 给出 M' 的单子商 M_1/M_2. 证明开端已经说明了 M' 和 M_1 继承 M 之性质 (iii), 于是存在嵌入 $M_1/M_2 \hookrightarrow M_1 \subset M'$, 此即所求的单子模. □

证明中为任意模 M 引入了**基座**的概念, 其定义为

$$\mathrm{soc}(M) := \sum_{\substack{N\subset M\\ \text{单子模}}} N,$$

换言之, $\mathrm{soc}(M)$ 是 M 的极大半单子模. 单模的同态像或者是零, 或者仍是单模, 于是任意模同态 $\varphi: M_1\to M_2$ 皆诱导 $\mathrm{soc}(\varphi):\mathrm{soc}(M_1)\to\mathrm{soc}(M_2)$. 换句话说, $\mathrm{soc}(-)$ 定义了从 R-Mod 到由半单模组成的全子范畴 R-$\mathsf{Mod}_{\mathrm{ss}}$ 的函子.

另一个有用的概念是有限长度模 M 的**半单化**: 取

$$M_{\mathrm{ss}} := \bigoplus_{N\in \mathrm{JH}(M)} N,$$

直和中计入 Jordan–Hölder 因子的重数. 尽管 M_{ss} 的同构类按定理 6.10.10 是唯一确定的, 然而 $M\mapsto M_{\mathrm{ss}}$ 并非函子, 其定义涉及合成列的选取.

下面的 Fitting 引理在许多数学问题中有出乎意料的妙用, 我们将在 §6.12 运用.

引理 6.11.5 (H. Fitting) 设 M 为有限长度非零模, $u\in\mathrm{End}_R(M)$. 存在典范分解

$$M = \ker(u^\infty)\oplus\mathrm{im}(u^\infty),$$

其中 $\ker(u^\infty)$ 和 $\mathrm{im}(u^\infty)$ 在 u 作用下不变, 而且

◇ $u|\mathrm{im}(u^\infty)$ 是 $\mathrm{im}(u^\infty)$ 的可逆自同态,

◇ $u|\ker(u^{\infty})$ 是 $\ker(u^{\infty})$ 的幂零自同态.

证明 因为 M 长度有限, 子模链

$$\ker(u) \subset \ker(u^2) \subset \cdots,$$
$$\operatorname{im}(u) \supset \operatorname{im}(u^2) \supset \cdots$$

分别终止于 $\ker(u^{\infty})$ 和 $\operatorname{im}(u^{\infty})$, 不难看出它们是 u-不变的. 主要任务是证明直和分解 $M = \ker(u^{\infty}) \oplus \operatorname{im}(u^{\infty})$. 取 $n \gg 0$ 使得 $\ker(u^{\infty}) = \ker(u^n)$, $\operatorname{im}(u^{\infty}) = \operatorname{im}(u^n)$. 若 $x \in \operatorname{im}(u^{\infty})$, $x = u^n(y_n)$ 满足 $u^n(x) = 0$, 则 $y_n \in \ker(u^{2n}) = \ker(u^n)$, 故 $x = 0$. 于是 $\ker(u^{\infty}) \cap \operatorname{im}(u^{\infty}) = \{0\}$.

另一方面, 任意 $x \in M$ 可表作

$$x = \underbrace{(x - u^n(y))}_{\in \ker(u^n)} + \underbrace{u^n(y)}_{\in \operatorname{im}(u^n)}, \qquad y \in M,\ u^n(x) = u^{2n}(y),$$

这样的 y 之所以存在是因为 $\operatorname{im}(u^n) = \operatorname{im}(u^{2n})$; 由此得出 $\ker(u^{\infty}) + \operatorname{im}(u^{\infty}) = M$. 直和分解成立.

容易看出 $u|\ker(u^{\infty})$ 幂零而 $u|\operatorname{im}(u^{\infty})$ 是满射. 从 $\ker(u) \cap \operatorname{im}(u^{\infty}) \subset \ker(u^{\infty}) \cap \operatorname{im}(u^{\infty}) = \{0\}$ 可知 $u|\operatorname{im}(u^{\infty})$ 亦为单射. 证毕. □

6.12 不可分解模

深入不可分解模之前, 我们先考虑一个稍广的概念. 请回忆加性范畴的定义 3.4.12.

定义 6.12.1 加性范畴 $\mathcal{C}$ 中的非零对象 M 称为**不可分解**的, 如果它仅有唯一一种双积表达式 $M = X \oplus Y$ (见定义 3.4.8 及其符号, 在此不论顺序), 由 $\iota_1 = p_1 : M \xrightarrow{\mathrm{id}} M$ 和零态射 $0 \underset{p_2}{\overset{\iota_2}{\rightleftarrows}} M$ 给出, 亦即平凡双积: $X = M$, $Y = 0$.

取定环 R, 定义施于加性范畴 R-Mod 便得到**不可分解模**的概念. 它通常弱于单性.

例 6.12.2 设 R 为主理想环, $\mathfrak{p}$ 为其中的非零素理想, $n \geq 1$, 则 R-模 $R/\mathfrak{p}^n$ 不可分解, 然而在 $n \geq 2$ 时非单.

加性范畴中的自同态集带有环结构. 环中元素 a 如满足 $a^2 = a$ 则称为**幂等元**. 如存在 $m > 1$ 使得 $a^m = 0$ 则称为**幂零元**. 本节还需要进一步的概念.

定义 6.12.3 在本节中, 若环 S 的子集 $S \smallsetminus S^{\times}$ 构成双边理想, 则称 S 是局部环.

当 S 交换时, 这相当于要求 S 有唯一的极大理想 $\mathfrak{m} := S \smallsetminus S^{\times}$, 这是局部交换环的寻常定义.

我们先考察加性范畴 $\mathcal{C}$ 中非零对象的有限直和分解 $M = \bigoplus_{i=1}^{n} M_i$. 根据双积定义 3.4.8 的 n 元情形, 对每个 $1 \leq i \leq n$ 都有投影态射

$$\begin{aligned} p_i : M &\twoheadrightarrow M_i, \\ \sum_{j=1}^{n} m_j &\mapsto m_i, \quad \forall j,\ m_j \in M_j, \end{aligned}$$

再与包含态射 $\iota_i : M_i \hookrightarrow M$ 合成就得到 $e_i = \iota_i p_i \in \mathrm{End}(M)$. 它们有以下性质:

E.1 e_i 是幂等元: $e_i^2 = (\iota_i p_i)(\iota_i p_i) = \iota_i(p_i \iota_i)p_i = \iota_i p_i$;

E.2 正交性: $i \neq j \implies e_i e_j = \iota_i p_i \iota_j p_j = 0$;

E.3 等式 $\sum_{i=1}^{n} e_i = 1$ 在环 $\mathrm{End}(M)$ 中成立.

注意到 $e_i = 1 \iff M_i = M$, 而 $e_i = 0 \iff M_i = \{0\}$.

接着取定环 R 并考察范畴 $\mathcal{C} = R$-**Mod** 的情形. 此时直和项 M_i 可以由幂等态射的核来刻画: $\iota : M_i \xrightarrow{\sim} \ker(\sum_{j \neq i} e_j) \subset M$. 逆观之, 给定满足 **E.1** — **E.3** 的幂等元族 $(e_i)_{i=1}^{n}$, 定义核 $M_i := \ker(\sum_{j \neq i} e_j) \xrightarrow{\iota_i} M$ 如上. 立见 $\mathrm{im}(e_i) \subset M_i$, 因此 e_i 可分解为 $\iota_i p_i$, 其中 $p_i : M \to M_i$. 我们导出

$$\forall i, j,\ p_i \iota_j = \begin{cases} \mathrm{id}_{M_i}, & i = j \\ 0, & i \neq j \end{cases} \quad \because \text{两侧左合成单射 } \iota_i \text{ 后验证},$$

$$\sum_{i=1}^{n} \iota_i p_i = \sum_{i=1}^{n} e_i = \mathrm{id}_M.$$

这无非是双积定义 3.4.8 的 n 元版本, 于是 $\bigoplus_{i=1}^{n} M_i = M$.

命题 6.12.4 对于 R-Mod 的任意非零对象 M, 上述方法给出双射

$$\begin{gathered} \left\{ \text{直和分解} M = \bigoplus\nolimits_{i=1}^{n} M_i,\ M_i \subset M \right\} \\ \updownarrow {\scriptstyle 1:1} \\ \left\{ \mathrm{End}_R(M) \text{ 中的幂等元系 } (e_i)_{i=1}^{n} : \text{满足性质 } \mathbf{E.1} - \mathbf{E.3} \right\}, \end{gathered}$$

直和分解项的重排对应于 $e_1, \ldots, e_n$ 上的重排. 模 M 不可分解当且仅当在环 $\mathrm{End}_R(M)$ 中有 $e^2 = e \implies (e = 0 \vee e = 1)$.

证明 易见上述的双向映射 (直和分解 $\leftrightarrow$ 幂等元系) 是互逆的, 而且显然保持重排作用. 当 $n = 2$ 时, 由上述讨论可知直和分解 $M = X \oplus Y$ 一一对应于幂等元 $e \in \mathrm{End}_R(M)$, 平凡分解对应于 $e = 0, 1$. □

给定一族幂等元 $(e_i)_{i=1}^n$ 模满足 **E.1** 和 **E.2** 者, 可以添入幂等元 $e_{n+1} := 1 - \sum_{i=1}^n e_i$, 扩增后的 $(e_i)_{i=1}^{n+1}$ 仍然正交并满足 $\sum_{i=1}^{n+1} e_i = 1$, 而且每个有 $n+1$ 个元素并满足性质 **E.1** — **E.3** 的幂等元系都来自这套手续.

注记 6.12.5 命题 6.12.4 中的对应对于比 R-Mod 更广的一类范畴也成立. 仔细观察上述讨论, 可知关键在于要求任意幂等自同态 $e: M \to M$ 皆有核 $\ker(e) := \ker(e, 0)$. 满足这种性质的加性范畴称为**伪 Abel 范畴**或 **Karoubi 范畴**. 这个概念在 K-理论和代数几何中有所应用, 在此不细说, 仅需牢记一点: 以后将介绍的 Abel 范畴必是伪 Abel 范畴; 而范畴 R-Mod 既是 Abel 范畴的一类特例, 也是一般理论的样板.

引理 6.12.6 *设 $\mathcal{C}$ 为加性范畴, M 为 $\mathcal{C}$ 中的非零对象.*

1. *若 $\mathrm{End}_R(M)$ 是局部环, 则 M 不可分解.*

2. *当 $\mathcal{C} = R$-Mod, 模 M 不可分解且长度有限时, 任意元素 $u \in \mathrm{End}_R(M)$ 或者幂零, 或者可逆, 而且 $\mathrm{End}_R(M)$ 是局部环.*

证明 如有非平凡的分解 $M = X \oplus Y$, 相应的幂等元 e_1, e_2 非零并满足 $e_1 e_2 = 0$, 故皆不可逆, 然而 $e_1 + e_2 = 1$, 与 $\mathrm{End}(M)$ 的局部性矛盾.

设 M 长度有限, Fitting 引理 6.11.5 蕴涵 $\mathrm{End}_R(M)$ 的元素或幂零或可逆. 为了证明 $\mathrm{End}_R(M)$ 是局部环, 仅需说明在 $\mathrm{End}_R(M)$ 中 (a) 幂零元乘以任何元素依然幂零, (b) 幂零元的和依然幂零. 首先对 (a) 设 $u, v \in \mathrm{End}_R(M)$, 其中 $u \neq 0$ 不可逆. 取 $n \geq 1$ 使得 $u^{n+1} = 0$, $u^n \neq 0$, 由 $u^n(uv) = 0 = (vu)u^n$ 知 uv 和 vu 皆不可逆. 今对 (b) 取幂零元 u_1, u_2. 假若 $u_1 + u_2$ 可逆, 置 $v_i := u_i(u_1+u_2)^{-1}$ $(i = 1, 2)$, $v_1 + v_2 = 1$. 上一步蕴涵 v_1, v_2 不可逆幂零, 由熟悉的公式

$$(1 - v_2)^{-1} = 1 + v_2 + v_2^2 + \cdots \quad (\text{有限和})$$

知 $v_1 = 1 - v_2$ 可逆, 矛盾. □

引理 6.12.7 *设 M, N 为 R-Mod (或任一伪 Abel 范畴, 如上述) 的非零对象, N 不可分解. 若 $u \in \mathrm{Hom}_R(M, N)$, $v \in \mathrm{Hom}(N, M)$ 满足 $vu \in \mathrm{End}(M)$ 可逆, 则 u 和 v 皆为同构.*

证明 置 $e := u(vu)^{-1}v \in \mathrm{End}_R(N)$, 于是乎

$$e^2 = u(vu)^{-1}vu(vu)^{-1}v = u(vu)^{-1}v = e.$$

由 $(vu)^{-1}veu = (vu)^{-1}vu(vu)^{-1}vu = 1$ 和 M 非零可知 $e \neq 0$, 又因为 N 不可分解, 必有 $e = 1$. 于是从 e 的定义看出 u 有右逆, 同时 u 也有左逆 $(vu)^{-1}v: N \to M$, 故 u 为同构. 从而 $v = (vu)u^{-1}$ 亦为同构. □

定理 6.12.8 假设在 R-Mod (或任一伪 Abel 范畴) 中有同构

$$\bigoplus_{i=1}^{r} M_i \simeq \bigoplus_{j=1}^{s} N_j,$$

其中每个 M_i, N_j 都不可分解 (容许重复), $\mathrm{End}(M_i)$, $\mathrm{End}(N_j)$ 皆是定义 6.12.3 意义下的局部环, 则 $r = s$ 而且 $(M_i)_{i=1}^{r}$, $(N_j)_{j=1}^{s}$ 精确到重排是逐项同构的, 亦即

$$\exists \sigma \in \mathfrak{S}_r,\ \forall 1 \le i \le r,\ M_i \simeq N_{\sigma(i)}.$$

证明 不妨设 $s \ge r \ge 1$, 置 $M = \bigoplus_{i=1}^{r} M_i$. 命题 6.12.4 给出环 $\mathrm{End}(M)$ 的幂等元及其分解:

$$\begin{aligned} e_i &: M \xrightarrow{p_i} M_i \xrightarrow{\iota_i} M, \\ f_j &: M \xrightarrow{q_j} N_j \xrightarrow{\kappa_j} M. \end{aligned}$$

使用公式 $p_1\iota_1 = \mathrm{id}_{M_1}$ 可得

$$\sum_{j=1}^{s} p_1 f_j \iota_1 = p_1 \left(\sum_{j=1}^{s} f_j \right) \iota_1 = p_1 \cdot \mathrm{id}_M \cdot \iota_1 = \mathrm{id}_{M_1}.$$

根据条件, $\mathrm{End}(M_1)$ 是局部环, 必存在 j_0 使 $p_1 f_{j_0} \iota_1 \in \mathrm{End}(M_1)^{\times}$; 重排下标以确保 $j_0 = 1$. 由 $p_1 f_1 \iota_1 = (p_1\kappa_1)(q_1\iota_1)$ 配合引理 6.12.7 便得到同构 $q_1\iota_1 : M_1 \xrightarrow{\sim} N_1$ 和 $p_1\kappa_1 : N_1 \xrightarrow{\sim} M_1$. 于是当 $r = s = 1$ 时定理证毕.

以下设 $s > 1$. 将 id_M 按两套直和分解和 §6.3 的办法表成矩阵形式

$$\mathcal{M} : \bigoplus_{i=1}^{r} M_i \xrightarrow{(q_j\iota_i \in \mathrm{Hom}(M_i, N_j))_{i,j \ge 1}} \bigoplus_{j=1}^{s} N_j$$

我们业已说明了矩阵的左上角 $q_1\iota_1$ 是可逆元. 按照线性代数中熟悉的消元法, 将 $\mathcal{M}$ 从左、右分别合成一个可逆方阵后, 可得新的 $\mathcal{M}' : \bigoplus_{i=1}^{r} M_i \to \bigoplus_{j=1}^{s} N_j$ 使其矩阵形如

$$\begin{pmatrix} q_1\iota_1 & 0 & \cdots & 0 \\ 0 & & & \\ \vdots & & \mathcal{M}'' & \\ 0 & & & \end{pmatrix}$$

而且 $\mathcal{M}'$ 依然可逆. 同样由矩阵运算可知块 $\mathcal{M}'': \bigoplus_{i>1} M_i \to \bigoplus_{j>1} N_j$ 亦为同构, 对 $\max\{r, s\}$ 递归地论证即可完成证明. □

推论 6.12.9 (Krull–Remak–Schmidt) 任意长度有限的非零 R-模 M 都能分解为不可分解模的直和 $M = \bigoplus_{i=1}^{n} M_i$, 而且 $M_1, \ldots, M_n$ 在同构和重排的意义下唯一.

证明 唯一性源自引理 6.12.6 和定理 6.12.8. 至于存在性, 设有非平凡分解 $M = X \oplus Y$, 则 $\ell(X), \ell(Y) < \ell(M)$; 若 X, Y 中任一者可分, 续行如是操作, 分解必在 $\ell(M)$ 步内停止. 以上的 ℓ 表示模的长度. □

推论 6.7.9 中有限交换群的结构定理如按注记 6.7.10 的办法细分, 可视为 Krull–Remak–Schmidt 定理的一个简单特例.

习题

1. 对于小范畴 I 以及函子 $\alpha: I \to R\text{-}\mathsf{Mod}$, 在对象层面记作 $i \mapsto M_i$, 证明 $\varinjlim_i M_i := \varinjlim \alpha$ 有直接的构造如下:
$$\varinjlim_i M_i := \left(\bigoplus_{i \in \mathrm{Ob}(I)} M_i \right) \Big/ N,$$
其中子模 $N = \left\langle \alpha(f)(x_i) - x_i : i \xrightarrow{f} j,\ x_i \in M_i \right\rangle$.

2. 任取环 A 和右 A-模 $V = A^{\oplus I}$, 其中 I 为无穷集. 证明环 $R := \mathrm{End}(V_A)$ 满足 $(R_R)^{\oplus 2} \simeq R_R$, 因此 R 不满足右不变基数性质. 提示〉 选取同构 $V \xrightarrow{\sim} V \oplus V$ 并应用函子 $\mathrm{Hom}_A(V, -)$.

3. 回忆范畴中心的概念 (定义 2.3.8), 对任意环 R 证明 $\mathsf{Mod}\text{-}R$ 的中心等同于环的中心 Z_R. 提示〉 先观察到 R 视为右 R-模其自同态环等同于 R.

4. 完整证明注记 6.5.10 的断言.

5. 对于主理想环 R 上的有限生成模 N, 证明子模 N_0 的初等因子 $\mathfrak{d}(N_0)_1 \supset \cdots$ 可以作为子理想插入 N 的初等因子 $\mathfrak{d}(N)_1 \supset \cdots$; 阐明这句话的意义, 并对商模证明同样结果. 提示〉 化约到 $N = N[p^\infty]$ 的情形, 利用 (6.3) 证明 N_0 的图表 (6.4) 可以嵌入 N 的图表.

6. 命题 6.8.6 中的连接同态具备函子性, 试解释之.

7. (Schanuel 引理) 给定 $R\text{-}\mathsf{Mod}$ 中的短正合列
$$0 \to K \to P \xrightarrow{\phi} M \to 0,$$
$$0 \to L \to Q \xrightarrow{\psi} M \to 0,$$
其中 P, Q 都是投射左 R-模.

   (a) 定义子模 $X := \{(p, q) \in P \oplus Q : \phi(p) = \psi(q)\}$, 说明有自然的短正合列 $0 \to L \to X \to P \to 0$ 和 $0 \to K \to X \to Q \to 0$;

(b) 证明 $K\oplus Q\simeq L\oplus P$. 提示〉 应用命题 6.9.8.

8. 置 $\mathbb{Z}_{(p)}:=\bigcup_{k\geq 0}p^{-k}\mathbb{Z}$, 证明 $\mathbb{Z}_{(p)}/\mathbb{Z}$ 作为 $\mathbb{Z}$-模是 Artin 模, 然非 Noether 模.

9. 令 R 为整环而 K 为其分式域. 若对每个 $x\in K^{\times}$ 皆有 $x\in R$ 或 $x^{-1}\in R$, 则称 R 为赋值环 (亦见定义 10.6.2).

(i) 证明赋值环 R 中的有限生成理想都是主理想;

(ii) 证明赋值环 R 是 Noether 环当且仅当 R 是主理想环;

(iii) 说明 $\mathbb{C}[\![t]\!]$ 是 Noether 赋值环, 而 $\bigcup_{n\geq 1}\mathbb{C}[\![t^{1/2^n}]\!]$ 是非 Noether 的赋值环.

10. 定义 $\mathbb{Z}$-模 $D:=\mathbb{R}\underset{\mathbb{Z}}{\otimes}(\mathbb{R}/\pi\mathbb{Z})$, 此处 π 表圆周率. 证明在 D 中 $a\otimes b=0\iff a=0$ 或 $b\in\mathbb{Q}\pi$. 提示〉 方向 $\Longleftarrow$ 比较容易. 对于 $\Longrightarrow$, 一种方法是表 $\mathbb{R}$ 为其一切有限生成 $\mathbb{Z}$-子模 M 的滤过 $\varinjlim$, 则命题 6.9.2 说明 $D\simeq\varinjlim_M\left(M\underset{\mathbb{Z}}{\otimes}\mathbb{R}/\pi\mathbb{Z}\right)$, 右侧仍是滤过 $\varinjlim$. 故若 $a\in\mathbb{R}\smallsetminus\{0\}$ 满足 $a\otimes b=0$, 则存在有限生成 $\mathbb{Z}$-子模 $M\subset\mathbb{R}$, $M\supset\mathbb{Z}a$ 满足于 $a\otimes b\mapsto 0\in M\underset{\mathbb{Z}}{\otimes}\mathbb{R}/\pi\mathbb{Z}$; 用初等因子定理 6.7.7 证明此时必有 $b\in\mathbb{Q}\pi$.

11. (Hilbert 第三问题) 按定义, 三维 Euclid 空间 $\mathbb{E}^3$ (取定原点后 $\simeq\mathbb{R}^3$) 中的多面体是由有限多个半平面 $H_\alpha=\{x\in\mathbb{E}^3:\alpha(x)\geq 0\}$ 交出的有界子集 P, 其中 $\alpha:\mathbb{E}^3\to\mathbb{R}$ 是仿射函数; 具体观之, 它们无非是中学数学里的空间多面体, 例如

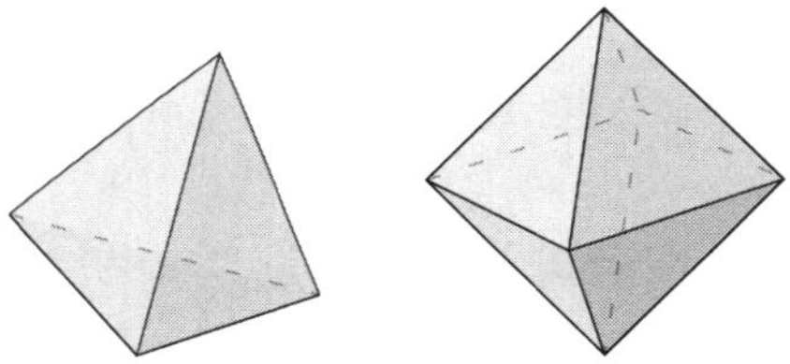

等等. 能经由一连串平移、镜射和旋转而叠合的两个多面体称为全等的, 我们今后仅在全等意义下考察多面体. 其严格定义则是凸分析的内容.

若两个多面体 P,P' 能各自剖分成同样多份较小的多面体 (比方用平面切割)

$$P=P_1\cup\ldots\cup P_r,\quad P'=P_1'\cup\cdots\cup P_r'$$

使得对每个 P_i 皆全等于 P_i', 则称 P 和 P' 是剖分全等的. 按常理, 任何关于多面体体积的合理概念都应当在剖分全等下不变; 对于二维空间 $\mathbb{E}^2$ 自然也有相应的定义. 为了研究多面体的体积, Euclid 在《几何原本》卷 XI 运用了所谓的 Eudoxus 穷竭法, 这是现代极限概念的先声. 包括 Gauss 在内的许多数学家对此不甚满意, 他们问: 是否能用初等的剖分方法来判定两个多面体有相同体积? 二维情形的答案是肯定的 (Bolyai–Gerwien 定理, 见 [17, Theorem 24.7]), 三维情形则是 Hilbert 在 1900 年世界数学家大会上提出的问题之一. 以下勾勒 M. Dehn 对此的否证.

(i) 对于多面体 P 的棱 E, 记其长度为 $\ell(E)\in\mathbb{R}$, 而其二面角 $\angle E\in\mathbb{R}/\pi\mathbb{Z}$ 定义如下: 任取过 E 内部一点 x 并与 E 垂直的平面 L, 计算多边形 $L\cap P$ 在顶点 x 处的内角即是 $\angle E$. 定义 P 的 Dehn 不变量为

$$\delta(P):=\sum_{E:\text{棱}}\ell(E)\otimes\angle E\in A.$$

证明任意立方体的 δ 为 0. 证明棱长为 ℓ 的正四面体的 δ 为 $6\ell \otimes \arccos(\frac{1}{3})$.

(ii) 证明若空间中某一平面 $\alpha = 0$ 将多面体 P 切成两份 $P = P_+ \cup P_-$, 这里 $P_\pm := P \cap \{\pm\alpha \geq 0\}$, 则 $\delta(P) = \delta(P_+) + \delta(P_-)$. 所以 Dehn 不变量在剖分全等下保持不变.
提示〉 讨论平面 $\alpha = 0$ 截出的新棱, 典型状况含以下几种

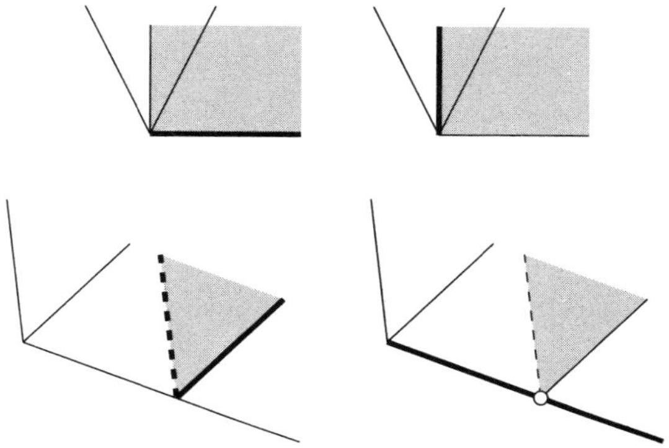

其中粗线代表所考虑的新棱, 阴影是平面截出的部分. 以张量积的性质导出 $\delta(P) = \delta(P_+) + \delta(P_-)$.

(iii) 证明正四面体不可能与立方体剖分全等, 尽管它们的体积可以相同. 提示〉 问题归结为 $\arccos(\frac{1}{3}) \notin \mathbb{Q}\pi$. 读者可尝试直接论证, 或承认之后的命题 9.8.5.

注记: J.-P. Sydler (1965) 证明了 $\mathbb{E}^3$ 中两个多面体 P, P' 剖分全等当且仅当它们有相同的体积与 Dehn 不变量.

12. 证明推论 6.7.11 的构造 $A \mapsto A^\vee$ 给出从有限交换群范畴 FinAb 到 $\mathsf{FinAb}^{\mathrm{op}}$ 的等价, 并说明它是正合函子.

13. 对于具有指数的交换群 A, 证明 (6.5) 的同态 ι_A 是单射. 提示〉 容易处理循环群的情形, 利用 $\mathbb{Q}/\mathbb{Z}$ 是可除 $\mathbb{Z}$-模的性质以过渡到一般情况.

14. 用图追踪完成命题 6.8.7 的证明.

第七章 代数初步

代数学中出现的许多环结构同时是域上的向量空间: 环的加法来自向量空间加法, 而乘法 $(x, y) \mapsto xy$ 是向量空间上的双线性型. 典型例子是域 $\Bbbk$ 上的 $n \times n$ 矩阵环 $M_n(\Bbbk)$. 实践中这类结构屡见不鲜, 称为域上的"代数". 一般地说, 代数既可以看作是带有交换环 R 的纯量乘法的环, 又能视为叠架在 R-模上的环结构; 后一视角在幺半范畴和辫结构的框架下有深远的推广.

除了代数的一般概念, 包括张量积和域变换等操作, 本章还涉及:

1. 整性和有限性: 这些概念常见于域论和交换环论, 本章乘势予以一般的处理. 这方面一个重要且有趣的结果是 Frobenius 定理 7.2.9, 它断言有限维可除 $\mathbb{R}$-代数在同构意义下只有 $\mathbb{R}, \mathbb{C}, \mathbb{H}$ 三种.
2. 张量代数和由之衍生的对称代数和外代数: 它们是微分几何学的基本工具, 也是线性代数学的自然延伸; 譬如用外代数能为 $\mathbb{C}^n$ 的全体 k-维子空间赋予自然的几何结构, 称为 Grassmann 簇. 为了进行有系统的探究, 代数和张量积的抽象概念实属必要, 分次结构的概念也会自然地出现. 范畴语言在这些问题上将展现它独有的威力.
3. 迹和范数也是域论所需的概念, 它们本质上无非是线性代数的某种推广; 是以本章将在一般的框架下加以梳理, 并处理一般交换环上的行列式理论.

阅读提示

基于编排考量, 无法在本章多谈有趣的具体例子, 读者应以掌握矩阵代数的性质为首务. 因此本章的形式化风格也偏重, §7.2 和 §7.7 对此或有一定程度的调节作用.

张量积和分次结构是研究张量代数的必要准备, 为此还需要范畴语言. 不过读者亦可反其道而行: 因为张量代数兴许是一种更"具体"的数学对象 (至少更实用), 由之贯通前述各项预备知识也不失为一种办法, 这也合乎历史发展的顺序. §7.8 的结果只会在域论的研究中用到.

张量代数的详细讨论理应是线性代数课程的内容, 读者可参照标准教材如 [52, 第六章].

7.1 交换环上的代数

以下设 R 为非零交换环, 其上的模不必分左右, 但以下习惯用左模的记法. 本书所谓的代数都是含幺结合代数.

回忆到 R-模自动是 (R,R)-双模, 按 $rmr' := rr'm$ 定义双边纯量乘法便是. 以下将采用平衡积 (定义 6.5.5) 的 (R,R)-双模版本, 在注记 6.5.10 已有说明.

定义 7.1.1 环 R 上的**代数**意指一个兼具环与 R-模结构的集合 A, 使得环的加法等于 R-模的加法, 而环的乘法 $(x,y)\mapsto xy$ 是平衡积 $A\times A\to A$ (视 A 为 (R,R)-双模), 后者等价于:

$$(rx)y = x(ry) = r(xy), \quad x,y\in A,\ r\in R.$$

代数 A_1, A_2 间的同态意谓 R-线性的环同态 $A_1\to A_2$, 同理可对 R-代数定义同构的概念. 子代数是在纯量乘法下封闭的子环, 左/右理想和双边理想的定义类似.

约定 7.1.2 为了使理论规整, 如无另外申明, 本章不假设 R-代数 A 是非零环. 这么做的便利可以从定义 7.1.6 察见端倪.

代数 A 对双边理想 I 的全体 (加法) 陪集构成商 A/I, 它兼具现成的环结构和商模结构, 易见 A/I 对此构成一个代数, 自然地称为商代数. 准此要领, 可以探讨 R-代数之间的同构、商、同态的核等等概念. 如果代数 A 作为环是除环, 便称 A 为**可除代数**.

对于理想 $I\subset R$, 容易看出 $IA := \{\sum_k t_k a_k : \forall k,\ t_k\in I, a_k\in A\}$ 构成 A 的理想.

以 1 表 A 的乘法幺元, Z_A 表 A 的中心. 因为定义蕴涵

$$rx = 1\cdot rx = (r\cdot 1)x, \quad rx = rx\cdot 1 = x\cdot(r\cdot 1),$$

纯量乘法可以无歧义地写作左乘或右乘. 又由于上式导致 $(rs)\cdot 1 = r(s\cdot 1) = (r\cdot 1)(s\cdot 1)$, 映射 $r\mapsto r\cdot 1$ 给出环同态 $\sigma: R\to Z_A$. 反过来说, 给定环同态 $\sigma: R\to A$ 也就赋予了 A 一个 R-模结构 $\sigma(r)a = ra$, 左侧为环乘法, 右侧为模的纯量乘法; 它满足定义 7.1.1 当且仅当 $\operatorname{im}(\sigma)\subset Z_A$.

命题 7.1.3 在环 A 上给定 R-代数结构相当于给定环同态 $\sigma: R\to Z_A$, 两者的对应由 $\sigma(r)a = ra$ 确定. 两个 R-代数间的同态 $\phi: A_1\to A_2$ 无非是令下图交换的环同态

$\phi : A_1 \to A_2$:

$$\begin{array}{ccc} A_1 & \xrightarrow{\phi} & A_2 \\ & {\scriptstyle\sigma_1}\nwarrow \quad \nearrow{\scriptstyle\sigma_2} & \\ & R & \end{array}$$

其中同态 $\sigma_i : R \to Z_{A_i}$ 确定 A_i 的 R-代数结构 $(i = 1, 2)$.

证明 先前已经说明了代数与同态 $R \to Z_A$ 的对应. 对于环同态 $\phi : A_1 \to A_2$ 如上, 记 1_{A_i} 为 A_i 的幺元, 由等式 $\phi(ra) = \phi(r \cdot 1_{A_1})\phi(a)$ 可知 ϕ 是 R-线性的当且仅当 $\phi(r \cdot 1_{A_1}) = r \cdot 1_{A_2}$, 此即断言的条件. □

记 R-代数所成范畴为 R-Alg. 当 R 是域时可以谈论代数的维数.

注记 7.1.4 一个重要的特例是当 $R = \mathbb{Z}$ 时, R-代数与环是一回事, 或者说 Ring $\simeq$ $\mathbb{Z}$-Alg; 所以代数可视为环的推广. 对此至少有两种解释.

(i) 交换群和 $\mathbb{Z}$-模是一回事, 或者说范畴 Ab 与 $\mathbb{Z}$-Mod 等价 (实为同构).

(ii) 对任何环 A 存在唯一的同态 $\mathbb{Z} \to A$ (5.2), 其像落在子环 Z_A 中, 或者说 $\mathbb{Z}$ 是环范畴 Ring 的始对象.

代数的初步例子包括:

◇ 任意除环 D 皆是其素子域上的代数;

◇ 交换环 R 上幺半群环 (见 §5.6) 是 R-代数; 作为特例, 群环与熟知的多项式环当然也是代数;

◇ 交换环 R 上的 $n \times n$-矩阵环 $M_n(R)$ 是 R-代数.

例 7.1.5 从可分无穷维 Hilbert 空间 $\mathcal{H}$ 映到自身的有界算子构成 $\mathbb{C}$-代数 $B(\mathcal{H})$, 紧算子所成子集记作 $K(\mathcal{H})$. 由基本的算子理论 (如 [53, §4.1]) 可知 $K(\mathcal{H})$ 是 $B(\mathcal{H})$ 的双边真理想. 商 $B(\mathcal{H})/K(\mathcal{H})$ 被称为 Calkin 代数, 它在算子理论和指标理论中是自然的对象; 考虑 $B(\mathcal{H})/K(\mathcal{H})$ 相当于考虑有界算子在紧算子微扰下的类. 此类代数还带有一些源于分析的额外结构 (所谓 C^*-代数), 这是代数学与分析学交融的例证之一.

视 R 为 R-模. 对于任意 R-模 M, (i) 指定 M 中的元素 m 相当于指定模同态 $\eta : R \to M$, 两者间的关系是 $\eta(1) = m$; (ii) 指定 (R, R)-双模的平衡积 $m : M \times M \to M$ 相当于指定 R-模的同态 $\mu : M \underset{R}{\otimes} M \to M$ 使得 $\mu(x \otimes y) = m(x, y)$. 这是注记 6.5.10 中张量积的泛性质的直接转译. 由于 R 交换, 张量积理论在此较 §6.5 的情形大大简化了.

现在我们可以将定义 7.1.1 改写为以下的图表形式, 彼此之间的过渡应是容易的, 请读者试着验证. 我们将 R-模的张量积函子 $- \underset{R}{\otimes} -$ 简写作 $- \otimes -$.

定义 7.1.6 交换环 R 上的代数是以下结构

◇ 一个 R-模 A,

◇ 乘法态射 $\mu: A\otimes A\to A$,

◇ 幺元或称单位态射 $\eta: R\to A$,

使得以下各图表皆交换:

(i) 乘法结合律

$$\begin{array}{ccccc} A\otimes(A\otimes A) & & \xrightarrow{\quad\sim\quad} & & (A\otimes A)\otimes A \\ {\scriptstyle \mathrm{id}\otimes\mu}\downarrow & & & & \downarrow{\scriptstyle \mu\otimes\mathrm{id}} \\ A\otimes A & \xrightarrow[\mu]{} & A & \xleftarrow[\mu]{} & A\otimes A \end{array}$$

其中的自然同构 (“结合约束”) $A\otimes(A\otimes A)\simeq(A\otimes A)\otimes A$ 来自命题 6.5.12;

(ii) 左/右幺元律

$$\begin{array}{ccccc} A\otimes R & \xrightarrow{\mathrm{id}\otimes\eta} & A\otimes A & \xleftarrow{\eta\otimes\mathrm{id}} & R\otimes A \\ & {\scriptstyle\simeq}\searrow & \downarrow{\scriptstyle\mu} & \swarrow{\scriptstyle\simeq} & \\ & & A & & \end{array}$$

其中的自然同构 $R\otimes A\simeq A$ 和 $A\otimes R\simeq A$ 来自命题 6.5.13.

从代数 (A_1,μ_1,η_1) 到 (A_2,μ_2,η_2) 的同态 $\phi: A_1\to A_2$ 是使得下列各图交换的模同态:

$$\begin{array}{ccc} A_1\otimes A_1 & \xrightarrow{\mu_1} & A_1 \\ {\scriptstyle\phi\otimes\phi}\downarrow & & \downarrow{\scriptstyle\phi} \\ A_2\otimes A_2 & \xrightarrow[\mu_2]{} & A_2 \end{array} \qquad \begin{array}{ccc} A_1 & \xrightarrow{\quad\phi\quad} & A_2 \\ {\scriptstyle\eta_1}\nwarrow & & \nearrow{\scriptstyle\eta_2} \\ & R & \end{array}$$

子代数、左右理想等可以依法用图表和子模定义. 这种定义方法的特色在于: 一旦将 R-模范畴、张量积函子 $-\otimes-$ 和扮演 “幺元” 角色的对象 R 视为给定了的, R-代数的定义可以完全由箭头及其合成来表述. 当 A 取为零模时就得到零代数.

例 7.1.7 回忆注记 6.6.4: R-模之间的 Hom-集有自然的 R-模结构, 同态合成是 R-双线性型, 因而任意 R-模 M 的自同态构成一个 R-代数 $\mathrm{End}_R(M)$.

例 7.1.8 在上个例子中取自由模 $M=R^{\oplus n}$. 其自同态代数无非是 R 上的矩阵代数 $M_n(R)$. 熟知的矩阵理论告诉我们 $M_n(R)$ 是秩 n^2 的自由 R-模, 具有一组基

$$E_{ij} := (a_{kl})_{1\le k,l\le n},\quad a_{kl}=\begin{cases}1, & (k,l)=(i,j),\\ 0, & (k,l)\neq(i,j).\end{cases}$$

由于代数的乘法具双线性, $M_n(R)$ 的结构完全由基的乘法确定:

$$E_{ij}E_{kl} = \begin{cases} E_{il}, & j = k, \\ 0, & j \neq k \end{cases} \tag{7.1}$$
$$= \delta_{j,k}E_{il};$$

这里 $\delta_{j,k}$ 是 Kronecker 的 δ 记号: 当 $j = k$ 时 $\delta_{j,k} = 1$, 否则为零.

一般说来, 如果代数 A 作为 R-模带有一组基 $(e_i)_{i\in I}$ (当 R 为域时总是有基), 那么 A 的结构完全由基的乘法

$$e_ie_j = \sum_{k\in I} a_{i,j}^k e_k, \quad i,j \in I$$

所确定, 资料 $(a_{i,j}^k \in R)_{i,j,k\in I}$ 称为 A 对这组基的**结构常数**.

进一步, 我们还可以考虑任意 R-代数 A 上的 $n \times n$-矩阵环 $M_n(A)$, 借助 $a \mapsto \begin{pmatrix} a & & \\ & \ddots & \\ & & a \end{pmatrix}$ 将 A 嵌入为 $M_n(A)$ 的子环, 从标准的矩阵操作遂可导出 $Z_A = Z_{M_n(A)}$; 特别地, $M_n(A)$ 也是 R-代数. 仍定义矩阵 E_{ij} 如上, 则 $M_n(A)$ 是自由左 A-模:

$$M_n(A) = \bigoplus_{1\leq i,j\leq n} AE_{ij},$$

而 $M_n(A)$ 的 R-代数结构完全由上述分解, A 的 R-代数结构, 等式 (7.1) 连同 $aE_{ij} = E_{ij}a$ 所确定, 其中 $a \in A$ 而 $1 \leq i,j \leq n$.

根据命题 6.3.6, 环 $M_n(A)$ 也可以理解为 $\mathrm{End}((A_A)^{\oplus n})$, 其中 A_A 表示 A 视为右 A-模, 而 $\mathrm{End} = \mathrm{End}_{\mathsf{Mod}\text{-}A}$. 这就为 $M_n(A)$ 给出了一个内禀的、不依赖基底选取的诠释: 它是一个秩 n 自由右 A-模的自同态环. 由于 $R \hookrightarrow Z_A$ 在右 A-模上的纯量乘法给出自同态, 如此 $M_n(A)$ 的 R-代数结构亦属自明. 形如 $M_n(A)$ 的代数或其子代数是非交换环论不竭的思想源头, 一如学习线性代数时一般, 内禀观点与矩阵观点必须一并掌握.

7.2 整性, 有限性和 Frobenius 定理

设 A 为交换环 R 上的代数; 本节一律假设 $A \neq \{0\}$. 对于任意 $x \in A$, 定义 $R[x]$ 为包含 x 的最小子代数, 也说是 x 生成的子代数. 单变元多项式的取值 (5.12) 给出满

同态

$$\begin{aligned} \mathrm{ev}_x : R[X] &\longrightarrow R[x] \subset A \\ \left(f(X) = \sum_k a_k X^k \right) &\longmapsto f(x) = \sum_k a_k x^k \end{aligned}$$

符号 $R[x]$ 的意义因而是直观的. 更一般地说, 对任意 $x, y, \ldots \in A$ 皆可考虑它们生成的子代数 $R[x, y, \ldots]$, 不过一般只考虑它们两两交换的情形, 此时多项式的取值依然给出满同态

$$\mathrm{ev}_{(x,y,\ldots)} : R[X, Y, \ldots] \twoheadrightarrow R[x, y, \ldots].$$

于是 $R[x, y, \ldots]$ 总是交换的.

定义 7.2.1 (整性) 若对 $x \in A$ 存在 $n \geq 1$ 与 $a_0, \ldots, a_{n-1} \in R$ 使得

$$x^n + a_{n-1}x^{n-1} + \cdots + a_0 = 0, \tag{7.2}$$

则称 x 在 R 上是整的.

譬如当 $R = \mathbb{Z}$, $A \subset \mathbb{C}$ 时, $x \in A$ 整当且仅当它是整系数首一多项式的根, 亦即 x 是代数整数.

任意环 S 上的一个左模 N 称为是忠实的, 如果 $\mathrm{ann}(N) = \{0\}$; 换言之 $s \in S$ 满足于 $sN = \{0\}$ 当且仅当 $s = 0$. 右模亦同. 代数 A 透过左乘成为忠实 $R[x]$-模, 事实上 A 的任何包含 1 的子模皆是忠实的.

定理 7.2.2 对任意 $x \in A$, 以下陈述等价:

(i) x 在 R 上为整;

(ii) $R[x]$ 是有限生成 R-模;

(iii) x 包含于 A 的一个忠实 $R[x]$-子模 M, 其中 M 作为 R-模有限生成.

作为 (iii) 的特例, 当 A 是有限生成 R-模时每个 $x \in A$ 皆整.

论证将用到任意交换环上的行列式及伴随矩阵理论. 读者对域上的情形理应是熟悉的, 例如 [51, 命题 4.11]; 一般情形可以类似地论证, 我们会在定理 7.8.2 详述.

证明 (i) $\implies$ (ii). 设 x 在 R 上整, 由 (7.2) 可将任何以 R 为系数的 x 的多项式逐步改写成次数 $< n$ 的形式, 故 $R[x] = \sum_{k=0}^{n-1} Rx^k$ 有限生成.

(ii) $\implies$ (iii) 属显然.

(iii) $\implies$ (i). 设 $x \in M = \sum_{k=1}^{m} Rb_k$. 从 $xM \subset M$ 可知存在矩阵 $T =$

$(t_{ij})_{1\leq i,j\leq m} \in M_m(R)$ 使得

$$xb_i = \sum_{j=1}^{m} t_{ij}b_j, \quad i = 1, \ldots, m$$

亦即矩阵等式

$$(x \cdot 1_{m\times m} - T)\begin{pmatrix} b_1 \\ \vdots \\ b_m \end{pmatrix} = \begin{pmatrix} 0 \\ \vdots \\ 0 \end{pmatrix}. \tag{7.3}$$

暂且引入形式变元 X, 置 $S(X) := X \cdot 1_{m\times m} - T \in M_m(R[X])$, 记其伴随矩阵为 $S^\vee(X)$, 则 $S^\vee(X)S(X) = P(X) \cdot 1_{m\times m}$, 在此 $P(X) := \det(X \cdot 1_{m\times m} - T) \in R[X]$ 是 T 的特征多项式, 它当然是 m 次首一的. 将 (7.3) 两边同时左乘以 $S^\vee(x) = \mathrm{ev}_x(S^\vee(X))$, 由 $M_m(R[x])$ 中的等式 $S^\vee(x)S(x) = P(x) \cdot 1_{m\times m}$ 遂得

$$P(x)b_i = 0, \quad i = 1, \ldots, m.$$

故 $P(x)M = 0$, 忠实性条件遂蕴涵整性 $P(x) = 0$. □

推论 7.2.3 设 $\{x_i\}_{i\in I}$ 是 A 中一族对乘法两两交换的整元, 则它们生成的子代数 $R[\{x_i\}_{i\in I}]$ 中每个元素皆整. 作为推论, 若 $x, y \in A$ 是相交换的整元而 $r, s \in R$, 那么 $rx + sy$ 和 xy 皆整.

证明 由于 $R[\{x_i\}_{i\in I}]$ 中的每个给定元素可以由有限多个 x_i 表达, 仅需考虑有限个元素 $x_1, \ldots, x_n$ 的情形即可. 考虑交换 R-代数 $R_m := R[x_1, \ldots, x_m] \subset A$, $R_0 := R$, 则对每个 $0 \leq m < n$:

- ◇ $R_m \subset R_{m+1} = R_m[x_{m+1}]$;
- ◇ x_{m+1} 既在 R 上整, 自然也在 R_m 上整, 故定理 7.2.2 之 (ii) 说明 R_{m+1} 是有限生成 R_m-模.

于是可以递归地推出 R_n 是有限生成 R-模. 定理 7.2.2 之 (iii) 蕴涵 R_n 中的元素皆整 (取 $M = R_n$). 证毕. □

注记 7.2.4 给定整元 x, y 及其满足的多项式方程 (7.2), 以上证明仅是抽象地指出 $x + y$ 和 xy 为整. 如欲具体构造以 $x + y$ 或 xy 为根的首一多项式, 经典的办法是使用**结式**.

实际应用中 R 为域的情形占了相当比重. 因此以下取定一个域 $\Bbbk$, 并且令 A 为 $\Bbbk$-代数. 此时 $\Bbbk[X]$ 是主理想环 (例 5.7.7). 因为域的真理想只有 $\{0\}$, 同态 $\Bbbk \to Z_A$ 必为单射, $\Bbbk$ 可以视同 A 的子环.

定义 7.2.5 对 $\Bbbk$-代数 A 中元素 x, 考察取值同态 $\mathrm{ev}_x : \Bbbk[X] \to A$, 其核 $\ker(\mathrm{ev}_x)$ 可以表作主理想 (P_x).

- ◇ 若 $P_x = 0$, 则 x 不是任何非零多项式在 A 中的根, 我们说 x 在 $\Bbbk$ 上是**超越**的;
- ◇ 若 $P_x \neq 0$, 则称 x 在 $\Bbbk$ 上是**代数**的; 将 P_x 除以其最高次项系数, 可取 P_x 为首一多项式以确保唯一性. 由于 P_x 是 $\ker(\mathrm{ev}_x)$ 中最低次的首一多项式, 可以合理地称之为 x 的**极小多项式**.

以上讨论也说明在域 $\Bbbk$ 上整性等价于代数性. 多项式 P_x 可谓内在地刻画了子代数 $\Bbbk[x] \simeq \Bbbk[X]/(P_x)$ 的结构.

引理 7.2.6 设 A 为 $\Bbbk$-代数, 对于 A 中的代数元 x

$$x \text{ 左可逆} \iff x \text{ 在 } \Bbbk[x] \text{ 中可逆} \iff x \text{ 右可逆}.$$

证明 显然 $x \in \Bbbk[x]^\times$ 蕴涵 x 在 A 中左右皆可逆. 反过来说, 表极小多项式为 $P_x(X) = X^n + \cdots + a_1 X + a_0$. 若 x 左可逆或右可逆, 则必有 $a_0 \neq 0$, 否则

$$x(x^{n-1} + \cdots + a_1) = (x^{n-1} + \cdots + a_1)x = 0 \implies x^{n-1} + \cdots + a_1 = 0,$$

从而 x 将是一个次数更低的多项式的根. 于是从

$$x(x^{n-1} + \cdots + a_1) = -a_0 \in \Bbbk^\times$$

导出 $x \in \Bbbk[x]^\times$. □

引理 7.2.7 若 $\Bbbk$-代数 A 中没有零元之外的零因子, 则 $\Bbbk[x]$ 对任何代数元 $x \in A$ 都是域, 同时 P_x 不可约而 $\dim_\Bbbk \Bbbk[x] = \deg P_x$.

证明 将 A 的 $\Bbbk$-子代数 $\Bbbk[x]$ 表作 $\Bbbk[X]/(P_x)$. 其中无非零的零因子故 (P_x) 必为 $\Bbbk[X]$ 的素理想. 因为 $\Bbbk[X]$ 是主理想环, 定理 5.7.5 蕴涵 P_x 不可约且 $\Bbbk[X]/(P_x)$ 为域. 作为 $\Bbbk$-向量空间, $\Bbbk[X]/(P_x)$ 具有显然的基 $\{X^i : 0 \leq i < \deg P_x\}$, 故维数为 $\deg P_x$. □

在有限维 $\Bbbk$-代数 A 中, 每个元素 x 都是代数的. 如取定 A 的一组基 $a_1, \ldots, a_n$, 则有 $\Bbbk$-代数的嵌入

$$m : A \longrightarrow \mathrm{End}_\Bbbk(A) \simeq M_n(\Bbbk)$$
$$a \mapsto [m_a : x \mapsto ax].$$

因此 A 能具体实现在矩阵代数中, 部分性质能借此约到矩阵情形, 譬如 $xy = 1 \iff yx = 1$. 然而这种情况并不多见.

最早吸引数学家注意的是 $\Bbbk = \mathbb{R}$ 上的有限维代数, $\mathbb{R}$, $\mathbb{C}$, $M_n(\mathbb{R})$, 和例 5.2.7 的四元数代数 $\mathbb{H}$ 是经典的例子. 其中实数域 $\mathbb{R}$ 和复数域 $\mathbb{C}$ 是熟悉的, 矩阵代数 $M_n(\mathbb{R})$ 既不交换也不可除, 而 $\mathbb{H}$ 的性质则引人瞩目: 它是 4 维非交换可除代数, 这是先贤们在寻

求复数域推广的征途上获得的首个非凡成果. 自然的问题是: 在同构意义下, 是否还有其他的有限维可除 $\mathbb{R}$-代数? 答案是否定的.

引理 7.2.8 设环 A 没有零元之外的零因子, 而 $x \in A$.

(i) 若 A 是 $\mathbb{C}$-代数而 x 在 $\mathbb{C}$ 上为代数元, 则 $\mathbb{C}[x] = \mathbb{C}$.

(ii) 若 A 是 $\mathbb{R}$-代数而 x 在 $\mathbb{R}$ 上为代数元, 则 $\mathbb{R}[x] = \mathbb{R}$ 或 $\mathbb{R}[x] \simeq \mathbb{C}$.

特别地, 若 $\mathbb{C}$-代数 A 的元素都是代数元, 则 $A = \mathbb{C}$.

证明 考虑 x 在 $\mathbb{R}$ 或 $\mathbb{C}$ 上的极小多项式 P_x, 由引理 7.2.7 知 P_x 不可约. 在 $\mathbb{C}$-代数的情形, 代数基本定理断言不可约复多项式只能是一次的, 故 $\mathbb{C}[x] = \mathbb{C}$. 在 $\mathbb{R}$-代数的情形, 若 $\deg P_x = 1$ 则 $x \in \mathbb{R}$ 而 $\mathbb{R}[x] = \mathbb{R}$. 否则 P_x 是无实根的二次多项式 $X^2 - 2bX + c$: 这也是代数基本定理的推论. 以下证明 $\mathbb{R}[X]/(P_x) \simeq \mathbb{C}$. 作配方

$$P_x(X) = (X-b)^2 - b^2 + c = (c-b^2)(Y^2+1), \quad Y := \frac{X-b}{\sqrt{c-b^2}}.$$

任何 $f(X) \in \mathbb{R}[X]$ 都能改写成变元 Y 的多项式, 记作 $\tilde{f}(Y) \in \mathbb{R}[Y]$. 所求同构表作

$$\begin{array}{ccccc} \mathbb{R}[X]/(P_x) & \xrightarrow{\sim} & \mathbb{R}[Y]/(Y^2+1) = \mathbb{R} \oplus \mathbb{R}Y & \xrightarrow{\sim} & \mathbb{C} \\ f(X) \bmod (P_x) & \longmapsto & \tilde{f}(Y) \bmod (Y^2+1) & \longmapsto & \tilde{f}(i) \\ & & r + sY \bmod (Y^2+1) & \longmapsto & r + si \end{array}$$

其中 $i \in \mathbb{C}$ 是 -1 的平方根. 读者不妨参酌例 8.2.2. □

定理 7.2.9 (F. G. Frobenius, 1877) 设 D 是可除 $\mathbb{R}$-代数, 并且其中每个元素都是代数元, 则 D 同构于 $\mathbb{R}, \mathbb{C}$ 或 $\mathbb{H}$.

留意到有限维代数中的元素都是代数元. 以下证明取自 [26, (13.12)], 它同时阐明 $\mathbb{H}$ 中乘法定义其实是自然而然的.

证明 (R. Palais) 以下不妨设 $\dim_{\mathbb{R}}(D) \geq 2$ (否则 $D = \mathbb{R}$). 引理 7.2.8 说明对任意 $x \in D \smallsetminus \mathbb{R} \implies \mathbb{R}[x] \simeq \mathbb{C}$, 因而在 D 中至少能嵌入一份 $\mathbb{C}$. 以下固定一份嵌入 $\mathbb{C} \hookrightarrow D$ 并以左乘赋予 D 相应的 $\mathbb{C}$-向量空间结构, 以 i 表虚数单位 $\sqrt{-1}$. 定义

$$D^{\pm} := \{x \in D : xi = \pm ix\} = \left\{x \in D : ixi^{-1} = \pm x\right\};$$

注意到 $\mathrm{Ad}(i) : x \mapsto ixi^{-1}$ 既是环自同构也是 $\mathbb{C}$-线性映射, 而且 $\mathrm{Ad}(i)^2 = \mathrm{id}_D$, 于是 D

分解为 ±1-特征空间

$$D = D^+ \oplus D^-,$$
$$x = x^+ + x^-, \quad x^\pm = \frac{x \pm \mathrm{Ad}(i)(x)}{2}.$$

我们首先证明 $D^+ = \mathbb{C}$. 从定义可验证 $D^+ \supset \mathbb{C}$ 且 D^+ 为 $\mathbb{C}$-代数, 其元素既然在 $\mathbb{R}$ 上为代数元, 在 $\mathbb{C}$ 上亦复如是, 引理 7.2.8 蕴涵 $D^+ = \mathbb{C}$.

若 $D^- = \{0\}$ 则 $D = \mathbb{C}$, 否则取 $j \in D^- \smallsetminus \{0\}$; 右乘映射 $t \mapsto tj$ 给出 $\mathbb{C}$-线性单同态 $D^- \to D^+$, 于是 $1 \leq \dim_{\mathbb{C}} D^- \leq \dim_{\mathbb{C}} D^+ = 1$, 从而

$$D^- = D^+ j,$$
$$D = \mathbb{R} \oplus \mathbb{R}i \oplus \mathbb{R}j \oplus \mathbb{R}ij.$$

因为 j 在 $\mathbb{R}$ 上的极小多项式为二次不可约, $j^2 \in \mathbb{R} \oplus \mathbb{R}j$ 而 $j^2 \notin \mathbb{R}_{>0}$; 另一方面 $j^2 \in D^+ \implies j^2 \in \mathbb{C} = \mathbb{R} \oplus \mathbb{R}i$. 于是 $j^2 \in \mathbb{R}_{<0}$. 以 $\mathbb{R}^\times$ 适当地拉伸 j 后, 不妨假设 $j^2 = -1$. 于是 D 的乘法完全由

$$i^2 = j^2 = -1, \quad ji = -ij$$

所确定. 比较例 5.2.7 可知 $D \simeq \mathbb{H}$. □

若进一步放宽代数的乘法结合律, 则 $\mathbb{H}$ 还能嵌入称为**八元数**代数的结构 $\mathbb{O}$. 从 $\mathbb{R}$ 出发, 逐步造出 $\mathbb{C}, \mathbb{H}, \mathbb{O}$ 的一种手法是 Cayley–Dickson 过程或称 “加倍”, 习题将有深入阐述.

有限维可除代数在更一般的域如 $\mathbb{Q}$ 上的理论远为复杂, 与代数数论和几何学中的若干问题有着千丝万缕的联系. 以后我们还会回到这个课题.

7.3 代数的张量积

给定 R-代数 A, B, 本节将说明如何赋予 $A \otimes B$ 一个标准的 R-代数结构 (然非唯一选择). 与模论不同之处在于这里可以考虑无穷多个代数的张量积 (定义–定理 7.3.8).

定义 7.3.1 设 A, B 为 R-代数, 各自的乘法等映射记作 μ_A, μ_B 等等. 定义两者的张量积为 $A \otimes B$ 配上乘法

$$\mu_{A \otimes B} : (A \otimes B) \otimes (A \otimes B) \xrightarrow{\sim} (A \otimes (B \otimes A)) \otimes B \xrightarrow{\sim} (A \otimes (A \otimes B)) \otimes B$$
$$\xrightarrow{\sim} (A \otimes A) \otimes (B \otimes B) \xrightarrow{\mu_A \otimes \mu_B} A \otimes B,$$

其中无名的同构照例是 R-模对 \otimes 的结合约束与交换约束, 以及幺元

$$\eta_{A\otimes B} : R \xrightarrow{\sim} R \otimes R \xrightarrow{\eta_A \otimes \eta_B} A \otimes B,$$

无名同构来自命题 6.5.13, 或者具体说是 $r \mapsto r \otimes 1 = 1 \otimes r$. 如具体用一族生成元描述 $A \otimes B$ 中的运算, 即为

$$(a \otimes b) \cdot (a' \otimes b') = aa' \otimes bb',$$
$$1_{A\otimes B} = 1_A \otimes 1_B.$$

代数性质的验证繁而不难, 此处略去.

引理 7.3.2 承上, 交换约束 $c(A, B)$ 给出 R-代数的自然同构 $A \otimes B \xrightarrow{\sim} B \otimes A$.

证明 既可以用图表和各种约束满足的性质 (见 §3.3) 验证 $c(A, B)$ 是代数的同构, 亦可直接从元素层面观察如下

$$(a \otimes b) \cdot (a' \otimes b') = aa' \otimes bb' \xrightarrow{c(A,B)} bb' \otimes aa' = c(A,B)(a \otimes b) \cdot c(A,B)(a' \otimes b'),$$
$$c(A,B)(1_{A\otimes B}) = c(A,B)(1_A \otimes 1_B) = 1_B \otimes 1_A = 1_{B\otimes A}. \qquad \square$$

另外注意到 $A \times B \to A \otimes B$ 限制到 $A \times 1_B$ 和 $1_A \times B$ 上, 就给出自然的模同态 $\iota_A : A \to A \otimes B$ 和 $\iota_B : B \to A \otimes B$. 其像可以写作 $A \otimes 1$ 和 $1 \otimes B$, 它们生成 $A \otimes B$. 下述结果支持了这个记法的合理性.

引理 7.3.3 当 R 是域时, ι_A 和 ι_B 是嵌入.

证明 分别取 A, B 在 R 上的基 J_A, J_B. 命题 6.5.11 给出 R-向量空间的自然同构 $A \underset{R}{\otimes} B \simeq \bigoplus_{\substack{a \in J_A \\ b \in J_B}} Ra \underset{R}{\otimes} Rb$. 无妨假设 $1_A \in J_A$, $1_B \in J_B$, 于是得知 ι_A, ι_B 分别将 A, B 嵌入为直和项. $\qquad \square$

借此, 我们得到 $A \otimes B$ 的泛性质刻画.

命题 7.3.4 承上, ι_A 和 ι_B 是代数的同态, 它们的像在 $A \otimes B$ 中对乘法彼此交换. 资料 $(A \otimes B, \iota_A, \iota_B)$ 满足以下泛性质: 对于每一组资料 (C, f_A, f_B), 其中 C 是 R-代数而 $f_A : A \to C$ 和 $f_B : B \to C$ 的像相交换, 存在唯一的代数同态 $\phi : A \otimes B \to C$ 使下图交换

$$
\begin{array}{ccccc}
A & \xrightarrow{\iota_A} & A \otimes B & \xleftarrow{\iota_B} & B \\
& \searrow_{f_A} & \downarrow^{\exists! \phi} & \swarrow_{f_B} & \\
& & C & &
\end{array}
$$

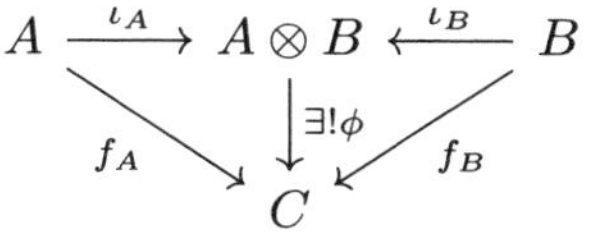

在至多差一个唯一同构的意义下, 上述性质唯一地刻画了 $A \otimes B$.

证明 容易看出 ι_A 和 ι_B 是代数的同态; 由 $(a\otimes 1)(1\otimes b)=a\otimes b=(1\otimes b)(a\otimes 1)$ 可知 $A\otimes 1$ 和 $1\otimes B$ 相交换. 今给定资料 (C, f_A, f_B), 断言中的交换图表说明合成映射 $A\times B\to A\otimes B\xrightarrow{\phi} C$ 必为 $(a,b)\mapsto f_A(a)f_B(b)$. 这样的映射是平衡积, 因而唯一地确定了 ϕ. 至于 ϕ 的存在性, 平衡积 $(a,b)\mapsto f_A(a)f_B(b)$ 给出了 $\phi: A\otimes B\to C$, 而 f_A 与 f_B 的像相交换这点恰恰是令 ϕ 为代数同态所需的性质. □

读者在确保纸张存量的前提下, 不妨试着以图表重述这些性质与证明.

注记 7.3.5 现在我们可以解释如何将双模纳入左模或右模的框架, 为此仅需使用 $\mathbb{Z}$-代数的张量积. 令 S, T 为环, 亦即 $\mathbb{Z}$-代数, 则有范畴间的同构

$$\left(S\underset{\mathbb{Z}}{\otimes}T^{\mathrm{op}}\right)\text{-}\mathsf{Mod}\simeq(S,T)\text{-}\mathsf{Mod}\simeq\mathsf{Mod}\text{-}\left(S^{\mathrm{op}}\underset{\mathbb{Z}}{\otimes}T\right).$$

这是因为赋交换群 $(M,+)$ 以 (S,T)-双模结构相当于指定像相交换的环同态 $S\to\mathrm{End}(M)$ 和 $T^{\mathrm{op}}\to\mathrm{End}(M)$ (比照注记 6.1.2), 这也就等于指定环同态 $S\underset{\mathbb{Z}}{\otimes}T^{\mathrm{op}}\to\mathrm{End}(M)$ 或者 $\left(S^{\mathrm{op}}\underset{\mathbb{Z}}{\otimes}T\right)^{\mathrm{op}}\to\mathrm{End}(M)$.

注记 7.3.6 非零 R-代数的张量积可以是零代数. 例如取 $a,b\in\mathbb{Z}_{>1}$ 互素, 则存在整数 u,v 使得 $1=ua+vb$, 因而 $\mathbb{Z}/a\mathbb{Z}\underset{\mathbb{Z}}{\otimes}\mathbb{Z}/b\mathbb{Z}=0$. 然而当 A, B 都是非零自由 R-模时, 推论 6.5.16 确保 $A\underset{R}{\otimes}B$ 自由且秩为 A, B 的秩之积, 因而非零. 当 R 是域时, 以上假设总是成立. 这套论证可以直接推广到稍后要讨论的无穷张量积 (定义–定理 7.3.8).

例 7.3.7 回到非交换代数基本范例: 矩阵代数. 以下置 $\otimes:=\otimes_R$. 我们证明对任意 R-代数 A, B 皆有同构

$$M_n(A)\otimes B\xrightarrow{\sim}M_n(A\otimes B) \tag{7.4}$$

$$M_n(R)\otimes M_m(R)\xrightarrow{\sim}M_{nm}(R). \tag{7.5}$$

两者并用可得

$$M_n(A)\otimes M_m(B)\simeq A\otimes M_n(R)\otimes M_m(R)\otimes B\simeq M_{nm}(A\otimes B). \tag{7.6}$$

先处理 (7.4), 此映射无非是 $(a_{ij})_{i,j}\otimes b\mapsto(a_{ij}\otimes b)_{i,j}$. 命题 6.5.11、例 7.1.8 及其后的讨论表明 $M_n(A)\otimes B$ 是自由左 $A\otimes B$-模

$$M_n(A)\otimes B=\bigoplus_{i,j}(A\otimes B)(E_{ij}\otimes 1),$$

同时 $M_n(A\otimes B)$ 也是自由的: $M_n(A\otimes B)=\bigoplus_{i,j}(A\otimes B)E_{ij}$. 对于任意 i,j, 将

$(a\otimes b)E_{ij}$ 映至 $(a\otimes b)(E_{ij}\otimes 1)$, 此双射显然保持乘法结构, 由此可知 (7.4) 确为同构.

接着解释 (7.5). 首先抽象地令 V, W 分别是与秩 n 和 m 的自由 R-模, 那么命题 6.5.11 蕴涵 $V\otimes W$ 是秩 nm 自由 R-模, 张量积的函子性给出 R-代数的同态 $\mathrm{End}(V)\otimes\mathrm{End}(W)\to\mathrm{End}(V\otimes W)$.

取定基以假设 $V=R^{\oplus n}$, $W=R^{\oplus m}$, 于是 $\mathrm{End}(V)\otimes\mathrm{End}(W)$ 等同于自由 R-模:

$$M_n(R)\otimes M_m(R)=\bigoplus_{\substack{1\le i,j\le n\\ 1\le r,s\le m}} RE_{ij}\otimes E_{rs}$$

作为 R-代数, 其乘法由 $(E_{ij}\otimes E_{rs})\cdot(E_{kl}\otimes E_{tu})=\delta_{j,k}\delta_{s,t}E_{il}\otimes E_{ru}$ 完全确定. 选定双射

$$f:\{1,\ldots,n\}\times\{1,\ldots,m\}\xrightarrow{1:1}\{1,\ldots,nm\}$$

则可等同 $V\otimes W$ 与 $R^{\oplus nm}$, 易见图表

$$\begin{array}{ccc}
\mathrm{End}(V)\otimes\mathrm{End}(W) & \longrightarrow & \mathrm{End}(V\otimes W)\\
\simeq\downarrow & & \downarrow\simeq\\
M_n(R)\otimes M_m(R) & \longrightarrow & M_{nm}(R)\\
\Cup & & \Cup\\
E_{ij}\otimes E_{rs} & \longmapsto & E_{f(i,r),f(j,s)}
\end{array}$$

交换, 而第二行显为同构. 这就构造了所求的 (7.5).

言归正传. 代数间张量积的定义与泛性质在多元情形 $\bigotimes_{i\in I}A_i$ 有直截了当的推广, 其中 I 为有限集. 这般构造具有明了的函子性, 例如对同态族 $f_i:A_i\to A_i'$ 存在自然的 $\bigotimes_{i\in I}f_i:\bigotimes_{i\in I}A_i\to\bigotimes_{i\in I}A_i'$, 使得图表

$$\begin{array}{ccc}
A_j & \xrightarrow{f_j} & A_j'\\
\downarrow & & \downarrow\\
\bigotimes_i A_i & \xrightarrow[\bigotimes_i f_i]{} & \bigotimes_i A_i'
\end{array}$$

对所有 $j\in I$ 交换, 如此等等.

命题 7.3.4 所述的泛性质能推广到任意一族 $(f_i:A_i\to C)_{i\in I}$, 这里 I 可以是无穷集. 为了给出相应的泛对象, 亦即无穷张量积, 先做如是观察: 若 $J\subset I$ 是两个有限集, 仿照之前 ι_A 的构造可得到 $f_{JI}:\bigotimes_{i\in J}A_i\to\bigotimes_{i\in I}A_i$, 而且 $K\subset J\subset I\implies f_{JI}f_{KJ}=f_{KI}$. 现在令 I 为任意集合并给定一族 R-代数 $(A_i)_{i\in I}$; 注意到 I 的所有子集相对于 $\subset$ 构成 §4.10 定义的滤过偏序集. 环对滤过偏序的 $\varinjlim$ 已经在命题 5.5.9 中构造了, 这可以毫无困难地推广到 R-代数的范畴.

定义–定理 7.3.8 对于任意的 R-代数族 $(A_i)_{i\in I}$, 定义

$$\bigotimes_{i\in I} A_i := \varinjlim_{\substack{J\subset I\\ \text{有限子集}}} \bigotimes_{i\in J} A_i,$$

其中对于 $K\subset J$, 构造极限所用的态射是 $f_{KJ}:\bigotimes_{i\in K}A_i\to\bigotimes_{i\in J}A_i$. 它带有一族同态 $\iota_j:A_j\to\bigotimes_{i\in I}A_i$. 资料 $(\bigotimes_{i\in I}A_i,(\iota_i)_{i\in I})$ 满足类似于命题 7.3.4 的泛性质.

证明 (勾勒) 容易验证 $\iota_{i,J}:A_i\to\bigotimes_{i\in J}A_i$ 与同态族 f_{KJ} 相容: $i\in K\subset J\implies f_{KJ}\circ\iota_{i,K}=\iota_{i,J}$, 因而我们得到 $\iota_i:A_i\to\bigotimes_{i\in I}A_i$, 验证它们是代数同态只是例行公事. 泛性质的验证一样是化约到有限张量积的情形: 对于资料 $(C,(f_i:A_i\to C)_{i\in I})$, 所求的 $\phi:\bigotimes_i A_i\to C$ 能且仅能是 $\phi_J:\bigotimes_{i\in J}A_i\to C$ 的 $\varinjlim_J$. □

推论 7.3.9 张量积给出交换 R-代数范畴 R-CAlg 中的余积. 范畴 R-CAlg 是余完备的.

证明 容易证明交换 R-代数的张量积仍然交换, 留作习题. 在命题 7.3.4 (或其无穷版本) 所述的张量积泛性质中, 若只计入交换的 R-代数 C, 得到的无非是余积的泛性质. 另一方面, R-CAlg 中任一对态射 $f,g:A\to B$ 总有余等化子 $\mathrm{coker}(f,g)$, 它是 B 对 $\{f(a)-g(a):a\in A\}$ 所生成理想的商 (容许为零代数). 从定理 2.8.3 立刻导出一般 $\varinjlim$ 的存在性. □

最后, 我们用张量积来构作代数的**基变换**. 请先回忆 §6.6 中的简单构造: 取定交换环的同态 $\phi:R\to S$, 视 S 为 R-模. 对于任意 R-代数 A, 张量积 $A\underset{R}{\otimes}S$ 自然地具有 S-代数结构: 按命题 7.1.3 的观点, 这是因为 $\iota_S:S\to A\underset{R}{\otimes}S$ 的像落在 $A\underset{R}{\otimes}S$ 的中心里.

反向观之, 将一个 S-代数 B 的纯量乘法透过 ϕ 拉回, 就得到一个 R-代数. 如只看模结构, 则这两套操作正是推论 6.6.8 的函子 $R\text{-Mod}\underset{\mathcal{F}_{R\to S}}{\overset{P_{R\to S}}{\rightleftarrows}}S\text{-Mod}$. 计入乘法, 则以上讨论给出一对函子 $R\text{-Alg}\underset{\mathcal{F}_{R\to S}}{\overset{P_{R\to S}}{\rightleftarrows}}S\text{-Alg}$.

命题 7.3.10 上述函子构成 R-代数和 S-代数范畴之间的伴随对 $(P_{R\to S},\mathcal{F}_{R\to S})$. 对于同态 $Q\to R\to S$, 存在同构 $P_{R\to S}\circ P_{Q\to R}\simeq P_{Q\to S}$ 和等式 $\mathcal{F}_{Q\to R}\circ\mathcal{F}_{R\to S}=\mathcal{F}_{Q\to S}$.

证明 设 A, B 分别为 R-代数和 S-代数. 我们回顾 $(P_{R\to S},\mathcal{F}_{R\to S})$ 在模的层次的伴随同构 (6.2), 它映 R-模同态 $f:A\to B$ 至 S-模同态 $f':A\underset{R}{\otimes}S\to B$, $f'(a\otimes s)=f(a)s\in B$; 反过来, 将 f' 与 $A\to A\underset{R}{\otimes}S$ 合成便回归 f. 欲证明这对函子在代数的层次相伴随, 仅需证明前述映射将代数同态映至代数同态, 而这是直截了当的.

至于伴随性与合成同态 $Q\to R\to S$ 的性质, 可仿照引理 6.6.9 的办法处理. □

命题 7.3.11 函子 $P_{R\to S}$ 是幺半函子: 存在自然的 S-代数同构

$$P_{R\to S}(A)\underset{S}{\otimes}P_{R\to S}(B)\xrightarrow{\sim}P_{R\to S}(A\underset{R}{\otimes}B).$$

证明 主要是应用

$$\begin{aligned}(A\underset{R}{\otimes}S)\underset{S}{\otimes}(B\underset{R}{\otimes}S) &\xrightarrow{\sim}(A\underset{R}{\otimes}B)\underset{R}{\otimes}S\\ (a\otimes s)\otimes(b\otimes t)&\longmapsto(a\otimes b)\otimes st\\ (a\otimes s)\otimes(b\otimes 1)&\longleftarrow(a\otimes b)\otimes s.\end{aligned}$$

细节繁而不难, 留给读者. □

环 R 上的代数 A 可以理解为一族以极大理想谱 MaxSpec(R) 为参数空间, "代数地" 变化的域上代数: 对每个极大理想 $\mathfrak{m}$ 取域 $R/\mathfrak{m}$ 上相应的代数为基变换 $P_{R\to R/\mathfrak{m}}(A)=A\underset{R}{\otimes}R/\mathfrak{m}$, 又称 A 的 mod $\mathfrak{m}$ 约化, 此术语从下述结果看是合理的.

引理 7.3.12 设 A_1, A_2 为 R-代数, $\mathfrak{a}_i\subset A_i$ 为理想, 则存在自然的同构

$$(A_1/\mathfrak{a}_1)\underset{R}{\otimes}(A_2/\mathfrak{a}_2)\xrightarrow{\sim}A_1\underset{R}{\otimes}A_2\Big/\left(\mathfrak{a}_1\underset{R}{\otimes}A_2+A_1\underset{R}{\otimes}\mathfrak{a}_2\right),$$

为了符号清爽, 这里我们将 $\mathfrak{a}_1\otimes A_2$ 和 $A_1\otimes\mathfrak{a}_2$ 等同于它们在 $A_1\otimes A_2$ 中的像.

作为推论, 对任意理想 $I\subset R$ 和 R-代数 A, 有自然同构 $A\underset{R}{\otimes}(R/I)\xrightarrow{\sim}A/IA$.

证明 对于第一个断言, 记 $\mathscr{A}:=A_1\otimes A_2/(\mathfrak{a}_1\otimes A_2+A_1\otimes\mathfrak{a}_2)$, 必须对自明的同态 $\iota_i:A_i/\mathfrak{a}_i\to\mathscr{A}$ $(i=1,2)$ 验证命题 7.3.4 里的泛性质; 这是平凡的练习.

对于第二个断言, 我们取 $A_1=A$, $\mathfrak{a}_1=\{0\}$, $A_2=R$, $\mathfrak{a}_2=I$, 并利用同构 $A\underset{R}{\otimes}R\xrightarrow{\sim}A$, 它映 $A\otimes I$ 的像为 IA. □

7.4 分次代数

代数上的分次结构在应用中是自然而然的, 初步例证是多项式代数 $R[X]=\bigoplus_{n\geq0}RX^n$. 我们还会进一步研究分次代数间的张量积, 这是 §7.3 中构造的推广.

定义 7.4.1 (分次模与分次代数) 令 I 为交换幺半群, 以 $+$ 表二元运算, 0 表幺元.

◇ 交换环 R 上的 I-**分次模**是配备直和分解 $M=\bigoplus_{i\in I}M_i$ 的模 M. 全体 I-分次模可作成幺半范畴 (R-$\mathsf{Mod}_I,\otimes$): 从 M 到 N 的分次同态意谓满足 $\forall i\ \varphi(M_i)\subset N_i$ 的同态, 张量积 $M\otimes N$ 上诱导自然的分次结构 (回忆命题 6.5.11 断言张量积保直和)

$$(M\otimes N)_k=\bigoplus_{\substack{i,j\in I\\ i+j=k}}M_i\otimes N_j.$$

称 $x\in M_i\smallsetminus\{0\}$ 为 M 中次数为 i 的**齐次**元, 也记作 $\deg(x)=i$; 对 0 不定义次

数. **分次子模**意谓 M 中满足 $N=\bigoplus_i(N\cap M_i)$ 的子模.

◇ 交换环 R 上的 I-**分次代数**是配备直和分解 $A=\bigoplus_{i\in I}A_i$ 的 R-代数, 其乘法满足 $A_i\cdot A_j\subset A_{i+j}$ 且 $1\in A_0$; 因此 A_0 是子代数. 同样可将 I-分次代数作成范畴 $R\text{-}\mathsf{Alg}_I$, 同态 $\varphi:A\to B$ 须同时是 I-分次模的同态, 亦即适合于 $\varphi(A_i)\subset B_i$. **分次理想**意谓 A 中形如 $\mathfrak{a}=\bigoplus_i(\mathfrak{a}\cap A_i)$ 的理想; 因而当 $\mathfrak{a}\neq A$ 时 $A/\mathfrak{a}=\bigoplus_i A_i/\mathfrak{a}\cap A_i$ 仍是分次代数.

当 $(I,+)\subset(\mathbb{Z},+)$ 时, 我们径称这些对象是分次的.

引理 7.4.2 在 I-分次代数 (或分次模) 中的双边理想 $\mathfrak{a}$ (或子模) 是分次的当且仅当它能由齐次元生成.

证明 以下只处理理想情形. 分次理想按定义当然由齐次元生成. 欲证其逆, 只需说明 $\mathfrak{a}$ 有齐次生成元 $\{a_s:s\in S\}$ 蕴涵 $\mathfrak{a}=\sum_i\mathfrak{a}\cap A_i$. 按生成元的定义, $\mathfrak{a}$ 中元素是形如 ua_sv 的元素的 R-线性组合, 其中 $u,v\in A$; 将 u,v 进一步拆成齐次项则可假设这些 ua_sv 都是齐次元. 证毕. □

任意 R-代数 A 可赋予平凡的 I-分次结构: 置 $A_0=A$, 其余 $A_i=\{0\}$. 对 $A=R$ 这是唯一的取法. 所以分次模的定义可以合理地拓展如下, 若分次 R-模 M 亦是 R-代数 A 作用下的左模, 那么当 $A_i\cdot M_j\subset M_{i+j}$ 对所有 $i,j\in I$ 恒成立时, 称 M 是分次 A-模.

更干净的手法是将分次代数视为叠架在分次模上的结构. 这相当于在代数 A 的箭头定义 7.1.6 中要求 A 是 I-分次模, 而且乘法 $A\otimes A\to A$ 和幺元 $R\to A$ 都是 I-分次模的同态. 且看些初步例子.

◇ 多项式环 $R[X_0,\ldots,X_n]$ 是 $\mathbb{Z}_{\geq 0}$-分次代数, 其中

$$R[X_0,\ldots,X_n]_i=\bigoplus_{|\boldsymbol{a}|=i}RX_0^{a_0}\cdots X_n^{a_n},$$

因此次数 i 的齐次元恰好是 R 上的 i 次齐次多项式. 此时的分次理想也称为齐次理想, 扣除少部分例外情形, 它们在代数几何学中对应于射影空间 $\mathbb{P}^n$ 里的闭子概形.

◇ 设 Γ 为交换幺半群, 则定义 5.6.1 的幺半群环 $R[\Gamma]=\bigoplus_{\gamma\in\Gamma}R\gamma$ 构成 Γ-分次代数, 这几乎是同义反复.

◇ 光滑微分流形 X 上的所有 $\mathbb{C}$-值微分形式对运算 $(\omega,\eta)\mapsto\omega\wedge\eta$ 构成 $\mathbb{C}$-代数, 记作 $\mathcal{A}(X)=\bigoplus_{k=0}^{\dim X}\mathcal{A}^k(X)$, 其中 $\mathcal{A}^k(X)$ 表示 k 次微分形式构成的 $\mathbb{C}$-向量空间, 基本理论可参考 [61, §3.2]. 回忆到 $\mathcal{A}^0(X)=C^\infty(X)$ 而 $\mathcal{A}^k(X)$ 中任意元素 ω 在

局部坐标 $x_1, \ldots, x_n$ 下可唯一地表作

$$\omega = \sum_{1 \leq i_1 < \cdots < i_k \leq n} f_{i_1,\ldots,i_k} \,\mathrm{d}x_{i_1} \wedge \cdots \wedge \mathrm{d}x_{i_k}, \quad f_{i_1,\ldots,i_k} \in C^\infty(X)$$

的形式. 于是 $A(X)$ 构成分次代数, 乘法不交换, 然"虽不中亦不远矣", 因为几何学中有熟悉的公式

$$\omega \wedge \eta = (-1)^{ab}\eta \wedge \omega, \quad \omega \in A^a(X),\ \eta \in A^b(X).$$

代数 $A(X)$ 的另一个关键性质是它具有外微分运算 $d : A(X) \to A(X)$.

最后一则例子的 $A(X)$ 蕴藏了丰富的代数结构, 它在几何学中也是不可或缺的工具, 主要归功于 Élie Cartan 的工作. 我们由 $A(X)$ 的乘法换位公式抽绎出如下定义.

定义 7.4.3 给定交换幺半群 $(I, +)$ 以及加法同态 $\epsilon : I \to \mathbb{Z}/2\mathbb{Z}$, 分次代数 A 如满足

$$xy = (-1)^{\epsilon(\deg x)\epsilon(\deg y)} yx, \quad x, y \in A: \text{ 齐次元}$$

则称 A 的乘法是 ϵ-交换的.

取 $\epsilon = 0$ 则回归到交换分次代数. 最寻常的选取自然是 $I \subset \mathbb{Z}$ 而 $\epsilon : \mathbb{Z} \to \mathbb{Z}/2\mathbb{Z}$ 是商同态的情形, 这时我们常把 ϵ-交换称作**反交换**. 有时我们还会加上性质

$$[\epsilon(\deg x) = 1 \in \mathbb{Z}/2\mathbb{Z}] \implies x^2 = 0. \tag{7.7}$$

当 $2 \in R^\times$ 时, ϵ-交换性蕴涵 $\epsilon(\deg x) = 1 \implies x^2 = -x^2 \implies x^2 = 0$, 条件 (7.7) 自动成立. 在微分几何等应用中常取 $R = \mathbb{C}, \mathbb{R}$, 故无差异.

不难从定义验证 I-分次代数 A, B 的张量积对 $(A \otimes B)_i = \bigoplus_{j+k=i} A_j \otimes B_k$ 仍然成 I-分次代数, 而且交换约束 $c(A, B) : A \otimes B \xrightarrow{\sim} B \otimes A$ 是分次代数的同构. 不消说, 无穷多个分次代数的张量积也有类似的结果. 对于反交换分次代数的情形, 譬如 $A(X)$, 则需稍加"扭转" $A \otimes B$ 的乘法以获得期望的性质. 我们希望用一套统一的框架来理解这一机制.

处理此类问题的制高点是引入 I-分次模范畴 $R\text{-}\mathsf{Mod}_I$ 的一个辫结构 (定义 3.3.1), 亦即自然同构 $c_\epsilon(M, N) : M \otimes N \xrightarrow{\sim} N \otimes M$ 如下

$$\begin{aligned} c_\epsilon(M, N) : M_i \otimes N_j &\xrightarrow{\sim} N_j \otimes M_i \\ x \otimes y &\longmapsto (-1)^{\epsilon(\deg x)\epsilon(\deg y)} y \otimes x, \quad i, j \in I. \end{aligned}$$

这也称为 Koszul 辫结构, 容易验证它满足辫结构定义 3.3.1 的所有要求, 更满足对称性

$$c_\epsilon(A,B)c_\epsilon(B,A)=\mathrm{id}. \tag{7.8}$$

此外, 定义 7.4.3 能以幺半范畴的语言改写为

$$A:\ \epsilon\text{-交换} \iff \mu_A\circ c_\epsilon(A,A)=\mu_A,$$

在此 $\mu_A: A\otimes A\to A$ 表 A 的乘法.

定义–定理 7.4.4 (Koszul 符号律) 取定 I, $\epsilon: I\to\mathbb{Z}/2\mathbb{Z}$ 并令 A, B 为 I-分次代数. 在张量积 $A\otimes B$ 上定义乘法使得对齐次元有

$$(a\otimes b)(a'\otimes b')=(-1)^{\epsilon(\deg b)\epsilon(\deg a')}aa'\otimes bb',$$

则

(i) $A\otimes B$ 对此乘法成为 I-分次代数;
(ii) 自然同态 $\iota_A: A\to A\otimes B$ 和 $\iota_B: B\to A\otimes B$ 都是分次代数的同态;
(iii) 若 A 和 B 都是 ϵ-交换的, 则 $A\otimes B$ 亦然;
(iv) Koszul 辫结构 $c_\epsilon(A,B): A\otimes B\xrightarrow{\sim}B\otimes A$ 是分次代数的同构.

换言之, 我们在原张量积乘法的每一个分次部分 $(A_i\otimes B_j)\otimes(A_k\otimes B_l)\to A_{i+k}\otimes B_{j+l}$ 以符号 $(-1)^{\epsilon(j)\epsilon(k)}$ 扭转. 证明无非是定义的直接操演, 要点在于理解定义的想法. 假定 A, B 皆为 ϵ-交换, 使 $A\otimes B$ 成为 ϵ-交换的至少需要哪些条件呢? 断言 (ii) 应该是个自然的要求, 这就确定了乘法规律 $(a\otimes 1)(a'\otimes 1)=aa'\otimes 1$ 和 $(1\otimes b)(1\otimes b')=1\otimes bb'$; 一般情形下, 结合律蕴涵

$$(a\otimes b)(a'\otimes b')=(a\otimes 1)\left((1\otimes b)(a'\otimes 1)\right)(1\otimes b').$$

假若 $A\otimes B$ 为 ϵ-交换, 则必有 $(1\otimes b)(a'\otimes 1)=(-1)^{\epsilon(\deg b)\epsilon(\deg a)}(a'\otimes 1)(1\otimes b)$. 代回前一步就得到定义中以 ϵ 扭转的乘法律. 于是在 (ii) 的制约下, Koszul 符号律对于 ϵ-交换 I-分次代数不仅自然甚且必然. 这点可以用范畴语言利索地总结.

命题 7.4.5 令 $R\text{-}\mathsf{CAlg}_I^\epsilon$ 全体 ϵ-交换 I-分次代数构成的范畴, 则张量积 $\otimes$ 配合 Koszul 符号律给出 $R\text{-}\mathsf{CAlg}_I^\epsilon$ 上的余积. 此外 $R\text{-}\mathsf{CAlg}_I^\epsilon$ 是余完备的. 如果 A, B 皆满足 (7.7), 则 $A\otimes B$ 亦然.

习惯简记交换 I-分次代数范畴 $R\text{-}\mathsf{CAlg}_I^0$ 为 $R\text{-}\mathsf{CAlg}_I$.

证明 前半部是推论 7.3.9 的自然延伸, 以上已实质说明了有限余积的构造, 在此同样可以取滤过极限以处理无穷张量积. 欲证 $R\text{-}\mathsf{CAlg}_I^\epsilon$ 余完备只需对任一对态射 $f,g: A\to B$ 构造余等化子 $B\to\operatorname{coker}(f,g)$; 留意到 $\{a\in A: f(a)-g(a)\}$ 生成分次理

想 I, 故 B/I 即所求.

今假设 A, B 满足 (7.7), 考虑 $A\otimes B$ 的齐次元 $x=\sum_{i=1}^{n}x_i\otimes y_i$, 记 $p_i:=\epsilon(\deg x_i)$, $q_i:=\epsilon(\deg y_i)$ 并假设 $\forall i,\ p_i+q_i=1$. 计算

$$\begin{aligned}x^2=\left(\sum_{i=1}^{n}x_i\otimes y_i\right)^2&=\sum_{i,j}(-1)^{q_ip_j}x_ix_j\otimes y_iy_j\\&=\left(\sum_{i=j}+\sum_{i\neq j}\right)\cdots=0+\sum_{i\neq j}(-1)^{q_ip_j}x_ix_j\otimes y_iy_j.\end{aligned}$$

对每个 $1\leq i,j\leq n$,

$$\begin{aligned}(-1)^{q_ip_j}x_ix_j\otimes y_iy_j&=(-1)^{q_ip_j+p_ip_j+q_iq_j}x_jx_i\otimes y_jy_i\\&=(-1)^{p_iq_j+q_ip_j+p_ip_j+q_iq_j}\cdot(-1)^{q_jp_i}x_jx_i\otimes y_jy_i.\end{aligned}$$

由于在 $\mathbb{Z}/2\mathbb{Z}$ 中 $q_jp_i+q_ip_j+p_ip_j+q_iq_j=(p_i+q_i)(p_j+q_j)=1$, 交换 $i\neq j$ 后以上和式的项变号相消, 如愿得到 $x^2=0$. □

回到几何的源头, 不难看出 Koszul 符号律与 $\omega\otimes\eta\mapsto\omega\wedge\eta$ 几乎将 $\mathcal{A}(X)\otimes\mathcal{A}(Y)$ 等同于 $\mathcal{A}(X\times Y)$, 因而是合理的. 为此仅需取定 X 和 Y 的局部坐标 $x_1,\ldots,x_n$ 和 $y_1,\ldots,y_m$, 其并构成 $X\times Y$ 的局部坐标; 微分形式的乘法要求在 $\mathcal{A}(X\times Y)$ 中有

$$(\mathrm{d}y_{i_1}\wedge\cdots\wedge\mathrm{d}y_{i_k})\wedge(\mathrm{d}x_{j_1}\wedge\cdots\wedge\mathrm{d}x_{j_l})=(-1)^{kl}\,\mathrm{d}x_{j_1}\wedge\cdots\wedge\mathrm{d}x_{j_l}\wedge\mathrm{d}y_{i_1}\wedge\cdots\wedge\mathrm{d}y_{i_k},$$

这无非是 Koszul 符号律; 之所以 "几乎" 等同, 是因为 $C^\infty(X)\otimes C^\infty(Y)\neq C^\infty(X\times Y)$, 欲得等式须取拓扑向量空间的完备张量积 $\hat{\otimes}$.

从对称幺半范畴的高度观照. 将分次代数看作叠架在分次模上的结构, Koszul 符号律相当于定义 $A\otimes B$ 上的乘法 $\mu_{A\otimes B}$ 为合成态射 (省去结合约束)

$$A\otimes B\otimes A\otimes B\xrightarrow{\mathrm{id}_A\otimes c_\epsilon(B,A)\otimes\mathrm{id}_B}A\otimes A\otimes B\otimes B\xrightarrow{\mu_A\otimes\mu_B}A\otimes B;$$

取 $\epsilon=0$, $c_0(B,A)=c(B,A)$, 便是无扭转的版本. 分次代数 A 的 ϵ-交换性还能刻画为 $A=A^{\epsilon-\mathrm{op}}$, 其中 ϵ-相反代数 $A^{\epsilon-\mathrm{op}}$ 的构造是以 $\mu_A\circ c_\epsilon(A,A)$ 代 μ_A, 读者可以验证 $A^{\epsilon-\mathrm{op}}$ 确实是代数.

综之, 在同一个幺半范畴 $(R\text{-}\mathsf{Mod}_I,\otimes)$ 上考虑不同的对称辫结构, 便在分次代数上导种种出不同版本的交换性与张量积上的乘法. 这般思路在当代数学中并非孤例.

定义–定理 7.4.4 毕竟是一些初等的代数性质, 直接验证既不难也不繁; 不过既然已经踏上制高点, 在对称幺半范畴的框架下进行验证兴许更有趣, 也利于进一步的推广.

兹以性质 (iv) 为例, 需证明的是图表

$$\begin{array}{ccc}
A\otimes B\otimes A\otimes B & \xrightarrow{c_\epsilon(A,B)\otimes c_\epsilon(A,B)} & B\otimes A\otimes B\otimes A \\
\Big\downarrow{\scriptstyle \mathrm{id}_A\otimes c_\epsilon(B,A)\otimes \mathrm{id}_B} & & \Big\downarrow{\scriptstyle \mathrm{id}_B\otimes c_\epsilon(A,B)\otimes A} \\
A\otimes A\otimes B\otimes B & \xrightarrow{c_\epsilon(A\otimes A,B\otimes B)} & B\otimes B\otimes A\otimes A \\
\Big\downarrow{\scriptstyle \mu_A\otimes\mu_B} & & \Big\downarrow{\scriptstyle \mu_B\otimes\mu_A} \\
A\otimes B & \xrightarrow[c(A,B)]{} & B\otimes A
\end{array}$$

交换, 其中 μ_A, μ_B 表代数的乘法, 并在图中省去交换约束. 下块的交换性可归结于 $c_\epsilon(-,-)$ 的函子性. 上块交换性从辫子观点则一目了然 (回忆 §3.3):

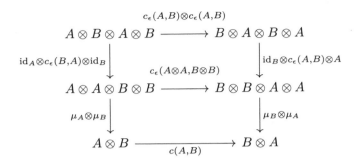

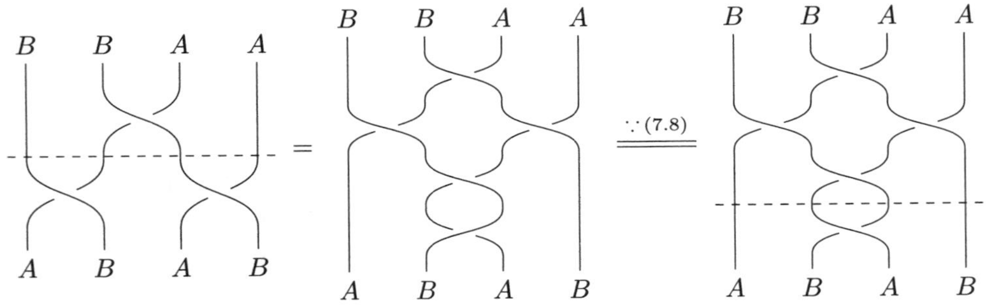

形式地论证则须先将 $c_\epsilon(A\otimes A, B\otimes B)$ 以 (3.10), (3.11) 拆解为最右辫子上部的形貌, 然而这也毫无困难.

注记 7.4.6 函子 $P_{R\to S}$, $\mathcal{F}_{R\to S}$ 在 I-分次代数和分次模情形有显而易见的推广, 以及相应的伴随关系. 以基变换 $P_{R\to S}$ 为例, 若赋予 S 平凡的分次 $S_0 = S$, 自然可以拓展 $P_{R\to S} = -\otimes S$ 为函子 $R\text{-}\mathsf{Alg}_I \to S\text{-}\mathsf{Alg}_I$. 对于 ϵ-对称代数的推广也是直截了当的.

7.5 张量代数

取定交换环 R. 在 §6.5 已经系统地处理了模的张量积, 眼下的交换情形更为简单: 以下记 $\otimes = \otimes_R$, 我们可以考虑多个模的张量积 $M_1\otimes(M_2\otimes(\cdots\otimes M_n)\cdots)$, 由于有结合约束, 括号放置顺序在此不是问题, 一劳永逸的办法则是仿照命题 6.5.12 的证明, 对任意 R-模 A 考虑 R-模

$$\mathrm{Mul}(M_1,\cdots,M_n;A) := \left\{\text{多重线性映射 } B: M_1\times\cdots\times M_n \to A\right\},$$

其中我们称 B 为多重线性映射, 如果它对每个变元 $x_i \in M_i$ 皆为 R-线性的.

我们欲定义的资料为 R-模 $M_1 \otimes \cdots \otimes M_n$ 连同多重线性映射 $M_1 \times \cdots \times M_n \to M_1 \otimes \cdots \otimes M_n$, 后者记作 $(x_1, \cdots, x_n) \mapsto x_1 \otimes \cdots \otimes x_n$. 它们由泛性质

$$\begin{aligned} \mathrm{Hom}(M_1 \otimes \cdots \otimes M_n, \bullet) &\xrightarrow{\sim} \mathrm{Mul}(M_1, \cdots, M_n; \bullet) \\ \varphi &\longmapsto [(x_1, \ldots, x_n) \mapsto \varphi(x_1 \otimes \cdots \otimes x_n)] \end{aligned} \tag{7.9}$$

刻画. 此时仍然有多变元的结合约束

$$(M_1 \otimes \cdots \otimes M_n) \otimes (M_{n+1} \otimes \cdots \otimes M_m) \xrightarrow{\sim} M_1 \otimes \cdots \otimes M_m$$

满足合适的函子性质. 定义模 M 的 n 重张量积为

$$\begin{aligned} T^n(M) &:= \underbrace{M \otimes \cdots \otimes M}_{n\text{ 份}}, \quad n \geq 1, \\ T^0(M) &:= R. \end{aligned}$$

结合约束导出自然同态 $\mu_{i,j} : T^i M \otimes T^j M \xrightarrow{\sim} T^{i+j} M$.

定义 7.5.1 (张量代数) 定义 R-模 M 的**张量代数**为 $T(M) := \bigoplus_{n=0}^{\infty} T^n(M)$, 其乘法和幺元分别由诸 $\mu_{i,j}$ 和 $R = T^0(M) \hookrightarrow T(M)$ 给出. 它带有自然的 R-模单同态 $M = T^1(M) \hookrightarrow T(M)$. 同时 $T(M)$ 也是定义 7.4.1 中的分次代数, 其 k 次齐次部分无非是 $T^k(M)$.

乘法的定义如在元素层面展开, 无非是张量积

$$(x_1 \otimes \cdots \otimes x_n) \cdot (y_1 \otimes \cdots \otimes y_m) = x_1 \otimes \cdots \otimes x_n \otimes y_1 \otimes \cdots \otimes y_m.$$

至于所需的结合律等性质, 归根结底是源于结合约束的函子性. 注意到 $M = T^1(M)$ 生成 $T(M)$. 由于每个 $T^k(\cdot)$ 都是函子, 易证 $T(\cdot)$ 亦然: 若 $M \to N$ 是模的同态, 则存在唯一的代数同态 $T(M) \to T(N)$ 使图表 $\begin{array}{ccc} M & \longrightarrow & N \\ \downarrow & & \downarrow \\ T(M) & \longrightarrow & T(N) \end{array}$ 交换.

下述泛性质表明 $(T(M), M \to T(M))$ 可谓是模 M 上的"自由代数".

定理 7.5.2 张量代数满足如下泛性质: 对任意 R-代数 A 连同 R-模同态 $f : M \to A$, 存在唯一的 R-代数同态 $\varphi : T(M) \to A$ 使下图交换:

$$\begin{array}{ccc} & & T(M) \\ & \nearrow & \downarrow {\scriptstyle \exists!\, \varphi} \\ M & \xrightarrow[f]{} & A \end{array}$$

换句话说, 函子间有伴随关系 $\mathrm{Hom}_{R\text{-Alg}}(T(-),-) \simeq \mathrm{Hom}_{R\text{-Mod}}(-,U(-))$, 此处 $U : R\text{-Alg} \to R\text{-Mod}$ 表忘却函子.

证明 同态 $\varphi : T(M) \to A$ 由它在每个直和项 $T^n(M)$ 上的限制确定, 根据泛性质, 当 $n \geq 1$ 时后者又由多重线性映射

$$\begin{aligned} M \times \cdots \times M &\longrightarrow A \\ (x_1, \cdots, x_n) &\longmapsto \varphi(x_1 \otimes \cdots \otimes x_n) \end{aligned}$$

所确定. 图表中的代数间同态必须满足 $\varphi(x_1 \otimes \cdots \otimes x_n) = f(x_1) \cdots f(x_n)$, 右边是 $(x_1, \ldots, x_n)$ 的多重线性映射; 由泛性质知这唯一确定了 φ. 欲证明存在性, 仅需倒转以上论证以构造模同态 $\varphi : T(M) \to A$, 并按部就班地验证它的乘性. □

既谈到伴随函子, 借机回忆范畴论中的标准手法: 同构 $\mathrm{Hom}_{R\text{-Alg}}(T(-),-) \simeq \mathrm{Hom}_{R\text{-Mod}}(-,U(-))$ 将左端的 $\mathrm{id}_{T(M)} : T(M) \to T(M)$ 映到 R-模同态 $M \to UT(M) = T(M)$, 这正是唯一确定了伴随同构的“单位”态射 (定义 2.6.3). 所以伴随诠释一并容纳了 $T(M)$ 和 $M \to T(M)$ 的构造.

引理 7.5.3 张量代数的构造与基变换相交换: 对环同态 $R \to S$ 存在唯一的分次 S-代数同构 $\psi_M : T(M \otimes S) \xrightarrow{\sim} T(M) \otimes S$, 使得图表

$$\begin{array}{ccc} & M \otimes S & \\ \swarrow & & \searrow^{[M \to T(M)] \otimes S} \\ T(M \otimes S) & \xrightarrow[\psi_M]{\sim} & T(M) \otimes S \end{array}$$

在 S-Mod 中交换. 于是有函子的同构 $T(- \otimes S) \xrightarrow{\sim} T(-) \otimes S$.

证明 由于 $M \xrightarrow{\sim} T^1(M)$ 生成 R-代数 $T(M)$, 同构 ψ_M 的唯一性和分次性都是明白的. 证其存在的手法有多种, 直接在集合元素和映射层面验证兴许最快, 然而我们更希望凸显伴随函子的枢纽角色. 是以考虑基变换函子 $P_{R \to S} : R\text{-Mod} \xrightarrow{-\otimes S} S\text{-Mod}$, 以及拉回函子 $\mathcal{F}_{R \to S} : S\text{-Mod} \to R\text{-Mod}$; 它们对 R 和 S-代数的版本分别记为 $P^a_{R \to S}$, $\mathcal{F}^a_{R \to S}$. 推论 6.6.8 及命题 7.3.10 给出伴随对 $(P_{R \to S}, \mathcal{F}_{R \to S})$ 和 $(P^a_{R \to S}, \mathcal{F}^a_{R \to S})$; 此外还有定理 7.5.2的伴随对 (T, U). 为简化符号, 此处略去伴随对所需的同构.

依命题 2.6.11 作伴随对的合成, 得出 $(TP_{R \to S}, \mathcal{F}_{R \to S}U)$ 和 $(P^a_{R \to S}T, U\mathcal{F}^a_{R \to S})$ 也是伴随对. 显然 $\mathcal{F}_{R \to S}U = U\mathcal{F}^a_{R \to S}$, 命题 2.6.10 断言的唯一性遂给出 $\psi : TP_{R \to S} \xrightarrow{\sim} P^a_{R \to S}T$. 考虑单位 (定义 2.6.3) 可得自然的交换图表

$$\begin{array}{ccc} & M & \\ \swarrow & & \searrow \\ \mathcal{F}_{R \to S}UTP_{R \to S}(M) & \xrightarrow[\mathcal{F}_{R \to S}U\psi_M]{\sim} & \mathcal{F}_{R \to S}UP^a_{R \to S}T(M) \end{array}$$

而且此图也唯一确定了 ψ_M (因为 U, $\mathcal{F}_{R\to S}$ 皆忠实). 利用伴随对 $(P_{R\to S}, \mathcal{F}_{R\to S})$ 及自然性可知这等价于

$$\begin{array}{ccc} & P_{R\to S}(M) & \\ \swarrow & & \searrow \\ UTP_{R\to S}(M) & \xrightarrow[U\psi_M]{\sim} & UP^a_{R\to S}T(M) \end{array}$$

交换. 展开图中诸函子的定义即得断言的交换图表. 由此亦见 ψ_M 保持分次. □

推论 7.5.4 张量代数的构造 $T(-) : R\text{-}\mathsf{Mod} \to R\text{-}\mathsf{Alg}_{\mathbb{Z}}$ 保任意的 $\varinjlim$: 存在分次代数的自然同构 $\varinjlim_i T(M_i) \xrightarrow{\sim} T(\varinjlim_i M_i)$. 模的商同态 $M \twoheadrightarrow M/N$ 映至 $T(M) \to T(M)/\langle N\rangle \simeq T(M/N)$, 其中 $\langle N\rangle$ 表示 N 生成的分次理想.

证明 因为 T 有右伴随函子 U, 保 $\varinjlim$ 是定理 2.8.12 的形式结论. 商同态 $M \to M/N$ 可以视同 $R\text{-}\mathsf{Mod}$ 中的余等化子 $M \to \operatorname{coker}(\iota, 0)$, 其中 $\iota : N \hookrightarrow M$. 它被 T 映至 $T(M) \to \operatorname{coker}(T(\iota), T(0))$; 为了得到自然同构 $\operatorname{coker}(T(\iota), T(0)) \simeq T(M)/\langle N\rangle$, 仅需回忆 $R\text{-}\mathsf{Alg}_{\mathbb{Z}}$ 中余等化子的构造 (命题 7.4.5), 并留意 $T(0) : T(N) \to T(M)$ 诱导 $R = T^0(N) \hookrightarrow T^0(M)$ 而在 $T^{>0}(N)$ 上为零. □

7.6 对称代数和外代数

沿用上节的符号.

定义 7.6.1 (对称代数与外代数) 以齐次生成元定义 $T(M)$ 的分次双边理想

$$\begin{aligned} I_{\mathrm{Sym}}(M) &:= \langle x\otimes y - y\otimes x : x, y \in M\rangle, \\ I_{\wedge}(M) &:= \langle x \otimes x : x \in M\rangle. \end{aligned}$$

相应的商代数

$$\begin{aligned} \mathrm{Sym}(M) &:= T(M)/I_{\mathrm{Sym}}(M), \\ \bigwedge(M) &:= T(M)/I_{\wedge}(M) \end{aligned}$$

分别称为 M 的**对称代数**和**外代数**.

当 $R = \mathbb{C}$ 而 M 是 Hilbert 空间时, $\mathrm{Sym}(M)$ 是量子物理学中常用的 (Bose 子) Fock 空间, 取 $\bigwedge(M)$ 就得到 (Fermi 子) Fock 空间; 从 M 过渡到其 Fock 空间是所谓二次量子化的一道步骤.

我们先做一些基本的观察.

◇ 引理 7.4.2 确保 $I_{\mathrm{Sym}}(M)=\bigoplus_n I^n_{\mathrm{Sym}}(M)$ 和 $I_{\bigwedge}(M)=\bigoplus_n I^n_{\bigwedge}(M)$ 都是分次理想, 因之 $\mathrm{Sym}(M)=\bigoplus_{n\geq 0}\mathrm{Sym}^n(M)$ 和 $\bigwedge(M)=\bigoplus_{n\geq 0}\bigwedge^n(M)$ 自然地成为分次代数. 由于这些理想由二次齐次元生成, 我们仍有从 $M\to T(M)$ 诱导的单同态 $M\to\mathrm{Sym}(M)$ 和 $M\to\bigwedge(M)$.

◇ 任意模同态 $M\to N$ 诱导 $I_{\mathrm{Sym}}(M)\to I_{\mathrm{Sym}}(N)$ 和 $I_{\bigwedge}(M)\to I_{\bigwedge}(N)$, 因之 $\mathrm{Sym}(\cdot)$ 和 $\bigwedge(\cdot)$ 皆为函子.

◇ 对称代数的乘法习惯写作 $(x,y)\mapsto xy$; 当 $x,y\in M$ 时 $xy=yx$, 又由于 M 生成 $\mathrm{Sym}(M)$ 故 $\mathrm{Sym}(M)$ 是交换 R-代数. 由此知对称代数可谓是 $T(M)$ 的交换化.

◇ 外代数的乘法习惯写作 $(x,y)\mapsto x\wedge y$. 注意到对每个 $x,y\in M$,

$$(x+y)\otimes(x+y)-x\otimes x-y\otimes y=x\otimes y+y\otimes x\in I_{\bigwedge}(M),$$

上式蕴涵 $x\wedge y=-y\wedge x$, 这是定义 7.4.3 中反交换性对一次齐次元的情形. 由于 M 生成 $\bigwedge(M)$, 对任意齐次元 x,y 皆可导出 $x\wedge y=(-1)^{\deg x\deg y}y\wedge x$. 反之若假设 $2\in R^\times$, 则反交换性又蕴涵 $x\wedge x=-x\wedge x=0$ 对任意 $x\in M$ 成立, 故此时外代数可谓是 $T(M)$ 的反交换化.

◇ 最后我们对 $\bigwedge(M)$ 验证 (7.7). 一次情形是明显的, 而任意奇数次齐次元可表作 $\omega=\sum_{i=1}^k t_i\wedge\eta_i$, 其中 $\deg(t_i)=1$, $\deg(\eta_i)\in 2\mathbb{Z}$, 反交换性蕴涵

$$\begin{aligned}\omega\wedge\omega&=\sum_{i,j}t_i\wedge\eta_i\wedge t_j\wedge\eta_j=\sum_{i,j}t_i\wedge t_j\wedge\eta_i\wedge\eta_j\\&=\sum_i(t_i\wedge t_i)\wedge(\eta_i\wedge\eta_i)+\sum_{i<j}(t_i\wedge t_j+t_j\wedge t_i)\wedge\eta_i\wedge\eta_j\\&=0+0=0.\end{aligned}$$

总结部分结果如下.

引理 7.6.2 对称代数 $\mathrm{Sym}(M)$ 是交换分次代数; 外代数 $\bigwedge(M)$ 是反交换分次代数并满足性质 (7.7).

例 7.6.3 设 M 为秩一自由模 $M=Rx$. 则作为分次代数有 $\mathrm{Sym}(M)=R[x]=\bigoplus_{n\geq 0}Rx^n$, 而 $\bigwedge(M)=R\oplus Rx$.

引理 7.6.4 对称代数与外代数的构造与基变换交换: 对环同态 $R\to S$, 引理 7.5.3 中的函子同构 $T(-\otimes S)\xrightarrow{\sim}T(-)\otimes S$ 自然地导出

$$\mathrm{Sym}(-\otimes S)\xrightarrow{\sim}\mathrm{Sym}(-)\otimes S,\quad \bigwedge(-\otimes S)\xrightarrow{\sim}\bigwedge(-)\otimes S,$$

而且同构保分次结构.

证明 由引理 7.5.3 配上理想生成元的描述, 立得 $T(-\otimes S) \xrightarrow{\sim} T(-)\otimes S$ 导出分次同构 $I_{\mathrm{Sym}}(M\otimes S) \xrightarrow{\sim} I_{\mathrm{Sym}}(M)\otimes S$ 和 $I_{\bigwedge}(M\otimes S) \xrightarrow{\sim} I_{\bigwedge}(M)\otimes S$. 张量积保商 (命题 6.9.2) 故证毕. □

一如多元张量积、M 的 n 次对称幂 $\mathrm{Sym}^n(M)$ 和外幂 $\bigwedge^n(M)$ 也由泛性质刻画. 令 A 为任意 R-模, $n\geq 1$, 置

$$\mathrm{Sym}(M\times n;A) := \left\{ B\in \mathrm{Mul}(\underbrace{M,\ldots,M}_{n\text{ 份}};A) : B(\ldots,x,y,\ldots) = B(\ldots,y,x,\ldots) \right\},$$

$$\mathrm{Alt}(M\times n;A) := \left\{ B\in \mathrm{Mul}(\underbrace{M,\ldots,M}_{n\text{ 份}};A) : B(\ldots,x,x,\ldots) = 0 \right\},$$

定义式中 $x,y\in M$ 而且比邻出现的位置是任意的. 我们分别称 $\mathrm{Sym}(M\times n;A)$ 和 $\mathrm{Alt}(M\times n;A)$ 的元素为 M 上取值在 A 中的对称和斜称 n 重线性映射. 为了会通线性代数中相似的概念, 请先注意到对称群 $\mathfrak{S}_n$ 以 $(\sigma B)(x_1,\ldots,x_n) = B(x_{\sigma(1)},\ldots,x_{\sigma(n)})$ 左作用于 $\mathrm{Mul}(M,\ldots,M;A)$, 并回忆 $\mathfrak{S}_n$ 由对换 $\tau_i := (i \quad i+1)$ 生成, $1\leq i<n$ (引理 4.9.4).

◇ 对于 $\mathrm{Sym}(M\times n;A)$, 定义可以改写为 $\forall i$, $\tau_i B = B$, 或者进一步 $\forall\sigma\in\mathfrak{S}_n$, $\sigma B = B$. 这是对称多重线性映射的合理定义.

◇ 对于 $\mathrm{Alt}(M\times n;A)$, 参照先前推导 $\bigwedge(M)$ 反交换的办法, 依样画葫芦地从

$$B(\ldots,x+y,x+y,\ldots,\ldots) = B(\ldots,x,x,\ldots) = B(\ldots,y,y,\ldots) = 0$$

导出 $B(\ldots,x,y,\ldots) = -B(\ldots,y,x,\ldots)$, 亦即 $\tau_i B = -B$; 或者进一步:

$$\forall\sigma\in\mathfrak{S}_n, \quad \sigma B = \mathrm{sgn}(\sigma)B.$$

当 $2\in R^\times$ 时, 取 $x=y$ 还能反推 $B(\ldots,x,x,\ldots)=0$. 综之, $\mathrm{Alt}(M\times n;-)$ 也是斜称多重线性映射的合理定义, 至少在 $2\in R^\times$ 时毫无争议.

当 $n=0$ 时, 定义 $\mathrm{Sym}(M\times 0;A) = \mathrm{Alt}(M\times 0;A) = A$; 注意到 $\mathrm{Sym}^0 = \bigwedge^0 = R$.

命题 7.6.5 对任意 M 和 $n \geq 1$ 如上, 我们有函子的同构

$$\begin{aligned}\mathrm{Hom}_{R\text{-}\mathsf{Mod}}(\mathrm{Sym}^n(M), -) &\xrightarrow{\sim} \mathrm{Sym}(M \times n; -)\\ \varphi &\longmapsto [(x_1, \ldots, x_n) \mapsto \varphi(x_1 \cdots x_n)],\\ \mathrm{Hom}_{R\text{-}\mathsf{Mod}}(\bigwedge^n(M), -) &\xrightarrow{\sim} \mathrm{Alt}(M \times n; -)\\ \varphi &\longmapsto [(x_1, \ldots, x_n) \mapsto \varphi(x_1 \wedge \cdots \wedge x_n)].\end{aligned}$$

当 $n = 0$ 时以上同构按定义依然成立.

证明 略去 $n = 0$ 的平凡情形. 对于 $\mathrm{Sym}^n(M)$ 情形, 观察到 $I^n_{\mathrm{Sym}}(M)$ 由以下形式的元素生成

$$a(x \otimes y)b - a(y \otimes x)b, \quad x, y \in M,\ a, b \in T(M): \text{齐次元}, \quad \deg(a) + \deg(b) + 2 = n.$$

在多重张量积的泛性质 (7.9) 中, $\varphi : T^n(M) \to A$ 在 $I^n_{\mathrm{Sym}}(M)$ 上为零当且仅当相应的 $B \in \mathrm{Mul}(M, \cdots, M; A)$ 满足

$$B(\ldots, x, y, \ldots) = \varphi(\cdots \otimes x \otimes y \otimes \cdots) = \varphi(\cdots \otimes y \otimes x \otimes \cdots) = B(\ldots, y, x, \ldots).$$

由此立见所求同构. 斜称情形可以类似地梳理. □

引进符号 $R\text{-}\mathsf{CAlg}_{\mathbb{Z}}$ 表交换 $\mathbb{Z}$-分次 R-代数所成范畴, $R\text{-}\mathsf{CAlg}^-_{\mathbb{Z}}$ 表反交换并满足 (7.7) 的 $\mathbb{Z}$ -分次 R-代数所成范畴. 我们立即导出以下结果.

定理 7.6.6 模同态 $M \to \mathrm{Sym}(M)$ 和 $M \to \bigwedge(M)$ 诱导出函子间的同构

$$\begin{aligned}\mathrm{Hom}_{R\text{-}\mathsf{CAlg}_{\mathbb{Z}}}(\mathrm{Sym}(-), -) &\xrightarrow{\sim} \mathrm{Hom}_{R\text{-}\mathsf{Mod}}(-, U(-)),\\ \mathrm{Hom}_{R\text{-}\mathsf{CAlg}^-_{\mathbb{Z}}}(\bigwedge(-), -) &\xrightarrow{\sim} \mathrm{Hom}_{R\text{-}\mathsf{Mod}}(-, U(-)),\end{aligned}$$

其中 U 表示映 A 为 A_1 的函子 $R\text{-}\mathsf{CAlg}_{\mathbb{Z}}, R\text{-}\mathsf{CAlg}^-_{\mathbb{Z}} \to R\text{-}\mathsf{Mod}$.

证明 以对称代数的情形为例, 上示同构映 $f : \mathrm{Sym}(M) \to A$ 为合成 $M \hookrightarrow \mathrm{Sym}(M) \xrightarrow{f} A$, 反向则映 R-模同态 $\varphi : M \to A_1$ 为 $f : \mathrm{Sym}(M) \to A$, $f(x_1 \cdots x_n) = \varphi(x_1) \cdots \varphi(x_n)$, 后者良定是命题 7.6.5 的推论. □

命题 7.4.5 确保 $R\text{-}\mathsf{CAlg}_{\mathbb{Z}}$ 和 $R\text{-}\mathsf{CAlg}^-_{\mathbb{Z}}$ 都是余完备范畴. 依靠定理 7.6.6, 以下断言的证明和推论 7.5.4 全然相同.

推论 7.6.7 函子 $\mathrm{Sym} : R\text{-}\mathsf{Mod} \to R\text{-}\mathsf{CAlg}_{\mathbb{Z}}$ 保 $\varinjlim$, 而且模的商同态 $M \to M/N$ 映至 $\mathrm{Sym}(M) \twoheadrightarrow \mathrm{Sym}(M)/\langle N \rangle \simeq \mathrm{Sym}(M/N)$. 函子 $\bigwedge : R\text{-}\mathsf{Mod} \to R\text{-}\mathsf{CAlg}^-_{\mathbb{Z}}$ 亦同.

直和与张量积分别是 R-Mod 和 R-CAlg$_{\mathbb{Z}}$ 或 R-CAlg$_{\mathbb{Z}}^{-}$ 中的余积. 仔细展开定义就可以得到以下结果.

推论 7.6.8 对称代数和外代数的构造化直和为张量积: 对于任一族 R-模 $\{M_i\}_{i\in I}$, 置 $M := \bigoplus_{i\in I} M_i$. 存在分次 R-代数的自然同构 $\bigotimes_{i\in I}\mathrm{Sym}(M_i) \xrightarrow{\sim} \mathrm{Sym}(M)$ 和 $\bigotimes_{i\in I}\bigwedge(M_i) \xrightarrow{\sim} \bigwedge(M)$, 其中 $\bigotimes_i \bigwedge(M_i)$ 按 Koszul 符号律 (定义–定理 7.4.4) 配备分次 R-代数结构. 它们由以下交换图表刻画: 对每个 $j \in I$,

$$\begin{array}{ccc} \bigotimes_{i\in I}\mathrm{Sym}(M_i) & \xrightarrow{\sim} & \mathrm{Sym}(M) \\ & \nwarrow \quad \nearrow_{\mathrm{Sym}(M_j\to M)} & \\ & \mathrm{Sym}(M_j) & \end{array} \qquad \begin{array}{ccc} \bigotimes_{i\in I}\bigwedge(M_i) & \xrightarrow{\sim} & \bigwedge(M) \\ & \nwarrow \quad \nearrow_{\bigwedge(M_j\to M)} & \\ & \bigwedge(M_j) & \end{array}$$

推论 7.6.9 设 $M = \bigoplus_{x\in X} Rx$ 是以集合 X 为基的自由 R-模. 则

- ◇ $\mathrm{Sym}(M)$ 作为分次 R-代数同构于多项式代数 $R[X]$;
- ◇ 赋予 X 任意全序, 则 $\bigwedge(M)$ 作为 R-模是以

$$\{x_1 \wedge \cdots \wedge x_k :\ k \geq 0,\ x_1 < \ldots < x_k \in X\}$$

为基的自由模.

如果 R-模 N 由 n 个元素生成, 那么 $m > n \implies \bigwedge^m N = \{0\}$.

证明 关于自由模 M 的断言可由推论 7.6.8 化约为秩一的情形, 亦即例 7.6.3. 设 R-模 N 带有满同态 $R^{\oplus n} \twoheadrightarrow N$, 则推论 7.6.7 蕴涵分次同态 $\bigwedge(R^{\oplus n}) \twoheadrightarrow \bigwedge(N)$ 为满, 关于 $\bigwedge^m N$ 的断言因之化约到自由模情形. □

最后, 我们来看看如何会通微分几何等学科里常见的定义. 命题 7.6.5 的泛性质表明 $\mathrm{Sym}(M)$ 与 $\bigwedge(M)$ 定为 $T(M)$ 的商实属合理, 然而在一些场合 (如 [61, §2.2]) 它们被定为全体对称张量 $T_{\mathrm{Sym}}(M)$ 和斜称张量 $T_{\wedge}(M)$, 是 $T(M)$ 的子模而非商模; 我们简要地回顾这些定义. 留意到对称群 $\mathfrak{S}_n$ 在 $T^n(M)$ 上有左作用 $\sigma(x_1 \otimes \cdots \otimes x_m) = x_{\sigma^{-1}(1)} \otimes \cdots \otimes x_{\sigma^{-1}(m)}$, 对于任意群同态 $\chi : \mathfrak{S}_n \to \{\pm 1\}$, 我们定义

$$\begin{gathered} T^n_\chi(M) := \{x \in T^n(M) : \forall \sigma \in \mathfrak{S}_n,\ \sigma x = \chi(\sigma)x\}, \\ T_\chi(M) := \bigoplus_{n\geq 1} T^n_\chi(M), \\ T_{\mathrm{Sym}}(M) := T_1(M), \quad T_\wedge := T_{\mathrm{sgn}}(M). \end{gathered}$$

将每个 σ 看作 $T^n(M)$ 的模自同态. 当 $n! \in R^\times$ 时, 容易看出 $\mathrm{End}_R(T^n(M))$ 中元素

$$e_\chi = e^n_\chi := \frac{1}{n!}\sum_{\sigma\in\mathfrak{S}_n} \chi(\sigma)^{-1}\sigma$$

满足于

$$e_\chi|_{T^n_\chi(M)} = \mathrm{id}, \qquad e_\chi\tau = \chi(\tau)e_\chi = \tau e_\chi, \quad \tau \in \mathfrak{S}_n. \tag{7.10}$$

由此导出 $\mathrm{im}(e_\chi) = T^n_\chi(M)$, 继而 $e_\chi^2 = e_\chi$, 根据 §6.12 的理论遂有

$$\begin{aligned} T^n(M) &= T^n_\chi(M) \oplus \ker(e_\chi), \\ x &= e_\chi(x) + (1-e_\chi)(x). \end{aligned}$$

以下不妨设 $n \geq 2$. 条件 $n! \in R^\times$ 蕴涵 $2 \in R^\times$, 根据本节伊始的讨论和 (7.10),

$$\begin{aligned} I^n_{\mathrm{Sym}}(M) &= \sum_{\tau\in\mathfrak{S}_n} \mathrm{im}(\tau - 1) \subset \ker(e_1), \\ I^n_{\wedge}(M) &= \sum_{\tau\in\mathfrak{S}_n} \mathrm{im}(\tau - \mathrm{sgn}(\tau)) \subset \ker(e_{\mathrm{sgn}}); \end{aligned}$$

实际上仅取 $\tau = (i \quad i+1)$ 即可生成; 留意到上式对 $n=1$ 是平凡的. 另一方面, $1 - e_\chi = \frac{1}{n!}\sum_\tau (1 - \chi(\tau)^{-1}\tau)$ 的像即 $\ker(e_\chi)$ 又包含于 $I^n_{\cdots}(M)$ (取 $\chi = 1, \mathrm{sgn}$, 此时 $\chi = \chi^{-1}$). 于是我们抵达以下结果.

定理 7.6.10 当 $n! \in R^\times$ 时 $\ker(e_1) = I^n_{\mathrm{Sym}}$, $\ker(e_{\mathrm{sgn}}) = I^n_{\wedge}$, 因而恒等诱导 R-模的同构

$$\begin{aligned} T^n_{\mathrm{Sym}}(M) &\xrightarrow{\sim} \mathrm{Sym}^n(M), \\ T^n_{\wedge}(M) &\xrightarrow{\sim} \bigwedge^n(M). \end{aligned}$$

当 $R \supset \mathbb{Q}$ 时, 对称代数与外代数作为 R-模可以嵌入 $T(M)$; 对称 (或斜称) 张量的乘法在齐次元上转译为 $(x,y) \mapsto e_1^{\deg x + \deg y}(x \otimes y)$ (或 $(x,y) \mapsto e_{\mathrm{sgn}}^{\deg x + \deg y}(x \otimes y)$), 容或差一个约定俗成的因子, 参看 [61, §2 (3.1)]. 此时

$$\begin{aligned} T^2(M) &= \mathrm{Sym}^2(M) \oplus \bigwedge^2(M), \\ x \otimes y &= x \cdot y + x \wedge y, \quad x, y \in M. \end{aligned}$$

7.7 牛刀小试: Grassmann 簇

令 F 为域, V 为有限维非零 F-向量空间. 置 $n := \dim_F V$. 本节的目的是研究 V 中的全体 k-维向量子空间 W 构成的集合 $\mathbf{G}(k,V)$, 此处 $0 \leq k \leq n$. 确切地说, 我们希冀对 $\mathbf{G}(k,V)$ 的元素得到方便的参数化, 并赋予合适的几何结构. 这些几何对象称为 **Grassmann 簇**, 它们在许多领域中都是必备工具, 譬如:

(a) 研究 $\mathbb{R}^n$ 的 k 维闭子流形 M (如光滑曲面): 各点切空间构成从 M 到 $\mathbf{G}(k,\mathbb{R}^n)$ 或其带定向版本的光滑映射, 称为 Gauss 映射, 它蕴藏了子流形几何的丰富信息.

(b) 同伦论中酉群 $\mathrm{U}(k)$ 的分类空间 $\mathbf{BU}(k)$ 可以构造为归纳极限 $\varinjlim_{n\geq k} \mathbf{G}(k,\mathbb{C}^n)$.

定义 7.6.1 的外代数为处理这些问题提供了有力工具. 我们先端详一些简单的特例.

◇ 略去平凡的情形 $k = 0, n$.

◇ 当 $k = 1$ 时 $\mathbf{G}(1,V)$ 是 V 中全体直线. 于是有双射

$$\begin{aligned}(V \smallsetminus \{0\})/F^\times &\xrightarrow{1:1} \mathbf{G}(1,V)\\ F^\times \cdot v &\mapsto Fv,\end{aligned}$$

如此得到的对象称为射影空间 $\mathbb{P}(V)$. 我们知道 $\mathbb{P}(V)$ 具有良好的几何结构: 取基以等同 V 和 F^{n+1} 并记 $\mathbb{P}^n := \mathbb{P}(F^{n+1})$. 将 $(x_0,\ldots,x_n) \in F^{n+1} \smallsetminus \{0\}$ 张成的直线记为 $(x_0 : \cdots : x_n) \in \mathbb{P}^n$, 那么 $\mathbb{P}^n = \bigcup_{i=0}^n U_i$, 其中 $U_i := \{(x_0 : \cdots : x_n) : x_i \neq 0\}$. 每一片 U_i 里的元素都可以唯一地表作 $(x_0 : \cdots : \underbrace{1}_{i} : \cdots x_n)$, 因而有双射 $\varphi_i : U_i \xrightarrow{\sim} F^n$. 进一步, 容易对 $i \neq i'$ 在 $U_i \cap U_{i'}$ 上验证

$$\varphi_{i'} \circ \varphi_i^{-1}\left((x_j)_{j\neq i}\right) = \left(\frac{x_j}{x_{i'}}\right)_{j\neq i'}.$$

当 $F = \mathbb{R}, \mathbb{C}$ 时, 立见坐标卡 $(U_i, \varphi_i)_{i=0}^n$ 赋予 $\mathbb{P}^n$ 微分流形或复流形的结构; 对于一般的 F, 可以用代数几何的语言说 $\mathbb{P}^n$ 构成 F 上的代数簇. 它们是几何学的基本对象, 详细讨论可见 [52, §5.3].

◇ 向量空间的嵌入 $V \hookrightarrow V'$ 自然地诱导 $\mathbf{G}(k,V) \hookrightarrow \mathbf{G}(k,V')$; 作为特例, $\mathbb{P}(V) \hookrightarrow \mathbb{P}(V')$.

◇ 给定 k 维子空间 W 相当于在对偶空间 $V^\vee = \mathrm{Hom}_F(V,F)$ 中给定 $n-k$ 维子空间 $W^\perp := \{\check{v} \in V^\vee : \check{v}|_W = 0\}$, 故有自然双射

$$\mathbf{G}(k,V) \simeq \mathbf{G}(n-k,V^\vee).$$

特别地, $\mathbf{G}(n-1,V)$ 可以等同于射影空间 $\mathbb{P}(V^\vee)$.

定义–定理 7.7.1 (Plücker 嵌入) 给定 V, k 如上, 则下式给出良定的单射

$$\begin{aligned}\psi:\mathbf{G}(k,V)&\longrightarrow\mathbb{P}(\bigwedge^k V)\\ W&\longmapsto F^\times\cdot w_1\wedge\cdots\wedge w_k=\bigwedge^k W\smallsetminus\{0\},\end{aligned}$$

其中 $w_1,\ldots,w_k$ 是 W 的任意一组基.

证明 先说明 ψ 良定: 不妨任选子空间 U 使得 $V=U\oplus W$, 推论 7.6.8 断言对任意 h 皆有线性同构

$$\begin{aligned}\bigoplus_{a+b=h}(\bigwedge^a U\otimes\bigwedge^b W)&\xrightarrow{\sim}\bigwedge^h V\\ \eta\otimes\xi&\longmapsto\eta\wedge\xi.\end{aligned}$$

取 $h=k$, 于是推论 7.6.9 确保 $w_1\wedge\cdots\wedge w_k$ 是直和项 $(a,b)=(0,k)$ 里的非零元, 张成直线 $\bigwedge^k W$. 命 $F^\times\Lambda:=\psi(W)$. 先前的观察 $\wedge:\bigwedge U\otimes\bigwedge W\xrightarrow{\sim}\bigwedge V$ 蕴涵

$$W=\{v\in V: v\wedge\Lambda=0\} \tag{7.11}$$

借此可从 $\psi(W)$ 读出 W. □

凭嵌入 ψ 还不足以彰显 $\mathbf{G}(k,V)$ 的几何性质, 我们欲尽可能精确地刻画 ψ 的像. 为此就必须对外代数有更深入的理解. 回忆 $V^\vee$ 是 V 的对偶空间. 记 $\langle\cdot,\cdot\rangle: V^\vee\times V\to F$ 为自然配对.

定义–定理 7.7.2 存在唯一的线性映射 $\iota: V^\vee\to\mathrm{End}_F(\bigwedge V)$ 满足以下性质:

$$\begin{aligned}\iota(\check v)(v)&=\langle\check v,v\rangle,\quad v\in V=\bigwedge^1 V,\\ \iota(\check v)(\xi\wedge\eta)&=\iota(\check v)(\xi)\wedge\eta+(-1)^{\deg\xi}\xi\wedge\iota(\check v)(\eta),\end{aligned}$$

其中 $\xi,\eta\in\bigwedge V$ 是外代数中的齐次元; 因此对每个 h 皆有 $\iota(\check v)(\bigwedge^{h+1}V)\subset\bigwedge^h(V)$.

证明 显然这样的 ι 是唯一的, 它必满足

$$\iota(\check v)(v_0\wedge\cdots\wedge v_h)=\sum_{i=0}^k(-1)^i v_0\wedge\cdots\wedge\langle\check v,v_i\rangle\wedge\cdots\wedge v_h,$$

其中 $v_0,\ldots,v_h\in V$. 反之, 要验证这确实给出良定的 $\iota(\check v)\in\mathrm{Hom}_F(\bigwedge^{h+1}V,\bigwedge^h V)$, 仅

需回顾 $\bigwedge V$ 在定义 7.6.1 中的构造. 细节留给有兴趣的读者. □

为了具体地了解 ι, 且取定一组基 $v_1, \ldots, v_n$, 并令 $\check{v}_1, \ldots, \check{v}_n$ 为 $V^\vee$ 的对偶基. 因此 $\bigwedge^k V$ 有一组基形如 $\{v_{i_1} \wedge \cdots \wedge v_{i_k} : 1 \leq i_1 < \cdots < i_k \leq n\}$. 不妨考虑 $\check{v} = \check{v}_1$ 的情形, 以上刻画立刻给出

$$\iota(\check{v}_1)(v_{i_1} \wedge \cdots \wedge v_{i_k}) = \begin{cases} v_{i_2} \wedge \cdots \wedge v_{i_k}, & i_1 = 1, \\ 0, & i_1 > 1. \end{cases} \tag{7.12}$$

职是之故, ι 也叫外代数的缩并运算. 迭代施行缩并以对任意 $\check{v}_1, \ldots, \check{v}_r \in V^\vee$ 得到 $\iota(\check{v}_1) \cdots \iota(\check{v}_r) \in \mathrm{End}_F(\bigwedge V)$, 易见这对 $(\check{v}_1, \ldots, \check{v}_r)$ 是多重线性的, 进一步还能证明它诱导出

$$\bigwedge^r (V^\vee) \to \mathrm{End}_F(\bigwedge V). \tag{7.13}$$

快速推导 (7.13) 的一种办法是不失一般性设 $\check{v} = \check{v}_1$ 一如 (7.12) 的情形, 由之立见 $\iota(\check{v})\iota(\check{v}) = 0$; 再回顾定义 7.6.1 的构造便知此已足够.

转回 Plücker 嵌入. 对任意之 $F^\times \Lambda \in \mathbb{P}(\bigwedge^k V)$, 我们先为问题 $\psi(W) \stackrel{?}{=} F^\times \Lambda$ 找出一个最优逼近解 W.

引理 7.7.3 设 $1 \leq k \leq n$ 而 $\Lambda \in \bigwedge^k V$ 非零, 定义 $W \subset V$ 为所有 $\{\iota(\Xi)\Lambda : \Xi \in \Lambda^{k-1}(V^\vee)\}$ 生成的子空间. 则对任意子空间 $W_0 \subset V$ 皆有

$$\Lambda \in \mathrm{im}\left[\bigwedge^k W_0 \to \bigwedge^k V\right] \iff W_0 \supset W.$$

特别地, 取 $W_0 = W$ 可得 $\dim W \geq k$, 而且 $\dim W = k$ 蕴涵 $\psi(W) = F^\times \Lambda$.

证明 对给定的 W_0 取 U 使得 $V = U \oplus W_0$, 相应地 $V^\vee = U^\vee \oplus W_0^\vee$. 仍有分解

$$\wedge : \bigoplus_{a+b=k} (\bigwedge^a U \otimes \bigwedge^b W_0) \xrightarrow{\sim} \bigwedge^k V.$$

因此 $\Lambda \in \mathrm{im}[\bigwedge^k W_0 \to \bigwedge^k V]$ 的充要条件是 Λ 对 $a > 0$ 的分量皆为零. 无妨取定

$$\underbrace{u_1, \ldots, u_{n-r}}_{U \text{ 的基}}, \underbrace{w_1, \ldots, w_r}_{W_0 \text{ 的基}}.$$

倘若 Λ 对某个 $a > 0$ 有非零分量, 譬如说按基底展开后

$$u_{i_1} \wedge \cdots \wedge u_{i_a} \wedge w_{i_{a+1}} \wedge \cdots \wedge w_{i_k}$$

的系数非零, 那么用 $\Xi := \check{u}_{i_2} \wedge \cdots \wedge \check{w}_{i_k}$ (取对偶基) 对 Λ 缩并, 从 (7.12) 知结果是 u_{i_1} 的非零倍数, 故 $W \not\subset W_0$. 反过来说, 假若 $\Lambda \in \bigwedge^k W_0$, 那么它无论如何缩并都仍在 $\bigwedge^{\leq k} W_0$ 中, 故 $W \subset W_0$. 断言的最后一条性质归因于 $\dim W = k \implies \dim \bigwedge^k W = 1$. □

引理 7.7.4 对非零元 $\Lambda \in \bigwedge^k V$ 定义 W 如上, 并定义 $W' := \{w \in W : w \wedge \Lambda = 0\}$, 则

$$F^\times \cdot \Lambda \in \operatorname{im}(\psi) \iff W' = W;$$

当条件成立时 $\psi(W) = F^\times \cdot \Lambda$.

证明 假如 $F^\times \cdot \Lambda = \psi(W_0)$, 则 $\dim_F W_0 = k$ 而且引理 7.7.3 给出 $W_0 \supset W$, 配合 $\dim_F W \geq k$ 遂有 $W_0 = W$; 由先前的观察 (7.11) 立见 $W' = W$. 反之假设 $W' = W$, 由于双线性型

$$\wedge : \bigwedge^{\dim W - k} W \otimes \bigwedge^k W \to \bigwedge^{\dim W} W$$

非退化 (应用推论 7.6.9) 而 $\Lambda \in \bigwedge^k W \smallsetminus \{0\}$, 故唯一的可能是 $\dim W = k$; 于是引理 7.7.3 蕴涵 $F^\times \Lambda = \psi(W)$. □

条件 $W' = W$ 等价于 $(\iota(\Xi)\Lambda) \wedge \Lambda = 0$ 对所有 $\Xi \in \bigwedge^{k-1}(V^\vee)$ 皆成立. 我们于是得到 $\mathbf{G}(k, V) \hookrightarrow \mathbb{P}(\bigwedge^k V)$ 的定义方程组如下.

定理 7.7.5 (Plücker 关系式) Plücker 嵌入 $\psi : \mathbf{G}(k, V) \hookrightarrow \mathbb{P}(\bigwedge^k V)$ 的像等于齐次二次函数族

$$\begin{aligned} f_\Xi : \bigwedge^k V &\longrightarrow \bigwedge^{k+1} V \\ \Lambda &\longmapsto (\iota(\Xi)\Lambda) \wedge \Lambda, \quad \Xi \in \bigwedge^{k-1}(V^\vee) \end{aligned}$$

的共同零点.

齐次条件蕴涵零点集对拉伸不变, 故定义出 $\mathbb{P}(\bigwedge^k V)$ 的子集; 取基将 f_Ξ 的值按分量展开, 可进一步将 $\operatorname{im}(\psi)$ 的定义方程组写成一族二次齐次多项式. 用代数几何的语言说, ψ 将 $\mathbf{G}(k, V)$ 嵌入为射影代数簇.

以 $k = 2$ 的情形为例, 并假设 $2 \in F^\times$, 缩并的性质蕴涵 $(\iota(\Xi)\Lambda) \wedge \Lambda = \frac{1}{2}\iota(\Xi)(\Lambda \wedge \Lambda)$; 以 (7.12) 计算缩并可知 Plücker 关系式化为 $\Lambda \wedge \Lambda = 0$. 进一步假设 $\dim V = 4$, 取定基 $e_1, \ldots, e_4$ 并使用坐标 $\Lambda = \sum_{i<j} \lambda_{ij} e_i \wedge e_j$, 直接计算可得 Plücker 关系式为

$$\lambda_{12}\lambda_{34} - \lambda_{13}\lambda_{24} + \lambda_{14}\lambda_{23} = 0.$$

从几何观点看, 这说明 $\mathbf{G}(2, V)$ 嵌入为 $\mathbb{P}(\bigwedge^2 V) \simeq \mathbb{P}^5$ 中的二次超曲面, 它们是经典代数几何中饶富兴味的对象.

7.8 行列式, 迹, 判别式

令 R 为交换环, 今后记 $\otimes := \otimes_R$.

先设 E 是秩 n 自由 R-模, $n \in \mathbb{Z}_{\geq 0}$. 推论 7.6.9 确保 $\bigwedge^{\max}(E) := \bigwedge^n(E)$ 是秩一自由 R-模, 其自同态必为纯量乘法 $x \mapsto rx$ 的形式 ($r \in R$ 唯一确定), 因而环 $\mathrm{End}_R(\bigwedge^{\max}(E))$ 可以等同于 R.

定义 7.8.1 设 E 是有限秩自由 R-模. 对于 $\varphi \in \mathrm{End}_R(E)$, 从函子性导出的同态记为 $\det(\varphi) \in \mathrm{End}_R(\bigwedge^{\max}(E)) = R$.

一旦取定 E 的基 $x_1, \ldots, x_n$ 并设 $\varphi(x_j) = \sum_{i=1}^n x_i a_{ij}$, 根据命题 7.6.5 和反交换多重线性映射的性质, 可见

$$
\begin{aligned}
(\det\varphi)(x_1 \wedge \cdots \wedge x_n) &= \varphi(x_1) \wedge \cdots \wedge \varphi(x_n) \\
&= \sum_{\substack{1 \leq \underbrace{j_1, \ldots, j_n}_{\text{相异}} \leq n}} a_{j_1 1} a_{j_2 2} \cdots a_{j_n n} x_{j_1} \wedge \cdots \wedge x_{j_n} \\
(\text{置 } \sigma(i) = j_i) \qquad &= \sum_{\sigma \in \mathfrak{S}_n} \mathrm{sgn}(\sigma) a_{\sigma(1)1} \cdots a_{\sigma(n)n} x_1 \wedge \cdots \wedge x_n. \qquad (7.14)
\end{aligned}
$$

定义 R 上矩阵 $A := (a_{ij})_{i,j}$ 的行列式为 R 的元素

$$\det A := \sum_{\sigma \in \mathfrak{S}_n} \mathrm{sgn}(\sigma) a_{\sigma(1)1} \cdots a_{\sigma(n)n}, \qquad (7.15)$$

因而 $\det\varphi$ 等同于 $\det A$, 兼容于线性代数中习见的定义. 且看如何从这个视角简洁地推导行列式的基本性质, 适用于任意交换环 R.

定理 7.8.2 取定自由 R-模 E 的基 $x_1, \ldots, x_n$, 并利用 §6.3 的结果将 $\mathrm{End}_R(E)$ 的元素等同于 $M_n(R)$ 的元素. 对每个 $A \in M_n(R)$ 定义其**伴随矩阵**为

$$A^\vee := (A_{ji})_{\substack{1 \leq i \leq n \\ 1 \leq j \leq n}}, \quad A_{ij} := (-1)^{i+j} M_{ij},$$

其中 $M_{ij} \in R$ 是从 A 去掉第 i 个横行及第 j 个竖列所得矩阵的行列式, 又称余子式.

(i) 对 $\varphi, \psi \in \mathrm{End}_R(M)$ 恒有 $\det(\varphi\psi) = \det(\varphi)\det(\psi)$, 而且 $\det(\mathrm{id}_E) = 1$.

(ii) 矩阵转置 $A \mapsto {}^t A$ 不改变行列式.

(iii) 伴随矩阵满足 $AA^\vee = \det(A) \cdot 1_n = A^\vee A$.

(iv) 自同态 $\varphi \in \mathrm{End}_R(E)$ 可逆当且仅当 $\det\varphi \in R^\times$，此时相应的矩阵 A 满足 $A^{-1} = (\det A)^{-1}A^\vee$.

证明 (i) 源自 $\bigwedge^n(\cdot)$ 的函子性. (ii) 则是 (7.15) 与 $\mathrm{sgn}(\sigma) = \mathrm{sgn}(\sigma^{-1})$ 的直接推论. 重点在于 (iii). 由于转置颠倒乘法顺序, 基于 (ii) 和容易的等式 $({}^tA)^\vee = {}^t(A^\vee)$, 仅需证明 $A^\vee A = \det(A)\cdot 1_n$ 即足.

设 $A = (a_{ij})_{i,j}$ 对应于 $\varphi \in M_n(R)$. 在 $\bigwedge^n E$ 中展开

$$\det\varphi(x_1\wedge\cdots\wedge x_n) = \sum_{i=1}^n x_i a_{i1}\wedge[\varphi(x_2)\wedge\cdots\wedge\varphi(x_n)].$$

注意到 $x_i\wedge\cdots\wedge x_i = 0$, 故右式的 $[\cdots]$ 展开后含 x_i 的部分无所贡献, 其计算化为求

$$R^{\oplus(n-1)} \xrightarrow{\text{分量 1 为零}} \underbrace{R^{\oplus n}}_{=E} \xrightarrow{\varphi} R^{\oplus n} \xrightarrow{\text{舍去分量 } i} R^{\oplus(n-1)}$$

的行列式, 亦即 M_{i1}. 于是

$$\det\varphi(x_1\wedge\cdots\wedge x_n) = \sum_{i=1}^n a_{i1}x_i\wedge(M_{i1}x_1\wedge\cdots\widehat{x_i}\cdots\wedge x_n),$$

其中 $\widehat{x_i}$ 代表移除该项. 让 x_i 归位后得到 $\sum_i(-1)^{i+1}M_{i1}a_{i1}x_1\wedge\cdots\wedge x_n$. 这就说明 $A^\vee A$ 的 $(1,1)$ 项等于 $\det A$. 同理可证 $A^\vee A$ 的每个对角元都是 $\det A$.

接着证明 $A^\vee A$ 的第 (i,j) 项 $\sum_k(-1)^{i+k}M_{ki}a_{kj}$ 在 $i\neq j$ 时为零. 观察到它与 A 的第 i 个竖列无关, 因此不妨设 A 的第 i,j 列相同, 即 $a_{ki} = a_{kj}$, 那么上式也等于 $A^\vee A$ 的第 (i,i) 项即 $\det A$. 然而对应 A 之自同态 φ 的像落在一个由 $n-1$ 个元素生成的子模 $E'\subset E$ 中. 于是有分解 $\bigwedge^n E \to \bigwedge^n E' \to \bigwedge^n E$ (复合为 $\bigwedge^n\varphi$), 推论 7.6.9 蕴涵中项为零, 故 $\det\varphi = 0$.

最后证 (iv): 若 φ 可逆, 则 (i) 蕴涵 $\det\varphi\in R^\times$; 若 $\det\varphi\in R^\times$, 则 (iii) 具体给出对应矩阵 A 之逆. □

对任何 R-模 E, 令 $E^\vee := \mathrm{Hom}_R(E,R)$, 则有良定的 R-模同态

$$\begin{array}{ccccc} R & \longleftarrow & E^\vee\otimes E & \longrightarrow & \mathrm{End}_R(E) \\ f(x) & \longleftarrow & f\otimes x & \longmapsto & [v\mapsto f(v)x]. \end{array} \tag{7.16}$$

设 E 为自由模, 且 $n := \mathrm{rk}_R(E)$ 有限. 引理 6.3.5 及其上关于矩阵的讨论表明此时 $E^\vee$ 也是秩 n 自由模, 而在 (7.16) 中 $E^\vee\otimes E \xrightarrow{\sim} \mathrm{End}_R(E)$. 实际上, 一旦取定 E 的基

$x_1, \ldots, x_n$, 并且定义

$$\check{x}_i : a_1 x_1 + \cdots + a_n x_n \longmapsto a_i, \quad 1 \leq i \leq n$$

则 $\{\check{x}_1, \ldots, \check{x}_n\}$ 为 $E^\vee$ 的基 (称为对偶基), 因而导出三向对应:

$$\begin{array}{ccccc} \sum_{i,j} a_{ij} \check{x}_j \otimes x_i & & & & \varphi : x_j \mapsto \sum_i x_i a_{ij} \\ \Cap & & & & \Cap \\ E^\vee \otimes E & & \longleftrightarrow & & \operatorname{End}_R(E) \\ & \searrow\!\!\!\nwarrow & & \swarrow\!\!\!\nearrow & \\ & & M_n(R) & & \\ & & \Cup & & \\ & & A = (a_{i,j})_{i,j} & & \end{array}$$

类似于向量空间的情形, 无须选基也能对 $\varphi \in \operatorname{End}_R(E)$ 定义下述对象:

- ◇ 行列式 $\det(\varphi) \in R$: 业已于定义 7.8.1 探讨;
- ◇ 迹 $\operatorname{Tr}(\varphi) \in R$: 它无非是 φ 在 (7.16) 下按模同态 $\operatorname{End}_R(E) \xrightarrow{\sim} E^\vee \otimes E \to R$ 得到的像; 从矩阵观点看就是寻常的 $\operatorname{Tr}(A) = \sum_{i=1}^n a_{ii}$.
- ◇ 特征多项式 $\operatorname{char}(\varphi, X) := \det(X \cdot \mathrm{id} - \varphi) \in R[X]$, 以 X 为变元; 这里将 φ 等同于 $\operatorname{End}_{R[X]}(E \otimes_R R[X])$ 中相应的元素.

需要突出 E 或 R 的地位时, 就写作 $\det_R(\varphi|E)$, $\operatorname{Tr}_R(\varphi|E)$, $\operatorname{char}_R(\varphi|E)$. 对任意 $\varphi, \psi \in \operatorname{End}_R(E)$, 我们有

$$\begin{aligned} \det(\varphi\psi) &= \det(\varphi)\det(\psi), \quad \det(\mathrm{id}_E) = 1, \quad \det(0) = 0, \\ \det(r\varphi) &= r^{\mathrm{rk}_R(E)} \det(\varphi), \quad r \in R, \\ \operatorname{Tr}(r\varphi + s\psi) &= r \cdot \operatorname{Tr}(\varphi) + s \cdot \operatorname{Tr}(\psi), \quad r, s \in R, \\ \operatorname{Tr}(1) &= \mathrm{rk}_R(E). \end{aligned}$$

以下考虑一个 R-代数 A, 并假设 A 是有限秩 n 的自由 R-模.

定义 7.8.3 对如上的 A 和 $a \in A$, 定义 R-模自同态 $m_a \in \operatorname{End}_R(A)$ 为左乘 $x \mapsto ax$, 并定义**迹** $\operatorname{Tr}_{A|R}(a)$, **范数** $\mathrm{N}_{A|R}(a)$ 和**特征多项式** $\operatorname{char}_{A|R}(a, X)$ 为

$$\begin{aligned} \operatorname{Tr}_{A|R}(a) &:= \operatorname{Tr}(m_a), \\ \mathrm{N}_{A|R}(a) &:= \det(m_a), \\ \operatorname{char}_{A|R}(a, X) &:= \operatorname{char}(m_a, X) = \det_{R[X]} (m_{X-a} \mid A[X]) \\ &= \mathrm{N}_{A[X]|R[X]}(X - a). \quad (\because\ A[X] \simeq A \otimes_R R[X]) \end{aligned}$$

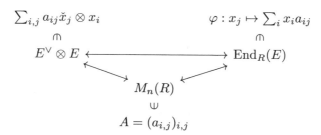

由于 $a \mapsto m_a$ 是代数同态 $A \to \mathrm{End}_R(A)$, 行列式 (或迹) 是从 A 到 R 的乘法幺半群 (或加法群) 的同态. 本节的重点是建立行列式与迹的传递性.

引理 7.8.4 设 A 为交换 R-代数, E 为自由 A-模. 若 A 视为 R-模为自由模, 则 E 视为 R-模也是自由的. 取定 E 在 A 上的基 $(e_i)_{i\in I}$ 和 A 在 R 上的基 $(a_j)_{j\in J}$, 则 $(a_je_i)_{(i,j)\in I\times J}$ 构成 E 在 R 上的基; 因而 $\mathrm{rk}_R(E) = \mathrm{rk}_R(A)\,\mathrm{rk}_A(E)$.

证明 每个 $e \in E$ 都能唯一表成 A-线性组合 $\sum_i u_ie_i$, 而每个 u_i 又能唯一表成 R-线性组合 $\sum_j r_{ij}a_j$, 因此 $(a_je_i)_{i,j}$ 确实构成 R-模 E 的基: 每个 e 都有唯一表法 $e = \sum_{i,j} r_{ij}a_je_i$. □

定理 7.8.5 设 A 为交换 R-代数, 同时是有限秩自由 R-模, 而 E 为一个有限秩自由 A-模. 将给定的 $\varphi \in \mathrm{End}_A(E)$ 看作 $\mathrm{End}_R(E)$ 的元素, 则

$$\mathrm{Tr}_R(\varphi) = \mathrm{Tr}_{A|R}(\mathrm{Tr}_A(\varphi)), \quad \det_R(\varphi) = \mathrm{N}_{A|R}(\det_A(\varphi)),$$
$$\mathrm{char}(\varphi, X) = \mathrm{N}_{A[X]|R[X]}(\mathrm{char}_A(\varphi, X)).$$

证明 取定 E 的 A-基 $e_1, \ldots, e_n$ 和 A 的 R-基 $a_1, \ldots, a_m$. 先将 φ 透过 $\varphi(e_i) = \sum_{k=1}^n c_{ik}e_k$ 等同于矩阵 $(c_{ik})_{1\le i,k\le n} \in M_n(A)$. 那么

$$\varphi(a_je_i) = a_j\varphi(e_i) = \sum_{k=1}^n a_jc_{ik}e_k.$$

而 $a_jc_{ik} = m_{c_{ik}}(a_j)$ 可进一步按 R-基 $a_1, \ldots, a_m$ 展开; 当 j 变动, 其系数无非是对应到 $m_{c_{ik}} \in \mathrm{End}_R(A)$ 的 m-阶方阵. 如果将 φ 透过 R-基 $\{a_je_i\}_{i,j}$ 以矩阵表示, 结果可以视为 R-上由 $m \times m$-分块构成的 nm-阶方阵, 第 (i,k) 个分块正是 $m_{c_{ik}}$ 对应的方阵. 既然 A 交换, 这 n^2 个分块对乘法对乘法两两交换. 关于迹和范数的等式遂化约到线性代数的引理 7.8.8, 至于 $\mathrm{char}(\varphi, X)$ 则可化约为范数情形. □

推论 7.8.6 设 A-代数 B 同时也是有限秩自由 A-模, 那么任意 $b \in B$ 皆满足

$$\mathrm{Tr}_{B|R}(b) = \mathrm{Tr}_{A|R}(\mathrm{Tr}_{B|A}(b)), \quad \mathrm{N}_{B|R}(b) = \mathrm{N}_{A|R}(\mathrm{N}_{B|A}(b)),$$
$$\mathrm{char}_{B|R}(b, X) = \mathrm{N}_{A[X]|R[X]}(\mathrm{char}_{B|A}(b, X)).$$

证明 在定理 7.8.5 中以 B 代 E 即可. □

定义 7.8.7 设 A 为 R-代数, 作为 R-模有基 $x_1, \ldots, x_n$, 定义相应的判别式为

$$d(x_1, \ldots, x_n) := \det_R \left(\mathrm{Tr}_{A|R}(x_ix_j)\right)_{1\le i,j\le n} \in R.$$

对称 R-双线性型 $(x, y) \mapsto \mathrm{Tr}_{A|R}(xy)$ 称为 A 的**迹型式**. 不同的基 x_i, y_j 由 $T =$

$(t_{ij})_{i,j} \in \{M \in M_n(R) : \det(M) \in R^\times\}$ 透过 $y_i = \sum_j t_{ij} x_j$ 联系. 易见

$$d(y_1, \ldots, y_n) = \det(T)^2 d(x_1, \ldots, x_n),$$

因而 $d_A := d(x_1, \ldots, x_n) \mod R^{\times 2} \in R/R^{\times 2}$ 仅和代数 A 有关, 称作 A 的**判别式**; 特别地, d_A 在 R 中生成的主理想良定, 称为判别式理想. 迹型式和由此派生的判别式都是代数 A 的有用不变量.

现在来补全定理 7.8.5 的证明.

引理 7.8.8 设为交换环 R 上的 nk-阶方阵 X 用 $k \times k$-分块表示为

$$X = \begin{pmatrix} a_{11} & \cdots & a_{1n} \\ \vdots & & \vdots \\ a_{n1} & \cdots & a_{nn} \end{pmatrix}, \quad a_{ij} \in M_k(R),$$

其中每个 a_{ij} 同属于 $M_k(R)$ 的某个交换子代数 A. 如视 X 为 $M_n(A)$ 的元素, 得到的迹与行列式分别记为 $\mathrm{Tr}_A(X)$ 和 $\det_A(X)$, 以下也看作 $M_k(R)$ 的元素; 另记 R 上矩阵代数的迹和行列式为 Tr_R 和 $\det_R$, 则

$$\mathrm{Tr}_R(X) = \mathrm{Tr}_R(\mathrm{Tr}_A(X)),$$
$$\det_R(X) = \det_R(\det_A(X)).$$

证明 (Bourbaki [3, III.112]) 迹的情形甚明显, 以下用经典的矩阵打洞技巧处理行列式情形. 首先 $n = 1$ 的情形是自明的, 以下设 $n \geq 2$. 为 R 添上形式变元 Z (不妨看作对 X 的微扰), 表 $X + Z$ 为 $A[Z]$ 上的 $n \times n$ 方阵 $(\nu_{ij})_{i,j}$. 因为 A 交换, 可在 $M_n(A[Z])$ 中取 $X + Z$ 的伴随矩阵 $(X + Z)^\vee = (\check{\nu}_{ij})_{1 \leq i,j \leq n}$. 这样的目的是得到 $A[Z]$ 上的矩阵等式:

$$U := \begin{pmatrix} \check{\nu}_{11} & 0 & \cdots & 0 \\ \check{\nu}_{12} & 1 & \cdots & 0 \\ \vdots & 0 & 1 & \vdots \\ \check{\nu}_{1n} & 0 & \cdots & 1 \end{pmatrix}, \quad Q := \begin{pmatrix} \nu_{22} & \cdots & \nu_{2n} \\ \vdots & & \vdots \\ \nu_{n2} & \cdots & \nu_{nn} \end{pmatrix}$$

满足

$$(X+Z)U = \begin{pmatrix} \det_{A[Z]}(X+Z) & \nu_{12} & \cdots & \nu_{1n} \\ 0 & \nu_{22} & \cdots & \nu_{2n} \\ \vdots & \vdots & & \vdots \\ 0 & \nu_{n2} & \cdots & \nu_{nn} \end{pmatrix} = \begin{pmatrix} \det_{A[Z]}(X+Z) & * \\ 0 & Q \end{pmatrix};$$

视之为 $R[Z]$ 上的分块矩阵, 则分块矩阵的乘法说明上式仍成立. 行列式的运算规律旋即给出

$$\det_{R[Z]}(X+Z) \cdot \det_{R[Z]}(U) = \det_{R[Z]}\left(\det_{A[Z]}(X+Z)\right) \cdot \det_{R[Z]}(Q),$$
$$\det_{R[Z]}(U) = \det_{R[Z]}(\check{\nu}_{11}).$$

递归地假设 $\det_{R[Z]}(Q) = \det_{R[Z]}\left(\det_{A[Z]}(Q)\right)$, 而 $A[Z]$ 上的伴随矩阵的定义表明 $\det_{A[Z]}(Q) = \check{\nu}_{11}$. 如能在以上第一条等式两边消去 $\det_{R[Z]}(\check{\nu}_{11})$, 则

$$\det_{R[Z]}(X+Z) = \det_{R[Z]}\left(\det_{A[Z]}(X+Z)\right),$$

代入 $Z=0$ 即得所求 $\det_R(X) = \det_R(\det_A(X))$. 然而按 ν_{ij} 的定义, $\det_{R[Z]}(\check{\nu}_{11}) = \det_{R[Z]}(Q)$ 是 Z 的 $(n-1)k$ 次首一多项式, 故确实可以消去. 明所欲证. □

习题

1. 设 M 为交换环 R 上的模, 定义 R-模 $D(M) := R \oplus M$ 并赋予乘法 $(r,m)(r',m') = (rr', rm' + r'm)$. 证明 $D(M)$ 成为 R-代数.

2. 以显式给出 $\mathbb{C}$-代数的同构 $\mathbb{C} \underset{\mathbb{R}}{\otimes} \mathbb{C} \xrightarrow{\sim} \mathbb{C} \oplus \mathbb{C}$.

3. 验证 (5.13) 定义的 $\mathfrak{o}_D$ 恰是 $\mathbb{Q}(\sqrt{D})$ 中的代数整数集.

4. 设 R 为交换整环, 令 $K = \mathrm{Frac}(R)$ 为其分式域. 元素 $x \in K$ 称为殆整的, 如果存在非零元 $u \in R$ 使得对所有 $n \geq 1$ 都有 $ux^n \in R$; 显然 R 的元素皆殆整. 证明

◇ K 中所有殆整元构成一个子环;

◇ 若 $x \in K$ 在 R 上整, 则 x 是殆整的;

◇ 当 R 是 Noether 环时 (定义 6.10.1), 殆整元都是整元. 提示 此时 $R[x]$ 是 $u^{-1}R$ 的子模.

5. 本题所论的代数可以是非结合代数, 这相当于在定义 7.1.6 中省去乘法结合律, 但仍要求存在幺元. 取定域 F 并考虑有限维 F-代数 A. 定义结合子

$$(x,y,z) := (xy)z - x(yz), \quad x,y,z \in A.$$

若 $(x,x,y) = 0 = (x,y,y)$ 恒成立, 则称 A 是**交错代数**. 若 $\pi \in \mathrm{End}_F(A)$ 满足 $\pi(xy) = \pi(y)\pi(x)$, $\pi(1_A) = 1_A$ 和 $\pi^2 = \mathrm{id}_A$, 则称之为**对合**.

(i) 证明结合子对每个变元都是线性的; 当 A 为交错代数时, 证明 $(x,y,z) = -(y,x,z)$ 和 $(x,y,z) = -(x,z,y)$.

(ii) 设对合 $x \mapsto \bar{x}$ 满足 $t(x) := x + \bar{x} \in F \cdot 1_A$ 和 $n(x) := \bar{x}x = x\bar{x} \in F \cdot 1_A$, 则任意 $x \in A$ 都满足二次方程 $x^2 - t(x)x + n(x)1_A = 0$.

(iii) 设 A 交错并考虑对合如上, 证明 $(xy)\bar{y} = n(y)x$, $\bar{x}(xy) = n(x)y$ 以及 $n(xy) = n(x)n(y)$. 提示〉 对于最后一条, 将 $n(xy)$ 改写为 $((xy)\bar{y})\bar{x} - (xy, \bar{y}, \bar{x}) = n(x)n(y) - (\bar{x}, xy, \bar{y})$, 问题归结为证 $(\bar{x}, xy, \bar{y}) = 0$.

(iv) 设 A 为 F-代数, $n: A \to F$ 是满足 $n(xy) = n(x)n(y)$ 之二次映射, 这意谓 n 满足 $n(tx) = t^2 n(x)$ $(t \in F)$ 而 $B(x,y) := n(x+y) - n(x) - n(y)$ 是对称双线性型. 证明

$$B(xy, xy') = n(x)B(y,y') = B(yx, y'x),$$
$$B(xy', x'y) + B(xy, x'y') = B(x,x')B(y,y');$$

在上一小题的假设下, 证明 $B(xy, z) = B(y, \bar{x}z) = B(x, z\bar{y})$. 提示〉 此时 $t(x) = B(1,x)$ 而 $\bar{x} = t(x)1_A - x$, 对 y 亦然.

6. 本题仍容许非结合代数. 设 A 为域 F 上的有限维代数, 并给定对合 $\pi: A \to A$ 满足于

$$x + \pi(x) \in F \cdot 1_A, \quad x\pi(x) = \pi(x)x \in F \cdot 1_A.$$

置 $t(x), n(x)$ 如上题, 并假设 $B_n(x,y) := n(x+y) - n(x) - n(y)$ 非退化:

$$B_n(x,-) = 0 \iff x = 0 \iff B_n(-,x) = 0, \quad x \in A;$$

定义 **Cayley–Dickson 代数** $\mathrm{CD}(A,\lambda) := A \oplus vA$, 其中 v 仅是符号, 乘法定为

$$(a + vb) \cdot (a' + vb') = aa' + \lambda b'\pi(b) + v\left(\pi(a)b' + a'b\right).$$

定义 $N(a+vb) = n(a) - \lambda n(b)$, $\Pi(a+vb) = \pi(a) - vb$.

(i) 证明 $\mathrm{CD}(A,\lambda)$ 是 F-代数, 它以 $1 := 1_A + v \cdot 0$ 为幺元, 包含 A 作为子代数.

(ii) 证明 Π 是 $\mathrm{CD}(A,\lambda)$ 的对合, 并且对每个 $x \in \mathrm{CD}(A,\lambda)$ 皆有

$$T(x) := x + \Pi(x) \in F \cdot 1, \quad N(x) = x\Pi(x) = \Pi(x)x \in F \cdot 1;$$

(iii) 我们有

$$\begin{aligned}\mathrm{CD}(A,\lambda)\ \text{交错} &\iff A\ \text{结合},\\ \mathrm{CD}(A,\lambda)\ \text{结合} &\iff A\ \text{结合交换},\\ \mathrm{CD}(A,\lambda)\ \text{交换} &\iff A=F.\end{aligned}$$

提示〉 对于第一个 $\Longrightarrow$, 从 $N((a+vb)(c+vd))=N(a+vb)N(c+vd)$ (上题结果) 和 $N(v)=-\lambda$ 推出 $B_n(ac,d\pi(b))=B_n(\pi(a)d,cb)=B_n(cb,\pi(a)d)$, 进而得到 $(ac)b=a(cb)$. 对于第二个 $\Longrightarrow$, 观察到 $v(ba)=(va)b$.

(iv) 从 $A=F=\mathbb{R}$ 出发, 取 $\lambda=-1$ 可以逐步得到 $\mathbb{C}$, $\mathbb{H}$ 和一个 8 维非结合交错代数 $\mathbb{O}$, 而且每个 $x\in\mathbb{O}\smallsetminus\{0\}$ 都有乘法逆元.

代数 $\mathbb{O}$ 习称为八元数代数. 其性质, 作用与简史详见 [1].

7. 对交换环 R 及其理想 I,J, 证明 $R/I\underset{R}{\otimes}R/J\simeq R/(I+J)$.

8. 对任意域 $\Bbbk$ 建立自然同构

$$\Bbbk[X_1^{\pm1},\ldots,X_n^{\pm1}]^{\mathfrak{S}_n}\simeq\Bbbk[e_1,\ldots,e_{n-1}]\underset{\Bbbk}{\otimes}\Bbbk[e_n^{\pm1}],$$

其中 $e_1,\ldots,e_n$ 是定义 5.8.3 中的初等对称多项式.

9. 仍设 R 为交换环. 证明若 $M\simeq R/I_1\oplus\cdots\oplus R/I_n$, 其中 $I_1\subset\cdots\subset I_n$ 为理想, 则

$$\mathrm{ann}\left(\bigwedge^a M\right)=I_a,\quad a=1,\ldots,n.$$

以此简化定理 6.7.8 中唯一性的证明, 并将之推广到任何交换环.

10. 对于域 F 上的有限维向量空间 V, 定义 $F[V]$ 为 V 上的多项式代数: 确切地说, 取定基 $v_1,\ldots,v_n\in V$, 则 $F[V]$ 是以对偶基 $\check{v}_1,\ldots,\check{v}_n\in V^\vee$ 为变元的多项式代数; 内禀视角下则有 $F[V]=\mathrm{Sym}(V^\vee)$. 任一 $P\in F[V]$ 可在给定的点 $v\in V$ 上求值, 记为 $P_v\in F$. 以下设 $|F|$ 无穷, A 是有限维 F-代数.

(i) 引入变元 λ 并定义 $\mathcal{P}:=\{P(\lambda)\in F[A][\lambda]: P\ \text{首一},\ \forall a\in A,\ P_a(a)=0\}$; 证明存在唯一的 $P_A(\lambda)\in\mathcal{P}$ 使 $\deg_\lambda P_A(\lambda)$ 极小. 提示〉 为证 $\mathcal{P}$ 非空, 考虑 $P_a(\lambda):=\det(\lambda\cdot\mathrm{id}_A-L_a)$, 其中 $L_a:A\to A$ 是左乘作用, 符号 a 表 A 中 "一般" 的元素; $P_a(\lambda)$ 的系数落在 $F[A]$ 中.

(ii) 证明若 $Q(\lambda)\in F[A][\lambda]$ 满足 $\forall a\ Q_a(a)=0$, 则 $P_A(\lambda)$ 整除 $Q(\lambda)$. 职是之故, $P_A(\lambda)$ 称为 A 的**泛极小多项式**.

(iii) 任给域扩张 $E\supset F$, 得到 E-代数 $B:=A_E$. 证明 $P_A(\lambda)=P_B(\lambda)$. 由此将 $P_A(\lambda)$ 的定义延拓到 F 有限的情形.

(iv) 对 $A=M_n(F)$ 及 $A=\mathbb{H}$ (此时 $F=\mathbb{R}$) 确定 $P_A(\lambda)$.

以上也适用于有限维非结合含幺代数, 前提是每个 $a\in A$ 皆生成一个结合代数; 这涵摄了交错代数的情形.

11. 设 M 是交换环 R 上的投射模, 证明对每个 $n \geq 0$, 模 $T^n M$, $\mathrm{Sym}^n M$ 和 $\bigwedge^n M$ 都是投射的. 提示〉可利用命题 6.9.8.

12. 试证 Cartan 引理如次: 设 V 为域 F 上的有限维向量空间, $v_1, \ldots, v_m \in V$ 线性无关. 证明若 $w_1, \ldots, w_m \in V$ 满足于 $\sum_{i=1}^m v_i \wedge w_i = 0$, 则存在一族 $(a_{ij} \in F)_{1 \leq i,j \leq m}$ 使得 $w_i = \sum_{i=1}^m a_{ij} v_j$, 而且 $a_{ij} = a_{ji}$.

13. 承上, 设 $\xi \in \bigwedge^k V$, 证明存在 $\xi_1, \ldots, \xi_m \in \bigwedge^{k-1} V$ 使得 $\xi = \sum_{i=1}^m v_i \wedge \xi_i$ 的充要条件是 $v_1 \wedge \cdots \wedge v_m \wedge \xi = 0$.

14. 证明定义–定理 7.7.2 的缩并运算对任意 $m \geq 0$ 诱导出典范同构 $\bigwedge^m (V^\vee) \xrightarrow{\sim} (\bigwedge^m V)^\vee$.

第八章 域扩张

本章考虑域的一般结构，但不涉及 Galois 群. 域论探讨的基本课题是域嵌入，或者说是域的扩张. 我们主要考察代数扩张，这自然地联系于多项式及其根的性质. 本书采取的角度是系统地利用代数闭包的存在性，对代数扩张做尽量广泛的处理. 由于我们将域 F 的扩张视为一类特殊的 F-代数，扩张中的极小多项式、迹和范数等概念业已在第七章处理过，本章只做必要的回顾，不再重复证明.

阅读提示

处理代数扩张的基本工具是域嵌入的存在性和嵌入的延拓，这些论断归根结底都是关于多项式及其根的性质，所以域论绝不抽象. 初读时可以略过 §§8.7–8.9. 有限域的完整探讨留待下一章.

8.1 扩张的几种类型

域是交换除环. 域的子环如本身也是域则称为子域. 由于域没有非平凡的真理想，任意域 E 和 F 之间的所有环同态 $F \to E$ 都是单的；换言之，域论的主角乃是域嵌入 $F \hookrightarrow E$. 同一个嵌入可以从不同视角观察:

◇ 给定嵌入 $u: F \to E$ 相当于赋 E 以 F-代数的结构;

◇ 如将 F 等同于 $u(F) \subset E$，则可视 F 为域 E 的子域;

◇ 承上，亦可称 E 是 F 的**扩张**或**扩域**，本书记作符号 $E|F$，许多文献记作 E/F.

留意到 E 透过乘法自然地成为 F-向量空间. 本书不要求扩域 $E|F$ 中的 F 是 E 的子域而 $F \hookrightarrow E$ 是包含映射，尽管这种假设颇为方便，并且在下述的同构意义下也是正当的.

约定 8.1.1 对于域扩张 $E|F$, $E'|F$, 定义其间的 F-嵌入 $\phi : E \to E'$ 为使下图交换的环同态

$$\begin{array}{ccc} E & \xrightarrow{\phi} & E' \\ & \nwarrow \quad \nearrow & \\ & F & \end{array}$$

全体 F-嵌入 $E \to E'$ 构成集合 $\mathrm{Hom}_F(E, E')$; 这无非是 F-代数范畴中的 Hom-集. 准此要领, 可定义 F 的扩域之间的同构和自同构概念.

对扩张 $E|F$ 如上, 若 E 的 F-子代数本身成域, 则称为 $E|F$ 的**子扩张**. 从嵌入角度看, $u : F \hookrightarrow E$ 的子扩张是 E 中满足 $E' \supset u(F)$ 的子域; 因而当 $F \subset E$ 时, $E|F$ 的子扩张也唤作**中间域**.

对域 F 可定义其特征 $\mathrm{char}(F)$ (定义 5.2.1): $\mathrm{char}(F)$ 生成 $\ker[\mathbb{Z} \to F]$. 域特征或是零或是素数 p. 相应地, 域 F 的最小子域或者是 $\mathbb{Q}$ (特征零的情形), 或者是 $\mathbb{F}_p := \mathbb{Z}/p\mathbb{Z}$ (特征为素数 p 的情形), 称作 F 的**素子域**. 任何 F 的子域都是 F 对素子域的子扩张. 对任意 $u : F \hookrightarrow E$ 皆有 $\mathrm{char}(E) = \mathrm{char}(F)$, 而且 u 限制在素子域上是恒等映射.

定义 8.1.2 令 $E|F$ 为域扩张.

- ◇ 定义 $E|F$ 的次数为基数 $[E : F] := \dim_F E$;
- ◇ 如 $[E : F]$ 有限则称 $E|F$ 是**有限扩张**;
- ◇ 若每个 $x \in E$ 在 F 上都是代数元 (定义 7.2.5), 亦即存在 $P \in F[X] \smallsetminus \{0\}$ 使得 $P(x) = 0$, 则称 $E|F$ 是**代数扩张**;
- ◇ 对于 $x \in E$, 定义 $F[x]$ 为 x 生成的 F-子代数 (见 §7.2 开头的讨论), 多元情形 $F[x, y, \ldots]$ 的定义类此;
- ◇ 承上, 定义 $F(x)|F$ 为 x 在 F 上生成的子扩张, 域 $F(x)$ 的元素为 $\frac{P(x)}{Q(x)}$ 的形式, 其中 $P, Q \in F[X]$ 且 $Q(x) \neq 0$, 多元情形 $F(x, y, \ldots)$ 的定义类此;
- ◇ 承上, 若一族 E 中元素 $\{x_i\}_{i \in I}$ 满足 $F(x_i : i \in I) = E$, 则称 $\{x_i\}_{i \in I}$ 是 $E|F$ 的生成集, 具有有限生成集的扩张称为**有限生成扩张**, 能由单个元素生成的称为**单扩张**.

有限扩张 $E|F$ 必有限生成: 若 $x_1, \ldots, x_k$ 是 E 作为 F-向量空间的基, 那么当然有 $E = F(x_1, \ldots, x_k)$. 此外, $[E : F] = 1 \iff F \xrightarrow{\sim} F \cdot 1 = E$, 经常直接写作 $E = F$.

例 8.1.3 在深入一般理论之前, 我们先浏览两个源于 19 世纪的经典案例.

- ◇ 代数数按定义是 $\mathbb{C}$ 中满足多项式方程 $P(\alpha) = 0$ 的元素, 其中 $P \in \mathbb{Q}[t]$ 非零 (t 表变元). 数论中研究向 $\mathbb{Q}$ 添进有限个代数数 $\alpha_1, \ldots, \alpha_n$ 所得到的扩域, 称为数

域, 按我们的记号就是 $\mathbb{Q}(\alpha_1,\ldots,\alpha_n)|\mathbb{Q}$, 以及这些域之间的嵌入及次数、自同构等性质. 我们马上会证明这些扩张都是有限代数扩张, 并且全体代数数构成 $\mathbb{C}$ 的子域 $\overline{\mathbb{Q}}$. 如是添元操作 $F \rightsquigarrow F(\alpha,\beta,\ldots)$ 是域论独具特色的手法.

◇ 设 X 为复一维的光滑紧复流形, 它们作为实流形是二维的, 又称紧 Riemann 曲面. 全体 X 上的亚纯函数构成 X 的函数域 $\mathbb{C}(X)$. 可证明紧 Riemann 曲面之间的满全纯映射 $f: X \to Y$ 透过亚纯函数的拉回诱导域嵌入 $f^*: \mathbb{C}(Y) \hookrightarrow \mathbb{C}(X)$. 域扩张 $\mathbb{C}(X)|\mathbb{C}(Y)$ 的次数正好是 f 在几何意义下的映射度. 当 Y 取为复射影直线 $\mathbb{P}^1$ 时, $\mathbb{C}(Y)$ 等同于单变元有理函数域 $\mathbb{C}(t)$, 它的有限扩域 $\mathbb{C}(X)$ 则称为复代数函数域. 代数曲线论的一条基本定理断言: 函数域之间的 $\mathbb{C}$-嵌入如实地反映了 Riemann 曲面之间所有非平凡的全纯映射. 由此可以约略体会 $\mathbb{C}(X)$ 的几何含义.

数域和函数域之间存在微妙的类比, 这始于 Dedekind 和 Weber 的深刻洞见 [8].

定义 8.1.4 设 $\Omega|F$ 为域扩张, $(E_i|F)_{i\in I}$ 为其中一族子扩张, 定义其**复合** $\bigvee_{i\in I} E_i$ 为 Ω 中包含所有 E_i 的最小域, 其元素形如有理分式

$$\frac{P(x_{i_1},\ldots,x_{i_n})}{Q(x_{i_1},\ldots,x_{i_n})}, \quad Q(x_{i_1},\ldots,x_{i_n}) \neq 0, \tag{8.1}$$

其中 $n \geq 0$, $P, Q \in F[X_1,\ldots,X_n]$, $i_1,\ldots,i_n \in I$, $x_{i_k} \in E_{i_k}$. 有限多个子扩张的复合也写作 E_1E_2 等等.

若将 $\Omega|F$ 的全体子扩张按 $\subset$ 作成偏序集, 那么复合给出其中任意子集的上确界, 下确界则由子扩张的交 $\bigcap_{i\in I} E_i$ 给出.

设 $L|E$, $E|F$ 为域扩张, 嵌入的合成 $F \hookrightarrow E \hookrightarrow L$ 给出域扩张 $L|F$. 这种结构称为域扩张的塔. 以下是引理 7.8.4 和推论 7.8.6 的直接应用.

命题 8.1.5 (次数的塔性质) 对于 L, E, F 如上,

◇ 域扩张的次数满足 $[L:F] = [L:E][E:F]$;

◇ 若 $(x_i)_{i\in I}$ 和 $(y_j)_{j\in J}$ 分别是 L 在 E 上和 E 在 F 上的一组基, 则 $(x_iy_j)_{(i,j)\in I\times J}$ 是 L 在 F 上的一组基.

次数的整除性质妙用无穷. 举例明之, 当 $[L:F]$ 为素数时可知中间域 E 必为 L 或 F.

现在转向本章的关键之一, 即代数扩张的研究. 下列性质是一切论证的起点.

1. 对于扩张 $E|F$ 中的代数元 $x \in E$ 可定义其在 F 上的**极小多项式** $P_x \in F[X]$ (定义 7.2.5); 对任意 $Q \in F[X]$ 皆有 $Q(x) = 0 \iff P_x \mid Q$.

2. 承上, 引理 7.2.7 断言 P_x 总不可约, 而且 $F(x) = F[x]$; 我们有 F-代数的同构

$$\begin{aligned} F[X]/(P_x) &\xrightarrow{\sim} F(x) \\ f + (P_x) &\longmapsto f(x) = \mathrm{ev}_x(f) \\ X + (P_x) &\longmapsto x, \end{aligned}$$

因此极小多项式可谓内在地刻画了域 $F(x)$ 的结构, 由此亦可见 $[F(x) : F] = \deg P_x$.

3. 对 $E|F$ 的任意子扩张 $E'|F$, 上述 $x \in E$ 在 E' 上当然也是代数的, 而且 x 在 E' 上的极小多项式必整除 P_x, 因此 $[E'(x) : E'] \leq [F(x) : F]$.

我们将在 §8.3 给出构造代数扩张的一般方法.

例 8.1.6 (二次扩张) 设 $\mathrm{char}(F) \neq 2$, 则满足 $[E : F] = 2$ 的扩张必形如 $E = F(\sqrt{a})$, 其中 $a \in F^{\times} \smallsetminus F^{\times 2}$; 此处惯例是以 $\sqrt{a} \in E$ 表 a 的任一平方根. 诚然, $[E : F] = 2$ 蕴涵 $x \in E \smallsetminus F \implies E = F(x) \simeq F[X]/(P_x)$. 将极小多项式 $P_x = X^2 + tX + s$ 配方为 $(X + \frac{t}{2})^2 + (s - \frac{t^2}{4})$, 可进一步假设 $P_x = X^2 - a$, 这就给出了 $x = \sqrt{a}$.

引理 8.1.7 若域扩张 $E|F$ 满足 $E = F(y_1, \ldots, y_m)$, 其中每个 y_i 都是 F 上的代数元, 则 $E|F$ 为有限扩张, 此时 $E = F[y_1, \ldots, y_m]$.

证明 由 $F(y_1, \ldots, y_m) = F(y_1, \ldots, y_{m-1})(y_m)$, $1 \leq m \leq n$, 命题 8.1.5 连同上述观察可得

$$\begin{aligned} [F(y_1, \ldots, y_n) : F] &= \prod_{m=1}^{n} [F(y_1, \ldots, y_m) : F(y_1, \ldots, y_{m-1})] \\ &= \prod_{m=1}^{n} [F(y_1, \ldots, y_{m-1})(y_m) : F(y_1, \ldots, y_{m-1})] \\ &\leq \prod_{m=1}^{n} [F(y_m) : F] < \infty, \end{aligned}$$

因而 $E|F$ 是有限扩张. 对 m 递归可知

$$\begin{aligned} E = F(y_1, \ldots, y_{m-1})(y_m) &= F(y_1, \ldots, y_{m-1})[y_m] \\ = F[y_1, \ldots, y_{m-1}][y_m] &= F[y_1, \ldots, y_m], \end{aligned}$$

明所欲证. □

引理 8.1.8 有限扩张无非是有限生成的代数扩张.

证明　定理 7.2.2 确保有限扩张 $E|F$ 必为代数扩张, 而有限扩张当然也是有限生成的. 反方向是引理 8.1.7 的直接结论. □

我们经常要研讨扩张的性质在种种操作下的性状, 为节约笔墨, 引进 [28, V. §1] 的术语如下.

约定 8.1.9　设 $\mathcal{E}$ 为某个由域扩张构成的类, 若以下性质成立则称 $\mathcal{E}$ 为**特出**的:

D.1 对任意域扩张的塔 $L|E$, $E|F$, 皆有 $(E|F \in \mathcal{E}) \wedge (L|E \in \mathcal{E}) \iff L|F \in \mathcal{E}$;

D.2 设 $L|F$, $M|F$ 是给定的 $\Omega|F$ 的子扩张, 则 $L|F \in \mathcal{E} \implies LM|M \in \mathcal{E}$;

D.3 设 $L|F$, $M|F$ 同上, $(L|F \in \mathcal{E}) \wedge (M|F \in \mathcal{E}) \implies LM|F \in \mathcal{E}$. 注意到这其实是前两条的推论, 它也蕴涵 $\mathcal{E}$ 在有限复合下封闭.

经常以如下的域图表达上述三种情况:

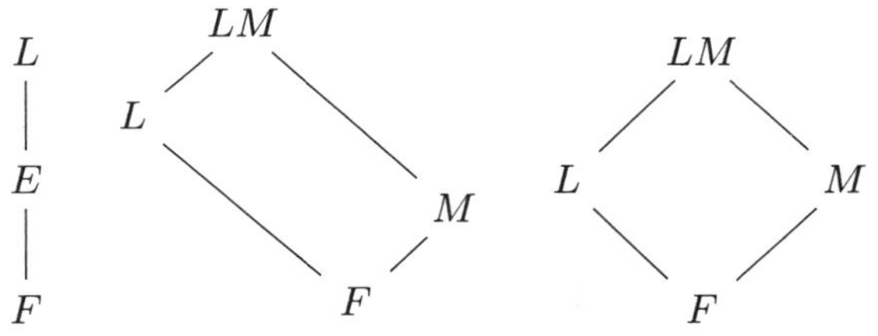

若将 **D.3** 强化为 $\Omega|F$ 中任意一族属于 $\mathcal{E}$ 的子扩张其复合仍属于 $\mathcal{E}$, 容许无穷复合, 则称 $\mathcal{E}$ **对复合封闭**.

取定如此一个特出的扩张类 $\mathcal{E}$, 我们可以在给定的扩张 $\Omega|F$ 里取并

$$\bigcup_{\substack{L|F:\ \Omega|F \text{ 的子扩张} \\ L|F \in \mathcal{E}}} L;$$

假设 $F|F \in \mathcal{E}$ 使得并非空, 由于 $\mathcal{E}$ 对有限复合封闭, 此并集 $\bigcup_{L|F\in\mathcal{E}} L$ 对加法、乘法与非零元的取逆皆封闭, 因而是 Ω 的子域. 事实上它也等于所有子扩张 $L|F \in \mathcal{E}$ 的复合.

取并的条件可以进一步放宽: 给定 $\Omega|F$, 若其中一族子扩张 $\mathcal{E}$ 对 $\subset$ 构成定义 1.2.3 下的滤过偏序集, 则其并仍为子扩张; 当一族子扩张对有限复合封闭时, 它对 $\subset$ 自动成为滤过偏序集. 下面看个例子.

例 8.1.10　给定域扩张 $E|F$, 令 $\mathcal{E} = \{E|F \text{ 的有限生成子扩张}\}$. 那么 $\mathcal{E}$ 中元素是形如 $F(a_1, \ldots, a_m)$ 的子扩张, 其中 $m \in \mathbb{Z}_{\geq 1}$ 而 $a_1, \ldots, a_m \in E$. 由于

$$F(a_1, \ldots, a_m)F(b_1, \ldots, b_n) = F(a_1, \ldots, a_m, b_1, \ldots, b_n),$$

可见 $\mathcal{E}$ 对有限复合封闭, 但它显然不对无穷复合封闭. 对 $\mathcal{E}$ 中子扩张取并的结果是整个 $E|F$, 理由很简单: 对任意 $x \in E$ 皆有 $x \in F(x)$.

引理 8.1.11 有限扩张是特出的.

证明 对于 **D.1** 考量的扩张 $E|F$ 和 $L|E$, 命题 8.1.5 的等式 $[L:F]=[L:E][E:F]$ 蕴涵 $L|F$ 有限当且仅当 $L|E$ 和 $E|F$ 皆有限. 今考虑 **D.2**: 取 $\Omega|F$ 中的子扩张 $L|F$, $M|F$ 使得 $L|F$ 有限, 可表作 $L=F(x_1,\ldots,x_n)$, 每个 x_i 皆为代数元. 于是 $LM=M(x_1,\ldots,x_n)|M$. 每个 x_i 在 M 上也是代数元, 从引理 8.1.7 立得 $LM|M$ 有限. 于是有限扩张是特出的. □

命题 8.1.12 代数扩张是有限子扩张的并. 代数扩张是特出的而且对复合封闭.

证明 任一代数扩张 $E|F$ 是所有 $F(x)|F$ 的并, 其中 x 取遍 E 的元素, 因而是有限子扩张的并.

今证明代数扩张的特出性. 考虑域扩张 $L|E$ 和 $E|F$ 及性质 **D.1**. 显然 $L|F$ 代数蕴涵 $L|E$ 和 $E|F$ 皆代数. 今假设 $L|E$ 和 $E|F$ 皆为代数扩张, 对 $x \in L$ 令 $P_x \in E[X]$ 为其极小多项式, P_x 的系数生成有限生成子扩张 $E_0|F$, 故引理 8.1.8 确保 $[E_0:F]$ 有限; 又由 $[E_0(x):E_0] \leq \deg P_x$ 可知 $[F(x):F] \leq [E_0(x):F] = [E_0(x):E_0][E_0:F]$ 亦有限, 所以 x 在 F 上为代数元.

现证明 $\Omega|F$ 的任两个代数子扩张 $L|F$, $M|F$ 的复合 $LM|F$ 仍是代数的 (性质 **D.3**). 任意 $x \in LM$ 表为 (8.1) 的形式时只牵涉有限多个 L 和 M 里的元素, 由于 L 和 M 的有限生成子扩张必为有限扩张 (引理 8.1.8), 两个有限扩张的复合仍然有限 (引理 8.1.11), 故 x 在 F 上是代数的. 此性质可以推广到任意一族代数子扩张 $E_i|F$ 的复合, 这是因为任意 $x \in \bigvee_i E_i$ 总落在有限多个 E_i 的复合里.

若只假设 $L|F$ 是代数扩张, 则因为 $LM|M$ 是所有 $M(x)|M$ 的复合 $(x \in L)$, 而且 $[M(x):M] \leq [F(x):F] < \infty$, 从前两步知 $LM|M$ 是代数扩张. 这就证出了 **D.2**. □

命题 8.1.13 对任意代数扩张 $E|F$ 皆有

- ◇ $|E|=|F|$, 若 $|F|$ 无穷;
- ◇ $|E| \leq \aleph_0$, 若 $|F|$ 有限.

这里 $\aleph_0$ 表示第一个无穷基数.

证明 令 $\mathrm{Irr}(F)_n$ 表示 $F[X]$ 中 n 次不可约首一多项式所成子集, $\mathrm{Irr}(F) := \bigcup_{n \geq 1} \mathrm{Irr}(F)_n$. 定义映射 $m: E \to \mathrm{Irr}(F)$, 它映 $x \in E$ 至其极小多项式 $P_x \in F[X]$. 多项式的根数不超

过次数, 因而基数的运算 (详见 §1.4) 给出

$$\begin{aligned}|E| = \sum_{n\geq 1} \left|m^{-1}(\mathrm{Irr}(F)_n)\right| &\leq \sum_{n\geq 1} n\,|\mathrm{Irr}(F)_n| \\ &\leq \sum_{n\geq 1} n|F|^{n-1}.\end{aligned}$$

当 $|F|$ 无穷时, 推论 1.4.9 蕴涵 $n|F|^{n-1} = |F|$, 从而 $|E| \leq |\mathbb{Z}_{\geq 1}| \cdot |F| = \aleph_0|F| = |F|$. 当 $|F|$ 有限时, 同样由推论 1.4.9 可知 $|E| \leq |\mathbb{Z}_{\geq 1}| \cdot |\mathbb{Z}_{\geq 1}| = \aleph_0$. □

8.2 代数闭包

域论的原初目的是研究多项式的根. 对于域扩张 $E|F$ 中的任一代数元 $x \in E$, 我们业已定义了相应的极小多项式 $P_x \in F[X]$, 它是满足 $P_x(x) = 0$ 的首一不可约多项式. 反过来说, 从给定的域 F 和非常值多项式 $P \in F[X]$ 出发, 我们能否构造扩域 $E|F$ 使得 P 在 E 中有根? 显然只需考虑 P 不可约的情形. 构造的思路是 "形式地" 向 F 添根; 引理 7.2.7 的同构 $F[X]/(P_x) \xrightarrow{X \mapsto x} F(x) = F[x]$ 为我们指出一条明路.

命题 8.2.1 (L. Kronecker) 设 $P \in F[X]$ 为不可约多项式, 定义 F-代数 $E := F[X]/(P)$. 则 $E|F$ 是域扩张, $[E : F] = \deg P$ 且陪集 $x := X + (P) \in E$ 满足 $P(x) = 0$.

证明 因为 $F[X]$ 是主理想环而 P 不可约, (P) 是极大理想. 因而 E 确实是域. 显然 E 作为 F-向量空间有一组基 $\{x^i : 0 \leq i \leq \deg P\}$. 视 P 为 $E[X]$ 的元素, 在 E 中容易计算 $P(x) = P(X + (P)) = P(X) + (P) = 0$. 明所欲证. □

例 8.2.2 (A. L. Cauchy, 1847) 复数域 $\mathbb{C}$ 可按以下方式构造为实系数多项式的等价类. 二次多项式 $X^2 + 1 \in \mathbb{R}[X]$ 无实根, 故不可约. 按命题 8.2.1 构造 $\mathbb{R}$ 的二次扩域 $\mathbb{R}[X]/(X^2 + 1)$; 记陪集 $X + (X^2 + 1)$ 为 i, 则 $\mathbb{R}[X]/(X^2 + 1) = \mathbb{R} \oplus \mathbb{R}i$ 作为 $\mathbb{R}$-代数的结构完全由关系式 $i^2 + 1 = 0$ 确定, 这正是复数域的刻画. 因此 $\mathbb{R}[X]/(X^2 + 1) \simeq \mathbb{C}$.

命题 8.2.3 设 $E|F$, $L|F$ 为域扩张.

(i) 设 $\phi : E \to L$ 为 F-嵌入, $u \in E$ 为 F 上代数元, 则 $\phi(u)$ 也是 F 上代数元并且与 u 有同样的极小多项式.

(ii) 若代数元 $u \in E$ 和 $v \in L$ 具有同样的极小多项式 P, 则存在唯一的 F-嵌入 $\iota : F(u) \to L$ 使得 $\iota(u) = v$; 它满足 $\mathrm{im}(\iota) = F(v)$.

证明 先看第一部分. 设 $P \in F[X]$ 为 u 的极小多项式, 因为 ϕ 是 F-代数的同态故 $P(\phi(u)) = \phi(P(u)) = \phi(0) = 0$, 从而 $\phi(u)$ 是代数元; 又由于 P 已不可约, 它必然是 $\phi(u)$ 的极小多项式.

今考虑第二部分. 由于 u 生成 $F(u)$, 所求 F-嵌入 $\iota : F(u) \to L$ 完全由 u 的像 v

确定, 而且 $\iota(F(u)) = F(v)$. 仅需证明 ι 存在. 请看交换图表:

$$\begin{array}{ccccccc} & & & \overset{\iota}{\frown} & & & \\ F(u) & \xleftarrow{\sim} & F[X]/(P) & \xrightarrow{\sim} & F(v) & \hookrightarrow & L \\ \cup & & \cup & & \cup & & \\ u & \longmapsfrom & X+(P) & \longmapsto & v & & \end{array}$$

□

利用命题 8.2.1, 我们可以对 F 和 $P \in F[X]$ 逐步构造有限扩张 $F = F_0 \hookrightarrow F_1 \hookrightarrow \cdots \hookrightarrow F_m = E$, 每次添入 $P \in F_i[X]$ 的一个根, 使得 P 最后在 E 中分解成一次因子的积. 从理论角度看, 一劳永逸的办法是构造充分大的扩张 $\overline{F}|F$ 使得每个 $P \in F[X]$ 在 $\overline{F}$ 上都分解成一次因式的积. 这导向了代数闭域和代数闭包的概念.

定义 8.2.4 如果域 E 上的每个非常值多项式 $P \in E[X]$ 都有根, 亦即有一次因子, 则称 E 是**代数闭域**.

熟知的代数闭域例子是复数域 $\mathbb{C}$, 这是代数基本定理的内容.

引理 8.2.5 域 E 是代数闭域当且仅当它没有非平凡的代数扩张, 亦即: $L|E$ 为代数扩张 $\iff L = E$.

证明 设 E 代数闭而 $L|E$ 是代数扩张, 对任意 $x \in L$, 它在 E 上的极小多项式 P_x 必有一次因子; 又由于 P_x 不可约, 从而 $\deg P_x = 1$ 故 $x \in E$.

反之假设 E 非代数闭, $P \in E[X]$ 在 E 上无根; 可以假设 P 不可约, 命题 8.2.1 遂给出 E 的扩域 $L := E[X]/(P)$ 使得 $[L : E] = \deg P > 1$. 证毕. □

引理 8.2.6 设 $E|F$ 是代数扩张, 则 E 是代数闭域的充要条件是每个非常数多项式 $P \in F[X]$ 在 E 中皆分解成一次因子.

证明 必要性是代数闭域定义的直接结论, 现证充分性. 鉴于引理 8.2.5, 仅需对每个代数扩张 $L|E$ 证明 $L = E$. 命题 8.1.12 确保 $L|F$ 也是代数扩张, 对任意 $x \in L$, 极小多项式 $P_x \in F[X]$ 按假设在 $E[X]$ 中分解为 $P_x = \prod_{i=1}^{n}(X - \alpha_i)$, 从而 $P_x(x) = 0$ 确保存在 $1 \leq i \leq n$ 使得 $x = \alpha_i \in E$. 明所欲证. □

以上引理的条件还可以改进为: 每个非常数多项式 $P \in F[X]$ 在 E 中皆有根. 我们将在命题 9.2.9 利用 Galois 理论证之.

定义 8.2.7 域扩张 $\overline{F}|F$ 若满足 (i) $\overline{F}$ 为代数闭域, (ii) $\overline{F}|F$ 为代数扩张, 则称之为 F 的**代数闭包**.

命题 8.1.12 即刻导向一条常用性质: 设 $E|F$ 为代数扩张, 而 $\overline{E}|E$ 是 E 的代数闭包, 那么 $\overline{E}|F$ 也是 F 的代数闭包.

定理 8.2.8 (E. Steinitz) 对任意域 F, 代数闭包 $\overline{F}|F$ 存在, 并且在 F-同构的意义下唯一.

证明 (E. Artin) 先说明唯一性. 令 $\overline{F}|F$, $\overline{F}'|F$ 为代数闭包, 定义 $\mathcal{P}$ 为全体资料 (E,ι) 所成集合, 其中 $E|F$ 是 $\overline{F}|F$ 的子扩张而 $\iota \in \mathrm{Hom}_F(E,\overline{F}')$. 显然 $\left(F, F\hookrightarrow\overline{F}'\right)\in\mathcal{P}$ 故 $\mathcal{P}$ 非空. 赋予 $\mathcal{P}$ 偏序

$$(E,\iota)\leq(E_1,\iota_1)\iff(E\subset E_1)\wedge(\iota_1|_E=\iota).$$

易见 $(\mathcal{P},\leq)$ 中每个链 $\{(L_i,\iota_i)\}_{i\in I}$ 都有个上界 (L,ι): 取子扩张 $L:=\bigcup_i L_i$ 和 $\iota: L\to\overline{F}'$ 使得 $\iota|_{L_i}=\iota_i$ 即是. Zorn 引理 (定理 1.3.6) 遂确保 $(\mathcal{P},\leq)$ 有极大元 (E,ϕ).

我们断言 $E=\overline{F}$. 设若不然, 取 $u\in\overline{F}\smallsetminus E$, 它在 E 上有极小多项式 $P_u\in E[X]$. 透过 ϕ 将 $\overline{F}'$ 视为 E 的扩域, 那么 P_u 在 $\overline{F}'$ 中必有一根 v, 故命题 8.2.3 给出唯一的 E-嵌入 $E(u)\hookrightarrow\overline{F}'$ 映 u 为 v; 这与 ϕ 的极大性矛盾.

只需再证 $\phi(\overline{F})=\overline{F}'$ 便有 F-同构 $\phi:\overline{F}\xrightarrow{\sim}\overline{F}'$. 由 $\overline{F}$ 代数闭可知其同构像 $\phi(\overline{F})$ 亦然, 又由于 $\overline{F}'|F$ 为代数扩张可知 $\overline{F}'|\phi(\overline{F})$ 亦是代数扩张, 于是乎引理 8.2.5 断言 $\phi(\overline{F})=\overline{F}'$. 唯一性证毕.

我们对存在性部分给两种论证. 其一虽然利索, 但要用到 §7.3 介绍的 F-代数的张量积构造. 对每个不可约多项式 $P\in F[X]$, 按之前讨论可用命题 8.2.1 逐步构造有限扩张 $E_P|F$, 使得 P 在 E_P 上分解成一次因子之积. 该如何找到一个由全体 E_P 生成的扩域, 或退而求其次, 寻求如此的交换 F-代数? 范畴观点提供了一条线索: 考虑交换 F-代数的无穷张量积 (定义–定理 7.3.8)

$$A:=\bigotimes_{\substack{P\in F[X]\\ \text{不可约首一}}}E_P.$$

我们有一族 F-同态 $E_P\hookrightarrow A$, 其像生成交换 F-代数 A; 注记 7.3.6 保证 A 非零. 基于选择公理的命题 5.3.6 断言 A 有极大理想 I, 故商代数 $\overline{F}:=A/I$ 为域, 而且仍由一族 F-嵌入 $E_P\to\overline{F}$ 的像生成, 因而 $\overline{F}|F$ 为使得每个 P 分解为一次因子的代数扩张. 命题 8.2.6 立即蕴涵 $\overline{F}$ 代数闭.

第二种论证是直接以定理 1.3.6 寻求 F 的一个极大代数扩张. 取充分大的集合 Ω 使得 $|\Omega|>\max\{|F|,\aleph_0\}$, 而且 $F\subset\Omega$; 我们的目的是将所有的代数扩张嵌入为“宇宙”集 Ω 的子集. 定义集合 $\mathcal{Q}$ 为全体代数扩张 $E|F$, 适合于 (i) 作为集合有 $F\subset E\subset\Omega$, (ii) 域扩张 $E|F$ 由包含映射 $F\hookrightarrow E$ 确定. 易见 $\mathcal{Q}$ 确为集合, $F|F\in\mathcal{Q}$. 接着赋予 $\mathcal{Q}$ 偏序

$$E|F\leq E_1|F\iff E\subset E_1\quad(\text{子域}).$$

熟悉的并集构造表明 $(\mathcal{Q},\leq)$ 中每个链都有上界, 故存在极大元 $\overline{F}|F$. 我们断言 $\overline{F}$ 的代数扩张 $L|\overline{F}$ 只能是 $L=\overline{F}$, 如是则从引理 8.2.5 导出 $\overline{F}$ 代数闭. 首务是调整 $L|F$ 为 $\mathcal{Q}$ 的元素.

命题 8.1.13 断言对任意代数扩张 $E|F$ 皆有 $|E|\leq\max\{|F|,\aleph_0\}<|\Omega|$, 这当然适用

于 $E=L,\overline{F}$. 我们需要一点基数的估计:

◇ 根据 Ω 的选取, $|\Omega\smallsetminus\overline{F}|$ 和 $|\overline{F}|$ 皆非零, 其中必有一者无穷; 事实上 $|\Omega\smallsetminus\overline{F}|\geq|\overline{F}|$, 否则推论 1.4.9 将导出矛盾 $|\Omega|=\max\{|\Omega\smallsetminus\overline{F}|,|\overline{F}|\}=|\overline{F}|<|\Omega|$.

◇ 于是 $|\Omega|=\max\{|\Omega\smallsetminus\overline{F}|,|\overline{F}|\}=|\Omega\smallsetminus\overline{F}|$, 进而

$$|L\smallsetminus\overline{F}|\leq|L|\leq\max\{|F|,\aleph_0\}<|\Omega|=|\Omega\smallsetminus\overline{F}|.$$

◇ 故存在集合的单射 $f:L\hookrightarrow\Omega$ 使得 $f|_{\overline{F}}=\mathrm{id}_{\overline{F}}$; 将域结构用 f 搬到 $f(L)$ 上, 不动 $\overline{F}\subset\Omega$ 的域结构, 这就使 $f(L)|F$ 成为 $\mathcal{Q}$ 的一员.

在 $(\mathcal{Q},\leq)$ 中遂有 $f(L)|F\geq\overline{F}|F$. 极大性质蕴涵 $f(L)=\overline{F}$, 故 $L=\overline{F}$. 明所欲证. □

推论 8.2.9 设 $\overline{F}|F$ 为代数闭包, $E|F$ 为代数扩张, 则存在 F-嵌入 $\iota\in\mathrm{Hom}_F(E,\overline{F})$. 当 $E|F$ 有限时 $|\mathrm{Hom}_F(E,\overline{F})|\leq[E:F]$.

证明 取 E 的代数闭包 $\overline{E}$ 并视 E 为其子域. 由定义可知 $\overline{E}|F$ 也是代数闭包, 唯一性遂给出 F-同构 $\phi:\overline{E}\xrightarrow{\sim}\overline{F}$. 取 $\iota:=\phi|_E$ 即证出第一个断言. 今假设 $E=F(x_1,\ldots,x_n)$ 为 F 的有限扩张, 考虑限制映射

$$\begin{aligned}\mathrm{Hom}_F(F(x_1,\ldots,x_n),\overline{F})\xrightarrow{\mathrm{res}_n}\mathrm{Hom}_F(F(x_1,\ldots,x_{n-1}),\overline{F})\xrightarrow{\mathrm{res}_{n-1}}\\ \cdots\xrightarrow{\mathrm{res}_1}\mathrm{Hom}_F(F,\overline{F})=\{*\}.\end{aligned}$$

对于任意 $\phi\in\mathrm{Hom}_F(F(x_1,\ldots,x_{i-1}),\overline{F})$, 命题 8.2.3 确保原像集 $\mathrm{res}_i^{-1}(\phi)$ 的大小不超过 x_i 在 $F(x_1,\ldots,x_{i-1})$ 上的极小多项式次数, 因此

$$\left|\mathrm{Hom}_F(F(x_1,\ldots,x_n),\overline{F})\right|\leq\prod_{i=1}^{n}[F(x_1,\ldots,x_i):F(x_1,\ldots,x_{i-1})]=[E:F],$$

明所欲证. □

命题 8.2.10 若 Ω 是代数闭域, $\Omega|F$ 为域扩张, 令 $\overline{F}:=\{x\in\Omega:\text{在 }F\text{ 上代数}\}$, 则 $\overline{F}|F$ 是 F 的代数闭包.

证明 每个 $x\in\overline{F}$ 生成有限扩张 $F(x)=F[x]$, 而代数扩张对复合封闭, 因此 $\overline{F}=\bigvee_{x\in\overline{F}}F(x)$ 确实是 F 的代数扩张. 每个首一不可约多项式 $P\in F[X]$ 皆在 Ω 中分解成一次因子 $\prod_\alpha(X-\alpha)$, 按定义有 $\alpha\in\overline{F}$, 于是引理 8.2.6 蕴涵 $\overline{F}$ 是代数闭域. □

从 $\mathbb{C}$ 的代数闭性出发, 代数闭包的第一个例子是 $\mathbb{C}|\mathbb{R}$. 其次是取 $\mathbb{C}$ 中全体 $\mathbb{Q}$ 上代数数所成子域 $\overline{\mathbb{Q}}$, 这是因为命题 8.2.10 断言 $\overline{\mathbb{Q}}$ 是 $\mathbb{Q}$ 的代数闭包. 对于一般情形, 定理

8.2.8 仅抽象地给出代数闭包 $\overline{F}|F$ 的存在和唯一性; 证明的任一条进路都避不开选择公理, 因而是非构造性的.

8.3 分裂域和正规扩张

我们已经看到任何非常数的 $P \in F[X]$ 都在某个有限扩张 $E|F$ 上分解为一次因子. 本节旨在对这类构造做更细致的梳理.

定义 8.3.1 设 $\mathcal{P}$ 为 $F[X]$ 中一族非常数多项式. 若域扩张 $E|F$ 满足于

◇ 每个 $P \in \mathcal{P}$ 皆在 E 上分解成一次因子, 亦即 $P = c_P \prod_{j=1}^{n_P}(X - \alpha_{P,j})$, 其中 $\alpha_{P,j} \in E$, $c_P \in F^\times$;

◇ 诸根 $\{\alpha_{P,j} : P \in \mathcal{P},\ 1 \le j \le n_P\}$ 在 F 上生成 E.

则称 $E|F$ 为多项式族 $\mathcal{P}$ 的**分裂域**.

分裂域总是代数扩张. 可以想象, 最复杂的应当是 $\mathcal{P} := F[X] \smallsetminus F$ 的情形, 此时引理 8.2.6 表明分裂域正是 F 的代数闭包, 存在性已经证明. 不过在针对多项式方程的研究中, 我们更常考虑的是单个多项式 $P \in F[X]$ 的分裂域.

命题 8.3.2 对任一族非常数多项式 $\mathcal{P}$, 分裂域 $E|F$ 总是存在, 并在 F-同构的意义下唯一; 任意 $n \ge 1$ 次多项式 P 的分裂域在 F 上的次数 $\le n!$.

证明 首先证明存在性. 取代数闭包 $\overline{F}|F$. 每个 $P \in \mathcal{P}$ 都在 $\overline{F}$ 上分解为 $P = c_P \prod_{j=1}^{n_P}(X - \alpha_{P,j})$. 取由所有根生成的子扩张 $E = F(\alpha_{P,j} : P \in \mathcal{P},\ 1 \le j \le n_P)$ 即所求. 若要在 $\overline{F}|F$ 的子扩张中寻求 $\mathcal{P}$ 的分裂域, 这显然是唯一选择.

现证唯一性. 设 $E|F$, $E'|F$ 为 $\mathcal{P}$ 的分裂域, 分别取代数闭包 $\overline{F}|E$ 和 $\overline{F}'|E'$, 以下不妨视 $E \subset \overline{F}$, $E' \subset \overline{F}'$. 由定义可知 $\overline{F}|F$ 和 $\overline{F}'|F$ 也是代数闭包, 因此定理 8.2.8 给出 F-同构 $u : \overline{F} \xrightarrow{\sim} \overline{F}'$. 既然 $E|F$ 由 $\mathcal{P}$ 中所有多项式在 $\overline{F}$ 中的根生成, 同样性质透过 u 照搬到 $u(E) \subset \overline{F}'$, 于是 $u(E)|F$ 等同于 $E'|F$, 所求的 F-同构无非是 $u|_E$.

至于次数, 假设 $\deg P = n \ge 1$, 多项式 P 在分裂域 E 中的根记为 $\alpha_1, \ldots, \alpha_n$. 当 $n = 1$ 时显然 $E = F$, 当 $n > 1$ 时记 $F_1 := F(\alpha_1)$, 由于 $[F_1 : F] \le \deg P = n$ 而 E 是 $P/(X - \alpha_1)$ 在 F_1 上的分裂域, 可用命题 8.1.5 递归地推出 $[E : F] = [E : F_1][F_1 : F] \le (n-1)!n = n!$. □

引理 8.3.3 对任意代数扩张 $L|F$, 任何 F-嵌入 $\iota : L \to L$ 都是同构. 换言之 $\mathrm{End}_F(L) = \mathrm{Aut}_F(L)$.

证明 仅需说明 ι 为满射. 对任意 $y \in L$, 其极小多项式 P_y 在 L 中的根记为 $y_1, \ldots, y_m$, 并定义 $L|F$ 的子扩张 $L_0 := F(y_1, \ldots, y_m)$. 由于 F-嵌入 ι 诱导根集 $\{y_1, \ldots, y_m\}$ 上的置换, 故 $\iota|_{L_0} : L_0 \hookrightarrow L_0$. 引理 8.1.8 断言 $L_0|F$ 有限, 基于维数考量可知 $\iota|_{L_0}$ 实为同构; 特别地, $y \in \mathrm{im}(\iota)$. □

定义–定理 8.3.4 对于代数扩张 $E|F$, 以下性质等价:

N.1 任一不可约多项式 $P \in F[X]$ 若在 E 中有根, 则它在 $E[X]$ 中分解为一次因子之积.

N.2 取定代数闭包 $\overline{F}|E$ 并视 E 为 $\overline{F}$ 的子域, 则任意 $\iota \in \mathrm{Hom}_F(E, \overline{F})$ 皆满足 $\iota(E) = E$.

N.3 存在一族非常数多项式 $\mathcal{P}$ 使得 $E|F$ 是 $\mathcal{P}$ 的分裂域.

满足以上任一条的代数扩张称为**正规扩张**.

证明 (**N.1**) $\implies$ (**N.2**): 给定 $\iota \in \mathrm{Hom}_F(E, \overline{F})$, 记 $x \in E$ 的极小多项式为 $P_x \in F[X]$, 则 $\iota(x)$ 仍是 P_x 的根. 根据条件 P_x 在 $E[X]$ 中分解为一次因子 $(X - \alpha_1) \cdots (X - \alpha_n)$, 因而 $\exists i$, $\iota(x) = \alpha_i \in E$. 由于 x 可任取, 立见 $\iota(E) \subset E$. 应用引理 8.3.3 可得 $\iota(E) = E$.

(**N.2**) $\implies$ (**N.1**): 若 P 有根 $x \in E$, 设 $y \in \overline{F}$ 为 P 的任意根. 命题 8.2.3 给出 F-嵌入 $\iota_0 : F(x) \to \overline{F}$ 使得 $\iota_0(x) = y$. 借助于 ι_0 可将 $\overline{F}|F(x)$ 看作代数闭包, 推论 8.2.9 给出以下交换图表

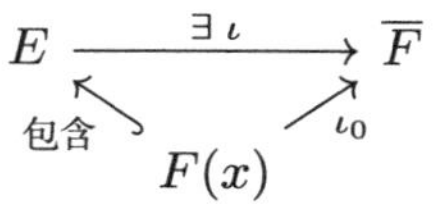

于是 $\iota \in \mathrm{Hom}_F(E, \overline{F})$.

因此 $y = \iota_0(x) = \iota(x) \in E$, 可见 P 的所有根都在 E 里.

(**N.1**) $\implies$ (**N.3**): 取 $\mathcal{P}$ 为所有在 E 中有根的不可约多项式, 条件蕴涵分裂域 $\subset E$. 由于每个 $x \in E$ 都是极小多项式 P_x 的根, 相应的分裂域正是 E.

(**N.3**) $\implies$ (**N.2**): 对每个 $\iota \in \mathrm{Hom}_F(E, \overline{F})$ 和 $P \in \mathcal{P}$, 嵌入 ι 诱导 $R_P := \{x \in \overline{F} : P(x) = 0\}$ 上的置换. 分裂域 E 由 $\bigcup_{P \in \mathcal{P}} R_P$ 在 F 上生成, 故 $\iota(E) = E$. □

顺势引进以下术语.

定义 8.3.5 称 $\Omega|F$ 的两个子扩张 $E|F$, $E'|F$ 为共轭的, 如果存在 $\sigma \in \mathrm{Aut}_F(\Omega)$ 使得 $\sigma(E) = E'$; 如果对 $x, y \in \Omega$ 存在 $\sigma \in \mathrm{Aut}_F(\Omega)$ 使得 $\sigma(x) = y$, 则称 x 与 y 共轭.

元素的共轭显然是等价关系. 来由之一是 $\Omega|F = \mathbb{C}|\mathbb{R}$ 的情形: 由于 $\mathbb{C} = \mathbb{R} \oplus \mathbb{R}i \simeq \mathbb{R}[X]/(X^2+1)$, 而 $X^2 + 1$ 的根为 $\pm i$, 自同构 $\sigma \in \mathrm{Aut}_{\mathbb{R}}(\mathbb{C})$ 由像 $\sigma(i) = \pm i$ 唯一确定, 所以 σ 必为 $\mathrm{id}_{\mathbb{C}}$ 或复共轭 $x + yi \mapsto x - yi$.

命题 8.3.6 设 $L|F$ 为正规扩张, $E|F$ 为其子扩张, 则任何 $\iota \in \mathrm{Hom}_F(E, L)$ 都能延拓为某个 $\tilde{\iota} \in \mathrm{Aut}_F(L)$.

证明 根据引理 8.3.3, 仅需延拓 ι 为 $\tilde{\iota} : L \to L$ 即可. 取 L 的代数闭包 $\overline{F}$, 仍记 $E \xrightarrow{\iota} L \hookrightarrow \overline{F}$ 的合成为 ι, 那么 $\iota : E \to \overline{F}$ 也是 E 的代数闭包; 进一步, 它还给出 F 的

代数闭包, 符号 $\overline{F}$ 因之是合理的. 对代数闭包 $E \xrightarrow{\iota} \overline{F}$ 和包含映射 $E \hookrightarrow L$ 应用推论 8.2.9, 立得域嵌入 $\tilde{\iota}: L \to \overline{F}$ 使得 $\tilde{\iota}|_E = \iota$. 若能说明 $\tilde{\iota}(L) \subset L$ 便可完成证明.

既然 $\overline{F}$ 通过 ι 成为 F 的代数闭包, 从 $L|F$ 的正规性和 **N.2** 立可导出 $\tilde{\iota}(L) \subset L$, 明所欲证. □

由此引出正规扩张定义 **N.2** 的一条有用推广.

推论 8.3.7 对于正规扩张 $L|F$, 其子扩张 $E|F$ 正规的充要条件是:

▷ **N.2′** 对每个 $\sigma \in \mathrm{Aut}_F(L)$ 都有 $\sigma(E) \subset E$.

作为应用, 若在代数扩张的四层塔 $L|E|K|F$ 中, $L|F$ 和 $E|F$ 皆正规, 那么 $\mathrm{Hom}_F(K, L) = \mathrm{Hom}_F(K, E)$.

证明 取定代数闭包 $\overline{F}|L$. 若 $E|F$ 正规, 则因为 $\mathrm{Aut}_F(L) \subset \mathrm{Hom}_F(L, \overline{F})$, 按 **N.2** 必有 $\sigma(E) \subset E$. 反之设 $\forall \sigma\ \sigma(E) \subset E$, 命题 8.3.6 确保任何 $\iota \in \mathrm{Hom}_F(E, \overline{F})$ 总能延拓到 $\overline{F} \to \overline{F}$, 后者在 L 上的限制记为 σ; 条件 **N.2** 确保 $\sigma \in \mathrm{End}_F(L) = \mathrm{Aut}_F(L)$, 故 $\iota(E) = \sigma(E) \subset E$. 这就证出第一部分.

至于第二部分, 显然 $\mathrm{Hom}_F(K, E) \subset \mathrm{Hom}_F(K, L)$. 若 $\iota \in \mathrm{Hom}_F(K, L)$, 用命题 8.3.6 延拓 ι 为 $\sigma \in \mathrm{Aut}_F(L)$, 再由第一部分导出 $\iota(K) \subset \sigma(E) \subset E$. 证毕. □

在 **N.2′** 中取 $L = \overline{F}$, 立见正规扩张无非是 $\overline{F}|F$ 中对共轭关系封闭的子扩张.

推论 8.3.8 代数闭包 $\overline{F}|F$ 中两个元素 x, y 共轭当且仅当它们有相同的极小多项式.

证明 显然 F-自同构保持元素的极小多项式不变. 反之设 x, y 同为不可约多项式 $P \in F[X]$ 的根. 命题 8.2.3 给出 F-嵌入 $\iota: F(x) \to \overline{F}$ 使得 $\iota(x) = y$. 以命题 8.3.6 将 ι 延拓为 $\sigma \in \mathrm{Aut}_F(\overline{F})$, 即得共轭关系 $\sigma(x) = y$. □

虽然正规扩张的子扩张未必正规, 对于其他操作仍有良好的封闭性.

命题 8.3.9 正规扩张满足以下性质.

(i) 扩张 $L|F$ 正规 $\implies$ 对任意中间域 E, 扩张 $L|E$ 正规.

(ii) 设 $L|F, M|F$ 为 $\Omega|F$ 的子扩张, 则 $L|F$ 正规 $\implies$ $LM|M$ 正规.

(iii) 在给定扩张 $\Omega|F$ 中, 任一族正规子扩张之复合与非空交依然正规.

证明 设 $L|F, M|F$ 皆是 $\Omega|F$ 的子扩张, 若 $L|F$ 是 $\mathcal{P} \subset F[X]$ 的分裂域, 则 $LM|M$ 是 $\mathcal{P} \subset M[X]$ 的分裂域, 故为正规扩张. 这就证明了 (ii); 取特例 $\Omega = L$ 而 $M = E \subset L$ 就得到 (i).

设 $\{L_i|F\}_{i \in I}$ 是 $\Omega|F$ 的一族正规子扩张, 且 I 非空, 其交 $\bigcap_i L_i|F$ 与复合 $\bigvee_i L_i|F$ 仍是代数扩张 (命题 8.1.12). 取定包含 $\bigvee_i L_i$ 的代数闭包 $\overline{F}$, 它同时也是 $\bigcap_i L_i$, 每个 L_i 以及 F 的代数闭包, 而复合 $\bigvee_i L_i$ 可视作 $\overline{F}|F$ 中的复合. 我们先证 $\bigvee_i L_i|F$ 正规:

对任意 $\iota \in \mathrm{Hom}_F\left(\bigvee_i L_i, \overline{F}\right)$, 正规性蕴涵

$$\iota\left(\bigvee_{i\in I} L_i\right) = \bigvee_{i\in I} \iota(L_i) = \bigvee_{i\in I} L_i.$$

接着证明 $\bigcap_i L_i|F$ 正规: 因为 $\bigvee_i L_i \big| \bigcap_i L_i$ 是代数扩张, 推论 8.2.9 断言任意 $\iota \in \mathrm{Hom}_F\left(\bigcap_i L_i, \overline{F}\right)$ 皆可延拓为 $\bigvee_i L_i \to \overline{F}$, 继而也能限制到每个 L_i 上; 正规性蕴涵

$$\iota\left(\bigcap_{i\in I} L_i\right) = \bigcap_{i\in I} \iota(L_i) = \bigcap_{i\in I} L_i.$$

明所欲证. □

定义 8.3.10 设 $E|F$ 为代数扩张, $\overline{F}|E$ 为选定的代数闭包. 定义 $E|F$ 的**正规闭包** $M|F$ 为 $\overline{F}|F$ 中所有含 $E|F$ 的正规子扩张之交.

因为 $\overline{F}|F$ 正规, 此交非空. 命题 8.3.9 表明 $M|F$ 是 $\overline{F}|F$ 中包含 E 的最小正规子扩张. 进一步,

$$M \xlongequal{\because \mathbf{N.2'}} \bigvee_{\sigma\in \mathrm{Aut}_F(\overline{F})} \sigma(E) \xlongequal{\because \text{命题 } 8.3.6} \bigvee_{\sigma\in \mathrm{Hom}_F(E,\overline{F})} \sigma(E).$$

进一步假设 $E|F$ 有限, 则推论 8.2.9 蕴涵以上复合仅含有限项, 此时 $M|F$ 也是有限扩张. 且看个标准例子.

例 8.3.11 $\overline{\mathbb{Q}}|\mathbb{Q}$ 的子扩张 $\mathbb{Q}(2^{1/3})|\mathbb{Q}$ 非正规, 因为 $\mathbb{Q}(2^{1/3}) \subset \mathbb{R}$ 而 $2^{1/3}$ 在 $\overline{\mathbb{Q}}$ 中尚有共轭 $\omega 2^{1/3}$, $\omega^2 2^{1/3}$, 其中 $\omega = e^{2\pi i/3}$: 它们是极小多项式 $X^3 - 2$ 在 $\overline{\mathbb{Q}}$ 中的根. 正规闭包是 $\mathbb{Q}(2^{1/3}, \omega)$.

8.4 可分性

对于任意域 F, 命题 5.6.7 按习见的公式 $\left(\sum_{k\geq 0} a_k X^k\right)' = \sum_{k\geq 1} k a_k X^{k-1}$ 在 $F[X]$ 上定义了求导运算 $P \mapsto P'$. 以下选定代数闭包 $\overline{F}|F$. 记非零多项式 P, Q 的最大首一公因式为 (P, Q), 这是唯一确定的.

引理 8.4.1 设 $P, Q \in F[X]$ 非零, $L|F$ 是任意域扩张, 则 $(P, Q) = 1$ 在 $F[X]$ 中成立当且仅当它在 $L[X]$ 中成立.

证明 若 P, Q 在 $F[X]$ 中有非常数的公因子, 则在 $L[X]$ 中亦然. 若两者在 $F[X]$ 中互素, 则存在 $U, V \in F[X]$ 使得 $UP + VQ = 1$, 而此式又在 $L[X]$ 中蕴涵 P, Q 互素. □

引理 8.4.2 非零多项式 $P \in F[X]$ 在其分裂域上有重根的充要条件是 $(P, P') \neq 1$.

证明 引理 8.4.1 表明条件 $(P,P')\neq 1$ 在 F 上和在分裂域 L 上是等价的. 一切化约为以下熟知的等式: 对任意域扩张 $L|F$ 和 $c\in L$, 存在 $Q\in L[X]$ 使得

$$P=P(c)+(X-c)P'(c)+(X-c)^2Q. \tag{8.2}$$

诚然, 由于 $X\mapsto X-c$ 诱导 $L[X]$ 作为 L-代数的自同构, 问题容易化约到 $c=0$ 的明显情形. □

附带一提, 检验重根的另一种方式是运用例 5.8.6 介绍的判别式.

定理 8.4.3 对于不可约多项式 $P\in F[X]$, 以下陈述等价:

(i) P 在代数闭包 $\overline{F}$ 上有重根;

(ii) P 在其分裂域上有重根;

(iii) $P'=0$;

(iv) $\mathrm{char}(F)=p>0$, 而且 P 形如 $\sum_{k=0}^{n}a_kX^{pk}$.

证明 (i) $\implies$ (ii) 属显然.

(ii) $\implies$ (iii): 若 P 在分裂域上有重根则 $(P,P')\neq 1$, 然而 P 不可约而 $\deg P'<\deg P$, 唯一的可能是 $P'=0$.

(iii) $\implies$ (iv): 设 $P=\sum_{h\geq 0}b_hX^h$, 条件 $P'=0$ 相当于 $\forall h\in\mathbb{Z}_{\geq 1}$, $hb_h=0$. 由于 $\deg P>0$, 仅当 $p:=\mathrm{char}(F)>0$ 时条件才可能成立, 此时 $p\nmid h \implies b_h=0$.

(iv) $\implies$ (i): 设 $P=\sum_{k\geq 0}a_kX^{pk}=P_1(X^p)$, 这里 $P_1:=\sum_{k\geq 0}a_kX^k$. 令 $y_1,\ldots,y_k\in$ 为 P_1 在 $\overline{F}$ 中的根; 对每个 y_i, 取 $x_i\in\overline{F}$ 满足于 $x_i^p=y_i$. 由 $\mathrm{char}(F)=p$ 之故, 应用 (5.3) 可得

$$(X^p-y_i)=(X-x_i)^p,$$

因此 x_i 作为 P 的根其重数 $\geq p>0$. □

定义 8.4.4 (可分元) 在域扩张 $E|F$ 中, 若代数元 $x\in E$ 的极小多项式 $P_x\in F[X]$ 在分裂域上无重根, 则称 x 在 F 上为**可分**元.

以上定理给出可分性的初步判准. 为了进一步剖析, 以下假设 $\mathrm{char}(F)=p>0$ 并回忆定理 8.4.3 (iv) 的构造: 设 $P\in F[X]$ 不可约而且 $P'=0$. 则必可写成 $P(X)=P_1(X^p)$ 之形式. 观察到

$$\begin{aligned} F[X] &\longrightarrow F[X]\\ f(X) &\longmapsto f(X^p)\end{aligned}$$

是 F-代数的同态, 并且 $\deg f(X^p)=p\deg f(X)$. 于是 P 不可约确保 P_1 亦不可约. 如果 $P_1'=0$ 则续行如是操作, 得到 $P_1(X)=P_2(X^p)$ 而 P_2 仍不可约. 基于次数考量, 迭

代必在有限步内停止, 并给出

$$P(X)=P^{\flat}\left(X^{p^m}\right),\quad P^{\flat}\in F[X]:\text{不可约},\ (P^{\flat})'\neq 0. \tag{8.3}$$

将 $P^{\flat}$ 在 $\overline{F}[X]$ 中分解为一次因子 $c\prod_{i=1}^{k}(X-y_i)$, 定理 8.4.3 蕴涵 $i=j \iff y_i=y_j$. 对每个 y_i 取 $x_i\in\overline{F}$ 使得 $x_i^{p^m}=y_i$. 同样由 (5.3) 可知 $X^{p^m}-y_i=(X-x_i)^{p^m}$, 因此 x_i 是唯一的. 结论: P 在 $\overline{F}[X]$ 中分解为

$$P=c\prod_{i=1}^{k}(X-x_i)^{p^m},\quad i=j\iff x_i=x_j.$$

特别地, P 在分裂域中的根其重数一律为 p^m. 此处思路是将问题拆作两段, 一是无重根或曰 "可分" 的多项式 $P^{\flat}$, 二是形如 $X^{p^m}-y_i$ 的 "纯不可分" 多项式, 尔后探讨可分性时会反复运用这个构造. 现在我们可以着手定义可分扩张.

定义 8.4.5 设 $E|F$ 为代数扩张, 定义其**可分次数**为 $[E:F]_s:=|\operatorname{Hom}_F(E,\overline{F})|$.

因为 F 的代数闭包在同构意义下唯一, $[E:F]_s$ 的定义与 $\overline{F}|F$ 的选取无关. 此外推论 8.2.9 还蕴涵 $[E:F]_s\geq 1$.

命题 8.4.6 若 $L|E$ 和 $E|F$ 为代数扩张, 则 $[L:F]_s=[L:E]_s[E:F]_s$, 其中 $[L:E]_s=\operatorname{Hom}_E(L,\overline{F})$ 可由任意 F-嵌入 $\sigma:E\to\overline{F}$ 来定义, 乘法是基数的乘法.

证明 将选定的嵌入 $F\hookrightarrow\overline{F}$ 延拓为 $\tau:L\to\overline{F}$ 可以分作两步. 第一步是延拓到 $\sigma:E\to\overline{F}$, 第二步是将每个 σ 延拓为 $\tau:L\to\overline{F}$. 第一步按定义恰有 $[E:F]_s$ 种选择.

接着考虑给定之 $\sigma\in\operatorname{Hom}_F(E,\overline{F})$. 因为 $F\hookrightarrow\overline{F}$ 给出代数扩张, $E\xrightarrow{\sigma}\overline{F}$ 亦然, 而 $\overline{F}$ 又是代数闭的, 故 $E\xrightarrow{\sigma}\overline{F}$ 给出 E 的代数闭包. 于是第二步按定义对每个 σ 都恰有 $[L:E]_s$ 种选择. 基数相乘得出 $[L:F]_s=[L:E]_s[E:F]_s$. □

单扩张 $F(x)|F$ 的可分次数可直接从 x 的极小多项式计算.

引理 8.4.7 考虑形如 $F(x)|F$ 的有限扩张, 记 x 的极小多项式为 P_x. 则 $[F(x):F]_s$ 等于 P_x 在 $\overline{F}$ 中的根数 (不计重数). 当 $\operatorname{char}(F)=0$ 时 $[F(x):F]_s=[F(x):F]=\deg P_x$. 若 $p:=\operatorname{char}(F)>0$, 按 (8.3) 将 P_x 写作

$$P_x(X)=P_x^{\flat}\left(X^{p^m}\right),$$

则 $[F(x):F]_s=\deg P_x^{\flat}$, $[F(x):F]=p^m[F(x):F]_s$. 特别地, x 可分当且仅当 $[F(x):F]_s=[F(x):F]$.

证明 命题 8.2.3 断言 $[F(x):F]_s$ 等于 P_x 在 $\overline{F}$ 中的根数 (不计重数). 定理 8.4.3 表明仅当 $p:=\operatorname{char}(F)>0$ 时才可能有重根, 在对 (8.3) 的讨论中业已说明相异根恰有

$\deg P_x^{\flat}$ 个, 每个重数皆为 p^m. □

对于一般的有限扩张 $E|F$, 推论 8.2.9 断言 $[E:F]_s \leq [E:F]$, 我们还能进一步得到整除性.

定义–定理 8.4.8 以下仅考虑有限扩张.

(i) 对每个 $E|F$ 皆有 $[E:F]_s \mid [E:F]$, 于是可定义 $E|F$ 的**不可分次数**为

$$[E:F]_i := \frac{[E:F]}{[E:F]_s}.$$

(ii) 仅当 $p := \mathrm{char}(F) > 0$ 时才可能有 $[E:F]_i > 1$, 此时它必为 p^m 的形式.

(iii) 有限扩张的不可分次数满足 $[L:F]_i = [L:E]_i[E:F]_i$.

(iv) 以下等价: (a) E 在 F 上有一族可分生成元, (b) 等式 $[E:F]_s = [E:F]$ 成立, (c) E 中每个元素在 F 上皆可分.

(v) 对于单扩张 $F(x)|F$, 极小多项式 P_x 在 $\overline{F}$ 中每个根的重数都是 $[F(x):F]_i$; 特别地, x 在 F 上可分当且仅当 $[F(x):F]_i = 1$.

证明 我们首先证明 (i). 设 $E = F(x_1, \ldots, x_n)$, 置 $F_m := F(x_1, \ldots, x_m)$, 比较命题 8.1.5 和 8.4.6 可知对每一段中间扩张 $F_m|F_{m-1}$ 证明 $[F_m : F_{m-1}]_s | [F_m : F_{m-1}]$ 即足. 因此不妨假设 $E = F(x)$, 这是引理 8.4.7 处理过的情形, 由之也一并得到 (ii).

性质 (iii) 是 $[L:F]$ 和 $[L:F]_s$ 的相应性质的直接结论.

从上述论证看出: 若 E 的每个生成元 x_m 在 F 上皆可分, 那么在 F_{m-1} 上当然也可分, 于是 $[E:F] = \prod_{m=1}^n [F_m : F_{m-1}] = \prod_{m=1}^n [F_m : F_{m-1}]_s = [E:F]_s$. 若假设 $[E:F] = [E:F]_s$, 则对任意 $x \in E$ 皆有 $[F(x):F]_i \mid [E:F]_i = 1$, 引理 8.4.7 遂确保 x 可分. 至此证出 (iv). 最后 (v) 是引理 8.4.7 的直接结论. □

定义 8.4.9 若代数扩张 $E|F$ 里的每个元素在 F 上皆可分, 则称为**可分扩张**. 因此有限扩张 $E|F$ 可分当且仅当 $[E:F]_s = [E:F]$, 或等价地说 $[E:F]_i = 1$.

命题 8.4.10 可分扩张是约定 8.1.9 意义下的特出扩张, 并对复合封闭.

证明 先确立性质 **D.1**, 做以下简单观察:

- ◇ 若 $x \in L$ 在 F 上可分 (即: 极小多项式在 $\overline{F}$ 中无重根), 自然也在 E 上可分, 因此 $L|F$ 可分蕴涵 $L|E$ 可分, 显然也蕴涵 $E|F$ 可分.
- ◇ 若 $L|E$, $E|F$ 皆可分, 对任意 $x \in L$ 考虑极小多项式 $Q_x \in E[X]$, 其系数生成 $E|F$ 的有限子扩张 $E_0|F$. 定义–定理 8.4.8 之 (iv) 说明 $E_0|F$ 可分, 而 x 又在 E_0 上可分, 于是 $E_0(x) \supset F(x)$ 及定义–定理 8.4.8 之 (iii) 和 (v) 蕴涵

$$[F(x):F]_i \quad \text{整除} \quad [E_0(x):F]_i = [E_0(x):E_0]_i[E_0:F]_i = 1,$$

故 x 在 F 上可分.

特出扩张的性质 **D.2**, **D.3** 与复合封闭性都是以下性质的结论: 若代数扩张 $E|F$ 有一族在 F 上可分的生成元, 则 $E|F$ 可分. 诚然, 这是因为任意 x 可以用有限多个生成元表示, 从而可化约到有限扩张情形, 再应用定义–定理 8.4.8 之 (iv). □

可分扩张的复合封闭性使得我们能定义闭包的概念.

定义 8.4.11 任意扩张 $\Omega|F$ 的可分子扩张之复合仍为可分扩张, 称为 F 在 Ω 中的可分闭包. 在代数闭包 $\overline{F}|F$ 中的可分闭包简称为 F 的**可分闭包**, 记作 $F^{\mathrm{sep}}|F$.

可分闭包也有以下内禀的刻画, 不必绕道 $\overline{F}|F$.

命题 8.4.12 可分闭包 $F^{\mathrm{sep}}|F$ 是正规扩张: 它实际是 $\mathcal{P} := \{P \in F[X] : \text{不可约}, P' \neq 0\}$ 的分裂域.

此外还可以仿照定义代数闭包的方式, 将 $F^{\mathrm{sep}}|F$ 定义为 F 极大可分扩张; 参看引理 8.2.5.

定义 8.4.13 若域 F 的所有代数扩张都可分, 则称 F 为**完全域**.

对于 $p := \mathrm{char}(F) > 0$ 情形的研究, (5.3) 将扮演关键角色; 它确保下述性质.

- ◇ 对任意 $m \geq 0$ 定义 $F^{p^m} := \left\{x^{p^m} : x \in F\right\}$, 则它是 F 的子域; 诚然, F^{p^m} 对乘法和非零元的取逆 $y \mapsto y^{-1}$ 封闭, 包含素子域 $\mathbb{F}_p$, 并且对加法和加法取逆 $y \mapsto -y = \underbrace{(-1)}_{\in \mathbb{F}_p} \cdot y$ 也封闭.
- ◇ 任意 $a \in F$ 在 $\overline{F}$ 中有唯一的 p^m 次根, 不妨记为 $a^{p^{-m}}$.

引理 8.4.14 设 $p := \mathrm{char}(F) > 0$, $m \geq 1$. 多项式 $X^{p^m} - a \in F[X]$ 不可约当且仅当 $a \notin F^p$.

证明 若 $a = b^p$, $b \in F$, 则 $X^{p^m} - a = \left(X^{p^{m-1}} - b\right)^p$ 可约. 以下假设 $a \notin F^p$.

令 P 为 $\alpha := a^{p^{-m}} \in \overline{F}$ 在 F 上的极小多项式. 由于 $X^{p^m} - a = (X - \alpha)^{p^m}$ 在 $F[X]$ 中的任何素因子都有根 α, 因而被 P 整除, 从 $F[X]$ 的唯一分解性可知存在正整数 k 使得 $X^{p^m} - a = P^k$; 目标是说明 $k = 1$. 比较次数可知 $k = p^n$ $(n \leq m)$, 继而比较常数项可知 $-a \in F^{p^n}$, 于是 $a \in F^{p^n}$; 条件表明 $n = 0$, 证毕. □

特别地, 若 $x \in E \smallsetminus F$ 而 $a := x^p \in F$, 那么引理 8.4.14 蕴涵 $X^p - a \in F[X]$ 是 x 的极小多项式; 从引理 8.4.7 立见 $[F(x) : F]_s = 1$. 在 §8.7 将对这类多项式做更完整的讨论. 我们先将焦点转回完全域.

定理 8.4.15 域 F 是完全域当且仅当 (a) $\mathrm{char}(F) = 0$, 或者 (b) $p := \mathrm{char}(F) > 0$ 而 $F = F^p$.

证明 根据定理 8.4.3, 仅需在 $p := \mathrm{char}(F) > 0$ 的情形下验证 $F = F^p$ 等价于所有不可约的 $P \in F[X]$ 皆满足 $P' \neq 0$. 首先设 $F = F^p$, 若 $P' = 0$ 则有表达式 $P = \sum_{k\geq 0} a_k X^{pk}$, 取 $a'_k \in F$ 使得 $(a'_k)^p = a_k$, 这将导致 $P = (\sum_{k\geq 0} a'_k X^k)^p$ 可约.

反之设 $\exists a \in F \smallsetminus F^p$. 引理 8.4.14 表明 $P := X^p - a \in F[X]$ 不可约, 同时 $P' = pX^{p-1} = 0$. 证毕. □

推论 8.4.16 有限域都是完全域.

证明 有限域 F 的特征必为某素数 p, 否则 $\mathbb{Q} \hookrightarrow F$. 映射 $x \mapsto x^p$ 是 F 的加法群自同态, 其核为 $\{x \in F : x^p = 0\} = \{0\}$ 故为单射, 有限性遂蕴涵 $F = F^p$. □

8.5 本原元素定理

本节伊始, 我们先回顾第五章习题中的一个结果.

定理 8.5.1 令 F 为域, 则 $F^\times$ 的任何有限子群都是循环群. 特别地, 当 F 为有限域时 $F^\times$ 是循环群.

证明 在第五章的习题中业已勾勒了一套基于分圆多项式的进路, 此处改用有限生成交换群的结构定理 (推论 6.7.9) 另做证明. 设 $A \subset F^\times$ 为有限群, 根据前引结果, 存在 > 1 的整数 $d_1 \mid \cdots \mid d_n$ 使得 $A \simeq \bigoplus_{i=1}^n \mathbb{Z}/d_i\mathbb{Z}$. 由此可见 $\left\{a \in A : a^{d_n} = 1\right\}$ 有 $\prod_{i=1}^n d_i$ 个元素, 然而多项式 $X^{d_n} - 1$ 在 F 中至多有 d_n 个根, 于是 $n = 1$, 故 A 确为循环群. □

定义 8.5.2 设 $E|F$ 为有限扩张, 若 $u \in E$ 满足于 $E = F(u)$ 则称 u 为 $E|F$ 的**本原元素**.

例 8.5.3 先尝试二次数域的情形. 设 p, q 为相异素数. 易见 p 在 $\mathbb{Q}(\sqrt{q}) = \mathbb{Q} + \mathbb{Q}\sqrt{q}$ 中无平方根, 故 $[\mathbb{Q}(\sqrt{p}, \sqrt{q}) : \mathbb{Q}] = [\mathbb{Q}(\sqrt{p}, \sqrt{q}) : \mathbb{Q}(\sqrt{q})][\mathbb{Q}(\sqrt{q}) : \mathbb{Q}] = 4$. 验证 $u := \sqrt{p} + \sqrt{q}$ 是 $\mathbb{Q}(\sqrt{p}, \sqrt{q})|\mathbb{Q}$ 的本原元素如下:

$$u^3 = (\sqrt{p} + \sqrt{q})^3 = p\sqrt{p} + 3p\sqrt{q} + 3q\sqrt{p} + q\sqrt{q} = (p + 3q)\sqrt{p} + (3p + q)\sqrt{q},$$

从而 $\sqrt{q} = (2p - 2q)^{-1}(u^3 - (p + 3q)u) \in \mathbb{Q}(u)$, 又由 $\sqrt{p} = u - \sqrt{q} \in \mathbb{Q}(u)$ 知 u 确为本原元素.

对于更一般的域扩张, 类似运算很快会变得十分棘手, 所幸我们有以下的一般定理.

定理 8.5.4 有限可分扩张 $E|F$ 必有本原元素. 当 F 无穷而 $E = F(x_1, \ldots, x_n)$ 时, 结果可以进一步强化为: 设 $x_2, \ldots, x_n$ 在 F 上可分, 则本原元素可取作 $x_1, \ldots, x_n$ 在 F 上的线性组合.

证明 若 F 有限则 E 亦有限, 定理 8.5.1 给出 $E^\times$ 的生成元 u; 显然 $E^\times = \langle u \rangle \implies E = F(u)$. 有限域的情形得证.

假设 F 无穷而 $E = F(x_1, \ldots, x_n)$, 先考察 $n = 2$ 的情形. 令 P_1, P_2 为 x_1, x_2 各自的极小多项式. 今将证明对于 "一般的" $t \in F$ 有 $E = F(x_1 + tx_2)$; 留意到 $x_1 = (x_1 + tx_2) - tx_2$, 故证明 $x_2 \in F(x_1 + tx_2)$ 即可.

将 $F(x_1, x_2)$ 嵌入代数闭包 $\overline{F}$ 并在 $F(x_1 + tx_2)[X]$ 中考虑元素

$$P_1(x_1 + tx_2 - tX), \quad P_2(X).$$

由于两者在 $\overline{F}$ 中有公共根 x_2, 引理 8.4.1 蕴涵它们的最大首一公因式 $R \in F(x_1 + tx_2)[X]$ 满足 $\deg R \geq 1$. 如能取 t 使得 $\deg R = 1$ 则必有 $R = X - x_2$, 此时如愿导出 $x_2 \in F(x_1 + tx_2)$.

反设 $\deg R > 1$, 从 $R \mid P_2$ 和 P_2 无重根 (这里用上可分性) 可知 R 在 $\overline{F}$ 中有根 $y \neq x_2$. 同样地, $R \mid P_1(x_1 + tx_2 - tX)$ 蕴涵 $P_1(x_1 + t(x_2 - y)) = 0$, 遂有

$$x_1 + t(x_2 - y) = z, \quad z \in \overline{F}: \ P_1(z) = 0.$$

对每个 P_1 的根 z 和 P_2 的根 $y \neq x_2$, 上式都唯一确定了 t. 因为根数有限而 F 无穷, 总能取 t 使得上式对每组 (z, y) 皆不成立, 于是 $\deg R = 1$.

当 $n > 2$ 时, 可利用 $F(x_1, \ldots, x_n) = F(x_1, \ldots, x_{n-1})(x_n)$ 递归地论证. □

下述刻画则给出了存在本原元素的充要条件. 为了陈述方便, 以下设 $F \subset E$.

定理 8.5.5 (E. Steinitz) 有限扩张 $E|F$ 是单扩张 (亦即存在本原元素) 当且仅当仅有有限个中间域 $F \subset M \subset E$.

证明 当 F 有限时 E 亦有限, 此时当然仅有有限个中间域, 而定理 8.5.4 断言存在本原元素. 以下只处理 F 无穷的情形.

先假设 $E = F(u)$. 对任意中间域 M, 令 u 在 M 上的极小多项式为 $P_M \in M[X]$; 于是 $P_M \mid P_F$. 我们断言 $M|F$ 由 P_M 的系数 $c_0, \ldots, c_m$ 生成. 诚然, P_M 既然在 M 上不可约, 在 $F(c_0, \ldots, c_m) \subset M$ 上亦不可约, 因此

$$[E : M] = \deg P_M = [E : F(c_0, \ldots, c_m)],$$

于是 $M = F(c_0, \ldots, c_m)$, 亦即 M 可由 P_M 重构. 由此见得映射

$$\{\text{中间域 } F \subset M \subset L\} \longrightarrow \{P_F \text{ 在 } E[X] \text{ 中的首一因式}\}$$
$$M \longmapsto P_M$$

是单射, 右侧有限导致左侧亦有限.

今假设仅有有限个中间域 M. 每个 M 同时也是 E 的 F-向量子空间. 利用 F 无穷的条件, 我们断言有限多个真子空间不能覆盖整个 E, 于是取 $u \in E \smallsetminus \bigcup\{M : M \subsetneq E\}$ 即为本原元素. 下面证明断言: 设若不然, 则 E 可被有限多个线性超平面覆盖, 亦即

$$E = \bigcup_{i=1}^{k} \{x \in E : L_i(x) = 0\},$$

其中 $L_1, \ldots, L_k : E \to F$ 是一些非零 F-线性映射; 那么 $\prod_{i=1}^{k} L_i$ 是在 $E \simeq F^{[E:F]}$ 上恒取零值的 k 次多项式函数, 这与命题 5.6.11 相悖. □

借用代数几何的术语, 证明最后一段实际说明了单扩张 $E|F$ 中 E 的 "一般" (即: 扣除有限个 $M \subsetneq E$) 元素都是本原元素.

我们将在习题中给出扩张无本原元素的具体例子, 并验证此时确有无穷多个中间域.

8.6 域扩张中的范数与迹

对于有限扩张 $E|F$, 定义 7.8.3 对任意 F-代数 E 定义了从 E 映到 F 的范数 $\mathrm{N}_{E|F}$ 与迹 $\mathrm{Tr}_{E|F}$ 两种映射, 它们分别是乘法幺半群和加法群的同态. 对于域扩张的塔 $L|E|F$, 定理 7.8.5 给出

$$\mathrm{N}_{L|F} = \mathrm{N}_{E|F}\,\mathrm{N}_{L|E}, \quad \mathrm{Tr}_{L|F} = \mathrm{Tr}_{E|F}\,\mathrm{Tr}_{L|E}.$$

对域扩张 $E|F$ 和元素 $x \in E$, 其范数和迹的计算遂可拆作两段:

$$\mathrm{N}_{E|F}(x) = \mathrm{N}_{F(x)|F}(\mathrm{N}_{E|F(x)}(x)), \quad \mathrm{Tr}_{E|F}(x) = \mathrm{Tr}_{F(x)|F}(\mathrm{Tr}_{E|F(x)}(x)),$$

而 $E|F(x)$ 段是容易的: 因为 $x \in F(x)$, §7.8 列出的性质表明

$$\mathrm{N}_{E|F(x)}(x) = x^{[E:F(x)]}, \quad \mathrm{Tr}_{E|F(x)}(x) = [E : F(x)]x. \tag{8.4}$$

一如既往, 合理的策略是从考察 $\mathrm{N}_{F(x)|F}(x)$ 和 $\mathrm{Tr}_{F(x)|F}(x)$ 入手.

定理 8.6.1 设 x 在 F 上的极小多项式为 $P_x = X^n + a_{n-1}X^{n-1} + \cdots + a_0$, 则

$$\mathrm{N}_{F(x)|F}(x) = (-1)^n a_0, \quad \mathrm{Tr}_{F(x)|F}(x) = -a_{n-1}.$$

证明 使用原始定义 7.8.3. 取 F-向量空间 $F(x)$ 的基 $1, x, \ldots, x^{n-1}$ (计入顺序). 因为

$x \cdot x^{n-1} = \sum_{i=0}^{n-1}(-a_i)x^i$, 对应于左乘映射 $m_x : a \mapsto xa$ 的矩阵是

$$A := \begin{pmatrix} 0 & \cdots & 0 & -a_0 \\ 1 & & & -a_1 \\ & \ddots & & \vdots \\ & & 1 & -a_{n-1} \end{pmatrix}.$$

容易计算 $\mathrm{N}_{F(x)|F}(x) = \det(A) = (-1)^n a_0$, 而 $\mathrm{Tr}_{F(x)|F}(x) = \mathrm{Tr}(A) = -a_{n-1}$. □

定理 8.6.2 对于有限扩张 $E|F$ 和 $x \in E$, 取定代数闭包 $\overline{F}|F$, 则有

$$\begin{aligned} \mathrm{N}_{E|F}(x) &= \prod_{\sigma \in \mathrm{Hom}_F(E,\overline{F})} \sigma(x)^{[E:F]_i}, \\ \mathrm{Tr}_{E|F}(x) &= [E:F]_i \sum_{\sigma \in \mathrm{Hom}_F(E,\overline{F})} \sigma(x) \\ &= \begin{cases} \sum_{\sigma \in \mathrm{Hom}_F(E,\overline{F})} \sigma(x), & E|F \text{ 可分}, \\ 0, & E|F \text{ 不可分}. \end{cases} \end{aligned}$$

证明 记 x 的极小多项式为 $P_x = X^n + a_{n-1}X^{n-1} + \cdots + a_0$. 定理 8.6.1 中的 $(-1)^n a_0$ 和 $-a_{n-1}$ 分别是 P_x 在 $\overline{F}$ 中诸根的积与和, 计入重数; 根的重数皆等于 $[F(x):F]_i$ (定义–定理 8.4.8 (v)). 配合命题 8.2.3 可将此改写为

$$\begin{aligned} \mathrm{N}_{F(x)|F}(x) &= \prod_{\sigma \in \mathrm{Hom}_F(F(x),\overline{F})} \sigma(x)^{[F(x):F]_i}, \\ \mathrm{Tr}_{F(x)|F}(x) &= [F(x):F]_i \sum_{\sigma \in \mathrm{Hom}_F(F(x),\overline{F})} \sigma(x). \end{aligned}$$

每个 $\sigma \in \mathrm{Hom}_F(F(x), \overline{F})$ 到 E 有 $[E:F(x)]_s$ 种延拓, 是以 (8.4) 给出

$$\begin{aligned} \mathrm{N}_{E|F}(x) = \mathrm{N}_{F(x)|F}(x)^{[E:F(x)]} &= \prod_{\sigma \in \mathrm{Hom}_F(F(x),\overline{F})} \sigma(x)^{[F(x):F]_i[E:F(x)]} \\ &= \prod_{\sigma \in \mathrm{Hom}_F(E,\overline{F})} \sigma(x)^{[F(x):F]_i[E:F(x)]_i[E:F(x)]_s \big/ [E:F(x)]_s} \\ &= \prod_{\sigma \in \mathrm{Hom}_F(E,\overline{F})} \sigma(x)^{[E:F]_i}. \end{aligned}$$

同样运算中以加代乘, 便得出 $\mathrm{Tr}_{E|F}(x) = [E:F]_i \sum_{\sigma \in \mathrm{Hom}_F(E,\overline{F})} \sigma(x)$. 由于 $E|F$ 可分

当且仅当 $[E:F]_i = 1$, 而不可分情形必为特征 $p > 0$ 且 $[E:F]_i = p^m$, $m \geq 1$, 此时 $[E:F]_i \cdot 1_{\overline{F}} = 0$. □

以上公式有助于了解定义 7.8.7 后讨论的迹型式

$$\begin{aligned}\mathrm{Tr}_{E|F} : E \times E &\longrightarrow F \\ (x,y) &\longmapsto \mathrm{Tr}_{E|F}(xy).\end{aligned}$$

这是 E 上的对称双线性型. 更广泛地说, 设 V, W 是有限维 F-向量空间, $B : V \times W \to F$ 是双线性映射, 如果

$$B(v, \cdot) = 0 \iff v = 0, \quad B(\cdot, w) = 0 \iff w = 0,$$

则称 B 是非退化的. 今假设 $\dim_F V = \dim_F W = n$. 若 V 的一组基 $x_1, \ldots, x_n$ 和 W 的一组基 $y_1, \ldots, y_n$ (计顺序) 满足于

$$B(x_i, y_j) = \begin{cases} 1, & i = j, \\ 0, & i \neq j, \end{cases}$$

则称两者相对偶. 线性代数的基本理论蕴涵 V, W 有一对对偶基当且仅当 B 非退化, 这时任意 $(x_i)_i$ 都有唯一的对偶基.

定理 8.6.3 设 $E = F(x)$, 其中 x 的极小多项式 P_x 为 n 次, 记

$$\frac{P_x}{X - x} = \sum_{i=0}^{n-1} b_i X^i \in E[X].$$

若 $P_x'(x) \neq 0$, 则对 E 的基 $1, x, \ldots, x^{n-1}$, 相对于 $\mathrm{Tr}_{E|F}$ 的对偶基为

$$\frac{b_0}{P_x'(x)}, \ldots, \frac{b_{n-1}}{P_x'(x)}.$$

证明 取定代数闭包 $\overline{F}$ 并将 E 嵌入. 令 $x_1, \ldots, x_n \in \overline{F}$ 为 P_x 的根, 定理 8.4.3 确保无重根, 而且 $E|F$ 可分. 一并注意到对每个 $1 \leq i, k \leq n$ 皆有

$$\left.\frac{P_x}{X - x_i}\right|_{X = x_k} = \begin{cases} P_x'(x_k), & k = i, \\ 0, & k \neq i. \end{cases}$$

(这是初等的, 参看 (8.2)). 我们首先断言

$$\sum_{i=1}^{n} \frac{P_x}{X - x_i} \cdot \frac{x_i^j}{P_x'(x_i)} = X^j, \quad 0 \le j \le n-1.$$

对每个 j, 从以上观察得知两边之差是有 n 个根 $x_1, \ldots, x_n$ 的 $\le n-1$ 次多项式, 故两边相等. 此式又可写作

$$\sum_{\sigma \in \mathrm{Hom}_F(E, \overline{F})} \sigma\left(\frac{P_x}{X - x} \cdot \frac{x^j}{P_x'(x)}\right) = X^j \qquad \left\| \begin{array}{c} \sigma \leftrightarrow i \\ \sigma(x) = x_i \end{array} \right.$$

此处将 σ 作用在多项式系数上, 自然地延拓为 F-代数的同态 $E[X] \xrightarrow{\sigma} \overline{F}[X]$. 比较 X^i 在两边的系数并应用定理 8.6.2 可得

$$\mathrm{Tr}_{E|F}\left(x^j \cdot \frac{b_i}{P_x'(x)}\right) = \sum_{\sigma \in \mathrm{Hom}_F(E, \overline{F})} \sigma\left(b_i \cdot \frac{x^j}{P_x'(x)}\right) = \begin{cases} 1, & i = j, \\ 0, & i \ne j, \end{cases}$$

此即对偶基的条件. □

对于可分有限扩张 $E|F$, 定理 8.5.4 确保上述定理的前提成立, 而对不可分有限扩张恒有 $\mathrm{Tr}_{E|F} = 0$. 以下推论是水到渠成的.

推论 8.6.4 有限扩张 $E|F$ 的迹型式 $\mathrm{Tr}_{E|F} : E \times E \to F$ 非退化当且仅当 $E|F$ 可分.

如果只为论证 $\mathrm{Tr}_{E|F}$ 非退化, 稍后介绍的定理 9.5.1 能够给出更短的证明, 不过对偶基的显式描述在代数数论等场合相当管用, 这是玄虚的论证所不及处. 我们留作习题.

8.7 纯不可分扩张

由于不可分现象仅在特征 $p > 0$ 时出现, 本节固定素数 p, 考虑的域一概为特征 p.

定义 8.7.1 (纯不可分元) 设 $\Omega|F$ 为域扩张, 若代数元 $x \in \Omega$ 的极小多项式形如 $P_x = X^{p^m} - a \in F[X]$, 其中 $m \ge 0$, 则称 x 在 F 上是**纯不可分元**.

由引理 8.4.7 知 x 是纯不可分元当且仅当 $[F(x) : F] = [F(x) : F]_i = p^m$, 这又等价于 $[F(x) : F]_s = 1$; 此时 (8.3) 给出的可分多项式 $P_x^\flat$ 为一次的 $X - a$. 以下是引理 8.4.14 的直接结论.

命题 8.7.2 假设存在 $k \ge 0$ 使得 $x^{p^k} \in F$. 取 $m := \min\left\{k \ge 0 : x^{p^k} \in F\right\}$, $a := x^{p^m}$, 则 x 是以 $X^{p^m} - a$ 为极小多项式的纯不可分元.

定义–定理 8.7.3 对于代数扩张 $E|F$, 以下条件等价:

(i) E 中每个元素在 F 上都是纯不可分元;

(ii) $E|F$ 由一族纯不可分元生成;

(iii) $[E:F]_s = 1$ (回忆可分次数对任何代数扩张皆有定义);

当任一条件成立时, 称 $E|F$ 为**纯不可分扩张**.

证明 (i) $\Longrightarrow$ (ii): 显然.

(ii) $\Longrightarrow$ (iii): 取代数闭包 $\overline{F}|F$, 并回忆 $\mathrm{Hom}_F(E,\overline{F})$ 非空 (推论 8.2.9), $\iota \in \mathrm{Hom}_F(E,\overline{F})$ 由它在一族生成元上的作用确定. 先前的讨论已指出每个不可分生成元 x 的极小多项式都形如 $X^{p^m}-a$, 故 $\iota \in \mathrm{Hom}_F(E,\overline{F})$ 必将 x 映至 $X^{p^m}-a$ 在 $\overline{F}$ 中的唯一根 $a^{p^{-m}}$, 这就意谓 $[E:F]_s = |\mathrm{Hom}_F(E,\overline{F})| = 1$.

(iii) $\Longrightarrow$ (i): 设 $x \in E$, 命题 8.4.6 蕴涵 $1 = [E:F]_s = [E:F(x)]_s[F(x):F]_s$, 于是 $[F(x):F]_s = 1$. 按先前讨论可知这等价于 x 纯不可分. □

若取定代数闭包 $\overline{F}|E$, 并定义 $\overline{F}$ 的子域 (简单验证留予读者)

$$F^{p^{-\infty}} := \{x \in \overline{F} : \exists m \geq 1,\ x^{p^m} \in F\},$$

则 $E|F$ 纯不可分等价于 $E \subset F^{p^{-\infty}}$. 可见 $F^{p^{-\infty}}$ 实为 F 上所有形如 $X^{p^m}-a$ 的多项式的分裂域, 也称作 F 的**完全闭包**. 习题将阐释这个术语的由来.

引理 8.7.4 纯不可分扩张必为正规扩张.

证明 用正规扩张的刻画 (**N.1**): 纯不可分扩张中任意元素的极小多项式恰有一根. □

命题 8.7.5 纯不可分扩张在约定 8.1.9 的意义下是特出的, 并且对复合封闭.

证明 先确立性质 **D.1**. 取定代数闭包 $\overline{F}|L$. 若 $L \subset E^{p^{-\infty}}$, $E \subset F^{p^{-\infty}}$, 则从定义易见 $L \subset F^{p^{-\infty}}$. 反之 $L \subset F^{p^{-\infty}} \Longrightarrow (L \subset E^{p^{-\infty}}) \wedge (E \subset F^{p^{-\infty}})$ 则更显然.

至于 **D.2**, 注意到 $L|F$ 纯不可分蕴涵每个 $x \in L$ 都在 M 上纯不可分 (因为 $x^{p^m} \in F \subset M$). 由于 L 生成扩张 $LM|M$, 定义–定理 8.7.3 的 (ii) 说明 $LM|M$ 纯不可分. 同样基于生成元的论证表明纯不可分的任意复合仍是纯不可分扩张. □

引理 8.7.6 若代数扩张 $E|F$ 既可分又是纯不可分, 则 $[E:F]=1$.

证明 因为可分和纯不可分扩张都是特出的, 仅需考虑 $E = F(x)$ 的情形. 条件相当于 $[E:F]_s = [E:F]_i = 1$. □

任意代数扩张可以拆成两段: 先是极大可分子扩张, 继而是纯不可分扩张.

命题 8.7.7 对于任意代数扩张 $E|F$, 记子扩张 $E^{\flat}|F$ 为 F 在 E 中的可分闭包 (定义 8.4.11), 则 $E|E^{\flat}$ 是纯不可分扩张.

证明 将任一 $x \in E$ 的极小多项式记为 $P_x \in F[X]$, 实行 (8.3) 的操作以得到 $P_x(X) = P_x^\flat\left(X^{p^m}\right)$, 其中 $P_x^\flat$ 不可约且在代数闭包上无重根. 这就表明 $y := x^{p^m}$ 在 F 上可分, 于是 $x^{p^m} \in F(y) \subset E^\flat$ 表明 x 在 $E^\flat$ 上纯不可分. □

既然纯不可分扩张对复合封闭, 我们同样能对 $E|F$ 定义极大纯不可分子扩张 $E^\natural$, 或称 F 在 E 中的**纯不可分闭包**. 与前述结果比较, 人们自然会问: $E|E^\natural$ 是否可分? 对此有以下简单的刻画.

命题 8.7.8 沿用以上符号, 扩张 $E|E^\natural$ 可分 $\iff E = E^\flat E^\natural$.

证明 ($\Longrightarrow$): 已知 $E|E^\flat$ 纯不可分, 故 $E|E^\flat E^\natural$ 亦然; 同理知 $E|E^\natural$ 可分蕴涵 $E|E^\flat E^\natural$ 可分, 运用引理 8.7.6 可得 $E = E^\flat E^\natural$.

($\Longleftarrow$): 仅需观察到 $E^\flat|F$ 可分蕴涵 $E^\flat E^\natural|E^\natural$ 可分. □

习题将给出 $E|E^\natural$ 不可分的例子. 之后我们会证明正规扩张总满足 $E|E^\natural$ 可分 (定理 9.2.8).

8.8 超越扩张

选定域 F. 扩张 $\Omega|F$ 中的非代数元称作超越元. 于是 $x \in \Omega$ 是超越元当且仅当 F-代数的同态

$$\begin{aligned} F[X] &\longrightarrow \Omega \\ X &\longmapsto x \end{aligned}$$

为单, 此时 $F[X] \xrightarrow{\sim} F[x] \subsetneq F(x) \xleftarrow{\sim} F(X)$; 例如数学分析中熟知的 $\pi, e \in \mathbb{R}$ 皆是 $\mathbb{Q}$ 上的超越元, 证明参见 [58, §7]. 受此启发, 多变元情形亦有如下定义.

定义 8.8.1 子集 $\mathcal{X} \subset \Omega$ 若满足以下条件, 则称它在 F 上是**代数无关**的: 对所有 $n \geq 1$, 相异元 $x_1, \ldots, x_n \in \mathcal{X}$ 和多项式 $P \in F[X_1, \ldots, X_n]$, 我们有

$$P(x_1, \ldots, x_n) = 0 \iff P = 0.$$

换言之, $\mathcal{X}$ 的元素在 F 上除 $0 = 0$ 外再无其他代数关系; 等价地说 $F[\mathcal{X}] \hookrightarrow \Omega$.

例 8.8.2 根据对称多项式基本定理 5.8.5, 初等对称多项式 $e_0, \ldots, e_n$ 在有理函数域 $F(X_1, \ldots, X_n)$ 中是代数无关的. 它们生成的子域无非是 $F(X_1, \ldots, X_n)^{\mathfrak{S}_n}$.

今后定义

$$\mathrm{Indep}_F(\Omega) := \left\{\mathcal{X} \subset \Omega : \text{代数无关}\right\}.$$

按定义 $\varnothing \in \mathrm{Indep}_F(\Omega)$, 而且 $\mathcal{X} \in \mathrm{Indep}_F(\Omega)$ 蕴涵 $\mathcal{X}$ 的子集也都属于 $\mathrm{Indep}_F(\Omega)$. 集合 $\mathrm{Indep}_F(\Omega)$ 对 $\subset$ 构成非空偏序集.

定义–定理 8.8.3 任意扩张 $\Omega|F$ 皆有极大的代数无关子集 (容许为空), 这般子集称作 $\Omega|F$ 的**超越基**.

显然存在非空超越基当且仅当 $\Omega|F$ 非代数扩张.

证明 根据定理 1.3.6, 仅需证明偏序集 $(\mathrm{Indep}_F(\Omega), \subset)$ 中每个链 $\{\mathcal{X}_i : i \in I\}$ 都有上界. 取 $\mathcal{X} := \bigcup_{i\in I} \mathcal{X}_i$. 由于任意 $x_1, \ldots, x_n \in \mathcal{X}$ 总包含于某个 $\mathcal{X}_i$, 代数无关性对 $\mathcal{X}$ 依然成立. □

设 $\mathcal{B}$ 为超越基, 根据以上讨论可知

- ◇ 代数无关性等价于 $\mathcal{B}$ 生成的子扩张 $F(\mathcal{B})|F$ 自然地同构于以 $\mathcal{B}$ 为变元集的有理函数域;
- ◇ $\Omega|F(\mathcal{B})$ 是代数扩张, 否则 $F(\mathcal{B})$ 上的超越元 $x \in \Omega$ 将使得 $\mathcal{B} \cup \{x\} \in \mathrm{Indep}_F(\Omega)$;
- ◇ 反过来说, 满足以上两个性质的子集 $\mathcal{B}$ 必为超越基.

一个域扩张能有多组超越基, 但其基数是唯一确定的. 我们着手来证明这点.

引理 8.8.4 设 $\mathcal{B}, \mathcal{B}'$ 是 $\Omega|F$ 的两组超越基. 若 $\mathcal{B}$ 无穷则 $|\mathcal{B}'| \geq |\mathcal{B}|$.

证明 每个 $b' \in \mathcal{B}'$ 在 $F(\mathcal{B})$ 上都有极小多项式 $P_{b'} \in F(\mathcal{B})[Y]$; 将其系数表作既约分式, 并定义有限集 $E_{b'} := \{b \in \mathcal{B} : \text{在 } P_{b'} \text{ 系数中出现}\}$. 取并 $\mathcal{B}'' := \bigcup_{b'} E_{b'} \subset \mathcal{B}$ 可知 $\Omega|F(\mathcal{B}'')$ 是代数扩张, 因此必有 $\mathcal{B}'' = \mathcal{B}$. 于是 $\mathcal{B}'$ 也无穷. 推论 1.4.9 蕴涵

$$\max\{|\mathcal{B}'|, \aleph_0\} = |\mathcal{B}'| \cdot \aleph_0 \geq \left| \bigcup_{b' \in \mathcal{B}'} E_{b'} \right| = |\mathcal{B}|,$$

最左端无非是 $|\mathcal{B}'|$. □

引理 8.8.5 (换元性质) 设 $\mathcal{B}, \mathcal{B}'$ 是 $\Omega|F$ 的两组有限超越基, $b' \in \mathcal{B}' \smallsetminus \mathcal{B}$, 则存在 $b \in \mathcal{B} \smallsetminus \mathcal{B}'$ 使得 $(\mathcal{B}' \smallsetminus \{b'\}) \cup \{b\}$ 仍是超越基.

证明 由 $\mathcal{B}'$ 非空可知 $\mathcal{B}$ 非空. 每个 $b \in \mathcal{B}$ 都在 $F(\mathcal{B}')$ 上代数, 因而是一个多项式 $P_b \in F[\mathcal{B}'][Y]$ 的根. 我们断言 b' 必须出现在某个 P_b 中: 设若不然, 那么每个 $b \in \mathcal{B}$ 都在 $F(\mathcal{B}' \smallsetminus \{b'\})$ 上代数, 因而 $\mathcal{B}' \smallsetminus \{b'\}$ 是超越基, 矛盾.

取 $b \in \mathcal{B}$ 使得 b' 在 P_b 中出现. 定义 $\mathcal{B}'' := (\mathcal{B}' \smallsetminus \{b'\}) \cup \{b\}$.

(a) 每个 $\beta' \in \mathcal{B}'$ 都在 $F(\mathcal{B}'')$ 上代数: 运用 $P_b(b) = 0$ 验证 $\beta' = b'$ 的情形即足.

(b) 假若 $\mathcal{B}'' \notin \mathrm{Indep}_F(\Omega)$, 由于 $\mathcal{B}' \smallsetminus \{b'\} \in \mathrm{Indep}_F(\Omega)$ 可知 b 在 $F(\mathcal{B}' \smallsetminus \{b'\})$ 上代数; 根据上一步观察可知 b' 在 $F(\mathcal{B}' \smallsetminus \{b'\})$ 上亦代数, 矛盾.

因此 $\mathcal{B}''$ 确为超越基. 最后观察到 $b \notin \mathcal{B}'$. 设若不然, 则 $b' \notin \mathcal{B} \implies b' \neq b \implies \mathcal{B}'' = \mathcal{B}' \smallsetminus \{b'\}$, 与超越基是极大代数无关子集这一定义矛盾. □

定义–定理 8.8.6 域扩张 $\Omega|F$ 的任两组超越基 $\mathcal{B}, \mathcal{B}'$ 都满足 $|\mathcal{B}| = |\mathcal{B}'|$; 此共同的基数称为 $\Omega|F$ 的**超越次数**, 记作 $\mathrm{tr.deg}(\Omega|F)$.

证明 思路与定义–定理 6.4.7 一致. 若存在无穷的超越基, 那么引理 8.8.4 蕴涵所有超越基皆无穷, 而且 $|\mathcal{B}| \leq |\mathcal{B}'| \leq |\mathcal{B}|$, 于是 $|\mathcal{B}| = |\mathcal{B}'|$.

假设所有超越基皆有限, 引理 8.8.5 蕴涵 Ω 中的全体超越基构成定义 6.4.5 所述的拟阵, 命题 6.4.6 立刻给出 $|\mathcal{B}| = |\mathcal{B}'|$. □

当 Ω 是代数闭域时, 综上可知 Ω 是 $F(\mathcal{B})$ 的代数闭包, 而 $F(\mathcal{B})$ 是以 $\mathcal{B}$ 为变元集的有理函数域. 以下推论因之是明白的.

推论 8.8.7 设 Ω_1, Ω_2 为 F 的扩张, Ω_1, Ω_2 皆代数闭, 则作为 F-代数有同构 $\Omega_1 \simeq \Omega_2$ 的充要条件是 $\mathrm{tr.deg}(\Omega_1|F) = \mathrm{tr.deg}(\Omega_2|F)$.

推论 8.8.8 设 E_1, E_2 为代数闭域, $\mathrm{char}(E_1) = \mathrm{char}(E_2)$ 而且 $\kappa := |E_1| = |E_2| > \aleph_0$, 则存在域同构 $E_1 \simeq E_2$.

证明 令 F 为 E_1, E_2 共有的素域, $|F| \leq \aleph_0$. 取超越基 $\mathcal{B}_i \subset E_i$ (必无穷), 并注意到命题 8.1.13 蕴涵 $\kappa = |F(\mathcal{B}_i)| = |F[\mathcal{B}_i]|$. 由推论 1.4.9 可知

$$\begin{aligned} |\mathcal{B}_i| \leq |F[\mathcal{B}_i]| &\leq \sum_{n \geq 0} |\{P \in F[\mathcal{B}_i] : \deg P = n\}| \\ &\leq \sum_{n \geq 0} |\mathcal{B}_i| = |\mathcal{B}_i|. \end{aligned}$$

于是 $\kappa = |\mathcal{B}_i|$, 再利用前一推论遂有 $E_1 \simeq E_2$. □

作为特例, 所有特征零且基数为 $2^{\aleph_0} = |\mathbb{C}|$ (例 1.4.7) 的代数闭域都与 $\mathbb{C}$ 同构, 这在算术代数几何中是一个常用的小技巧. 按模型论的术语, 此推论相当于说特征 $p \geq 0$ 的代数闭域理论 ACF_p 是 κ-等势同构的, 其中 κ 是任意 $> \aleph_0$ 的基数; 详见 [49, §6.1.1 和第 8 章].

命题 8.8.9 若 $\mathcal{C}$ 是 $L|E$ 的超越基而 $\mathcal{B}$ 是 $E|F$ 的超越基, 则 $\mathcal{B} \sqcup \mathcal{C}$ 给出 $L|F$ 的超越基, 特别地 $\mathrm{tr.deg}(L|F) = \mathrm{tr.deg}(L|E) + \mathrm{tr.deg}(E|F)$.

证明 细察定义可知 $\mathcal{C}$ 在有理函数域 $F(\mathcal{B}) \subset E$ 上代数无关蕴涵 $\mathcal{B} \sqcup \mathcal{C}$ 在 F 上亦无关. 代数扩张的特出性 (命题 8.1.12) 蕴涵 $E(\mathcal{C})|F(\mathcal{B})(\mathcal{C}) = F(\mathcal{B} \sqcup \mathcal{C})$ 是代数的, 故 $L|F(\mathcal{B} \sqcup \mathcal{C})$ 亦然. □

8.9 张量积的应用

考虑域扩张 $\Omega|F$ 的子扩张 $E|F$ 和 $E'|F$. 张量积的泛性质给出 F-代数的同态

$$\begin{aligned} m: E \underset{F}{\otimes} E' &\longrightarrow EE' \subset \Omega \\ x \otimes y &\longmapsto xy. \end{aligned}$$

简单的事实: $E \underset{F}{\otimes} E' \neq \{0\}$ (注记 7.3.6).

引理 8.9.1 同态 m 的核是素理想, EE' 则可等同于 $\mathrm{im}(m)$ 的分式域; 当 $E|F$ 和 $E'|F$ 为代数扩张时, $\mathrm{im}(m) = EE'$.

证明 第一个断言缘于 $\mathrm{im}(m) \subset \Omega$ 是非零整环. 域复合的显式描述表明 EE' 正是 $\mathrm{im}(m)$ 的分式域. 若 $E|F$ 和 $E'|F$ 为代数扩张则 $EE'|F$ 亦然, 从而任何非零元 $x \in \mathrm{im}(m)$ 之逆都落在 $F[x]$ 中, 从而 $\mathrm{im}(m)$ 已然是域. □

定义 8.9.2 如果上述同态 m 为单, 则称 $E|F$, $E'|F$ 为**线性无交**的.

线性无交性有初等的线性代数刻画如下, 它同时表明这和许多其他的域论性质一样, 本质上是"有限"的.

命题 8.9.3 以下性质等价:

(i) 子扩张 $E|F$, $E'|F$ 线性无交;

(ii) 任意有限个 F 上线性无关的元素 $x_1, \ldots, x_n \in E$ 在 E' 上也线性无关;

(iii) 任意有限个 F 上线性无关的元素 $y_1, \ldots, y_n \in E'$ 在 E 上也线性无关.

证明 基于对称性, 仅需说明 (i) $\iff$ (ii). 给定线性无关元 $x_1, \ldots, x_n \in E$, 取 F-子空间 $W \subset E$ 使得 $\langle x_1, \ldots, x_n \rangle \oplus W = E$. 张量积保直和, 故下图的箭头 i 为单射:

$$\begin{array}{ccccc} \langle x_1, \ldots, x_n \rangle \underset{F}{\otimes} E' & \xhookrightarrow[\text{直和项}]{i} & (\langle x_1, \ldots, x_n \rangle \oplus W) \underset{F}{\otimes} E' & = & E \underset{F}{\otimes} E' \\ \simeq \uparrow & & & & \downarrow m \\ E'^{\oplus n} & & \xrightarrow[(a_1, \ldots, a_n) \mapsto \sum_{i=1}^n a_i x_i]{} & & EE' \end{array}$$

易验证图表交换. 如 (i) 成立则 m 为单射, 故底层的水平箭头亦单, 这无非是 (ii) 的改述. 反之假定 (ii) 成立. 根据张量积的构造, 任意 $E \underset{F}{\otimes} E'$ 的元素都属于一个形如 $\langle x_1, \ldots, x_n \rangle \underset{F}{\otimes} E'$ 的向量子空间, 不妨设 $x_1, \ldots, x_n$ 线性无关. 再次端详上图, 可知 m 拉回到 $\langle x_1, \ldots, x_n \rangle \underset{F}{\otimes} E'$ 为单. 因此 m 为单同态. □

张量积的另一个简单应用: 任两个扩域都能在某一个大扩域中作复合.

命题 8.9.4 对任意域 F 及域扩张 $F_1|F$, $F_2|F$, 总存在域扩张 $\Omega|F$ 及 F-嵌入 $\iota_i : F_i \hookrightarrow \Omega$ $(i=1,2)$. 特别地, 复合 F_1F_2 在 Ω 中有意义.

证明 先前已提到 $F_1 \underset{F}{\otimes} F_2$ 是非零 F-代数. 由命题 5.3.6 知它有极大理想 $\mathfrak{m}$. 于是可取 $\Omega := (F_1 \underset{F}{\otimes} F_2)/\mathfrak{m}$ 及 F-代数的同态 $\iota_i : F_i \hookrightarrow F_1 \underset{F}{\otimes} F_2 \twoheadrightarrow \Omega$ $(i=1,2)$. □

以下取定域 F 及其代数闭包 $\overline{F}$.

定义 8.9.5 设 A 为非零的交换 F-代数.

- ◇ 若存在 F-代数的同构 $A \simeq \underbrace{F \times \cdots \times F}_{n\text{ 项}} = F^n$, 其中 $n = \dim_F A$, 则称 A 为可对角化的.
- ◇ 若 $\overline{F}$-代数 $A \underset{F}{\otimes} \overline{F}$ (基变换, 见 §7.3) 可对角化, 则称 A 为**平展**的.

平展一词源于代数几何, 优点之一是它对基变换封闭. 着手证明下述断言之前, 先做两个简单观察: 可对角化代数的张量积显然可对角化, 其基变换亦然.

引理 8.9.6 设 A, B 为平展 F-代数, 则 $A \underset{F}{\otimes} B$ 亦平展. 给定任意域扩张 $L|F$ 和平展 F-代数 A, 则 L-代数 $A \underset{F}{\otimes} L$ 也是平展的.

证明 对于第一个断言, 命题 7.3.11 提供了 $\overline{F}$-代数的自然同构

$$(A \underset{F}{\otimes} B) \underset{F}{\otimes} \overline{F} \simeq (A \underset{F}{\otimes} \overline{F}) \underset{\overline{F}}{\otimes} (B \underset{F}{\otimes} \overline{F}),$$

从而问题化简到 $F = \overline{F}$ 而 A, B 皆可对角化的情形. 对于第二个断言, 取定 L 的代数闭包 $\overline{L}$, 则 $\overline{F}$ 可以嵌入 $\overline{L}$. 命题 6.5.13 的自然同构给出

$$(A \underset{F}{\otimes} L) \underset{L}{\otimes} \overline{L} \simeq A \underset{F}{\otimes} \overline{L} \simeq (A \underset{F}{\otimes} \overline{F}) \underset{\overline{F}}{\otimes} \overline{L}.$$

将问题化简到 $F = \overline{F}$ 而 A 可对角化的情形; 这都能归为先前的观察. □

对于任意域扩张 $E|F$, 给定 E-代数的同构 $\Lambda : A_E := A \underset{F}{\otimes} E \xrightarrow{\sim} E^n$ 相当于给定一族 $\lambda_1, \ldots, \lambda_n \in \mathrm{Hom}_{E\text{-}\mathsf{Alg}}(A_E, E)$, 使其为对偶向量空间 $A_E^\vee := \mathrm{Hom}_E(A_E, E)$ 的一组基: 对应由 $\Lambda = (\lambda_1, \ldots, \lambda_n)$ 确定. 因为 $\overline{F}|F$ 是有限子扩张之并, 平展代数 A 具备的同构 $A_{\overline{F}} \xrightarrow{\sim} \overline{F}^n$ 总可以定义在充分大的有限子扩张 $E|F$ 上, 亦即 A_E 可对角化.

引理 8.9.7 平展 F-代数 A 仅有有限多个子代数和理想, 而且子代数和对真理想的商仍然平展. 更精确地说, 当 $A \simeq F^n$ 可对角化时:

◇ 子代数一一对应于无交并分解 $\{1,\ldots,n\} = I_1 \sqcup \cdots \sqcup I_r$, 相应的子代数由幂等元

$$e_I := (x_i)_{i=1}^n, \quad x_i = \begin{cases} 1, & i \in I, \\ 0, & i \notin I, \end{cases} \quad I = I_1, \ldots, I_r$$

生成, 因而亦可对角化;

◇ 理想一一对应于子集 $I \subset \{1,\ldots,n\}$, 相应的理想由 e_I 生成, 当 $I \neq \{1,\ldots,n\}$ 时商代数也是可对角化的.

证明 先处理 $A = F^n$ 情形. 关于理想和商的断言相对容易, 以下专注探讨子代数 $B \subset A$. 坐标投影 $e_i : A \to F$ $(i = 1,\ldots,n)$ 限制在 B 上给出 $B^\vee = \mathrm{Hom}_F(B,F)$ 的一组生成元 $\bar{e}_i \in \mathrm{Hom}_{F\text{-}\mathsf{Alg}}(B,F)$, 从中拣择一组基 $\bar{e}_{i_1}, \bar{e}_{i_2}, \ldots, \bar{e}_{i_r}$ 便给出 $B \xrightarrow{\sim} F^r$, 故 B 可对角化. 今定义 f_j 为 $(0,\ldots,\underbrace{1}_{\text{第 } j \text{ 个}},\ldots,0) \in F^r$ 在 $B \xrightarrow{\sim} F^r$ 下的原像. 如此则有 $B = F[f_1,\ldots,f_r]$ 和

$$f_j^2 = f_j, \quad \sum_{j=1}^r f_j = 1,$$
$$j \neq k \implies f_j f_k = 0$$

(比对模的情形 §6.12). 在 $A = F^n$ 中按坐标考察这组等式, 可知 $f_1,\ldots,f_r$ 必来自断言中的 $\{1,\ldots,n\} = I_1 \sqcup \cdots \sqcup I_r$.

在平展情形下, $-\underset{F}{\otimes}\overline{F}$ 将 A 的子代数 (或理想) 映到 $A\underset{F}{\otimes}\overline{F} \simeq \overline{F}^n$ 的子代数 (或理想), 这是单射: 因为对任何 F-子空间 $B \subset A$ 皆有 $(B\underset{F}{\otimes}\overline{F}) \cap (A \otimes 1) = B \otimes 1 = B$. 剩下的断言化约到可对角化的情形. □

我们对有限可分扩张得到精简的刻画.

命题 8.9.8 有限扩张 $E|F$ 可分当且仅当 E 是平展 F-代数, 此时有 F^{sep}-代数的同构 $E\underset{F}{\otimes}F^{\mathrm{sep}} \simeq (F^{\mathrm{sep}})^{[E:F]}$.

证明 设 E 平展. 以命题 8.7.7 将 $E|F$ 拆为纯不可分的 $E|E^\flat$ 和可分的 $E^\flat|F$. 为证明 $E|F$ 可分不妨设 $p := \mathrm{char}(F) > 0$. 现在运用引理 8.9.7: 在同构 $E\underset{F}{\otimes}\overline{F} \xrightarrow{\sim} \overline{F}^n$ 下, $E^\flat\underset{F}{\otimes}\overline{F}$ 对应到由无交并 $\{1,\ldots,n\} = I_1 \sqcup \cdots \sqcup I_r$ 确定的子代数 B. 设 $x \in E\underset{F}{\otimes}\overline{F}$ 对应到 $y \in \overline{F}^n$, 则存在 $m \gg 0$ 使得 $y^{p^m} \in B$; 由于 $\overline{F}$ 中任意元素有唯一的 p^m-次方根, 从 B 的显式描述可知 $y \in B$, 相应地 $x \in E^\flat\underset{F}{\otimes}\overline{F}$. 由于我们都在域上操作, $E^\flat\underset{F}{\otimes}\overline{F} = E\underset{F}{\otimes}\overline{F}$ 蕴涵 $E^\flat = E$, 故 $E|F$ 可分.

今设 $E|F$ 可分, $n := [E:F]$. 由本原元素定理 8.5.4 不妨设 $E = F(u) \simeq F[X]/(P_u)$, 此处 P_u 表 u 的极小多项式. 由于在 $\overline{F}$ 上 $P_u = \prod_{i=1}^n (X - \alpha_i)$ 无重因子,

置 $L := F(\alpha_1, \ldots, \alpha_n) \subset F^{\mathrm{sep}}$, 中国剩余定理 5.5.2 蕴涵 L-代数的同构

$$E_L := E \underset{F}{\otimes} L \simeq L[X] \Big/ (\prod_{i=1}^{n}(X - \alpha_i)) = \prod_{i=1}^{n} L[X]/(X - \alpha_i) \simeq L^n,$$

从而知 $E \underset{F}{\otimes} L$ 可对角化; 那么 F^{sep}-代数 $E \underset{F}{\otimes} F^{\mathrm{sep}}$ 亦可对角化, 故 E 平展. 断言的第二部分得证. □

注记 8.9.9 由此可将定理 8.5.4 的前半部化为定理 8.5.5 的特例: 可分扩张 $E|F$ 平展, 于是引理 8.9.7 蕴涵 $E|F$ 仅有有限多个中间域.

可分性与张量积的联系能够进一步拓展到无穷扩张, 甚至涵摄非代数扩张的情形. 这方面主要是 MacLane 的工作, 关键是运用 Teichmüller 引入的 p-基. 这套理论颇为精密, 可以划作交换环论的一支, 宜待适当时机再做处理.

如果一个环没有非零的幂零元, 则称之为**既约**的. 显然, 既约环的子环也是既约的.

推论 8.9.10 对于有限维交换非零 F-代数 A, 下述条件等价.

(i) A 是平展代数.

(ii) 对任意域扩张 $E|F$, 代数 A_E 皆为既约.

(iii) 代数 $A_{\overline{F}}$ 既约.

(iv) 存在 F 的有限可分扩张 $E_1, \ldots, E_n$ $(n \geq 1)$ 使得 $A \simeq E_1 \times \cdots \times E_n$.

证明 (i) $\implies$ (ii): 从 $A \hookrightarrow A \underset{F}{\otimes} \overline{F} \simeq \overline{F}^{\dim A}$ 知 A 既约, 由于 A_E 是平展 E-代数, 同理可知 A_E 既约.

(ii) $\implies$ (iii) 属显然, 现证 (iii) $\implies$ (iv). 若 A 为域则 $A|F$ 可分, 这是因为对任意 $u \in A$, 子域 $F[u] \simeq F[X]/(P_u)$ 基变换到 $\overline{F}$ 后既约, 由此可推得 P_u 在 $\overline{F}$ 中无重根. 设若 A 不是域, 则存在非零真理想 $\mathfrak{a} \subsetneq A$. 因为 A 既约故 $\{0\} \neq \mathfrak{a}^2 \subset \mathfrak{a}$; 取 $\mathfrak{a}$ 之维数极小便可保证 $\mathfrak{a}^2 = \mathfrak{a}$. 今将证明存在幂等元 $e \in A$ 使得 $\mathfrak{a} = Ae$, 如是则有非平凡的直积分解 $A = eA \times (1-e)A$, 施递归于 $\dim_F A$ 便能将 A 分解为可分扩张之直积.

取 $\mathfrak{a}$ 的生成元 $a_1, \ldots, a_m$, 则 $\mathfrak{a}^2 = \mathfrak{a}$ 蕴涵存在矩阵 $B \in M_m(\mathfrak{a})$ 使 $(a_1, \ldots, a_m)B = (a_1, \ldots, a_m)$, 亦即 $(a_1, \ldots, a_m)(1_{m\times m} - B) = 0$. 运用伴随矩阵与行列式的关系 (定理 7.8.2), 进一步导出

$$\det(1-B)(a_1, \ldots, a_m) = (a_1, \ldots, a_m)(1_{m\times m} - B)(1_{m\times m} - B)^{\vee} = 0.$$

于是 $\forall i$, $\det(1-B)a_i = 0$ (证定理 7.2.2 时用过类似技术). 然而 $\det(1-B)$ 又可表为 $1-e$ 之形, $e \in \mathfrak{a}$; 容易验证 $\forall a \in \mathfrak{a}$, $ea = a$, 因而 $Ae = \mathfrak{a}$ 而且 e 是非零幂等元. 证毕.

(iv) $\implies$ (i). 平展代数的直积仍平展, 从命题 8.9.8 即刻导出 $E_1|F, \ldots, E_n|F$ 有限可分蕴涵 $E_1 \times \cdots \times E_n$ 平展. □

至此, 单个平展代数的结构可谓完全清楚了. 读者或许要问: 既然平展代数无非是

可分扩张的积, 引入此概念何益? 一个理由是基变换保持平展性质 (引理 8.9.6), 寻求这种封闭性是现代数学的一个基本思想. 另一个理由则是平展 F-代数所成的范畴等价于有限 Γ_F-集范畴, 这里 Γ_F 是 F 的绝对 Galois 群, 配备 Krull 拓扑. 相关概念在第九章及其习题部分将有仔细解说.

习题

1. 证明对任意扩域 $\Omega|F$ 中的代数元 $\alpha \in \Omega$, 若 $[F(\alpha):F]$ 为奇数, 则 $F(\alpha)=F(\alpha^2)$.

2. 设 $\alpha, \beta \in \overline{F}$ 为不可约首一多项式 $P \in F[X]$ 的根. 证明当 $\deg P > 1$ 为奇数时 $\alpha+\beta \notin F$.
提示〉 若 $c := \alpha+\beta \in F$, 则 $P(X)$ 和 $Q(X) := (-1)^{\deg P} P(c-X)$ 有公共根, 由此证明 $P=Q$, 然后将根按 $x \leftrightarrow c-x$ 配对.

3. 对于任意特征 $p>0$ 的域 F, 证明完全闭包 $K := F^{p^{-\infty}}$ 满足于 $K^p = K$ (即: K 是完全域), 而且若 E 为完全域而 $E|F$ 为代数扩张, 则 $K|F$ 可嵌入为 $E|F$ 的子扩张.

4. (G. Elencwajg) 置 $\mathbb{F}_2 := \mathbb{Z}/2\mathbb{Z}$, 取双变元有理函数域 $F := \mathbb{F}_2(u,v)$ 及多项式 $P := X^6 + uvX^2 + u \in F[X]$. 试证:

(i) P 不可约, 而且 $E := F[X]/(P)$ 满足于 $[E:F]=6$, $[E:F]_s = 3$; 提示〉 用 Eisenstein 判准 (定理 5.7.17) 证明 P 不可约, 然后以引理 8.4.7 计算可分次数.

(ii) 纯不可分闭包 $E^\natural \subset E$ 等于 F. 提示〉 仅需证 $\beta \in E$, $\beta^2 \in F \implies \beta \in F$. 把所有项用基 $1, X, \ldots, X^5 \mod P$ 展开来考察 $\beta^2 \in F$ 何时成立.

于是此例中 $E|E^\natural$ 不可分.

5. 设 p 为素数, $\mathbb{F}_p := \mathbb{Z}/p\mathbb{Z}$. 考虑二元有理函数域 $K := \mathbb{F}_p(X,Y)$.

(i) 验证 $K^p = \mathbb{F}_p(X^p, Y^p)$, $K = K^p(X,Y)$, 而且 $a \in K \implies [K^p(a):K^p] \leq p$.

(ii) 由命题 8.1.5 和 8.4.6 推出

$$[K:K^p] = [\mathbb{F}_p(X,Y):\mathbb{F}_p(X^p,Y)] \cdot [\mathbb{F}_p(X^p,Y):\mathbb{F}_p(X^p,Y^p)] = p^2,$$
$$[K:K^p]_s = [\mathbb{F}_p(X,Y):\mathbb{F}_p(X^p,Y)]_s \cdot [\mathbb{F}_p(X^p,Y):\mathbb{F}_p(X^p,Y^p)]_s = 1.$$

(iii) 验证 $\{X^iY^j : 0 \leq i,j < p\}$ 构成 K^p-向量空间 K 的一组基.

(iv) 证明当 c 遍历 K^p 的元素时 (无穷多个), 中间域 $K^p(cX+Y)$ 各个相异. 提示〉 假若 $c \neq c'$ 给出同样的中间域 M, 那么 $(c-c')X \in M$, 从而导出 $X, Y \in M$ 故 $M=K$, 由此可见矛盾.

于是 $K|K^p$ 是有限纯不可分扩张, 有无穷多个中间域, 并且不是单扩张; 请对比定理 8.5.5 和 8.5.4 的情形.

6. 对于任意域 F 上的单变元有理函数域 $F(X)$ 及 $u := \frac{r}{s} \in F(X) \smallsetminus F$, 其中 $r, s \in F[X]$ 互素.

(i) 证明 X 在 $F(u)$ 上是代数元, u 在 F 上是超越元;

(ii) 引入自由变元 Z, W, 证明 $P(Z,W) := r(Z) - Ws(Z)$ 作为 $F[Z,W]$ 的元素不可约, 继而 $P(Z,u)$ 作为 $F(u)[Z]$ 的元素不可约;

(iii) 导出 $[F(X) : F(u)] = \max\{\deg r, \deg s\}$.

7. 承上, 证明 $\mathrm{Aut}_F(F(X)) \simeq \mathrm{PGL}(2,F) := \mathrm{GL}(2,F)/F^\times$, 作用方式为 $\left(\begin{smallmatrix} a & b \\ c & d \end{smallmatrix}\right) \cdot X = \frac{aX+b}{cX+d}$.

8. (Lüroth 定理) 证明 $F(X)|F$ 的子扩张 $K|F$ 或者是 F, 或如上题的形式 $K = F(u)$.
提示〉 设 X 在 $K \neq F$ 上有极小多项式 $Q(Z) = Z^n + u_{n-1}Z^{n-1} + \cdots + u_0$; 取 i 使得 $u = \frac{r}{s} = u_i \notin F$. 我们有 $Q(Z) \mid P(Z,u)$. 证明 $P(Z,u) \in F^\times Q(Z)$ 以得出 $K = F(u)$.

9. 对以下的有限扩张 $E|F$ 确定 $\mathrm{N}_{E|F}(E^\times) \subset F^\times$:

(i) E, F 为有限域; 提示〉不妨使用 Galois 理论.

(ii) $E = \mathbb{C}$, $F = \mathbb{R}$;

(iii) $E = \mathbb{Q}(\sqrt{-1})$, $F = \mathbb{Q}$.

10. 承上, 对于有限域 E, F 证明 $\mathrm{Tr}_{E|F}(E) = F$.

11. 设 F 为有限域, $a, b \in F^\times$, $c \in F$, 证明存在 $(x,y) \in F^2$ 使得 $ax^2 + by^2 = c$.

12. 令 $\sigma \in \mathrm{Aut}(\mathbb{R})$.

(i) 证明 $x \geq 0 \iff \sigma(x) \geq 0$. 提示〉 $x \geq 0 \iff \exists y \in \mathbb{R},\ x = y^2$.

(ii) 由此导出对所有有理数 $a < b$ 皆有 $\sigma([a,b]) = [a,b]$.

(iii) 证明 $\sigma = \mathrm{id}_{\mathbb{R}}$.

13. 证明 $\mathrm{Aut}(\mathbb{C})$ 无穷.

14. 证明 $\mathbb{Q}$ 的有限生成扩张皆可嵌入 $\mathbb{C}|\mathbb{Q}$.

15. 构造互不同构的特征 0 代数闭域 F_1, F_2 使得 $|F_1| = |F_2| = \aleph_0$.

16. 令 A 为域 F 上的有限维交换代数. 证明 A 平展的充要条件是定义 7.8.7 中的判别式 $d_A \neq 0$. 提示〉 判别式非零当且仅当迹型式 $(x,y) \mapsto \mathrm{Tr}_{A|F}(xy)$ 非退化, 而此条件可以基变换到任意扩域上检验. 应用推论 8.6.4 和 8.9.10, 并注意到 $x \in A$ 幂零则 $\mathrm{Tr}_{A|F}(x) = 0$.

第九章 Galois 理论

Galois 理论的原初目的是研究多项式方程的解, 方法是考察根的置换. 经过 E. Artin 等人的改写, 现代视角下的 Galois 理论更应该视作域论的一个核心构件, 旨趣在于对可分正规扩张 (即 Galois 扩张) 及其自同构 (构成了 Galois 群) 的研究, 主要结果则是所谓的 Galois 对应 (定理 9.1.7, 9.2.4), 不妨将之理解为联系域论和群论性质的一部字典. 它有三种经典应用:

(a) 尺规作图问题;

(b) 代数基本定理的域论证明;

(c) 多项式方程的根式解判准.

对此三者, 既有通行教材如 [58] 的珠玉在前, 我们对 (a), (c) 皆浅尝辄止, (b) 则索性划入习题; 除了篇幅问题, 这是考量到代数基本定理的 "纯代数证明" 非但是一个无望的追求 (域 $\mathbb{R}$ 和 $\mathbb{C}$ 本无纯代数的定义), 排斥分析工具也很难说是种健康的态度, 除非这有助于彰明问题的本质或拓展视野. 本章的主要目的乃是铺陈进一步研究所必需的, 具有一般性和结构性的论断. 正是基于这个考量, 我们将把 Galois 的根式解判准 (定理 9.7.3) 化为 Kummer 理论的应用, 并且着重处理无穷 Galois 扩张, 后者是实用中必需的.

阅读提示

处理无穷 Galois 扩张的标准手法是引进一些简单的拓扑语汇, 称为 Galois 群上的 Krull 拓扑, 初学者可先略过, 只需留意到关于无穷 Galois 扩张的断言几乎总是以化到有限情形来处理. 关于 Kummer 理论, 最简洁的方法是引入 Galois 上同调 H^0, H^1 和拓扑群的 Pontryagin 对偶理论来处理, 为了避免工具超载, 在 §9.6 中将采取略为迂回的办法; 无论如何处理, 实践中的技术硬核始终是所谓的 Hilbert 第 90 定理.

9.1 有限 Galois 对应

回忆 $\mathrm{Aut}_F(E)$ 表示域扩张 $E|F$ 的自同构群, $\mathrm{Aut}(E)$ 表示域 E 的自同构群. 如记 E 的素域为 $\Bbbk$, 则 $\mathrm{Aut}(E) = \mathrm{Aut}_{\Bbbk}(E)$.

定义 9.1.1 可分正规扩张 $E|F$ 称为 **Galois 扩张**. 相应的 Galois 群定为 $\mathrm{Gal}(E|F) := \mathrm{Aut}_F(E)$.

我们习惯用 $\mathrm{Gal}(E|F)$ 的群论性质来描述 $E|F$, 例如称 $E|F$ 为交换 (或循环, 可解等) 扩张, 如果 $\mathrm{Gal}(E|F)$ 作为群是交换的 (或循环, 可解等).

铺展可分性与正规性的定义, 可知 Galois 扩张无非是一族无重根不可约多项式的分裂域. 我们马上会将之联系到自同构群, 此前需要 Galois 扩张的一些初步性质.

引理 9.1.2 Galois 扩张满足以下性质.

(i) 扩张 $L|F$ 为 Galois $\Longrightarrow$ 对任意中间域 E, 扩张 $L|E$ 仍为 Galois.

(ii) 设 $L|F$, $M|F$ 为 $\Omega|F$ 的子扩张, 则 $L|F$ 为 Galois $\Longrightarrow$ $LM|M$ 为 Galois.

(iii) 在给定扩张 $\Omega|F$ 中, 任一族 Galois 子扩张之复合与交依然是 Galois 扩张.

证明 结合命题 8.3.9 (正规性) 与 8.4.10 (可分性). □

以下选定代数闭包 $\overline{F}|F$. 回忆对任意正规扩张 $E|F$ 皆可嵌入 $\overline{F}$, 一旦选定嵌入, 定义–定理 8.3.4 加上引理 8.3.3 遂给出 $\mathrm{Hom}_F(E, \overline{F}) = \mathrm{Aut}_F(E)$.

命题 9.1.3 对有限 Galois 扩张 $E|F$ 恒有 $|\mathrm{Gal}(E|F)| = [E : F]$.

证明 上述讨论说明 $|\mathrm{Hom}_F(E, \overline{F})| = |\mathrm{Gal}(E|F)|$, 而可分性导致 $|\mathrm{Hom}_F(E, \overline{F})| = [E : F]_s = [E : F]$. □

我们引进 Galois 理论中一对关键的操作. 对于任意扩张 $E|F$:

1. 对 $\mathrm{Aut}_F(E)$ 的子群 H, 定义其**不动域**为 $E^H := \{x \in E : \forall \sigma \in H,\ \sigma(x) = x\}$, 易见 $E^H|F$ 是 $E|F$ 的子扩张;
2. 对于 $E|F$ 的子扩张 $K|F$ (或径称中间域), 定义 $\mathrm{Aut}_F(E)$ 的子群 $\mathrm{Aut}_K(E)$.

于是我们得到

$$\begin{aligned} \{\text{中间域 } K\} &\rightleftarrows \{\text{子群 } H \subset \mathrm{Aut}_F(E)\} \\ K|F &\longmapsto \mathrm{Aut}_K(E) \\ E^H|F &\longleftarrow\!\!\shortmid H \end{aligned} \tag{9.1}$$

这对映射有以下初等性质.

1. 上式两边都对 $\subset$ 构成偏序集, 而这对映射是反序的:

$$H_1 \subset H_2 \implies E^{H_1} \supset E^{H_2}, \quad K_1 \subset K_2 \implies \mathrm{Aut}_{K_1}(E) \supset \mathrm{Aut}_{K_2}(E).$$

2. 我们有 $K \subset E^{\mathrm{Aut}_K(E)}$, $H \subset \mathrm{Aut}_{E^H}(E)$.

3. 群 $\mathrm{Aut}_F(E)$ 在映射的两边都有左作用: 在中间域上是 $(\sigma, K) \mapsto \sigma(K)$, 在子群上是共轭 $(\sigma, H) \mapsto \sigma H \sigma^{-1}$, 其中 $\sigma \in \mathrm{Aut}_F(E)$.

4. 承上, 对 $\sigma \in \mathrm{Aut}_F(E)$ 的作用有 "结构搬运" 的关系如下:

$$\mathrm{Aut}_{\sigma(K)}(E) = \sigma\,\mathrm{Aut}_K(E)\sigma^{-1}, \quad E^{\sigma H \sigma^{-1}} = \sigma(E^H).$$

引理 9.1.4 对于 Galois 扩张 $E|F$ 有 $E^{\mathrm{Gal}(E|F)} = F$, 而且映射 $K \mapsto \mathrm{Aut}_K(E) = \mathrm{Gal}(E|K)$ 是单射.

证明 第一部分的要点在于证明 $E^{\mathrm{Gal}(E|F)} \subset F$. 令 $x \in E^{\mathrm{Gal}(E|F)}$, 极小多项式照例记作 $P_x \in F[X]$. 正规性确保 P_x 在 E 中分解为一次因式, 可分性确保其中无重根. 对于任一根 $y \in E$, 存在 F-嵌入 $\iota : F(x) \to F(y) \subset E$ 映 x 为 y, 以命题 8.3.6 延拓 ι 为 $\sigma \in \mathrm{Gal}(E|F)$. 根据假设立得 $y = \sigma(x) = x$, 故 $\deg P_x = 1$ 而 $x \in F$.

已知 $E|K$ 仍为 Galois, 第一部分给出 $E^{\mathrm{Gal}(E|K)} = K$, 于是 $K \mapsto \mathrm{Gal}(E|K)$ 是单射. □

引理 9.1.5 承上, 对任何中间域 K 和 $\sigma \in \mathrm{Gal}(E|F)$, 有

$$\mathrm{Gal}(E|\sigma K) = \sigma\,\mathrm{Gal}(E|K)\sigma^{-1},$$

而 $\mathrm{Gal}(E|K) \lhd \mathrm{Gal}(E|F)$ 当且仅当 $K|F$ 是 Galois 扩张.

证明 早先已经观察到所示等式. 由于 $K \mapsto \mathrm{Gal}(E|K)$ 是单射而 σ 可任取, $\mathrm{Gal}(E|K) \lhd \mathrm{Gal}(E|F)$ 当且仅当对每个 σ 皆有 $\sigma(K) = K$, 这又等价于 $K|F$ 正规 (推论 8.3.7). 另一方面可分扩张的子扩张亦可分 (命题 8.4.10), 故条件也等价于 $K|F$ 是 Galois 扩张.□

当 $[E : F]$ 无穷时引理 9.1.4 的映射非满. 本节旨在对有限 Galois 扩张证明 (9.1) 确为双射.

引理 9.1.6 (E. Artin) 设 E 为域, H 是 $\mathrm{Aut}(E)$ 的有限子群, 则 $E|E^H$ 是 Galois 扩张, 而且 $\mathrm{Gal}(E|E^H) = H$.

证明 首务是证明 $E|E^H$ 为 Galois 扩张. 让 $\mathrm{Aut}(E)$ 透过作用于系数作用在多项式环 $E[X]$ 上, 则有性质 $\sigma(f_1 \pm f_2) = \sigma(f_1) \pm \sigma(f_2)$, $\sigma(f_1 f_2) = \sigma(f_1)\sigma(f_2)$ 等等. 令 $x \in E$,

置 $\mathcal{O} := \{\tau(x) : \tau \in H\}$ 和 $Q_x := \prod_{y\in\mathcal{O}}(X - y)$, 于是 $Q_x \in E[X]^H = E^H[X]$ 而且 $Q_x(x) = 0$. 因为 Q_x 在 E 上分解为一次因子且无重根, 由此知 $E|E^H$ 是可分正规扩张. 一并注意到 $\deg Q_x = |\mathcal{O}| \leq |H|$.

剩下部分的关键在于确立不等式

$$\left[E : E^H\right] \leq |H|. \tag{9.2}$$

上段论证表明 $x \in E \implies [E^H(x) : E^H] \leq |H|$. 取 $x \in E$ 使 $[E^H(x) : E^H]$ 尽可能大, 若 $E = E^H(x)$ 即得 (9.2); 设若不然, 取 $y \in E \smallsetminus E^H(x)$ 则有

$$E^H(x, y) \supsetneq E^H(x) \supset E^H.$$

由于 $E|E^H$ 可分, 运用定理 8.5.4 可将 $E^H(x,y)$ 写成 $E^H(z)$ 形式, $z \in E$, 如此则 $[E^H(z) : E^H] > [E^H(x) : E^H]$ 与 x 的选取相悖.

回忆 $H \subset \mathrm{Gal}(E|E^H)$, 综合以上结果得到 $E|E^H$ 有限, 且

$$\left[E : E^H\right] \overset{(9.2)}{\leq} |H| \leq |\,\mathrm{Gal}(E|E^H)| \xlongequal{\because\ \text{命题 } 9.1.3} \left[E : E^H\right].$$

于是等号处处成立, $H = \mathrm{Gal}(E|E^H)$. □

定理 9.1.7 (有限 Galois 对应) 设 $E|F$ 是有限 Galois 扩张, 则 (9.1) 给出互逆的双射

$$\begin{aligned} \left\{\text{中间域 } K\right\} &\rightleftarrows \{\text{子群 } H \subset \mathrm{Gal}(E|F)\} \\ K|F &\longmapsto \mathrm{Gal}(E|K) \\ E^H|F &\longleftarrow\!\shortmid H \end{aligned}$$

并满足以下性质:

(i) 反序: $H_1 \subset H_2 \iff E^{H_1} \supset E^{H_2}$ 且 $K_1 \subset K_2 \iff \mathrm{Aut}_{K_1}(E) \supset \mathrm{Aut}_{K_2}(E)$.

(ii) 双射对于 $\mathrm{Gal}(E|F)$ 在两边的左作用是等变的, 并且给出正规子群 $H \lhd \mathrm{Gal}(E|F)$ 和 Galois 子扩张 $K|F$ 的一一对应.

(iii) 对任何中间域 K 皆有双射

$$\begin{aligned} \mathrm{Gal}(E|F)\big/\mathrm{Gal}(E|K) &\xrightarrow{\sim} \mathrm{Hom}_F(K, E) \\ \sigma \cdot \mathrm{Gal}(E|K) &\longmapsto \sigma|_K, \end{aligned}$$

而且 $(\mathrm{Gal}(E|F) : \mathrm{Gal}(E|K)) = [K : F]$. 当 $K|F$ 是 Galois 扩张时, 上式导出

群同构

$$\mathrm{Gal}(E|F)/\,\mathrm{Gal}(E|K) \xrightarrow{\sim} \mathrm{Gal}(K|F).$$

特别地, $|\,\mathrm{Gal}(E|F)| = [E:F]$.

证明 综合引理 9.1.4, 9.1.6 可见 (9.1) 确实给出互逆双射. 反序性质 (i) 已知, 而 (ii) 是引理 9.1.5 的复述.

至于 (iii), $\sigma, \sigma' \in \mathrm{Gal}(E|F)$ 在 K 上的限制相同当且仅当 $\sigma^{-1}\sigma'|_K = \mathrm{id}_K$, 是以有单射 $\mathrm{Gal}(E|F)/\,\mathrm{Gal}(E|K) \to \mathrm{Hom}_F(K, E)$. 另一方面, 任何 $\mathrm{Hom}_F(K, E)$ 的元素都能延拓到 $\mathrm{Gal}(E|F)$ (命题 8.3.6), 故得双射.

为了证明 $\mathrm{Hom}_F(K, E)$ 的基数为 $[K:F] = [K:F]_s$, 我们取定代数闭包 $\overline{F}|E$ 并观察到 $\mathrm{Hom}_F(K, E) = \mathrm{Hom}_F(K, \overline{F})$: 这是推论 8.3.7 对扩张塔 $\overline{F}|E|K|F$ 的简单应用.

当 $K|F$ 为 Galois 扩张时, 推论 8.3.7 对扩张塔 $E|K|K|F$ 给出 $\mathrm{Hom}_F(K, E) = \mathrm{Hom}_F(K, K) = \mathrm{Gal}(K|F)$; 由此立见 $\sigma \mapsto \sigma|_K$ 是群同态. 明所欲证. □

有限 Galois 对应实际是无穷情形的基础, 我们把一般的证明和进一步的性质安排在 §9.2 处理.

例 9.1.8 重拾例 8.3.11 中 $X^3 - 2 \in \mathbb{Q}[X]$ 的分裂域 $\mathbb{Q}(\sqrt[3]{2}, \omega)$, 注意到 ω 在 $\mathbb{Q}$ 上的极小多项式为 $X^2 + X + 1$. 绘制域图:

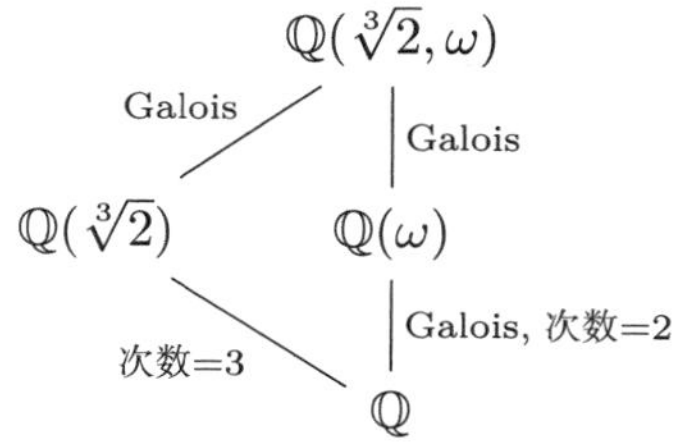

因为 $[\mathbb{Q}(\sqrt[3]{2}, \omega) : \mathbb{Q}(\omega)] \leq 3$, 而 $2 = [\mathbb{Q}(\omega) : \mathbb{Q}]$ 和 $3 = [\mathbb{Q}(\sqrt[3]{2}) : \mathbb{Q}]$ 都得整除 $[\mathbb{Q}(\sqrt[3]{2}, \omega) : \mathbb{Q}]$, 唯一的可能是 $[\mathbb{Q}(\sqrt[3]{2}, \omega) : \mathbb{Q}] = 6$. 因之 $G := \mathrm{Gal}(\mathbb{Q}(\sqrt[3]{2}, \omega)|\mathbb{Q})$ 是 6 阶群. 任意 $\sigma \in G$ 的作用方式为 $\omega \mapsto \omega^{\pm 1}$, $\sqrt[3]{2} \mapsto \omega^k \sqrt[3]{2}$ $(k = 0, 1, 2)$, 并且 σ 完全由 $(\pm, k)$ 确定, 至多有 6 种选取, 于是每组 $(\pm, k)$ 都能在 G 中实现.

一般来说, 可分多项式的分裂域的 Galois 群能嵌入为根集的对称群; 既然 $|G| = 6 = 3!$, 现在可以等同 G 与根集 $\{\sqrt[3]{2}, \omega\sqrt[3]{2}, \omega^2\sqrt[3]{2}\}$ 上的对称群 $\mathfrak{S}_3$. 列举子群并考量这

些子群所固定的元素, 应用定理 9.1.7 立得反序对应:

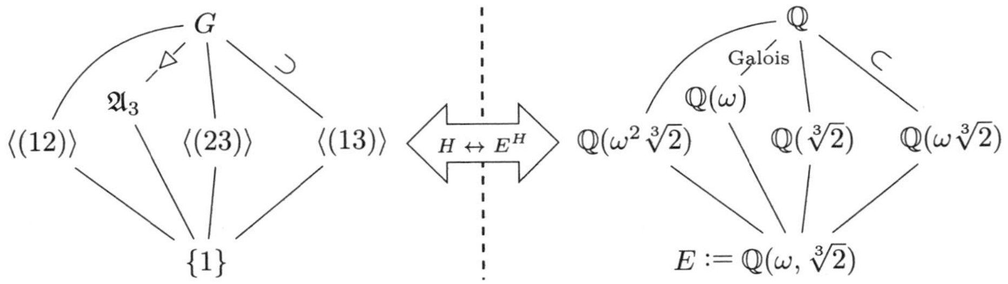

对应的子群和中间域置于相同位置, 并以连线表示包含关系, 两侧的包含关系是上下颠倒的. 三个中间域 $\mathbb{Q}(\omega^k\sqrt[3]{2})$ $(k=0,1,2)$ 两两共轭, 这从群论一面看应该是明显的.

9.2 无穷 Galois 对应

在探讨无穷 Galois 扩张的 Galois 群时, 引入拓扑群的语言 (定义 4.10.1 及其后讨论) 是格外方便的.

定义 9.2.1 (Krull 拓扑) 对于 Galois 扩张 $E|F$, 赋予 $\mathrm{Gal}(E|F)$ 拓扑结构, 使得它在任意元素 σ 处的一组邻域基为

$$\sigma\,\mathrm{Gal}(E|K), \quad K|F: \text{有限 Galois 子扩张}.$$

称之为 $\mathrm{Gal}(E|F)$ 上的 **Krull 拓扑**.

- ◇ 直观地把握, Krull 拓扑的效果相当于说: "当存在充分大的有限 Galois 子扩张 $K|F$ 使得 $\sigma|_K = \tau|_K$ 时, σ 充分接近 τ."
- ◇ 由于 $\mathrm{Gal}(E|K)$ 是正规子群 (引理 9.1.5), 定义也可以用 $\mathrm{Gal}(E|K)\sigma$ 改述.
- ◇ 邻域基须对有限交封闭, 这点由 $\mathrm{Gal}(E|K)\cap\mathrm{Gal}(E|K') = \mathrm{Gal}(E|KK')$ 确保, 因为引理 9.1.2 断言 $KK'|F$ 依然是有限 Galois 扩张.
- ◇ 对于任何有限子扩张 $L|F$, 总可取 L 在 E 中的正规闭包 $L' \supset L$ (定义 8.3.10, $L'|F$ 仍有限), 那么 $\mathrm{Gal}(E|L') \subset \mathrm{Gal}(E|L)$, 因此邻域基也可以取作 $\sigma\,\mathrm{Gal}(E|L)$ 之形, 其中 $L|F$ 取遍有限子扩张.
- ◇ 由 Krull 拓扑的定义易见取逆映射是连续的: 这将邻域 $\sigma\,\mathrm{Gal}(E|K)$ 映至 $\mathrm{Gal}(E|K)\sigma^{-1} = \sigma^{-1}\,\mathrm{Gal}(E|K)$; 类似地, 乘法映 $\sigma\,\mathrm{Gal}(E|K)\times\tau\,\mathrm{Gal}(E|K)$ 为 $\sigma\tau\,\mathrm{Gal}(E|K)$, 因此也连续. 于是 $\mathrm{Gal}(E|F)$ 确实是拓扑群.

引理 9.2.2 对任意 Galois 扩张 $E|F$, 拓扑群 $\mathrm{Gal}(E|F)$ 是定义 4.10.5 下的 pro-有限群, 确切地说, 存在拓扑群的自然同构

$$\mathrm{Gal}(E|F) \xrightarrow{\sim} \varprojlim_{\substack{K|F:\text{ 有限} \\ \text{Galois 子扩张}}} \mathrm{Gal}(K|F).$$

证明中会回顾极限 $\varprojlim_K \mathrm{Gal}(K|F)$ 的拓扑结构.

证明 回忆命题 8.1.12: $E|F$ 是有限子扩张 $L|F$ 之并; 若以 L 的正规闭包 K 代之, 还能进一步表 $E|F$ 为有限 Galois 子扩张 $K|F$ 之并. 正规扩张的性质和引理 8.3.3 蕴涵限制映射 $\sigma \mapsto \sigma|_K$ 给出同态 $\mathrm{Gal}(E|F) \to \mathrm{Gal}(K|F)$. 综上, 给定 $\sigma \in \mathrm{Gal}(E|F)$ 相当于给定一族 $\sigma_K \in \mathrm{Gal}(K|F)$, 使之满足兼容性 $K' \supset K \implies \sigma_{K'}|_K = \sigma_K$; 用投射极限的语言来说便是群同构

$$\begin{aligned} \mathrm{Gal}(E|F) &\xrightarrow{\sim} \varprojlim_{\substack{K|F:\text{ 有限} \\ \text{Galois 子扩张}}} \mathrm{Gal}(K|F) \\ \sigma &\longmapsto (\sigma|_K)_K \end{aligned}$$

极限中的转移同态是限制映射 $\mathrm{Gal}(K'|F) \to \mathrm{Gal}(K|F)$, 其中 $K' \supset K$; 此同构之逆映 $(\sigma_K)_K$ 为 $x \mapsto \sigma_K(x)$, 其中 $K|F$ 是包含 $x \in E$ 的任意有限 Galois 子扩张. 将同构之右式嵌入积空间 $\prod_K \mathrm{Gal}(K|F)$, 每个 $\mathrm{Gal}(K|F)$ 配备离散拓扑, 则右式便是定义 4.10.5 中的 pro-有限群. 另一方面, 我们已在引理 4.10.4 探讨过 pro-有限群在 1 处的一族邻域基: 对于右式, 这无非是

$$U_L := \ker\left[p_L : \varprojlim_K \mathrm{Gal}(K|F) \longrightarrow \mathrm{Gal}(L|F)\right].$$

注意这里不必再取有限交, 因为 $U_L \cap U_M = U_{LM}$; 此外 U_L 在同构下对应于 $\mathrm{Gal}(E|L) = \{\sigma \in \mathrm{Gal}(E|F) : \sigma|_L = \mathrm{id}_L\}$. 既然单位元的邻域基确定群的拓扑结构, 于是 $\mathrm{Gal}(E|F) \xrightarrow{\sim} \varprojlim_K \mathrm{Gal}(K|F)$ 是同胚. 明所欲证. □

引理 9.2.3 拓扑群 $G := \mathrm{Gal}(E|F)$ 满足以下性质:

(i) G 是 Hausdorff 紧空间, 并且当 $E|F$ 有限时带有离散拓扑;

(ii) 对任意有限子扩张 $L|F$, 子群 $\mathrm{Gal}(E|L)$ 为开;

(iii) 任何开子群 H 也是闭的, 并满足 $(G:H) < \infty$;

(iv) 对任意子扩张 $L|F$, 子群 $\mathrm{Gal}(E|L)$ 为闭;

(v) 若赋予 E 离散拓扑, 则作用映射 $\mathrm{Gal}(E|F) \times E \to E$ 是连续的.

证明 定理 4.10.6 说明 pro-有限群总是紧 Hausdorff 的, 有限集上的 Hausdorff 拓扑必然离散, 这就证明了 (i). 引理 4.10.3 即刻给出 (iii).

为了证明 (ii), 先注意到对任意 $x \in E$, 稳定化子群 $\mathrm{Stab}_G(x) = \{\sigma \in G : \sigma(x) = x\}$ 是开的, 这是因为 $F(x)$ 必包含于一个有限 Galois 子扩张 $K|F$ (例如其正规闭包), 所以 $\mathrm{Stab}_G(x)$ 包含开子群 $\mathrm{Gal}(E|K)$, 故 $\mathrm{Stab}_G(x)$ 为开 (仍用引理 4.10.3). 现将有限扩张 $L|F$ 写作 $L = F(x_1, \ldots, x_n)$, 则 $\mathrm{Gal}(E|L) = \bigcap_{i=1}^n \mathrm{Stab}_G(x_i)$ 也是开子群.

对于 (iv), 设 $L|F$ 为任意子扩张, 则 $\mathrm{Gal}(E|L) = \bigcap_{x \in L} \mathrm{Stab}_G(x)$, 每个 $\mathrm{Stab}_G(x)$ 都是既开又闭的, 因而 $\mathrm{Gal}(E|L)$ 是闭子群.

最后证明 (v): 若 $(\sigma, x) \in \mathrm{Gal}(E|F) \times E$, 则开集 $\mathrm{Stab}_G(x) \times \{x\}$ 映到开集 $\{x\}$.□

一切工具就绪, 可以陈述本节的主要结果.

定理 9.2.4 (无穷 Galois 对应) 设 $E|F$ 是 Galois 扩张, 则 (9.1) 给出互逆的双射

$$\begin{gathered}\{\text{中间域 } K\} \rightleftarrows \{\text{闭子群 } H \subset \mathrm{Gal}(E|F)\} \\ K|F \longmapsto \mathrm{Gal}(E|K) \\ E^H|F \longleftarrow\!\shortmid H\end{gathered}$$

并满足以下性质:

(i) 反序: $H_1 \subset H_2 \iff E^{H_1} \supset E^{H_2}$ 且 $K_1 \subset K_2 \iff \mathrm{Aut}_{K_1}(E) \supset \mathrm{Aut}_{K_2}(E)$.

(ii) 双射对于 $\mathrm{Gal}(E|F)$ 在两边的左作用是等变的, 并且给出正规闭子群 $H \lhd \mathrm{Gal}(E|F)$ 和 Galois 子扩张 $K|F$ 的一一对应.

(iii) 对任何中间域 K 皆有双射

$$\begin{aligned}\mathrm{Gal}(E|F)/\mathrm{Gal}(E|K) &\xrightarrow{\sim} \mathrm{Hom}_F(K, E) \\ \sigma \cdot \mathrm{Gal}(E|K) &\longmapsto \sigma|_K;\end{aligned}$$

当 $K|F$ 是 Galois 扩张时, 上式导出拓扑群的同构

$$\mathrm{Gal}(E|F)/\mathrm{Gal}(E|K) \xrightarrow{\sim} \mathrm{Gal}(K|F),$$

其中左式赋予商拓扑.

(iv) 开子群对应到有限子扩张.

当 $E|F$ 有限时 Krull 拓扑为离散, 一切回归于定理 9.1.7.

证明 对比定理 9.1.7 的论证, 无穷情形的主要差别在于要对闭子群 H 证明

$$\mathrm{Gal}\left(E|E^H\right) = H.$$

包含关系 $\supset$ 已知. 今设 $\sigma \in \mathrm{Gal}(E|E^H)$, 对任意有限 Galois 子扩张 $K|F$, 置

$$\overline{H} := \mathrm{im}\,[H \to \mathrm{Gal}(K|F)]\,,$$
$$\sigma|_K \in \mathrm{Gal}\left(K\middle|K \cap E^H\right) = \mathrm{Gal}\left(K\middle|K^{\overline{H}}\right).$$

有限 Galois 对应遂给出 $\sigma|_K \in \overline{H}$. 易言之, σ 的开邻域 $\sigma\,\mathrm{Gal}(E|K)$ 与 H 有交. 因为 K 可任取而 H 为闭子集, 从此导出 $\sigma \in H$.

性质 (i), (ii), (iii) 的推导和有限情形完全相同, 以下略说 (iii) 中的拓扑性质: 当 $K|F$ 是 Galois 扩张时, 有限情形的论证给出群同构 $\mathrm{Gal}(E|F)/\,\mathrm{Gal}(E|K) \xrightarrow{\sim} \mathrm{Gal}(K|F)$; 因为紧空间的商仍紧, 而从紧空间到 Hausdorff 空间的连续双射必为同胚 (常识, 见 [57, 推论 7.2.9]), 此同构是拓扑群的同构.

最后处理 (iv). 已知开子群 $H \subset \mathrm{Gal}(E|F)$ 也是闭的, 并且 $(G : H)$ 有限, 因此形如 $H = \mathrm{Gal}(E|L)$. 上述性质蕴涵 $[L : F]_s = |\mathrm{Hom}_F(L, E)| = (G : H)$ 有限, 假若 $[L : F]$ 无穷, 则 $L|F$ 必包含一列严格递增的有限子扩张 $L_0 \subsetneq L_1 \subsetneq \cdots$; 然而可分性保证 $[L_i : F] = [L_i : F]_s \leq [L : F]_s$, 矛盾. □

推论 9.2.5 (基变换) 取定扩域 $\Omega|F$, 设 $L|F$ 是其中的 Galois 扩张而 $M|F$ 是任意子扩张, 则 $LM|M$ 也是 Galois 扩张, 并且有拓扑群的同构

$$\begin{aligned} \mathrm{Gal}(LM|M) &\xrightarrow{\sim} \mathrm{Gal}(L|L \cap M) \subset \mathrm{Gal}(L|F) \\ \sigma &\longmapsto \sigma|_L. \end{aligned}$$

证明 引理 9.1.2 蕴涵 $LM|M$ 也是 Galois 扩张. 如果 $\sigma \in \mathrm{Gal}(LM|M)$, 则因为 LM 的元素总能表成 $\frac{x_1y_1+\cdots+x_ny_n}{u_1v_1+\cdots+u_mv_m}$, 其中 $x_i, u_j \in L$, $y_i, v_j \in M$, 因此 $\sigma|_L = \mathrm{id}_L$ 蕴涵 $\sigma = \mathrm{id}_{LM}$. 所示同态是单射.

兹断言限制同态 $\mathrm{Gal}(LM|M) \to \mathrm{Gal}(L|L \cap M)$ 连续. 为此只需考虑 1 的邻域. 若 $K|L \cap M$ 是 $L|L \cap M$ 的有限子扩张, 那么 $KM|M$ 亦有限, 而且开子集 $\mathrm{Gal}(LM|KM) \subset \mathrm{Gal}(LM|M)$ 映入给定的开子集 $\mathrm{Gal}(L|K) \subset \mathrm{Gal}(L|L \cap M)$.

于是限制同态映紧群 $\mathrm{Gal}(LM|M)$ 为闭子群 $H \subset \mathrm{Gal}(L|F)$. 下面证明 $L^H = L \cap M$. 显然 $L \cap M \subset L^H$. 今假设 $x \in L^H$, 它作为 LM 的元素被 $\mathrm{Gal}(LM|M)$ 固定, 定理 9.2.4 于是给出 $x \in M$. 综上, $H = \mathrm{Gal}(L|L \cap M)$. 最后, $\mathrm{Gal}(LM|M) \to \mathrm{Gal}(L|L \cap M)$ 是拓扑空间的连续双射, 由前述的拓扑常识可知它必为同胚. □

推论 9.2.6 考虑 $\Omega|F$ 的 Galois 子扩张 $E|F$, $E'|F$. 此时 $EE'|F$ 也是 Galois 扩张, 并

且有拓扑群之间的单同态

$$\begin{aligned}\operatorname{Gal}(EE'|F) &\longrightarrow \operatorname{Gal}(E|F)\times\operatorname{Gal}(E'|F)\\ \sigma &\longmapsto (\sigma|_E, \sigma|_{E'});\end{aligned}$$

若 $E\cap E'=F$ 则为同构.

证明 引理 9.1.2 蕴涵 $EE'|F$ 也是 Galois 扩张. 所示同态的连续性是明白的, 单性也可以用之前办法来证明. 今假设 $E\cap E'=F$. 分别施前一推论于

$$\operatorname{Gal}(E'E|E)\to\operatorname{Gal}(E'|E'\cap E),\quad \operatorname{Gal}(EE'|E')\to\operatorname{Gal}(E|E\cap E')$$

可知 $\{1\}\times\operatorname{Gal}(E'|F)$ 和 $\operatorname{Gal}(E|F)\times\{1\}$ 都在落在同态的像里, 满性于焉确立. 使用拓扑常识导出此时 $\operatorname{Gal}(EE'|F)\to\operatorname{Gal}(E|F)\times\operatorname{Gal}(E'|F)$ 实为同胚. □

域 F 的可分闭包 $F^{\mathrm{sep}}|F$ 是正规扩张, 因而是 Galois 扩张, 而且它在 Galois 扩张中是极大的: 任何 Galois 扩张 $E|F$ 都能嵌入 $F^{\mathrm{sep}}|F$ (见定义 8.4.11 及其后讨论). 相应的 Galois 群

$$\Gamma_F := \operatorname{Gal}(F^{\mathrm{sep}}|F) + \text{Krull 拓扑}$$

称为 F 的**绝对 Galois 群**, 它在同构意义下无关 F^{sep} 的选取. 当 $F=\mathbb{Q}$ 或其有限扩张 (称为数域) 时, Γ_F 迄今仍是一个神秘的对象, 也是代数数论、算术代数几何等领域探究的主要目标之一; 这方面任何一般性结果都弥足珍贵. 以下的 Neukirch–内田定理 (1969, 1976) 是一个著名例子, 它也是所谓**远交换几何**的基石之一.

定理 9.2.7 (J. Neukirch, 内田兴二) 设 F_1, F_2 为数域, 取定代数闭包 $\overline{F_1}$, $\overline{F_2}$. 任何拓扑群的同构 $\psi:\Gamma_{F_1}\xrightarrow{\sim}\Gamma_{F_2}$ 都源自唯一的域同构 σ 如下:

$$\begin{array}{ccc}\overline{F_1} & \xrightarrow[\sim]{\sigma} & \overline{F_2}\\ \uparrow & & \uparrow\\ F_1 & \xrightarrow[\sigma|_{F_1}]{\sim} & F_2\end{array}\qquad \psi(g)=\sigma\circ g\circ\sigma^{-1};$$

作为推论, 数域由其绝对 Galois 群所确定, 精确到同构.

该定理仅探讨两个绝对 Galois 群之间的同构, 至于如何从一个给定的 pro-有限群 Γ 具体地构造数域 F, 则是另一个深具算术意蕴的问题, 望月新一为此开创的技术是引人瞩目的, 可参看他的工作 [33].

言归正传, 下面来澄清一般正规扩张的结构.

定理 9.2.8 设 $E|F$ 为正规扩张, 则

◇ $E|E^{\operatorname{Aut}_F(E)}$ 是 Galois 扩张;

◇ $E^{\mathrm{Aut}_F(E)}$ 等于 F 在 E 中的纯不可分闭包 $E^{\natural}$;
◇ $E|E^{\mathrm{Aut}_F(E)}$ 的 Galois 群等于 $\mathrm{Aut}_F(E)$.

证明 先处理第一条. 设 $x \in E$, 仿照引理 9.1.6 的办法定义 $\mathcal{O} := \{\tau(x) : \tau \in \mathrm{Aut}_F(E)\}$, 这是 $\{y \in E : P_x(y) = 0\}$ 的子集, 因而 $\mathcal{O}$ 有限. 定义 $Q_x := \prod_{y\in\mathcal{O}}(X - y)$, 则 $Q_x \in E[X]^{\mathrm{Aut}_F(E)} = E^{\mathrm{Aut}_F(E)}[X]$ 满足于 $Q_x(x) = 0$. 显然 E 是所有 Q_x 的分裂域. 因为 Q_x 在 E 上分解为一次因子且无重根, 故 $E|E^{\mathrm{Aut}_F(E)}$ 为 Galois 扩张.

现证第二条. 因为 $E^{\natural}$ 的元素相对于 F 的极小多项式仅有一个根, 于是 $E^{\natural} \subset E^{\mathrm{Aut}_F(E)}$. 另一方面, 对任意 $x \in E^{\mathrm{Aut}_F(E)}$, 正规性确保其极小多项式 $P_x \in F[X]$ 在 E 上分解为一次因子; 对每个根 y 都存在 $\sigma \in \mathrm{Aut}_F(E)$ 使得 $y = \sigma(x) = x$, 于是 $[F(x) : F]_s = 1$. 因为 x 可任取故 $E^{\mathrm{Aut}_F(E)} \subset E^{\natural}$.

纯不可分性蕴涵 $\mathrm{Aut}_F(E)$ 在 $E^{\natural}$ 上的作用平凡, 故 $\mathrm{Gal}\left(E|E^{\mathrm{Aut}_F(E)}\right) = \mathrm{Aut}_F(E)$.□

特别地, 正规扩张 $E|F$ 拆为两段: 先是纯不可分扩张 $E^{\mathrm{Aut}_F(E)}|F$, 继而是 Galois 扩张 $E|E^{\mathrm{Aut}_F(E)}$. 命题 8.7.8 蕴涵 $E = E^{\flat}E^{\natural}$.

作为一则应用, 我们得到代数闭包的如下刻画.

命题 9.2.9 设 $E|F$ 是代数扩张, 若每个非常数多项式 $P \in F[X]$ 在 E 中皆有根, 则 E 是代数闭域.

证明 将 E 嵌入 F 的代数闭包 $\overline{F}$. 基于引理 8.2.6, 仅需对每个非常值多项式 $Q \in F[X]$ 在 $\overline{F}$ 中的分裂域 K 证明 $K \subset E$. 根据上述讨论, $K = K^{\flat}K^{\natural}$, 于是仅需分别处理 $K|F$ 可分与纯不可分两种情形.

1. 考虑 $K|F$ 可分的情形, 定理 8.5.4 断言存在 $u \in K$ 使 $K = F(u)$. 按条件极小多项式 P_u 在 E 中有根 v, 于是存在 $\sigma \in \mathrm{Hom}_F(K, \overline{F})$ 使得 $\sigma(u) = v$. 正规性确保 $K = \sigma(K) = \sigma(F(u)) = F(v) \subset E$.

2. 当 $K|F$ 纯不可分时, 设 $p := \mathrm{char}(F) > 0$. 令 $x \in K$, 其极小多项式 P_x 按条件在 E 中有根, 而纯不可分性质蕴涵 P_x 在 $\overline{F}$ 中恰有一根. 综之 $x \in E$.

明所欲证. □

9.3 有限域

一旦掌握了代数扩张和 Galois 对应的基本工具, 推导有限域的理论可谓势如破竹.

首先注意到任何有限域 F 都具有特征 $p > 0$, 否则特征零将导致 $\mathbb{Q}$ 嵌入为 F 的素子域. 以下取定素数 p. 如不另做说明, 以下论及的域同构、嵌入和分裂域都作为 $\mathbb{F}_p$ 的扩域来理解.

定理 9.3.1 任何特征 p 的有限域 F 都是 $\mathbb{F}_p := \mathbb{Z}/p\mathbb{Z}$ 的有限扩张, $|F| = p^{[F:\mathbb{F}_p]}$. 进一步, 对任意 $q = p^m$ $(m \geq 1)$, 在同构意义下存在唯一的有限域 F 使得 $|F| = q$, 记作 $\mathbb{F}_q$; 它是 $\mathbb{F}_p$ 的 Galois 扩张, 等于 $X^q - X \in \mathbb{F}_p[X]$ 的分裂域, 并且其元素皆满足 $x^q = x$.

证明 特征 p 意谓 F 是 $\mathbb{F}_p$ 的扩域, 因而 $|F| = |\mathbb{F}_p|^{[F:\mathbb{F}_p]} = p^{[F:\mathbb{F}_p]}$. 现在给定 $m \geq 1$, 我们说明如何构造有限域 F 满足 $|F| = p^m =: q$. 考虑 $X^q - X \in \mathbb{F}_p[X]$ 的分裂域 F. 利用公式 $(x+y)^q = x^q + y^q$ (见 (5.3)) 可推出根集 $\{x \in F : x^q = x\}$ 构成 F 的子域, 它自动包含 $\mathbb{F}_p$ 作为素子域, 因此分裂域 F 恰是 $X^q - X$ 的根集. 另一方面, $(X^q - X)' = qX - 1 = -1 \in \mathbb{F}_q^\times$ 和引理 8.4.2 蕴涵 $X^q - X$ 无重根, 因此 $|F| = q$ 且 $F|\mathbb{F}_p$ 可分; 特别地, $F|\mathbb{F}_p$ 是 Galois 扩张.

最后说明所有满足 $|F| = q$ 的域 F 都是 $X^q - X$ 的分裂域, 如此便由分裂域的唯一性完成证明. 因为 $|F^\times| = q - 1$, 命题 4.2.11 表明所有 $x \in F^\times$ 皆满足 $x^{q-1} = 1$, 因之所有 $x \in F$ 都满足 $x^q = x$; 于是 $X^q - X$ 在 F 中分解为一次因式 $\prod_{x \in F}(X - x)$, 其根集等于 F, 故 F 正是分裂域. □

注记 9.3.2 (Fermat 小定理) 对最简单的有限域 $\mathbb{F}_p = \mathbb{Z}/p\mathbb{Z}$, 定理给出以下的同余等式: 对所有 $x \in \mathbb{Z}$ 皆有 $x^p \equiv x \pmod{p}$, 而当 x 与 p 互素时 $x^{p-1} \equiv 1 \pmod{p}$. 这无非是数论中的 Fermat 小定理. 当然它有更初等的证明.

观察到定理 9.3.1 的三条直接结论. 选定 $q = p^m$ 如上.

1. 对任意 $n \in \mathbb{Z}_{\geq 1}$, 存在域嵌入 $\mathbb{F}_q \hookrightarrow \mathbb{F}_{q^n}$. 这是因为 $\mathbb{F}_q$ (或 $\mathbb{F}_{q^n}$) 是 $\mathbb{F}_p$ 上多项式 $X^q - X$ (或 $X^{q^n} - X$) 的分裂域, 然而 $q - 1 \mid q^n - 1$ 蕴涵 $X^q - X \mid X^{q^n} - X$, 故分裂域的唯一性导致存在 $\mathbb{F}_p$-嵌入 $\mathbb{F}_q \hookrightarrow \mathbb{F}_{q^n}$.

2. 承上, 比较元素个数立见 $[\mathbb{F}_{q^n} : \mathbb{F}_q] = n$.

3. 推而广之, 令 $a, b \in \mathbb{Z}_{\geq 1}$ 并且任选域嵌入 $\mathbb{F}_q \hookrightarrow \mathbb{F}_{q^a}$ 和 $\mathbb{F}_q \hookrightarrow \mathbb{F}_{q^b}$, 那么

$$\mathrm{Hom}_{\mathbb{F}_q}(\mathbb{F}_{q^a}, \mathbb{F}_{q^b}) \neq \varnothing \iff a \mid b.$$

   先说明 $\implies$: 若存在 $\mathbb{F}_q$-嵌入 $\mathbb{F}_{q^a} \hookrightarrow \mathbb{F}_{q^b}$, 那么 $a = [\mathbb{F}_{q^a} : \mathbb{F}_q]$ 遂整除 $[\mathbb{F}_{q^b} : \mathbb{F}_q] = b$.

   对于 $\impliedby$, 仍注意到 $\mathbb{F}_{q^a}$ (或 $\mathbb{F}_{q^b}$) 是 $\mathbb{F}_q$ 上多项式 $X^{q^a} - X$ (或 $X^{q^b} - X$) 的分裂域, 而 $a \mid b$ 蕴涵 $q^a - 1 \mid q^b - 1$, 从而

$$X^{q^a} - X = X\left(X^{q^a - 1} - 1\right) \mid X\left(X^{q^b - 1} - 1\right) = X^{q^b} - X,$$

   同样由分裂域的唯一性得出 $\mathbb{F}_q$-嵌入 $\mathbb{F}_{q^a} \hookrightarrow \mathbb{F}_{q^b}$.

有限域的 Galois 理论由 **Frobenius 自同构**主导. 我们先从较广的定义切入.

定义 9.3.3 对任意交换 $\mathbb{F}_q$-代数 A, 定义其 **Frobenius 自同态** $\mathrm{Fr}_q \in \mathrm{End}_{\mathbb{F}_q}(A)$ 为

$$\begin{aligned}\mathrm{Fr}_q : A &\longrightarrow A\\ x &\longmapsto x^q.\end{aligned}$$

由于 (5.3), Fr_q 确实是环同态. 又由于 $\forall x \in \mathbb{F}_q$, $x^q = x$, 因之 Fr_q 确实是 $\mathbb{F}_q$-线性的.

对任何交换 $\mathbb{F}_q$-代数的同态 $\varphi : A \to B$, 下图因同态保乘法而交换

$$\begin{array}{ccc} A & \xrightarrow{\varphi} & B \\ {\scriptstyle \mathrm{Fr}_q}\downarrow & & \downarrow{\scriptstyle \mathrm{Fr}_q} \\ A & \xrightarrow[\varphi]{} & B \end{array} \qquad \begin{array}{ccc} a & \longmapsto & \varphi(a) \\ \downarrow & & \downarrow \\ a^q & \longmapsto & \varphi(a^q) = \varphi(a)^q \end{array}$$

利用范畴语言, Frobenius 自同态的上述"自然性"归结为一条陈述: Fr_q 给出恒等函子 $\mathrm{id} : \mathbb{F}_q\text{-}\mathsf{Alg} \xrightarrow{\sim} \mathbb{F}_q\text{-}\mathsf{Alg}$ 的自同态. 落实到代数扩域 $E|\mathbb{F}_q$ 上, 引理 8.3.3 立刻给出 $\mathrm{Fr}_q \in \mathrm{Aut}_{\mathbb{F}_q}(E)$.

回忆到对任意 $n \in \mathbb{Z}_{\geq 1}$, 总存在域嵌入 $\iota : \mathbb{F}_q \hookrightarrow \mathbb{F}_{q^n}$; 任何 $\mathbb{F}_{q^n}$-代数 A 透过 ι 成为 $\mathbb{F}_q$-代数, 这时在 $\mathrm{End}_{\mathbb{F}_q}(A)$ 中显然有

$$\mathrm{Fr}_{q^n} = \mathrm{Fr}_q^n.$$

定理 9.3.4 令 $E|F$ 为特征 p 的有限域的扩张, $|F| = q$, 则 $E|F$ 是 Galois 扩张, 群 $\mathrm{Gal}(E|F)$ 是由 Fr_q 生成的 $[E:F]$ 阶循环群.

证明 已知 $E|\mathbb{F}_p$ 是 Galois 扩张, 引理 9.1.2 确保 $E|F$ 也是 Galois 扩张. 因为 $|\mathrm{Gal}(E|F)| = [E:F] =: n$, 仅需再证 Fr_q 是群中的 n 阶元即足.

我们业已看到任何 $x \in E$ 都满足 $x^{q^n} = x$, 故 $\mathrm{Fr}_q^n = \mathrm{id}_E$; 若 $d \mid n$ 且 $\mathrm{Fr}_q^d = \mathrm{id}_E$, 则在 E 中恒有 $x^{q^d} = x$, 因为 $X^{q^d} - X \in F[X]$ 至多只有 q^d 个根, 故 $q^n = |E| \leq q^d$, 从此立即导出 $d = n$. □

定理 9.3.5 令 $E|F$ 为特征 p 的有限域的扩张, $|F| = q$, $[E:F] = n$, 则对每个正因数 $d \mid n$ 都存在唯一的中间域 E_d 使得 $[E:E_d] = d$, 由下式刻画

$$E_d = \left\{ x \in E : x^{q^{n/d}} = x \right\};$$

而且 $d_1 \mid d_2 \iff E_{d_1} \supset E_{d_2}$. 这穷尽了所有 $E|F$ 的中间域.

沿用定理 9.3.1 的记号, 考虑元素个数可知上述中间域 E_d 同构于 $\mathbb{F}_{q^{n/d}}$.

证明 由于 $\mathrm{Gal}(E|F) \simeq \mathbb{Z}/n\mathbb{Z}$, Galois 对应 (定理 9.1.7) 将一切化约为如下群论性质: 对每个 $d \mid n$ 都存在唯一的子群 $H_d \subset \mathbb{Z}/n\mathbb{Z}$ 使得 $|H_d| = d$, 而且 $H_{d_1} \subset H_{d_2} \iff d_1 \mid$

d_2; 对应于 H_d 的中间域是 $E_d := E^{H_d}$. 事实上 $H_d = \frac{n}{d}\mathbb{Z}/n\mathbb{Z}$, 请回忆例 4.2.10. □

选定嵌入 $\mathbb{F}_q \hookrightarrow \mathbb{F}_{q^n}$, 其存在性已在注记 9.3.2 之后说明. 那么定理 9.3.4 的性质不妨改写作

$$\mathrm{Gal}(\mathbb{F}_{q^n}|\mathbb{F}_q) = \langle \mathrm{Fr}_q \rangle \simeq \mathbb{Z}/n\mathbb{Z}.$$

进一步, 若 $d \mid n$, 选定 $\mathbb{F}_q$-嵌入 $\mathbb{F}_{q^d} \hookrightarrow \mathbb{F}_{q^n}$, 则下图显然交换:

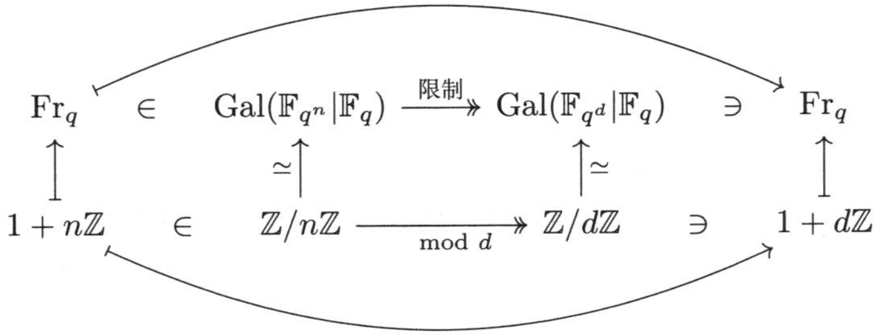

(9.3)

当 $a \mid b$ 时 $\mathbb{F}_q$-嵌入 $\mathbb{F}_{q^a} \hookrightarrow \mathbb{F}_{q^b}$ 通常不止一种, 它们的合成更是错综复杂. 但总能选定一列域嵌入

$$\mathbb{F}_q \hookrightarrow \mathbb{F}_{q^{2!}} \hookrightarrow \cdots \hookrightarrow \mathbb{F}_{q^{n!}} \hookrightarrow \cdots.$$

每个 $\mathbb{F}_{q^m}$ 皆可嵌入足够大的 $\mathbb{F}_{q^{n!}}$, 这相当于从整除偏序集 $(\mathbb{Z}_{\geq 1}, \mid\ )$ 中萃取一个无上界的链 $1! \mid 2! \mid 3! \mid \cdots$ (想成将滤过偏序集"拉直"). 对这列嵌入取递增并, 或者更严格地说取滤过极限 (命题 5.5.9)

$$\overline{\mathbb{F}_q} := \varinjlim_{n \geq 1} \mathbb{F}_{q^{n!}}.$$

这是一个 $\mathbb{F}_q$ 的代数扩域, 它实际更是 $\mathbb{F}_q$ 的代数闭包, 因为每个 $\mathbb{F}_q$ 的每个有限扩张都同构于某个 $\mathbb{F}_{q^m}$, 因而能嵌入 $\overline{\mathbb{F}_q}$. 赋绝对 Galois 群 $\Gamma_{\mathbb{F}_q} := \mathrm{Gal}(\overline{\mathbb{F}_q}|\mathbb{F}_q)$ 以 Krull 拓扑 (定义 9.2.1).

命题 9.3.6 在拓扑群的意义下, 绝对 Galois 群 $\Gamma_{\mathbb{F}_q} = \mathrm{Gal}(\overline{\mathbb{F}_q}|\mathbb{F}_q)$ 同构于 $\hat{\mathbb{Z}} := \varprojlim_{m \geq 1} \mathbb{Z}/m\mathbb{Z}$, 右式按 $m \mid m' \implies \mathbb{Z}/m'\mathbb{Z} \twoheadrightarrow \mathbb{Z}/m\mathbb{Z}$ 定义极限.

证明 先前讨论给出 $\hat{\mathbb{Z}} \simeq \varprojlim_{n \geq 1} \mathbb{Z}/n!\mathbb{Z}$ (右式极限按 $1 \leq 2 \leq \cdots$ 定义). 只消再以引理 9.2.2 描述 $\Gamma_{\mathbb{F}_q}$. □

事实上 $\hat{\mathbb{Z}}$ 正是例 5.5.7 描绘的 Prüfer 环的加法群, 它也同构于 $\prod_{\ell:\text{素数}} \mathbb{Z}_\ell$, 其中 $\mathbb{Z}_\ell$ 表 ℓ-进整数环. 抽象地看 $\hat{\mathbb{Z}}$ 是一个颇大的群, 作为集合不可数; 然而它在适当观点下又和 $\mathbb{Z}$ 相距不远. 为了解释这点, 注意到 $\hat{\mathbb{Z}}$ 有一个特别的元素 $(1 \bmod n\mathbb{Z})_{n \geq 1}$, 它在 (9.3) 下对应到 $\overline{\mathbb{F}_q}$ 的 Frobenius 自同构 $\mathrm{Fr}_q : x \mapsto x^q$. 易见 $(1 \bmod n\mathbb{Z})_{n \geq 1}$ 是无挠元,

因而 $\langle \mathrm{Fr}_q \rangle \simeq \mathbb{Z}$.

引理 9.3.7 Frobenius 自同构生成稠密的子群 $\mathbb{Z} \simeq \langle \mathrm{Fr}_q \rangle \subset \mathrm{Gal}(\overline{\mathbb{F}_q}|\mathbb{F}_q)$.

证明 尽管直接验证并不难, 我们在此更愿意运用完备化的一般理论. 将一切透过同构搬到 $\hat{\mathbb{Z}}$ 上处理. 易见 $\langle \mathrm{Fr}_q \rangle$ 对应于自然同态

$$\mathbb{Z} \hookrightarrow \varprojlim_{n \geq 1} \mathbb{Z}/n\mathbb{Z} = \hat{\mathbb{Z}}$$

的像. 例 5.5.7 已将 $\hat{\mathbb{Z}}$ 诠释为 $\mathbb{Z}$ 对于子群族 $(n\mathbb{Z})_{n \geq 1}$ 的完备化; 一般理论表明 $\mathbb{Z}$ 在 $\hat{\mathbb{Z}}$ 中稠密. □

有鉴于此, 一般也说 Fr_q 是 $\mathrm{Gal}(\overline{\mathbb{F}_q}|\mathbb{F}_q)$ 的一个拓扑生成元.

有限域上可以考虑种种的计数问题. 作为示例, 这里介绍一个最经典的结果: 不可约多项式的计数.

命题 9.3.8 (C. F. Gauss) 对任意 $n \geq 1$, 有限域 $\mathbb{F}_q$ 上的 n 次首一不可约多项式个数 $\Psi_n(q)$ 有以下公式

$$\Psi_n(q) = \frac{1}{n} \sum_{d|n} \mu\left(\frac{n}{d}\right) q^d,$$

其中 μ 表 Möbius 函数.

关于 Möbius 函数 μ 的定义与 Möbius 反演公式, 请参见例 5.4.7.

证明 设 $P \in \mathbb{F}_q[X]$ 是 d 次不可约多项式. 利用定理 9.3.1 可知 $\mathbb{F}_q$ 的扩域 $\mathbb{F}_q[X]/(P) \simeq \mathbb{F}_{q^d}$ 中的每个元素 x 都满足 $x^{q^d} - x = 0$. 代入 $x = X + (P)$, 其极小多项式等于 P, 故 $P \mid X^{q^d} - X$. 若 $d \mid n$ 则亦有 $P \mid X^{q^n} - X$, 这是因为 $q^d - 1 \mid q^n - 1$, 从而 $X^{q^d - 1} - 1 \mid X^{q^n - 1} - 1$, 继而 $X^{q^d} - X \mid X^{q^n} - X$.

另一方面, 固定 $n \geq 1$. 任何一个 $X^{q^n} - X$ 的不可约因子 P 在 $X^{q^n} - X$ 的分裂域 $\mathbb{F}_{q^n}$ 里必有一根 x; 于是定理 9.3.5 蕴涵 $d := \deg P = [\mathbb{F}_q(x) : \mathbb{F}_q]$ 整除 $n = [\mathbb{F}_{q^n} : \mathbb{F}_q]$. 此外从 $(X^{q^n} - X)' = -1$ 可见 $X^{q^n} - X$ 无重根, 因而无重因子. 综上, 在 $\mathbb{F}_q[X]$ 中将 $X^{q^n} - X$ 唯一地分解为首一不可约多项式, 就得到

$$X^{q^n} - X = \prod_{d|n} \underbrace{\prod_{\substack{P \in \mathbb{F}_q[X] \\ \text{首一不可约} \\ \deg P = d}} P}_{\text{共 } \Psi_d(q) \text{ 项}}.$$

比较两边次数可得 $q^n = \sum_{d|n} d\Psi_d(q)$; 由于 $n \in \mathbb{Z}_{\geq 1}$ 可任取, 原断言由 Möbius 反演公式导出. □

现将原式中的 q 视作变元. 形如 $\Psi_n(q)$ 的多项式出现于许多计数问题中, 除了不

可约多项式的计数如上, 还包括 (a) 初等组合学中的环状排列问题 (具体地说, 求用 q 种珠子能做出几种长度为 n 的项链), 以及 (b) q 维向量空间上自由 Lie 代数的维数计算 (称为广义 Witt 公式).

9.4 分圆域

对于分圆多项式, 我们在定理 5.2.6 的证明中曾有惊鸿一瞥. 现在要建立较完整的理论.

定义 9.4.1 取定代数闭包 $\overline{F}|F$ 和 $n \in \mathbb{Z}_{\geq 1}$. 元素 $\zeta \in \overline{F}^{\times}$ 如满足 $\zeta^n = 1$ 则称为 n 次**单位根**, 如 $\zeta^d = 1 \iff n \mid d$ 则称 ζ 为 n 次**本原单位根**.

命题 9.4.2 对于任意 n, 全体 n 次单位根对乘法构成循环群 $\mu_n(\overline{F})$. 当 $\mathrm{char}(F) \nmid n$ 时, 我们有 $\mu_n(\overline{F}) \subset F^{\mathrm{sep}\times}$, 而且 $\mu_n(\overline{F})$ 是 n 阶循环群, 其生成元正是 n 次本原单位根.

证明 由于 $|\mu_n(\overline{F})| \leq n$, 第一部分是定理 8.5.1 的直接推论. 当 $\mathrm{char}(F) \nmid n$ 时, $(X^n - 1)' = nX^{n-1}$ 与 $X^n - 1$ 无公因子, 引理 8.4.2 遂确保 $\mathbb{Z}/n\mathbb{Z} \simeq \mu_n(\overline{F}) \subset F^{\mathrm{sep}}$. 关于生成元的断言是水到渠成的. □

命题 9.4.3 设 $\mathrm{char}(F) \nmid n$ 而 ζ_n 是 n 次本原单位根. 则 $F(\zeta_n)|F$ 是 Galois 扩张, 它是 $X^n - 1$ 的分裂域, 并且有群的嵌入

$$\begin{array}{ccc} \mathrm{Gal}(F(\zeta_n)|F) & \hookrightarrow & (\mathbb{Z}/n\mathbb{Z})^{\times} \\ \Psi & & \Psi \\ \sigma & \longmapsto & \left(a \in \mathbb{Z}/n\mathbb{Z} : \quad \forall \zeta \in \mu_n(\overline{F}),\ \sigma(\zeta) = \zeta^a\right). \end{array} \tag{9.4}$$

证明 因为 ζ_n 生成 $\mu_n(\overline{F})$, 故 $F(\zeta_n)$ 是 $X^n - 1$ 的分裂域, 又由先前结果可知 $F(\zeta_n)|F$ 可分, 故为 Galois 扩张. 任意 $\sigma \in \mathrm{Gal}(F(\zeta_n)|F)$ 由它在 ζ_n 上的作用决定: $\sigma(\zeta_n)$ 仍是 $\mu_n(\overline{F})$ 的生成元, 因此形如 ζ_n^a, 其中 $(a, n) = 1$, 这就是所求的群嵌入. □

现在转向 $F = \mathbb{Q}$ 的情形.

定义–定理 9.4.4 次数为 $n \geq 1$ 的**分圆多项式**定义为

$$\Phi_n := \prod_{d|n} (X^d - 1)^{\mu(n/d)},$$

其中 $\mu : \mathbb{Z}_{\geq 1} \to \{0, \pm 1\}$ 为例 5.4.7 介绍的 Möbius 函数; Φ_n 是次数为 $\varphi(n) = |(\mathbb{Z}/n\mathbb{Z})^{\times}|$ (Euler 函数) 的整系数首一多项式, 这族多项式的等价刻画是

$$\forall n \in \mathbb{Z}_{\geq 1}, \quad \prod_{d|n} \Phi_d = X^n - 1.$$

证明 初看 Φ_n 只是有理函数域 $\mathbb{Q}(X)$ 的成员. 以下说明 Φ_n 实际是首一整系数多项式. 这里的进路是应用 $\mathbb{Q}[X]$ 中最大公因式的性质 (见例 5.7.16):

$$\left(X^a-1, X^b-1\right)=X^{(a,b)}-1, \quad a, b \geq 1. \tag{9.5}$$

考虑形式导数 $(X^a-1)'=aX^{a-1}$ 可知 X^a-1 无重因子. 权且定义

$$\mathring{\Phi}_n := (X^n-1) \Big/ \prod \left\{ P \in \mathbb{Q}[X] : \begin{array}{l} \text{首一不可约多项式}, \\ \exists d \mid n,\ d \neq n \text{ 使得 } P \mid X^d-1 \end{array} \right\}.$$

由注记 5.7.13 可知乘积里的 P 系数为整. 于是商 $\mathring{\Phi}_n$ 也是整系数首一多项式. 进一步, 我们断言 $a \neq b \implies (\mathring{\Phi}_a, \mathring{\Phi}_b)=1$, 缘由如下: (9.5) 导致 $(\mathring{\Phi}_a, \mathring{\Phi}_b)$ 整除 $X^{(a,b)}-1$; 设若 $a<b$, 那么 $(a,b) \mid b$, $(a,b) \neq b$ 连同 $\mathring{\Phi}_b$ 的定义导致 $X^{(a,b)}-1$ 和 $\mathring{\Phi}_b$ 互素, 从而 $(\mathring{\Phi}_a, \mathring{\Phi}_b)=1$.

今将往证 $\mathring{\Phi}_n=\Phi_n$. 根据经典 Möbius 反演公式的乘性版本, 这等价于

$$\forall n \in \mathbb{Z}_{\geq 1}, \quad \prod_{d \mid n} \mathring{\Phi}_d = X^n-1.$$

按构造, X^n-1 的任何素因子皆须整除某个 $\mathring{\Phi}_d$, 其中 $d \mid n$; 反之 $\mathring{\Phi}_d \mid X^n-1$ 亦属显然. 以上左式的各项互素且首一, 两边皆无重因子, 由 $\mathbb{Q}[X]$ 的唯一分解性立刻推得上式.

对上式两边取次数可得 $n=\sum_{d \mid n} \deg \Phi_d$; 由 Möbius 反演公式和初等数论中的性质 $\sum_{d \mid n} \varphi(d)=n$ (见 (5.9)) 立得 $\deg \Phi_n=\varphi(n)$. □

上面刻画 Φ_n 时特意避开了复数. 如容许在 $\mathbb{C}$ 上操作, 则 $X^n-1=\prod_{z^n=1}(X-z)$, 分圆多项式的刻画即刻给出

$$\Phi_n = \prod_{\zeta:\ n \text{ 次本原单位根}} (X-\zeta);$$

将全体单位根 $\{z \in \mathbb{C} : z^n=1\}$ 摆上复平面, 立可明白 “分圆” 的意蕴.

本节的技术核心是以下结果.

定理 9.4.5 对每个 $n \geq 1$, 分圆多项式 Φ_n 是 $\varphi(n)$ 次不可约首一整系数多项式. 它是任意 n 次本原单位根 $\zeta_n \in \mathbb{C}^\times$ 的极小多项式.

证明 取定断言中的 ζ_n, 极小多项式记为 P, 则 $P \mid \Phi_n$. 如能证明每个 n 次本原单位根 ζ 都是 P 的根, 则 $\deg P=\varphi(n)=\deg \Phi_n$, 从而 $\Phi_n=P$ 不可约. 为此仅需证明对 ζ 如上及满足 $p \nmid n$ 的素数 p, 皆有 $P(\zeta)=0 \implies P(\zeta^p)=0$ 即足; 因为从 ζ_n 出发, 能

从这套手续穷尽 $\mu_n(\mathbb{C})$ 的每个生成元.

注意到 $\Phi_n(\zeta^p)=0$, 并且有分解 $\Phi_n = PQ$, 而 Gauss 引理即刻给出 $P, Q \in \mathbb{Z}[X]$ 且是首一的. 若 $P(\zeta)=0$ 而 $P(\zeta^p)\neq 0$, 则势必有 $Q(\zeta^p)=0$, 此时 $P(X), Q(X^p)$ 有公共根 ζ, 再次应用 Gauss 引理可知它们在 $\mathbb{Z}[X]$ 中有次数 ≥ 1 之首一公因子. 考虑多项式的 mod p 约化 $P, Q \mapsto \bar{P}, \bar{Q} \in \mathbb{F}_p[X]$. 任何 $\bar{x} \in \mathbb{F}_p$ 皆满足 $\bar{x}^p = \bar{x}$, 因之有 $\overline{Q(X^p)} = \bar{Q}(X^p) = \bar{Q}(X)^p$; 从此导出 $\bar{P}$, $\bar{Q}$ 在 $\mathbb{F}_p[X]$ 中有公因子. 然而 $\bar{P}\bar{Q} = \overline{X^n - 1}$, 而 $p \nmid n \implies (X^n-1)' = nX^{n-1} \in \mathbb{F}_p[X]$ 非零, 从引理 8.4.2 易见 $X^n - 1$ 在 $\mathbb{F}_p[X]$ 中无重根, 矛盾. □

定理 9.4.6 任一 n 次本原单位根 ζ_n 生成的扩张 $\mathbb{Q}(\zeta_n)|\mathbb{Q}$ 是 $\varphi(n)$ 次 Galois 扩张, 它包含所有 n 次单位根, 并且 (9.4) 给出群同构 $\mathrm{Gal}(\mathbb{Q}(\zeta_n)|\mathbb{Q}) \simeq (\mathbb{Z}/n\mathbb{Z})^\times$.

我们称 $\mathbb{Q}(\zeta_n)$ 为第 n 个**分圆域**.

证明 上来已阐明 $\mathbb{Q}(\zeta_n) \simeq \mathbb{Q}[X]/(\Phi_n)$, 故 $[\mathbb{Q}(\zeta_n):\mathbb{Q}] = \deg \Phi_n = \varphi(n)$, 这也是 Galois 群的阶数. 另一方面 $\varphi(n) = |(\mathbb{Z}/n\mathbb{Z})^\times|$. 因此命题 9.4.3 的群嵌入自动是同构. □

命题 9.4.7 给定正整数 m, n, 记其最大公因数为 (m,n), 最小公倍数为 $[m,n]$, 则分圆域满足

- ◇ $\mathbb{Q}(\zeta_m)\mathbb{Q}(\zeta_n) = \mathbb{Q}(\zeta_m, \zeta_n) = \mathbb{Q}(\zeta_{[m,n]})$;
- ◇ 当 $(m,n)=1$ 时, $\mathbb{Q}(\zeta_m) \cap \mathbb{Q}(\zeta_n) = \mathbb{Q}$.

证明 择定 mn 次本原单位根 ζ_{mn}, 并选用 $\zeta_m := \zeta_{mn}^n$, $\zeta_n := \zeta_{mn}^m$, 于是

$$\zeta_m^{\mathbb{Z}} \cdot \zeta_n^{\mathbb{Z}} = \zeta_{mn}^{n\mathbb{Z}+m\mathbb{Z}} = \zeta_{mn}^{(m,n)\mathbb{Z}} = \zeta_{mn/(m,n)}^{\mathbb{Z}} = \zeta_{[m,n]}^{\mathbb{Z}},$$

故 $\mathbb{Q}(\zeta_m, \zeta_n) = \mathbb{Q}(\zeta_{[m,n]})$. 简记 $G_N := \mathrm{Gal}(\mathbb{Q}(\zeta_N)|\mathbb{Q})$, 其中 $N \in \mathbb{Z}_{\geq 1}$. 先前对 Galois 群的描述可置入交换图表

$$\begin{array}{ccccc} G_m & \xleftarrow{\text{限制}} & G_{mn} & \xrightarrow{\text{限制}} & G_n \\ \simeq\downarrow & & \downarrow\simeq & & \downarrow\simeq \\ (\mathbb{Z}/m\mathbb{Z})^\times & \xleftarrow[\text{商}]{} & (\mathbb{Z}/mn\mathbb{Z})^\times & \xrightarrow[\text{商}]{} & (\mathbb{Z}/n\mathbb{Z})^\times \end{array}$$

下层箭头来自自明的环同态 $\mathbb{Z}/m\mathbb{Z} \twoheadleftarrow \mathbb{Z}/mn\mathbb{Z} \twoheadrightarrow \mathbb{Z}/n\mathbb{Z}$. 以下设 $(m,n)=1$, 则中国剩余定理 5.5.2 给出 $\mathbb{Z}/mn\mathbb{Z} \xrightarrow{\sim} \mathbb{Z}/m\mathbb{Z} \times \mathbb{Z}/n\mathbb{Z}$. 上图说明此同构限制为

$$\mathrm{Gal}(\mathbb{Q}(\zeta_{mn})|\mathbb{Q}(\zeta_m)) \xrightarrow{\sim} \{1\} \times (\mathbb{Z}/n\mathbb{Z})^\times, \quad \mathrm{Gal}(\mathbb{Q}(\zeta_{mn})|\mathbb{Q}(\zeta_n)) \xrightarrow{\sim} (\mathbb{Z}/m\mathbb{Z})^\times \times \{1\},$$

而且这两个子群生成 G_{mn}. 将此群论陈述以定理 9.1.7 译为域论, 那么包含关系颠倒, 子群生成的群反映为中间域的交, 这就给出 $\mathbb{Q}(\zeta_m) \cap \mathbb{Q}(\zeta_n) = \mathbb{Q}$. □

综上, 每个 $\mathbb{Q}(\zeta_n)$ 都是 $\mathbb{Q}$ 的交换扩张; 这意谓 $\mathrm{Gal}(\mathbb{Q}(\zeta_n)|\mathbb{Q})$ 是交换群, 而根据 Galois 对应, $\mathbb{Q}(\zeta_n)|\mathbb{Q}$ 的子扩张当然也是交换扩张. 代数数论中著名的 Kronecker–Weber 定理断言其逆: 任何 $\mathbb{Q}$ 的有限交换扩张都包含于某个 $\mathbb{Q}(\zeta_n)$, 只要 n "充分可除". 这相当于说所有分圆域的复合 (即并, 因为分圆域的有限复合仍是分圆域) 给出了 $\mathbb{Q}$ 的极大交换扩张 $\mathbb{Q}^{\mathrm{ab}}$, 见 §9.6. 著名的 Hilbert 第 12 问题寻求 K^{ab} 的显式描述, 这里 K 可以是任何数域, 亦即 $\mathbb{Q}$ 的有限扩张. 对于虚二次域 $K=\mathbb{Q}(\sqrt{D})$ $(D<0)$ 的情形, Kronecker 的 "青年之梦" (德文: *der Jugendtraum*) 用椭圆函数在挠点的取值实现了 K^{ab}. 其他情形仍无完整解答, 一般认为这与 Langlands 纲领有着深切的联系.

9.5 正规基定理

以下的一般性结果曾被 E. Artin 用于证明 Galois 对应, 它本身也是饶富趣味的.

定理 9.5.1 (Dedekind–Artin) 设 $(\Gamma,\cdot)$ 为幺半群而 E 为整环, E 对环的乘法也构成幺半群. 那么 $\mathcal{X}:=\mathrm{Hom}_{幺半群}(\Gamma,E)$ 在 E 上线性无关: 具体地说, 若有 Γ 到 E 的函数间的等式

$$\sum_{\chi\in\mathcal{X}} a_\chi\chi(\cdot)=0,\quad a_\chi\in E\quad (\text{至多有限个系数 } a_\chi \text{ 非零}),$$

则对每个 $\chi\in\mathcal{X}$ 皆有 $a_\chi=0$.

证明 假设等式 $\sum_\chi a_\chi\chi(\cdot)=0$ 成立, 令 $J:=\{\chi\in\mathcal{X}: a_\chi\neq 0\}$, 断言相当于 $J=\varnothing$ 恒成立. 设若不然, 取满足上式的 $(a_\chi)_{\chi\in\mathcal{X}}$ 使得 $J\neq\varnothing$ 但 $|J|$ 尽可能小. 因为 $\chi(1)=1$, 代入后可以排除 $|J|=1$ 的情形. 倘若 $|J|\geq 2$ 则可取相异元 $\xi,\eta\in J$ 和 $g\in\Gamma$ 使得 $\xi(g)\neq\eta(g)$. 于是

$$\sum_{\chi\in J} a_\chi\chi(g)\chi(\cdot)=\sum_{\chi\in J} a_\chi\chi(g\,\cdot)=0,$$
$$\sum_{\chi\in J} a_\chi\xi(g)\chi(\cdot)=\xi(g)\sum_{\chi\in J} a_\chi\chi(\cdot)=0.$$

相减给出新的线性关系 $\sum_{\chi\in J} a_\chi(\chi(g)-\xi(g))\chi(\cdot)=0$, 系数非零的 χ 构成 J 的真子集 J' (排除了 ξ), 然而 J' 非空 (包含 η), 这与 $|J|$ 的极小性相悖. □

定理中的 $\chi:\Gamma\to E$ 习惯称为取值在 E 中的特征标, 多见于 Γ 为群的情形. 域论中常见的应用则是取 A 为 F-代数, $\Gamma=(A,\cdot)$ 而 E 为 F 的域扩张, 然后考虑 $\chi\in\mathrm{Hom}_{F\text{-Alg}}(A,E)$. 定理 9.5.1 在此框架下有如下应用.

定理 9.5.2 设 F 为无穷域, A 为 F-代数, $E|F$ 为域扩张, 则 $\mathrm{Hom}_{F\text{-Alg}}(A,E)$ 在下述意义下在 E 上代数无关: 设 $\chi_1,\ldots,\chi_n\in\mathrm{Hom}_{F\text{-Alg}}(A,E)$ 为一族相异同态, 而 $P\in E[X_1,\ldots,X_n]$ 满足于 $\forall x\in A$, $P(\chi_1(x),\ldots,\chi_n(x))=0$, 那么 $P=0$.

证明 (Bourbaki [5, V. §6.2]) 定理 9.5.1 断言 E^n 的子集 $\{(\chi_1(x),\ldots,\chi_n(x)) : x \in A\}$ 不包含于任何 E-向量子空间 $\subsetneq E^n$, 因而该子集线性张出 E^n. 于是可从中萃取 $a_1,\ldots,a_n \in A$ 使矩阵 $(\chi_i(a_j))_{1\leq i,j\leq n}$ 有逆 $(b_{ij})_{i,j}$. 我们有 E-代数的互逆同构

$$
\begin{aligned}
E[X_1,\ldots,X_n] &\xleftrightarrow{\sim} E[X_1,\ldots,X_n] \\
f &\longmapsto f\left(\sum_{j=1}^n \chi_1(a_j)X_j,\ldots,\sum_{j=1}^n \chi_n(a_j)X_j\right) \\
g\left(\sum_{j=1}^n b_{1j}X_j,\ldots,\sum_{j=1}^n b_{nj}X_j\right) &\longleftarrow g
\end{aligned}
$$

取 Q 使得在此对应下有 $P \leftrightarrow Q$, 问题化为证 $Q = 0$. 对任意 $y_1,\ldots,y_n \in F$ 取 $x := \sum_{i=1}^n y_i a_i$, 容易验证

$$Q(y_1,\ldots,y_n) = P(\chi_1(x),\ldots,\chi_n(x)) = 0.$$

因为 F 是无穷域, 下述引理蕴涵 $Q = 0$. □

引理 9.5.3 设 A 是无穷域 F 上的代数. 若 $Q \in A[X_1,\ldots,X_n]$ 不是零多项式, 则存在 $(y_1,\ldots,y_n) \in F^n$ 使得 $Q(y_1,\ldots,y_n) \neq 0$.

证明 对于非零的 $Q = \sum_{\boldsymbol{a}} c_{\boldsymbol{a}} X^{\boldsymbol{a}}$ (多重指标符号), 存在 $\boldsymbol{b}$ 使得 $c_{\boldsymbol{b}} \in A \smallsetminus \{0\}$. 常识确保存在 F-向量空间的同态 $\lambda : A \to F$ 使得 $\lambda(c_{\boldsymbol{b}}) \neq 0$. 置

$$Q_1 := \sum_{\boldsymbol{a}} \lambda(c_{\boldsymbol{a}}) X^{\boldsymbol{a}} \in F[X_1,\ldots,X_n] \smallsetminus \{0\}.$$

命题 5.6.11 断言存在 $(y_1,\ldots,y_n) \in F^n$ 使得 $\lambda(Q(y_1,\ldots,y_n)) = Q_1(y_1,\ldots,y_n) \neq 0$. □

定理 9.5.2 中条件 F 无穷是必需的: 若 $F \simeq \mathbb{F}_q$, 取 $n = 1$, $\chi = \mathrm{id} : F \to F$ 和 $f(X) = X^q - X$ 便得到反例.

现在触及本节的核心概念.

定义 9.5.4 设 $E|F$ 为有限 Galois 扩张. 若 F-向量空间 E 的一组基形如 $\{\sigma(x) : \sigma \in \mathrm{Gal}(E|F)\}$, 其中 $x \in E$, 则称之为**正规基**.

命题 9.1.3 断言 $|\mathrm{Gal}(E|F)| = [E : F]$, 定义因而是合情合理的, 要点在于证明正规基存在.

引理 9.5.5 取定有限 Galois 扩张 $E|F$, 置 $G := \mathrm{Gal}(E|F)$. 一族以 G 为下标的 E 中元素 $\{x_\sigma : \sigma \in G\}$ 是 E 的基当且仅当以 G 为下标, 取值在域 E 的矩阵

$$\mathcal{T} := (\tau(x_\sigma))_{\substack{\sigma\in G\\ \tau\in G}}$$

可逆; 这里不妨取 σ 为纵坐标, τ 为横坐标.

证明 因为 $[E:F]=|G|$, 子集 $\{x_\sigma:\sigma\in G\}$ 为基等价于它在 F 上线性无关, 又等价于它是生成集. 如有关系式 $\sum_\tau a_\tau x_\tau=0$, 其中 $a_\tau\in F$ 不全为零, 则对每个 $\sigma\in G$ 皆有 $\sum_\tau a_\tau\sigma(x_\tau)=\sigma\left(\sum_\tau a_\tau x_\tau\right)=0$; 这相当于说 $\mathcal{T}$ 左乘以横向量 $(a_\tau)_\tau$ 为零, 故 $\mathcal{T}$ 不可逆.

反过来说, 设 $\mathcal{T}$ 不可逆, 因此 $\mathcal{T}$ 右乘以一个非零竖向量 $(a_\sigma)_\sigma$ 后为零, 其中 $a_\sigma\in E$; 换言之, $\forall\tau$, $\sum_\sigma\sigma(x_\tau)a_\sigma=0$. 若 $x\in E$ 能表作 $\sum_\tau b_\tau x_\tau$, 其中 $b_\tau\in F$, 则 x 满足于

$$\sum_\sigma a_\sigma\sigma(x)=\sum_\sigma\sum_\tau a_\sigma b_\tau\sigma(x_\tau)=\sum_\tau b_\tau\left(\sum_\sigma\sigma(x_\tau)a_\sigma\right)=0.$$

因此 $\{x_\sigma:\sigma\in G\}$ 无法生成 F-向量空间 E, 否则将有 $\sum_\sigma a_\sigma\sigma(x)=0$ 对所有 $x\in E$ 成立, 违背定理 9.5.1. □

定理 9.5.6 任何有限 Galois 扩张 $E|F$ 都有正规基.

证明 仍令 $G:=\mathrm{Gal}(E|F)$. 我们先处理 F 无穷的情形. 根据上述引理, 对于 $x\in E$, 有正规基 $\{\sigma(x):\sigma\in G\}$ 的充要条件是以 G 为下标的矩阵 $(\sigma^{-1}\tau(x))_{\sigma,\tau\in G}$ 可逆 (取 σ^{-1} 不过是重排矩阵的行, 无关宏旨). 现在引入有 $|G|$ 个变元的多项式代数 $F[X_\sigma:\sigma\in G]$. 考虑矩阵 $(X_{\sigma^{-1}\tau})_{\sigma,\tau}$ 之行列式

$$A:=\det\left((X_{\sigma^{-1}\tau})_{\sigma,\tau\in G}\right)\in F[X_\sigma:\sigma\in G].$$

代入 $X_1=1$, $X_{\sigma\neq1}=0$ 求对角矩阵行列式, 可知 $A\neq0$. 假若 $E|F$ 无正规基, 那么对每个 $x\in E$, 在多项式 A 中代值 $X_\sigma\rightsquigarrow\sigma(x)$ 皆得到 $A((\sigma(x)_{\sigma\in G}))=0$, 这与定理 9.5.2 相违.

今设 F 有限, $[E:F]=n$ 而 $F\simeq\mathbb{F}_q$, 此时 $G=\{\mathrm{Fr}_q^k:0\le k<n\}$. 下面运用线性变换标准形的思路: 视 E 为 $F[X]$-模, 乘法定为 $f\cdot x=f(\mathrm{Fr}_q)(x)$, 其中 $(f,x)\in F[X]\times E$; 这当然是个有限生成模. 根据定理 6.7.8, 存在 $F[X]$-模的分解

$$E\simeq F[X]/(P_1)\oplus\cdots\oplus F[X]/(P_s),\quad P_1\mid P_2\mid\cdots\mid P_s.$$

由 $[E:F]$ 有限可知每个 P_i 皆非零, 不妨取为首一多项式. 由 $\mathrm{ann}_{F[X]}(E)=(P_s)$ 和 $\mathrm{Fr}_q^n=\mathrm{id}_E$ 可知 $P_s\mid X^n-1$. 若 $\deg P_s<n$, 则 $P_s(\mathrm{Fr}_q)=0$ 给出 $\{\mathrm{Fr}_q^k:0\le k<n\}$ 的非平凡线性关系, 违背定理 9.5.1. 若 $P_s=X^n-1$, 则 $n=[E:F]=\sum_{i=1}^s\deg P_i$ 蕴涵 $E\simeq F[X]/(X^n-1)$. 令 $x\in E$ 为此同构下对应 $1+(X^n-1)$ 的元素. 因为 $\left\{X^k+(X^n-1):0\le k<n\right\}$ 是 $F[X]/(X^n-1)$ 在 F 上的基, 而乘以 X^k 对应到 E 中的 Fr_q^k 作用, 是故 $\left\{\mathrm{Fr}_q^k(x):0\le k<n\right\}$ 给出 E 的基. 这是一组正规基. □

从表示理论的观点看, 定理 9.5.6 无非是说 E 作为群 G 的一个表示, 实则同构于

所谓的正则表示 $F[G]$. 倘若读者愿意接受更多待定义的概念, 我们可以采取 Galois 上同调的观点, 说 E 连同其 G 作用是受 "诱导" 的, 因而有平凡的同调性质.

9.6 Kummer 理论

回忆到 Galois 扩张 $E|F$ 称为交换 (或循环) 的, 如果 $\mathrm{Gal}(E|F)$ 是交换 (或循环) 群.

约定 9.6.1 称交换扩张 $E|F$ 有指数 $n \geq 1$, 如果 $G := \mathrm{Gal}(E|F)$ 是指数 n 的交换群, 这意谓每个 $\sigma \in G$ 都满足 $\sigma^n = 1$.

命题 9.6.2 设 $E|F$ 为交换 (或循环) 扩张, 则对任意中间域 M, 扩张 $E|M$ 和 $M|F$ 也是交换 (或循环) 的. 交换扩张对任意复合封闭, 并且指数 n 的扩张复合后仍有指数 n.

职是之故, 我们可以在取定的可分闭包 F^{sep} 中论及**极大交换扩张** F^{ab} 和**极大指数** n **扩张** $F_n \subset F^{\mathrm{ab}}$.

证明 关于中间域的断言是 Galois 对应的简单结论. 至于复合, 取定扩张 $\Omega|F$ 及其中一族 Galois 子扩张 $(E_i|F)_{i\in I}$. 已知 $E := \bigvee_{i\in I} E_i$ 是 F 的 Galois 扩张, 应用群的嵌入

$$\begin{aligned} \mathrm{Gal}(E|F) &\longrightarrow \prod_{i\in I} \mathrm{Gal}(E_i|F) \\ \sigma &\longmapsto (\sigma|_{E_i})_{i\in I} \end{aligned}$$

即得余下断言. □

今后取定 F 及其可分闭包 F^{sep}; 以下谈及 F 的代数扩张时都假定在 F^{sep} 中. 在 F 包含所有 n 次单位根而且 n 和 $\mathrm{char}(F)$ 互素 (或 $n = \mathrm{char}(F) > 0$) 的前提下, 经典 Kummer 理论 (或 Artin–Schreier 理论) 描述了 F 的所有指数 n 的交换扩张. 本节予以统一的处理. 以下结果都可以在一个给定的有限 Galois 扩张 $L|F$ 中操作, 这里处理无穷情形, 读者当借机锻炼自己对无穷 Galois 对应的掌握.

照例记绝对 Galois 群为 $\Gamma_F := \mathrm{Gal}(F^{\mathrm{sep}}|F)$, 左作用在 F^{sep} 上; 易见 F^{sep} 也是任意子扩张 $E|F$ 的可分闭包, 故无妨记 $\Gamma_E := \mathrm{Gal}(F^{\mathrm{sep}}|E)$. 本节考虑两种情形

$$\text{交换群 } A := \begin{cases} (F^{\mathrm{sep}})^{\times}, & \text{群运算为域的乘法,} \\ F^{\mathrm{sep}}, & \text{群运算为域的加法.} \end{cases} \tag{9.6}$$

以下一律将 A 的群运算写作 $+$. 在 A 上有自然的 Γ_F-作用, 它保持群结构, 亦即 $\sigma(a + a') = \sigma(a) + \sigma(a')$. 将 $(F^{\mathrm{sep}})^{\times}$ 的群运算也写作 $+$ 也许有些滑稽, 但便于保持符号的统一. 这套理论可以容许更抽象的 A, 详见 [35, IV.3].

对于任意子群 $H \subset \Gamma_F$ 和任意子扩张 $E|F$，记

$$A^H := \{a \in A : \forall \sigma \in H,\ \sigma(a) = a\},$$
$$A_E := A^{\Gamma_E} = E \text{ 或 } E^\times, \text{按 } A \text{ 的选取而定}.$$

因此 Γ_F 在 A_E 上的作用透过 Γ_F/Γ_E 分解, 而且

$$A = \bigcup_{E|F:\text{有限}} A_E. \tag{9.7}$$

◇ 化用群表示理论的一些想法, 给定 A 上保持群结构的 Γ_F-作用相当于赋 A 以左 $\mathbb{Z}[\Gamma_F]$-模结构, 这里 $\mathbb{Z}[\Gamma_F]$ 表 Γ_F 的群环 (定义 5.6.3): 群作用和模乘法由

$$\begin{aligned}\mathbb{Z}[\Gamma_F] \times A &\longrightarrow A \\ \left(\sum_\sigma a_\sigma \sigma,\ a\right) &\longmapsto \sum_\sigma a_\sigma \sigma(a) \quad (\text{有限和})\end{aligned}$$

相互确定. 性质 (9.7) 也称为 $\mathbb{Z}[\Gamma_F]$-模 A 的"光滑性". 本节主要在符号上诉诸模论诠释, 例如 $(\sigma+\tau)(a) = \sigma(a) + \tau(a)$ 等等, 这种记法是十分方便的.

◇ 设 $L|F$, $E|F$ 都是 Galois 子扩张, $[L:E] < \infty$. 定义相应的范数映射为

$$\begin{aligned}\mathcal{N}_{L|E} : A_L &\longrightarrow A_E \\ a &\longmapsto \sum_{\sigma \in \Gamma_E/\Gamma_L} \sigma(a).\end{aligned}$$

◇ 因为这里具体将 A 选作 F^{sep} 的子集, 对于任意子集 $S \subset A$ 都可以谈论它在 F 上生成的子扩张 $F(S)|F$.

定义 9.6.3 (Tate 上同调) 对于 (9.6) 中的 A 和有限 Galois 扩张 $E|F$, 定义商群

$$\hat{\mathrm{H}}^{-1}(E|F, A_E) := \ker\left(\mathcal{N}_{E|F}\right) \Big/ \sum_{\sigma \in \mathrm{Gal}(E|F)} (\sigma - 1)A_E.$$

这是良定的: 对任意 $\sigma \in \mathrm{Gal}(E|F)$ 皆有 $\mathcal{N}_{E|F}(\sigma(a)) = \mathcal{N}_{E|F}(a)$, 从而 $\mathcal{N}_{E|F}((\sigma - 1)(a)) = 0$. 在 Galois 上同调的理论中, $\hat{\mathrm{H}}^{-1}$ 实为 Tate 上同调函子列 $\hat{\mathrm{H}}^i$ 的一员 $(i \in \mathbb{Z})$; 本节只用到 $\hat{\mathrm{H}}^{-1}$, 且不涉及较深入的性质.

引理 9.6.4 当 $E|F$ 是循环扩张时, $\sum_{\sigma\in\mathrm{Gal}(E|F)}(\sigma - 1)A_E = (\tau - 1)(A_E)$, 这里 $\tau \in \mathrm{Gal}(E|F)$ 是任意生成元.

证明 应用群环 $\mathbb{Z}[\mathrm{Gal}(E|F)]$ 中的等式 $\tau^k - 1 = (\tau - 1) \cdot \sum_{i=0}^{k-1} \tau^i$. □

我们还需要选定一个左 $\mathbb{Z}[\Gamma_F]$-模的满同态 $\wp : A \to A$, 服从于以下条件: 存在 $n \in \mathbb{Z}_{\geq 1}$ 使得

$$\mu_\wp := \ker(\wp) \simeq \mathbb{Z}/n\mathbb{Z}, \quad \mu_\wp \subset A_F.$$

在本节的具体场景中, $(A, \wp)$ 有以下两类选择.

例 9.6.5 (经典 Kummer 理论) 选定正整数 n, 并取 $A := (F^{\mathrm{sep}})^\times$ (此处将群运算写回乘法), 定理 8.6.2 表明此时 $\mathcal{N}_{L|E} : a \mapsto \prod_{\sigma \in \mathrm{Gal}(L|E)} \sigma(a)$ 无非是 Galois 扩张的范数映射 $\mathrm{N}_{L|E}$. 我们假设

- ◇ 或者 $\mathrm{char}(F) = 0$, 或者 $p := \mathrm{char}(F) > 0$ 而 $p \nmid n$;
- ◇ $F^\times$ 包含所有 n 次单位根.

取同态

$$\begin{aligned} \wp : (F^{\mathrm{sep}})^\times &\longrightarrow (F^{\mathrm{sep}})^\times \\ a &\longmapsto a^n. \end{aligned}$$

条件确保 $(X^n - b)' = nX^{n-1}$ 与 $X^n - b$ 在 $F[X]$ 中无公因子, 故 $\wp$ 为满射. 此外 $\mu_\wp = \{\zeta \in F^{\mathrm{sep}} : \zeta^n = 1\} \subset F^\times$ 同构于 $\mathbb{Z}/n\mathbb{Z}$.

例 9.6.6 (Artin–Schreier 理论) 设 $n = p := \mathrm{char}(F) > 0$. 取 $A := F^{\mathrm{sep}}$. 定理 8.6.2 表明此时 $\mathcal{N}_{L|E}$ 无非是 Galois 扩张的迹映射 $\mathrm{Tr}_{L|E}$. 取

$$\begin{aligned} \wp : F^{\mathrm{sep}} &\longrightarrow F^{\mathrm{sep}} \\ a &\longmapsto a^p - a. \end{aligned}$$

易见 $\wp(a+b) = \wp(a) + \wp(b)$, 而且 $(X^p - X)' = -1$ 确保 $\wp$ 为满射. 此外 $\mu_\wp = \{\zeta \in F^{\mathrm{sep}} : \zeta^p = \zeta\} = \mathbb{F}_p$, 故 $\mu_\wp \simeq \mathbb{Z}/p\mathbb{Z}$.

无论 $(A, \wp)$ 如何选取, 我们一律赋予 $\mu_\wp$ 离散拓扑, 并且定义

$$\begin{aligned} \mathrm{Hom_c}(\Gamma_F, \mu_\wp) &:= \left\{ \text{同态 } \xi : \Gamma_F \to \mu_\wp, \text{ 透过某个有限的 } \mathrm{Gal}(E|F) \text{ 分解} \right\} \\ &= \left\{ \text{同态 } \xi : \Gamma_F \to \mu_\wp, \text{ 对 Krull 拓扑连续} \right\} \\ &= \mathrm{Hom_c}\left(\mathrm{Gal}(F_n|F), \mu_\wp\right), \quad F_n|F : \text{极大指数 } n \text{ 扩张}. \end{aligned} \tag{9.8}$$

命 $(\xi + \eta)(\sigma) = \xi(\sigma) + \eta(\sigma)$ 使 $\mathrm{Hom_c}(\Gamma_F, \mu_\wp)$ 成为交换群. 最后定义

$$\begin{aligned} \chi : A_F &\longrightarrow \mathrm{Hom_c}(\Gamma_F, \mu_\wp) \\ a &\longmapsto [\chi_a(\sigma) = (\sigma - 1)(\alpha)], \quad \alpha \in \wp^{-1}(a). \end{aligned}$$

以下说明映射 χ 是良定的同态:

- ◇ $\wp((\sigma-1)(\alpha))=(\sigma-1)\wp(\alpha)=(\sigma-1)(a)=0$ 蕴涵 $\chi_a(\sigma)\in\mu_\wp$;
- ◇ $\mu_\wp\subset A_F$ 蕴涵 $\chi_a(\sigma)$ 无关 α 的选取;
- ◇ 由 $\sigma\tau-1=\sigma(\tau-1)+(\sigma-1)$ 知 $\chi_a:\Gamma_F\to\mu_\wp$ 为群同态;
- ◇ 用 (9.7) 取有限 Galois 扩张 $E|F$ 使得 $\alpha\in A_E$, 则 χ_a 透过 $\mathrm{Gal}(E|F)$ 分解;
- ◇ 易证 $\chi_{a+b}(\sigma)=\chi_a(\sigma)+\chi_b(\sigma)$, 因此 χ 是群同态.

今后也引入记法 $\chi(a,\sigma)=\chi_a(\sigma)$, 它对两个变元 a,σ 皆有加性. 最后, $\chi_a=0\iff\alpha\in A_F\iff a\in\wp(A_F)$.

在定理 9.6.9 和 9.6.10 中, 将分别对例 9.6.5 和 9.6.6 证明

$$E|F\text{ 是循环扩张}\implies\hat{\mathrm{H}}^{-1}(E|F,A_E)=0. \tag{9.9}$$

我们且承认这一关键性质, 先来陈述 Kummer 理论的两个主定理.

定理 9.6.7 给定 $(A,\wp)$, $\mu_\wp\simeq\mathbb{Z}/n\mathbb{Z}$, 并定义 χ 如上, 则有交换群的正合列 (定义 4.3.7):

$$0\to\mu_\wp\to A_F\xrightarrow{\wp}A_F\xrightarrow{\chi}\underbrace{\mathrm{Hom_c}(\Gamma_F,\mu_\wp)}_{=\mathrm{Hom_c}(\mathrm{Gal}(F_n|F),\mu_\wp)}\to 0.$$

证明 若不管末项 0, 则正合性已由以上讨论说明. 关键在证明末项正合, 亦即 χ 的满性. 给定 $f\in\mathrm{Hom_c}(\Gamma_F,\mu_\wp)$, 取中间域 M 使得 $\ker(f)=\Gamma_M$, 则 f 分解为 $\Gamma_F\twoheadrightarrow\mathrm{Gal}(M|F)\hookrightarrow\mu_\wp$; 由此亦见 $M|F$ 是指数 n 的有限交换扩张. 利用有限交换群的结构定理 (推论 6.7.9) 将 $G:=\mathrm{Gal}(M|F)$ 分解为循环子群的直积 $\prod_{i=1}^n H_i$. 令 $K_i:=\prod_{j\neq i}H_j$. 于是仅需固定 i, 考虑只在 H_i 上非零, 亦即透过 $G\twoheadrightarrow G/K_i$ 分解的 f 即可. 取中间域 E 使得 $\mathrm{Gal}(M|E)=K_i$, 那么 $\mathrm{Gal}(E|F)=G/K_i\simeq H_i$ 是循环群. 现在满性归结为: 对指数 n 的循环有限子扩张 $E|F$, 证明每个同态 $f:\mathrm{Gal}(E|F)\to\mu_\wp$ 都属于 $\mathrm{im}(\chi)$.

选定 $\mathrm{Gal}(E|F)$ 的生成元 τ, 命 $\eta:=f(\tau)$, 于是 $\mathcal{N}_{E|F}(\eta)=[E:F]f(\tau)=0$. 引理 9.6.4 和 (9.9) 断言的 $\hat{\mathrm{H}}^{-1}(E|F,A_E)=0$ 遂保证

$$\exists\alpha\in A_E,\quad \eta=(\tau-1)(\alpha).$$

进一步, 从 $(\tau-1)\wp(\alpha)=\wp((\tau-1)(\alpha))=\wp(\eta)=0$ 导出 $a:=\wp(\alpha)\in A_F$. 于是乎 $\chi_a(\tau)=\eta=f(\tau)$, 如愿导出 $\chi_a=f$. □

定理 9.6.8 给定 $(A, \wp)$ 和 n 如上, 则有互逆的双射

$$\begin{aligned} \{\text{子群 } \Delta : \wp(A_F) \subset \Delta \subset A_F\} &\xrightleftharpoons{1:1} \{E|F: \text{ 指数 } n \text{ 的交换扩张}\} \\ \Delta &\longmapsto F(\wp^{-1}(\Delta)) \\ \wp(A_E) \cap A_F &\longleftarrow E, \end{aligned}$$

并且当 $\Delta \leftrightarrow E|F$ 时从 χ 导出群同构

$$\Delta/\wp(A_F) \xrightarrow{\sim} \mathrm{Hom_c}(\mathrm{Gal}(E|F), \mu_\wp), \quad \mathrm{Gal}(E|F) \xrightarrow[\text{同胚}]{\sim} \mathrm{Hom}\,(\Delta/\wp(A_F), \mu_\wp). \tag{9.10}$$

证明部分将解释如何定义 Hom 的拓扑.

证明 从先前定义的 $\chi(a, \sigma) = \chi_a(\sigma)$ 构造一对映射

$$\begin{aligned} \{\text{子群 } \Delta : \wp(A_F) \subset \Delta \subset A_F\} &\rightleftarrows \left\{\Gamma \overset{\text{闭}}{\lhd} \Gamma_F : \Gamma_F/\Gamma \text{ 交换并且有指数 } n\right\} \\ &\xleftrightarrow{1:1} \{\bar{\Gamma} \subset \mathrm{Gal}(F_n|F) : \text{闭子群}\} \\ \Delta &\longmapsto \Gamma := \left\{\gamma \in \Gamma_F : \chi(\Delta, \gamma) \overset{\text{恒等}}{=} 0\right\} \\ \Delta := \left\{a \in A_F : \chi(a, \Gamma) \overset{\text{恒等}}{=} 0\right\} &\longleftarrow \Gamma. \end{aligned} \tag{9.11}$$

映射 $\leftarrow$ 良定是显然的. 接着观察到 $\rightarrow$ 也良定: 闭子群之交 $\bigcap_{\delta\in\Delta} \ker(\chi_\delta) = \Gamma$ 仍闭. 又因为 $\gamma \mapsto \chi(\cdot, \gamma)$ 诱导群嵌入 $\Gamma_F/\Gamma \hookrightarrow \mathrm{Hom}\,(\Delta/\wp(A_F), \mu_\wp)$, 故 Γ_F/Γ 确实是有指数 n 的交换群.

从 χ 的定义可见 $\chi(\Delta, \gamma) = 0$ 等价于 γ 固定 $F(\wp^{-1}(\Delta))$, 而 $\chi(a, \Gamma_E) = 0$ 等价于 $a \in \wp(A_E)$, 于是在 Galois 对应 $\Gamma = \Gamma_E \leftrightarrow E$ 下, (9.11) 无非是定理所断言的双射. 剩下的任务是证明 (9.11) 的映射互逆, 并且 χ 诱导出 $\Delta/\wp(A_F) \xrightarrow{\sim} \mathrm{Hom_c}\,(\Gamma_F/\Gamma, \mu_\wp)$ 和 $\Gamma_F/\Gamma \xrightarrow{\sim} \mathrm{Hom}\,(\Delta/\wp(A_F), \mu_\wp)$.

后续推导是拓扑群理论中 Pontryagin 对偶性 [63, 第三章] 的标准结果. 此处将从代数角度勾勒. 考虑不带拓扑 (或曰带离散拓扑) 的指数 n 交换群 A, 构成的范畴记为 $\mathcal{I}_n$. 若考虑兼为 pro-有限群的 A (定义 4.10.5), 相应范畴记为 $\mathcal{P}_n$, 这时 A 成为紧 Hausdorff 群, 而态射取作连续同态. 择定同构 $\mu_\wp \simeq \frac{1}{n}\mathbb{Z}/\mathbb{Z}$.

1. 设 A 属于 $\mathcal{I}_n$, 定义 $A^\vee := \mathrm{Hom}(A, \mu_\wp) = \mathrm{Hom}(A, \mathbb{Q}/\mathbb{Z})$. 一般而言 $A = \varinjlim A^\flat$, 其中 $A^\flat$ 取遍 A 的有限生成子群; $A^\flat$ 和 $(A^\flat)^\vee$ 自动是有限的. 于是 $A^\vee \simeq \varprojlim (A^\flat)^\vee$ 自然是 $\mathcal{P}_n$ 的对象.

2. 设 A 属于 $\mathcal{P}_n$, 定义 $A^\vee := \mathrm{Hom_c}(A, \mu_\wp) = \mathrm{Hom_c}(A, \mathbb{Q}/\mathbb{Z})$. 一如既往, $\mathrm{Hom_c}$ 意谓同态须透过对某个开子群 U 的商 A/U 来分解. 这里 A/U 自动是有限群, 论证和引理 9.2.3 (iii) 完全相同. 从 $\mathrm{Hom_c}$ 的定义导出 $A^\vee = \varinjlim_U (A/U)^\vee$, 视作 $\mathcal{I}_n$ 的对象.

观察到 $D := (\cdots)^\vee$ 给出一对函子 $\mathcal{I}_n^{\mathrm{op}} \underset{D^{\mathrm{op}}}{\overset{D}{\rightleftarrows}} \mathcal{P}_n$. 我们有自然同态 $\iota_A : A \to A^{\vee\vee}$ 映 a 为 $[\lambda \mapsto \lambda(a)] \in (A^\vee)^\vee$; 当 A 离散时验证 $\iota_A(a) \in \mathrm{Hom_c}(A^\vee, \mathbb{Q}/\mathbb{Z})$ 是毫无困难的. 自然性相当于说 $\iota = (\iota_A)_A$ 给出函子间的态射 $\mathrm{id}_{\mathcal{I}_n} \to D^{\mathrm{op}} \circ D$ 和 $\mathrm{id}_{\mathcal{P}_n} \to D \circ D^{\mathrm{op}}$. 今断言: ι_A 总是同构, 当 A pro-有限时 ι_A 还是同胚.

若 A 有限则 $A^\vee$ 亦有限, 相应的同构无非是推论 6.7.11. 一般情形下:

◇ 当 $A = \varinjlim A^\flat$ 属于 $\mathcal{I}_n$, 则 $A^{\vee\vee} = \left(\varprojlim_{A^\flat} (A^\flat)^\vee\right)^\vee \simeq \varinjlim_{A^\flat} (A^\flat)^{\vee\vee}$.

◇ 当 $A = \varprojlim_U A/U$ 属于 $\mathcal{P}_n$, 则 $A^{\vee\vee} = \left(\varinjlim_U (A/U)^\vee\right)^\vee \simeq \varprojlim_U (A/U)^{\vee\vee}$, 这自然也是同胚.

读者可自行验证下图交换, 所求性质于是化约到有限群的情形.

$$
\begin{array}{ccc}
A & \xrightarrow{\iota_A} & A^{\vee\vee} \\
\simeq\downarrow & & \downarrow\simeq \\
\varinjlim A^\flat & \xrightarrow[\varinjlim \iota_{A^\flat}]{} & \varinjlim (A^\flat)^{\vee\vee}
\end{array}
\qquad
\begin{array}{ccc}
A & \xrightarrow{\iota_A} & A^{\vee\vee} \\
\simeq\downarrow & & \downarrow\simeq \\
\varprojlim A/U & \xrightarrow[\varprojlim \iota_{A/U}]{} & \varprojlim (A/U)^{\vee\vee}
\end{array}
$$

对于闭子群 $H \subset A$, 记 $H^\perp := \ker(A^\vee \xrightarrow[r_H]{\text{限制}} H^\vee)$, 这是 $A^\vee$ 的闭子群. 如在 (9.11) 中以定理 9.6.7 等同 $A_F/\wp(A_F) \simeq \mathrm{Gal}(F_n|F)^\vee$, $(A_F/\wp(A_F))^\vee \simeq \mathrm{Gal}(F_n|F)$, 那么两个方向的映射都形如 $H \mapsto H^\perp$; 它们互逆相当于说 $H^{\perp\perp} = H^{\vee\vee} \subset A^{\vee\vee}$, 其中取 A 为 $A_F/\wp(A_F)$ 或 $\mathrm{Gal}(F_n|F)$. 性质 $H^{\perp\perp} = H^{\vee\vee}$ 是推论 6.7.12 (iii) 的明显类比, 证明也全然相似: 一切归结为同构 ι. 同理, 断言的群同构可以比照推论 6.7.12 (i), (ii) 来导出. □

定理 9.6.8 完全描述了 F 的所有 (a) 指数 n 交换扩张, 其中 F 的特征不整除 n, 且 F 含所有 n 次单位根; (b) 指数 p 交换扩张, 其中 $p = \mathrm{char}(F) > 0$. 这些结果将在 §9.7 中小试身手.

我们回头来确立 (9.9), 这是以下两条定理的内容.

定理 9.6.9 (Hilbert 第 90 定理, 乘性版本) 设 $E|F$ 为有限循环 Galois 扩张, τ 为 $\mathrm{Gal}(E|F)$ 的一个生成元. 若 $a \in E^\times$ 满足 $\mathrm{N}_{E|F}(a) = 1$, 则存在 $\alpha \in E^\times$ 使得 $a = \tau(\alpha)\alpha^{-1}$.

定理得名于 Hilbert 的 [19, §54, Satz 90]; Kummer 在分圆域情形更早得到了这个结果.

证明 令 $m := [E : F]$. 根据 $\{\tau^k : 0 \leq k < m\}$ 的线性无关性质 (定理 9.5.1 中取

$\Gamma = (E^{\times}, \cdot))$, 存在 $\gamma \in E^{\times}$ 使得在 E 中有

$$\beta := \sum_{k=0}^{m-1} \left(\prod_{0 \le h < k} \tau^h(a) \right) \cdot \tau^k(\gamma) \neq 0,$$

其中约定 $k = 0 \implies \prod_{0 \le h < k} \tau^h(a) = 1$. 因此

$$\tau(\beta) = \sum_{k=0}^{m-1} \left(\prod_{1 \le h < k+1} \tau^h(a) \right) \cdot \tau^{k+1}(\gamma) = \sum_{k=1}^{m} \left(\prod_{1 \le h < k} \tau^h(a) \right) \cdot \tau^k(\gamma).$$

与 β 比较每个 $\tau^k(\gamma)$ 的系数: 分开考量 $\tau^k \neq 1$ 与 $\tau^k = 1$ 的情形并运用 $\prod_{h \in \mathbb{Z}/m\mathbb{Z}} \tau^h(a) = \mathrm{N}_{E|F}(a) = 1$, 可得 $\tau(\beta) = a^{-1}\beta$. 取 $\alpha := \beta^{-1}$. □

定理 9.6.10 (Hilbert 第 90 定理, 加性版本) 设 $E|F$ 为有限循环 Galois 扩张, τ 为 $\mathrm{Gal}(E|F)$ 的一个生成元. 若 $a \in E$ 满足 $\mathrm{Tr}_{E|F}(a) = 0$, 则存在 $\alpha \in E^{\times}$ 使得 $a = \tau(\alpha) - \alpha$.

证明 沿用记法 $(\sigma_1 + \sigma_2)(a) = \sigma_1(a) + \sigma_2(a)$, 并且令 $m := [E : F]$. 在定理 9.5.1 中取 $\Gamma = (E, +)$, 可知存在 $\gamma \in E$ 使得 $\mathrm{Tr}_{E|F}(\gamma) \neq 0$. 定义

$$\beta := \sum_{k=0}^{m-1} \left(\sum_{0 \le h < k} \tau^h(a) \right) \cdot \tau^k(\gamma),$$

其中约定 $k = 0 \implies \sum_{0 \le h < k} \tau^h(a) = 0 \cdot a = 0$. 同样有

$$\tau(\beta) = \sum_{k=1}^{m} \left(\sum_{1 \le h < k} \tau^h(a) \right) \cdot \tau^k(\gamma);$$

仍与 β 比较每个 $\tau^k(\gamma)$ 的系数, 分开考量 $\tau^k \neq 1$ 和 $\tau^k = 1$ 并应用 $(\sum_{h \in \mathbb{Z}/m\mathbb{Z}} \tau^h)(a) = \mathrm{Tr}_{E|F}(a) = 0$ 可得

$$\beta - \tau(\beta) = \sum_{k \in \mathbb{Z}/m\mathbb{Z}} a\tau^k(\gamma) = \mathrm{Tr}_{E|F}(\gamma)a.$$

取 $\alpha := -\mathrm{Tr}_{E|F}(\gamma)^{-1}\beta$. □

9.7 根式解判准

重温定义 4.7.1, 说一个有限群 G 可解相当于说存在 G 的一列子群 $G = G_0 \supset \cdots \supset G_k = \{1\}$, 其中 $G_{i+1} \lhd G_i$, 使得每个子商 G_i/G_{i+1} 都交换. 加细为合成列 (定义 4.6.3) 后可知这等价于说 G 的合成因子都是素数阶循环群.

沿用定义 9.1.1 之约定, 我们可以谈论一个有限 Galois 扩张 $E|F$ 是否可解; 不过在本节中, 将此概念推广到有限可分扩张会更方便. 以下选定代数闭包 $\overline{F}$ 并假设 $E \subset \overline{F}$.

定义 9.7.1 称有限可分扩张 $E|F$ 是**可解扩张**, 如果其正规闭包 $E^\dagger|F$ 是可解的, 亦即 $G := \mathrm{Gal}(E^\dagger|F)$ 是有限可解群. 等价的说法是: $E|F$ 可以嵌入一个有限 Galois 扩张 $L|F$ 使得 $\mathrm{Gal}(L|F)$ 可解.

群论引理 4.7.6 断言可解群的商和子群皆可解. 回忆到 $\overline{F}|F$ 的 Galois 子扩张 $L|F$ 包含 E 当且仅当 $L \supset E^\dagger$, 此时 Galois 对应给出 $\mathrm{Gal}(L|F) \twoheadrightarrow \mathrm{Gal}(E^\dagger|F)$, 这就表明定义中的两种说法相互等价.

定义 9.7.2 称一个可分扩张 $E|F$ 有根式解, 如果存在可分扩张的塔

$$F = E_0 \subset E_1 \subset \cdots \subset E_k$$

使得 $E \subset E_k$, 而且对每个 $0 \leq i < k$, 以下两种情形必居其一:

(i) $E_{i+1} = E_i(\alpha)$, 其中 α 是 $X^n - a$ 的根, $a \in E_i^\times$ 而 $n \in \mathbb{Z}_{\geq 1}$ 不被 $\mathrm{char}(F)$ 整除;

(ii) $E_{i+1} = E_i(\alpha)$, 其中 α 是 $X^p - X - a$ 的根, $a \in E_i$ 而 $p := \mathrm{char}(F) > 0$.

将 (ii) 叫作根式或许有些别扭, 但由以下主定理观之则纯乎自然. 此外, 以上定义排除了形如 $E = F(\sqrt[p^m]{a})$ 的 "根式" 扩张, 其中 $p = \mathrm{char}(F) > 0$, 否则必须处理稍加复杂的非可分情形, 命题 8.7.7 可以照料这点, 不过我们不愿节外生枝.

定理 9.7.3 (É. Galois) 有限可分扩张 $E|F$ 有根式解当且仅当它是可解扩张.

证明 先证明有根式解 $\implies$ 可解. 设 $F = E_0 \subset \cdots \subset E_k$ 如定义 9.7.2, $E_k \supset E$ 而 $E_{i+1} = E_i(\alpha_{i+1})$. 取 m 为所有情形 (i) 中出现的 n 之最小公倍数, $\mathrm{char}(F) \nmid m$. 取 m 次本原单位根 $\zeta \in F^{\mathrm{sep}}$ 并定义 $E'_i := E_i(\zeta)$. 扩张 $E'_k|F$ 的正规闭包是一个 Galois 扩张 $L|F$. 记 $\mathrm{Gal}(L|F) = \{\eta_1, \eta_2, \ldots, \eta_{[L:F]}\}$, 那么 $L|F$ 是所有 $\eta_i(E'_k)$ 之复合, 故由下述元素生成

$$\zeta, \eta_1(\alpha_1), \eta_2(\alpha_1), \ldots, \eta_1(\alpha_2), \eta_2(\alpha_2), \ldots, \eta_1(\alpha_3), \eta_2(\alpha_3), \ldots$$

循序向 F 逐步添进这列元素, 得到新的扩张塔 $F = L_0 \subset L_1 \subset \cdots \subset L_h = L$. 除了首

段 $L_1 = F(\zeta)$, 它的每一段仍然划为 (i), (ii) 两种情形, 而且情形 (i) 中出现的指数 n 的集合 (不计重数) 并无改变. 下面分析每段扩张 $L_{i+1}|L_i$.

▷ $i = 0$: **首段** 因为 $(m, p) = 1$, 命题 9.4.3 断言 $F(\zeta) = L_1|F$ 为交换扩张.

▷ $i \geq 1$: **情形** (i) 写作 $L_{i+1} = L_i(\sqrt[n]{a})$, 其中, $i \geq 1$, $a \in L_i^\times$ 而 $\mathrm{char}(F) \nmid n$. 在例 9.6.5 的经典 Kummer 理论中取 $\Delta = \langle a \rangle \cdot L_i^{\times n}$ 并应用定理 9.6.8, 可知此段为指数 n 的交换扩张.

▷ $i \geq 1$: **情形** (ii) 写作 $L_{i+1} = L_i(\alpha)$, $\alpha^p - \alpha = a \in L_i$ 而 $i \geq 1$. 在例 9.6.6 的 Artin–Schreier 理论中取 $\Delta := \mathbb{Z}a + \{x^p - x : x \in L_i\}$, 同理可知此段是指数 p 的交换扩张.

综之, 命 $G_i := \mathrm{Gal}(L|L_i)$, 则 $L_{i+1}|L_i$ 为 Galois 扩张, 故 $G_{i+1} \lhd G_i$, 给出群正规列 $G_0 \supset G_1 \supset \cdots$; 其子商皆交换故 $G_0 = \mathrm{Gal}(L|F)$ 可解. 由 $E \subset L$ 导出 $E|F$ 为可解扩张.

接着证可解 $\Longrightarrow$ 有根式解. 不妨设 $E|F$ 是可解 Galois 扩张, 取定 $G := \mathrm{Gal}(E|F)$ 的合成列 $G = G_0 \supsetneq \cdots \supsetneq G_k = \{1\}$; 本节伊始已说明每个 G_i/G_{i+1} 都是素数阶循环群. Galois 对应给出相应之

$$F = E_0 \subset \cdots \subset E_k = E, \quad E_i = E^{G_i}, \quad \mathrm{Gal}(E_{i+1}|E_i) = G_i/G_{i+1}.$$

设 $p := \mathrm{char}(F)$, 取

$$m := \{(G_i : G_{i+1}) : 0 \leq i < k, \ p \nmid (G_i : G_{i+1})\} \text{ 中所有数的最小公倍数,}$$

并取 m 次本原单位根 $\zeta \in F^{\mathrm{sep}}$. 置 $E_i' := E_i(\zeta)$. 每个 $E_{i+1}'|E_i'$ 的 Galois 群都是 G_i/G_{i+1} 的子群 (推论 9.2.5). 进一步:

◇ 若 $p \nmid (G_i : G_{i+1})$, 于例 9.6.5 的经典 Kummer 理论中取 $n := (G_i : G_{i+1})$, 应用定理 9.6.8 可得

$$E_{i+1}' = E_i'(\alpha), \quad \alpha^n = a \in (E_i')^\times.$$

◇ 若 $p = (G_i : G_{i+1})$, 应用例 9.6.6 的 Artin–Schreier 理论, 同样得出

$$E_{i+1}' = E_i'(\alpha), \quad \alpha^p - \alpha = a \in E_i'.$$

综上, 扩张塔 $F \subset F(\zeta) = E_0' \subset \cdots \subset E_k'$ 满足定义 9.7.2 的条件, 而 $E_k' \supset E$ 故 $E|F$ 有根式解. 明所欲证. □

附带一提, 上述论证仅需定理 9.6.8 在有限扩张时的情形, 其证明可以大大地简化.

现在试着从经典视角来打量这些结果.

给定非零多项式 $P \in F[X]$, 假定 P 在 $\overline{F}$ 上无重根, 记其分裂域为 L, 那么 L 也是 F 的可分扩张; 定义 $\mathrm{Gal}(P) := \mathrm{Gal}(L|F)$, 不妨唤作 P 的 Galois 群. 以上定理表明在

定义 9.7.2 的意义下, P 的根能用根式表达 (特征 $p>0$ 时有但书, 回忆定义中的 (ii)) 当且仅当群 $\mathrm{Gal}(P)$ 可解. 另一方面, $\mathrm{Gal}(P)$ 的元素诱导根的置换, 而且完全由此置换确定, 因而若将 P 的根编号为 $\alpha_1,\ldots,\alpha_n\in L$, 则有群嵌入

$$\mathrm{Gal}(P)\hookrightarrow\mathfrak{S}_n.$$

引理 9.7.4 给定无重根非零多项式 $P\in F[X]$, 则 P 不可约当且仅当 $\mathrm{Gal}(P)$ 在 P 的根集上的作用是传递的.

证明 对不可约的 P 的任意一对根 $\alpha\neq\beta\in\overline{F}$, 推论 8.3.8 给出 $\sigma\in\mathrm{Aut}_F(\overline{F})$ 使得 $\sigma(\alpha)=\beta$, 将 σ 限制到分裂域 L 即是 $\mathrm{Gal}(P)$ 的元素. 反之设 $P=QR$ 可约, $\deg Q,\deg R\geq 1$, 则 $\mathrm{Gal}(P)$ 的作用不混合 Q 和 R 的根集, 故不传递. □

今后只考虑 P 不可约的情形. 我们自然要问: $\mathrm{Gal}(P)$ 是否可解? 更广泛地说, 如何从 P 确定 $\mathrm{Gal}(P)$ 的群论性质, 比如说它的合成因子? 基于上述引理, 至少知道 $\mathrm{Gal}(P)$ 在根集 $\xleftrightarrow{1:1}\{1,\ldots,n\}$ 上的作用传递. 根的置换是极具体的对象, 但要析取进一步的信息绝非易事. 这些群论问题与经典方程理论中的预解式遥相呼应, Lagrange, Galois 等先贤多有阐发. 这些问题不仅有理论上的兴趣, 还是实际计算 Galois 群的必由之路. 我们不拟在正文里涉入太深, 但一个经典定理却不能不提.

定理 9.7.5 (N. H. Abel, P. Ruffini) 对于任意 $n\geq 1$, 构作 F 上的 n 元有理函数域 $F(t_1,\ldots,t_n)$. 则多项式

$$P:=X^n-t_1X^{n-1}+t_2X^{n-2}+\cdots+(-1)^nt_n\in F(t_1,\ldots,t_n)[X]$$

不可约, 并且 $\mathrm{Gal}(P)\xrightarrow{\sim}\mathfrak{S}_n$. 特别地, 当 $n\geq 5$ 时 P 无法用根式求解.

这里取系数 $t_1,\ldots,t_n$ 为独立变元, 意蕴在于考虑 F 上 "一般的" n 次首一多项式. 在这个意义下, "一般的" 五次以上多项式方程无根式解.

证明 考虑 n 元多项式环 $F[x_1,\ldots,x_n]$, 其上有左 $\mathfrak{S}_n$-作用 $\sigma: f\mapsto f(X_{\sigma(1)},\cdots,X_{\sigma(n)})$. 习见的 n 元初等对称多项式 $e_1,\ldots,e_n$ (参见 §5.8) 由下式刻画

$$\prod_{i=1}^{n}(X-x_i)=X^n-e_1X^{n-1}+\cdots+(-1)^ne_n,\quad X: \text{变元}.$$

对称多项式基本定理 5.8.5 给出 F-代数的同构

$$F(x_1,\ldots,x_n)^{\mathfrak{S}_n}=F(e_1,\ldots,e_n)\xleftarrow[\sim]{e_i\leftarrow t_i}F(t_1,\ldots,t_n).$$

借此视 $F(x_1,\ldots,x_n)$ 为 $F(t_1,\ldots,t_n)$ 的扩张. 从 $F(x_1,\ldots,x_n)^{\mathfrak{S}_n}=F(t_1,\ldots,t_n)$ 和引理 9.1.6 知 $F(x_1,\ldots,x_n)$ 是 $F(t_1,\ldots,t_n)$ 的 Galois 扩张, Galois 群实现为 $\mathfrak{S}_n$

在 $\{x_1, \ldots, x_n\}$ 上的当然作用. 然而 $\{x_1, \ldots, x_n\}$ 无非是 P 的根集, 于是导出 $F(x_1, \ldots, x_n)$ 是 P 的分裂域, $\mathrm{Gal}(P) = \mathfrak{S}_n$, 而引理 9.7.4 蕴涵 P 不可约. 当 $n \geq 5$ 时应用推论 4.9.8 可知 P 无法用根式求解. □

回到 $\mathbb{Q}$ 上. 随机地选取次数 n 的 $P \in \mathbb{Q}[X]$, 则 (P 不可约 $\wedge$ $\mathrm{Gal}(P) = \mathfrak{S}_n$) 的发生概率在适当意义下是 1; 这是 van der Waerden 的结果 [44].

此外, 无根式解不代表没有其他求解的进路, 兹举一例. 当系数在 $\mathbb{C}$ 上时, F. Klein 集 C. Hermite 等先驱之大成, 在 1884 年提出了一套用模形式解五次方程的手法, 正二十面体的旋转群 $\mathfrak{A}_5$ 在其中大显身手; 相关文献和现代语汇下的重述可见 [34]. 模形式是一类具有特殊对称性的复变函数, 这么看来 Klein 的解法反而使五次方程复杂化了; 此发现的真正价值毋宁说是揭示了一个跨领域的统一视野. 这类发现向来是数学发展的重要动力. Klein 的眼界一贯宏大, 他对五次方程和正二十面体的研究在模形式理论发展初期正起到了这种作用.

对于 Galois 群还可以逆向思考: 给定一个基域, 如 $\mathbb{Q}$ 或有理函数域 $\mathbb{Q}(t)$ 等, 试问有哪些有限群能实现为其扩张的 Galois 群? 这类引人入胜的难题被称为 Galois 逆问题. 对于 $\mathbb{Q}$ 上情形, 重要的里程碑包括

◇ $\mathfrak{S}_n$, $\mathfrak{A}_n$ (D. Hilbert),

◇ 有限可解群 (I. R. Shafarevich),

◇ $\mathrm{PSL}(2, \mathbb{F}_p) := \mathrm{SL}(2, \mathbb{F}_p)/\pm 1$, 其中 p 是满足某些二次剩余条件的奇素数 (施光彦),

◇ 俗称魔群的最大散在单群 M (J. G. Thompson).

这份列表无论就任何标准都远非完备, 更不足以说明其中深刻的群论、数论与几何技术; 是以请感兴趣的读者移步 [38]. 值得一提的是对于所谓有限 Lie 型群的情形, 如上述的 $\mathrm{PSL}(2, \mathbb{F}_p)$ 乃至于更一般的 $\mathrm{PSL}(2, \mathbb{F}_q)$ 等等, 晚近的研究时常诉诸 Galois 表示和模形式理论的深刻结果, 后者从经典角度看可谓是分析学的一支. 这表明了 Galois 理论旺盛的生命力, 以及数学各领域间理所当然的互通声气.

关于 Galois 理论的其他经典课题、技巧及简史, 不妨参阅 [58].

9.8 尺规作图问题

以下需要平面几何学的基础常识. 为了替作图问题建立一套代数模型, 首务是澄清尺规作图的几何意义. 给定平面的一个子集 $\mathcal{S}$, 由之可以构作:

◇ 过任两点 $A, B \in \mathcal{S}$ 的直线;

◇ 以点 $x \in \mathcal{S}$ 为圆心, 以某线段 $\overline{AB}$ 之长 $(A, B \in \mathcal{S})$ 为半径的圆.

利用这般构作的线和圆, 定义 $\mathcal{S}'$ 为 $\mathcal{S}$ 与如下点集之并:

◇ 相异直线之交;

◇ 相异圆之交;

◇ 线与圆之交.

如是反复, 遂有平面的子集链 $\mathcal{S} \subset \mathcal{S}' \subset \mathcal{S}'' \subset \cdots$, 其并记作 $\mathrm{Con}(\mathcal{S})$. 行文至此, 不难明白 $\mathrm{Con}(\mathcal{S})$ 正是从 $\mathcal{S}$ 出发, 通过直尺 (画线) 和圆规 (作圆) 所能得到的所有点集.

在平面几何学中, 有时还会在给定的点集中任取其一, 或者取落在某个给定圆内/外的点, 或者取落在某条给定直线一侧的点等等. 由于此处研究的不是具体的作图问题, 而是所有尺规可构的点, 无须操心这些细节. 关于平面几何与作图问题的深入讨论, [17] 是一部高观点而不失 Euclid 家法的著作.

在平面上建立坐标系. 具体地说, 我们要求 $\mathcal{S}$ 包含选定的原点 $(0,0)$ 和规定方向的单位长 $(1,0)$; 这么一来也能够以尺规作出单位圆, y 轴和点 $(0,1)$. 不妨等同 $\mathbb{R}^2$ 与复平面 $\mathbb{C}$, 其中 $(x,y) \leftrightarrow x + y\sqrt{-1} \in \mathbb{C}$. 于是 $\mathrm{Con}(\mathcal{S}) \subset \mathbb{C}$, 而构作角度相当于构作单位圆上的点. 这是作图问题代数化的第一步.

引理 9.8.1 给定子集 $\{0,1\} \subset \mathcal{S} \subset \mathbb{C}$, 则 $\mathrm{Con}(\mathcal{S})$ 是 $\mathbb{C}$ 的子域. 而且有

$$\alpha^2 \in \mathrm{Con}(\mathcal{S}) \implies \alpha \in \mathrm{Con}(\mathcal{S}),$$
$$\alpha \in \mathrm{Con}(\mathcal{S}) \implies \bar{\alpha} \in \mathrm{Con}(\mathcal{S}).$$

证明 首先说明 $\mathrm{Con}(\mathcal{S})$ 对四则运算封闭. 显然 $\alpha \in \mathrm{Con}(\mathcal{S}) \implies -\alpha \in \mathrm{Con}(\mathcal{S})$. 复数加法可由平行四边形实作. 观察到复数 $\alpha \neq 0$ 属于 $\mathrm{Con}(\mathcal{S})$ 当且仅当 $|\alpha|, \frac{\alpha}{|\alpha|} \in \mathrm{Con}(\mathcal{S})$. 现在给定 $\alpha, \beta \in \mathbb{C}$, 积 $\alpha\beta$ 的构作分成两步: 幅角之和与绝对值之积. 角度之和与差的作法是熟知的, 绝对值则可用相似三角形的性质相乘: 设 $\alpha, \beta > 0$, 下图给出 $\gamma = \alpha\beta$:

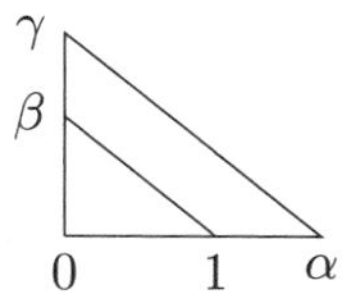

同理, 除法归结为正数相除的情形. 给定 $\gamma, \alpha > 0$, 上图亦说明如何构作 $\beta = \gamma/\alpha$.

已知如何平分 $\alpha \in \mathbb{C}$ 的幅角, 平方根的构作归结为 $\alpha > 0$ 的情形. 请端详下图:

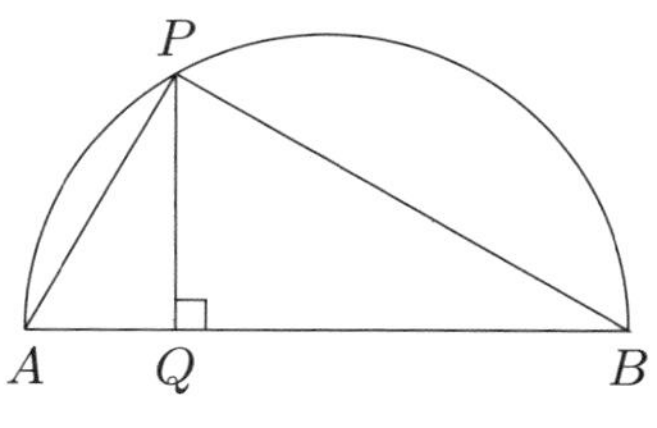

$|AQ| = 1,\ |QB| = \alpha.$

根据相似形的性质导出 $|PQ| = \sqrt{\alpha}$. 最后, 共轭 $\alpha \mapsto \bar{\alpha}$ 无非是对实轴作镜射. □

此引理蕴涵 $\sqrt{-1} \in \mathrm{Con}(\mathcal{S})$ 和

$$z \in \mathrm{Con}(\mathcal{S}) \iff \mathrm{Re}(z), \mathrm{Im}(z) \in \mathrm{Con}(\mathcal{S}).$$

定理 9.8.2 给定子集 $\{0,1\} \subset \mathcal{S} \subset \mathbb{C}$, 基于上述讨论不妨假定 $\mathcal{S}$ 对复共轭封闭, 它生成的子域记为 $\mathbb{Q}(\mathcal{S})$, 则复数 z 满足 $z \in \mathrm{Con}(\mathcal{S})$ 当且仅当存在域扩张的塔

$$\mathbb{Q}(\mathcal{S}) = F_0 \subset F_1 \subset \cdots \subset F_n \subset \mathbb{C},$$

其中 $z \in F_n$, 而且对每个 $0 \leq i < n$ 皆有 $[F_{i+1} : F_i] = 2$. 特别地, z 在 $\mathbb{Q}(\mathcal{S})$ 上代数.

易言之, 尺规作图的本领不多不少正是四则运算和取平方根.

证明 我们将运用一个性质: 若 $E = F_m$ 和 $E' = F'_n$ 皆是如上的二次扩张塔的末项, 则其复合 EE' 亦然. 这点极易对 $\max\{n,m\}$ 递归地证明.

设 z 落在如上的 F_n 中. 因为这里只涉及特征零的域, 二次扩张 $F_{i+1}|F_i$ 必为 $F_{i+1} = F_i(\sqrt{\alpha_i})$ 之形, $\alpha_i \in F_i^{\times}$. 配合引理 9.8.1 立得 $z \in F_n \subset \mathrm{Con}(\mathcal{S})$. 反之令 $z \in \mathrm{Con}(\mathcal{S})$. 回顾定义

$$\mathrm{Con}(\mathcal{S}) = \bigcup_{k \geq 0} \mathcal{S}^{(k)}, \quad \mathcal{S}^0 = \mathcal{S},\ \mathcal{S}^{(k+1)} = (\mathcal{S}^{(k)})'.$$

给定一族点 $z_j = x_j + y_j\sqrt{-1} \in \mathcal{S}^{(k)}$ $(j = 1, \ldots, m)$, 并假设它们都落在同一个二次扩张塔 $\mathbb{Q}(\mathcal{S}) = F_0 \subset \cdots \subset F_n \subset \mathbb{C}$ 中; 取复合后可假设 F_n 对复共轭封闭. 从 $z_1, \ldots, z_m$ 出发作直线和圆, 其方程的系数都是 x_j, y_j 的多项式, 因而也落在 F_n. 今探讨其间所有可能的交点, 分成实部虚部考虑:

(a) 线交线: 相当于解 F_n 上的二元线性方程组, 不必扩张 F_n;

(b) 线交圆: 相当于解一个系数在 F_n 里的二次方程, 交点坐标落在 F_n 的二次扩张里;

(c) 圆交圆: 如交两点, 圆方程相减给出过交点的直线; 如切于一点则给出公切线. 化约到线交圆的情形.

综之, $\mathcal{S}^{(k+1)}$ 的元素仍包含于二次扩张的塔. 证毕. □

作为推论, $z \in \mathrm{Con}(\mathcal{S})$ 蕴涵 $[\mathbb{Q}(z, \mathcal{S}) : \mathbb{Q}(\mathcal{S})] \in 2^{\mathbb{Z}}$, 但其逆一般不真. 更完整的刻画可由 Galois 理论给出. 首先留意到定理 9.8.2 对 z 的刻画与有根式解扩张的刻画 (定义 9.7.2 和定理 9.7.3) 极为相近, 差异仅在于此处 F_{i+1} 是由向 F_i 添入平方根获得的, 条件更严. 这条性质同样可由群论刻画如下 (施于 $F = \mathbb{Q}(\mathcal{S}) \subset \mathbb{C}$).

定理 9.8.3 设域 F 的特征 $\neq 2$ 而 $E|F$ 是可分有限扩张, 以下陈述等价.

(i) 存在二次域扩张的塔 $F = E_0 \subset \cdots \subset E_n$ 使得 $E \subset E_n$;

(ii) 正规闭包 $E^{\dagger}|F$ 的 Galois 群是 2-群 (回顾定义 4.5.1).

证明 重复定理 9.7.3 的论证可知 (i) 等价于 $G := \mathrm{Gal}(E^{\dagger}|F)$ 有合成列 $G = G_0 \supset \cdots \supset G_n = \{1\}$ 满足于 $G_i/G_{i+1} \simeq \mathbb{Z}/2\mathbb{Z}$, 特别地 G 是 2-群; 此处由于 $\mathrm{char}(F) \neq 2$, 不必再调用 Artin–Schreier 理论或添加单位根, 状况简化不少. 反之命题 4.7.9 蕴涵任意 2-群皆可解, 故具有如是合成列. 综上得 (i) $\iff$ (ii). □

I. M. Isaacs [20] 发现一个有趣的相关结果: 设不可约多项式 $P \in \mathbb{Q}[X]$ 的所有根都是实数. 假设其中一根 α 可由实根式表达, 这相当于说存在定义 9.7.2 中的塔 $\mathbb{Q} = E_0 \subset \cdots \subset E_n \ni \alpha$, 但要求 $E_n \subset \mathbb{C}$ 且每一段 $E_{i+1}|E_i$ 添入的根都是实数, 那么 $\mathrm{Gal}(P)$ 是 2-群. 是故这类多项式的所有根都是尺规可构的.

对于最低要求 $\mathcal{S} = \{0, 1\}$ 的情形, 域 $\mathrm{Con} := \mathrm{Con}(\mathcal{S})$ 由经典意义下所有尺规可构的复数组成. 现在可以处理曾令无数数学爱好者绞尽脑汁的古希腊三大作图难题. 代数方法说明它们在尺规的约束下一般无解.

▷ **倍立方体** 给定边长 a 的正立方体, 如何构作另一个正立方体使其体积加倍? 此处将构作正立方体理解为构作其边长. 问题等于是从 $\mathcal{S} = \{0, 1, a\}$ 出发构作 $b > 0$ 使得 $b^3 = 2a^3$. 取 $a = 1$, 则 $[\mathbb{Q}(2^{1/3}) : \mathbb{Q}] = 3 \notin 2^{\mathbb{Z}}$ 说明 b 无法由尺规构作.

▷ **化圆为方** 给定一个圆, 能否以尺规构造一个面积等于圆面积的正方形? 同样可将问题理解为构造正方形的边长, 且可设圆半径为单位长 1, 问题遂化为以尺规构作 $\sqrt{\pi}$. 此问题的解答最终归结为 π 的超越性.

▷ **三等分角** 给定平面上的角度 θ, 求以尺规构造 $\theta/3$. 前面说过构作角度 θ 相当于构作单位圆上的 $\omega := e^{i\theta}$, 三等分角问题相当于从 $\mathcal{S} = \{0, 1, \omega\}$ 出发构造 $\eta := e^{i\theta/3}$, $\eta^3 = \omega$. 为了说明一般而言 $\eta \notin \mathrm{Con}(\mathcal{S})$, 以下取 $\theta := \pi/3$: 易见 $\omega = \frac{1+\sqrt{-3}}{2} \in \mathrm{Con}$, 问题归结为证明 $\eta \notin \mathrm{Con}(\mathcal{S}) = \mathrm{Con}$. 设若不然, 则 $\alpha := \mathrm{Re}(\eta) = \cos(\theta/3) \in \mathrm{Con}$, 然而三倍角公式 $\cos(3x) = 4\cos^3 x - 3\cos x$ 导致

$$4\alpha^3 - 3\alpha - \cos\theta = 4\alpha^3 - 3\alpha - \frac{1}{2} = 0.$$

代换 $\beta = 2\alpha$ 给出 $\beta^3 - 3\beta - 1 = 0$; 容易验证 $X^3 - 3X - 1 \in \mathbb{Q}[X]$ 无有理根故不可约. 于是由

$$[\mathbb{Q}(\alpha) : \mathbb{Q}] = [\mathbb{Q}(\beta) : \mathbb{Q}] = 3 \notin 2^{\mathbb{Z}}$$

知 $\alpha \notin \mathrm{Con}$, 矛盾.

以上对三等分角的处理导向了同样经典的作图问题: 有哪些正 n 边形可由尺规构造? 这个问题可以精确地表述为: 哪些 $n \in \mathbb{Z}_{\geq 1}$ 满足于 $\zeta_n := e^{\frac{2\pi i}{n}} \in \mathrm{Con}$? (请读者思之.)

我们需要以下概念: 形如 $p = 2^{2^a} + 1$ 之素数称为 Fermat 素数. 注意到 $A \geq 1$ 且 $2^A + 1$ 为素数蕴涵 $A = 2^a$, 这是因为若 d 是 A 的奇素因子, 则中学数学给出 $2^{A/d} + 1 \mid 2^A + 1$. 截至 2025 年, 已知的 Fermat 素数只有 $a = 0, 1, 2, 3, 4$ 的情形.

定理 9.8.4 正整数 n 满足 $\zeta_n \in \mathrm{Con}$ 当且仅当 n 形如 $2^a p_1 \cdots p_k$, 其中 $p_1, \ldots, p_k$ 是相异的 Fermat 素数.

证明 应用定理 9.8.3, 问题归结为说明分圆扩张 $\mathbb{Q}(\zeta_n)|\mathbb{Q}$ 的 Galois 群 G_n 何时为 2-群. 令 $n = \prod_{p:\text{素数}} p^{n_p}$, 中国剩余定理配合定理 9.4.6 给出

$$G_n \simeq (\mathbb{Z}/n\mathbb{Z})^\times \simeq \prod_{p:\text{素数}} (\mathbb{Z}/p^{n_p}\mathbb{Z})^\times.$$

原问题化为研究 $(\mathbb{Z}/p^m\mathbb{Z})^\times$ 何时为 2-群. 由于该群有 $p^m - p^{m-1} = p^{m-1}(p-1)$ 个元素, 当 $p = 2$ 时性质显然成立. 当 $p > 2$ 时须要求 $m = 1$, 而且此时得到 2-群的充要条件是 $p - 1 = 2^A$, 其中 $A \in \mathbb{Z}_{\geq 1}$. 此即等价于 p 是 Fermat 素数. □

对于特例 $n = 17$, 正 17 边形的尺规作法是 Gauss 在 1796 年给出的, 详见 [17, §29]. 以上证明还有一个简单的变奏如下.

命题 9.8.5 设 $\theta \in \mathbb{Q}\pi$, 则 $\cos\theta$ 为有理数当且仅当 $\theta \in \left\{\frac{\pi\mathbb{Z}}{2}, \frac{\pi\mathbb{Z}}{3}\right\}$.

由 $\sin\theta = \cos(\frac{\pi}{2} - \theta)$ 可推出 $\sin\theta$ 的情形, 兹不赘述.

证明 只需说明“仅当”方向. 若 $a := \cos\theta \in \mathbb{Q}$, 那么 $e^{i\theta} = \cos\theta + i\sin\theta \in \mathbb{Q}(i\sqrt{1-a^2})$. 令 $\theta = \frac{2\pi m}{n}$, $(n, m) = 1$, 则 $\mathbb{Q}(\zeta_n) = \mathbb{Q}(e^{i\theta})$ 成为 $\mathbb{Q}$ 的 ≤ 2 次扩张. 依旧利用 $\mathrm{Gal}(\mathbb{Q}(\zeta_n)|\mathbb{Q}) \simeq (\mathbb{Z}/n\mathbb{Z})^\times$ 并考虑 n 的素因子分解知此时必有 $n = 2, 3, 4, 6$, 可以逐一检验. □

习题

1. 如果集合 X 带有左 Γ_F-作用, 并且 $\mathrm{Stab}_{\Gamma_F}(x)$ 对每个 $x \in X$ 皆是 Γ_F 的开子群, 则称 X 为 Γ_F-集. 全体有限 Γ_F-集对等变映射构成范畴 Γ_F-Set. 另一方面, 记 F-EtAlg 为全体平展 F-代数 (定义 8.9.5) 所成范畴, 态射为 F-代数的同态. 证明 $\Gamma_F\text{-Set}^{\mathrm{op}}$ 同 F-EtAlg 等价. 提示 定义函子 $\Theta : \Gamma_F\text{-Set}^{\mathrm{op}} \to F\text{-EtAlg}$ 如下. 给定 X, 取 $\Theta(X)$ 为 $(F^{\mathrm{sep}})^X$ 的 Γ_F-不动子代数. 等变映射 $f : Y \to X$ 自然地诱导 $f^* : (F^{\mathrm{sep}})^X \to (F^{\mathrm{sep}})^Y$, 进而导出 $\Theta(f)$. 拟逆函子可取为 $\mathrm{Hom}_{F\text{-EtAlg}}(-, F^{\mathrm{sep}})$.

2. 设 p 是素数, $\mathbb{F}_p \subset F$. 参照引理 8.4.14 的思路, 证明 $X^p - X - a \in F[X]$ 不可约当且仅当 $a \notin \{b^p - b : b \in F\}$; 证明此时 $F[X]/(X^p - X - a)$ 是 F 的正规扩张.

3. 设 F 为特征 p 的有限域, $n \geq 1$ 而 $f_1, \ldots, f_m \in F[X_1, \ldots, X_n]$. 假设它们的全次数满足

$$\deg f_1 + \cdots + \deg f_m < n.$$

(i) 证明 $f_1 = \cdots = f_m = 0$ 在 F^n 中的解数 $\equiv 0 \pmod p$. 提示 令 $q := |F|$, 那么解数 $\bmod p$ 同余 $\sum_{x \in F^n} \prod_{i=1}^m (1 - f_i(x))^{q-1}$; 此外 $0 \leq k < q-1 \implies \sum_{a \in F} a^k = 0$.

(ii) 推出若 $(0,\ldots,0)$ 是 $f_1=\cdots=f_m=0$ 的解 (例如当 $f_1,\ldots,f_m$ 皆齐次的情形), 则方程组必有一个不全为零的解.

此结果称为 Chevalley–Warning 定理. 它联系到以下概念: 称域 F 为 C_1 的, 如果 F 上变元数目超过全次数的齐次多项式皆有 $\neq(0,\ldots,0)$ 的解. 因之有限域是 C_1 域. 曾炯之首先研究了 C_1 域, 相关性质可用于算术代数几何的研究.

4. 对任意素数 p 和正整数 n, 证明

$$\Phi_{pn}(X)=\begin{cases}\Phi_n(X^p), & p\mid n,\\ \dfrac{\Phi_n(X^p)}{\Phi_n(X)}, & p\nmid n.\end{cases}$$

5. 证明当 $n>1$ 时分圆多项式 Φ_n 的常数项总是 1.

6. 固定 $n\in\mathbb{Z}_{\geq 1}$, 证明:

(i) 设 p 是素数, $p\nmid n$, 则存在 $a\in\mathbb{Z}$ 使得 $\Phi_n(a)\equiv 0 \pmod p$ 当且仅当 $a \bmod p$ 是 $(\mathbb{Z}/p\mathbb{Z})^\times$ 中的 n 阶元, 此时 $p\equiv 1 \pmod n$;

(ii) 证明数列 $1+n\mathbb{Z}_{\geq 1}$ 中有无穷多个素数; 这是 Dirichlet 定理的特例.

7. 对分圆域 $\mathbb{Q}(\zeta_n)$ 证明 $\mathbb{Q}(\zeta_n)\cap\mathbb{R}=\mathbb{Q}\left(\zeta_n+\zeta_n^{-1}\right)$. 计算它对 $\mathbb{Q}$ 的扩张次数.

8. 设 p 为素数. 证明 $\mathbb{Q}(\zeta_p)$ 包含唯一的满足 $[E:\mathbb{Q}]=2$ 的子域 E, 而且 $E\subset\mathbb{R}$ 当且仅当 $p\equiv 1 \pmod 4$.

9. 以定理 9.5.1 搭配定理 8.6.2, 重新证明可分扩张的迹型式 $(x,y)\mapsto \mathrm{Tr}_{E|F}(xy)$ 非退化.

10. 确定 $\mathbb{Q}(\sqrt{2},\sqrt{3})$ 在 $\mathbb{Q}$ 上的次数, 描述 Galois 群并给出一组正规基.

11. 证明 Galois 扩张 $E|F$ 是交换扩张当且仅当它的每个有限子扩张 $M|F$ 皆是交换扩张.

12. 令 $D_1,\ldots,D_n$ 为两两互素的无平方因子整数. 令 $L:=\mathbb{Q}(\sqrt{D_1},\ldots,\sqrt{D_n})$. 以 Kummer 理论证明 $L|\mathbb{Q}$ 是 Galois 扩张, 且 $\mathrm{Gal}(L|\mathbb{Q})$ 同构于 $(\mathbb{Z}/2\mathbb{Z})^n$.

13. 设 $P\in F[X]$ 为 $n\geq 1$ 次无重根多项式, 其根记为 $\alpha_1,\ldots,\alpha_n\in F^{\mathrm{sep}}$, 分裂域记为 L. 回忆例 5.8.6 讨论的判别式 $\delta:=\prod_{i<j}(\alpha_i-\alpha_j)^2$, 它是 P 的系数之多项式, 而且无关根的排序. 设 $\mathrm{char}(F)\neq 2$.

(i) 证明 $\mathrm{Gal}(L|F)\cap\mathfrak{A}_n=\mathrm{Gal}\left(L\mid F(\sqrt{\delta})\right)$;

(ii) 在 $n=2,3$ 的情形求 $\delta(P)$ 的公式, 据此给出判定三次多项式的 Galois 群的一套办法.

14. 证明若子群 $H\subset\mathfrak{S}_p$ 含有一个对换和一个 p-循环 (p 为素数), 则 $H=\mathfrak{S}_p$.

15. 假设次数为素数 p 的不可约多项式 $P\in\mathbb{Q}[X]$ 恰有 $p-2$ 个实根, 证明 $\mathrm{Gal}(P)=\mathfrak{S}_p$. 具体给出 $p=3$ 的例子.

16. 以下探讨四次多项式 $P=X^4-a_1X^3+a_2X^2-a_3X^2+a_4\in F[X]$ 的 Galois 群, 此处设 P 不可约而 $\mathrm{char}(F)\neq 2$, 其分裂域记作 L.

(i) 证明 F 上的四次不可约多项式皆无重根, 而且皆能化为以上形式.

(ii) 设 P 在 L 里的根为 $x_1, \ldots, x_4$, 定义

$$u := x_1x_2 + x_3x_4,$$
$$v := x_1x_3 + x_2x_4,$$
$$w := x_1x_4 + x_2x_3.$$

将 $G := \mathrm{Gal}(L|F)$ 视为 $\mathfrak{S}_4$ 的子群, 证明 $F(u, v, w) = L^{G \cap V}$, 其中

$$V := \{1, (12)(34), (13)(24), (14)(23)\} \lhd \mathfrak{S}_4, \quad V \simeq (\mathbb{Z}/2\mathbb{Z})^2.$$

(iii) 证明

$$Q := (X - u)(X - v)(X - w) = X^3 - a_2X^2 + (a_1a_3 - 4a_4)X - (a_1^2a_4 + a_3^2 - 4a_2a_4),$$

而且 P, Q 有相同的判别式 $\delta \in F^\times$; 证明 Q 的 Galois 群是 $G/G \cap V$. 一般称 Q 为 P 的三次预解式.

(iv) 分类 $\mathfrak{S}_4$ 的传递子群: (a) $\mathfrak{S}_4$, (b) $\mathfrak{A}_4$, (c) V, (d) 4 阶循环群 (两两共轭), (e) Sylow 2-子群 $\simeq D_8$ (两两共轭).

(v) 建立下表:

δ	$Q \in F[X]$	G	$\lvert G/G \cap V\rvert$
$\notin F^{\times 2}$	不可约	$\mathfrak{S}_4$	6
$\in F^{\times 2}$	不可约	$\mathfrak{A}_4$	3
$\notin F^{\times 2}$	可约	D_8 或 $\mathbb{Z}/4\mathbb{Z}$	2
$\in F^{\times 2}$	可约	V	1

17. 继续考虑上题中 $\delta \notin F^{\times 2}$ 而 Q 可约的情形, 此时 Q 的分裂域是 $F(\sqrt{\delta})$. 若 P 在 $F(\sqrt{\delta})$ 上不可约则 $G \simeq D_8$, 否则 $G \simeq \mathbb{Z}/4\mathbb{Z}$. 然而这并不是唯一的区分方法.

18. 补全定理 9.8.3 的证明.

19. 有序域指的是一个域 F 配上一个子集 $P \subset F$ (称为正锥), 满足于

- ◇ $x, y \in P \implies x + y, xy \in P$;
- ◇ $F = P \sqcup \{0\} \sqcup (-P)$.

证明

(i) 定义 $x < y \iff y - x \in P$ 将使 $(F, \leq)$ 成为全序集;

(ii) $0 < x < y \implies x^{-1} > y^{-1} > 0$;

(iii) $x < y$, $z > 0$ 蕴涵 $xz < yz$;

(iv) 任意平方和皆 ≥ 0, 特别地 $\mathrm{char}(F) = 0$;

(v) -1 不能表为平方和. 由此证明 $\mathbb{C}$ 无法被赋予有序域结构.

20. 假设有序域 F 满足条件 (a) $P = F^{\times 2}$ (因此序由 F 的域结构完全确定); (b) 任意奇数次 $Q \in F[X]$ 在 F 中有根. 依序证明

(i) F 的奇数次有限扩张只有 F 本身;

(ii) $\left[F(\sqrt{-1}):F\right]=2$ 且 $F(\sqrt{-1})$ 中任何元素皆有平方根;

(iii) 应用引理 8.2.6 导出 $F(\sqrt{-1})$ 是代数闭域.

提示 设 $Q \in F[X]$ 为不可约多项式, 令 $L|F$ 为 $Q\cdot(X^2+1)$ 的分裂域, $G := \mathrm{Gal}(L|F)$. 任何 Sylow 2-子群 $H \subset G$ 皆给出奇数次扩张 $L^H|F$, 故 G 是 2-群. 若子群 $\mathrm{Gal}\left(L|F(\sqrt{-1})\right)$ 非平凡, 则命题 4.7.9 和 Galois 对应将给出 $F(\sqrt{-1})$ 在 L 中的 2 次扩张, 矛盾; 若 $m=1$ 则必有 $L=F(\sqrt{-1})$.

显然 $F=\mathbb{R}$ 满足条件 (a) 和 (b), 而 $\mathbb{C}=\mathbb{R}(\sqrt{-1})$, 于是此题给出代数基本定理的又一证明, 习见的其他证明则更依赖于复变函数论等分析学工具. 此处并不是要尽量剥离非代数的成分, 用分析少者胜, 而在于这些条件确实有助于洞悉代数基本定理的底蕴, 并推至更广的情形. 满足条件 (a), (b) 的域 F 称为**实闭域**, 见 [49, 第 9 章]; Artin 和 Schreier 奠定了实闭域的一般理论, 见 [28, Chapter XI]. 或许更值得一书的是: 实闭域可谓是模型论中 o-极小结构的先声, 后者在几何学中有出色应用.

第十章 域的赋值

按后见之明, 赋值在域论中是自然的对象, 例如

- ◇ 给定了素数 p, 对域 $\mathbb{Q}$ 的任意元素 $x \neq 0$ 可以考虑 p 在其素因子分解中出现的次数 $v_p(x)$, 另外定义 $v_p(0) = \infty$;
- ◇ 类似地, 对于 Riemann 曲面 X 上的一点 x 及 X 上的亚纯函数 f, 可考虑 f 在 x 处的消没次数 $v_x(f) \in \mathbb{Z} \sqcup \{\infty\}$.

推而广之, 赋值论考虑满足一定条件的函数 $v : A \to \Gamma \sqcup \{\infty\}$, 其中 A 是交换环而 Γ 是全序交换群 (例如加法群 $\mathbb{Z}$, $\mathbb{R}$). 容许一般的全序交换群是 Krull 的创见, 最常见的 $\Gamma \subset \mathbb{R}$ 情形则称为秩 1 赋值. 赋值自然地引向拓扑结构、极限和完备性, 如 p-进数域 $\mathbb{Q}_p$ 正是 $\mathbb{Q}$ 对 v_p 的完备化. 完备化为域论的研究提供了一系列解析工具, 譬如多项式求根时使用的 Hensel 引理 (定理 10.8.4). 这些概念在代数数论和代数几何中顺理成章, 本书只予以粗浅的介绍.

涵摄秩 1 赋值而稍加广泛的概念是绝对值, 譬如对 $\mathbb{Q}$ 可取 $|\cdot|_p := p^{-v_p(\cdot)}$ (p 为素数) 或寻常的绝对值 $|\cdot|_\infty$, 相关的分类定理是优美而富于技巧的.

本章最后介绍的 Witt 向量是将特征 $p > 0$ 的完全域提升到特征 0 的有力工具, 应用包括了代数几何中特征 p 代数簇的上同调理论等等. 它的原初设想很自然: 如何从 p-进制展开来理解 $\mathbb{Q}_p$ 及其非分歧扩张的代数结构? E. Witt 对此做出了初等又精妙的回答.

阅读提示

首先 §10.1 是一些关于拓扑的预备知识和定义, 如读者对完备化已有很好的掌握则可略过, 借机学习 Cartan 的滤子语言也不无益处. 我们在 §10.2 和 §10.3 探讨取值在一般全序交换群 Γ 中的赋值, 亦即 Krull 赋值, 然而在许多应用中只需要秩 1 情形.

§10.4 旨在讨论绝对值及其分类. 随后 §10.5 把焦点转向环 $K^\circ\langle t\rangle$, 或者按几何视角即单位闭圆盘的情形; 这是非 Archimedes 解析几何的基本样板, 同时是一窥赋值论面貌的有趣例子.

赋值延拓的讨论 (§10.6 和 §10.7) 较冗长而且需要技巧, 尤其是在非完备的情形, 尽管成果终归是单纯的. 相关理论常见于代数数论的教科书, 如 [62]; 在此之所以不避重复地研究, 主要缘于我们认为这是自然的理势. 请读者按自己的兴趣和时间来斟酌. 相关讨论参考了 [28, Chapter XII] 和 [35, Chapter II] 的进路.

10.1 滤子

滤子的概念肇端于 H. Cartan, 详述见 [4]. 它用于收敛性和完备化的探究是一套特别精练的语言, 在数理逻辑领域也多有应用. 本节需要点集拓扑学的一些基础知识.

定义 10.1.1 非空集 X 上的一个**滤子**意谓具以下条件的子集族 $\mathfrak{F} \subset P(X)$, $\mathfrak{F} \neq \varnothing$:

F.1 若 $A, B \in \mathfrak{F}$, 则 $A \cap B \in \mathfrak{F}$ (向下封闭性);

F.2 若 $A \in \mathfrak{F}$ 而 $X \supset A' \supset A$, 则 $A' \in \mathfrak{F}$ (向上封闭性);

F.3 $\varnothing \notin \mathfrak{F}$.

若子集族 $\mathfrak{B} \neq \varnothing$ 具较弱的条件如下, 则称之为 X 上的**滤子基**:

FB.1 若 $A, B \in \mathfrak{B}$, 则存在 $C \in \mathfrak{B}$ 使得 $C \subset A \cap B$;

FB.2 $\varnothing \notin \mathfrak{B}$.

对于滤子基 $\mathfrak{B}$, 称 $\mathfrak{F} := \{F \subset X : \exists B \in \mathfrak{B},\ F \supset B\}$ 为 $\mathfrak{B}$ 生成的滤子, 而称 $\mathfrak{B}$ 为 $\mathfrak{F}$ 的一个基. 若 $\mathfrak{F} \subset \mathfrak{F}'$ 皆是 X 上的滤子, 则称 $\mathfrak{F}'$ 是 $\mathfrak{F}$ 的**加细**.

例 10.1.2 设 $(x_k)_{k=1}^{\infty}$ 为 X 中的序列. 定义 $\mathfrak{F}$ 为全体满足下述条件之子集 $E \subset X$

$$\exists N \geq 1, \quad k \geq N \implies x_k \in E.$$

易对 $\mathfrak{F}$ 验证滤子的条件; 全体形如 $\{x_k, x_{k+1}, \ldots\}$ 的子集 ($k \geq N$ 任取, 其中 $N \geq 1$ 是某个选定的整数) 则构成 $\mathfrak{F}$ 的基.

例 10.1.3 设 X 为拓扑空间. 对每个 $x \in X$ 取 $\mathfrak{N}_x$ 为 x 的全体邻域: 请回忆 $E \subset X$ 是 x 的邻域相当于存在开集 U 使得 $x \in U \subset E$. 易见 $\mathfrak{N}_x$ 构成 X 上的滤子. 点集拓扑学中所谓 x 的邻域基 (见 [57, 定义 2.6.3]) 无非是滤子 $\mathfrak{N}_x$ 的基.

事实上 $\{\mathfrak{N}_x : x \in X\}$ 完全确定了 X 的拓扑结构, 这是因为 $V \subset X$ 为开集当且仅当 V 是它每一点的邻域. 甚至能证明给定 X 上的拓扑相当于给定一族滤子 $\{\mathfrak{N}_x : x \in X\}$, 使得对每个 x 皆有

◇ 若 $E \in \mathfrak{N}_x$, 则 $x \in E$;

◇ 若 $E \in \mathfrak{N}_x$, 则存在 $F \in \mathfrak{N}_x$ 使得 $F \subset E$ 且 $y \in F \implies F \in \mathfrak{N}_y$.

对应关系由 $\mathfrak{N}_x = \{E : x \text{ 的邻域}\}$ 刻画. 详见 [57, 定理 2.3.3]. 因此拓扑结构亦可用滤子的语言改写. 我们马上会看到这套进路的长处.

回顾定义 4.10.1 谈及的拓扑群. 本节只考虑 Hausdorff 交换拓扑群, 群运算写作加法. 这些群构成范畴 **TopAb**, 其态射取作连续群同态. 准此要领, 可以得到 Hausdorff 拓扑环范畴 **TopRing** 和 Hausdorff 拓扑域范畴 **TopField**; 对于拓扑域, 我们要求乘法取逆 $K^\times \to K^\times$ 也是连续的. 进一步, 还可以谈论拓扑环上的拓扑模.

以下固定拓扑空间 X, 相应的邻域滤子仍记为 $\mathfrak{N}_x$, $x \in X$. 根据例 10.1.2, 任意序列 $(x_k)_{k=1}^\infty$ 都生成 X 上的滤子, 而 X 上的滤子可视作序列的某种推广.

▷ **收敛性** 称 X 上的滤子基 $\mathfrak{F}$ 收敛于 $x \in X$, 如果每个 x 的邻域都包含某个 $F \in \mathfrak{F}$, 写作 $\mathfrak{F} \to x$; 当 $\mathfrak{F}$ 是滤子时, 这等价于 $\mathfrak{F}$ 是 $\mathfrak{N}_x$ 的加细. 此时 **FB.1** 蕴涵 x 属于每个 $F \in \mathfrak{F}$ 的闭包. 请读者检查这一切和序列情形是兼容的.

▷ **分离性** 空间 X 是 Hausdorff 空间当且仅当每个滤子至多收敛到一个点.

▷ **连续性** 对于函数 $f : X \to Y$ 和 X 上的滤子 $\mathfrak{F}$, 置

$$f\mathfrak{F} := \{F \subset Y : \exists E \in \mathfrak{F},\ F \supset f(E)\},$$

这是 Y 上的滤子 (理由: $f(A) \cap f(B) \supset f(A \cap B)$). 事实: f 连续当且仅当对每个 $x \in X$ 都有 $(\mathfrak{F} \to x) \implies (f\mathfrak{F} \to f(x))$.

▷ Cauchy **滤子** 设 $(A, +)$ 是 Hausdorff 交换拓扑群, 此时

$$\mathfrak{N}_0 + x = \mathfrak{N}_x = x + \mathfrak{N}_0, \quad -\mathfrak{N}_0 = \mathfrak{N}_0.$$

称 A 上的滤子 $\mathfrak{F}$ 是 **Cauchy 滤子**, 如果对任何邻域 $U \in \mathfrak{N}_0$ 皆存在 $E \in \mathfrak{F}$ 使得

$$E - E := \{x - y : x, y \in E\} \subset U.$$

以同样性质定义 Cauchy 滤子基, 它们生成 Cauchy 滤子.

(a) 由定义立见 Cauchy 滤子的加细仍是 Cauchy 滤子.

(b) 对于任意 $x \in A$, 邻域族 $\mathfrak{N}_x$ 是 Cauchy 滤子: 诚然, 根据群运算的连续性, 对给定的 U 可取 $E_0 \in \mathfrak{N}_0$ 使得 $E_0 - E_0 \subset U$, 从而 $E := x + E_0 \in \mathfrak{N}_x$ 满足于 $E - E = E_0 - E_0 \subset U$.

(c) 综上, 收敛滤子 $\mathfrak{F}$ 必为 Cauchy 滤子, 因为此时 $\mathfrak{F}$ 是某 $\mathfrak{N}_x$ 的加细.

此外, 拓扑群的连续同态 $f: A \to B$ 映任意 Cauchy 滤子 $\mathfrak{F}$ 为 Cauchy 滤子 $f\mathfrak{F}$: 给定 $0 \in B$ 的邻域 V, 以 f 的连续性取 $0 \in A$ 的邻域 U 使得 $f(U) \subset V$, 再取 $E \in \mathfrak{F}$ 使得 $E - E \subset U$, 于是 $F := f(E) \in f\mathfrak{F}$ 满足

$$F - F = f(E - E) \subset f(U) \subset V.$$

同样地, 请读者验证这一切兼容于 Cauchy 序列的经典概念.

▷ **完备性** 如果交换拓扑群 A 中的每个 Cauchy 滤子都收敛, 则称 A 是**完备**的. 一般只对 Hausdorff 空间探讨完备性.

若对所有 $x \in X$, 滤子 $\mathfrak{N}_x$ 皆有可数基, 则称 X 满足第一可数公理. 这类例子包括了习见的度量空间 (X, d), 因所有以 x 为球心, d-半径为 $\frac{1}{2}, \frac{1}{3}, \ldots$ 的开球给出一族可数基. 在第一可数公理下, 前述拓扑性质的刻画中可以用序列代替滤子, 这是点集拓扑的标准知识, 详参 [57, §5.1].

对于 Hausdorff 交换拓扑群 A, 其**完备化**指的是范畴 **TopAb** 中的一个态射 $\iota: A \to \hat{A}$, 满足于

(CO.1) $\iota: A \to \iota(A)$ 为同胚,

(CO.2) $\iota(A) \subset \hat{A}$ 稠密,

(CO.3) $\hat{A}$ 在 Cauchy 滤子意义下完备.

命题 10.1.4 将证明这组性质唯一刻画了 $(\hat{A}, \iota)$. 存在性的构造在 §4.10 已有勾勒, 以下则改以滤子处理, 大体遵循 [41, §8] 的进路, 读者亦可参阅 [4, Chapitre III]. 受篇幅和主题限制, 烦琐的验证将会略去.

1. 首先, 对任意 A 上的滤子基 $\mathfrak{B}$ 定义

$$\hat{\mathfrak{B}} := \text{由滤子基 } \left\{B + U : B \in \mathfrak{B},\ U \ni 0 : \text{开邻域}\right\} \text{ 生成的滤子}. \tag{10.1}$$

若 $\mathfrak{B}$ 是 Cauchy 滤子 $\mathfrak{F}$ 的基, 则 $\hat{\mathfrak{B}}$ 给出包含于 $\mathfrak{F}$ 的最小的 Cauchy 滤子, 这样得到的滤子可称作**极小 Cauchy 滤子**.

2. 取特例 $\mathfrak{B} = \{\{x\}\}$ 则有 $\hat{\mathfrak{B}} = \mathfrak{N}_x$, 故 $\mathfrak{N}_x$ 都是极小 Cauchy 滤子. 今定义

$$\begin{aligned} \iota: A &\longrightarrow \hat{A} := \left\{\mathfrak{F} : A \text{ 上极小 Cauchy 滤子}\right\} \\ x &\longmapsto \hat{x} = \mathfrak{N}_x. \end{aligned}$$

对极小 Cauchy 滤子 $\mathfrak{F}, \mathfrak{G}$ 可构作 Cauchy 滤子基 $\{F + G : F \in \mathfrak{F}, G \in \mathfrak{G}\}$ 和 $\{-F : F \in \mathfrak{F}\}$; 再以 (10.1) 析取相应的极小 Cauchy 滤子, 便在 $\hat{A}$ 上定义出交换群结构. 这使 ι 变为群同态. 由于 A 是 Hausdorff 空间, ι 是单射. 不难验证 $\hat{0} := \mathfrak{N}_0$ 是 $(\hat{A}, +)$ 的幺元.

3. 赋予 $\hat{A}$ 拓扑如下. 对于滤子 $\hat{x} \in \hat{A}$ 及每个 $U \in \hat{x}$, 定义

$$U^\dagger := \left\{ \mathfrak{F} \in \hat{A} : U \in \mathfrak{F} \right\}, \quad \mathfrak{N}_{\hat{x}} := \{ U^\dagger : U \in \hat{x} \}; \tag{10.2}$$

向上封闭性表明 $U \subset V \implies U^\dagger \subset V^\dagger$. 如是确定了 $\hat{A}$ 的拓扑群结构, 使得 $\mathfrak{N}_{\hat{x}}$ 给出 $\hat{x}$ 的邻域基. 此外, 既然 $\hat{A}$ 中的 Cauchy 滤子极小, 我们有 $\bigcap_{U \in \mathfrak{N}_0} U^\dagger = \left\{ \mathfrak{F} \in \hat{A} : \mathfrak{F} \supset \mathfrak{N}_0 \right\} = \{\hat{0}\}$, 于是从 (4.10) 立见 $\hat{A}$ 是 Hausdorff 空间.

4. 必须验证 ι 给出同胚 $A \xrightarrow{\sim} \iota(A)$. 考虑 $x \in X$ 的开邻域 $U \in \hat{x} = \mathfrak{N}_x$; 显见 $\iota^{-1}(U^\dagger) = \{ y : U \in \mathfrak{N}_y \} = U$, 由此可导出 ι 是同胚. 进一步证 $\iota(A)$ 之稠密性如下. 取定 Cauchy 滤子基 $\mathfrak{B}$, 构造 $\hat{\mathfrak{B}}$ 并考虑其邻域 $U^\dagger$ $(U \in \hat{\mathfrak{B}})$; 需证明 $U^\dagger \cap \iota(A) \neq \varnothing$. 无妨设 $U = B + V$, 其中 $B \in \mathfrak{B}$ 而 $V \ni 0$ 是 A 中邻域. 对任意 $b \in B$, 从 $b + V \subset U$ 推出 $U \in \mathfrak{N}_b$, 亦即 $\iota(b) \in U^\dagger$.

5. 最后谈谈完备性: 设 $\hat{\mathfrak{F}}$ 为 $\hat{A}$ 上的 Cauchy 滤子, 置

$$\mathfrak{G}_0 := \left\{ U \subset A : U \neq \varnothing,\ U^\dagger \in \hat{\mathfrak{F}} \right\}, \qquad \text{见 (10.2)}.$$

可以证明 $\mathfrak{G}_0$ 是 A 上的 Cauchy 滤子基, 并且 $\hat{\mathfrak{F}}$ 收敛于相应的极小 Cauchy 滤子 $\mathfrak{G} \in \hat{A}$.

进一步假定 A 是拓扑环, 乘法映射写作 m. 这时拓扑环的结构可以延拓到 $\hat{A}$ 上, 而且 A 交换当且仅当 $\hat{A}$ 交换. 要点在于证明若 $\mathfrak{F}, \mathfrak{G}$ 为 A 上的 Cauchy 滤子基, 则其像 $m(\mathfrak{F}, \mathfrak{G})$ 亦然. 细观等式

$$x'y' - xy = (x' - x)y_1 + x_1(y' - y) + (x' - x)(y' - y_1) + (x - x_1)(y' - y).$$

给定充分小的邻域 $0 \in W \subset A$, 只要 x, x' (或 y, y') 取自 $\mathfrak{F}$ (或 $\mathfrak{G}$) 中充分小的子集 F (或 G), 便可确保 $(x' - x)(y' - y) \in W$. 再取 $(x_1, y_1) \in F \times G$ 则有 $(x' - x)(y' - y_1) + (x - x_1)(y' - y) \in W + W$. 今固定 (x_1, y_1), 应用乘法连续性可取到 $F \supset F^\dagger \in \mathfrak{F}$ 和 $G \supset G^\dagger \in \mathfrak{G}$ 使得当 $x, x' \in F^\dagger$, $y, y' \in G^\dagger$ 时 $(x' - x)y_1 \in W$, $x_1(y' - y) \in W$. 综之, $x'y' - xy \in 4W$, 这就说明 $m(\mathfrak{F}, \mathfrak{G})$ 是 Cauchy 滤子基.

命题 10.1.4 完备化 $\iota : A \to \hat{A}$ 具备如下泛性质: 对任意完备的 Hausdorff 交换拓扑群 B 以及 TopAb 中态射 $f : A \to B$, 存在唯一的态射 $\hat{f} : \hat{A} \to B$ 使下图交换

$$\begin{array}{ccc} A & \xrightarrow{\iota} & \hat{A} \\ & \underset{f}{\searrow} & \downarrow{\scriptstyle \exists!\, \hat{f}} \\ & & B \end{array}$$

当 A 给定, 如是资料 $(\hat{A}, \iota)$ 在差一个唯一同构的意义下是唯一的, 称为 A 的**完备化**. 此断言对范畴 TopRing 仍成立.

证明 下面只用性质 **CO.1 — CO.3**, 无涉 $(\hat{A}, \iota)$ 的具体造法. 关于 $(\hat{A}, \iota)$ 的唯一性是范畴论的一般原理, 见 §2.4. 给定 $\hat{x} \in \hat{A}$, 关于 ι 的条件确保 $\{\iota^{-1}(U) : U \in \mathfrak{N}_{\hat{x}}\}$ 生成一个 A 上的 Cauchy 滤子 $\mathfrak{N}_{\hat{x}}^{\flat}$, 故 B 完备 Hausdorff 和 f 连续蕴涵 $f\mathfrak{N}_{\hat{x}}^{\flat}$ 有唯一的极限 $\hat{f}(\hat{x})$, 而且易见 $\hat{f}\iota = f$. 基于此构造, 我们顺带得出 $\hat{f}(\hat{x})$ 属于每个 $f(\iota^{-1}(U))$ 在 B 中的闭包, $U \in \mathfrak{N}_{\hat{x}}$.

接着说明以上定义的 $\hat{f}$ 连续, 至于 $\hat{f}$ 的唯一性则是稠密性的立即结论. 设 V 为 $y := \hat{f}(\hat{x})$ 的邻域, 上一段说明存在开的 $U \in \mathfrak{N}_{\hat{x}}$ 使得 $f(\iota^{-1}(U)) \subset V$, 我们希望证明 $\hat{f}(U) \subset V$. 又因为 U 是它每个元素的邻域, 上段给出 $\hat{f}(U)$ 包含于 $f(\iota^{-1}(U))$ 的闭包, 故包含于 V 的闭包. 但引理 4.10.2 断言 y 有一组闭邻域基, 明所欲证. □

特别地, 若 $f : A \to B$ 是 TopAb 或 TopRing 中的态射, 应用泛性质于合成态射 $A \xrightarrow{f} B \to \hat{B}$, 立见存在唯一的 $\hat{f}$ 使图表 $\begin{array}{ccc} A & \xrightarrow{f} & B \\ \downarrow & & \downarrow \\ \hat{A} & \xrightarrow[\hat{f}]{} & \hat{B} \end{array}$ 交换. 称此为完备化的函子性: 以交换群情形为例, $A \mapsto \hat{A}$ 确定了从 TopAb 到完备群所成之全子范畴 ComTopAb 的一个函子.

一般而言, 拓扑域 K 作为环的完备化 $\hat{K}$ 未必是域, 反例见 [41, Example 8.59]. 使 $\hat{K}$ 为拓扑域的必要条件显然有

$$\begin{array}{ccc} K^\times & \xrightarrow{\sim} & K^\times \\ \cup & & \cup \\ x & \longmapsto & x^{-1} \end{array} \quad \text{连续地延拓为} \quad \hat{K} \smallsetminus \{0\} \to \hat{K} \smallsetminus \{0\}. \tag{10.3}$$

这也是充分条件, 因为等式 $x^{-1}x = 1 = xx^{-1}$ 按连续性延拓到 $\hat{K}$, 亦见 [4, III.6, Proposition 7]. 当拓扑结构来自赋值或绝对值时 (10.3) 总成立, 这是 §10.3 和 §10.4 将探讨的课题.

10.2 Krull 赋值与完备化

本节讨论的环均为非零交换环, 且先从例 8.1.3 的两个案例管窥赋值的大要.

例 10.2.1 (p-进数) 域 $\mathbb{Q}$ 上通常的拓扑结构源于绝对值函数给出的度量, 数论上常记为 $|\cdot|_\infty$: 两有理数 x, y 相接近意谓 $|x-y|_\infty \ll 1$. 一般而言, $\mathbb{Q}$ 上的绝对值意谓满足 (a) $|x| \geq 0$ 且 $|x| = 0 \iff x = 0$, (b) $|xy| = |x||y|$, (c) 三角不等式 $|x+y| \leq |x| + |y|$ 的实值函数. 从绝对值衍生 $\mathbb{Q}$ 的度量 $d(x,y) = |y-x|$, 从而赋 $\mathbb{Q}$ 以拓扑. 今给定素数 p, 我们欲在 $\mathbb{Q}$ 上定义另一个绝对值 $x \mapsto |x|_p \in \mathbb{R}_{\geq 0}$, 使得

$$x \text{“接近”} y \iff |x-y|_p \ll 1 \iff x - y \in p^n \cdot \frac{r}{s}, \quad n \gg 0, \ (p,s) = 1.$$

为此, 定任意 $a \in \mathbb{Z}$ 的 p-进赋值为

$$v_p(a) := \sup\{n \in \mathbb{Z} : a \in p^n\mathbb{Z}\}, \quad v_p(0) = \infty.$$

约定 $x + \infty = \infty$ 无伤大雅, 于是 $v_p(ab) = v_p(a) + v_p(b)$, 并且此式将 v_p 自然地延拓到 $\mathbb{Q} \to \mathbb{Z} \sqcup \{\infty\}$. 它给出 p-进绝对值

$$|x|_p := p^{-v_p(x)}, \quad |0|_p = p^{-\infty} := 0.$$

不难验证 $v_p(x+y) \geq \min\{v_p(x), v_p(y)\}$, 相应地 $|x+y|_p \leq \max\{|x|_p, |y|_p\} \leq |x|_p + |y|_p$, 称作强三角不等式. 综上可见 $|\cdot|_p$ 确为 $\mathbb{Q}$ 上的绝对值, 或者说提供了"距离"的一种度量. 特别地, 分析学中 Cauchy 列的概念对 $|\cdot|_p$ 依然适用; 仿照从 $\mathbb{Q}$ 造 $\mathbb{R}$ 的手法, 可作完备化

$$\mathbb{Z} \rightsquigarrow \mathbb{Z}_p, \quad \mathbb{Q} \rightsquigarrow \mathbb{Q}_p.$$

它们仍分别带有环和域的结构, v_p (或 $|\cdot|_p$) 也仍有定义. 譬如 $\lim_{k\to\infty} p^k = 0$, 而序列 $1 + p + \cdots + p^n = \frac{1-p^{n+1}}{1-p}$ 在 $\mathbb{Z}_p$ 中收敛于 $(1-p)^{-1}$.

如仔细梳理上述构造 (见命题 10.3.5), 可知 $\mathbb{Z}_p$ 正是例 5.5.6 用环论语言构作的 p-进整数环, 而 $\mathbb{Q}_p$ 则等同于 $\mathbb{Z}_p$ 的分式域; 事实上 $\mathbb{Z}_p = \{x \in \mathbb{Q}_p : v_p(x) \geq 0\}$. 这套想法是 K. Hensel 于 1897 年首次提出的. 对于 $\mathbb{Q}$ 的有限扩张, 以素理想代替素数也会有类似结果. 关于 p-进数一词, 在 §10.9 将有合理的解释.

例 10.2.2 今考虑一元有理函数域 $\mathbb{C}(t)$. 引进复一维射影空间 $\mathbb{P}^1 := \mathbb{C} \sqcup \{\text{无穷远点}\}$, 或曰 Riemann 球面, 这是复变函数论的基本舞台. 对于任意 $x \in \mathbb{P}^1$ 定义赋值 $f \mapsto v_x(f)$ 为 $f \in \mathbb{C}(t)$ 在 x 处的消没次数, 亦即

$$f(t) = a_k(t-x)^k + \text{高次项}, \quad k = v_x(f),\ a_k \in \mathbb{C} \smallsetminus \{0\}.$$

当 x 为无穷远点时定义 $v_x(f/g) = \deg g - \deg f$ (思之). 如此一来, $v_x : \mathbb{C}(t) \to \mathbb{Z} \sqcup \{\infty\}$ 也具有和前述 p-进赋值相似的性质, 不妨取 $x = 0$, 对绝对值 $|\cdot|_x := e^{-v_x(\cdot)}$ 作完备化得到

$$\mathbb{C}(t) \rightsquigarrow \text{Laurent 级数环 } \mathbb{C}(\!(t)\!), \quad \mathbb{C}[t] \rightsquigarrow \text{形式幂级数环 } \mathbb{C}[\![t]\!].$$

推而广之, 考虑任意紧 Riemann 曲面 X 的亚纯函数域 $\mathbb{C}(X)$, 及其在 $x \in X$ 处的消没次数 (在局部坐标下定义), 依然会有类似的理论.

现在来定义一般的赋值. 首先, 所赋之"值"必须落在一个全序交换群 Γ 中. 本章习惯用加法表示 Γ 的二元运算, 标准例子是 $\mathbb{R}$ 及其加法子群.

定义 10.2.3 全序交换群意谓一个交换群 $(\Gamma, +)$ 配上子集 $P \subset \Gamma$, 满足于

◇ $\Gamma = P \sqcup \{0\} \sqcup (-P)$,

◇ $P + P \subset P$.

由此确定了 Γ 上的全序: $x < y \iff y - x \in P$, 而且 $P = \{x \in \Gamma : x > 0\}$. 所以给定 (Γ, P) 相当于给定 $(\Gamma, \leq)$.

全体全序交换群对保序同态构成一范畴, 依此可以谈论全序交换群的同构和嵌入等等. 以下性质对任意全序交换群 Γ 皆成立:

◇ $x \leq x'$, $y \leq y'$ 蕴涵 $x + y \leq x' + y'$;

◇ $x \leq 0 \iff (-x) \geq 0$;

◇ Γ 无挠: $(n \in \mathbb{Z}_{\geq 1}) \wedge (nx = 0) \implies x = 0$, 这是因为 $x > 0$ (或 $x < 0$) 将导致 $nx > 0$ (或 $nx < 0$).

为了行文方便, 我们习惯将 Γ 延拓为全序集 $\Gamma \sqcup \{\infty\}$, 使得 $\forall x \in \Gamma$, $x < \infty$, 并将 Γ 的加法扩展为 $\forall x$, $x + \infty = \infty$.

定义 10.2.4 (W. Krull) 设 A 为环, $(\Gamma, \leq)$ 为全序交换群. 环 A 上以 Γ 为**值群**的**赋值**意谓满足下述性质之映射 $v : A \to \Gamma \sqcup \{\infty\}$

$$v(xy) = v(x) + v(y), \quad x, y \in A, \tag{10.4}$$

$$v(x + y) \geq \min\{v(x), v(y)\}, \tag{10.5}$$

$$v(1) = 0, \quad v(0) = \infty. \tag{10.6}$$

此外, 我们要求 $v(A) \smallsetminus \{\infty\}$ 生成群 Γ. 若存在全序交换群的嵌入 $\Gamma \hookrightarrow \mathbb{R}$, 则称 v 为**秩 1 赋值**.

秩 1 一词关乎值群的秩, 习题中将有说明.

请验证例 10.2.1 中的 $v_p : \mathbb{Q} \to \mathbb{Z} \sqcup \{\infty\}$ 确实满足赋值的条件. 在秩 1 赋值的情形下, 可以取 $q \in \mathbb{R}_{>1}$ 并定义 $|\cdot| := q^{-v(\cdot)}$, 从而将赋值的定义转译为 $|xy| = |x||y|$, $|1| = 1$, $|0| = 0$ 和强三角不等式 $|x + y| \leq \max\{|x|, |y|\}$; 我们将在 §10.4 详细讨论这一视角, 见命题 10.4.2.

当然, 以乘法记 Γ 的群运算, 倒转序结构并以符号 0 代替 ∞ 也有类似效果, 许多文献就是这么表述的. 但这只是改变记号, 关键在于值群的结构.

引理 10.2.5 设 $v : A \to \Gamma \sqcup \{\infty\}$ 为赋值.

(i) 若 $x \in A^\times$, 则 $v(x^{-1}) = -v(x) \in \Gamma$;

(ii) 单位根的赋值恒为零: 若 $y^n = 1$ $(n \geq 1)$, 则 $v(y) = 0$, 特别地 $v(-1) = 0$;

(iii) $v^{-1}(\infty) = \{x \in A : v(x) = \infty\} \subsetneq A$ 是素理想;

证明 对于 (i), 应用 $v(x^{-1}) + v(x) = v(1) = 0$. 对 (ii) 则利用 Γ 的无挠性. 性质 $x + \infty = \infty$, (10.4) 和 (10.5) 共同给出 (iii). □

由此知 v 分解为 $A/v^{-1}(\infty) \xrightarrow{v} \Gamma \sqcup \{\infty\}$; 故研究赋值的一般性质时经常假定 $v^{-1}(\infty) = \{0\}$.

不等式 (10.5) 实际蕴涵更强的性质.

引理 10.2.6 设 $v : A \to \Gamma \sqcup \{\infty\}$ 为赋值, 则对任意 $n \geq 1$ 皆有

$$v(x_1 + \cdots + x_n) \geq \min\{v(x_1), \ldots, v(x_n)\}, \quad x_1, \ldots, x_n \in A.$$

若存在 i 使得 $j \neq i \implies v(x_j) > v(x_i)$, 则 $v(x_1 + \cdots + x_n) = v(x_i)$.

证明 第一个断言容易从 $n = 2$ 情形递归地导出. 今设 $\{v(x_j)\}_{j=1}^n$ 仅对下标 i 取极小值, $n \geq 2$. 置 $x := x_i$, $y := \sum_{j \neq i} x_j$. 于是 $v(y) \geq \min\{v(x_j) : j \neq i\} > v(x)$. 假若 $v(x_1 + \cdots + x_n) = v(x + y) > v(x)$, 则从

$$v(x) = v(x + y - y) \geq \min\{v(x + y), v(-y)\} = \min\{v(x + y), v(y)\} > v(x)$$

导出矛盾. □

赋值 v 诱导出 A 上的拓扑结构: 对照本节伊始的例子, 合理的方法是从

$$U_\epsilon := \{x \in A : v(x) > \epsilon\}, \quad \epsilon \in \Gamma$$

入手. 由 v 的基本性质即刻导出 $U_\epsilon + U_\eta \subset U_{\min\{\epsilon, \eta\}}$, $U_\epsilon U_\eta \subset U_{\epsilon+\eta}$ 和 $-U_\epsilon = U_\epsilon$. 所以 A 具有拓扑结构使得

- ◇ 在 0 点的一组邻域基由诸 U_ϵ 给出;
- ◇ 环论运算 $(x, y) \mapsto x + y$, $(x, y) \mapsto xy$ 和 $x \mapsto -x$ 都是连续映射;
- ◇ $\bigcap_\epsilon U_\epsilon = v^{-1}(\infty)$.

第二条表明 A 实为拓扑环. 第三条加上 (4.10) 则表明 A 是 Hausdorff 空间当且仅当 $v^{-1}(\infty) = \{0\}$. 今后我们总假设 $v^{-1}(\infty) = \{0\}$.

引理 10.2.7 对于任意 $\gamma \in \Gamma$, 子集 $\{x \in A : v(x) = \gamma\}$ 为开集; $\{x \in A : v(x) \geq \gamma\}$ 和 $\{x \in A : v(x) > \gamma\}$ 皆是既开又闭的.

证明 引理 10.2.6 给出 $\{x : v(x) = \gamma\} = \bigcup_{x : v(x) = \gamma}(x + U_\gamma)$, 故为开集. 同理可知 $\{x : v(x) \geq \gamma\}$ 为开, 由 $\{x : v(x) \geq \gamma\} = A \smallsetminus \bigcup_{\eta < \gamma}\{x : v(x) = \eta\}$ 和 $\{x : v(x) > \gamma\} = A \smallsetminus \bigcup_{\eta \leq \gamma}\{x : v(x) = \eta\}$ 立得第二个断言. □

进一步考察 A 上的拓扑及其完备化. 当 $\Gamma \subset \mathbb{R}$ (秩 1 赋值) 时 $|\cdot| := e^{-v(\cdot)}$ 赋予 A 度量空间结构 $d(x, y) = |x - y|$; 特别地 A 满足拓扑学中的第一可数公理, 其拓扑性质可以用序列的收敛性来描述, 习见的完备化理论这时可以直接套用.

以下采用 §10.1 介绍的滤子理论过渡到一般情形. 首先利用命题 10.1.4 在范畴 TopRing 中构作完备化 $\iota : A \hookrightarrow \hat{A}$. 第二步是将 $v : A \to \Gamma \sqcup \{\infty\}$ 延拓为赋值

$\hat{v} : \hat{A} \to \Gamma \sqcup \{\infty\}$, 为此需要以下引理.

引理 10.2.8 设 $\mathfrak{F}$ 是 A 上的一个 Cauchy 滤子, 以下两种情况必居其一:

(i) 存在 $F \in \mathfrak{F}$ 和 $\gamma \in \Gamma$, 使得 $x \in F \implies v(x) = \gamma$;

(ii) 对每个 $\gamma \in \Gamma$, 总存在 $F \in \mathfrak{F}$ 使得 $F \subset U_\gamma$.

情形 (i) 中的 γ 是唯一的. 情形 (ii) 发生的充要条件是 $\mathfrak{F} \to 0$.

证明 先假定对一切 $(\gamma, F) \in \Gamma \times \mathfrak{F}$ 皆存在 $x \in F$ 满足 $v(x) > \gamma$, 则按照 Cauchy 滤子的定义, 先取定 γ 再取 F 充分小以确保 $F - F \subset U_\gamma$. 根据引理 10.2.6, 对任意 $y \in F$ 皆有 $v(y) \geq \min\{v(x), v(y-x)\} > \gamma$, 此即 (ii) 的情形. 显然 (ii) 等价于 $\mathfrak{F} \to 0$.

前一假定若不成立, 则存在 (η, F) 使得 $x \in F \implies v(x) \leq \eta$. 同样可缩小 F 来确保 $F - F \subset U_\eta$, 则对任意 $x, y \in F$ 皆有 $v(x) = \min\{v(y), v(x-y)\} = v(y)$, 记此值为 γ, 此即 (i) 的情形. 因为定义保证任意 $F, F' \in \mathfrak{F}$ 的交非空, 故 γ 唯一. □

因之对 Cauchy 滤子 $\mathfrak{F}$ 可合理地定义

$$\hat{v}(\mathfrak{F}) := \begin{cases} \gamma, & \text{情形 (i)}, \\ \infty, & \text{情形 (ii)}. \end{cases}$$

回忆完备化 $(\hat{A}, \iota)$ 的构造. 同样经由一些繁而不难的论证, 从此可以导出

- ◇ $\hat{v} \circ \iota = v$;
- ◇ $\hat{v} : \hat{A} \to \Gamma \sqcup \{\infty\}$ 是赋值;
- ◇ $\hat{v}$ 诱导 $\hat{A}$ 上既有的拓扑.

命题 10.2.9 设 $v : K \to \Gamma \sqcup \{\infty\}$ 为域 K 的赋值, 则 K 对此成为拓扑域. 取逆映射 $x \mapsto x^{-1}$ 可以连续延拓到 $\hat{K} \setminus \{0\}$ 上, 并使得 $\hat{K}$ 成为拓扑域.

证明 由于 $x^{-1} - y^{-1} = (xy)^{-1}(y - x)$, 取逆映射在每个开集 $\{x \in K : v(x) = \gamma\}$ 上皆连续. 引理 10.2.8 断言 K 上的 Cauchy 滤子 $\mathfrak{F}$ 若不收敛于 0, 则必含落在某个 $\{x : v(x) = \gamma\}$ 里的滤子基, 由此验证条件 (10.3) 以导出 $\hat{K}$ 为拓扑域. □

方便起见, 我们经常省略 $\iota : A \hookrightarrow \hat{A}$ 并记 $\hat{v}$ 为 v.

注记 10.2.10 当 $v(A) \geq 0$ 时, 赋值的性质确保对于每个 $\epsilon > 0$, 子集 U_ϵ 是 A 的理想. 当 $\epsilon < \eta$ 时有自然的商同态 $A/U_\eta \twoheadrightarrow A/U_\epsilon$, 因此可定义环 $\varprojlim_{\epsilon \in \Gamma} A/U_\epsilon$ (见 §5.5). 将注记 5.5.5 中关于进制拓扑及完备化的讨论与命题 10.1.4 的情形做对比, 可见 TopRing 中存在自然的交换图表:

$$\begin{array}{ccc} \varprojlim_\epsilon A/U_\epsilon & \xrightarrow{\sim} & \hat{A} \\ & \nwarrow \quad \nearrow_{\iota} & \\ & A & \end{array} \tag{10.7}$$

赋值所诱导的拓扑有许多不共于经典分析学的性质, 全归因于 (10.5), 例如引理 10.2.7 蕴涵 A 是全不连通空间; 下面则是另一个典型.

命题 10.2.11 设环 A 对赋值 v 完备, 则无穷级数 $\sum_{i=1}^{\infty} a_i$ 在 A 中收敛的充要条件是 $\lim_{i\to\infty} a_i = 0$.

证明 定义 $A_n := \sum_{i=1}^{n} a_i$. 如极限 $\lim\limits_{n\to\infty} A_n$ 存在则 $a_i = A_{i+1} - A_i \xrightarrow{i\to\infty} 0$, 这点对任何拓扑交换群皆成立. 今反设 $\lim\limits_{i\to\infty} a_i = 0$. 给定 $\epsilon \in \Gamma$, 取 N 使得 $i \geq N \implies v(a_i) > \epsilon$, 则当 $i \geq j \geq N$ 时

$$v(A_i - A_j) \geq \min\{v(a_k) : j < k \leq i\} > \epsilon.$$

所以 $(A_i)_{i=1}^{\infty}$ 是 Cauchy 序列, 明所欲证. □

10.3 域上的赋值

现在转向域 K 及赋值 $v : K \to \Gamma \sqcup \{\infty\}$. 根据引理 10.2.5 和域的代数性质, 此时自动有 $v^{-1}(\infty) = \{0\}$, 而且 $v(K^\times) = \Gamma$.

定义–定理 10.3.1 考虑域 K 和赋值 $v : K \to \Gamma \sqcup \{\infty\}$.

(i) $K^\circ := \{x \in K : v(x) \geq 0\}$ 是 K 的子环, 称为其**赋值环**;

(ii) $(K^\circ)^\times = \{x \in K^\circ : v(x) = 0\}$;

(iii) 对于任意 $\alpha \in \Gamma_{\geq 0}$, 子集 $v^{-1}(\Gamma_{>\alpha}) = \{x \in K : v(x) > \alpha\}$ 是 K° 的真理想, 而 $K^{\circ\circ} := v^{-1}(\Gamma_{>0})$ 是 K° 中唯一的极大理想, 称 $\kappa := K^\circ/K^{\circ\circ}$ 为相应的**剩余类域**;

(iv) 若 $(\Gamma, \leq) \simeq (\mathbb{Z}, \leq)$ 则称 v 为**离散赋值** (因而是秩 1 的), 此时 K° 是主理想环, 其理想皆形如 $v^{-1}(\Gamma_{\geq\alpha})$, 其中 $\alpha \geq 0$.

相对于 v 诱导的拓扑, K° 及以上定义的理想在 A 中既开又闭.

证明 由赋值的基本定义易见 (i), 兼知当 $\alpha \in \Gamma_{\geq 0}$ 时 $v^{-1}(\Gamma_{>\alpha})$ 是 K° 的真理想. 由 $v(x^{-1}) = -v(x)$ 得出 (ii). 既然 $K^\circ \smallsetminus K^{\circ\circ} = v^{-1}(0)$ 由 K° 的可逆元构成, 立得 $K^{\circ\circ}$ 是唯一极大理想, 此即 (iii).

至于 (iv), 假定 $(\Gamma, \leq) = (\mathbb{Z}, \leq)$. 对于任意非零理想 $\mathfrak{a} \subset K^\circ$, 取 $a \in \mathfrak{a}$ 使 $\alpha := v(a) \in \mathbb{Z}_{\geq 0}$ 极小, 则对任意 $x \in \mathfrak{a}$ 皆有 $xa^{-1} \in K^\circ = v^{-1}(\Gamma_{\geq 0})$, 亦即 $\mathfrak{a} = (a) = v^{-1}(\Gamma_{\geq\alpha})$. 最后关于拓扑性质的断言是引理 10.2.7 的直接推论. □

因此 v 透过 $K^\times/(K^\circ)^\times \xrightarrow{\sim} \Gamma$ 分解, 而且 $v(x) \geq v(y) \iff x/y \in K^\circ$. 可见精确到同构, 赋值环 $K^\circ \subset K$ 完全确定了 v. 这证成了下述定义.

定义 10.3.2　设 v, w 为 K 的赋值. 当以下任一等价条件满足时称 v 和 w 是等价的:

- ◇ 存在交换群的保序同构 $\gamma: v(K^\times) \xrightarrow{\sim} w(K^\times)$ 使得 $\gamma \circ v = w$;
- ◇ v 和 w 给出相同的赋值环 K°.

等价的赋值定出相同的拓扑域结构, 其逆一般不真; 秩 1 赋值的情形将于命题 10.4.4 处理.

对于赋值域 K 中的任意非零元 x, 必有 $x \in K^\circ$ 或 $x^{-1} \in K^\circ$, 因此 K 可视同 K° 的分式域; 相关理论见诸 §5.3. 许多情形下只需向 K° 添入一个逆元就能得到 K.

引理 10.3.3　对于 (K, v) 如上, 设 $\varpi \in K^\circ \smallsetminus \{0\}$, $\gamma := v(\varpi)$ 满足于 $\{k\gamma : k = 0, 1, 2, \ldots\}$ 在 Γ 中无上界, 则有自然同构 $K = K^\circ[\frac{1}{\varpi}]$; 此处 $K^\circ[\frac{1}{\varpi}]$ 表整环 K° 对乘性子集 $\varpi^{\mathbb{Z}}$ 的局部化, 见 §5.3.

证明　由于 K 是 K° 的分式域, $K^\circ[\frac{1}{\varpi}]$ 可嵌入 K. 对任意 $x \in K$ 取 $k \geq 0$ 使得 $k\gamma \geq -v(x)$, 则 $x\varpi^k \in K^\circ$, 亦即 $x \in K^\circ[\frac{1}{\varpi}]$. 证毕. □

此同构还从 K° 确定了 K 的拓扑: 表 $K^\circ[\frac{1}{\varpi}]$ 为递增并 $\bigcup_{k\geq 0} \varpi^{-k} K^\circ$, 每个子集 $\varpi^{-k}K^\circ$ 都是既开又闭的, 并且透过 $x \mapsto \varpi^k x$ 同胚于 K°.

焦点转向完备化. 命题 10.1.4 给出 $K \hookrightarrow \hat{K}$ 和 $K^\circ \hookrightarrow \widehat{K^\circ}$, 而且命题 10.2.9 延拓 v 为 $\hat{K}$ 的赋值, 仍记为 v. 下面说明 $(\hat{K})^\circ = \{x \in \hat{K} : v(x) \geq 0\}$ 可以视同 $\widehat{K^\circ}$.

命题 10.3.4　存在拓扑环的同构 $\Xi: \widehat{K^\circ} \xrightarrow{\sim} (\hat{K})^\circ$ 使下图交换

$$
\begin{array}{ccccc}
\widehat{K^\circ} & \xrightarrow[\sim]{\Xi} & (\hat{K})^\circ & \hookrightarrow & \hat{K} \\
\uparrow & & & & \uparrow \\
K^\circ & & \hookrightarrow & & K
\end{array}
$$

而且 Ξ 诱导剩余类域的同构 $K^\circ/K^{\circ\circ} \xrightarrow{\sim} \hat{K}^\circ/\hat{K}^{\circ\circ}$.

证明　以 ι 记合成同态 $K^\circ \to K \to \hat{K}$; 考察赋值可知 $\iota(K^\circ) \subset (\hat{K})^\circ$. 首先观察到 $\iota: K^\circ \to (\hat{K})^\circ$ 是完备化, 换言之 $K^\circ \to \iota(K^\circ)$ 是同胚且其像在 $\hat{K}^\circ$ 中稠密. 这是因为 ι 是 $K \to \hat{K}$ 被条件 $v \geq 0$ 截出的部分, 而 $v \geq 0$ 截出既开又闭的子环. 命题 10.1.4 遂给出 TopRing 中的交换图表

$$
\begin{array}{ccc}
\widehat{K^\circ} & \xrightarrow[\sim]{\exists!\,\Xi} & (\hat{K})^\circ \\
\nwarrow & & \nearrow_{\iota} \\
& K^\circ &
\end{array}
$$

此即第一个断言. 其次, 赋值的延拓给出 $\hat{K}^{\circ\circ} \cap K = K^{\circ\circ}$, 故 $\Xi|_{K^\circ}$ 导出单同态 $K^\circ/K^{\circ\circ} \to \hat{K}^\circ/\hat{K}^{\circ\circ}$; 又因为 $\iota(K^\circ)$ 在 $(\hat{K})^\circ$ 中稠密而 $\hat{K}^{\circ\circ}$ 是开理想, 从上图可见此同态为满. □

命题 10.3.5 设理想 $\mathfrak{a} \subset K^\circ$ 给出 0 的邻域基 $\{\mathfrak{a}^k\}_{k\geq 1}$, 并且 $\varpi \in K^\circ \smallsetminus \{0\}$ 满足于 $\{v(\varpi^k) : k \geq 1\}$ 在 Γ 中无上界, 则域 K 对 v 的完备化 $\hat{K}$ 可等同于

$$\widehat{K^\circ}\left[\frac{1}{\varpi}\right] = \left(\varprojlim_{k\geq 1} K^\circ/\mathfrak{a}^k\right)\left[\frac{1}{\varpi}\right].$$

例如当 $v : K \to \mathbb{Z} \sqcup \{\infty\}$ 为离散赋值时, 可取 ϖ 使得 $v(\varpi) = 1$, 而 $\mathfrak{a} := (\varpi) = K^{\circ\circ}$.

证明 完备化 $\hat{K}$ 与 K 有相同的值群 Γ. 将 ϖ 视同 $\hat{K}$ 的元素, 于是引理 10.3.3 蕴涵 $\hat{K} = \hat{K}^\circ[\frac{1}{\varpi}]$. 应用前一结果及 (10.7) 导出 $\hat{K}^\circ = \widehat{K^\circ} \simeq \varprojlim_{k\geq 1} K^\circ/\mathfrak{a}^k$. □

施之于 $v_p : \mathbb{Q} \to \mathbb{Z} \sqcup \{\infty\}$, 立得 $\mathbb{Q}_p = \mathbb{Z}_p[\frac{1}{p}]$; 这正是 p-进数域在 §5.5 中的构造.

现在考虑对秩 1 赋值 v 完备的域 K. 对照于分析学中从 $\mathbb{R}$ 到 $\mathbb{C}$ 的思路, 在此我们也希望从 K 过渡到一个既完备又是代数闭的域. 推论 10.7.2 将说明 v 可以唯一地延拓到代数闭包 $\overline{K}$ 上. 然而 $\overline{K}$ 一般并不完备; 当 $K = \mathbb{Q}_p$ 时可参阅 [45, Proposition 5.1] 的讨论. 为了开展分析学, 应当进一步考虑 $\overline{K}$ 的完备化 $\widehat{\overline{K}}$, 如是反复

$$K \hookrightarrow \overline{K} \hookrightarrow \widehat{\overline{K}} \hookrightarrow \overline{\widehat{\overline{K}}} \hookrightarrow \cdots$$

似乎没有尽头. 所幸从之后将证明的推论 10.8.8 可知 $\widehat{\overline{K}}$ 总是代数闭域. 当 $K = \mathbb{Q}_p$ 时, 一般记 $\widehat{\overline{K}} = \mathbb{C}_p$; 它是发展 p-进分析学的一个合理基础, 却远非其终点.

10.4 绝对值, 局部域和整体域

例 10.2.1 已经简单提过有理数域 $\mathbb{Q}$ 上的两种 "绝对值": 寻常的绝对值 $|\cdot|_\infty$ 及 p-进绝对值 $|\cdot|_p = p^{-v_p(\cdot)}$, 其中 p 是素数; 后一情形中的 v_p 导向了 Krull 赋值的概念. 本节将回头探讨域上的绝对值.

定义 10.4.1 (绝对值) 域 K 上的**绝对值**指的是一个函数 $|\cdot| : K \to \mathbb{R}_{\geq 0}$, 满足以下条件:

(i) $|x| = 0 \iff x = 0$;

(ii) $|xy| = |x||y|$;

(iii) $|x + y| \leq |x| + |y|$ (三角不等式).

绝对值 $|\cdot|$ 透过 $d(x, y) := |x - y|$ 在 K 上诱导度量空间的结构, 从而使 K 成为 Hausdorff 拓扑域. 如果 K 上两个绝对值 $|\cdot|, |\cdot|'$ 诱导相同的拓扑结构, 则称它们是**等价**的.

观察到 (i) 和 (ii) 蕴涵 $|1| = 1$, 而且 $|-x| = |x|$. 一个平庸的例子是取 $x \neq 0 \implies |x| = 1$, 相应地得到 K 的离散拓扑; 今后我们将排除这个情形.

引理 10.4.2 对于域 K 上两个绝对值 $|\cdot|, |\cdot|'$, 以下性质等价:

(i) $|\cdot|$ 等价于 $|\cdot|'$;

(ii) $|x| < 1 \implies |x|' < 1$;

(iii) 存在 $t \in \mathbb{R}_{>0}$ 使得 $|\cdot| = (|\cdot|')^t$.

证明 (i) $\implies$ (ii): 对于任何绝对值 $|\cdot|$ 及相应的拓扑, 皆有 $|x| < 1 \iff \lim_{n\to\infty} x^n = 0$, 于是条件 (i) 蕴涵 $|x| < 1 \iff |x|' < 1$.

现证 (ii) $\implies$ (iii). 在条件 (ii) 中取 x^{-1} 可见 $|x| > 1 \implies |x|' > 1$. 取定 $y \in K^\times$ 使得 $|y| > 1$, 那么对任意 $x \in K^\times$ 都存在 $r(x) \in \mathbb{R}$ 使得 $|x| = |y|^{r(x)}$; 按约定 $r(x) \neq 0$. 取有理数列

$$\frac{m_i}{n_i} > r(x), \quad n_i > 0, \quad \lim_{i\to\infty} \frac{m_i}{n_i} = r(x).$$

则 $|x| < |y|^{m_i/n_i}$, 故

$$\left|\frac{x^{n_i}}{y^{m_i}}\right| < 1, \quad 从而 \left|\frac{x^{n_i}}{y^{m_i}}\right|' < 1, \quad |x|' < (|y|')^{\frac{m_i}{n_i}}.$$

取极限知 $|x|' \leq (|y|')^{r(x)}$. 若改用有理数列 $\frac{m_i}{n_i} < r(x)$ 逼近 $r(x)$, 得到的是 $|x|' \geq (|y|')^{r(x)}$, 故 $|x|' = (|y|')^{r(x)}$. 因此对任意 $x \in K^\times$ 皆有

$$\frac{\log|x|}{\log|x|'} = \frac{r(x)\log|y|}{r(x)\log|y|'} = \frac{\log|y|}{\log|y|'} =: t.$$

由于 $|y| > 1 \implies |y|' > 1$, 我们得到 (iii) 断言之常数 $t \in \mathbb{R}_{>0}$. 最后, (iii) $\implies$ (i) 为显然. □

定义 10.4.3 对于绝对值 $|\cdot| : K \to \mathbb{R}_{\geq 0}$, 如 $\{|n| : n \in \mathbb{Z}\} \subset \mathbb{R}_{\geq 0}$ 无界则称 $|\cdot|$ 是 **Archimedes** 的, 如有界称 $|\cdot|$ 是**非 Archimedes** 的.

此术语源于实数的 Archimedes 性质: 对任意 $\alpha, \beta \in \mathbb{R}_{>0}$, 总有正整数 n 使得 $n\alpha > \beta$.

命题 10.4.4 绝对值 $|\cdot| : K \to \mathbb{R}_{\geq 0}$ 为非 Archimedes 当且仅当存在定义 10.2.4 下的赋值 $v : K \to \Gamma \sqcup \{\infty\}$ 使得 $(\Gamma, \leq) \subset (\mathbb{R}, \leq)$ (作为全序交换群), 而且 $e^{-v(\cdot)} = |\cdot|$; 这里约定 $e^{-\infty} = 0$. 此时有强三角不等式

$$|x + y| \leq \max\{|x|, |y|\}, \quad |x| > |y| \implies |x + y| = |x|.$$

此外, K 的两个赋值 v_1, v_2 等价当且仅当它们对应的绝对值等价.

证明 给定秩 1 赋值 $v : K \to \Gamma \sqcup \{\infty\}$ (亦即 $(\Gamma, \leq) \subset (\mathbb{R}, \leq)$), 置 $|\cdot| := e^{-v(\cdot)}$, 则因为 $x \mapsto e^x$ 给出保序同构 $(\mathbb{R}, +) \xrightarrow{\sim} (\mathbb{R}_{>0}, \times)$, 性质 $|xy| = |x| \cdot |y|$ 和 $|x| + |y| \leq \max\{|x|, |y|\}$ 分别对应到 (10.4) 和 (10.5), 而且 $v^{-1}(\infty) = \{0\}$ (因 K 是域) 对应于 $x \neq 0 \implies |x| > 0$. 综上, 秩 1 赋值 $v : K \to \Gamma \sqcup \{\infty\}$ 一一对应于满足强三角不等式

的绝对值 $|\cdot|: K \to \mathbb{R}_{\geq 0}$. 公式 $|x| > |y| \implies |x+y| = |x|$ 无非是引理 10.2.6 的转译. 此时 $|n| = |1 + \cdots + 1| \leq |1|$.

反设存在 N 使得 $\forall n \in \mathbb{Z}_{\geq 1}$, $|n| \leq N$. 对任意 $x, y \in K$,

$$|x+y|^n \leq \sum_{k=0}^{n} \left| \binom{n}{k} \right| \cdot |x|^k |y|^{n-k} \leq (n+1)N \cdot \max\{|x|, |y|\}^n.$$

两边取 n 次方根, 再令 $n \to \infty$ 即得强三角不等式 $|x+y| \leq \max\{|x|, |y|\}$. 最后关于赋值等价性的断言是引理 10.4.2 (iii) 的直接结论. □

定理 10.4.5 (Artin–Whaples 逼近定理) 设 $|\cdot|_i$ 是域 K 上一族互不等价的绝对值 $(i = 1, \ldots, n)$. 令 $x_1, \ldots, x_n \in K$, $\epsilon > 0$, 则存在 $x \in K$ 使得

$$|x - x_i|_i < \epsilon, \quad i = 1, \ldots, n.$$

证明 我们断言存在 $z \in K$ 使得 $|z|_1 > 1$ 而 $2 \leq j \leq n \implies |z|_j < 1$. 先从 $n = 2$ 的情形做起. 引理 10.4.2 蕴涵存在 $\alpha, \beta \in K^\times$ 使得

$$|\alpha|_1, |\beta|_2 < 1, \quad |\alpha|_2, |\beta|_1 \geq 1.$$

所以 $z := \beta/\alpha$ 满足 $|z|_1 > 1$, $|z|_2 < 1$. 借由递归, 设 $n \geq 3$ 并且已有 $w \in K$ 使得 $|w|_1 > 1$ 而 $2 \leq j \leq n-1 \implies |w|_j < 1$. 又由 $n = 2$ 的情形可取 y 满足 $|y|_1 > 1$ 而 $|y|_n < 1$.

- ◇ 如 $|w|_n \leq 1$, 则当 $m \gg 0$ 时 $w^m y$ 即所求.
- ◇ 如 $|w|_n > 1$, 因为当 $m \to \infty$ 时 $w^m/(1+w^m)$ 对 $|\cdot|_1$ 和 $|\cdot|_n$ 的值趋近于 1, 对 $|\cdot|_{i \neq 1, n}$ 的值趋近于 0, 故取

$$\frac{w^m}{1+w^m} \cdot y, \quad m \gg 0$$

即所求.

置 $z_1(m) := \frac{z^m}{1+z^m} \in K$. 设 $1 \leq k \leq n$, 我们有

$$\lim_{m \to +\infty} z_1(m) = \begin{cases} 1, & k = 1, \\ 0, & k \neq 1 \end{cases} \quad (\text{相对于 } |\cdot|_k).$$

对于 $|\cdot|_2, \ldots, |\cdot|_n$ 如法炮制得到 $z_2(m), \ldots, z_n(m)$. 最后, 取 $x = z_1(m)x_1 + \cdots + z_n(m)x_n$ 和 $m \gg 0$ 即可. □

定理 10.4.6 (A. Ostrowski) 精确到等价, $\mathbb{Q}$ 上的绝对值只有 p-进绝对值 $|\cdot|_p$, 其中 p 取遍素数, 和寻常的绝对值 $|\cdot|_\infty$. 它们互不等价.

证明 首先设 $|\cdot|:\mathbb{Q}\to\mathbb{R}_{\geq 0}$ 非 Archimedes; 对任意 $n\in\mathbb{Z}_{\geq 1}$ 皆有 $|n|=|1+\cdots+1|\leq|1|=1$. 必存在素数 p 使得 $|p|<1$, 否则利用整数的素因子分解可推出 $|\cdot|=1$. 强三角不等式蕴涵 $\{n\in\mathbb{Z}:|n|<1\}$ 为 $\mathbb{Z}$ 的素理想, 故等于某个 $p\mathbb{Z}$. 将任意 $\alpha\in\mathbb{Q}^\times$ 写作 $\alpha=p^k\cdot\frac{a}{b}$, 其中整数 a,b 皆与 p 互素, 则

$$|\alpha|<1 \iff |p|^k<1 \iff k>0 \iff |\alpha|_p<1.$$

所以引理 10.4.2 蕴涵 $|\cdot|$ 等价于 $|\cdot|_p$.

接着处理 $|\cdot|$ 为 Archimedes 绝对值的情形. 考虑整数 $n,m>1$. 首先将 m 用 n-进制展开为 $m=a_0+a_1n^1+\cdots+a_kn^k$, 其中 $0\leq a_i<n$ 为整数. 那么

$$k\leq\frac{\log m}{\log n},\qquad |a_i|\leq a_i\cdot|1|=a_i<n.$$

于是三角不等式蕴涵

$$|m|\leq\sum_{i=0}^{k}|a_i|\cdot|n|^i\leq\sum_{i=0}^{k}n|n|^i;$$

从这步可以看出 $|n|\geq 1$, 否则 $|m|\leq n\sum_{i=0}^{\infty}|n|^i=n/(1-|n|)$ 与 Archimedes 假设矛盾. 继而

$$|m|\leq(1+k)n\cdot|n|^k\leq\left(1+\frac{\log m}{\log n}\right)\cdot n\cdot|n|^{\log m/\log n}.$$

在不等式中以 m^t 代 m, 其中 $t\in\mathbb{Z}_{\geq 1}$, 得到 $|m|^t\leq\left(1+t\cdot\frac{\log m}{\log n}\right)n|n|^{t\log m/\log n}$. 两边同取 t 次方根并让 $t\to\infty$, 整理后可得

$$|m|^{\frac{1}{\log m}}\leq|n|^{\frac{1}{\log n}}.$$

从对称性导出 $|m|^{1/\log m}=|n|^{1/\log n}$; 记此常数为 e^s. 由于对每个 $n\in\mathbb{Z}_{\geq 1}$ 皆有 $|n|=e^{s\log n}=|n|_\infty^s$, 立得 $|\cdot|=|\cdot|_\infty^s$ 和 $s>0$. 最后, 应用引理 10.4.2 之 (ii) 易见绝对值 $|\cdot|_v$ 互不等价 (v 取遍素数与 ∞). □

转回一般情形. 回顾 §10.1 的讨论, 对拓扑域 $(K,|\cdot|)$ 作完备化可得完备拓扑环 $\hat{K}$. 以下性质成立:

- ◇ $\hat{K}$ 仍是拓扑域;
- ◇ K 上绝对值连续地延拓为 $|\cdot|:\hat{K}\to\mathbb{R}_{\geq 0}$.

因为度量空间总满足第一可数公理, $\hat{K}$ 既可以由极小 Cauchy 滤子来构造, 亦可仿照从 $\mathbb{Q}$ 造 $\mathbb{R}$ 的手法构造为 Cauchy 列的等价类 (见 [57, §8.1]); 在此仍采取滤子语言. 假定 $\hat{x}$ 是 K 上的 Cauchy 滤子, 因此对每个 $\epsilon > 0$ 总存在 $E \in \hat{x}$ 使得 $|E - E| < \epsilon$; 由 $||x| - |y||_{\mathbb{R}} \leq |x - y|$ 可知 $\{|E| : E \in \hat{x}\}$ 构成 $\mathbb{R}_{\geq 0}$ 上的 Cauchy 滤子基, 于是有极限 $|\hat{x}| \in \mathbb{R}_{\geq 0}$; 这就说明了 $|\cdot|$ 的延拓方法. 由于 $|x^{-1} - y^{-1}| = |xy|^{-1} \cdot |y - x|$, 取逆运算可连续地延拓到不以 0 为极限的极小 Cauchy 滤子. 从 (10.3) 导出 $\hat{K}$ 仍是拓扑域.

域对绝对值的完备化具有函子性: 设 $\iota : K_1 \hookrightarrow K_2$ 为域嵌入, 并且 K_1, K_2 上给定的绝对值满足 $|\iota(x)|_2 = |x|_1$, 则 ι 连续地延拓为域嵌入 $\hat{K}_1 \hookrightarrow \hat{K}_2$. 计入命题 10.4.4, 对于非 Archimedes 绝对值, 这一切和我们在 §10.3 的构造是匹配的.

我们需要以下的标准定义.

定义 10.4.7 (范数) 给定 $(K, |\cdot|)$, 赋范 K-向量空间系指如下资料 $(E, \|\cdot\|)$, 其中 E 是 K-向量空间, 而映射 $\|\cdot\| : E \to \mathbb{R}_{\geq 0}$ (称作范数) 满足以下性质:

NM.1 $\|v\| = 0 \iff v = 0$;

NM.2 $\|tv\| = |t| \cdot \|v\|$, 其中 $t \in K$;

NM.3 $\|v + w\| \leq \|v\| + \|w\|$ (三角不等式).

若对 E 上范数 $\|\cdot\|, \|\cdot\|'$ 存在常数 $c_1, c_2 \in \mathbb{R}_{>0}$ 使得 $c_1\|\cdot\| \leq \|\cdot\|' \leq c_2\|\cdot\|$, 则称两者是等价的.

范数使 E 成为拓扑 K-向量空间: 其拓扑由度量 $d(x, y) = \|x - y\|$ 确定; 特别地, E 的拓扑由序列的收敛性刻画. 以下性质同样是熟知的, 参见 [53, 推论 1.4.17].

引理 10.4.8 两范数等价的充要条件是它们诱导相同的拓扑.

命题 10.4.9 设 $(K, |\cdot|)$ 完备, E 是有限维 K-向量空间, 则:

(i) 若 $E = K^n$, 则 $\sup$-$\|(x_1, \ldots, x_n)\| := \sup\{|x_1|, \ldots, |x_n|\}$ 定义 K^n 的范数, 相应的拓扑是 K^n 的积拓扑;

(ii) E 的范数两两等价;

(iii) E 对任意范数皆完备;

(iv) 设 $|\cdot|_1, |\cdot|_2 : K \to \mathbb{R}_{\geq 0}$ 是使 K 完备的等价绝对值, $(E_i, \|\cdot\|_i)$ 是相对于 $(K, |\cdot|_i)$ 的有限维赋范向量空间 $(i = 1, 2)$, 则任何 K-线性映射 $E_1 \to E_2$ 皆连续.

证明 关于 (i) 的验证是容易的, 同时 K 完备蕴涵 K^n 对 $\sup$-$\|\cdot\|$ 亦完备, 细节留予读者. 关键在于证 (ii). 取 E 的基 $v_1, \ldots, v_n$, 相应地得到同构 $E \simeq K^n$. 因此 K^n 上的 $\sup$-$\|\cdot\|$ 借同构拉回到 E 上. 我们必须证明 E 上任何范数 $\|\cdot\|$ 都等价于此拉回; 如此则 $E \simeq K^n$ 为同胚, 从而 E 也是完备的, 这就顺带得出了 (iii). 范数定义直接给出一个

方向的估计

$$\|a_1v_1+\cdots+a_nv_n\|\leq\left(\sum_{i=1}^n\|v_i\|\right)\sup\{|a_i|:i=1,\ldots,n\}.$$

而且 $n=1$ 时此为等式. 以下对 n 施递归: 设 $n\geq 2$, 对每个 $i=1,\ldots,n$ 命 $E_i:=\bigoplus_{j\neq i}Kv_j$. 根据递归知 E_i 完备, 从而是 E 的闭子空间; 因此 $\bigcup_{i=1}^n(E_i+v_i)$ 是 E 中不含 0 的闭集. 故有

$$\exists\eta\in\mathbb{R}_{>0},\quad \inf_{x\in E_i}\|x+v_i\|\geq\eta,\quad i=1,\ldots,n.$$

对于 $(a_1,\ldots,a_n)\in K^n\smallsetminus\{0\}$, 若 $\sup_i|a_i|=|a_k|$ 则

$$\begin{aligned}\|a_1v_1+\cdots+a_nv_n\|&=|a_k|\cdot\left\|\frac{a_1}{a_k}v_1+\cdots+v_k+\cdots+\frac{a_n}{a_k}v_n\right\|\\&\geq|a_k|\eta=\eta\cdot\sup\{|a_i|:i=1,\ldots,n\}.\end{aligned}$$

上式在 $(a_1,\ldots,a_n)=(0,\ldots,0)$ 时也成立, 这就给出另一方向的估计.

性质 (iv) 归结为: 任何线性映射 $K^n\to K^m$ 相对于 K^n,K^m 上的积拓扑 (由 $|\cdot|_1$ 或 $|\cdot|_2$ 诱导) 都是连续的. 与 m 个坐标投影 $K^m\to K$ 合成后, 问题进一步化为证任何线性映射 $K^n\to K$ 皆连续, 这也是容易的. □

注记 10.4.10 对一般的完备拓扑域 K 上的拓扑向量空间 (总假设 Hausdorff 性质, 且 K 非离散) 仍有同样的结果: 有限维 K-向量空间 E 具有唯一的拓扑结构, 满足完备性, 而且其间的线性映射自动连续. 其证明比较迂回, 对于 $K=\mathbb{R}$ 或 $\mathbb{C}$ 的情形可参考泛函分析的书籍.

Archimedes 绝对值的典型例子是 $K=\mathbb{R},\mathbb{C}$ 连同标准的绝对值 $|\cdot|_\infty$, 当然它们皆完备. 出人意料的是 Archimedes 完备域仅此二例.

定理 10.4.11 (A. Ostrowski) *若 K 对 Archimedes 绝对值 $|\cdot|$ 是完备的, 则存在从 K 到 $\mathbb{R}$ 或 $\mathbb{C}$ 的域同构 σ 以及 $t\in\mathbb{R}_{>0}$, 使得*

$$|\sigma(x)|_\infty=|x|^t,\quad x\in K.$$

证明 Archimedes 条件蕴涵 $\mathrm{char}(K)=0$. 根据定理 10.4.6, 完备性导致 K 包含 $\mathbb{Q}$ 对唯一的 Archimedes 绝对值 $|\cdot|_\infty$ 的完备化 $\mathbb{R}$. 以下的策略是证明

$$\text{任何 } x\in K \text{ 都是某个 } Q_x\in\mathbb{R}[X] \text{ 的根}, \deg Q_x=2. \tag{10.8}$$

若然, 则或者 $K=\mathbb{R}$, 或者存在 $\mathbb{R}$-代数的嵌入 $\mathbb{C}\hookrightarrow K$; 在后一情形, 因为 Q_x 在 $\mathbb{C}$ 上

分解成一次因子, 故每个 x 都属于 $\mathbb{C}$ 的像. 综之有 $\mathbb{R}$-代数的同构 $\sigma : K \xrightarrow{\sim} \mathbb{R}$ 或 $\mathbb{C}$. 视此为 Frobenius 定理 7.2.9 的推论也未尝不可, 但这里的情形简单得多. 最后, 命题 10.4.9 (iv) 蕴涵 σ 也是同胚, 因此绝对值 $|\sigma(\cdot)|_\infty$ 等价于 $|\cdot|$.

为了证明 (10.8), 固定 $x \in K$, 端详连续函数

$$\begin{aligned} f : \mathbb{C} &\longrightarrow \mathbb{R}_{\geq 0} \\ z &\longmapsto \left|x^2 - (z + \bar{z})x + z\bar{z}\right|. \end{aligned}$$

易见当 $|z|_\infty \to \infty$ 时 f 也趋向无穷, 故 f 取到极小值 $m \in \mathbb{R}_{\geq 0}$. 仅需证明 $m = 0$. 置 $S := f^{-1}(m)$, 这是 $\mathbb{C}$ 中有界闭集故紧; 取 $w \in S$ 使得 $|w|_\infty$ 极大. 假若 $m > 0$, 选取 $\epsilon \in \mathbb{R}_{>0} \hookrightarrow K$ 充分接近 0 以确保 $|\epsilon| < m$; 考量判别式可知 $g(X) := X^2 - (w + \bar{w})X + w\bar{w} + \epsilon \in \mathbb{R}[X]$ 有根 $\alpha \neq \bar{\alpha}$. 由 $\alpha\bar{\alpha} = w\bar{w} + \epsilon$ 可知 $|\alpha|_\infty > |w|_\infty$, $\alpha \notin S$, 从而 $f(\alpha) > m$.

现在选定 n 并考虑 $G(X) = (g(X) - \epsilon)^n - (-\epsilon)^n \in \mathbb{R}[X]$, 设其根为 $\alpha_1, \ldots, \alpha_{2n} \in \mathbb{C}$ (容许重复), 而且不妨设 $\alpha_1 = \alpha$. 由于复共轭诱导根的置换, 我们有

$$\begin{aligned} G(X)^2 &= \prod_{i=1}^{2n} (X - \alpha_i)(X - \overline{\alpha}_i) = \prod_{i=1}^{2n} \left(X^2 - (\alpha_i + \overline{\alpha_i})X + \alpha_i\overline{\alpha_i}\right), \\ |G(x)|^2 &= |G(x)^2| = \prod_{i=1}^{2n} |f(\alpha_i)| \geq f(\alpha) m^{2n-1}. \end{aligned}$$

另一方面,

$$|G(x)| \leq \left|x^2 - (w + \bar{w})x + w\bar{w}\right|^n + |-\epsilon|^n = f(w)^n + |\epsilon|^n = m^n + |\epsilon|^n.$$

两者联立遂得

$$\sqrt{\frac{f(\alpha)}{m}} \leq 1 + \left(\frac{|\epsilon|}{m}\right)^n;$$

取极限 $n \to +\infty$ 得 $f(\alpha) \leq m$, 与先前导出的 $f(\alpha) > m$ 矛盾. □

透过完备化, Archimedes 绝对值的分类也彻底明白了: 精确到等价, 所有 Archimedes 的 $(K, |\cdot|)$ 都来自于域嵌入 $\iota : K \hookrightarrow \mathbb{C}$ 和 $|\cdot| = |\iota(\cdot)|_\infty$.

综上, 至少在技术层面, 探讨绝对值的性质时往往可以化约到非 Archimedes 情形, 继而过渡到秩 1 赋值的研究. 这并不是说 $|\cdot|_\infty$ 的研究是简单或无关紧要的: 在数论的研究中, 根本的难点往往正在于寻觅一套自然的理论, 让 $|\cdot|_2, |\cdot|_3, \ldots, |\cdot|_\infty$ 能在其中各安生理.

定义 10.4.12 称域 K 连同其绝对值 $|\cdot| : K \to \mathbb{R}_{\geq 0}$ 为**局部域**, 如果 (a) K 对 $|\cdot|$ 完备, (b) K 作为拓扑空间是局部紧的.

回忆局部紧的定义 [57, §7.6]: 每个 $x \in K$ 都有紧邻域 (见例 10.1.3); 因为 $(K, +)$ 成群, 仅需对 $x = 0$ 验证即可. 对于 Archimedes 情形, 显然 $K = \mathbb{R}, \mathbb{C}$ 的拓扑皆局部紧, 由定理 10.4.11, 这就穷尽了所有 Archimedes 局部域.

对局部域及相关结构如群 $\mathrm{GL}(n, K)$ 及其齐性空间等等, 可以开展调和分析的研究, 这是 Langlands 纲领的重要成分; 对 Archimedes 局部域的情形, 这正是经典意义下的 Lie 群和非交换调和分析理论. 进一步的介绍请见 [63].

局部与整体相对. **整体域**的定义是 $\mathbb{Q}$ 或 $\mathbb{F}_q(t)$ 的有限扩张, 这里 $\mathbb{F}_q$ 表示 q 个元素的有限域, t 为有理函数域的变元. 局部域的分类是已知的: 它们正是整体域对某一绝对值的完备化, 见 [35, II. (5.2)]. 对于 $\mathbb{F}_q(t)$ 的情形, 局部和整体的几何意蕴相当显豁: 对照复数域上的情形, 不妨视 $\mathbb{F}_q(t)$ 为 $\mathbb{F}_q$ 上的一维射影空间 $\mathbb{P}^1_{\mathbb{F}_q}$ 上的全体有理函数, 考虑其绝对值 $|\cdot|_0 := q^{-v_0(\cdot)}$, 其中 v_0 表函数在 $t = 0$ 的消没次数 (对照例 10.2.2), 则完备化 $\mathbb{F}_q(\!(t)\!)$ 无非是取这些函数在 $t = 0$ 附近的 Laurent 展开, 体现的因而是 $\mathbb{P}^1_{\mathbb{F}_q}$ 在一点处的局部性状.

10.5 个案研究: 单位闭圆盘

现在选定域 K 及非 Archimedes 绝对值 $|\cdot| : K \to \mathbb{R}_{\geq 0}$, 并假设 K 对 $|\cdot|$ 完备; 对应的赋值记为 $v : K \to \mathbb{R} \sqcup \{\infty\}$, 今后我们将不加说明地在 v 和 $|\cdot|$ 之间切换. 以下皆以符号 t 表 K 上幂级数环或其子环中的变元.

定义 10.5.1 定义

$$K\langle t\rangle := \left\{ f = \sum_{n\geq 0} c_n t^n \in K[\![t]\!] : \lim_{n\to\infty} |c_n| = 0 \right\},$$

并对如上的 $f \in K\langle t\rangle$ 定义

$$\|f\| := \sup_{n\geq 0} |c_n|,$$

称为 $K\langle t\rangle$ 上的 Gauss 范数; 注意到 $|c_n| \to 0$ 蕴涵上确界 $\sup_{n\geq 0} |c_n|$ 确实被某个 $|c_n|$ 取到.

眼前有两个任务, 一是检查 $K\langle t\rangle$ 是 $K[\![t]\!]$ 的 K-子代数; 二是确立 $\|\cdot\|$ 的范数性质.

引理 10.5.2 以上定义的 $K\langle t\rangle$ 是 $K[\![t]\!]$ 的子代数, 并且 $\|\cdot\|$ 满足以下性质:

$$\|f\|=0 \iff f=0,$$
$$\|f+g\|\le\max\{\|f\|,\|g\|\},$$
$$\|cf\|=|c|\cdot\|f\|,\quad c\in K,$$
$$\|fg\|=\|f\|\cdot\|g\|.$$

满足 $\|fg\|=\|f\|\cdot\|g\|$ 的范数也叫作乘性范数.

证明 容易从 $(K,|\cdot|)$ 的性质导出 $K\langle t\rangle$ 对加法和 K 的纯量乘法封闭, 而 $\|\cdot\|$ 的前三条性质也是自明的. 重点在乘法. 令 $f=\sum_n a_nt^n$ 和 $g=\sum_n b_nt^n$ 为 $K\langle t\rangle$ 中元素. 幂级数 $fg=\sum_n c_nt^n$ 的系数满足

$$\begin{aligned}|c_n|=\left|\sum_{i+j=n}a_ib_j\right|&\le\max\{|a_i|\cdot|b_j|:i+j=n\}\\&\le\max\left\{|a_i|\cdot\|g\|,\ \|f\|\cdot|b_j|:i,j\ge\frac{n}{2}\right\},\end{aligned}$$

最后一项当 $n\to\infty$ 时收敛于 0. 故 $K\langle t\rangle$ 对乘法封闭, 我们还顺手得出了 $\|fg\|\le\|f\|\cdot\|g\|$. 为了说明等号成立, 请回忆存在 $c,d\in K$ 使得 $|c|=\|f\|$, $|d|=\|g\|$, 而

$$\|fg\|=|cd|\cdot\left\|\frac{f}{c}\cdot\frac{g}{d}\right\|,$$

故问题化约为证明 $\|f\|=\|g\|=1\implies\|fg\|=1$. 以下与 Gauss 引理 5.7.12 的证明相仿: 关键在于说明 fg 有某项系数不属于 $K^{\circ\circ}=\{x:|x|<1\}$. 考虑商同态 $K^\circ\to\kappa:=K^\circ/K^{\circ\circ}$: 因为 $f,g\in K^\circ[\![t]\!]$ 的系数皆趋近 0, 它们在商同态下的像 $\bar f,\bar g$ (非零) 和 $\overline{fg}$ 实则落在 $\kappa[t]$. 既然 $\kappa[t]$ 为整环, $\overline{fg}=\bar f\cdot\bar g\neq0$ 故 fg 必有系数不属于 $K^{\circ\circ}$. 证毕. □

留意到 $-\log\|\cdot\|$ 也给出环 $K\langle t\rangle$ 上的秩 1 赋值, 它延拓了 $v:K\to\mathbb{R}\sqcup\{\infty\}$. 无论采取范数还是赋值的语言, $K\langle t\rangle$ 都带有自然的拓扑 K-代数结构.

引理 10.5.3 拓扑 K-代数 $K\langle t\rangle$ 是完备的.

证明 只需证每个 Cauchy 序列 $(a_k)_{k=1}^\infty$ 皆收敛. 置 $a_0:=0$ 和 $f_k:=a_{k+1}-a_k$, 问题化约为证无穷级数 $\sum_{k=0}^\infty f_k$ 在 $K\langle t\rangle$ 中收敛于某个 f.

置 $f_k=\sum_{h\ge0}c_{k,h}t^h$. 注意到 $\lim_{k\to\infty}\|f_k\|=0$, 这确保 $c_h:=\sum_{k\ge0}c_{k,h}$ 存在. 我们断言 $f:=\sum_{h\ge0}c_ht^h\in K\langle t\rangle$ 并给出 $\sum_{k=0}^\infty f_k$.

对任意 $\epsilon>0$, 取 M 充分大使得 $k\ge M\implies\|f_k\|<\epsilon$, 再取 N 使得当 $0\le k<M$

而 $h \geq N$ 时 $|c_{k,h}| < \epsilon$. 于是

$$h \geq N \implies (\forall k \geq 0,\ |c_{k,h}| \leq \epsilon) \implies |c_h| \leq \epsilon,$$

故 $f := \sum_{h\geq 0} c_h t^h \in K\langle t\rangle$. 其次, 在 $K\langle t\rangle$ 中有等式

$$f - \sum_{k=0}^{M} f_k = \sum_{h\geq 0}\left(c_h - \sum_{k=0}^{M} c_{k,h}\right) t^h = \sum_{h\geq 0} \underbrace{\left(\sum_{k>M} c_{k,h}\right)}_{|\cdot|\leq\epsilon} t^h,$$

从而 $f = \sum_{k=0}^{\infty} f_k$. □

注记 10.5.4 基于命题 10.2.11, 对任意 $x \in K$ 和 $f = \sum_{k\geq 0} c_k t^k \in K[\![t]\!]$, 能以收敛无穷级数对 f 在 $t = x$ 处求值的充要条件是

$$\lim_{k\to\infty} |c_k| \cdot |x|^k = 0.$$

当 x 取遍 "单位闭圆盘" $K^\circ = \{x : |x| \leq 1\}$ 的元素时, 为了让求值有意义, 合理的要求是 $\lim_{k\to\infty} |c_k| = 0$, 亦即 $f \in K\langle t\rangle$. 请读者琢磨这和 $\mathbb{C}$ 上情形的异同.

现代数学的一个基本见地是沿波讨源: 为了研究或表述一个几何对象 X 的性质, 可以从 X 上的全体函数, 或更精确地说是这些函数构成的 "层" $\mathcal{O}_X$ 出发. 套用于 $X = K^\circ$, 相系的几何可以设想为某种 K 上的非 Archimedes 解析几何, 而 $K\langle t\rangle$ 就是单位闭圆盘的一种代数化身; 之所以称为解析几何, 是因为我们依靠收敛幂级数来探测或表达相关的性质. 我们马上会看到, 除了 Gauss 范数之外, 许多其他的范数乃至于秩 > 1 之赋值都会自然登场.

让我们迅速勾勒 $K\langle T\rangle$ 上的几种赋值; 它们在 Huber 的进制空间理论中一同描述了 K° 的解析几何. 为了得到干净的结果, 下面假定 K 不仅完备还是代数闭的. 对任意 $x \in K$ 和 $r \in \mathbb{R}_{\geq 0}$, 定义闭圆盘 $B(x, r) := \{y \in K : |y - x| \leq r\}$.

I. 经典点: 对每个 $x \in K^\circ$, 映射 $f \mapsto |f|_x := |f(x)|$ 给出 $K\langle t\rangle$ 上的乘性范数, 相应地 $w_x : f \mapsto -\log|f|_x$ 给出 $K\langle t\rangle$ 的秩 1 赋值, 可以证明 $x = y \iff w_x$ 等价于 w_y, 而且 $w_x^{-1}(\infty) = \mathfrak{m}_x := \{f : f(x) = 0\}$.

II. 半径为 $0 \leq r \leq 1$, 圆心为 $x \in K^\circ$ 且 $r \in |K|$ 的闭圆盘 $B := B(x, r)$: 对 $f = \sum_{n\geq 0} c_n (t - x)^n \in K\langle t\rangle$, 相应的乘性范数是 $|f|_B := \sup_{n\geq 0} |c_n| r^n$. 我们仍可定义相应的秩 1 赋值

$$w_B = -\log|\cdot|_B = \inf\{v(c_n) - n\log r : n = 0, 1, 2, \ldots\}.$$

◇ $r = 0 \implies |f|_B = |f|_x$, 回到 I 的情形;

◇ $r = 1 \implies |f|_B = \|f\|$, 回到 Gauss 范数.

III. 同上, 但半径 $r \notin |K|$. 可以证明无论 r 是否属于 $|K|$, 总有 $|f|_B = \sup_{x \in B} |f(x)|$, 从而 $|\cdot|_B$ 确实只与闭圆盘 B 有关, 而与圆心 x 的选取无关.

IV. 尽头点: 设 $B_1 \supset B_2 \supset \ldots$ 为 K° 中一列闭圆盘, 并且 $\bigcap_{k \geq 1} B_k = \varnothing$, 定义乘性范数 $|f|_{(B_k)_{k\geq 1}} := \inf_{k \geq 1} |f|_{B_k}$; 同样地, 我们也有相应的秩 1 赋值 $w_{(B_k)_{k\geq 1}}$. 留意到 $\mathbb{C}$ 中递相嵌套的闭圆盘 $B_1 \supset B_2 \supset \cdots$ 必然有交, 在此则未必.

V. 赋予 $\Gamma := \mathbb{R} \oplus \mathbb{Z}\alpha$ 全序交换群的结构 (α 仅是一个方便的符号), 以使

$$r > 0 \implies r > \alpha > 0;$$

思路: α 是 “正无穷小”. 现在对 $x \in K^\circ$ 和 $0 \leq r < 1$ 定义赋值

$$\begin{aligned} w_{x,-} : K\langle t \rangle &\longrightarrow \Gamma \sqcup \{\infty\} \\ f = \sum_{n \geq 0} c_n (t-x)^n &\longmapsto \inf\{v(c_n) - n\log r + n\alpha : n = 0, 1, 2, \ldots\}. \end{aligned}$$

不妨想象它对应到 $B(x, re^{-\alpha})$, 其半径小于但无穷接近 r. 可以证明 $w_{x,-}$ 只和开圆盘 $\{y : |y - x| < r\}$ 有关. 当 $r \notin |K|$ 时, $w_{x,-}$ 等价于 III 的 $w_{B(x,r)} = -\log|\cdot|_{B(x,r)}$; 而当 $r \in |K|$ 时 $w_{x,-}$ 与上述几种赋值皆不等价.

同理, 对于 $0 < r \leq 1$ 的情形引进负无穷小 $-\alpha$, 则得赋值 $w_{x,+}$; 它只和 $B(x, r)$ 有关.

这些赋值的共性之一在于它们限制到 $K^\circ\langle t \rangle = K\langle t \rangle \cap K^\circ[\![t]\!]$ 上都 ≥ 0. 以上 I 型点容易理解, 它们恰是 K° 的元素, 然而 I 型点构成的拓扑空间 “完全不连通” (见 [63, 定义 1.7.3]), 照搬经典方法得到的几何乏善可陈. 另外, II 和 III 两型的点可以比作代数几何学中常用的 “泛点”. 当 II, III 两型点的 $r \in [0, 1]$ 连续地变化时, 在适当的拓扑下, 这些赋值 (或点) 描出一棵无穷分枝的树:

◇ 它以 Gauss 范数 ($r = 1$) 为根,
◇ 以 I 和 IV 型点为树梢,
◇ 以 II 型点为分枝处, 周边簇拥着一群无穷近的 V 型点.

对之只能写意地描绘, 以下将 V 型点画作 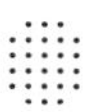.

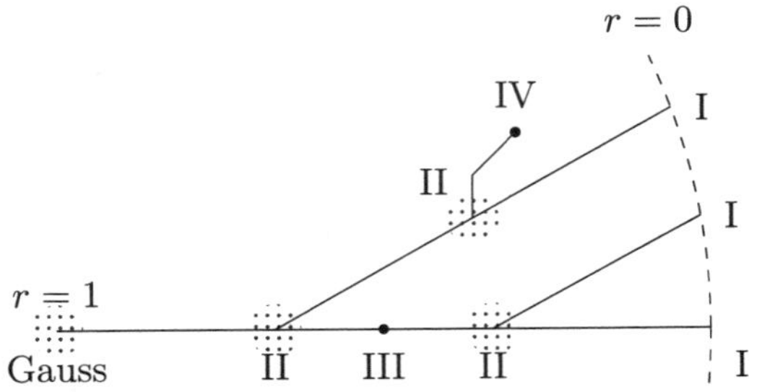

全体 I—IV 型点构成了对应于单位闭圆盘的 **Berkovich 空间**. 余下 V 型点对应于秩 >1 之赋值, 它们的几何图像比较隐晦, 技术上却有其方便, 也自有思想渊源: 比照代数几何学, 这正是奇点理论中经典的 **Zariski–Riemann 空间**的变奏. 这类赋值空间在数论、代数几何与动力系统的研究中应用甚多. 我们点到为止.

10.6 一般扩域的赋值

第一步是对域上赋值给出基于环论的描述.

命题 10.6.1 设 K° 为整环, $K := \mathrm{Frac}(K^\circ)$ 为其分式域. 若对任意 $x \in K^\times$ 皆有 $x \in K^\circ$ 或 $x^{-1} \in K^\circ$, 则存在赋值 $v : K \to \Gamma$ 使得 K° 是相应的赋值环, 而且 v 在等价 (定义 10.3.2) 意义下唯一.

证明 唯一性已经在定义 10.3.2 之前讨论过了. 以下构造 v. 取 $\Gamma := K^\times/K^{\circ\times}$ (乘法群), 定义序结构 $xK^{\circ\times} \leq yK^{\circ\times} \iff x^{-1}y \in K^\circ$. 容易由条件看出 $(\Gamma, \leq)$ 是全序交换群. 取 $v : K^\times \to \Gamma$ 为商同态. 要点在于检验 (10.5). 令 $x, y \in K^\times$, $\alpha := xy^{-1}$, 不妨假设 $x + y \neq 0$, 我们有

$$v(x+y) < v(y) \iff \frac{x+y}{y} = \alpha + 1 \notin K^\circ \iff \alpha \notin K^\circ.$$

同理, $v(x+y) < v(x) \iff \alpha^{-1} \notin K^\circ$. 这两者不能同时成立. □

定义 10.6.2 我们将满足命题 10.6.1 中条件的整环 K° 称为**赋值环**. 若相应的赋值离散, 则称 K° 为**离散赋值环**.

根据命题 10.6.1, 此定义非但不以 §10.3 的理论为前提, 还反过来决定了分式域 $K = \mathrm{Frac}(K^\circ)$ 及其上的赋值 v. 具有唯一极大理想的交换环称为**局部环**, 定义–定理 10.3.1 断言赋值环必为局部环.

延拓赋值的根本工具是以下关于交换环的定理.

定理 10.6.3 (C. Chevalley) 设 L 为域, $R \subset L$ 为子环, 而 $\mathfrak{p}$ 是 R 的素理想. 必存在以 L 为分式域的赋值环 $\mathfrak{o}$, 使得 $\mathfrak{o} \supset R$ 而且其极大理想 $\mathfrak{m}$ 满足 $\mathfrak{m} \cap R = \mathfrak{p}$.

证明　回忆 §5.3: 因 $\mathfrak{p} \subset R$ 为素理想之故, $S := R \smallsetminus \mathfrak{p}$ 是乘性子集, 故可定义局部化 $R_{\mathfrak{p}} := R[S^{-1}]$. 命题 5.3.13 保证 $R_{\mathfrak{p}}$ 是局部环: 它只有唯一一个极大理想 $\mathfrak{p}[S^{-1}] = \mathfrak{p}R_{\mathfrak{p}}$. 今考虑所有满足下列条件的资料 $(A, \mathfrak{a})$:

$$R_{\mathfrak{p}} \subset A \subset L: \text{子环}, \quad \mathfrak{a} \subsetneq A: \text{真理想}, \ \mathfrak{a} \supset \mathfrak{p}R_{\mathfrak{p}}.$$

全体 $(A, \mathfrak{a})$ 构成非空集 $\mathcal{P}$, 具有偏序

$$(A_1, \mathfrak{a}_1) \leq (A_2, \mathfrak{a}_2) \iff (A_1 \subset A_2) \wedge (\mathfrak{a}_1 \subset \mathfrak{a}_2).$$

对每个 $(A, \mathfrak{a}) \in \mathcal{P}$, 交集 $\mathfrak{a} \cap R_{\mathfrak{p}}$ 必为 $R_{\mathfrak{p}}$ 的真理想, 否则将有 $1 \in \mathfrak{a}$. 故 $\mathfrak{a} \cap R_{\mathfrak{p}} = \mathfrak{p}R_{\mathfrak{p}}$, 从而有

$$\mathfrak{p} = (\mathfrak{p}R_{\mathfrak{p}} \cap R) = \mathfrak{a} \cap R_{\mathfrak{p}} \cap R = \mathfrak{a} \cap R$$

(回忆命题 5.3.13 及它之前的讨论). 利用熟悉的论证, 以 Zorn 引理选取 $(\mathcal{P}, \leq)$ 的极大元 $(\mathfrak{o}, \mathfrak{m})$. 注意到极大性蕴涵 $\mathfrak{m} \subset \mathfrak{o}$ 是极大理想, 故仅需证明 $\mathfrak{o}$ 为赋值环并且分式域为 L.

首先证明 $\mathfrak{o} \smallsetminus \mathfrak{m} = \mathfrak{o}^{\times}$. 若 $y \in \mathfrak{o} \smallsetminus \mathfrak{m}$ 而 $y^{-1} \notin \mathfrak{o}$, 则可构造扩环 $\mathfrak{o}[y^{-1}]$ 及其理想 $\mathfrak{m}[y^{-1}]$. 如 $\mathfrak{m}[y^{-1}]$ 为真理想则给出 $(\mathcal{P}, \leq)$ 中更大的元素, 矛盾. 如果 $\mathfrak{m}[y^{-1}] \ni 1$, 则存在等式 $c_0 + c_1 y^{-1} + \cdots + c_k y^{-k} = 1$, 系数 $c_i \in \mathfrak{m}$. 两边同乘以 y^k 给出

$$c_0 y^k + c_1 y^{k-1} + \cdots + c_k = y^k.$$

由 $(\mathfrak{o}, \mathfrak{m})$ 极大可知 $\mathfrak{m}$ 是极大理想, 特别地也是素理想, 故左式属于 $\mathfrak{m}$ 而右式不然, 矛盾.

假若 $\mathfrak{o}$ 不是以 L 为分式域的赋值环, 则存在 $x \in L^{\times}$ 使得 $x^{\pm 1} \notin \mathfrak{o}$, 因此 $\mathfrak{o} \subsetneq \mathfrak{o}[x^{\pm 1}] \subset L$. 由 $(\mathfrak{o}, \mathfrak{m})$ 在 $\mathcal{P}$ 中的极大性必有 $\mathfrak{m} \cdot \mathfrak{o}[x^{\pm 1}] = \mathfrak{o}[x^{\pm 1}]$. 于是存在等式

$$\sum_{i=0}^{n} a_i x^i = 1 = \sum_{j=0}^{m} b_j x^{-j}, \quad a_i, b_j \in \mathfrak{m}, \quad a_n, b_m \neq 0.$$

考虑这般等式中 n, m 均极小者; 应用对称性 $x \leftrightarrow x^{-1}$ 不妨假定 $n \geq m$. 根据上一步有 $1 - b_0 \in \mathfrak{o}^{\times}$, 右式可改写作

$$1 = \sum_{j=1}^{m} c_j x^{-j}, \quad c_j := b_j (1 - b_0)^{-1} \in \mathfrak{m},$$

左右同乘以 x^n 给出 $x^n = \sum_{j=1}^m c_j x^{n-j}$. 于是

$$1 = \sum_{i=0}^{n-1} a_i x^i + \sum_{j=1}^{m} a_n c_j x^{n-j},$$

这与 n 的极小性矛盾. 明所欲证. □

定理 10.6.4 给定域 K 和赋值 $v : K \to \Gamma \sqcup \{\infty\}$, 对任意域扩张 $L|K$ 皆存在赋值 $w : L \to \Gamma' \sqcup \{\infty\}$, $\Gamma' \supset \Gamma$, 使得 $w|_K = v$.

证明 不妨设 $L \supset K$. 在定理 10.6.3 中取 $(R, \mathfrak{p}) = (K^\circ, K^{\circ\circ})$, 遂得以 L 为分式域的赋值环 $\mathfrak{o} \supset K^\circ$, 使得极大理想 $\mathfrak{m}$ 满足 $\mathfrak{m} \cap K^\circ = K^{\circ\circ}$. 我们断言 $K \cap \mathfrak{o} = K^\circ$: 已知 $K \cap \mathfrak{o} \supset K^\circ$, 设 $x \in K \cap \mathfrak{o}$, 若 $x \notin K^\circ$ 则必有 $x^{-1} \in K^{\circ\circ} \subset \mathfrak{m}$, 从而 $x, x^{-1} \in \mathfrak{o}^\times$, 但局部环 $\mathfrak{o}$ 必满足 $\mathfrak{o}^\times = \mathfrak{o} \smallsetminus \mathfrak{m}$, 矛盾.

根据命题 10.6.1, 子环 $\mathfrak{o}$ 确定赋值 $w : L \to \Gamma' \sqcup \{\infty\}$. 由于 $\{x \in K : w(x) \geq 0\} = K \cap \mathfrak{o}$, 基于定义 10.3.2 和以上断言立见 $w|_K$ 等价于 v, 而且在等价意义下不妨设 $\Gamma' \supset \Gamma$ 而 $w|_K = v$. □

对于 $L|K$, 这般赋值延拓简记为 $w \mid v$. 相应地有赋值环和剩余类域的嵌入

$$K_v^\circ \hookrightarrow L_w^\circ, \quad K_v^{\circ\circ} = L_w^{\circ\circ} \cap K_v^\circ, \quad \kappa(v) \hookrightarrow \kappa(w).$$

定义 10.6.5 对于域扩张 $L|K$ 和赋值的延拓 $w \mid v$, 定义基数

$$e(w \mid v) := (w(L^\times) : v(K^\times)),$$
$$f(w \mid v) := [\kappa(w) : \kappa(v)],$$

分别称为 $w \mid v$ 的**分歧次数**和**剩余次数**.

命题 10.6.6 承上, 对完备化 $\hat{L}|\hat{K}$ 和 $\hat{w} \mid \hat{v}$ 有 $e(w \mid v) = e(\hat{w} \mid \hat{v})$ 和 $f(w \mid v) = f(\hat{w} \mid \hat{v})$.

证明 按 §10.2 的构造, 完备化保持值群不变, 命题 10.3.4 确保剩余类域亦不变. □

命题 10.6.7 设 $L|M|K$ 为域扩张的塔, $w \mid v \mid u$ 为其上赋值的延拓, 则 $e(w \mid u) = e(w \mid v)e(v \mid u)$, $f(w \mid u) = f(w \mid v)f(v \mid u)$.

证明 缘由是域扩张的次数和群的指数都具有塔性质 (命题 4.1.13, 8.1.5). □

命题 10.6.8 对于有限域扩张 $L|K$ 和赋值的延拓 $w \mid v$, 必有

$$e(w \mid v) f(w \mid v) \leq [L : K].$$

证明 取 $\{y_i \in L^\times\}_{i=1}^m$, $\{z_j \in L^\circ\}_{j=1}^n$ 使得

◇ $w(y_1), \ldots, w(y_m) \bmod v(K^\times)$ 相异,

◇ $z_1, \ldots, z_n$ 在 $\kappa(w)$ 中的像在 $\kappa(v)$ 上线性无关.

对之证明 $\{y_i z_j \in L\}_{\substack{1\leq i\leq m \\ 1\leq j\leq n}}$ 在 K 上线性无关即可. 设有

$$\sum_{i,j} a_{ij} y_i z_j = 0, \quad a_{ij} \in K \text{ 不全为零}.$$

命 $A_i := \sum_j a_{ij} z_j$. 兹断言当 $a_{i1}, \ldots, a_{in}$ 不全为零时 $A_i \neq 0$. 取 $1 \leq t \leq n$ 使得 $v(a_{it})$ 尽可能小; 于是 $w\left(a_{it}^{-1} A_i\right) = w\left(\sum_j a_{it}^{-1} a_{ij} z_j\right)$ 必为 0, 否则 $\sum_j a_{it}^{-1} a_{ij} z_j \in L^{\circ\circ}$ 将导致 $z_1, \ldots, z_m$ 在 $\kappa(w)$ 中的像 $\kappa(v)$-线性相关. 此论证连带说明了当 $A_i \neq 0$ 时, 取 t 如上则有

$$w(A_i) = v(a_{it}) + w\left(\sum_j a_{it}^{-1} a_{ij} z_j\right) = v(a_{it}) \ \in v(K^\times).$$

上述讨论表明关系式 $\sum_i A_i y_i = 0$ 中必有非零项. 根据引理 10.2.6, 必存在 $i \neq k$ 使得 $A_i y_i$, $A_k y_k$ 皆非零而且其 w-赋值相同, 由此导出矛盾如下

$$w(y_i) = w(y_k) + w(A_k) - w(A_i) \equiv w(y_k) \pmod{v(K^\times)}.$$

明所欲证. □

上述结果对超越域扩张也有相应的类比, 称作 Abhyankar 不等式:

$$\operatorname{tr.deg}(\kappa(w)|\kappa(v)) + \operatorname{rk}_{\mathbb{Q}}\left(\left(w(L^\times)/v(K^\times)\right) \underset{\mathbb{Z}}{\otimes} \mathbb{Q}\right) \leq \operatorname{tr.deg}(L|K);$$

这在代数几何学的奇点解消理论中是个有用的工具.

推论 10.6.9 承上, 值群 $w(L^\times)$ 可以保序地嵌入 $v(K^\times)$. 因此 v 是秩 1 赋值 (或离散赋值) 当且仅当 w 亦然.

证明 全序交换群必无挠, 因之 $\gamma \mapsto e(w \mid v) \cdot \gamma$ 给出保序单自同态 $\Gamma_w \hookrightarrow \Gamma_w$, 其像落在 Γ_v 中. 特别地 $\Gamma_v \subset \mathbb{R} \iff \Gamma_w \subset \mathbb{R}$, 而且 $\Gamma_v \simeq \mathbb{Z} \iff \Gamma_w \simeq \mathbb{Z}$. □

命题 10.6.8 的叙述看似颇弱, 却是一窥赋值在代数扩张中如何延拓的垫脚石. 这一课题是下节的主要任务.

10.7 代数扩域的赋值

我们从基域 K 完备的情形入手.

定理 10.7.1 设域 K 对秩 1 赋值 $v: K \to \mathbb{R} \sqcup \{\infty\}$ 完备, $L|K$ 是有限扩张, 则存在唯一的延拓 $w \mid v$; 这样的 w 自动是秩 1 的, 并满足完备性和

$$w(x) = \frac{1}{[L:K]} \cdot v\left(\mathrm{N}_{L|K}(x)\right), \quad x \in L^{\times}.$$

证明 置 $n := [L:K]$. 根据定理 10.6.4 和推论 10.6.9, 所求的延拓 w 不仅存在, 而且其值群可以保序嵌入 $\mathbb{R}$. 赋值 v 和 w 各自给出 K, L 上的非 Archimedes 绝对值 $|\cdot|_v$, $|\cdot|_w$. 因此 $(L, |\cdot|_w)$ 相对于 $(K, |\cdot|_v)$ 是有限维赋范向量空间, 命题 10.4.9 确保 L 对 $|\cdot|_w$ (亦即对 w) 完备; 进一步, 如取定 K 上的基 $x_1, \ldots, x_n \in L$, 则相应的 $K^n \xrightarrow{\sim} L$ 乃是同胚.

证明 $w(x) = \frac{1}{n} v(\mathrm{N}_{L|K}(x)) \in \mathbb{R}$ 即可得到 w 的唯一性. 为此, 利用基 $x_1, \ldots, x_n$ 将 $\mathrm{N}_{L|K}$ 视同映射 $K^n \simeq L \to K$; 根据定义 7.8.3, $\mathrm{N}_{L|K}(x) = \det(m_x : K^n \to K^n)$ 实为 K 上的 n 元多项式函数. 细观 K^n 上的范数 $\sup\text{-}\|\cdot\|$ 可知多项式函数皆连续.

取定 $x \in L^{\times}$. 考虑

$$y := \frac{\mathrm{N}_{L|K}(x)}{x^n}, \quad \mathrm{N}_{L|K}(y) = 1, \quad w(y) = v\left(\mathrm{N}_{L|K}(x)\right) - nw(x).$$

假若 $w(y) > 0$ 则在 L 中 $\lim_{k\to\infty} y^k = 0$, 这同 $\mathrm{N}_{L|K}(y^k) = \mathrm{N}_{L|K}(y)^k = 1$ 和 $\mathrm{N}_{L|K}$ 的连续性矛盾. 假若 $w(y) < 0$ 则 $\lim_{k\to\infty} y^{-k} = 0$ 同样导出矛盾. 于是 $w(y) = 0$, 明所欲证. □

推论 10.7.2 若域 K 对秩 1 赋值 $v: K \to \mathbb{R} \sqcup \{\infty\}$ 完备, 则 v 可唯一地延拓到任何代数扩张 $L|K$ 上的秩 1 赋值.

证明 由命题 8.1.12, $L|K$ 是有限子扩张的并. □

推论 10.7.3 设域 K 对绝对值 $|\cdot|_K$ 完备, $L|K$ 是有限扩张, 则 L 上存在唯一的绝对值 $|\cdot|$ 延拓 $|\cdot|_K$, 它由下式给出

$$|x| = \left|\mathrm{N}_{L|K}(x)\right|_K^{1/[L:K]}, \quad x \in L.$$

而且 L 对之是完备的. 进一步, $|\cdot|_K$ 可唯一地延拓到任何代数扩张 $L|K$ 上.

证明 根据命题 10.4.4, 非 Archimedes 绝对值的情形归结为前述定理及推论; 至于 Archimedes 的情形则可由定理 10.4.11 处理. □

定理 10.7.4 在定理 10.7.1 的条件下, 进一步假设 v 为离散赋值, 则

$$e(w \mid v)f(w \mid v) = [L : K].$$

证明 记 $e := e(w \mid v)$, $f := f(w \mid v)$. 命题 10.6.8 给出 $ef \leq [L : K]$.

不妨设 $v(K^\times) = \mathbb{Z}$, 推论 10.6.9 表明 w 亦离散, 而且 $w(L^\times) = \frac{1}{e}\mathbb{Z}$. 取定 $\varpi \in K^{\circ\circ}$ 和 $\Pi \in L^{\circ\circ}$ 使得 $v(\varpi) = 1$, $w(\Pi) = \frac{1}{e}$. 今将往证 L° 作为 K°-模有 ef 个生成元: 若然, 由于 v, w 都是秩 1 赋值, 可应用引理 10.3.3 得出

$$L = L^\circ \left[\frac{1}{\varpi}\right] \supset K^\circ \left[\frac{1}{\varpi}\right] = K,$$

由此知 L 作为 K-向量空间也有 ef 个生成元, 从而得到 $ef \geq [L : K]$.

以下将赋值环元素在剩余类域中的像以上划线标记, 如 $z \mapsto \bar{z}$ 等. 取 $\{z_j \in L^\circ\}_{j=1}^{f}$ 使得

$$\kappa(w) = \bigoplus_{j=1}^{f} \kappa(v) \cdot \bar{z}_j.$$

对任意 $x \in L^\circ$, 存在 $a_1, \ldots, a_f \in K^\circ$ 使得 $\bar{x} = \sum_j \bar{a}_j \bar{z}_j$; 易言之 $w(x - \sum_j a_j z_j) > 0$. 此式可进一步写作

$$x = \sum_{j=1}^{f} a_j z_j + \Pi^r \varpi^q \cdot x', \quad x' \in (L^\circ)^\times, \quad 0 \leq r < e,\ q \geq 0,\ q + \frac{r}{e} > 0.$$

对 x' 重复操作得到 $a'_1, \ldots, a'_f$ 使 $w(x' - \sum_j a'_j z_j) > 0$, 代入上一步可得

$$x = \sum_{j=1}^{f} \left(a_j + \Pi^r \varpi^q a'_j\right) z_j + \Pi^{r'} \varpi^{q'} x'',$$
$$x'' \in (L^\circ)^\times, \quad 0 \leq r' < e,\ q' \geq 0. \quad q' + \frac{r'}{e} > q + \frac{r}{e}.$$

如是迭代以逼近 x, 并按 ϖ 的幂次 q 整理之, 得到一族系数 $a_j^{(q,r)} \in K^\circ$ 使得序列

$$x_N := \sum_{j=1}^{f} \sum_{r=0}^{e-1} \left(\sum_{q=0}^{N-1} a_j^{(q,r)} \varpi^q \right) \Pi^r z_j, \quad N \geq 1$$

满足于 $w(x_N - x) \geq N$. 由此可知

- ◇ $\lim_{N \to \infty} x_N = x$;
- ◇ 由命题 10.2.11 和 K 的完备性, 每个无穷级数 $\sum_{q=0}^{\infty} a_j^{(q,r)} \varpi^q$ 皆有极限 $a_j^{(r)} \in K^\circ$.

取极限给出 $x = \sum_{j=1}^{f} \sum_{r=0}^{e-1} a_j^{(r)} \Pi^r z_j$. 这就说明 $L^\circ = \sum_{\substack{1 \le j \le f \\ 0 \le r < e}} K^\circ \cdot \Pi^r z_j$. 证毕. □

现在考虑 K 上的秩 1 赋值 v, 完备化记为 K_v, 其赋值仍标作 v. 记 $\overline{K_v}$ 为 K_v 的一个代数闭包. 推论 10.7.2 说明 v 唯一地延拓为 $\overline{K_v}$ 上的秩 1 赋值 $\bar{v}$.

现在给定代数扩张 $L|K$. 照例记全体 K-嵌入 $L \to \overline{K_v}$ 为 $\mathrm{Hom}_K(L, \overline{K_v})$, 群 $\mathrm{Aut}_{K_v}(\overline{K_v})$ 在此集合上有自然的左作用 $\iota \overset{\sigma}{\mapsto} \sigma \circ \iota$. 考量 v 在 L 上的所有延拓 $w \mid v$, 分成两种情形:

1. 设 $L|K$ 有限, 记 L_w 为 L 对 w 的完备化. 由完备化的函子性可得域图

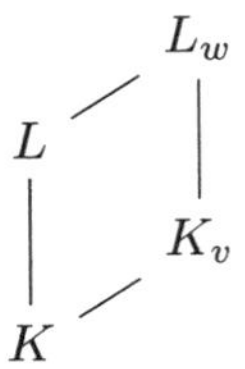

   因而在 L_w 中可作复合 LK_v. 然而 $[LK_v : K_v] \le [L : K]$ 有限故定理 10.7.1 蕴涵 LK_v 对 w 完备, 同时包含 L, 再由完备化 L_w 的性质即知

$$LK_v = L_w, \quad [L_w : K_v] \le [L : K]. \tag{10.9}$$

2. 对于一般的代数扩张 $L|K$ 和 $w \mid v$, 我们取

$$L_w := \varinjlim_{E|K:\ \text{有限}} E_w.$$

   根据先前讨论, 对 $L|K$ 的任两个有限子扩张 $M \supset E$, 其完备化皆有自然嵌入 $E_w \hookrightarrow ME_w = M_w$, 上述极限 (或递增并) 因之是合理的. 应用 (10.9) 可知 $E_w|K_v$ 有限, 故 $L_w|K_v$ 是代数扩张, 赋值 v 在 L_w 上的唯一延拓仍记为 w.

3. 如果 $L|K$ 是 Galois 扩张, 那么 $\mathrm{Gal}(L|K)$ 也自然地右作用在全体赋值 $w \mid v$ 上: $w \overset{\tau}{\mapsto} w \circ \tau$ (此处 $\tau \in \mathrm{Gal}(L|K)$). 称 $\mathrm{Stab}_{\mathrm{Gal}(L|K)}(w)$ 为赋值 w 的**分解群**.

定理 10.7.5 对任意代数扩张 $L|K$, 我们有双射

$$\begin{aligned} \mathrm{Aut}_{K_v}(\overline{K_v}) \backslash \mathrm{Hom}_K(L, \overline{K_v}) &\xrightarrow{1:1} \{w : L \text{ 的秩 1 赋值}, \ w \mid v\} \\ \iota &\longmapsto \bar{v} \circ \iota. \end{aligned}$$

若 $L|K$ 是 Galois 扩张, 则对任意 $w, w' \mid v$ 都存在 $\tau \in \mathrm{Gal}(L|K)$ 使得 $w' = w \circ \tau$.

证明 先说明所示映射良定. 显然 $(\bar{v}\circ\iota)|_K = \bar{v}|_K = v$. 若 $\sigma \in \mathrm{Aut}_{K_v}(\overline{K_v})$, 由延拓 $\bar{v} \mid v$ 的唯一性可知 $\bar{v}\circ\sigma = \bar{v}$, 从而 $\bar{v}\circ\sigma\iota = \bar{v}\circ\iota$.

下一步是说明映射为满. 定义 L_w 如上. 既知 $L_w|K_v$ 仍是代数扩张, 故存在 K_v-嵌入 $i: L_w \hookrightarrow \overline{K_v}$. 再次运用赋值延拓的唯一性导出 $w = \bar{v}\circ i$. 取 $\iota = i|_L$ 便是.

下面证映射为单: 假设 $\iota_1, \iota_2 : L \to \overline{K_v}$ 满足 $\bar{v}\circ\iota_1 = w = \bar{v}\circ\iota_2$. 当 $L|K$ 有限时, 取完备化可从 ι_i 导出 $\hat{\iota}_i : L_w \hookrightarrow \overline{K_v}$; 对于一般的 $L|K$, 考虑其有限子扩张 $E|K$ 亦可如是操作. 假设相当于 $\iota_2\iota_1^{-1} : \iota_1(L) \xrightarrow{\sim} \iota_2(L)$ 保持赋值 $\bar{v}$, 于是 K-嵌入 $\iota_2\iota_1^{-1}$ 连续地延拓为 K_v-嵌入 $\sigma_0 : \hat{\iota}_1(L_w) \xrightarrow{\sim} \hat{\iota}_2(L_w)$. 根据命题 8.3.6, 进一步延拓 σ_0 为 $\sigma \in \mathrm{Aut}_{K_v}(\overline{K_v})$. 此时有 $\iota_2 = \sigma\iota_1$.

最后, 假定 $L|K$ 为有限 Galois 扩张, $w, w' \mid v$ 相异. 我们将从 $w\,\mathrm{Gal}(L|K) \cap w'\,\mathrm{Gal}(L|K) = \varnothing$ 导出矛盾. 逼近定理 10.4.5 断言存在 $x \in L$ 使 $w\tau(x) > 0$ 而 $w'\tau(x) < 0$, 其中 $\tau \in \mathrm{Gal}(L|K)$ 任取. 定理 8.6.2 给出

$$0 < \sum_{\tau} w\tau(x) = v(\mathrm{N}_{L|K}(x)) = \sum_{\tau} w'\tau(x) < 0$$

故矛盾. 对于一般的 Galois 扩张 $L|K$, 对其有限 Galois 子扩张 $E|K$ 定义

$$\mathcal{T}_E := \{\tau \in \mathrm{Gal}(L|K) : w'|_E = w\tau|_E\}.$$

目标是证 $\bigcap_E \mathcal{T}_E \neq \varnothing$. 因为 $[E:K]$ 有限而 $\mathcal{T}_E$ 是一些 $\mathrm{Gal}(L|E)$-陪集之并, 它对 Krull 拓扑既开又闭 (引理 9.2.3). 运用标准的紧性论证: 假若 $\bigcap_E \mathcal{T}_E = \varnothing$, 因 $\mathrm{Gal}(L|K)$ 为紧空间故存在 $E_1, \ldots, E_k$ 使得 $\bigcap_{i=1}^k \mathcal{T}_{E_i} = \varnothing$; 然而 $M := E_1 \cdots E_k$ 是 K 的有限 Galois 扩张, 而上式蕴涵 $w|_M$ 和 $w'|_M$ 不在同一个 $\mathrm{Gal}(M|K)$-轨道中. 矛盾. □

引理 10.7.6 设 $L = K(x)$, 其中 x 的极小多项式为 $P \in K[X]$. 设 P 在 $K_v[X]$ 中的不可约分解为 $P = P_1^{m_1} \cdots P_n^{m_n}$, 则 $\{w : w \mid v\}$ 与 $\{P_1, \ldots, P_m\}$ 一一对应: 设 P_i 有根 $\alpha \in \overline{K_v}$, 则相应的 w 由 $\bar{v}\circ\iota_\alpha$ 给出, 此处 $\iota_\alpha : F(x) \to \overline{K_v}$ 由 $\iota_\alpha(x) = \alpha$ 确定.

证明 根据定理 10.7.5, 一切归结为域论性质

$$\begin{array}{c}
\mathrm{Aut}_{K_v}(\overline{K_v}) \backslash \mathrm{Hom}_K(K(x), \overline{K_v}) \\
\big\downarrow {\scriptstyle 1:1} \\
\mathrm{Aut}_{K_v}(\overline{K_v}) \backslash \{\alpha \in \overline{K_v} : P(\alpha) = 0\} \xrightarrow{1:1} \{P_1, \ldots, P_n\}
\end{array}$$

第一个双射源于命题 8.2.3, 第二个源于推论 8.3.8. □

有鉴于此, 不妨将 P 在 $K_v[X]$ 中的不可约分解用 $w \mid v$ 标号, 写作 $P = \prod_{w|v} P_w^{m_w}$.

定理 10.7.7 设 $L = K(u)$ 为 K 的有限扩张, 则有 K_v-代数的满同态

$$\Phi : L \underset{K}{\otimes} K_v \twoheadrightarrow \prod_{w|v} L_w$$

$$x \otimes t \mapsto (xt)_w.$$

当 $L|K$ 可分时 Φ 是同构.

证明 令 u 的极小多项式为 $P \in K[X]$. 它在 $K_v[X]$ 中分解为 $P = \prod_{w|v} P_w^{m_w}$. 请回忆引理 10.7.6 的证明: w 由 K-嵌入 $\iota_w : L \to \overline{K_v}$ 给出, 其中 $\iota_w(u)$ 为 P_w 之根, 取完备化得到 $\hat{\iota}_w : L_w \hookrightarrow \overline{K_v}$; 同时 (10.9) 给出

$$L_w = LK_v = K_v(u) \overset{\hat{\iota}_w}{\hookrightarrow} \overline{K_v};$$

故 $L_w \simeq K_v[X]/(P_w)$. 综之有 K_v-代数范畴中的交换图表

$$
\begin{array}{ccccc}
X + (P) \ \in & K_v[X]/(P) & \overset{\simeq}{\longrightarrow} & \prod_{w|v} K_v[X]/(P_w^{m_w}) & \ni \ (X + (P_w^{m_w}))_w \\
\downarrow & \simeq \downarrow & & \downarrow & \downarrow \\
u \otimes 1 \ \in & L \underset{K}{\otimes} K_v & \underset{\Phi}{\longrightarrow} & \prod_{w|v} L_w & \ni \ (u)_w
\end{array}
$$

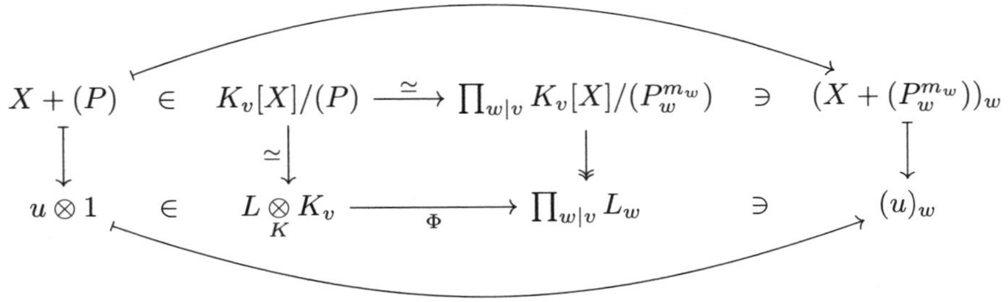

顶层的水平同构是中国剩余定理 5.5.2. 故 Φ 满; 当 $L|K$ 可分时 $m_w = 1$, 所有箭头皆为同构. \square

推论 10.7.8 (赋值论基本等式) 设 v 是 K 的离散赋值, 则对任何有限扩张 $L|K$ 皆有

$$\sum_{w|v} e(w \mid v) f(w \mid v) = \sum_{w|v} [L_w : K_v] \leq [L : K];$$

当 $L|K$ 可分时等式成立. 若 $L|K$ 为有限 Galois 扩张, 则 $e(w \mid v)$, $f(w \mid v)$ 和 w 无关, 此时对任意 $w \mid v$ 皆有

$$[L : K] = e(w \mid v) f(w \mid v) \cdot \frac{|\operatorname{Gal}(L|K)|}{|\operatorname{Stab}_{\operatorname{Gal}(L|K)}(w)|}.$$

证明 分而治之. 定理 10.7.4 和命题 10.6.6 给出

$$[L_w : K_v] = e(\hat{w} \mid \hat{v}) f(\hat{w} \mid \hat{v}) = e(w \mid v) f(w \mid v).$$

当 $L|K$ 可分时, 由本原元素定理 8.5.4 可直接设 $L = K(u)$, 代入定理 10.7.7 并对同构 Φ 的两边计算维数可得 $\sum_{w|v}[L_w : K_v] = [L : K]$. 断言的等式成立.

我们必须对一般的有限扩张 $L|K$ 建立不等式 $\sum_{w|v}[L_w : K_v] \leq [L : K]$. 施递归于 $[L : K]$: 对于单扩张 $L = K(u)$, 定理 10.7.7 中的 Φ 为满同态故 $\sum_{w|v}[L_w : K_v] \leq [L : K]$. 一般情形下取中间域 $L \supsetneq M \supsetneq K$, 扩张次数的塔性质给出

$$\begin{aligned}\sum_{w|v}[L_w : K_v] &= \sum_{u|v}\sum_{w|u}[L_w : M_u][M_u : K_v] \\ &\leq \sum_{u|v}[L : M][M_u : K_v] \leq [L : M][M : K] = [L : K].\end{aligned}$$

对于 Galois 扩张的情形, 应用定理 10.7.5 给予的对称性, 此时 $\frac{|\mathrm{Gal}(L|K)|}{|\mathrm{Stab}_{\mathrm{Gal}(L|K)}(w)|}$ 无非是延拓 $w \mid v$ 的个数. □

10.8 完备域中求根

令 K 为对秩 1 赋值 v 完备的域, 取定代数闭包 $\overline{K}|K$. 回忆定理 10.7.1: v 可唯一地延拓到 $\overline{K}$ 上, 仍记为 v. 本节介绍对 K 上多项式求根的若干基本工具; 基于命题 10.4.4, 本节的理论也完全可以用非 Archimedes 绝对值的语言改述.

定义 10.8.1 (Newton 折线) 令 $P = \sum_{k=0}^{n} a_k X^k \in K[X]$, $P \neq 0$. 定义其 Newton 折线 $\mathbf{NP}(P)$ 为

$$(i, v(a_i)), \quad i = 0, \ldots, n, \quad 略去使\ v(a_i) = \infty\ 者.$$

在 $\mathbb{R}^2$ 中的下凸包.

换言之, 我们先取这些点在 $\mathbb{R}^2$ 中的凸包, 这是一个凸多面体, 而 $\mathbf{NP}(P)$ 是由其中下侧的边 (即: 外法向量下指) 构成之折线; 根据凸性, 其组成线段的斜率从左向右严格递增.

例 10.8.2 取 $K = \mathbb{Q}_p$ 连同其 p-进赋值 $v = v_p$ (例 10.2.1). 取 $P = pX^4 - pX^3 + p^3X^2 + X - p$, 下图的阴影部分是上述凸包, 而粗线是 Newton 折线.

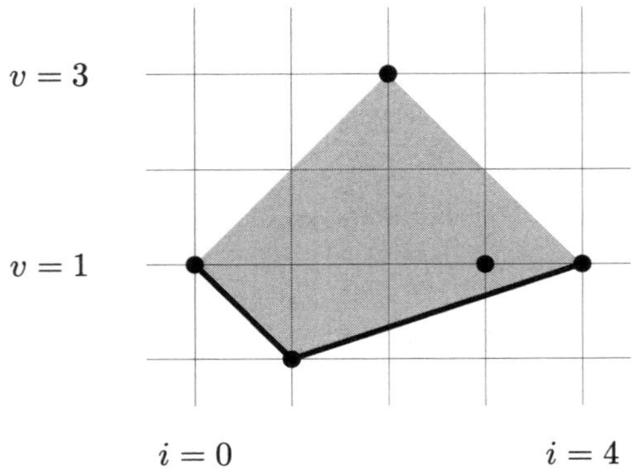

折线由斜率为 -1 和 $\frac{1}{3}$ 的两线段构成.

定理 10.8.3 符号如上, 则对每个 $s \in \mathbb{R}$,

$$\mathbf{NP}(P) \text{ 中存在斜率为 } -s \text{ 的线段} \iff \exists \lambda \in \overline{K},\ P(\lambda)=0 \wedge v(\lambda)=s.$$

而且斜率 $-s$ 的线段投影在 x 轴上的长度等于 $\overline{K}$ 中满足 $v(\lambda)=s$ 的根数 (计入重数).

证明 不妨假设 $a_0a_n \neq 0$. 垂直平移 $\mathbf{NP}(P)$ 后可进一步假设 $a_n=1$. 列出 P 的根 $\lambda_1,\ldots,\lambda_n \in \overline{K}$ (计入重数), 按赋值递增排列:

$$\begin{array}{ccccc} v(\lambda_1)=\cdots=v(\lambda_{t_1}) & = & v_1 & & (t_1 \text{ 项}) \\ & & \wedge & & \\ v(\lambda_{t_1+1})=\cdots=v(\lambda_{t_1+t_2}) & = & v_2 & & (t_2 \text{ 项}) \\ & & \wedge & & \\ \vdots & & \vdots & & \vdots \end{array}$$

则 $v(a_n)=0$, 而且对 $0 \leq k < n$ 皆有

$$v(a_{n-k}) = v\left(\sum_{1\leq i_1<\cdots<i_k\leq n} \lambda_{i_1}\cdots\lambda_{i_k}\right) \geq \min_{i_1<\cdots<i_k} \left\{v(\lambda_{i_1})+\cdots+v(\lambda_{i_k})\right\}.$$

于是当 $0 \leq k \leq t_1$ 时 $v(a_{n-k}) \geq kv_1$; 此外引理 10.2.6 蕴涵 $v(a_{n-t_1})=t_1v_1$, 因为右式的极小值恰好取在 $(i_1,\ldots,i_{t_1})=(1,\ldots,t_1)$. 假如 $t_1=n$, 则这表明 $\mathbf{NP}(P)$ 仅由一个斜率 $-v_1$ 的线段构成. 若 $t_1<n$, 同理知

$$0 \leq k \leq t_2 \implies v(a_{n-t_1-k}) \geq t_1v_1+kv_2, \quad v(a_{n-t_1-t_2}) = t_1v_1+t_2v_2.$$

准此要领, $\mathbf{NP}(P)$ 从右至左由斜率为 $-v_1 > -v_2 > \cdots$ 的线段给出, 其在 x 轴上的投影长依次为 $t_1,t_2,\ldots$ 如此等等. □

K. Hensel 的引理是分析学思想应用于代数学与数论的范例. 它的形式多样, 这里仅介绍其一.

定理 10.8.4 (Hensel 引理) 设 K 对秩 1 赋值 v 完备, $P \in K^\circ[X]$. 若 $x_0 \in K^\circ$ 满足

$$v(P(x_0)) > 2v(P'(x_0)),$$

其中 $P' \in K^\circ[X]$ 为 P 的形式导数 (命题 5.6.7), 则存在 $x \in K^\circ$ 使得 $P(x) = 0$ 并且

$$v(x - x_0) \geq v(P(x_0)) - v(P'(x_0)) > v(P'(x_0)).$$

唯一性成立: 设 $x, x' \in K^\circ$ 为 P 的根, 而且 $v(x - x_0)$ 和 $v(x' - x_0)$ 皆 $> v(P'(x_0))$, 则 $x = x'$.

证明 我们将构造 K° 中的序列 $x_0, x_1, \ldots$, 使得对所有 $i \geq 0$ 皆有

$$\begin{aligned} v(P(x_{i+1})) &\geq v(P(x_i)) + \underbrace{v(P(x_0)) - 2v(P'(x_0))}_{>0}, \\ v(P'(x_{i+1})) &= v(P'(x_0)), \\ v(x_{i+1} - x_i) &\geq v(P(x_i)) - v(P'(x_0)). \end{aligned} \tag{10.10}$$

给定如上序列, 则 $v(P(x_i))$ 递增无上界, 命题 10.2.11 遂给出极限

$$x := \lim_{i \to \infty} x_i = x_0 + \sum_{i=0}^{\infty} (x_{i+1} - x_i) \in K^\circ, \qquad P(x) = 0.$$

此外 $v(P(x_i)) \geq v(P(x_0))$ 蕴涵 $v(x_{i+1} - x_i) \geq v(P(x_0)) - v(P'(x_0))$; 取极限得到 $v(x - x_0) \geq \inf_{i \geq 0} v(x_{i+1} - x_i) \geq v(P(x_0)) - v(P'(x_0))$. 所以 x 具备所求之全部性质. 下一步是从 x_0 出发, 递归地构造 $(x_i)_{i \geq 0}$.

假设已构造满足 (10.10) 的 $x_0, \ldots, x_i$, 其中 $i \geq 0$. 以下说明如何构造 x_{i+1}, 思路类似于 Newton 法. 兹引进新变元 Y, 置

$$P(X + Y) = P_0(X) + P_1(X)Y + P_2(X)Y^2 + \cdots, \quad P_k \in K^\circ[X].$$

易见 $P_0 = P$ 而 $P_1 = P'$. 条件蕴涵 $P_1(x_i) \neq 0$, 故可取 $t := -P(x_i)/P'(x_i)$, 它满足于

$$\begin{aligned} v(t) &= v(P(x_i)) - v(P'(x_i)) = v(P(x_i)) - v(P'(x_0)), \\ 2v(t) &= v(P(x_i)) + v(P(x_i)) - 2v(P'(x_0)) \\ &\geq v(P(x_i)) + v(P(x_0)) - 2v(P'(x_0)) > 0. \end{aligned}$$

特别地 $v(t)>0$, 从而 $x_{i+1}:=x_i+t\ \in K^\circ$. 于是 t 的选取导致

$$P(x_{i+1})=P(x_i+t)=\sum_{2\le k\le \deg P}P_k(x_i)t^k,$$

$$v(P(x_{i+1}))\ge 2v(t)\ge v(P(x_i))+v(P(x_0))-2v(P'(x_0)),$$
$$v(x_{i+1}-x_i)=v(t)=v(P(x_i))-v(P'(x_0)).$$

同理, 由系数在 K° 上的展开式 $P'(X+Y)=P'(X)+P_1''(X)Y+\cdots$ 可知

$$P'(x_{i+1})-P'(x_i)\in t\cdot K^\circ,\quad v(P'(x_{i+1})-P'(x_i))\ge v(t).$$

然而 $v(t)\ge v(P(x_0))-v(P'(x_0))>v(P'(x_0))$, 又 $v(P'(x_i))=v(P'(x_0))$, 引理 10.2.6 即刻给出 $v(P'(x_{i+1}))=v(P'(x_i))$. 如是造出满足 (10.10) 的 $x_0,\ldots,x_{i+1}$.

最后验证唯一性. 观察到 $x\in K^\circ$ 和 $v(x-x_0)>v(P'(x_0))$ 蕴涵 $P'(x)-P'(x_0)\in(x-x_0)K^\circ$ 的赋值大于 $v(P'(x_0))$, 于是引理 10.2.6 给出 $v(P'(x))=v(P'(x_0))$. 现在考虑 P 的相异根 $x,x'\in K^\circ$. 存在 $Q\in K^\circ[X]$ 使得 $P(X)=(X-x)(X-x')Q(X)$. 于是

$$P'(x)=(x-x')Q(x),$$
$$v(P'(x))\ge v(x-x')\ge\min\{v(x-x_0),v(x'-x_0)\}.$$

假若 $v(x-x_0),v(x'-x_0)>v(P'(x_0))$, 前述观察将导致 $v(P'(x_0))\ge\cdots>v(P'(x_0))$, 矛盾. □

最常见的是 $v(P'(x_0))=0$ 的特例如下: 置 $\kappa:=K^\circ/K^{\circ\circ}$ 为剩余类域, 以 $x\mapsto\bar{x}$ 表商同态 $K^\circ\twoheadrightarrow\kappa$. 任何 $Q\in K^\circ[X]$ 在 mod $K^{\circ\circ}$ 后可以在 $\bar{x}$ 处取值, 记为 $Q(\bar{x})$ 等等.

推论 10.8.5 设 K 对秩 1 赋值 v 完备, $P\in K^\circ[X]$. 若 $\bar{x}_0\in\kappa$ 满足于 $P(\bar{x}_0)=0$, $P'(\bar{x}_0)\neq 0$, 则存在唯一的 $x\in K^\circ$ 使得

$$\bar{x}=\bar{x}_0\ \in\kappa,\qquad P(x)=0.$$

证明 任取 $x_0\mapsto\bar{x}_0$, 条件变为 $v(P(x_0))>0$ 而 $v(P'(x_0))=0$. 代入定理 10.8.4. □

在 κ 中解方程比在 K 中容易得多, 下面是一则关键例子. 对任意交换环 R 和整数 $m\neq 0$, 定义乘法群 $\mu_m(R):=\{x\in R^\times : x^m=1\}$.

例 10.8.6 (Teichmüller 代表元) 设 K 的剩余类域 $\kappa\simeq\mathbb{F}_q$, 其中 q 是素数 p 的幂. 给

定非零整数 m, 我们有群同态

$$\begin{aligned} \mu_m(K) &\longrightarrow \mu_m(\kappa) \\ x &\longmapsto x \bmod K^{\circ\circ}. \end{aligned}$$

当 $p \nmid m$ 时上式为同构: 考虑多项式 $P := X^m - 1 \in K^\circ[X]$. 每个 $\bar{x} \in \kappa^\times$ 皆满足 $P'(\bar{x}) = m\bar{x}^{m-1} \neq 0$, 于是推论 10.8.5 表明 $\mu_m(K) \xrightarrow{\sim} \mu_m(\kappa)$. 对特例 $m = q-1$ 得到群同构

$$\mu_{q-1}(K) \xrightarrow{\sim} \mu_{q-1}(\kappa) = \kappa^\times.$$

对应于 $\bar{x} \in \kappa^\times$ 的 $x \in \mu_{q-1}(K)$ 称为 $\bar{x}$ 在 K 中的 Teichmüller 代表元. 方便起见, 再定义 0 的 Teichmüller 代表元为 $0 \in K$, 这样就得到乘法幺半群的嵌入 $\kappa \hookrightarrow K^\circ$.

定理 10.8.7 (M. Krasner) 设 K 对秩 1 赋值 v 完备. 取定可分闭包 $K^{\text{sep}} \subset \overline{K}$ 并设 $x, y \in K^{\text{sep}}$. 以 $x = x_1, \ldots, x_n \in K^{\text{sep}}$ 表 x 的极小多项式 $P_x \in K[X]$ 的所有根 (换言之: x 的所有共轭元). 若

$$v(x-y) > v(x-x_i), \quad i = 2, \ldots, n.$$

则必有 $K(x) \subset K(y)$. 这里我们以推论 10.7.2 将 v 延拓到 K^{sep} 上.

证明 策略是证明 x 被所有 $\sigma \in \operatorname{Gal}(K^{\text{sep}}|K(y))$ 固定, 继而从 Galois 对应 (定理 9.2.4) 推出 $x \in K(y)$. 鉴于赋值延拓的唯一性, 对任意 σ 如上皆有 $v \circ \sigma = v$, 从而

$$v(y - \sigma(x)) = v(\sigma(y-x)) = v(y-x) > v(x-x_i), \quad i = 2, \ldots, n.$$

于是乎

$$v(x - \sigma(x)) \geq \min\{v(x-y), v(y-\sigma(x))\} > v(x-x_i), \quad i = 2, \ldots, n.$$

因为存在 $1 \leq j \leq n$ 使得 $\sigma(x) = x_j$; 上述不等式遂导致 $j = 1$, $\sigma(x) = x$. □

推论 10.8.8 设 $|\cdot|$ 是可分闭域 (或代数闭域) K 上的绝对值, 则相应的完备化 $\hat{K}$ 也是可分闭域 (或代数闭域).

回忆到 K 可分闭意谓它在 $\overline{K}$ 中的可分闭包等于自身, 当 $\operatorname{char}(K) = 0$ 时这等价于代数闭.

证明 若 $|\cdot|$ 是 Archimedes 绝对值, 则定理 10.4.11 蕴涵 $\hat{K} = \mathbb{R}$ 或 $\mathbb{C}$; 前一情形将导致 $\mathbb{Q} \subset K \subset \mathbb{R}$, 不可能代数闭. 因此以下可假定 $|\cdot|$ 非 Archimedes, 对应于 K 的一个秩 1 赋值. 对于可分闭域情形, 设 $x \in \hat{K}^{\text{sep}}$, 由于 K 在 $\hat{K}$ 中稠密, 可取首一的 $P \in K[X]$ 使其系数足够接近 P_x, 于是 $|P(x)| = |P(x) - P_x(x)|$ 亦可取到任意小. 考察

多项式的判别式 (例 5.8.6) 知 P 和 P_x 一样无重根, 故 P 分裂成一次因子, 并且存在根 $y \in K$ 使得 $|y-x|$ 充分小. 从定理 10.8.7 立得 $\hat{K}(x) \subset \hat{K}(y) = \hat{K}$.

对于代数闭域情形, 无妨设 $\mathrm{char}(K) = p > 0$. 设 $x \in \overline{\hat{K}}$, 其在 $\hat{K}$ 上的极小多项式写作 $P_x(X) = P_x^\flat(X^{p^m})$ 之形, 其中 $P_x^\flat$ 无重根. 因此 $y := x^{p^m} \in \hat{K}^{\mathrm{sep}}$; 由上一步知 $\hat{K}^{\mathrm{sep}} = \hat{K}$, 故可取 K 中点列 $y_1, y_2, \ldots$ 使得 $|y_k - y| \to 0$. 易见 $\left|y_k^{p^{-m}} - y^{p^{-m}}\right| \to 0$, 于是 $x = y^{p^{-m}} \in \hat{K}$. 明所欲证. □

10.9 Witt 向量

本节取定素数 p.

我们先回忆 p-进整数环 $\mathbb{Z}_p$ 的结构. 由于 $\mathbb{Z}_p/p\mathbb{Z}_p$ 可等同于 $\mathbb{F}_p$, 可选定某一映射 $\tau : \mathbb{F}_p \to \mathbb{Z}_p$ 使得 $\tau(x) \equiv x \pmod{p\mathbb{Z}_p}$, 称 $\tau(x)$ 为 x 的一个提升. 设 $\tilde{x} \in \mathbb{Z}_p$, 记它在 $\mathbb{F}_p$ 中的像为 x, 则存在 $\tilde{x}_1 \in \mathbb{Z}_p$ 使得 $\tilde{x} = \tau(x) + p\tilde{x}_1$; 因 p 非零因子, $\tilde{x}_1$ 唯一. 重复操作可得 $\tilde{x}_1 = \tau(x_1) + p\tilde{x}_2$ 等等, 于是得到 $\mathbb{F}_p$ 中唯一确定的序列 $x_0, x_1, \ldots$, 使得 $n \geq 0$ 时

$$\tilde{x} = \tau(x_0) + \tau(x_1)p + \cdots + \tau(x_n)p^n + \tilde{x}_{n+1}p^{n+1}, \quad \tilde{x}_{n+1} \in \mathbb{Z}_p.$$

无穷级数 $\sum_{n=0}^{\infty} \tau(x_n)p^n$ 在 $\mathbb{Z}_p$ 中收敛到 $\tilde{x}$. 反之, 根据命题 10.2.11, 任意数列 $(x_n \in \mathbb{F}_p)_{n \geq 0}$ 确定了 $\tilde{x} := \sum_{n=0}^{\infty} \tau(x_n)p^n \in \mathbb{Z}_p$. 综上得出集合的双射

$$\begin{aligned} \prod_{n \geq 0} \mathbb{F}_p &\xrightarrow{1:1} \mathbb{Z}_p \\ (x_n)_{n \geq 0} &\longmapsto \sum_{n=0}^{\infty} \tau(x_n)p^n. \end{aligned}$$

这般描述简则简矣, 问题在于

- ◇ 双射与提升 $x \mapsto \tau(x)$ 的选取有关, 对之是否有一个典范的、方便的取法?
- ◇ $\mathbb{Z}_p$ 的环结构如何体现在 $\prod_{n \geq 0} \mathbb{F}_p$ 上?

对于第一个问题, 例 10.8.6 给出了一个标准的 $\tau : \mathbb{F}_p \to \mathbb{Z}_p$, 它同时还是乘法幺半群的同态. 要完满解答第二个问题, 我们宜将视野放广.

定义 10.9.1 设 κ 为交换 $\mathbb{F}_p$-代数. 若 $\mathrm{Fr}_p : x \mapsto x^p$ 是 κ 的自同构, 则称 κ 为**完全**的.

这是域的情形的自然延伸, 见定理 8.4.15. 定义 9.3.3 也涉及了类似的映射.

定义 10.9.2 设 A 为交换环, 并给定理想降链 $\mathfrak{a}_1 \supset \mathfrak{a}_2 \supset \cdots$ 使得

- ◇ 相应的拓扑使 A 成为完备 Hausdorff 拓扑环 (见注记 5.5.5), 亦即 $A \xrightarrow{\sim} \varprojlim_n A/\mathfrak{a}_n$;
- ◇ 对每个 n, m 皆有 $\mathfrak{a}_n\mathfrak{a}_m \subset \mathfrak{a}_{n+m}$;
- ◇ $p \in \mathfrak{a}_1$ 并且剩余环 $\kappa := A/\mathfrak{a}_1$ 是完全的.

我们称 A 对这些资料构成 p-环. 如进一步要求 p 在 A 中非零因子, 而且 $\mathfrak{a}_n = p^n A$, 则称 A 为严格 p-环.

例如 $\mathbb{Z}_p$ 是严格 p-环, 而 $\mathbb{F}_p$-代数 $\mathbb{F}_p[\![t]\!]$ 对 $\mathfrak{a}_n := (t^n)$ 构成 p-环, 但显然不严格.

引理 10.9.3 设交换环 A 具有理想降链 $\mathfrak{a}_1 \supset \mathfrak{a}_2 \supset \cdots$ 使得 $\mathfrak{a}_n\mathfrak{a}_m \subset \mathfrak{a}_{n+m}$ 而 $p \in \mathfrak{a}_1$, 则对任意 $a, b \in A$ 皆有

$$a \equiv b \pmod{\mathfrak{a}_m} \implies a^{p^n} \equiv b^{p^n} \pmod{\mathfrak{a}_{m+n}}.$$

此结果可谓是本节一切论证的枢纽, 实用中常取 $\mathfrak{a}_n = p^n A$ 的情形.

证明 易化约到 $n = 1$ 的情形. 其次置 $P(X, Y) := \frac{X^p - Y^p}{X - Y} \in \mathbb{Z}[X, Y]$, 条件蕴涵 $P(a, b) \equiv P(a, a) \equiv pa^{p-1} \pmod{\mathfrak{a}_m}$, 于是 $a^p - b^p = (a - b)P(a, b)$ 属于 $\mathfrak{a}_m(pA + \mathfrak{a}_m) \subset \mathfrak{a}_{m+1}$. 证毕. □

命题 10.9.4 设 A 为 p-环, $\kappa := A/\mathfrak{a}_1$, 则存在唯一的映射 $\tau : \kappa \to A$ 使得

- ◇ $\tau(x)$ 在 κ 中的像为 x;
- ◇ τ 满足乘性: $\tau(1) = 1$, $\tau(xy) = \tau(x)\tau(y)$.

称 τ 为 Teichmüller 提升. 若 A 是 $\mathbb{F}_p$-代数, 则 τ 也满足加性 $\tau(x + y) = \tau(x) + \tau(y)$.

证明 由于 κ 是完全的, 对 $x \in \kappa$ 和任意 $n \geq 0$ 存在唯一的 p^n-次根 $x^{p^{-n}} \in \kappa$, 对之任取 A 中原像 $\left[x^{p^{-n}}\right]$. 我们希望定义

$$\tau(x) := \lim_{n \to \infty} \left[x^{p^{-n}}\right]^{p^n}.$$

当 $n \geq m$ 时 $\left[x^{p^{-n}}\right]^{p^{n-m}}$ 是 $x^{p^{-m}}$ 的一个原像, 不妨就记作 $\left[x^{p^{-m}}\right]$. 引理 10.9.3 蕴涵

$$\left[x^{p^{-n}}\right]^{p^n} = \left[x^{p^{-m}}\right]^{p^m} \text{ 在 } A/\mathfrak{a}_{m+1} \text{ 中的像仅依赖于 } x^{p^{-m}} \in \kappa.$$

因为 A 完备, 这说明定义 τ 的极限确实存在, 而且仅和 x 有关. 显然 $\tau(x) \equiv x \pmod{\mathfrak{a}_1}$.

性质 $(xy)^{p^{-n}} = x^{p^{-n}} y^{p^{-n}}$ 蕴涵 τ 的乘性, 而且任意乘性提升 $\tau' : \kappa \to A$ 都满足 $\tau'(x^{p^{-n}})^{p^n} = \tau'(x)$, 在先前论证中取 $[\cdots] = \tau'(\cdots)$ 便导出唯一性 $\tau = \tau'$. 最后, 当 A 是 $\mathbb{F}_p$-代数时, 以上构造和 A 中公式 $\tilde{x}^p + \tilde{y}^p = (\tilde{x} + \tilde{y})^p$ 确保 τ 的加性. □

令 A 为严格 p-环, $\kappa := A/pA$. 现在可以照搬本节开头处理 $\mathbb{Z}_p$ 的方法, 得到典范

的集合双射

$$\begin{aligned} \prod_{n\geq 0} \kappa &\xrightarrow{1:1} A \\ (x_n)_{n\geq 0} &\longmapsto \sum_{n=0}^{\infty} \tau\left(x_n^{p^{-n}}\right) p^n. \end{aligned} \tag{10.11}$$

环 A 的零元和幺元显然对应于 $(0,0,\ldots)$ 和 $(1,0,\ldots)$. 注意到当 $\kappa = \mathbb{F}_p$ 时恒有 $x^{p^{-n}} = x$. 取 $x^{p^{-n}}$ 的妙用将在后续证明中体现.

我们欲探讨 A 的环结构如何拉回到 $\prod_{n\geq 0} \kappa$ 上, 相应的环将另外记为 $\mathrm{W}(\kappa)$, 以区别于直积. 兹以加法为例, 置

$$\sum_{n\geq 0} \tau\left(S_n(x_0,\ldots,y_0,\ldots)^{p^{-n}}\right) p^n = \sum_{n\geq 0} \tau(x_n^{p^{-n}})p^n + \sum_{n\geq 0} \tau(y_n^{p^{-n}})p^n,$$

如何描述 S_n? 首先对上述等式两边同模 pA, 可知 $S_0 = x_0 + y_0 \in \kappa$. 为了描述 S_1, 必须考察

$$\tau(x_0+y_0) + \tau(S_1^{p^{-1}})p \equiv \tau(x_0) + \tau(y_0) + \left(\tau(x_1^{p^{-1}}) + \tau(y_1^{p^{-1}})\right) p \pmod{p^2 A}.$$

如何确定 $\tau(x_0) + \tau(y_0) - \tau(x_0+y_0) \mod p^2 A$? 诀窍在于回忆命题 10.9.4 之证明

$$\tau(z) \equiv \left[z^{p^{-n}}\right]^{p^n} \pmod{p^{n+1}A}, \quad z \in \kappa, \tag{10.12}$$

其中 $[\cdots]$ 是任意原像. 引理 10.9.3 给出 $[x^{1/p}+y^{1/p}]^p \equiv \left([x^{1/p}]+[y^{1/p}]\right)^p \pmod{p^2A}$. 因为 $p \in A$ 非零因子, 从模 p^2A 的同余式得出

$$\begin{aligned} S_1^{p^{-1}} &= x_1^{1/p} + y_1^{1/p} + \frac{1}{p}\left(\left[x_0^{1/p}\right]^p + \left[y_0^{1/p}\right]^p - \left[x_0^{1/p} + y_0^{1/p}\right]^p\right) \bmod pA \\ &= x_1^{1/p} + y_1^{1/p} - \sum_{0<k<p} \frac{1}{p}\binom{p}{k} \left[x_0^{1/p}\right]^k \left[y_0^{1/p}\right]^{p-k} \bmod pA. \end{aligned}$$

对两边应用 $z \mapsto z^p$ 和 $\left[z^{1/p}\right]^p \equiv z \pmod{pA}$ 可得

$$S_1 = x_1 + y_1 - \sum_{0<k<p} \frac{1}{p}\binom{p}{k} x_0^k y_0^{p-k}.$$

高阶项 $S_2, S_3, \ldots$ 的面貌比较复杂, 但算法是明确的. 由此不难察觉:

◇ 环 A 的加法和乘法反映在 $\mathrm{W}(\kappa)$ 上, 由一族多项式 S_n, P_n 按分量给出;

◇ 这族多项式的形式和 A 或 κ 无关, 并且可以按递归方式写作整系数多项式.

这就提示了严格 p-环的结构应该具备某种泛性. E. Witt 的工作 [48] 出色地解决了这些问题. 然而为了构造 S_n, P_n, 我们势必要考虑分量 x_i 取值在一般交换环 R 中的情形,

并探讨相对应的 Witt 环 $\mathrm{W}(R)$; 这般迂回不仅必要, 而且正是 Witt 工作的精华所在.

以下将借鉴 [18, §1] 的处理方式, 差别在于该文一次涵摄了所有的素数 p, 获得的环称为大 Witt 环.

定义 10.9.5 设 R 为交换环, 定义 $\mathrm{W}(R) := \prod_{i\geq 0} R$, 并对每个 $n \geq 0$ 定义映射

$$\begin{aligned} w_n : \mathrm{W}(R) &\longrightarrow R \\ x = (x_j)_{j\geq 0} &\longmapsto w_n(x_0, \ldots, x_n) = \sum_{i=0}^{n} x_i^{p^{n-i}} p^i. \end{aligned}$$

进一步定义 $w : \mathrm{W}(R) \to \prod_{n\geq 0} R$ 为 $w(x) := (w_0(x), w_1(x), w_2(x), \ldots)$.

传统上称 $w_n(x)$ 为 x 的第 n 个幻影分量 (德文: *die Geisterkomponente*), 因为在我们的原始问题中 $R = \kappa$ 总是 $\mathbb{F}_p$-代数, 这时 $w_n(x)$ 坍缩为 $x_0^{p^n}$, 然而解开 $\mathrm{W}(\kappa)$ 秘密的钥匙正是剩下的 "幻影". 此外尚有几点观察:

- ◇ 对于任意的交换环同态 $\phi : R \to S$, 相应地有映射 $\mathrm{W}(\phi) : \mathrm{W}(R) \to \mathrm{W}(S)$, 它映 $(x_i)_i$ 为 $(\phi(x_i))_i$.
- ◇ 映射 w 的值域 $\prod_{i\geq 0} R$ 具有直积的环结构 (定义 5.5.1), 亦即逐分量地进行环运算.
- ◇ 称 R 是 p-无挠的, 如果 $pr = 0 \iff r = 0$ 对所有 $r \in R$ 恒成立. 在 p-无挠的条件下, 从 $w_0, \ldots, w_n$ 可以逐步反解 $x_0, \ldots, x_n$, 故此时 w 是单射.

下面的任务是赋予 $\mathrm{W}(R)$ 自然的环结构; 由于 Witt 环 $\mathrm{W}(R)$ 作为集合等于 $R \times R \times \cdots$, 前人称 $\mathrm{W}(R)$ 的元素为 Witt 向量. 我们需要一个方便的引理.

引理 10.9.6 (B. Dwork) 假定存在环同态 $\phi_p : R \to R$ 使得 $\phi_p(r) \equiv r^p \pmod{pR}$, 则 w 的像等于

$$\left\{ (r_n)_{n\geq 0} \in \prod_{n\geq 0} R : \quad \forall n \geq 1,\ r_n \equiv \phi_p(r_{n-1}) \pmod{p^n R} \right\}.$$

证明 由于 ϕ_p 是环同态, 当 $n \geq 1$ 时根据引理 10.9.3 得到

$$\phi_p(w_{n-1}(x)) = \sum_{i<n} \phi_p(x_i)^{p^{n-1-i}} p^i \equiv \sum_{i<n} x_i^{p^{n-i}} p^i \pmod{p^n R}.$$

故确有 $w_n(x) \equiv \phi_p(w_{n-1}(x)) \pmod{p^n R}$. 反之给定一列 $r_0, r_1, \ldots \in R$ 满足于 $r_n \equiv \phi_p(r_{n-1}) \pmod{p^n R}$, 我们递归地构作 $x_0 := r_0, \ldots, x_{n-1} \in R$ 并假设 $i < n \implies w_i((x_0, \ldots, x_i)) = r_i$, 那么前段论证给出

$$r_n - \sum_{i<n} x_i^{p^{n-i}} p^i \equiv r_n - \phi_p(w_{n-1}(x)) \equiv 0 \pmod{p^n R},$$

故存在 $x_n \in R$ 使得 $r_n = \sum_{i<n} x_i^{p^{n-i}} p^i + x_n p^n$, 亦即 $r_n = w_n(x_0, \ldots, x_n)$. □

于是在引理的条件下立见 $\mathrm{im}(w)$ 为 $\prod_{i\geq 0} R$ 的子环.

定理 10.9.7 在所有 $\mathrm{W}(R)$ 上存在唯一的一族交换环结构, 使得 $w : \mathrm{W}(R) \to \prod_{n\geq 0} R$ 为环同态, $(0, 0, \ldots)$ 为零元, $(1, 0, \ldots)$ 为幺元, 而且:

◇ 对每个环同态 $\phi : R \to S$ 下图皆在 **CRing** 中交换

$$\begin{array}{ccc} \mathrm{W}(R) & \xrightarrow{\mathrm{W}(\phi)} & \mathrm{W}(S) \\ {\scriptstyle w}\downarrow & & \downarrow{\scriptstyle w} \\ \prod_{n\geq 0} R & \xrightarrow[\prod_n \phi]{} & \prod_{n\geq 0} S \end{array}$$

◇ 存在唯一确定的多项式族 $S_n \in \mathbb{Z}[X_0, \ldots, Y_0, \ldots]$, $P_n \in \mathbb{Z}[X_0, \ldots, Y_0, \ldots]$ 和 $M_n \in \mathbb{Z}[X_0, \ldots, X_n]$ 使得 $\mathrm{W}(R)$ 的环结构由

$$\begin{aligned} (x_n)_{n\geq 0} + (y_n)_{n\geq 0} &= (S_n(x_0, \ldots, x_n, y_0, \ldots, y_n))_{n\geq 0}, \\ (x_n)_{n\geq 0} \cdot (y_n)_{n\geq 0} &= (P_n(x_0, \ldots, x_n, y_0, \ldots, y_n))_{n\geq 0}, \\ -(x_n)_{n\geq 0} &= (M_n(x_0, \ldots, x_n))_{n\geq 0} \end{aligned}$$

所确定, 这些多项式与 R 无关.

因此 $\mathrm{W}(\cdot)$ 给出从交换环范畴 **CRing** 到自身的函子.

证明 给定 $(x_i)_i, (y_i)_i \in \mathrm{W}(R)$, 为了定义其间自然的 (即对 R 具函子性) 环运算, 我们先取 $x_i := X_i$, $y_i := Y_i$ 为自由变元, 而 $R := \mathbb{Z}[X_0, \ldots, Y_0, \ldots]$. 根据多项式环的泛性质, 存在自同态 $\phi_p : R \to R$ 使得

$$\phi_p(X_n) = X_n^p, \quad \phi_p(Y_n) = Y_n^p,$$

配合 Fermat 小定理 (注记 9.3.2) 可知 $\forall r\ \phi_p(r) = r^p \pmod{pR}$. 引理 10.9.6 确保环 $\prod_{n\geq 0} R$ 的元素

$$w(x) + w(y), \quad w(x)w(y), \quad -w(x)$$

仍落在 $\mathrm{im}(w)$ 中. 因 R 为 p-无挠, 它们对 w 的原像皆唯一, 分别记为 $(S_i)_i, (P_i)_i, (M_i)_i$ (处理 M_i 时改用环 $\mathbb{Z}[X_0, X_1, \ldots]$); 又由引理的证明可知 S_i, P_i, M_i 仅涉及变元 $X_0, \ldots, X_i$ 和 $Y_0, \ldots, Y_i$. 我们断言对一般的 R, 这些整系数多项式使 $\mathrm{W}(R)$ 成交

换环:

$$(x_i)_i + (y_i)_i = (S_i(x,y))_i, \quad (x_i)_i(y_i)_i = (P_i(x,y))_i, \quad -(x_i)_i = (M_i(x))_i,$$
$$0_{\mathrm{W}(R)} = (0,0,\ldots), \quad 1_{\mathrm{W}(R)} = (1,0,\ldots).$$

兹举加法为例, 利用从 $\mathbb{Z}[X_0,\ldots,Y_0,\ldots]$ 到 R 的同态 $\begin{array}{l} X_i \longmapsto x_i \\ Y_i \longmapsto y_i \end{array}$, 以上对自由变元的定义说明图表

$$\begin{array}{ccc} \mathrm{W}(R)\times\mathrm{W}(R) & \xrightarrow{(w,w)} & \prod_{i\geq 0} R \times \prod_{i\geq 0} R \\ {\scriptstyle (S_i)_i}\downarrow & & \downarrow{\scriptstyle +} \\ \mathrm{W}(R) & \xrightarrow[w]{} & \prod_{i\geq 0} R \end{array}$$

交换. 当 R 为 p-无挠时 w 为单射, 而且 $w(0_{\mathrm{W}(R)}) = (0,\ldots,0)$ 故交换律、结合律和零元等性质继承自 $\prod_{i\geq 0} R$. 对于一般的 R, 取定一族生成元 $\mathcal{X} \subset R$ 并构作多项式环 $R' := \mathbb{Z}[\mathcal{X}]$; 相应地有满射 $R' \twoheadrightarrow R$ 和 $\mathrm{W}(R') \twoheadrightarrow \mathrm{W}(R)$. 由于 R' 为 p-无挠, $\mathrm{W}(R)$ 的环论公理仍可化约到 $\mathrm{W}(R')$ 上检验.

同理可证对任意环同态 $\phi : R \to S$, 映射 $\mathrm{W}(\phi) : \mathrm{W}(R) \to \mathrm{W}(S)$ 是环同态. 这套论证也表明了所求环结构的唯一性. □

由于 S_n, P_n 和 M_n 只涉及变元 $X_0,\ldots,X_n$ 和 $Y_0,\ldots,Y_n$, 可定义截断的 Witt 环

$$\mathrm{W}_n(R) := \{(x_0,\ldots,x_{n-1}) : x_i \in R\}.$$

它依然具备映射 $w_i : \mathrm{W}_n(R) \to R$ $(0 \leq i < n)$, 并且有自然的环同态 $\mathrm{W}(\cdot) \to \mathrm{W}_n(\cdot)$ 和 $\mathrm{W}_{n+1}(\cdot) \to \mathrm{W}_n(\cdot)$ (即 "截断") 等等. 请读者验证环 $\mathrm{W}_1(R)$ 实际就是 R.

Witt 环上还有如下几种简单然而极重要的运算.

1. 移位 (德文: *die Verschiebung*) $V : \mathrm{W}(R) \to \mathrm{W}(R)$, 映 $(x_0, x_1, \ldots)$ 为 $(0, x_0, x_1, \ldots)$. 显然 V 满足函子性: 对于任意环同态 $\phi : R \to S$ 皆有 $V \circ \mathrm{W}(\phi) = \mathrm{W}(\phi) \circ V$. 下面说明 V 实则是加法群的同态: 易见下图交换

$$\begin{array}{ccccc} \mathrm{W}(R) & \xrightarrow{w} & \prod_{n\geq 0} R & \ni & (y_i)_{i\geq 0} \\ {\scriptstyle V}\downarrow & & \downarrow{\scriptstyle V^w} & & \downarrow \\ \mathrm{W}(R) & \xrightarrow[w]{} & \prod_{n\geq 0} R & \ni & (0, py_0, py_1, \ldots) \end{array}$$

显然 V^w 是加法群的同态; 当 R 为 p-无挠时 w 为单同态, 故 V 亦满足加性; 对于一般的 R 可按定理 10.9.7 的证明处理.

2. Frobenius 同态 $F : \mathrm{W}(R) \to \mathrm{W}(R)$. 它被刻画为对 R 具函子性并使下图交换的

一族同态

$$\begin{array}{ccccc} \mathrm{W}(R) & \xrightarrow{w} & \prod_{n\geq 0} R & \ni & (y_i)_{i\geq 0} \\ {\scriptstyle F}\downarrow & & \downarrow{\scriptstyle F^w} & & \downarrow \\ \mathrm{W}(R) & \xrightarrow[w]{} & \prod_{n\geq 0} R & \ni & (y_1, y_2, \ldots) \end{array}$$

其验证同于定理 10.9.7 的证明: 我们先考虑以自由变元为分量的元素 $(X_i)_{i\geq 0} \in \mathrm{W}(\mathbb{Z}[X_0,\ldots])$, 并注意到环 $\mathbb{Z}[X_0,\ldots]$ 带有自同态 $\phi_p : X_i \mapsto X_i^p$ 满足 $\phi_p(x) \equiv x^p \pmod p$. 应用引理 10.9.6 以说明 $F^w(w(X_0, X_1, \ldots)) \in \mathrm{im}(w)$, 其唯一的原像记为 $(F_i(X_0, X_1, \ldots))_{i\geq 0} \in \mathrm{W}(\mathbb{Z}[X_0,\ldots])$. 这就为任意环 R 定义了 $F(x_0, x_1, \ldots) = (F_i(x_0, x_1, \ldots))_{i\geq 0}$. 要证明 F 为环同态, 只需注意到 F^w 也是环同态, 并重复定理 10.9.7 证明的技巧. 同理可证函子性.

3. Teichmüller 提升 $\tau : R \to \mathrm{W}(R)$, 它映 x 为 $(x, 0, 0, \ldots)$. 此映射显然也对 R 满足函子性, 并且有交换图表

$$\begin{array}{ccccc} & R & \ni & x & \\ {\scriptstyle \tau}\swarrow & & \searrow{\scriptstyle \tau^w} & & \searrow \\ \mathrm{W}(R) & \xrightarrow[w]{} & \prod_{n\geq 0} R & \ni & (x^{p^i})_{i\geq 0} \end{array}$$

显然 τ^w 是乘法幺半群的同态, 运用上述论证化约到 p-无挠情形, 可知 τ 亦满足乘性 $\tau(xy) = \tau(x)\tau(y)$, 而且 $\tau(1) = (1, 0, \ldots) = 1_{\mathrm{W}(R)}$.

此外 $\ker[\mathrm{W}(\cdot) \twoheadrightarrow \mathrm{W}_n(\cdot)] = \mathrm{im}(V^n)$, 特别地 $\mathrm{im}(V^n)$ 是理想; 而且映射 V 同样可以定义在截断版本 $\mathrm{W}_n(\cdot)$ 上, 给出加法群的短正合列

$$\begin{array}{c} 0 \longrightarrow \mathrm{W}_n(\cdot) \xrightarrow{V^r} \mathrm{W}_{n+r}(\cdot) \xrightarrow{(\text{截断})^n} \mathrm{W}_r(\cdot) \longrightarrow 0 \\ (x_0, \ldots, x_{n-1}) \longmapsto (0, \ldots, 0, x_0, \ldots, x_{n-1}) \\ (y_0, \ldots, y_{n+r-1}) \longmapsto (y_0, \ldots, y_{r-1}) \end{array} \tag{10.13}$$

综之, 无论 $\mathrm{W}(R)$, $\mathrm{W}_n(R)$ 还是它们之间的同态和运算 V, F 等, 对环 R 都具函子性. 如只看 $\mathrm{W}(R)$, $\mathrm{W}_n(R)$ 的加法群结构, 则我们造出的实则是一族定义 4.11.3 下的群函子, 连同其间的态射 $\mathrm{W}(\cdot) \to \mathrm{W}_n(\cdot)$ 和 V, F 等等. 这点对于算术代数几何中的应用至关紧要, 它们是 Dieudonné 模理论的起点.

引理 10.9.8 记 $(x_i)_{i\geq 0} \in \mathrm{W}(R)$ 在 F 下的像为 $(F(x)_i)_{i\geq 0}$, 则对每个 n 都有 $F(x)_n \equiv x_n^p \pmod{pR}$.

证明 处理 $x_i = X_i$ 是自由变元而 $R = \mathbb{Z}[X_0, \ldots]$ 的情形即可. 定义 $F_n \in \mathbb{Z}[X_0, \ldots]$

的条件是当 $n \geq 0$ 时 $w_n(F_0, F_1, \ldots) = w_{n+1}(X_0, X_1, \ldots)$, 亦即

$$\sum_{i=0}^{n} F_i^{p^{n-i}} p^i = \sum_{i=0}^{n+1} X_i^{p^{n+1-i}} p^i.$$

当 $n = 0$ 时这表明 $F_0 = X_0^p + pX_1 \equiv X_0^p \pmod{pR}$. 今假设 $i < n \implies F_i \equiv X_i^p \pmod{pR}$, 上式变为

$$F_n p^n = X_0 p^{n+1} + X_n^p p^n + \sum_{i<n} \left(X_i^{p^{n+1-i}} - F_i^{p^{n-i}} \right) p^i.$$

引理 10.9.3 及递归假设蕴涵 $i < n \implies F_i^{p^{n-i}} \equiv X_i^{p^{n+1-i}} \pmod{p^{n+1-i}R}$, 故

$$F_n p^n \equiv X_n^p p^n \pmod{p^{n+1}R}.$$

由于 R 是 p-无挠的, 因之有 $F_n \equiv X_n^p \pmod{pR}$. 证毕. □

命题 10.9.9　对任意交换环 R, 上述映射满足关系式

$$\begin{aligned} FV(x) &= px, \\ V(F(x)y) &= xV(y); \end{aligned}$$

当 R 是 $\mathbb{F}_p$-代数时, 进一步有

$$\begin{aligned} F\left((x_i)_{i\geq 0}\right) &= (x_i^p)_{i\geq 0}, \\ FV(x) = VF(x) &= px. \end{aligned}$$

证明　对于前两条等式, 只消在 $\prod_{n\geq 0} R$ 中对 F^w 和 V^w 验证相应的关系. 当 R 是 $\mathbb{F}_p$-代数时, 引理 10.9.8 蕴涵 $F(x_0, x_1, \ldots) = (x_0^p, x_1^p, \ldots)$; 此时当然有 $VF(x) = FV(x) = (0, x_0^p, x_1^p, \ldots)$, 证毕. □

等式 $FV = p$ 导致 $F\left(\mathrm{im}(V^{n+1})\right) = p\,\mathrm{im}(V^n)$, 所以 F 诱导出截断 Witt 环的同态 $W_{n+1}(R) \xrightarrow{F} W_n(R)$. 综之, 我们有三道自然映射:

$$W_n(R) \underset{\text{截断}}{\overset{F}{\leftrightarrows}} \!\!\xrightarrow{\;V\;}\! W_{n+1}(R), \quad n \in \mathbb{Z}_{\geq 1}.$$

对于完全 $\mathbb{F}_p$-代数, $W(\cdot)$ 和 $W_n(\cdot)$ 的结构更为清晰.

引理 10.9.10　设 κ 为完全 $\mathbb{F}_p$-代数, 则 $\mathrm{W}(\kappa)$ 成为严格 p-环, 并具有一族自然同构

$\mathrm{W}(\kappa)/p^n\,\mathrm{W}(\kappa) \xrightarrow{\sim} \mathrm{W}_n(\kappa)$, 其中 $n \geq 1$. 特别地, 我们有自然同构 $\mathrm{W}(\kappa)/p\,\mathrm{W}(\kappa) \xrightarrow{\sim} \kappa$.

证明 由于 κ 是完全 $\mathbb{F}_p$-代数, 命题 10.9.9 给出 $VF = p = FV$ 及 $F\,\mathrm{W}(\kappa) = \mathrm{W}(\kappa)$, 故

$$p^n\,\mathrm{W}(\kappa) = V^n F^n\,\mathrm{W}(\kappa) = V^n\,\mathrm{W}(\kappa) = \ker\left[\mathrm{W}(\kappa) \to \mathrm{W}_n(\kappa)\right],$$

因之 $\mathrm{W}(\kappa)/p^n\,\mathrm{W}(\kappa) \xrightarrow{\sim} \mathrm{W}_n(\kappa)$, 特别地 $\mathrm{W}(\kappa)/p\,\mathrm{W}(\kappa) \xrightarrow{\sim} \kappa$. 此外易见下图交换

$$\begin{array}{ccc} \mathrm{W}(\kappa)/p^{n+1}\,\mathrm{W}(\kappa) & \xrightarrow{\sim} & \mathrm{W}_{n+1}(\kappa) \\ \downarrow & & \downarrow \\ \mathrm{W}(\kappa)/p^n\,\mathrm{W}(\kappa) & \xrightarrow[\sim]{} & \mathrm{W}_n(\kappa) \end{array}$$

而 $\mathrm{W}(\kappa)$ 按构造可等同于 $\varprojlim_n \mathrm{W}_n(\kappa)$. 综之, $\mathrm{W}(\kappa)$ 对注记 5.5.5 所谓 $p\,\mathrm{W}(\kappa)$-进拓扑是完备 Hausdorff 环. 只需再说明 $\mathrm{W}(\kappa)$ 为 p-无挠的, 这是由于 $p(x_0, \ldots) = FV(x_0, \ldots) = (0, x_0^p, x_1^p, \ldots)$, 而因为 κ 是完全 $\mathbb{F}_p$-代数, $p(x_0, \ldots) = 0 \iff \forall i\ x_i = 0$. □

现在可以轻松处理本节开头所设置的问题. 以下置 p-Perf 为完全 $\mathbb{F}_p$-代数所成范畴, p-Strict 为严格 p-环所成范畴, 态射皆取为环同态. 取剩余类环 $A \mapsto \kappa := A/pA$ 给出函子 $r : p\text{-Strict} \to p\text{-Perf}$.

定理 10.9.11 函子 $\kappa \mapsto \mathrm{W}(\kappa)$ 和 r 给出互为拟逆的范畴等价 $p\text{-Perf} \underset{r}{\overset{\mathrm{W}(\cdot)}{\rightleftarrows}} p\text{-Strict}$.

证明 引理 10.9.10 阐明当 $\mathrm{W}(\cdot)$ 确实给出函子 p-Perf $\to$ p-Strict, 而且 $r \circ \mathrm{W} \simeq \mathrm{id}$. 剩下的是给出函子的同构 $\mathrm{W} \circ r \xrightarrow{\sim} \mathrm{id}$. 为此我们重拾本节伊始的讨论: A 为严格 p-环, $\kappa := r(A)$ 为其剩余类环, $\tau : \kappa \to A$ 为 Teichmüller 提升. 所求的自然同构取作

$$\begin{aligned} \mathrm{W}(\kappa) &\longrightarrow A \\ (x_n)_{n\geq 0} &\longmapsto \sum_{n\geq 0} \tau\left(x_n^{p^{-n}}\right) p^n. \end{aligned}$$

在关于 (10.11) 的讨论中已知这是双射. 由于 $(1, 0, \ldots) \mapsto 1 \in A$, 而且 $A \xrightarrow{\sim} \varprojlim A/p^{n+1}A$, 只消对每个 $n \geq 0$ 证明合成映射 $\mathrm{W}(\kappa) \to A \to A/p^{n+1}A$ 保持加法和乘法即足. 以下只处理加法, 乘法情形准此可知. 由 (10.12) 推得 $\tau(x_i^{p^{-i}}) \equiv \tau(x_i^{p^{-n}})^{p^{n-i}}$ $(\mathrm{mod}\ p^{n-i+1}A)$, 其中 $0 \leq i \leq n$; 继而

$$\tau\left(x_i^{p^{-i}}\right) p^i \equiv \tau\left(x_i^{p^{-n}}\right)^{p^{n-i}} p^i \pmod{p^{n+1}A}.$$

同法处置 y_i. 证明目标是等同 $(S_i(x_0,\ldots,y_0,\ldots))_{i\geq 0}$ 在 $A/p^{n+1}A$ 中的像和

$$\sum_{i=0}^{n}\tau\left(x_i^{p^{-n}}\right)^{p^{n-i}}p^i+\sum_{i=0}^{n}\tau\left(y_i^{p^{-n}}\right)^{p^{n-i}}p^i \quad \bmod p^{n+1}A. \tag{10.14}$$

从 W(A) 环结构的刻画可见

$$\sum_{i=0}^{n}S_i\left(\tau(x_0^{p^{-n}}),\ldots\right)^{p^{n-i}}p^i=\sum_{i=0}^{n}\tau\left(x_i^{p^{-n}}\right)^{p^{n-i}}p^i+\sum_{i=0}^{n}\tau\left(x_i^{p^{-n}}\right)^{p^{n-i}}p^i.$$

暂以 $[\cdots]$ 记 κ 中元素在 A 中的任意原像, 应用引理 10.9.3 导出

$$\sum_{i=0}^{n}\left[S_i(x_0^{p^{-n}},\ldots,y_0^{p^{-n}},\ldots)\right]^{p^{n-i}}p^i\equiv(10.14)\quad(\bmod p^{n+1}A);$$

原像 $[\cdots]$ 的选取不影响上式, 不妨就取为 $\tau(\cdots)$. 整系数蕴涵 $S_i(x_0^{p^{-n}},\ldots,y_0^{p^{-n}})=S_i(x_0,\ldots,y_0,\ldots)^{p^{-n}}$. 综合 τ 的乘性遂导出

$$\sum_{i\geq 0}\tau\left(S_i(x_0,\ldots,y_0,\ldots)^{p^{-i}}\right)p^i\equiv(10.14)\quad(\bmod p^{n+1}A)$$

明所欲证. □

作为特例, $\mathrm{W}(\mathbb{F}_p)\simeq\mathbb{Z}_p$, $\mathrm{W}(\mathbb{F}_p)/p\,\mathrm{W}(\mathbb{F}_p)\simeq\mathbb{F}_p$. 习题将给出 $\mathrm{W}(\cdot)$ 的另一种刻画.

最后回到赋值. 考虑 κ 是特征 p 的完全域 (定义 8.4.13) 的情形.

命题 10.9.12 设 κ 是特征 p 的完全域, 则 $\mathrm{W}(\kappa)$ 是完备离散赋值整环, 其分式域为 $K:=\mathrm{W}(\kappa)[\frac{1}{p}]$.

证明 回忆命题 5.5.8 证明中依赖的性质 (a) — (c) 对 $\mathrm{W}(\kappa)$ 同样成立, 该处处理 $\mathbb{Z}_p$ 的方法遂可照搬来证明 $\mathrm{W}(\kappa)$ 是以 $K:=\mathrm{W}(\kappa)[\frac{1}{p}]$ 为分式域的整环, $v(x):=\sup\{n\in\mathbb{Z}:x\in p^n\,\mathrm{W}(\kappa)\}$ 给出 K 的离散赋值, 它在 $K^\circ=\mathrm{W}(\kappa)$ 上诱导 p-进拓扑. □

现在可以应用 $\mathrm{W}(\cdot)$ 来分类某些满足 $e(w\mid v)=1$ 的域扩张.

命题 10.9.13 考虑特征 p 完全域的扩张 $\lambda|\kappa$, 并且记 $L:=\mathrm{W}(\lambda)[\frac{1}{p}]$, 则

- ◇ 自然同态 $\mathrm{W}(\kappa)\to\mathrm{W}(\lambda)$ 为单, 从而导出域扩张 $L|K$;
- ◇ 相应的赋值 $w\mid v$ 满足 $e(w\mid v)=1$.

进一步假设 $n:=[\lambda:\kappa]$ 有限, 则

- ◇ $\mathrm{W}(\lambda)$ 是秩 n 自由 $\mathrm{W}(\kappa)$-模, 从而 $[L:K]=n$;
- ◇ 在同构意义下 $L|K$ 是唯一满足 $e(w\mid v)=1$ 而剩余类域同构于 $\lambda|\kappa$ 的有限扩张.

证明 因为 $\mathrm{W}(\kappa)$ 是离散赋值环, $\ker[\mathrm{W}(\kappa)\to\mathrm{W}(\lambda)]$ 如非零则形如 $p^m\,\mathrm{W}(\kappa)$, 然而

$\mathrm{W}(\lambda)$ 是 p-无挠的, 矛盾. 构作 $\mathrm{W}(\kappa)[\frac{1}{p}] \hookrightarrow \mathrm{W}(\lambda)[\frac{1}{p}]$ 即得 $L|K$. 两者的值群都是由 p 的赋值生成的, 故 $e(w \mid v) = 1$.

设 λ 在 κ 上有一组基 $f_1, \ldots, f_n$. 我们断言 $\mathrm{W}(\lambda) = \bigoplus_{i=1}^n \mathrm{W}(\kappa)\tau(f_i)$. 首先, 若有非平凡线性关系 $\sum_i a_i\tau(f_i) = 0$, 调整系数后可假设某一 $a_i \notin p\,\mathrm{W}(\kappa)$, 模 p 即得矛盾. 其次, 对任何 $x \in \mathrm{W}(\lambda)$ 考虑它模 p 的像, 可得 $a_1, \ldots, a_n \in \mathrm{W}(\kappa)$ 和 $x' \in K^\circ$ 使得 $x - \sum_i a_i\tau(f_i) = px'$, 对 $x', \ldots$ 重复操作并运用完备性即得 $x \in \sum_{i=1}^n \mathrm{W}(\kappa)\tau(f_i)$.

最后固定 κ, 若有限扩张 $L|K$ 满足 $e(w \mid v) = 1$, 则 $L^{\circ\circ} = pL^\circ$, $L = L^\circ[\frac{1}{p}]$ 而且 L° 也是严格 p-环, $L^\circ \hookleftarrow K^\circ$; 相应的剩余类域扩张记为 $\lambda|\kappa$. 应用定理 10.9.11 可导出 $\mathrm{W}(\kappa)$-代数的同构 $L^\circ \simeq \mathrm{W}(\lambda)$. □

习题

1. 非空集 X 上的全体滤子对 $\subset$ 成偏序集, 极大者称为超滤; 在集合论和模型论上的应用见 [23, §7] 和 [49, §5.4]. 证明

(i) 任何滤子 $\mathfrak{F}$ 都包含于一个超滤;

(ii) 滤子 $\mathfrak{F}$ 是超滤当且仅当 $\forall A \subset X$, $(A \in \mathfrak{F}) \vee (X \smallsetminus A \in \mathfrak{F})$.

2. 用 §2.6 的伴随函子概念阐释命题 10.1.4.

3. 对于全序交换群 $(\Gamma, \leq)$, 定义其凸子群 $\Gamma' \subset \Gamma$ 为满足

$$0 \leq \delta \leq \gamma, \quad \gamma \in \Gamma' \implies \delta \in \Gamma'$$

的子群. 证明 Γ 的全体凸子群对 $\subset$ 构成全序集 $\Sigma(\Gamma)$. 提示 设若不然, 存在凸子群 $H, H' \subset \Gamma$ 及正元 $x \in H \smallsetminus H'$ 和 $x' \in H' \smallsetminus H$; 无论 $x' > x$ 或 $x' < x$ 都与凸性矛盾.

4. 定义全序交换群 $(\Gamma, \leq)$ 的秩为 $(\Sigma(\Gamma), \subset)$ 的序型 (见 §1.2); 若全序集 $(\Sigma(\Gamma), \subset)$ 同构于 $\{0 \leq \cdots \leq n\}$, 则也称 $(\Gamma, \leq)$ 的秩为 n. 证明若 $(\Gamma, \leq) \hookrightarrow (\mathbb{R}, +)$, 则 Γ 的秩 ≤ 1; 证明秩 0 的 Γ 必为平凡群.

5. 对非零的全序交换群 $(\Gamma, \leq)$, 证明以下性质等价.

(i) Γ 的秩为 1.

(ii) 对任意 $\epsilon, \gamma \in \Gamma$ 满足 $\epsilon > 0$ 和 $\gamma \geq 0$ 者, 存在正整数 n 使得 $n\epsilon > \gamma$.

(iii) 存在全序交换群的嵌入 $\Gamma \hookrightarrow \mathbb{R}$.

提示 关于 (i) $\iff$ (ii): 对任意正元 $\gamma \in \Gamma$ 定义 $H_\gamma := \{x \in \Gamma : \exists n \in \mathbb{Z}_{\geq 1}\ |x| \leq n\gamma\}$, 这里 $|x| = \max\{x, -x\}$; 验证 H_γ 是含 γ 的最小凸子群, 继而说明 (i) 和 (ii) 皆等价于 $\gamma > 0 \implies H_\gamma = \Gamma$. 已知 (iii) $\implies$ (ii), 重点在证明 (ii) $\implies$ (iii): 假若 Γ 有极小正元 ϵ, 则 $\Gamma = \mathbb{Z}\epsilon \xrightarrow{\sim} \mathbb{Z}$; 若无极小正元, 则照搬 Dedekind 分割的思路, 选定 $\epsilon > 0$ 来定义保序嵌入 $I_\epsilon : \gamma \mapsto \sup S_{<\gamma} \in \mathbb{R}$, 其中 $S_{<\gamma} := \left\{\frac{m}{n} : (n, m) \in \mathbb{Z}_{\geq 1} \times \mathbb{Z},\ n\gamma > m\epsilon\right\}$.

6. 给定全序交换群 $(\Gamma, \leq)$, 在 $\Gamma \sqcup \{\infty\}$ 上定义拓扑使得 $V_\alpha := \{\gamma : \gamma > \alpha\}$ 为其开集 $(\alpha \in \Gamma)$. 证明赋值 $v : A \to \Gamma$ 在 A 上诱导的拓扑是使 A 成为拓扑环并使 v 连续的最粗拓扑.

7. 证明 $\mathbb{Z}[\![X]\!]/(X-p) \simeq \mathbb{Z}_p$. 提示 存在满同态 $\mathbb{Z}[\![X]\!] \twoheadrightarrow \mathbb{Z}_p$ 映 X 为 p. 假设 $\sum_{i \geq 0} a_i X^i \mapsto 0$, 展开等式 $(X-p)(\sum_{i \geq 0} b_i X^i) = \sum_{i \geq 0} a_i X^i$ 以证明此时有解 $b_0, b_1, \ldots \in \mathbb{Z}$.

8. 分类有理函数域 $\mathbb{F}_q(t)$ 上的绝对值, 获取与定理 10.4.6 相似的结果.

9. 证明 Artin 乘积公式:

$$x \in \mathbb{Q}^\times \implies \prod_{v=\infty \text{ 或素数}} |x|_v = 1,$$

右式仅至多有限项 $\neq 1$. 对域 $\mathbb{F}_q(t)$ 建立相应的结果.

10. 推广定义 10.5.1 和引理 10.5.2, 10.5.3 至多变元情形 $K\langle t_1, \ldots, t_n \rangle$. 几何上的对应物自然是闭多圆盘 $\{(t_1, \ldots, t_n) : \forall i \ |t_i| \leq 1\}$.

11. 设交换环 R 对真理想 $\mathfrak{a}$ 满足 $R \xrightarrow{\sim} \varprojlim_{m \geq 1} R/\mathfrak{a}^m$ (亦即 R 对 $\mathfrak{a}$-进拓扑为完备 Hausdorff 的, 见注记 5.5.5). 仿照 $K\langle t \rangle$ 的办法定义

$$R\langle t \rangle := \left\{ \sum_{n \geq 0} a_n t^n \in R[\![t]\!] : \lim_{n \to \infty} a_n = 0 \quad (\mathfrak{a}\text{-进意义下}) \right\}.$$

试给出同构 $R\langle t \rangle \simeq \varprojlim_{m \geq 1} (R/\mathfrak{a}^m)[t]$.

12. 设 $|\cdot|$ 为 K 的非 Archimedes 绝对值, $r \in \mathbb{R}_{>0}$. 证明若 $x, x' \in K$ 满足 $|x - x'| \leq r$, 则 $\{y : |y - x| \leq r\} = \{y : |y - x'| \leq r\}$.

13. 证明 §10.5 中的 V 型点给出 $K\langle t \rangle$ 的秩 2 赋值.

14. 证明整环 R 为离散赋值环当且仅当 R 是局部主理想环, 但不是域. 试描述相应的离散赋值.

15. 以 Newton 折线和定理 10.8.3 重新证明 Eisenstein 判准 (定理 5.7.17) 在 $\mathbb{Z}_p$ 上的情形.

16. 证明 p-进数域 $\mathbb{Q}_p$ 满足 $\mathrm{Aut}(\mathbb{Q}_p) = \{\mathrm{id}\}$. 提示 须证自同态保持赋值 v_p. 以 Hensel 引理说明 $a \in \mathbb{Z}_p^\times$ 当且仅当对每个与 $p(p-1)$ 互素之 m, 存在 $x \in \mathbb{Z}_p$ 满足 $X^m = a$.

17. 设 $L|K$ 为纯不可分扩张, 证明 K 上秩 1 赋值 v 有唯一的延拓到 L.

18. 举例说明推论 10.7.8 在不可分情形可以有严格不等式.

19. 令 p 为素数, $a \in \mathbb{Z}_p^\times$, 记它在 $\mathbb{Z}_p/p\mathbb{Z}_p = \mathbb{F}_p$ 中的像为 $\bar{a}$. 利用定理 10.8.4 证明以下结果:

(i) 当 $p > 2$ 时, $X^2 = a$ 在 $\mathbb{Z}_p$ 中有解当且仅当 $X^2 = \bar{a}$ 在 $\mathbb{F}_p$ 中有解;

(ii) 当 $p = 2$ 时, $X^2 = a$ 在 $\mathbb{Z}_p$ 中有解当且仅当 $a \equiv 1 \pmod 8$;

(iii) 进一步探讨当 $a \in \mathbb{Q}_p$ 时 $X^2 = a$ 在 $\mathbb{Q}_p$ 中有解的充要条件.

20. 证明 $|\mathbb{Q}_p| = |\mathbb{Z}_p| = 2^{\aleph_0}$. 提示 运用 Witt 向量和推论 1.4.9.

21. 证明 $\mathbb{Q}_p$ 的代数闭包作为域同构于 $\mathbb{C}$. 提示 运用推论 8.8.8.

22. 以 p-Ring 表示 p-环范畴, 取剩余类环给出函子 $p\text{-Ring} \xrightarrow{r} p\text{-Perf}$. 证明 $p\text{-Perf} \xrightarrow{\mathrm{W}} p\text{-Strict} \subset p\text{-Ring}$ 是 r 的左伴随函子.

参考文献

[1] John C. Baez. "The octonions". 刊于: *Bull. Amer. Math. Soc. (N.S.)* 39.2 (2002), pp. 145–205. ISSN: 0273-0979. DOI: 10.1090/S0273-0979-01-00934-X. URL: http://dx.doi.org/10.1090/S0273-0979-01-00934-X (引用于 p. 298).

[2] Joan Bagaria. "Set Theory". 刊于: *The Stanford Encyclopedia of Philosophy*. 编者为 Edward N. Zalta. Winter 2014 edition. URL: http://plato.stanford.edu/archives/win2014/entries/set-theory/ (引用于 p. 12).

[3] N. Bourbaki. *Éléments de mathématique. Algèbre. Chapitres 1 à 3*. Hermann, Paris, 1970, xiii+635 pp. (引用于 pp. 3, 98, 295).

[4] N. Bourbaki. *Éléments de mathématique. Topologie générale. Chapitres 1 à 4*. Hermann, Paris, 1971, xv+357 pp. (引用于 pp. 376, 378, 380).

[5] Nicolas Bourbaki. *Éléments de mathématique*. Vol. 864. Lecture Notes in Mathematics. Algèbre. Chapitres 4 à 7. Masson, Paris, 1981, pp. vii+422. ISBN: 2-225-68574-6 (引用于 pp. 3, 354).

[6] G. Cantor. "Beitrage zur Begründung der transfiniten Mengenlehre. Art. I." German. 刊于: *Math. Ann.* 46 (1895), pp. 481–512. ISSN: 0025-5831; 1432-1807/e. DOI: 10.1007/BF02124929 (引用于 p. 12).

[7] Bob Coecke, 主编. *New structures for physics*. English. Berlin: Springer, 2011, pp. xviii + 1031. ISBN: 978-3-642-12820-2. DOI: 10.1007/978-3-642-12821-9 (引用于 pp. 27, 56).

[8] Richard Dedekind and Heinrich Weber. *Theory of algebraic functions of one variable*. Vol. 39. History of Mathematics. American Mathematical Society, Providence, RI; London Mathematical Society, London, 2012, pp. viii+152. ISBN: 978-0-8218-8330-3 (引用于 p. 303).

[9] M. Dehn. "Über unendliche diskontinuierliche Gruppen". 刊于: *Math. Ann.* 71.1 (1911), pp. 116–144. ISSN: 0025-5831. DOI: `10.1007/BF01456932`. URL: `http://dx.doi.org/10.1007/BF01456932` (引用于 p. 134).

[10] Samuel Eilenberg and Saunders MacLane. "General theory of natural equivalences". 刊于: *Trans. Amer. Math. Soc.* 58 (1945), pp. 231–294. ISSN: 0002-9947 (引用于 p. 27).

[11] Pavel Etingof et al. *Tensor categories.* Vol. 205. Mathematical Surveys and Monographs. American Mathematical Society, Providence, RI, 2015, pp. xvi+343. ISBN: 978-1-4704-2024-6 (引用于 pp. 71, 72, 77, 78).

[12] Walter Feit and John G. Thompson. "Solvability of groups of odd order". 刊于: *Pacific J. Math.* 13 (1963), pp. 775–1029. ISSN: 0030-8730 (引用于 p. 124).

[13] Dorian Goldfeld. "Gauss's class number problem for imaginary quadratic fields". 刊于: *Bull. Amer. Math. Soc. (N.S.)* 13.1 (1985), pp. 23–37. ISSN: 0273-0979. DOI: `10.1090/S0273-0979-1985-15352-2`. URL: `http://dx.doi.org/10.1090/S0273-0979-1985-15352-2` (引用于 p. 187).

[14] Alexander Grothendieck. "Sur quelques points d'algèbre homologique". 刊于: *Tôhoku Math. J. (2)* 9 (1957), pp. 119–221. ISSN: 0040-8735 (引用于 p. 234).

[15] Alexander Grothendieck. *Théorie des topos et cohomologie étale des schémas. Tome 1: Théorie des topos.* Lecture Notes in Mathematics, Vol. 269. Séminaire de Géométrie Algébrique du Bois-Marie 1963–1964 (SGA 4), Dirigé par M. Artin, A. Grothendieck, et J. L. Verdier. Avec la collaboration de N. Bourbaki, P. Deligne et B. Saint-Donat. Berlin: Springer-Verlag, 1972, pp. xix+525 (引用于 pp. 23, 25).

[16] Robert Guralnick and Gunter Malle. "Products of conjugacy classes and fixed point spaces". 刊于: *J. Amer. Math. Soc.* 25.1 (2012), pp. 77–121. URL: `https://doi.org/10.1090/S0894-0347-2011-00709-1` (引用于 p. 134).

[17] Robin Hartshorne. *Geometry: Euclid and beyond.* Undergraduate Texts in Mathematics. Springer-Verlag, New York, 2000, pp. xii+526. ISBN: 0-387-98650-2. DOI: `10.1007/978-0-387-22676-7`. URL: `http://dx.doi.org/10.1007/978-0-387-22676-7` (引用于 pp. 98, 256, 367, 370).

[18] Lars Hesselholt. "The big de Rham–Witt complex". 刊于: *Acta Math.* 214.1 (2015), pp. 135–207. ISSN: 0001-5962. DOI: `10.1007/s11511-015-0124-y`. URL: `http://dx.doi.org/10.1007/s11511-015-0124-y` (引用于 p. 415).

[19] David Hilbert. "Die Theorie der algebraischen Zahlkörper." 刊于: *Jahresbericht der Deutschen Mathematiker-Vereinigung* 4 (1894), pp. 175–535. URL: `http://eudml.org/doc/144518` (引用于 p. 361).

[20] I. M. Isaacs. "Solution of polynomials by real radicals". 刊于: *Amer. Math. Monthly* 92.8 (1985), pp. 571–575. ISSN: 0002-9890. URL: `https://doi.org/10.2307/2323164` (引用于 p. 369).

[21] Nathan Jacobson. *Basic algebra. I*. Second edition. New York: W. H. Freeman and Company, 1985, pp. xviii+499. ISBN: 0-7167-1480-9 (引用于 p. 3).

[22] Nathan Jacobson. *Basic algebra. II*. Second edition. New York: W. H. Freeman and Company, 1989, pp. xviii+686. ISBN: 0-7167-1933-9 (引用于 p. 3).

[23] Thomas Jech. *Set theory*. Springer Monographs in Mathematics. The third millennium edition, revised and expanded. Berlin: Springer-Verlag, 2003, pp. xiv+769. ISBN: 3-540-44085-2 (引用于 pp. 12, 16, 21, 25, 422).

[24] André Joyal and Ross Street. "Braided tensor categories". 刊于: *Adv. Math.* 102.1 (1993), pp. 20–78. ISSN: 0001-8708. DOI: `10.1006/aima.1993.1055`. URL: `http://dx.doi.org/10.1006/aima.1993.1055` (引用于 pp. 78, 80, 84).

[25] G. M. Kelly. "Basic concepts of enriched category theory". 刊于: *Repr. Theory Appl. Categ.* 10 (2005), pp. vi+137 (引用于 p. 85).

[26] T. Y. Lam. *A first course in noncommutative rings*. Second edition. Vol. 131. Graduate Texts in Mathematics. Springer-Verlag, New York, 2001, pp. xx+385. ISBN: 0-387-95183-0. DOI: `10.1007/978-1-4419-8616-0`. URL: `http://dx.doi.org/10.1007/978-1-4419-8616-0` (引用于 p. 267).

[27] T. Y. Lam. *Lectures on modules and rings*. Vol. 189. Graduate Texts in Mathematics. Springer-Verlag, New York, 1999, pp. xxiv+557. ISBN: 0-387-98428-3. DOI: `10.1007/978-1-4612-0525-8`. URL: `http://dx.doi.org/10.1007/978-1-4612-0525-8` (引用于 pp. 212, 242).

[28] Serge Lang. *Algebra*. Third edition. Vol. 211. Graduate Texts in Mathematics. New York: Springer-Verlag, 2002, pp. xvi+914. ISBN: 0-387-95385-X. DOI: `10.1007/978-1-4613-0041-0`. URL: `http://dx.doi.org/10.1007/978-1-4613-0041-0` (引用于 pp. 3, 117, 305, 373, 376).

[29] Saunders Mac Lane. *Categories for the working mathematician*. Second edition. Vol. 5. Graduate Texts in Mathematics. New York: Springer-Verlag, 1998, pp. xii+314. ISBN: 0-387-98403-8 (引用于 pp. 3, 28, 49, 76, 78).

[30] I. G. Macdonald. *Symmetric functions and Hall polynomials*. Second edition. Oxford Mathematical Monographs. The Clarendon Press, Oxford University Press, New York, 1995, pp. x+475. ISBN: 0-19-853489-2 (引用于 p. 195).

[31] Jean-Pierre Marquis. "Category Theory". 刊于: *The Stanford Encyclopedia of Philosophy*. 编者为 Edward N. Zalta. Winter 2015 edition. URL: `http://plato.stanford.edu/archives/win2015/entries/category-theory/` (引用于 p. 28).

[32] J. P. May. *A concise course in algebraic topology*. Chicago Lectures in Mathematics. University of Chicago Press, Chicago, IL, 1999, pp. x+243. ISBN: 0-226-51183-9 (引用于 pp. 31, 33, 87).

[33] Shinichi Mochizuki. "Topics in absolute anabelian geometry III: global reconstruction algorithms". 刊于: *J. Math. Sci. Univ. Tokyo* 22.4 (2015), pp. 939–1156. ISSN: 1340-5705 (引用于 p. 344).

[34] Oliver Nash. "On Klein's icosahedral solution of the quintic". 刊于: *Expo. Math.* 32.2 (2014), pp. 99–120. ISSN: 0723-0869. URL: `https://doi.org/10.1016/j.exmath.2013.09.003` (引用于 p. 366).

[35] Jürgen Neukirch. *Algebraic number theory*. Vol. 322. Grundlehren der Mathematischen Wissenschaften. Springer-Verlag, Berlin, 1999, pp. xviii+571. ISBN: 3-540-65399-6. DOI: `10.1007/978-3-662-03983-0`. URL: `http://dx.doi.org/10.1007/978-3-662-03983-0` (引用于 pp. 356, 376, 394).

[36] James Oxley. *Matroid theory*. Second edition. Vol. 21. Oxford Graduate Texts in Mathematics. Oxford University Press, Oxford, 2011, pp. xiv+684. ISBN: 978-0-19-960339-8. DOI: `10.1093/acprof:oso/9780198566946.001.0001`. URL: `http://dx.doi.org/10.1093/acprof:oso/9780198566946.001.0001` (引用于 p. 214).

[37] Richard P. Stanley. 计数组合学 (第一卷). 组合数学丛书. 译者: 付梅, 侯庆虎, 辛国策, 杨立波. 北京: 高等教育出版社, 2009. ISBN: 978-7-04-026548-4 (引用于 pp. 167, 196).

[38] Jean-Pierre Serre. *Topics in Galois theory*. Second edition. Vol. 1. Research Notes in Mathematics. With notes by Henri Darmon. A K Peters, Ltd., Wellesley, MA, 2008, pp. xvi+120. ISBN: 978-1-56881-412-4 (引用于 p. 366).

[39] M. A. Shulman. "Set theory for category theory". 刊于: *ArXiv e-prints* (2008). arXiv: `0810.1279 [math.CT]` (引用于 p. 25).

[40] Alan D. Sokal. "The multivariate Tutte polynomial (alias Potts model) for graphs and matroids". 刊于: *Surveys in combinatorics 2005*. Vol. 327. London Math. Soc. Lecture Note Ser. Cambridge Univ. Press, Cambridge, 2005, pp. 173–226. DOI: 10.1017/CBO9780511734885.009. URL: http://dx.doi.org/10.1017/CBO9780511734885.009 (引用于 p. 170).

[41] Markus Stroppel. *Locally compact groups*. EMS Textbooks in Mathematics. European Mathematical Society (EMS), Zürich, 2006, pp. x+302. ISBN: 3-03719-016-7. DOI: 10.4171/016. URL: http://dx.doi.org/10.4171/016 (引用于 pp. 378, 380).

[42] B. L. van der Waerden. *Algebra. Vol. I*. Springer-Verlag, New York, 1991, pp. xiv+265. ISBN: 0-387-97424-5. DOI: 10.1007/978-1-4612-4420-2. URL: http://dx.doi.org/10.1007/978-1-4612-4420-2 (引用于 pp. 1, 3).

[43] B. L. van der Waerden. *Algebra. Vol. II*. Springer-Verlag, New York, 1991, pp. xii+284. ISBN: 0-387-97425-3 (引用于 pp. 1, 3).

[44] B. L. van der Waerden. "Die Seltenheit der Gleichungen mit Affekt". 刊于: *Math. Ann.* 109.1 (1934), pp. 13–16. ISSN: 0025-5831. DOI: 10.1007/BF01449123. URL: http://dx.doi.org/10.1007/BF01449123 (引用于 p. 366).

[45] Lawrence C. Washington. *Introduction to cyclotomic fields*. Second edition. Vol. 83. Graduate Texts in Mathematics. Springer-Verlag, New York, 1997, pp. xiv+487. ISBN: 0-387-94762-0. DOI: 10.1007/978-1-4612-1934-7. URL: http://dx.doi.org/10.1007/978-1-4612-1934-7 (引用于 p. 387).

[46] Jack C. Wilson. "A Principal Ideal Ring That Is Not a Euclidean Ring". English. 刊于: *Mathematics Magazine* 46.1 (1973), pp. 34–38. ISSN: 0025570X. URL: http://www.jstor.org/stable/2688577 (引用于 p. 188).

[47] Robert A. Wilson. *The finite simple groups*. Vol. 251. Graduate Texts in Mathematics. Springer-Verlag London, Ltd., London, 2009, pp. xvi+298. ISBN: 978-1-84800-987-5. DOI: 10.1007/978-1-84800-988-2. URL: http://dx.doi.org/10.1007/978-1-84800-988-2 (引用于 p. 100).

[48] Ernst Witt. "Zyklische Körper und Algebren der Charakteristik p vom Grad p^n. Struktur diskret bewerteter perfekter Körper mit vollkommenem Restklassenkörper der Charakteristik p". 刊于: *J. Reine Angew. Math.* 176 (1937), pp. 126–140. ISSN: 0075-4102. DOI: 10.1515/crll.1937.176.126. URL: http://dx.doi.org/10.1515/crll.1937.176.126 (引用于 p. 414).

[49] 冯琦. 数理逻辑导引. 北京: 科学出版社, 2017. ISBN: 978-7-03-054579-4 (引用于 pp. 11, 12, 162, 328, 373, 422).

[50] 尤承业. *基础拓扑学讲义*. 北京: 北京大学出版社, 1997 (引用于 pp. 32, 135).

[51] 席南华. *基础代数* (第一卷). 北京: 科学出版社, 2016. ISBN: 978-7-03-049843-4 (引用于 pp. 3, 264).

[52] 席南华. *基础代数* (第二卷). 北京: 科学出版社, 2018. ISBN: 978-7-03-056033-9 (引用于 pp. 3, 260, 287).

[53] 张恭庆, 林源渠. *泛函分析讲义* (上). 北京: 北京大学出版社, 1987 (引用于 pp. 112, 261, 391).

[54] 张恭庆, 郭懋正. *泛函分析讲义* (下). 北京: 北京大学出版社, 1990 (引用于 pp. 38, 112).

[55] 张禾瑞. *近世代数基础* (修订本). 高等学校教材. 北京: 高等教育出版社, 2010. ISBN: 978-7-04-001222-4 (引用于 p. 3).

[56] 张鸿林, 葛显良. *英汉数学词汇* (第二版). 北京: 清华大学出版社, 2010 (引用于 p. 5).

[57] 熊金城. *点集拓扑讲义*. 第四版. 北京: 高等教育出版社, 2011 (引用于 pp. 31, 32, 44, 60, 143–145, 343, 376–378, 391, 394).

[58] 章璞. *伽罗瓦理论: 天才的激情*. 北京: 高等教育出版社, 2013. ISBN: 978-7-04-037252-6 (引用于 pp. 326, 335, 366).

[59] 聂灵沼, 丁石孙. *代数学引论*. 第二版. 北京: 高等教育出版社, 2000 (引用于 pp. 3, 17, 107, 232).

[60] 郝兆宽, 杨跃. *集合论: 对无穷概念的探索*. 逻辑与形而上学教科书系列. 上海: 复旦大学出版社, 2014. ISBN: 978-7-309-10710-4 (引用于 pp. 12, 16).

[61] 陈省身, 陈维桓. *微分几何讲义*. 第二版. 北京: 北京大学出版社, 2001. ISBN: 978-7-301-05151-1 (引用于 pp. 274, 285, 286).

[62] 黎景辉. *代数数论*. 北京: 高等教育出版社, 2016. ISBN: 978-7-04-046483-2 (引用于 p. 376).

[63] 黎景辉, 冯绪宁. *拓扑群引论*. 第二版. 北京: 科学出版社, 2014. ISBN: 978-7-03-039779-9 (引用于 pp. 142, 144, 360, 394, 397).

符号索引

名词索引暨英译

中文术语按汉语拼音排序.

现代数学基础图书清单

序号	书号	书名	作者
1	9787040217179	代数和编码（第三版）	万哲先 编著
2	9787040221749	应用偏微分方程讲义	姜礼尚、孔德兴、陈志浩
3	9787040235975	实分析（第二版）	程民德、邓东皋、龙瑞麟 编著
4	9787040226171	高等概率论及其应用	胡迪鹤 著
5	9787040243079	线性代数与矩阵论（第二版）	许以超 编著
6	9787040244656	矩阵论	詹兴致
7	9787040244618	可靠性统计	茆诗松、汤银才、王玲玲 编著
8	9787040247503	泛函分析第二教程（第二版）	夏道行 等编著
9	9787040253177	无限维空间上的测度和积分 —— 抽象调和分析（第二版）	夏道行 著
10	9787040257724	奇异摄动问题中的渐近理论	倪明康、林武忠
11	9787040272611	整体微分几何初步（第三版）	沈一兵 编著
12	9787040263602	数论 I —— Fermat 的梦想和类域论	[日]加藤和也、黑川信重、斎藤毅 著
13	9787040263619	数论 II —— 岩泽理论和自守形式	[日]黑川信重、栗原将人、斎藤毅 著
14	9787040380408	微分方程与数学物理问题（中文校订版）	[瑞典]纳伊尔·伊布拉基莫夫 著
15	9787040274868	有限群表示论（第二版）	曹锡华、时俭益
16	9787040274318	实变函数论与泛函分析（上册，第二版修订本）	夏道行 等编著
17	9787040272482	实变函数论与泛函分析（下册，第二版修订本）	夏道行 等编著
18	9787040287073	现代极限理论及其在随机结构中的应用	苏淳、冯群强、刘杰 著
19	9787040304480	偏微分方程	孔德兴
20	9787040310696	几何与拓扑的概念导引	古志鸣 编著
21	9787040316117	控制论中的矩阵计算	徐树方 著
22	9787040316988	多项式代数	王东明 等编著
23	9787040319668	矩阵计算六讲	徐树方、钱江 著
24	9787040319583	变分学讲义	张恭庆 编著
25	9787040322811	现代极小曲面讲义	[巴西]F. Xavier、潮小李 编著
26	9787040327113	群表示论	丘维声 编著
27	9787040346756	可靠性数学引论（修订版）	曹晋华、程侃 著
28	9787040343113	复变函数专题选讲	余家荣、路见可 主编
29	9787040357387	次正常算子解析理论	夏道行
30	9787040348347	数论 —— 从同余的观点出发	蔡天新
31	9787040362688	多复变函数论	萧荫堂、陈志华、钟家庆

续表

序号	书号	书名	作者
32	9787040361681	工程数学的新方法	蒋耀林
33	9787040345254	现代芬斯勒几何初步	沈一兵、沈忠民
34	9787040364729	数论基础	潘承洞 著
35	9787040369502	Toeplitz 系统预处理方法	金小庆 著
36	9787040370379	索伯列夫空间	王明新
37	9787040372526	伽罗瓦理论 —— 天才的激情	章璞 著
38	9787040372663	李代数（第二版）	万哲先 编著
39	9787040386516	实分析中的反例	汪林
40	9787040388909	泛函分析中的反例	汪林
41	9787040373783	拓扑线性空间与算子谱理论	刘培德
42	9787040318456	旋量代数与李群、李代数	戴建生 著
43	9787040332605	格论导引	方捷
44	9787040395037	李群讲义	项武义、侯自新、孟道骥
45	9787040395020	古典几何学	项武义、王申怀、潘养廉
46	9787040404586	黎曼几何初步	伍鸿熙、沈纯理、虞言林
47	9787040410570	高等线性代数学	黎景辉、白正简、周国晖
48	9787040413052	实分析与泛函分析（续论）（上册）	匡继昌
49	9787040412857	实分析与泛函分析（续论）（下册）	匡继昌
50	9787040412239	微分动力系统	文兰
51	9787040413502	阶的估计基础	潘承洞、于秀源
52	9787040415131	非线性泛函分析（第三版）	郭大钧
53	9787040414080	代数学（上）（第二版）	莫宗坚、蓝以中、赵春来
54	9787040414202	代数学（下）（修订版）	莫宗坚、蓝以中、赵春来
55	9787040418736	代数编码与密码	许以超、马松雅 编著
56	9787040439137	数学分析中的问题和反例	汪林
57	9787040440485	椭圆型偏微分方程	刘宪高
58	9787040464832	代数数论	黎景辉
59	9787040456134	调和分析	林钦诚
60	9787040468625	紧黎曼曲面引论	伍鸿熙、吕以辇、陈志华
61	9787040476743	拟线性椭圆型方程的现代变分方法	沈尧天、王友军、李周欣
62	9787040479263	非线性泛函分析	袁荣
63	9787040496369	现代调和分析及其应用讲义	苗长兴

续表

序号	书号	书名	作者
64	9787040497595	拓扑空间与线性拓扑空间中的反例	汪林
65	9787040505498	Hilbert 空间上的广义逆算子与 Fredholm 算子	海国君、阿拉坦仓
66	9787040507249	基础代数学讲义	章璞、吴泉水
67.1	9787040507256	代数学方法（第一卷）基础架构	李文威
67.2	9787040627541	代数学方法（第二卷）线性代数	李文威
68	9787040522631	科学计算中的偏微分方程数值解法	张文生
69	9787040534597	非线性分析方法	张恭庆
70	9787040544893	旋量代数与李群、李代数（修订版）	戴建生
71	9787040548846	黎曼几何选讲	伍鸿熙、陈维桓
72	9787040550726	从三角形内角和谈起	虞言林
73	9787040563665	流形上的几何与分析	张伟平、冯惠涛
74	9787040562101	代数几何讲义	胥鸣伟
75	9787040580457	分形和现代分析引论	马力
76	9787040583915	微分动力系统（修订版）	文兰
77	9787040586534	无穷维 Hamilton 算子谱分析	阿拉坦仓、吴德玉、黄俊杰、侯国林
78	9787040587456	*p* 进数	冯克勤
79	9787040592269	调和映照讲义	丘成桐、孙理察
80	9787040603392	有限域上的代数曲线：理论和通信应用	冯克勤、刘凤梅、廖群英
81	9787040603569	代数几何（英文版，第二版）	扶磊
82	9787040621068	代数基础：模、范畴、同调代数与层（修订版）	陈志杰
83	9787040621761	微分方程和代数	黎景辉
84		非线性微分方程的同伦分析方法	廖世俊 著
85		有限域基础	冯荣权
86	9787040619010	分析学（第二版）	[美] Elliott H. Lieb, Michael Loss 著